BIM 工程概论

主　编　袁　翱

副主编　胡　屹　袁　飞

西南交通大学出版社

·成都·

内容提要

本书以理论和实践相结合的方式全面介绍了BIM（建筑信息化模型）的产生、现状和发展，并阐述了BIM技术在土木工程行业的项目全生命周期的应用技术和方法，同时对与BIM技术相关的GIS（地理信息系统）、VDC（虚拟建造）、VR（虚拟现实）等前沿技术的交叉应用作了分析和研究，也对行业内从事BIM技术的趋势做了预测。本书的出版有助于土木工程类专业学习者全面、深入理解BIM技术，对进一步学习BIM技术技能奠定理论基础。

本书共分九章，分别为BIM概论、BIM相关软件、BIM技术特点、BIM与设计及招标、BIM与施工管理、BIM与运营维护、BIM与工程运用、BIM与相关技术、BIM与职业环境。

本书可作为本科、大专、高职等院校土木工程类专业各方向的BIM入门教学用书，也可作为BIM专业培训机构用书，并且适合从事土木工程的施工技术、施工管理人员自学BIM技术使用。

图书在版编目（CIP）数据

BIM工程概论 / 袁翱主编. —成都：西南交通大学出版社，2017.9
（BIM工程应用系列图书）
ISBN 978-7-5643-5650-7

Ⅰ. ①B… Ⅱ. ①袁… Ⅲ. ①建筑设计－计算机辅助设计－应用软件 Ⅳ. ①TU201.4

中国版本图书馆CIP数据核字（2017）第186429号

BIM工程应用系列图书
BIM工程概论

袁 翱／主 编
责任编辑／姜锡伟
封面设计／何东琳设计工作室

西南交通大学出版社出版发行
（四川省成都市二环路北一段111号西南交通大学创新大厦21楼 610031）
发行部电话：028-87600564 028-87600533
网址：http://www.xnjdcbs.com
印刷：成都勤德印务有限公司

成品尺寸 210 mm×285 mm
印张 23.25 字数 704千
版次 2017年9月第1版 印次 2017年9月第1次

书号 ISBN 978-7-5643-5650-7
定价 69.00元

课件咨询电话：028-87600533
图书如有印装质量问题 本社负责退换

前言

建筑信息模型（Building Information Modeling），简称 BIM，是一种全新的建筑设计、施工、管理的方法，以三维数字技术为基础，将规划、设计、建造、营运等各阶段的数据资料，全部包含在三维模型之中，让建筑物整个生命周期中任何阶段的工作人员在使用该模型时，都能拥有精确完整的数据，帮助项目工程师提升项目管理的效率与正确性。

国外以 Autodesk Revit 为代表的三维建筑信息模型（BIM）软件已经普及应用。相关调查结果显示：目前，北美的建筑行业有一半以上的机构在使用建筑信息模型（BIM）或与 BIM 相关的工具的使用率在过去两年里增加了 75%。在欧洲、日本、新加坡及我国香港地区，BIM 技术已广泛应用于各建筑类型。BIM 技术将引领建筑信息技术走向更高层次，被认为将为建筑业界的科技进步产生无可估量的影响，甚至被称为工程行业第三次革命。

国内近几年 BIM 的应用和发展也日渐成熟，从住房和城乡建设部到各省市建设主管部门陆续发布了 BIM 强制应用的政府规定和相关标准及规范。国内先进的建筑设计团队、地产公司、高校等机构纷纷成立 BIM 中心。在整个建筑项目生命周期的各个阶段，包括策划、设计、招投标、施工、租售、运营维护和改造升级等阶段，都实现了 BIM 应用的突破。

本书编者作为 BIM 重点实验室负责人，从事 BIM 技术研究和应用 8 年，培养的 BIM 人才超过千人，应用 BIM 技术实施工程项目 10 余项，并带领 BIM 团队获得全国、省市 BIM 专业比赛特等奖、一等奖 30 余项。在培养过程中发现一般培训机构或培训教材均只关注于 BIM 技能的练习，BIM 从业人员对 BIM 的应用范围和相关技术概念非常不清晰，导致学习目的不明确，达不到预期效果，因此萌生编著本书的想法。本书全方位介绍了 BIM 在行业的各方面的应用情况，让初学者能够把握好学习的方向和目的，已经从事 BIM 工作的专业人员也可以通过阅读本书理清思路，为进一步提高 BIM 技术能力奠定基础。

本书由袁翱主编，胡屹、袁飞任副主编。编写人员如下：袁翱编写第 1、2、3 章，胡屹编写第 4、5 章，袁飞编写第 6 章，戴燕华编写第 7 章，龚宇巍编写第 8 章，陈艳君编写第 9 章。

本书在编写过程中借鉴了相关国家标准、规范和相关教材。由于 BIM 技术属于新兴技术，大家都在探索阶段，因此采用了大量市面的应用 BIM 探索案例，包括编者团队和其他我们认为比较成功的案例供读者参考，应用的案例尽量标注出处，在此表示感谢。如有案例制作人认为不同意应用，敬请联系编者，将予以修正。

由于编写时间紧促，书中难免存在问题，恳请各位读者提出批评指正。联系邮箱：1751312@qq.com。

编　者

2017 年 9 月

目 录

第一章 BIM 概念 …… 1

1.1 BIM 的起源 …… 1
1.2 BIM 概念及特点 …… 8
1.3 BIM 运用的重要性 …… 9
1.4 BIM 的现状及发展 …… 14
1.5 BIM 的应用体现小结 …… 20

第二章 BIM 相关软件 …… 23

2.1 Autodesk 系列软件 …… 24
2.2 Bentley 系列软件 …… 38
2.3 Nemetschek Graphisoft …… 50
2.4 Grey Technology Dassault …… 57
2.5 国产软件 …… 65

第三章 BIM 技术特点 …… 75

3.1 BIM 技术相关概念 …… 75
3.2 BIM 的技术特点 …… 98
3.3 BIM 的关键技术 …… 102
3.4 BIM 的关键价值 …… 103

第四章 BIM 与设计及招投标 …… 109

4.1 BIM 与规划设计 …… 109
4.2 BIM 与建筑设计 …… 121
4.3 BIM 与结构设计 …… 144
4.4 BIM 与招投标 …… 157

第五章 BIM 与施工管理（工程项目管理） …… 164

5.1 BIM 与进度管理 …… 164
5.2 BIM 与工程质量管理 …… 172
5.3 BIM 与成本管理 …… 187
5.4 BIM 与现场管理 …… 192

第六章 BIM 与运营维护 …… 215

6.1 BIM 与建筑运营维护 …… 215
6.2 空间管理 …… 233
6.3 隐蔽工程管理 …… 246
6.4 应急与安全管理 …… 248

第七章　BIM 与工程运用 …… 265
7.1　BIM 与房屋建筑工程 …… 265
7.2　BIM 与道路桥梁工程 …… 275
7.3　BIM 与岩土隧道工程 …… 281
7.4　BIM 与水利水电工程 …… 290
第八章　BIM 与相关技术 …… 295
8.1　BIM 与 GIS …… 295
8.2　BIM 与 VDC …… 298
8.3　BIM 与 RFID …… 302
8.4　BIM 与 3D 打印技术 …… 306
8.5　BIM 与 AR、VR …… 309
8.6　BIM 与绿色建筑 …… 315
8.7　BIM 与装配式建筑 …… 320
8.8　BIM 与管廊 …… 324
第九章　BIM 与职业环境 …… 328
9.1　BIM 职业环境 …… 328
9.2　BIM 与相关证书 …… 349
9.3　BIM 的未来发展预测 …… 358
参考文献 …… 365

第一章　BIM 概念

1.1　BIM 的起源

城市是人类文明发展的产物，在与大自然不断适应和抗争的漫长过程中，人类逐渐意识到只有团结才能取得胜利。历经数千年文明的发展，工业化让城市普遍成为文明的中心，随着城市化进程的日益推进，人们对“城市让生活更美好”的真正渴望也日益突显。人口增长、资源缺口、环境污染以及能源危机都给城市带来了巨大的压力。拥堵不堪的交通、匮乏的水资源、令人窒息的空气，都与人类理想的城市生活格格不入。一边是人类要求更适宜的居住环境，更高生活质量的梦想和渴望；另一边是不堪重负的城市承载力，巨大矛盾是对城市设计能力的考验，更是机会。持续高速的城市发展，催生了对建筑行业设计的能力进一步提高的需求。“工欲善其事，必先利其器”，如同二维 CAD 技术的出现，给工程设计带来的第一次信息化革命一样，建筑信息模型（Building Information Modeling）必将引领工程设计的第二次信息革命。

自 1975 年“BIM 之父”——乔治亚理工大学的 Chunk Eastman 教授（见图 1-1）创建 BIM 理念至今，BIM 技术的研究经历了三大阶段：萌芽阶段、产生阶段和发展阶段。

图 1–1　Chunk Eastman 教授

BIM 的概念起始于 autodesk 的 3D、面向对象（object-oriented）、AEC-specific CAD，之后美国乔治亚理工大学的 C. M. Eastman 教授 20 世纪 70 年代提出建筑物产品模型（building product model），而产品模型就是数据模型（data model）或者信息模型（information model）。Eastman 教授是《建筑物信息仿真手册》（BIM handbook：*a guide to building information modeling for owners，managers，designers，engineers and contractors*，2008）的主要作者。在此之后的近 40 年，他致力于著作及讲授虚拟设计与施工，认为 BIM 是为设计与施工而数位化仿真建筑物，让模型性质与属性成为工程计划的记录信息。之后，J. Laiserin 认为 BIM 在建筑物兴建过程中是按数位格式交换及沟通信息的。根据他的文献，1987 年在 Virtual building concept by Graphisoft’s ArchiCAD 下首次出现名称 BIM。

BIM 理念的启蒙，受到了 1973 年全球石油危机的影响，美国全行业需要考虑提高行业效益的问题。1975 年“BIM 之父”Eastman 教授在其研究的课题“Building Description System”中提出“a computer-based description of a building”，以便于实现建筑工程的可视化和量化分析，提高工程建设效率。我国在 2001— 2002 年 BIM 萌芽，之后一直处于懵懂期，但在近几年有了快速的发展。BIM 技术作为促进我国建筑业发展创新的重要技术手段，其应用与推广将对建筑业的科技进步与转型升级产生无可估量的影响，同时也给施工企业的发展带来巨大效益，将大大提高建筑工程管理的集成化程度和交付能力，使工程质量和效率显著提高。

>> 1.1.1　BIM 产生的必然性

1．现代建筑业发展的趋势

现代建筑行业的发展成为现代社会经济发展最重要的力量之一。BIM 的应用和发展也不自觉地植根于现代建筑业发展的土壤之中。随着社会经济的发展，现代建筑业发展的主要趋势为以下三个方面：

1）全球化

建筑业全球化的标志在于工程项目从咨询、融资到采购、承包、管理以及培训等各个方面的参与者来自于不止一个国家，投资方、咨询公司和承包公司等在本国以外参与投资和建设。故随着全球化的进展，大型项目为了能达到预定的进度、质量、投资和安全目标，越来越感觉到传统的工程项目管理模式已经满足不了要求。而能适应当今竞争激烈的国际环境的虚拟建设这一工程项目管理新模式，能运用虚拟组织原则，借助现代信息技术和通信技术的强大支持，采用无层级、扁平化的管理方式，且通过基于网络的共享项目信息系统，使项目得以有效沟通，缩短管理链条，提高管理效率，实现工程项目建设成本低、质量好、进度快、协调好，运用消息和知识使建筑产品增值的目的。因此 BIM 必将在全球化的背景下快速发展。

2）城市化

城市化是社会经济变化的过程，其中包括城市人口规模不断扩张、城市用地不断向郊区扩展、城市数量不断增加等。这对于建筑业有很大的影响。随着我国城市化的不断推进，乡镇城区改、扩建项目的上马，以及保障性住房的大面积开工，建筑业将继续保持稳定发展的形势。都市圈、城市群、城市带和中心城市的发展预示了我国城市化进程的高速起飞，这些利用传统的技术很难实现，所以作为一种新的技术及理念的建筑信息模型（BIM）有很大的发展空间。通过 BIM 技术完成规划设计，可更直观地及早做好整体规划。

3）可持续发展

随着经济的发展和人们生活水平的提高，人类的生存环境也面临着越来越严峻的挑战。地球资源锐减，“三废”污染严重加剧，环境不断恶化。维护生态平衡日益受到人们的关注，绿色建筑、生态建筑的概念开始被越来越多的人所接受，并成为建筑的可持续发展趋势。论及“可持续发展建筑”，容易产生的一个误解是将它单纯地理解为某种具体的建筑类型。实际上，“可持续发展建筑涵盖并远远超越了具体建筑实体所具有的时空。它包括宏观与微观两个层面的意义”。可持续发展建筑宏观方面的意义在于，它必须着眼于未来，着眼于社会、经济持续发展的全局。在可持续发展的大前提下，未来一切将建筑的物态构成加入到社会、经济多产业的物质大循环中，使建筑业与其他方面相互融合、渗透，并最终构成有似生态食物链的连接，才有可能为将来的建筑发展寻求到新的能源、材料途径，并为超过使用寿命期的建材提供物尽其用的渠道。可持续发展建筑微观方面的意义在于，在特定时期内有具体的存在形式。我们完全可以立足于当前，在现有条件下通过总结已有的实践经验，发挥现有技术的潜能，将可持续发展的观念最大限度地落实于当前建筑，而这正是摆在我们面前的极为紧迫的任务。可持续发展已成为全球各国的行动纲领，生态世界观成已为人与自然和谐共处的行为准则。可持续建筑的含义是建筑及其环境应能做到：

综合用能，大力发展节能科技，回收室内余热；

多能转换，利用建筑物相应的构件成为多种能量形式的转换器；

建筑多种使用功能，节约用地；

三向发展，即向天空、海洋、地下发展；

自然空调，包括大环境和单体环境等；

立体绿化，有利于维护生态平衡，即做好输入、输出物流的良性循环和能量形式的良性转换；

持续发展，美感、卫生、安全。

因此，在不久的将来人们就可能做到有效地发挥可持续发展建筑正确的物质功能和精神功能的作用。可持续发展建筑应当立足于综合环境效益的提高，给人们提供一个经济、舒适、具有环境感与文化感的场所。可持续发展建筑设计不仅是场所本身的特性，更是对场所以外更大环境的影响，特别是对生态与资源的特性的影响。可持续发展建筑是创造与环境融为一体的有机体建筑，并实现“零能耗”。建筑设计要保证对自然环境的冲击最小，利用可再生能源，低耗能，保证室内环境健康、质量高，并能给予人精神享受。因此，保护环境，实现建筑可持续发展必然离不开“生态建筑”与“绿色建筑”的理念，这也将成为建筑发展的必然和趋势。

引申阅读一：全球十大绿色生态建筑

>> 1.1.2　现代建筑业面临的问题和挑战

近些年来，随着我国建筑行业的飞速发展，建筑业的技术水平和管理能力不断提高，以北京奥运、上海世博会为契机，涌现出了一大批以高、大、精、深为特征的标志建筑，建造技术水平居世界前列，如图 1-2 所示。此外，公路、铁路、港口、机场等大量基础设施的建筑，掀起了我国工程建设的热潮。同时，建筑行业也存在一些问题，特别是当今经济形势多变，建筑行业的不确定因素增多，加剧了原先存在的问题的严重性并产生了一些新的问题。

图 1–2　世博会中国展馆和鸟巢

比如，建筑业效率低下，粗放型的增长方式没有得到根本转变，建筑能耗高、能效低，就是建筑业可持续发展面临的一大问题。同时，建筑业信息化水平也还比较低。虽然近些年来我国建筑业信息水平得到大幅度提高，但整体还处于初级发展水平，与国外信息化程度有较大差异。目前，我国建筑企业的科技投入仅占企业营业收入的 0.25%，施工过程中应用计算机进行项目管理的不到 10%。

我国随着建筑业全球化、城市化进程的发展，以及可持续发展的要求，将不可避免地面临众多挑战。应用 BIM 技术，对建筑全生命周期进行全方位管理，是实现建筑业信息化跨越式发展的必然趋势；同时，也是实现项目精化管理、企业集约化经营的最有效途径。

1．建筑业效率问题

1964—2003 年，美国的大多数行业极大地提升了生产效率，而且生产效率的提高速度较快。而我国建筑业劳动生产率却成下降趋势，并与发达国家和地区的劳动生产率有着较大差距。信息化应用水平落后是造成这一差距的主要原因。信息技术的广泛应用，不仅改变了人们的生产和生活方式，而且成为推动传统产业不断升级和提高社会劳动生产率的新动力。信息技术及其应用已成为建筑产业和企业竞争力的核心来源。

2．风险控制能力问题

建设工程由于具有投资大、工期长、施工难度大、技术复杂以及工程参与方众多的特点，在建筑过程中不可预见的因素较多。所以工程施工是一个高风险的过程，工程建设参与方均不可避免地面临着各种风险，如不加以防范，很可能会影响工程建设顺利进行，甚至酿成严重后果。

常见的风险如下：

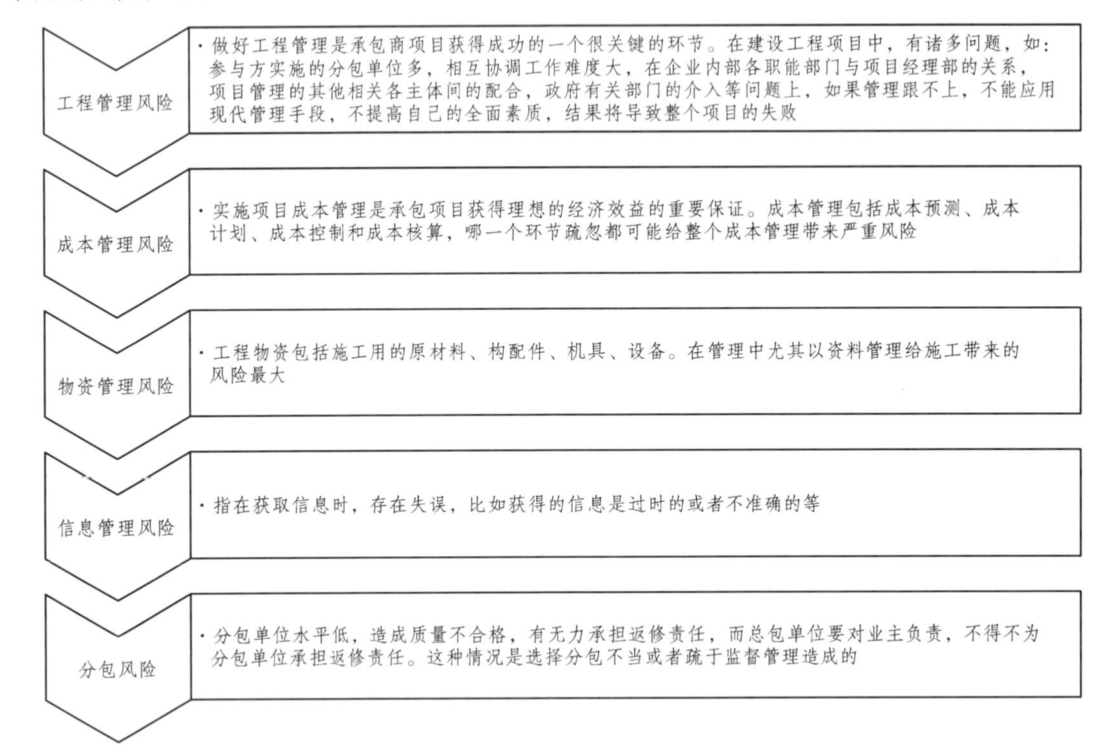

3．缺乏全生命周期理念和手段

建筑物从规划设计、施工建造到竣工交付运营的全生命周期当中建筑运营周期达到几十年甚至更长，是时间最长的阶段；同时，运营阶段的投入也远比建筑投资大。尽管建筑物竣工以后的运营管理不属于传统的建筑业范围，但是建筑运营阶段所发现的问题绝大部分可以从前期——设计阶段和建造阶段找到根源。可以从以下两个方面来说明：

一方面，普遍缺乏全生命周期的理念。在设计建造阶段往往不关注设施的全生命周期费用，不考虑今后运营时的节约和便利，而过多地考虑如何节省一次性投资，如何节省眼前的时间和精力，且设备供货方往往较少考虑系统集成的协调和匹配。

另一方面，目前没有足够的有效手段来应对这种需求。全生命周期的必要前提是信息共享和运用。建设行业中各参与主体间的信息交流主要基于纸质介质，这种方式会形成各专业系统间的信息断层，不仅使信息难以直接再利用，而且其链状的传递难免会造成信息的延误、缺损甚至丢失。在设计阶段，设计者无法利用已有的信息，设计信息的可利用价值大大降低；在施工阶段，由于传统设计信息表达的缺陷，信息传递手段的落后，施工单位在投标时无法完全掌握设计信息，在施工时无法获取必要的信息，在项目交付时无法将信息交给业主，从而造成大量有用信息的丢失；在建筑物使用阶段，积累到新的信息，但这些信息仍然以纸质保存或存在于管理人员的头脑中，没有和前一阶段的信息进行集成。运营阶段的信息和经验很少再应用于新工程的设计和施工中，信息丢失严重，建设工程生命周期中信息的再利用水平极低。

工程项目是一个复杂、综合的经营活动，参与者涉及众多专业和部门，工程建设项目的生命周期包括了建筑物从勘测、设计、施工到使用、管理、维护等阶段，时间跨度长达几十年甚至上百年。如何从根本上解决项目规划、设计、施工以及维护管理等各阶段应用系统之间的信息断层，实现建设项目生命周期各阶段的信息共享和充分利用，在项目建设过程中优化设计、合理制订计划、精确掌握施工进程、合理使用施工资料以及科学地进行场地布置，以缩短工期，降低成本，提高质量，已成为投资者、设计机构和施工承包商共同面临的挑战，也是当前我国建设领域信息化亟待解决的问题。

4. 建筑项目本身的挑战

随着科技的飞速发展，建筑项目本身也发生着巨大变化，建筑造型日趋复杂；快节奏的都市生活催生了城市综合体的发展，人们希望能在方便、经济、集多种功能于一体的综合空间里享受高效率的生活和工作，从而对建筑综合性的要求越来越高；对于机场、港口、园区、交通枢纽等一些投资额越来越大的基础设施建设项目，建筑面积越来越大，建设周期也相对较长，这使得建设单位管理的成本相对较高，也易导致投资成本失控。

5. 施工生产环节存在的问题

目前，一些企业在施工过程中主要存在以下三方面的问题：

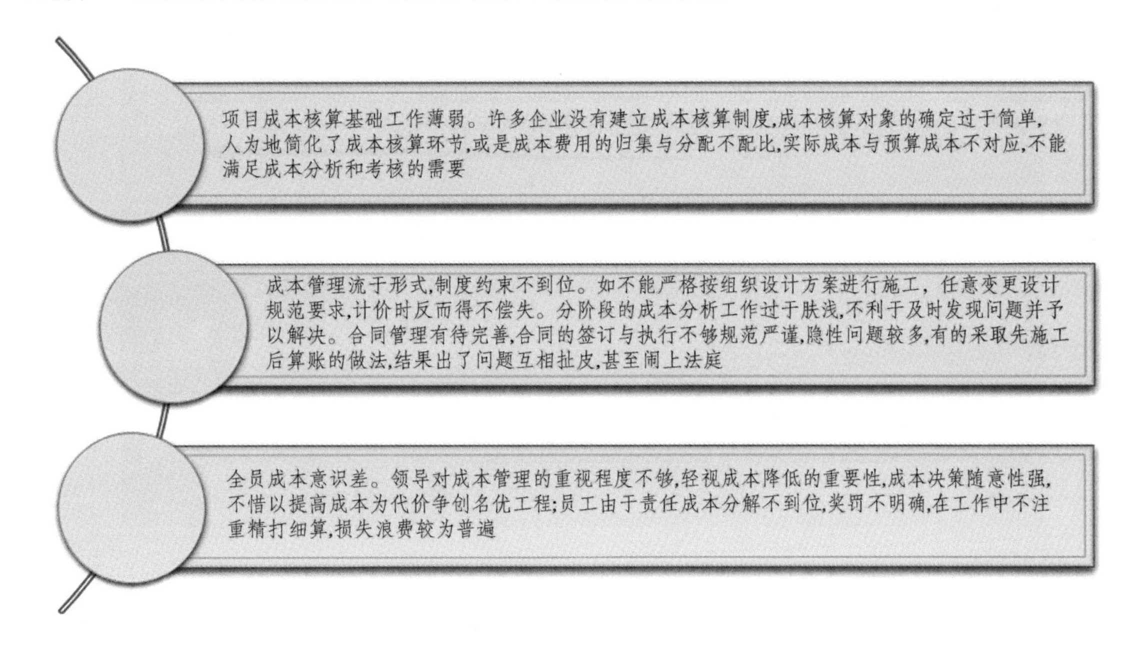

>> 1.1.3 适应时代的 BIM

建筑业面临的上述挑战，BIM 正好拥有一系列相对较好的解决方法。当前，建筑业已步入计算机辅助技术的引入和普及阶段，例如 CAD 的引入解决了计算机辅助绘图的问题。而且这种引入方式良好地适应了建筑市场的需求，设计人员不用再手工绘图（见图 1-3），并解决了手工绘制和修改易出现错误的弊端；同时也不必再将各专业图纸进行重叠式的对图了。这些 CAD 图形（见图 1-4）可以在各专业间相互利用，给人们带来便捷的工作方式，减轻劳动强度。所以计算机辅助绘图一直受到人们的热烈欢迎。2D 图纸是绝大多数建筑设计企业最终交付的设计成果，这是目前的行业惯例。因此，其生产流程的组织与管理均围绕着 2D 图纸的形成来进行。2D 设计通过投影线条、制图规则及技术符号表达设计成果，图纸需要人工阅读才能解释其含义。2D CAD 平台起到的作用是代替手工绘图，即我们常说的“甩图板”。除了日益复杂的建筑功能要求之外，人类在建筑创作过程中，对于美感的追求实际上永远是放在第一位的。尽管最能激发想象力的复杂曲面被认为是一种“高技术”和“后现代”的设计手法，但实际上甚至远在计算机没有出现，数学也很初级的古代，人类就开始了对于曲面美的探索，并用于一些著名建筑之中。因此，拥有现代技术的设计师们，自然更加渴望驾驭复杂多变、更富美感的自由曲面。

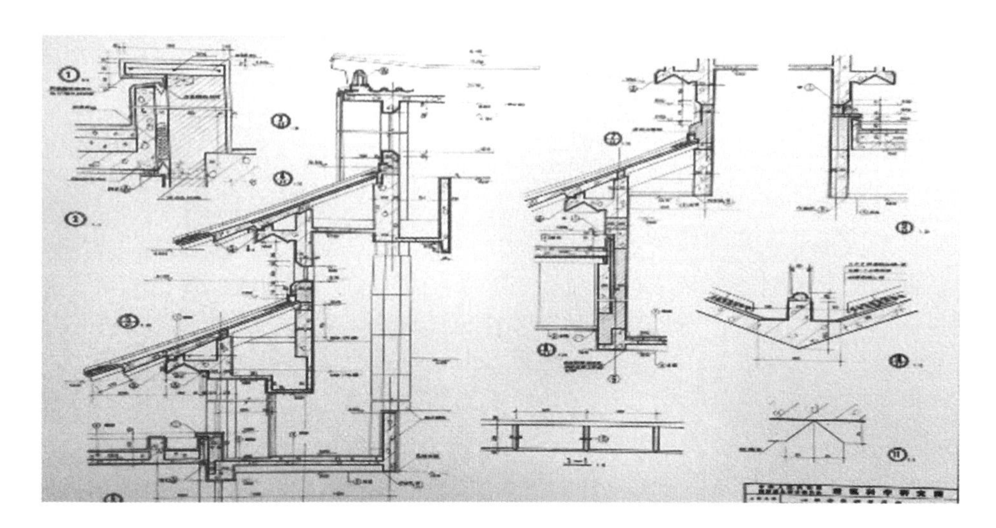

图 1-3 手工绘制的图纸

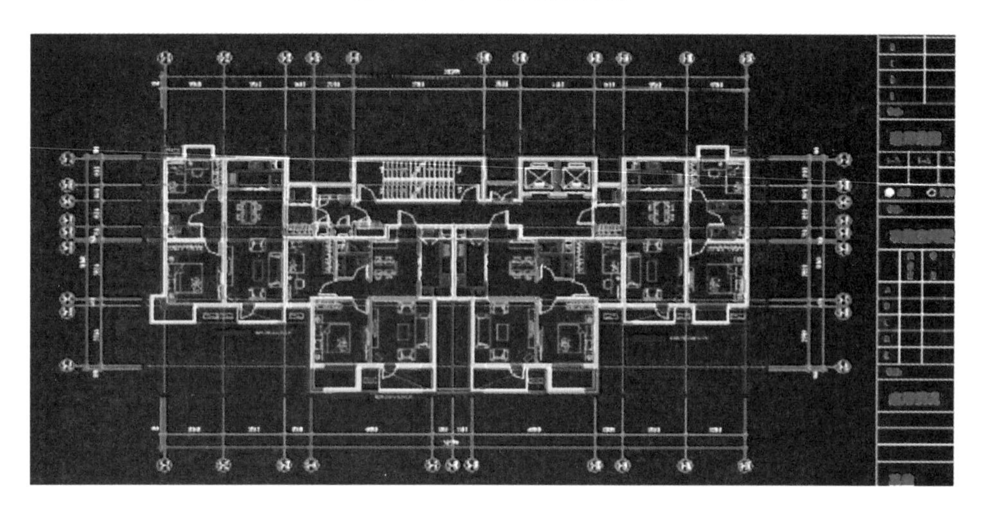

图 1-4 CAD 绘制的平面图

然而，2D 设计技术甚至连建筑最基本的几何形态也无法表达出来。在这种情况下，3D 设计应运而生。3D 设计能够精确表达建筑的几何特征，相对于 2D 绘图，3D 设计不存在几何表达障碍，对任意复杂的建筑造型均能准确表现。在评选出的“北京当代十大建筑”中，首都机场 3 号航站楼、国家大剧院、国家游泳中心等著名建筑名列前茅（见图 1-5），这些建筑的共同特点是无法完全由 2D 图形进行表达，这也预示着 3D 将成为高端设计领域的必由之路。3D 是 BIM 设计的基础，但不是其全部。通过进一步将非几何信息集成到 3D 构件中，如材料特征、物理特征、力学参数、设计属性、价格参数、厂商信息等，使得建筑构件成为智能实体，3D 模型便升级为 BIM 模型。BIM 模型可以通过图形运算并考虑专业出图规则自动获得 2D 图纸，并可以提取出其他的文档，如工程量统计表等；还可以将模型用于建筑能耗分析、日照分析、结构分析、照明分析、声学分析、客流物流分析等诸多方面。纯粹的 3D 设计，其效率要比 2D 设计低得多。地标性建筑可以不计成本，不计效率，但大众化的设计则不可取。为提高设计效率，主流 BIM 设计软件如 Autodesk Revit 系列、Bentley Building 系列以及 Graphisoft 的 ArchiCAD 均取得了不俗的成绩。这些基于 3D 技术的专业设计软件，用于普通设计的效率达到甚至超过了相同建筑的 2D 设计。目前 BIM 所取得的成就预示着 BIM 软件发展是势在必行的。

首都机场 3 号航站楼

国家大剧院

国家游泳中心

图 1–5 北京当代著名建筑

除此之外，目前所说的协同设计，很大程度上是指基于网络的一种设计沟通交流手段，以及设计流程的组织管理形式。包括：通过 CAD 文件之间的外部参照，使得工种之间的数据得到可视化共享；通过网络消息、视频会议等手段，使设计团队成员之间可以跨越部门、地域甚至国界进行成果交流、开展方案评审或讨论设计变更；通过建立网络资源库，使设计者能够获得统一的设计标准；通过网络管理软件的辅助，使项目组成员以特定角色登录，可以保证成果的实时性及唯一性，并实现正确的设计流程管理；针对设计行业的特殊性，甚至开发出了基于 CAD 平台的协同工作软件，等等。

BIM（建筑信息化模型）的出现，从新的角度带来了设计方法的革命，其变化主要体现在以下几个方面：从二维（以下简称 2D）设计转向三维（以下简称 3D）设计；从线条绘图转向构件布置：从单纯的几何表现转向全信息模型集成；从各工种单独完成项目转向各工种协同完成项目；从离散的分步设计转向基于同一模型的全过程整体设计；从单一设计交付转向建筑全生命周期支持。BIM 带来的是激动人心的技术冲击，而更应值得注意的是，BIM 技术与协同设计技术将成为互相依赖、密不可分的整体。协同是 BIM 的核心概念，指同一构件元素，只需输入一次，各工种就可共享该元素数据，可于不同的专业角度操作该构件元素。从这个意义上说，协同已经不再是简单的文件参照。可以说 BIM 技术将为未来协同设计提供底层支撑，大幅提升协同设计的技术含量。BIM 带来的不仅是技术，也将是新的工作流及新的行业惯例。

因此，未来的协同设计，将不再是普通意义上的设计交流、组织及管理手段，它将与 BIM 融合，成为设计手段本身的一部分。借助于 BIM 的技术优势，协同的范畴也将从单纯的设计阶段扩展到建筑全生命周期，需要设计、施工、运营、维护等各方的集体参与，因此具备更广泛的意义，从而带来综合效率的大幅提升。

总之，如图 1-6 所示，建筑业对技术、管理、协作等方面的需求（无论是主动需求还是被动需求）引发了 BIM 的应用，BIM 应用又不得不依靠 BIM 工具和 BIM 标准，业务人员使用 BIM 工具和标准从而产生了 BIM 模型及信息，BIM 模型和信息又进一步支持着业务需求高效、优质地实现。BIM 的世界就由此得以诞生和不断地发展壮大。

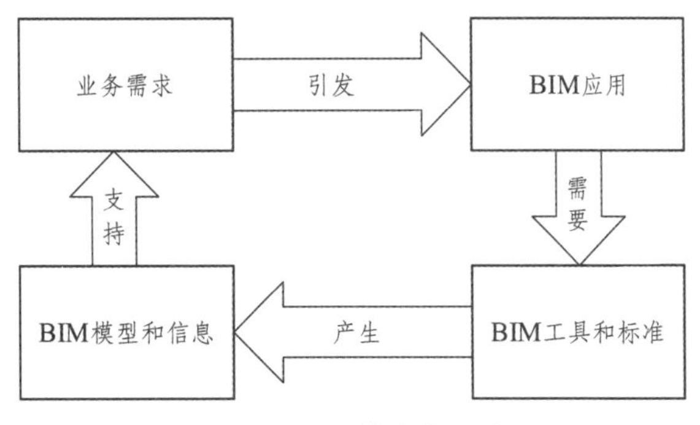

图 1–6 BIM 技术应用流程

1.2 BIM 概念及特点

对 BIM 的定义或解释有多种说法，McGraw. Hill（麦克格劳·希尔）在 2009 年名为“The Business Value of BIM”（BIM 的价值）的市场调研报告中对 BIM 的定义比较简练，认为：BIM 是利用数字模型对项目进行设计、施工和运营的过程。相比较，美国国家 BIM 标准对 BIM 的定义比较完整：BIM 是一个设施（建设项目）物理和功能特性的数字表达；是一个共享知识资源，是一个分享有关设施的信息，为该设施从概念到拆除的全生命周期中的所有决策提供可靠依据的过程；在项目不同阶段，不同利益相关方通过在 BIM 中插入、提取、更新和修改消息，以支持和反映其各自职责的协同作业。但目前，较为人们所接受的解释是：BIM 全名是 Building Information Modeling（建筑信息模型），是以建筑工程项目的各项相关信息数据作为模型的基础，进行建筑模型的建立，通过数字信息仿真模拟建筑物所具有的真实信息。换句话说，BIM 是以三维数字技术为基础，集成了建筑工程项目各阶段工程信息的数字化模型及其功能特性的数字化表达，旨在实现建筑全生命周期各阶段和各参与方之间的信息共享，明显提高工程建设管理的信息化水平和效率。

BIM 是对工程项目设施实体与功能特性的数字化表达。一个完善的信息模型，是对工程对象的完整描述，能够连接建筑项目生命期不同阶段的数据、过程和资源，可被建设项目各参与方普遍使用（见图 1-7）。BIM 具有单一工程数据源，可解决分布式、异构工程数据之间的一致性和全局共享问题，支持建设项目生命期中动态的工程信息创建、管理和共享。建筑信息模型同时又是一种应用于设计、建造、管理的数字化方法，这种方法支持建筑工程的集成管理环境，可以使建筑工程在其整个进程中显著提高效率和大幅降低风险。

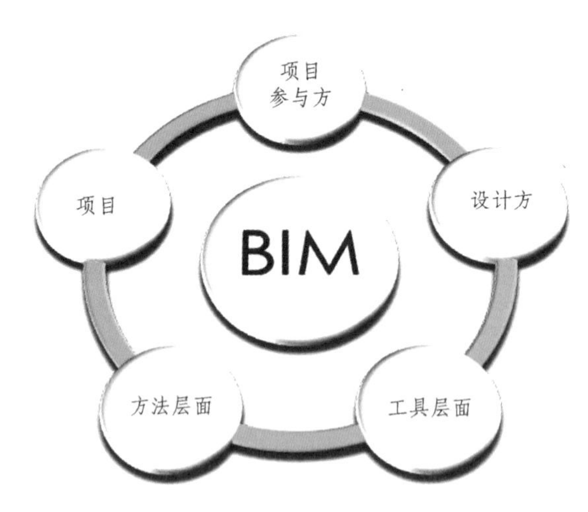

图 1-7　BIM 与各层面的关系

然而在实际应用层面，从不同的角度，对 BIM 又有着不同的解读：

（1）应用到一个项目中，BIM 代表着信息管理，信息被项目所有参与方提供和共享，确保正确的人在正确的时间得到正确的信息。对于建筑施工企业，BIM 可以模拟实际施工，便于能够在早期发现后期施工阶段可能出现的各种问题，以便提前处理，指导后期实际施工；也可作为可行性指导，优化施工组织设计和方案，合理配置项目生产要素，从而最大限度地实现资源的合理利用，对建造阶段的全过程管理发挥巨大价值。

（2）对于项目参与方，BIM代表着一种项目交付的协同过程，定义各个团队如何工作，多少团队需要一起工作，如何共同去设计、建造和运营项目。

（3）对于设计方，BIM代表着集成设计，鼓励创新，优化技术方案，提供更多的反馈，提高团队工作水平。

（4）工具层面，CAD如Word，BIM如Excel。

（5）方法层面，CAD是“我根据我想的给你做衣服”，BIM是“我根据你的身体做衣服”。见图1-8。

图 1-8

1.3 BIM运用的重要性

BIM技术在建筑工程项目的规划设计阶段、施工阶段以及运维阶段等全建筑生命周期管理过程中，都能够通过自身的优势使建筑工程项目达到缩短工期、节约成本的理想目标。下面从各个角度作介绍。

>> 1.3.1 政府及行业部门的强制推广

我国住房和城乡建设部在2012年发布的《2011—2015年建筑业信息化发展纲要》中推广的主要新技术之一就是建筑信息化模型BIM技术。

分工细致、劳动力密集型的建筑业对信息的依赖度越来越大，信息已成为企业的一种重要资产，必须加以充分利用和妥善地保护。通常，每项建筑工程包括立项、设计、施工至维修保养等多个不同阶段，每个阶段又需要多个位于不同地点和具有不同性质的公司和机构参与设计及施工的全过程。实施的全过程往往需要经过多年才能完成，参与人数众多，工序繁复，其间涉及大量的文件及图纸往来，急需协调管理。

大型智能建筑工程的现代化管理，需要在内、外部参与者之间相互交换处理的信息量十分庞大，包括设计阶段的各种图纸、进度控制，施工阶段的人员、物料、进度、质量和经济等数据，以及各类政府批文和法律文件等。建设单位繁多、高效的信息交流与共享管理，已成为优质完成现代化建筑工程的关键之一。

此外，建筑工程具有的分散性、移动性和一次性等特点意味着如果没有一个整合的信息系统工程，相关的信息将不能很好地保存起来，更难于转化成有用的知识以供将来借鉴。通过大量社会调查发现，工程管理人员往往需要花费多达 50% 的工作时间来搜查必要的信息，这将显著地降低了工程管理的效率。但是 BIM 技术的应用完整地解决了这些问题，解除了信息孤岛现象，可以让工程利益所有相关方在同一平台、统一数据库更新、储存、管理、应用这些信息。

BIM 能够在综合数字环境中保持信息不断地更新，并可提供访问使建筑师、工程师、施工人员以及业主可以清楚、全面地了解项目。这些信息在建筑设计、施工和管理的过程中能够加快决策进度、提高决策质量，从而使质量提高、收益增加。近些年，BIM 在设计阶段的应用促进了设计信息化的跨越式发展，建筑师通过可视化功能创建并获得如照片般真实的经过渲染的建筑设计创意和周围环境效果图，实现了 BIM 的社会化，尤其是虚拟现实的应用可以减少人力、缩短工期，有效节约成本。BIM 技术是项目精细化管理最有力的技术支撑手段，因而，近些年来各地方政府部门纷纷出台 BIM 应用的相关鼓励以及强制应用的文件和规定。

目前，BIM 在国内市场的主要应用典例是：BIM 模型维护、场地分析、建筑策划、方案论证、可视化设计、协同设计、性能化分析、工程量统计、管线综合、施工进度模拟、施工组织模拟、数字化建造、物料跟踪、施工现场配合、竣工模型交付、维护计划、资产管理、空间管理、建筑系统分析、灾害应急模拟。从以上 20 种 BIM 典型应用中可以看出，BIM 的应用对于实现建筑全生命期管理，提高建筑行业规划、设计、施工和运营的科学技术水平，促进建筑业全面信息化和现代化，具有巨大的应用价值和广阔的应用前景。

BIM 的应用和推广将在企业的科技进步和转型过程中起到一定的促进作用；也将给行业的发展带来巨大的推动力，支撑工业化建造、绿色施工、优化施工方案；促进工程项目实现精细化管理，提高工程质量，降低成本和工程风险；提升工程项目的效益和效率。BIM 建筑信息模型在建筑工程行业各阶段的推广和应用，是建设工程领域的一次革命，是项目精细化管理最有力的技术支撑手段。BIM 技术可以使企业集约管理、项目精益管理落地，也将改变项目各参与方的协作方式。

>> 1.3.2 BIM 对各方的影响

1．对建筑施工企业

BIM 对建筑施工企业的影响为，实现集成项目交付 IPD（Integrated Project Delivery）管理。具体包括：把项目主要参与方在设计阶段就集合在一起，着眼于项目的全生命期，利用 BIM 技术进行虚拟设计、建造、维护及管理；实现动态、集成和可视化的 4D 施工管理；将建筑物及施工现场 3D 模型与施工进度相链接，并把施工资源和场地布置信息集成一体，建立 4D 施工信息模型；实现建设项目施工阶段工程进度、人力、材料、设备、成本和场地布置的动态集成管理及施工过程的可视化模拟；实现项目各参与方协同工作，项目各参与方信息共享；基于网络实现文档、图档和视档的提交、审核、审批及利用；项目各参与方通过网络协同工作，进行工程洽商、协调，实现施工质量、安全、成本和进度的管理与监控；实现虚拟施工；在计算机上执行建造过程，虚拟模型可在实际建造之前对工程项目的功能及可建造性等潜在问题进行预测，包括施工方法实验、施工过程模拟及施工方案优化等。

对于传统 CAD 时代存在于建设项目施工阶段的 2D 图纸可施工性低、施工质量不能保证、工期进度拖延、工作效率低等劣势，BIM 技术体现出了巨大的价值优势：施工前改正设计错误与漏洞；4D 施工模拟、优化施工方案；使精益化施工成为可能。BIM 模型由于可以反映完整的项目设计情况，因此 BIM 模型中的构件模型可以与施工现场中的真实构件一一对应。我们可以通过 BIM 模型发现项目在施工现场中出现的错、漏、碰、缺的设计失误，从而达到提高设计质量，减少施工现场的变更，最终缩短工期、降低项目成本的预期目标。

在项目的施工阶段，施工单位通过对 BIM 建模和进度计划的数据集成，可实现 BIM 在时间维度基础上的 4D 应用。通过 BIM 技术 4D 应用的实施，施工单位既能按天、周、月看到项目的施工进度，又可以根据现场实时状况进行实时调整，在对不同的施工方案进行优劣对比分析后得到最优的施工方案；同时也可以对项目的重难点部分按时、分，甚至精确到秒进行可建性模拟，四维模拟实际施工，在早期的设计阶段发现后期施工阶段会出现的各种问题，便于提前处理，为后期活动打下坚固的基础。并在后期施工时能作为施工的实际指导，也能作为可行性指导，以提供合理的施工方案及人员，合理配置使用的材料，优化施工组织设计和方案，合理配置项目生产要素，从而最大限度地实现资源的合理利用，为建造阶段的全过程管理发挥巨大价值。例如，对土建工程的施工顺序、材料的运输堆放安排、建筑机械的行进路线和操作空间、设备管线的安装顺序等施工安装方案的优化。

随着我国建设工程规模越来越大、建筑高度越来越大、体型越来越复杂、功能越来越智能，工程项目的信息对整个建筑物的工程周期乃至生命周期都会产生重要影响。BIM 为建设工程领域带来二维图纸到三维设计和建造的革命，在上海金融中心、深圳平安金融中心、港珠澳大桥、上海迪士尼等一大批国家重点工程中，BIM 技术的数字化建造都取得了卓有成效的探索和成果，有效推动了项目管理水平的提升，逐渐成为企业转型升级的主要推力。

2．对勘测设计单位

BIM 可以贯穿整个设计地形勘测、初步方案、深化设计、施工图设计以及施工阶段的设计服务内容，同时对预算编制、管线综合等各具体步骤有着非常明显的节约时间、提高效率的作用。

传统 CAD 时代在建设项目设计阶段存在的诸如 2D 图纸冗繁、错误率高、变更频繁、协作沟通困难等缺点都将为 BIM 所解决，BIM 所带来的价值优势是巨大的。

推动现代 CAD 技术的应用，建筑师们不再困惑于如何用传统的二维图纸表达复杂的三维形态这一难题，深刻地对复杂三维形态的可实施性进行了拓展。摒弃传统 CAD 用点、线、符号等简单元素表示某元件的理念，而采用面向对象的数据表达形式来描述项目的每一个组成部分。例如，不再用平行的线段表示电缆，而是在设计工具中创建一个电缆类的实例，每个实例都有其特有的属性，包括位置、尺寸、组成和型号等。这样的模型承载的信息比平面图加电缆清册要丰富得多，全面支持数字化的、采用不同设计方法的工程设计，并尽可能采用自动化设计技术，实现设计的集成化、网络化和智能化。可视化，使得设计师对于自己的设计思想既能够做到“所见即所得”，而且能够让业主捅破技术壁垒的“窗户纸”，随时了解到自己的投资可以收获什么样的结果。

BIM 帮助实现三维设计，能够根据 3D 模型自动生成各种图形和文档，而且始终与模型逻辑相关，当模型发生变化时，与之关联的图形和文档将自动更新；设计过程中所创建的对象存在着内部的逻辑关联关系，当某个对象发生变化时，与之关联的对象随之变化。同时，实现不同专业设计之间的信息共享。各专业 CAD 系统可从信息模型中获取所需的设计参数和相关信息，不需要重复录入数据，避免数据冗余、歧义和错误。还有实现各专业之间的协同设计，某个专业设计的对象被修改，其他专业设计中的该对象会随之更新。总之，BIM 可实现虚拟设计和智能设计，实现设计碰撞检测、能耗分析、成本预测等。

另外，对比传统的竣工图纸，通过竣工模型能更直观、准确、快速地找寻物件的所有相关信息，便于了解现场环境；能省去不必要的找寻翻阅资料、查阅图形和学习认识的时间。对比传统 2D 的竣工图与文档模式，竣工模型在实现共享信息、协同管理、提高运营效率方面有着巨大的优势。这是因为建筑周期从设计到施工完成，中间产生的海量变更信息，都可以事无巨细地存储在模型中，并且实时更新。

引申阅读二：
竣工模型的建立

对于一开始就用 BIM 贯彻整个建筑周期的项目，工程竣工时，所更新的模型就是竣工模型，而且用模型更新更改信息保证了各个平面图、直观图、剖面图的一致性，省去了查验比对一致性的一个复杂环节（一般查验过程占整个建筑施工周期的 20%）。而传统的 2D 图只能是平面图、直观图、剖面图逐张更改，不仅比 BIM 方式的速度慢 2/3 倍，而且每个环节交接查验的速度也慢 2/3 倍。

3．对监理单位、施工监控单位等第三方机构

建立单一工程数据源。工程项目各参与方使用的是单一信息源，确保了信息的准确性和一致性，可实现项目各参与方之间的信息交流和共享，由此可从根本上解决项目各参与方基于纸介质方式进行信息交流产生的“信息断层”和应用系统之间“信息孤岛”问题。

BIM 模型建立后，相关人员可以更加直观、科学地对项目进行管理和监督，以保障项目严格按照设计文件、国家相关规范及规定进行合理化的质量、进度、成本管理，促进建筑生命期管理，实现建筑生命期各阶段的工程性能、质量、安全、进度和成本的集成化管理，对建设项目生命期总成本、能源消耗、环境影响等进行分析、预测和控制，从而保质保量地完成工程项目的建设。

4．对甲方（业主）或后期运营单位

BIM 模型可以始终贯穿项目的全生命周期，业主可以根据项目进度随时比照 BIM 模型，从而宏观掌控项目的实施，随时了解项目的费用、质量，从而科学地对项目进行合理化调整，以达到项目的建设目的；项目建成后也有了一个有力的工具对项目的运营提供直观、有效的管理。

以建筑工程竣工阶段为例，竣工图与竣工模型反映的是真实的建筑工程项目施工结果的图样和模型。它们真实记录了各种地下、地上建筑物、构筑物，是工程施工阶段的最终记录，是工程运营阶段的主要指示。

建筑产品形体大，一般都有隐蔽工程，竣工图如产品说明书一般，建筑的使用、维护管理都离不开它。建筑工程的隐蔽部分比较多，不能随时拆开检查、维修，因此，要解决问题只能靠竣工图和竣工资料。

同时，在设计阶段由于电气和土建专业分别出图，造成了图纸不具备缆线走向信息和不能满足正确敷设的要求，而施工单位在安装作业时的安装信息在交接时由于没有相关记录而流失。运行期间这些线缆由于种种原因不可避免地会发生变动，且大部分没有记录；即使有也很难被找到和具有可信度。

很多工程都不是一两年就能建成的，所以就需要妥善保存建设各阶段中生成的文件资料。当进行下一步施工或遇到问题时，都需要查找已经形成的图纸资料。传统的建筑周期在竣工阶段，收集整理竣工资料是一个烦琐的过程。

图纸的整理与资料的整理不同步，每个人对信息的整理和储存方式不一样，建筑信息在传递交接过程中很容易出现缺失，且查验信息也费时费力。再加上图纸本身的局限性，每个用图纸的人要了解某一建筑构件，必需根据平面图加立面图、剖面图，靠想象力将其组合成一个立体图。然而，随着每个人空间组合能力及工地实际经验不同，组成结果的正确性和在沟通水平也有相当程度的落差。这无形当中也提高了信息缺失的概率和出错率，进而增加了更多的无用信息，并随着工程的展开和参与人数的增多而增加。

在建筑物使用寿命期间，建筑物结构设施（如墙、楼板、屋顶等）和设备设施（如设备、管道等）都需要不断得到维护。一个成功的维护方案可提高建筑物性能，降低能耗和修理费用，进而降低总体维护成本。

BIM 模型结合运营维护管理系统可以充分发挥空间定位和数据记录的优势，合理制订维护计划，分配专人专项维护工作，以降低建筑物在使用过程中出现突发状况的概率。对一些重要设备，还可以跟踪维护工作的历史记录，以便对设备的适用状态提前作出判断。例如以往管道维修，由于是不同组人员，找寻相关图纸、资料需要 2 ~ 3 个工作日，现用竣工模型 5 分钟就获得相关区域的所有信息。

便于升级再改造的方案设计：BIM 能将建筑物空间信息和设备参数信息有机地整合起来，从而为业主获取完整的建筑物全局信息提供途径。通过 BIM 与施工过程记录信息的关联，甚至能够实现包括

隐蔽工程资料在内的竣工信息集成，不仅为后续的物业管理带来便利，而且可以在未来进行的翻新、改造、扩建过程中为业主及项目团队提供有效的历史信息。

利用 BIM 及相应灾害分析模拟软件模拟逃生疏散通道，可以在灾害发生前，模拟灾害发生的过程，分析灾害发生的原因，制定避免灾害发生的措施，以及发生灾害后人员疏散、救援支持的应急预案。当灾害发生后，BIM 模型可以提供救援人员紧急状况点的完整信息，这将有效提高突发状况应对措施的准确度。此外，楼宇自动化系统能及时获取建筑物及设备的状态信息，通过 BIM 和楼宇自动化系统的结合，使得 BIM 模型能清晰地呈现出建筑物内部紧急状况的位置，甚至到紧急状况点最合适的路线，救援人员可以由此做出正确的现场处置，提高应急行动的成效。

>> 1.3.3 就各参与方而言

引申阅读三：就土木工程各专业方向而言 BIM 的优势

1. 咨询单位

（1）缩短项目工期。利用 BIM 技术，可以通过加强团队合作、改善传统的项目管理模式、实现场外预制、缩短订货至交货之间的空白时间（Lead times）等方式大大缩短工期。

（2）更加可靠与准确的项目预算。基于 BIM 模型的工料计算（Quantity take-off）相比基于 2D 图纸的预算更加准确，且节省大量的时间。

（3）提高生产效率、节约成本。利用 BIM 技术可大大加强各参与方的协作与信息交流的有效性，使决策可以在短时间完成，减少了复工与返工的次数，且便于新型生产方式的兴起，如场外预制、BIM 参数模型作为施工文件等，可显著地提高生产效率，节约成本。

（4）高性能的项目结果。BIM 技术所输出的可视化效果可以为业主校核是否满足要求提供平台，且利用 BIM 技术可实现耗能与可持续发展设计与分析，为提高建筑物、构筑物等的性能提供技术手段。

（5）BIM 技术可以实现对传统项目管理模式的优化，有助于提高项目的创新性与先进性。例如，一体化项目管理模式 IPD（Integrated Project Delivery Mode）下各参与方早期使参与设计，这种群策群力的模式有利于吸取先进技术与经验，实现项目创新性与先进性。

（6）方便设备管理与维护。利用 BIM 竣工模型（As-built model）作为设备管理与维护的数据库，可提高管理与维护工作的效率。

2. 造价单位

造价管理的目的就是为项目投资实现增值。工程项目造价管理分为两个阶段，即项目计划阶段和合同管理阶段。在每个阶段，应用 BIM 技术后都能提高造价管理的效率和水平。在项目计划阶段，主要是对工程造价进行预估，应用 BIM 技术可以为造价工程提供各设计阶段准确的工程量、设计参数和工程参数，与技术经济指标结合，可以计算出准确估算、概算，再运用价值工程和限额设计等手段对设计成果进行优化。BIM 技术模型较传统二维图纸的很大区别是能够把建筑、结构、机电等信息完整、有效地保存下来，并能快速准确地统计工程量，提出分析报告。BIM 模型中由于每一个构件都是和现实中的实际物体一一对应的，所含的信息也都是可以直接拿来运用的，因此计算机在 BIM 模型中可以根据构件本身的属性如类型、尺寸、数量等进行快速识别分类；当需要进行工程量统计时，计算机和智能软件可以根据不同的分类迅速自动做出统计。同时，基于 BIM 技术生成的工程量不是简单的长度和面积的统计，专业的 BIM 造价软件可以进行精确的 3D 布尔运算和实体减扣，从而获得更符合实际的工程量数据，并且可以自动形成电子文档进行交换、共享、远程传递和永久存档。其准确率和速度上都较传统统计方法有很大的提高，可有效降低造价工程师的工程强度，提高了工作效率。

3. 建设方单位

（1）规划部门。

是否能够帮助业主把握好产品和市场之间的关系，是项目规划阶段至关重要的一点，而 BIM 能够为项目各方在项目策划阶段做出使市场收益最大化的工作。同时在规划阶段，BIM 技术对建设项目在技术和经济上的可行性论证提供了帮助，可提高论证结果的准确性和可靠性。在项目规划阶段，业主需要确定出建设项目方案是否既具有技术与经济上的可行性，又能满足类型、质量、功能等要求。但这需要花费大量的时间、金钱与精力，才能得到可靠性高的论证结果。BIM 技术可以为广大业主提供概要模型，针对建设项目方案进行分析、模拟，从而为整个项目的建设降低成本、缩短工期并提高质量。

（2）运营部门。

BIM 在建筑工程项目的运营阶段也可起到非常重要的作用。建设项目中所有系统的信息对于业主实时掌握建筑物的使用情况，及时有效地对建筑物进行维修、管理起着至关重要的作用。那么是否有能够将建设项目中所有系统的信息提供给业主的平台呢？BIM 的参数模型给出了明确的答案。在 BIM 参数模型中，项目施工阶段做出的修改将全部实时更新并形成最终的 BIM 竣工模型，该竣工模型可作为各种设备管理的数据库为系统的维护提供依据。

建筑物的结构设施（如墙、楼板、屋顶等）和设备设施（如设备、管道等）在建筑物使用寿命期间，都需要不断得到维护。BIM 模型则恰恰可以充分发挥数据记录和空间定位的优势，通过结合运营维护管理系统，制订合理的维护计划，依次分配专人做专项维护工作，从而使建筑物在使用过程中出现突发状况的概率大为降低。

BIM 是引领建筑业信息技术走向更高层次的一种新技术，它的全面应用，将为建筑行业的科技进步产生无可估量的影响，可大大提高建筑工程的集成化程度。随着国内建筑设计领域的发展，BIM 已经初步应用于建筑工程行业并彰显出了其巨大的商业价值。但目前 BIM 的应用还是存在很大的局限性，对于 BIM 引领的建筑工程领域所应创造的经济效益、社会效益只是冰山一角。我们应走出对 BIM 认知的几个误区，打通 BIM 链条上的各个环节，挖掘 BIM 作为建筑信息模型这个偏技术性的字眼背后的巨大商业价值。

4. 小　结

BIM 是信息化技术在建筑业的直接应用，服务于建设项目的设计、建造、运营维护等整个生命周期。BIM 为项目各参与方提供交流顺畅、协同工作的平台，其对于避免失误、提高工程质量、节约成本、缩短工期等可作出极大的贡献，其巨大的优势作用让行业对其愈加重视。应用 BIM 技术在各个专业设计进行碰撞检查，不但能彻底消除硬、软碰撞，完善工程设计，进而大大降低在施工阶段可能存在的错误损失和返工的可能性，并且可以做到既优化空间又便于使用和维修。

在 BIM 技术的帮助下，我们不仅可以实现项目设计阶段的协同设计，施工阶段的建造全程一体化和运营阶段对建筑物的智能化维护和设施管理，而且从根本上将业主、施工单位与运营方之间的隔阂和界限打破，从而真正实现 BIM 在建造全生命周期的应用价值。

1.4　BIM 的现状及发展

>> 1.4.1　BIM 在国外的发展现状

BIM 最先从美国发展起来，随着全球化的进程，已经扩展到了欧洲以及日、韩、新加坡等国家，目前这些国家和地区的 BIM 发展和应用都达到了一定水平。

1．BIM 在美国的发展现状

美国是较早启动建筑业信息化研究的国家，发展至今，其对 BIM 的研究与应用都走在世界前列。目前，美国大多建筑项目已经开始应用 BIM，BIM 的应用点也种类繁多，而且存在各种 BIM 协会，并出台了各种 BIM 标准。McGraw Hill 的调研如图 1-9 所示，其中 74% 的承包商已经在工程建设中应用 BIM，超过了建筑师（70%）及机电工程师（67%）。BIM 的价值被不断地得到越来越广泛的认可。

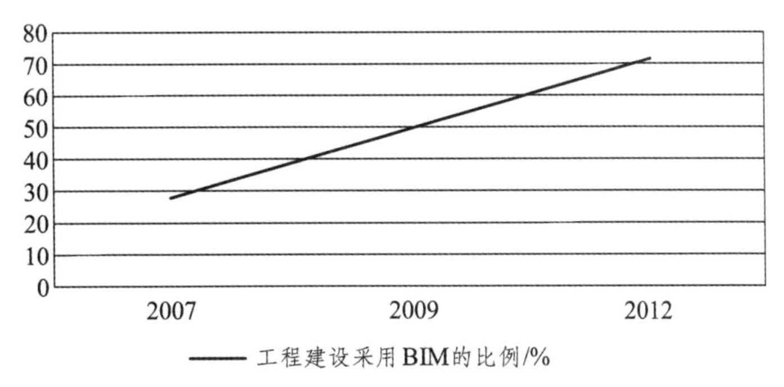

图 1-9 工程建设采用 BIM 的比例

关于美国 BIM 的发展，不得不提到 BIM 的几大相关机构。

美国总务署（GSA）：美国总务署负责美国所有的联邦设施的建造和运营。早在 2003 年，为了提高建筑领域的生产效率、提升建筑业信息化水平，GSA 下属的公共建筑服务部门的首席设计师办公室（OCA）推出了 3D-4D-BIM 计划。3D-4D-BIM 计划的目标是为所有对 3D-4D-BIM 技术感兴趣的项目团队提供“一站式”服务，虽然每个项目功能、特点各异，但 OCA 可为每个项目团队提供独特的战略建议与技术支持。目前 OCA 已经协助和支持了超过 100 个项目。

GSA 要求，从 2007 年起，所有大型项目（招标级别）都需要应用 BIM，最低要求是空间规划验证和最终概念展示都需要提交 BIM 模型。GSA 的所有项目都被鼓励采用 3D-4D-BIM 技术，并且根据采用这些技术的项目承包商的应用程序不同，给予不同程度的资金支持。目前，GSA 正在探讨在项目生命周期中应用 BIM 技术，包括空间规划验证、4D 模拟、激光扫描、能耗和可持续发展模拟、安全验证等，并陆续发布各领域的系列 BIM 指南，且在官网提供下载，这对于规范和 BIM 在实际项目中的应用起到了重要作用。

引申阅读四：GSA 应用 BIM 技术

在美国，GSA 在工程建设行业技术会议如 AIA-TAP 中都十分活跃，GSA 项目也常被提名为年度 AIA BIM 大奖。因此，GSA 对 BIM 的强大宣贯直接影响并提升了美国整个工程建设行业对 BIM 的应用。以下为 GSA 应用 BIM 技术的典型案例。

引申阅读五：美国陆军工程兵团

2．BIM 在新加坡的发展现状

新加坡负责建筑业管理的国家机构是建筑管理署（BCA）。在 BIM 这一术语引进之前，新加坡当局就注意到信息技术对建筑业的重要作用。早在 1982 年，BCA 就有了人工智能规划审批的想法，2000—2004 年，发展 CORENET（Construction and Real Estate NETwork）项目，用于电子规划的自动审批和在线提交，是世界首创的自动化审批系统。

2011 年，BCA 发布了新加坡 BIM 发展路线规划（见图 1-10），规划明确推动整个建筑业在 2015 年前广泛使用 BIM 技术。为了实现这一目标，BCA 分析了所面临的挑战，并制定了相关策略。

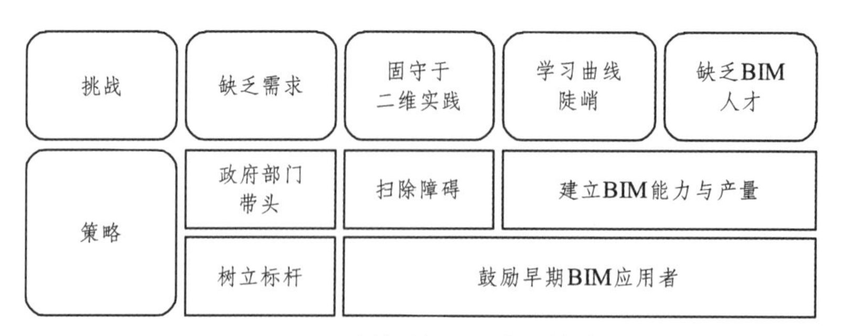

图 1–10　新加坡 BIM 发展策略

其中清除障碍的主要策略，包括制定 BIM 交付模板以减少从 CAD 到 BIM 的转化难度，2010 年 BCA 发布了建筑和结构的模板，2011 年 4 月发布了 M&E 的模板；另外，与新加坡 building SMART 分会合作，制定了建筑与设计对象库，并明确在 2012 年以前合作确定发布项目协作指南。

为了鼓励早期的 BIM 应用者，BCA 于 2010 年成立了一个 600 万新币的 BIM 基金项目，任何企业都可以申请。基金分为企业层级和项目协作层级，公司层级最多可申请 20 000 新元，用以补贴培训、软件、硬件及人工成本；项目协作层级需要至少 2 家公司的 BIM 协作，而且申请的企业必须派员工参加 BCA 学院组织的 BIM 建模/管理技能课程。

在创造需求方面，新加坡决定政府部门必须带头在所有新建项目中明确提出 BIM 需求。2011 年，BCA 与一些政府部门合作确立了示范项目。BCA 强制要求提交建筑 BIM 模型（2013 年起）、结构与机电 BIM 模型（2014 年起），并且最终在 2015 年前实现所有建筑面积大于 5 000 m^2 的项目都必须提交 BIM 模型的目标。

在建立 BIM 能力与产量方面，BCA 鼓励新加坡的大学开设 BIM 的课程，为毕业学生组织密集的 BIM 培训课程，为行业专业人士建立 BIM 专业学位。

3．BIM 在北欧国家的发展现状

北欧国家包括挪威、丹麦、瑞典和芬兰，是一些主要的建筑业信息技术的软件厂商所在地，如 Tekla 和 Solibri，而且对发源于邻近匈牙利的 ArchiCAD 的应用率也很高。因此，这些国家是全球最先一批采用基于模型设计的国家，也在推动建筑信息技术的互用性和开放标准，主要指 IFC。北欧国家冬天漫长多雪，这使得建筑的预制化非常重要，这也促进了包含丰富数据、基于模型的 BIM 技术的发展，促使这些国家及早地进行了 BIM 的部署。

与上述国家不同，北欧四国政府并未强制要求使用 BIM，但由于当地气候的要求以及先进建筑信息技术软件的推动，BIM 技术的发展主要是企业的自觉行为。例如，Senate Properties 是芬兰一家国有企业，也是荷兰最大的物业资产管理公司。2007 年，Senate Properties 发布了一份建筑设计的 BIM 要求。自 2007 年 10 月 1 日起，Senate Properties 的项目仅强制要求建筑设计部分使用 BIM，其他设计部分可根据项目情况自行决定是否采用 BIM 技术，但目标将是全面使用 BIM。该报告还提出，设计招标将有强制的 BIM 要求，这些 BIM 要求将成为项目合同的一部分，具有法律约束力；建议在项目协作时，建模任务需创建通用的视图，需要准确的定义；需要提交最终 BIM 模型，且建筑结构与模型内部的碰撞需要进行存档；建模流程分为四个阶段：Spatial Group BIM、Spatial BIM、Preliminary Building Element BIM 和 Building Element BIM。

4．BIM 在日本的发展现状

在日本，有“2009 年是日本的 BIM 元年”之说，大量的设计公司、施工企业开始应用 BIM。而日本国土交通省也在 2010 年 3 月表示，已选择一项政府建设项目作为试点，探索 BIM 在设计可视化、信息整合方面的价值及实施流程。

2010 年秋天，日经 BP 社调研了 517 位设计院、施工企业及相关建筑行业从业人士，了解他们对于 BIM 的认知度与应用情况。结果显示，BIM 在日本国内的知晓度，从 2007 年的 30.2% 提升至 2010 年的 76.4%。2008 年的调研显示，采用 BIM 的最主要原因是 BIM 绝佳的展示效果，而 2010 年人们采用 BIM 主要用于提升工作效率。仅有 7% 的业主要求施工企业应用 BIM，这也表明日本企业应用 BIM 更多的是企业的自身选择与需求。日本 33% 的施工企业已经应用 BIM，在这些企业当中近 90% 是在 2009 年之前开始实施的。

此外，日本建筑学会于 2012 年 7 月发布了日本 BIM 指南，从 BIM 团队建设、BIM 数据处理、BIM 设计流程、应用 BIM 进行预算、模拟等方面为日本的设计院和施工企业应用 BIM 提供了指导。

BIM 设计软件的出现具有重大的现实意义，在国外相当多的国家都在努力地推广着这一新兴技术。然而，在经历相当长的时期之后，这项技术在我国并没有得到真正的普及。

>> 1.4.2 BIM 在国内的发展现状

在我国的香港、台湾及一些沿海城市，将 BIM 技术运用到建筑行业各个领域中的时间较早。如今 BIM 在我国各地区的发展情况不尽相同。

1. 香 港

香港的 BIM 发展主要靠行业自身的推动。早在 2009 年，香港便成立了香港 BIM 学会。2010 年，香港 BIM 学会主席梁志旋表示，香港的 BIM 技术应用目前已经完成从概念到实用的转变，处于全面推广的最初阶段。

香港房屋署自 2006 年起，已率先试用建筑信息模型；为了成功地推行 BIM，自行订立 BIM 标准、用户指南、组建资料库等设计指引和参考。这些资料有效地为模型建立、管理档案以及用户之间的沟通创造了良好的环境。2009 年 11 月，香港房屋署发布了 BIM 应用标准。香港房屋署署长冯宜萱女士提出，在 2014 年到 2015 年该项技术将覆盖香港房屋署的所有项目。

2. 台 湾

自 2008 年起，“BIM” 这个名词在台湾的建筑营建业开始被热烈地讨论，台湾的产官学界对 BIM 的关注度也十分高。

早在 2007 年，台湾大学就与 Autodesk 签订了产学合作协议，重点研究建筑信息模型（BIM）及动态工程模型设计。2009 年，台湾大学土木工程系成立了“工程信息仿真与管理研究中心”（简称 BIM 研究中心），建立了技术研发、教育训练、产业服务与应用推广的服务平台，促进了 BIM 相关技术与应用的经验交流、成果分享、人才培训与产官学研合作。为了调整及补充现有合同内容在应用 BIM 上的不足，BIM 中心与淡江大学工程法律研究发展中心合作，并在 2011 年 11 月出版了《工程项目应用建筑信息模型之契约模板》一书，且特别提供合同范本与说明，让用户能更清楚了解各项条文的目的、考虑重点与参考依据。高雄应用科技大学土木系也于 2011 年成立了工程资讯整合与模拟研究中心。此外，台湾大学、新竹交通大学、台湾科技大学等对 BIM 进行了广泛的研究，极大地推动了台湾对于 BIM 的认知与应用。

台湾有几家公转民的大型工程顾问公司与工程公司由于一直承接政府的大型公共建设，财力雄厚、兵多将广，对于 BIM 有一定的研究并有大量的成功案例。2010 年元旦，台湾世曦工程顾问公司成立 BIM 整合中心，2011 年 9 月，中兴工程顾问股份 3D/BIM 中心成立，此外亚新工程顾问股份有限公司也成立了 BIM 管理及工程整合中心。台湾的小规模建筑相关单位囿于高昂的软件价格，对于 BIM 的软硬件投资有些踌躇不前，是目前民营企业 BIM 普及的重要障碍。

台湾的政府层级对 BIM 的推动有两个方向。一是，对于建筑产业界，政府希望其自行引进 BIM，官方并没有具体的辅导与奖励措施。二是，对于新建的公共建筑和公有建筑，其拥有者为政府单位，工程发包监督都受到政府公共工程委员会管辖，则要求在设计阶段与施工阶段都采用 BIM 完成。另外，台北市、新北市、台中市市政府的建筑管理单位为了提高建筑审查的效率，正在学习新加坡的 eSummision，致力于日后要求设计单位申请建筑许可时必须提交 BIM 模型，并委托公共资讯委员会研拟编码工作，参照美国 MasterFormat 的编码，根据台湾地区性现况制作编码内容。预计两年内会从公有建筑物开始试办。2010 年台北市政府启动了“建造执照电脑辅助查核及应用之研究”，并先后公开举办了三场专家座谈会：

第一场为“建筑资讯模型在建筑与都市设计上的运用”。

第二场为“建造执照审查电子化及 BIM 设计应用之可行性”。

第三场为“BIM 永续推动及发展目标”。

2011 年与 2012 年，台北市政府举行了“台北市政府建造执照应用 BIM 辅助审查研讨会”，邀请了产官学各界的专家学者齐聚一堂，从不同方面就台北市政府的研究专案说明、推动环境与策略、应用经验分享、工程法律与产权等课题提出专题报告并进行研讨。这一产官学界的公开对话，被业内喻为“2012 台北 BIM 愿景”。

3. 大　陆

综合上述内容，我们可以大体了解 BIM 的相关内容，也了解到目前 BIM 国外很多国家已经有比较成熟的 BIM 标准或者制度。那么 BIM 在我国建筑市场是否能够同国外的一些国家一样那么顺利发展呢？BIM 的应用又会给人们带来哪些好处？（见图 1-11）

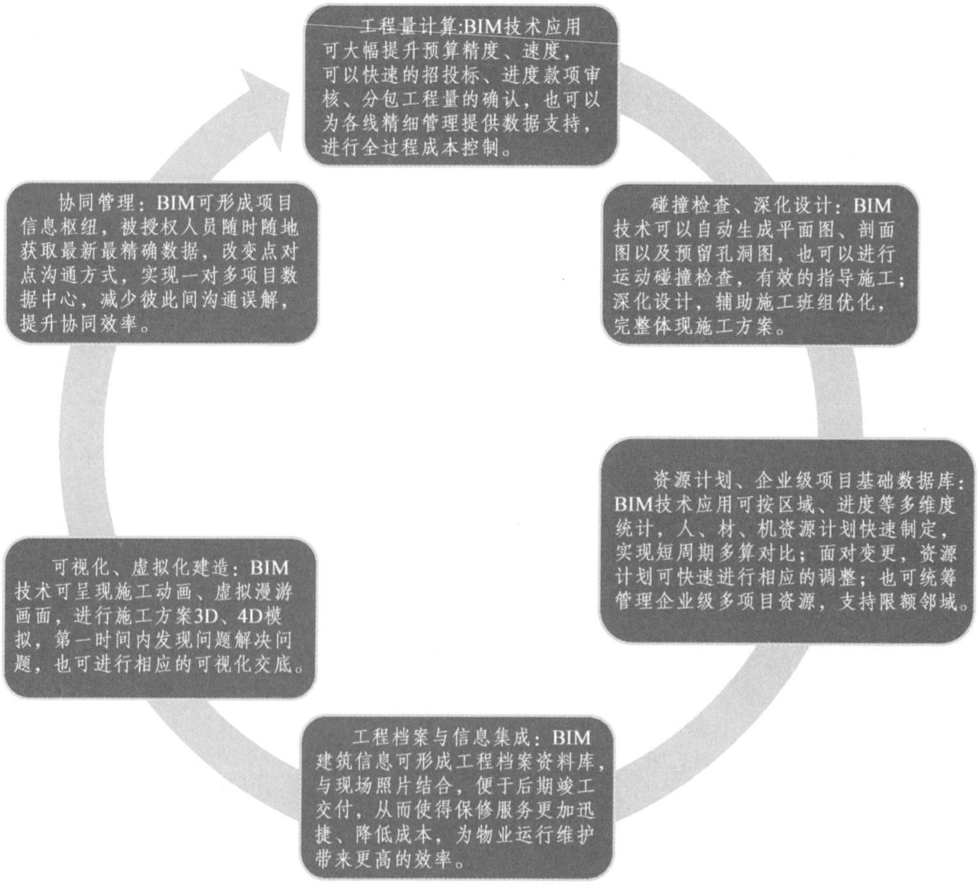

工程量计算:BIM技术应用可大幅提升预算精度、速度，可以快速的招投标、进度款项审核、分包工程量的确认，也可以为各线精细管理提供数据支持，进行全过程成本控制。

碰撞检查、深化设计：BIM技术可以自动生成平面图、剖面图以及预留孔洞图，也可以进行运动碰撞检查，有效的指导施工；深化设计，辅助施工班组优化，完整体现施工方案。

资源计划、企业级项目基础数据库：BIM技术应用可按区域、进度等多维度统计，人、材、机资源计划快速制定，实现短周期多算对比；面对变更，资源计划可快速进行相应的调整；也可统筹管理企业级多项目资源，支持限额领域。

工程档案与信息集成：BIM建筑信息可形成工程档案资料库，与现场照片结合，便于后期竣工交付，从而使得保修服务更加迅捷、降低成本，为物业运行维护带来更高的效率。

可视化、虚拟化建造：BIM技术可呈现施工动画、虚拟漫游画面，进行施工方案3D、4D模拟，第一时间内发现问题解决问题，也可进行相应的可视化交底。

协同管理：BIM可形成项目信息枢纽，被授权人员随时随地获取最新最精确数据，改变点对点沟通方式，实现一对多项目数据中心，减少彼此间沟通误解，提升协同效率。

图 1-11　BIM 技术在建造阶段有六大应用

近些年来，我国政府致力于 BIM 技术在国内的扎根与推广工作，除紧扣国际上 BIM 技术发展趋势与大量搜集国外相关技术信息与引进外，积极与国内工程业界合作进行工程项目导入 BIM 的实作与研发，累积宝贵的 BIM 技术实务经验及知识体系的建构能量；并广邀国内外各界在 BIM 技术相关的实作与研发有杰出成就的专家举办了多次 BIM 趋势论坛，期望对国内工程各界在 BIM 技术领域的发展与新知的认识有所贡献。

近来 BIM 在国内建筑业掀起了一股热潮，除了前期软件厂商的积极推广外，政府相关单位、各行业协会与专家、设计单位、施工企业、科研院校等也开始重视并推广 BIM。与此同时，国内诸多企业也都看到了 BIM 对于未来建筑产业变革性的影响，也都纷纷开始将 BIM 应用于自身的项目中，并且有些项目取得了较大的成功如上海中心、中国尊、上海迪士尼等。从中央到地方，从企业到个人都可以感受到对于 BIM 应用的态度。相信不久的将来 BIM 终将在我国建筑产业形成一种全新的概念与技术风尚，并且行业也终将借助 BIM 迎来全新的契机。

2010 年与 2011 年，中国房地产业协会商业地产专业委员会、中国建筑业协会工程建设质量管理分会、中国建筑学会工程管理研究分会、中国土木工程学会计算机应用分会组织并发布了《中国商业地产 BIM 应用研究报告 2010》和《中国工程建设 BIM 应用研究报告 2011》，虽然样本不多，但在一定程度上反映了 BIM 在我国工程建设行业的发展现状。根据两届的报告，我国企业对 BIM 的知晓程度，从 2010 年的 60% 提升至 2011 年的 87%。2011 年，共有 39%的单位表示已经使用了 BIM 相关软件，而其中以设计单位居多，如图 1-12 所示。

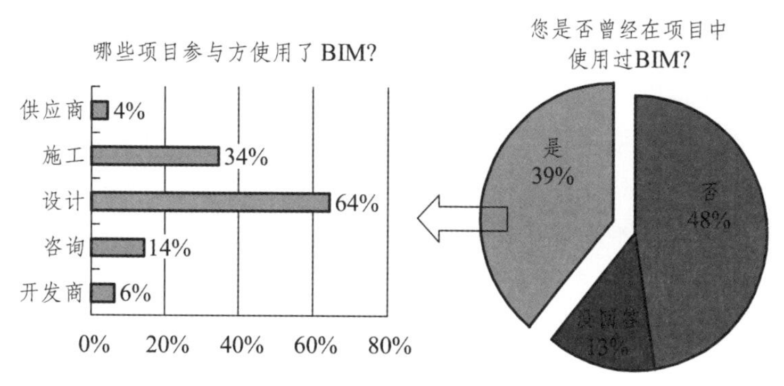

图 1-12　是否在项目中使用过 BIM

早在 2010 年，清华大学通过研究，参考 NBIMS，结合调研提出了中国建筑信息模型标准框架（简称 CBIMS），并且创造性地将该标准框架分为面向 IT 的技术标准与面向用户的实施标准。

2011 年 5 月，住建部发布的《2011—2015 建筑业信息化发展纲要》中明确指出：在施工阶段开展 BIM 技术的研究与应用，推进 BIM 技术从设计阶段向施工阶段的应用延伸，降低信息传递过程中的衰减；研究基于 BIM 技术的 4D 项目管理信息系统在大型复杂工程施工过程中的应用，实现对建筑工程有效的可视化管理等。

2012 年 1 月，住建部《关于印发 2012 年工程建设标准规范制订修订计划的通知》宣告了中国 BIM 标准制定工作的正式启动，其中包含与 BIM 相关的五项标准：《建筑工程信息模型应用统一标准》《建筑工程信息模型存储标准》《建筑工程设计信息模型交付标准》《建筑工程设计信息模型分类和编码标准》《制造工业工程设计信息模型应用标准》。其中，《建筑工程信息模型应用统一标准》的编制采取“千人千标准”的模式，邀请行业内相关软件厂商、设计院、施工单位、科研院所等近百家单位参与标准研究项目/课题/子课题的研究。至此，工程建设行业的 BIM 热度日益高涨。

前期，大学主要集中于 BIM 的科研方面，如清华大学针对 BIM 标准的研究，上海交通大学的 BIM 研究中心侧重于 BIM 在协同方面的研究，随着企业各界对 BIM 的重视，对大学的 BIM 人才培养需求渐起。2012 年 4 月 27 日，首个 BIM 工程硕士班在华中科技大学开课，随后广州大学、武汉大学也开设了专门的 BIM 工程硕士班。

在产业界，前期主要是设计院、施工单位、咨询单位等对 BIM 进行了一些尝试。最近几年，业主对 BIM 的认知度也在不断提升，SOHO 董事长潘石屹已将 BIM 作为 SOHO 未来三大核心竞争力之一；万达、龙湖等大型房地产商也在积极探索应用 BIM，BIM 已经成为企业参与项目的门槛；其他项目中也逐渐将 BIM 写入招标合同，或者将 BIM 作为技术标的重要亮点。就目前来说，大中型设计企业基本上拥有了专门的 BIM 团队，有一定的 BIM 实施经验；施工企业起步略晚于设计企业，不过不少大型施工企业也开始了对 BIM 的实施与探索，也有一些成功案例；目前运维阶段的 BIM 应用还处于探索研究阶段。

其实早在我国的“十一五”规划中，政府就已经预见到 BIM 会为未来建筑行业带来变革，加之软硬件技术的飞速发展，促使了 BIM 应用条件的飞速发展。从中央到地方，都已把 BIM 概念导入现实的工程中，并列为提高建筑生产力的首要工作。这为 BIM 在我国的发展提供了良好的环境。

1.5 BIM 的应用体现小结

>> 1.5.1 设计施工一体化方面

随着我国建筑业转型升级的推进，设计施工一体化将有利于建设风险的控制和提高项目运作的效率。BIM 加强了设计与施工的沟通，设计施工一体化将设计与施工的矛盾由原本的外部矛盾转化为承建商的内部管理问题，把现有体制下的投资风险转换为承建商管理能力，减少了协调工作与管控对象，避免了施工方利用设计方的考虑不周造成施工方索赔的现状。

>> 1.5.2 BIM 可以发挥承建商的技术、资源优势

承建商拥有施工技术优势，如跳仓法、超长结构等技术，在设计阶段可以把施工技术考虑进去，有利于承建方发挥整体优势，达到建设项目成本最优化。

承建商拥有资源优势，如施工机具和施工人员等，在设计阶段可以发挥施工资源优势，保证承建商的利益最大化。

>> 1.5.3 集中采购方面

BIM 信息的完备性，保证了项目生产所需的资源数量和时间的准确性。随着施工企业所有项目 BIM 的集中管控，参照 BIM 模型可以随时生成各地区某一期间生产所需的资源数量和采购数量。在此基础上签订采购框架协议，随着 BIM 细度的提升和信息的不断完善，采购数量就会即时更新，从而保证采购数量和预计成本的准确性，充分发挥集中采购优势。

BIM 是以建筑工程项目的各项相关信息数据作为基础，为建设项目全生命周期设计、施工和运营服务的“数字模型”。建筑信息模型（BIM）技术在欧美、日本、我国香港等的建设工程领域已取得了大量应用成果。近年来国内不少具有前瞻性和战略眼光的设计团队、大型施工企业和地产公司纷纷成立自己的 BIM 团队或技术小组，进行技术攻关和建模活动，开始利用 BIM 来提升施工项目管理水平和企业核心竞争力（见图 1-13）。

<A_材料明细表>

A	B	C
材质: 名称	材质: 面积	计数
白色乳胶漆	2.19	1
8厚1: 0.15: 2水泥	2.19	1
14厚1: 2水泥砂浆	2.19	1
混凝土基层	2.19	1
外墙瓷砖2	2.19	1
白色乳胶漆	38.20	1
8厚1: 0.15: 2水泥	38.20	1
14厚1: 2水泥砂浆	38.20	1
混凝土基层	38.20	1
外墙瓷砖2	38.20	1
白色乳胶漆	4.08	1
8厚1: 0.15: 2水泥	4.08	1
14厚1: 2水泥砂浆	4.08	1
混凝土基层	4.08	1
外墙瓷砖2	4.08	1
白色乳胶漆	1.74	1
8厚1: 0.15: 2水泥	1.74	1
14厚1: 2水泥砂浆	1.74	1
混凝土基层	1.74	1
外墙瓷砖2	1.74	1
白色乳胶漆	1.84	1
8厚1: 0.15: 2水泥	1.84	1
14厚1: 2水泥砂浆	1.84	1
混凝土基层	1.84	1
外墙瓷砖2	1.84	1
白色乳胶漆	1.84	1
8厚1: 0.15: 2水泥	1.84	1
14厚1: 2水泥砂浆	1.84	1
混凝土基层	1.84	1

图 1-13 Revit 明细表

>> 1.5.4 促进建筑信息化并实现数字化管理

首先是实现了单一工程数据源的构建工作。BIM 技术的使用实现了使用信息的统一性和一致性，使每一个参与方和参与人员都能顺利掌握相关的同步数据和资料信息，反过来也会优化作业中的工作质量。BIM 技术的使用还能搭建信息资料交流与沟通的平台，实现资源共享。

其次，有利于加快 CAD 技术的发展。BIM 技术的使用实现了建筑信息集成化、智能化和网络化，实现了数据化管理和自动化作业，提升了作业效率。

最后，确保集成化管理。BIM 技术的使用可以对工程设计和施工的每一个阶段实施检测，确保建筑的质量、安全、进度等，争取以最小的资源消耗来做出最大的工程作业量，实现建筑的节能，提升建筑的品质（见图 1-14）。

图 1–14　数字化三维模型

>> 1.5.5　优化工程设计且优化设计质量

BIM 技术的使用，可以促进建筑设计的三维化，能实现 3D 模型设计和图像生成，保持与模型逻辑相关，一旦出现模型的变化，与之相关联的图像和文档都会出现相应的变化。参见 BIM 对各方影响中的勘察设计方面。

>> 1.5.6　优化施工管理，提高建筑质量

BIM 技术的使用可以实现集成化项目交付 IPD 的管理，也就是在设计阶段可以将工程建设项目主要参与方聚集在一块，实现整体全局化管理，同样可以采取 BIM 进行虚拟设计、建造、维护和管理。另外，可以实现动态化和集成化的管理，甚至是 4D 施工管理。可以实现把建筑物和施工模型相互链接，促进与施工资源、数据和场地数据的融合，构建 4D 施工信息模型。BIM 是对工程项目信息的数字化表达，是数字技术在建筑业中的直接应用，它代表了信息技术在我国建筑业中应用的新方向。BIM 涉及整个建筑工程全寿命周期各环节的完整实践过程，但它不局限于整个实践过程贯穿后才能实现其价值，而是可以由工程设计先行并实现阶段性的价值。

随着我国经济的飞速发展和能源问题的日益严重，建筑节能设计也变得越来越重要。相信在不久的将来，综合利用 BIM 和建筑能耗分析进行绿色建筑设计的技术，会越来越完善和成熟。我们只有结合中国特色认真学习，结合实际努力实践、勇于探索，才能尽快走出一条新的发展之路。

第二章　BIM 相关软件

BIM 这个概念因三维建模软件而诞生，但是依靠一个软件解决所有问题的时代已经一去不复返了，故 BIM 技术的发展也得力于一大批 BIM 软件的支持。BIM 作为工程领域的新技术，几乎涵盖了每一个应用方向、专业、项目的任何阶段。这么大的领域，目前没有一个或者一类软件能涵盖。

BIM 软件严格讲应该是软件群，该软件群主要由建模软件、结构分析软件、造价管理软件、碰撞及进度模拟软件、可视化软件等组成，如图 2-1 所示。

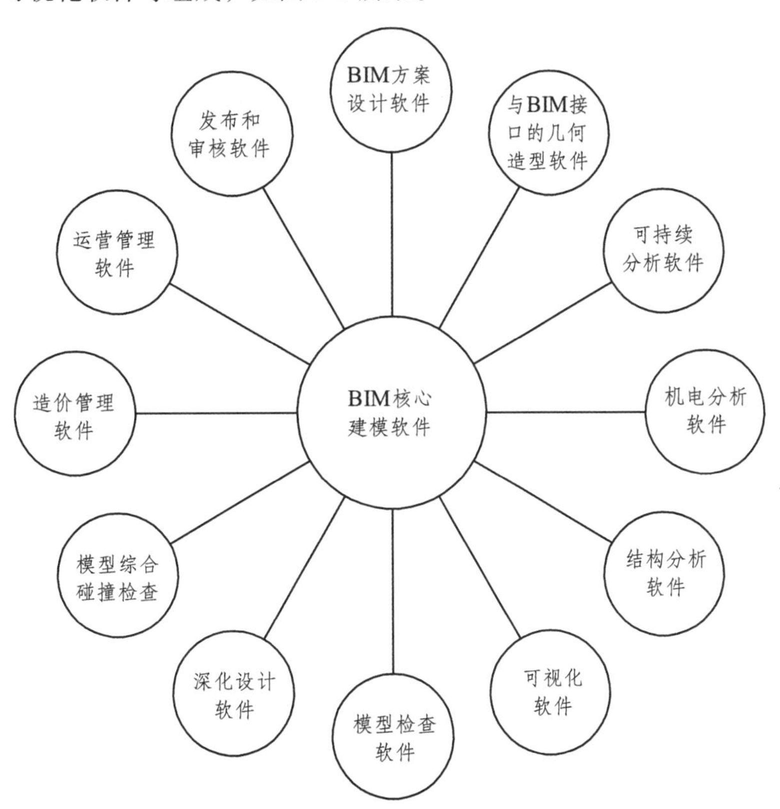

图 2-1　BIM 软件类型汇总

目前，全球的 BIM 软件以研发的角度主要分为四大软件群，分别是 Autodesk 公司的 Revit 软件群、Dassault 公司的 Catia 软件群、GRAPHISOFT 公司的 ArchiCAD 软件群以及 Bentley 的 Power civil 软件群，如图 2-2 所示。

近年来，随着 BIM 研究与应用的推广，国内传统工程软件厂商也陆续开始研发 BIM 专业软件，但大多数都是模仿上述国外软件界面和功能。随着应用实例的增加，部分软件由于更加符合中国规范和标准，也取得了一些成果，比较优秀的主要如广联达软件、鸿业软件等。由此，本章将重点介绍目前工程领域运用较多的几类软件。

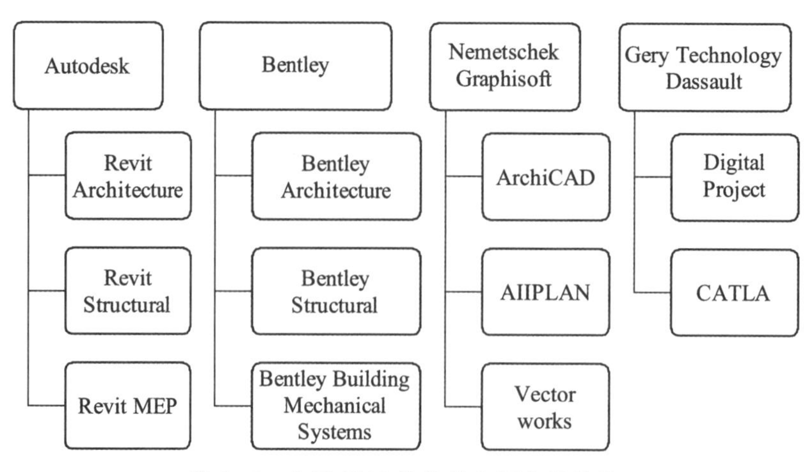

图 2-2 全球 BIM 软件著名厂商及软件

2.1 Autodesk 系列软件

Autodesk（欧特克）公司是世界领先的设计软件和数字内容创建公司，业务主要涉及建筑设计、土地资源开发、生产、公共设施、通信、媒体和娱乐。Autodcsk 创建于 1982 年，主要提供设计软件、Internet 门户服务、无线开发平台及定点应用，帮助遍及全球 150 多个国家的四百多万用户推动业务，保持竞争力。该公司帮助用户将 Web 和业务结合起来，利用设计信息的竞争优势。现在，设计数据不仅在绘图设计部门，而且在销售、生产、市场及整个供应链中都变得越来越重要。Autodesk 已成为保证设计信息在企业内部顺畅流动的关键业务合作伙伴。在数字设计市场，目前还没有其他公司能在产品的品种和市场占有率方面与 Autodesk 匹敌。

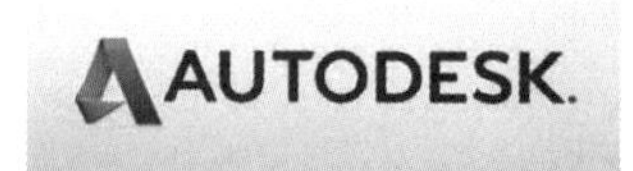

2.1.1 AutoCAD（见图 2-3）

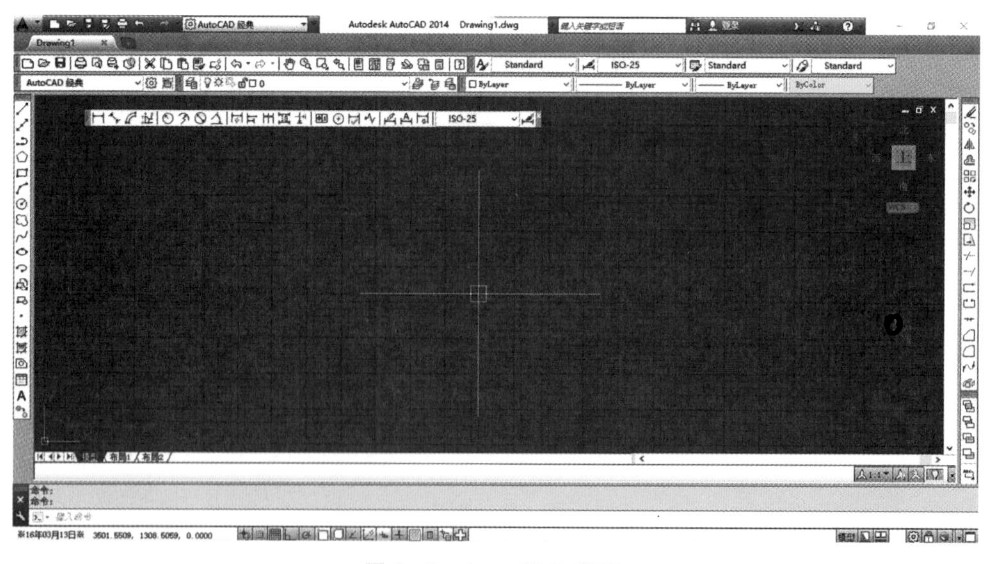

图 2-3 AutoCAD 界面

AutoCAD（Autodesk Computer Aided Design）是 Autodesk（欧特克）公司于 1982 年开发的自动计算机辅助设计软件，主要用于二维绘图、详细绘制、设计文档和基本三维设计，现已成为国际上广为流行的绘图工具。AutoCAD 具有良好的用户界面，通过交互菜单或命令行方式便可以进行各种操作。它的多文档设计环境，让非计算机专业的人员也能很快地学会使用，并在不断实践的过程中掌握它的各种应用和使用技巧，从而不断提高工作效率。AutoCAD 具有广泛的适应性，可以在各种操作系统的微型计算机和工作站上运行。

在不同的行业（见图 2-4）中，Autodesk（欧特克）公司开发了行业专用的版本和插件。例如，在机械设计与制造行业中发行了 AutoCAD Mechanical 版本，在电子电路设计行业中发行了 AutoCAD Electrical 版本，在勘测、土方工程与道路设计行业中发行了 Autodesk Civil 3D 版本。而学校教学、培训中所用的一般都是 AutoCAD 简体中文（Simplified Chinese）版本。清风室内设计培训机构的云计算三维核心技术给 CAD 制图提高了效率。一般，没有特殊要求的服装、机械、电子、建筑行业的企业都是用的 AutoCAD Simplified 版本。所以 AutoCAD Simplified 基本上算是通用版本。此外对于机械行业，还有相应的 AutoCAD Mechanical（机械版）。

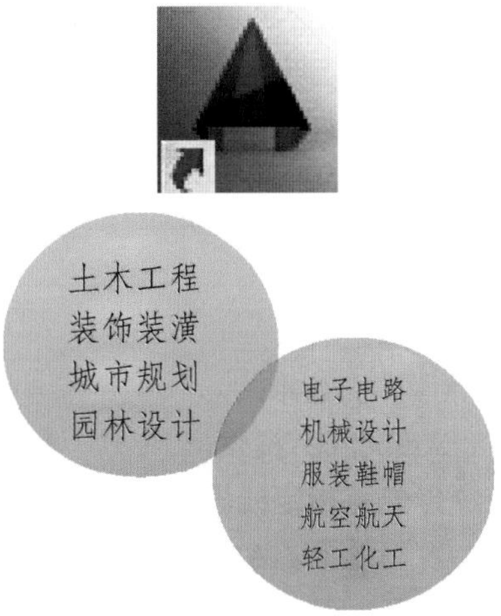

土木工程
装饰装潢
城市规划
园林设计

电子电路
机械设计
服装鞋帽
航空航天
轻工化工

图 2-4

AutoCAD 具有平面绘图、编辑图形、三维绘图三大功能。其中，平面绘图提供了能以多种方式创建直线、圆、椭圆、多边形、样条曲线等基本图形对象的绘图辅助工具。AutoCAD 还提供了正交、对象捕捉、极轴追踪、捕捉追踪等绘图辅助工具，如图 2-5 所示。

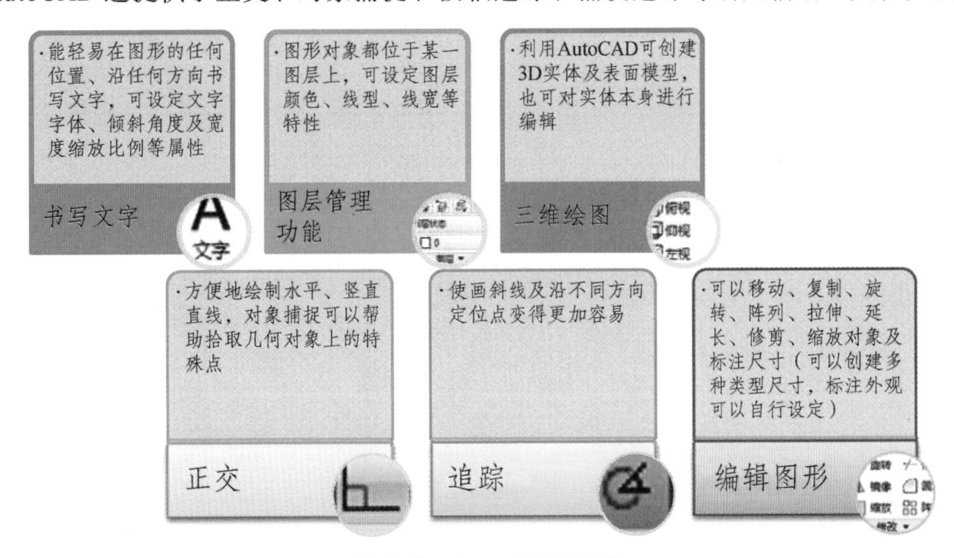

图 2-5 Auto CAD 功能

1．软件基本操作

（1）表格制作。

AutoCAD 尽管有强大的图形功能，但表格处理功能相对较弱，而在实际工作中，往往需要在 AutoCAD 中制作各种表格，如工程数量表等，如何高效制作表格，是一个很实际的问题。

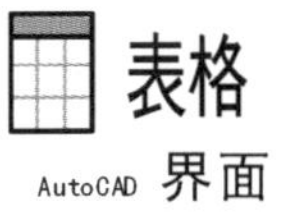

表格
AutoCAD 界面

在 AutoCAD 环境下用手工画线方法绘制表格，然后在表格中填写文字，不但效率低下，而且很难精确控制文字的书写位置，文字排版也很成问题。AutoCAD 尽管支持对象链接与嵌入，可以插入 Word 或 Excel 表格，但是一方面修改起来不是很方便，一点小小的修改就得进入 Word 或 Excel，修改完成后又得退回到 AutoCAD；另一方面，一些特殊符号如一级钢筋符号以及二级钢筋符号等，在 Word 或 Excel 中很难输入。那么有没有两全其美的方法呢？经过探索，可以这样较好解决：先在 Excel 中制完表格，复制到剪贴板，然后在 AutoCAD 环境下选择 edit 菜单中的 Pastespecial，选择作为 AutoCAD Entities。确定以后，表格即转化成 AutoCAD 实体，用 explode 打开，即可以编辑其中的线条及文字，使用非常方便。

（2）图形插入。

Word 文档在制作中往往需要各种插图，Word 绘图功能有限，特别是遇到复杂的图形时，该缺点更加明显。AutoCAD 作为专业绘图软件，功能强大，很适合绘制比较复杂的图形。用 AutoCAD 绘制好图形，然后插入 Word 制作复合文档是解决问题的好办法。可以用 AutoCAD 提供的 EXPORT 功能先将 AutocAD 图形以 BMP 或 WMF 等格式输出，然后插入 Word 文档；也可以先将 AutoCAD 图形拷贝到剪贴板，再在 Word 文档中粘贴。需注意的是，由于 AutoCAD 默认背景颜色为黑色，而 Word 背景颜色为白色，首先应将 AutoCAD 图形背景颜色改成白色。另外，AutoCAD 图形插入 Word 文档后，往往空边过大，效果不理想，利用 Word 图片工具栏上的裁剪功能进行修整，空边过大问题即可解决。

（3）线宽修改。

AutoCAD 提供了一个多段线线宽修改命令 PEDIT，可进行多段线线宽的修改（若不是多段线，则该命令先将指定线段转化成多段线，再改变其线宽），但是 PEDIT 操作频繁，每次只能选取一个实体操作，效率低下。AutoCAD R14 附加程序 Bonus 提供了 mpedit 命令，用于成批修改多段线线宽，非常方便、高效。在 AutoCAD2000 中，还可以通过实体线宽（LineWeight）属性修改线宽，只需选择要改变线宽的实体（实体集），改变线宽属性即可，线宽修改更加方便。需注意的是，LineWeight 属性线宽在屏幕的显示与否决定于系统变量 WDISPLAY，该变量为 ON，则在屏幕上显示 LineWeight 属性线宽；该变量为 OFF，则不显示。多段线线宽同 LineWeight 都可控制实体线宽，两者之间的区别是：LineWeight 线宽是绝对线宽，而多段线线宽是相对线宽。也就是说，无论图形以多大尺寸打印，LineWeight 线宽都不变，而多段线线宽则随打印尺寸比例大小变化而变化；命令 scale 对 LineWeight 线宽没什么影响，无论实体被缩放多少倍，LineWeight 线宽都不变，而多段线线宽则随缩放比例改变而改变。

（4）打印技巧。

由于没有安装打印机或想用别的高档打印机输入 AutoCAD 图形，需要用到别的计算机去打印 AutoCAD 图形，但是别的计算机也可能没安装 AutoCAD，或者因为其他各种原因（如 AutoCAD 图形在别的计算机上字体显示不正常；通过网络打印，网络打印不正常等），不能利用别的计算机进行正常打印。这时，可以先在自己的计算机上将 AutoCAD 图形打印到文件，形成打印机文件，然后在别的计算机上用 DOS 的拷贝命令将打印机文件输出到打印机，方法为：copy <打印机文件> prn /b。需注意的是，为了能使用该功能，需先在系统中添加别的计算机上特定型号打印机，并将它设为默认打印机；另外，COPY 后不要忘了在最后加/b，表明以二进制形式将打印机文件输出到打印机。

（5）选择技巧。

用户可以用鼠标一个一个地选择目标，将选择的目标逐个地添加到“选择集”中；另外，AutoCAD 还提供了 Window（以键入“w”响应“Select object:”或直接在屏幕上自右至左拉一个矩形框响应“Select object:”提示）、Crossing（以键入“C”响应“Select object:”或直接在屏幕上自左至右拉一个矩形框响应“Select object:”提示）、Cpolygon（以键入“CP”响应“Select object:”）、Wpolygon（以键入“WP”响应“Select object:”）等多种窗口方式选择目标，其中 Window 及 Crossing 用于矩形窗口。而 Wpolygon 及 Cpolygon 用于多边形窗口，在 Window 及 Wpolygon 方式下，只有当实体的所有部分都被包含在窗口中时，实体才被选中；而在 Crossing 及 Cpolygon 方式下，只要实体的一部分包括在窗口内，实体就被选中。

AutoCAD 还提供了 Fence 方式（以键入“F”响应“Select object:”）选择实体，画出一条不闭合的折线，所有和该折线相交的实体即被选中。在选择目标时，有时会不小心选中不该选择的目标，这时用户可以键入 R 来响应“Select objects:”提示，然后把一些误选的目标从选择集中剔除，然后键入

A，再向选择集中添加目标。当所选择的实体和别的实体紧挨在一起时，可在按住 Ctrl 键的同时，连续单击鼠标左键，这时紧挨在一起的实体依次高亮度显示，直到所选实体高亮度显示，再按下 Enter 键（或单击鼠标右键），即选择了该实体。还可以有条件选择实体，即用 filter 响应 “Select objects:”。在 AutoCAD2000 中，还提供了 QuickSelect 方式选择实体，功能和 filter 类似，但操作更简单、方便。AutoCAD 提供的选择集的构造方法功能很强，灵活、恰当地使用可使制图的效率大大提高。

（6）属性查询。

AutoCAD 提供了点坐标（ID）、距离（Distance）、面积（area）的查询，给图形的分析带来了很大的方便。但在实际工作中，有时还需查询实体质量属性特性，故 AutoCAD 提供了实体质量属性查询（Mass Properties），可以方便查询实体的惯性矩、面积矩、实体的质心等。需注意的是，对于曲线、多义线构造的闭合区域，应先用 region 命令将闭合区域面域化，再执行质量属性查询，才可查询实体的惯性矩、面积矩、实体的质心等属性。

（7）快捷通道/命令提示行。

（8）Auto CAD 快捷键大全。

附件一：快捷通道/命令提示符

附件二：Auto CAD 快捷键大全

2．特殊字符

stedi 字体有以下几个优点：

（1）中英文一样高，不会出现英文字母明显大于汉字的情况。

（2）字形较美观，英文类似 Romans，大字体可根据需要选择，但不得使用 gbcbig.shx 字体。

（3）最主要的优点是有许多特殊字符输入法。

附件三：特殊字符输入法

AutoCAD 的功能虽然强大，但在这几十年的工程运用中还是体现出很多不足的地方，比如：在二维设计中无法做到参数化全相关的尺寸处理；三维设计中的实体造型能力不足；制图方面不够自动化。此外，Auto CAD 的很多功能不如现在的三维软件好，二维平面设计也从很大程度上束缚了设计者的灵感和创意，更多更好的建筑很难被设计出来。但总的来说，Auto CAD 还在发展中，未来有无限可能。

>> 2.1.2　AutoCAD Civil 3D

AutoCAD Civil 3D 是一款制图软件（见图 2-6），旨在面向土木工程设计与文档编制的建筑信息模型（BIM）解决方案。AutoCAD Civil 3D 能够帮助从事交通运输、土地开发和水利水电项目的土木工程专业人员保持协调一致，轻松、高效地探索设计方案，分析项目性能，并提供相互一致、高质量的文档。

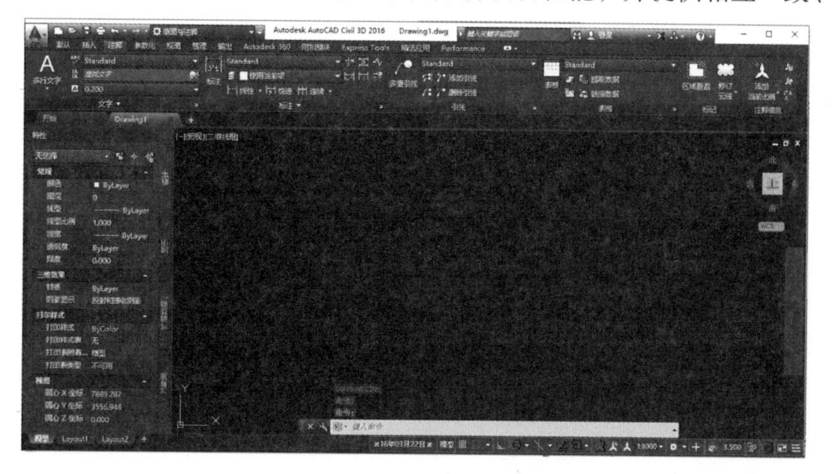

图 2-6　Auto CAD Civil 3D 界面

Autodesk Civil 3D 是根据专业需要而专门定制的 AutoCAD，是业界认可的土木工程道路与土石方解决的软件包，可以加快设计理念的实现。它的三维动态工程模型有助于快速完成道路工程、场地、雨水/污水排放系统以及场地规划设计。所有曲面、横断面、纵断面、标注等均以动态方式链接，可快速、轻松地评估多种设计方案，做出明智的决策并生成最新的图纸。

测量命令已完全集成到 Civil 3D 工具集和用户界面中，用户可以在完全一致的环境中进行各种工作，包括从导入外业手簿、最小二乘法平差和编辑测量观测值，到管理点编组、创建地形模型以及设计地块和路线。

Civil 3D 增加了对模型中核心元素的多用户项目支持，从而提高了项目团队的效率，并降低了在项目周期内进行修改时出现协调性错误的风险。Civil 3D 中的项目支持利用 Autodesk Vault 的核心数据管理功能，从而确保整个项目团队可以访问完成工作所需的数据。

Civil 3D 提供了独一无二的样式机制，使各企业组织可以自行定义 CAD 和设计标准，这些标准可以方便地在整个企业组织中使用。从等高线的颜色、线型和间距，到横断面或纵断面标注栏中显示的标签、各种标准，均可以在样式中进行定义，然后，该样式将在整个设计和生成图纸的过程中得到使用。

Civil 3D 具有十分强大的功能（见图 2-7），其功能具有以下特点：

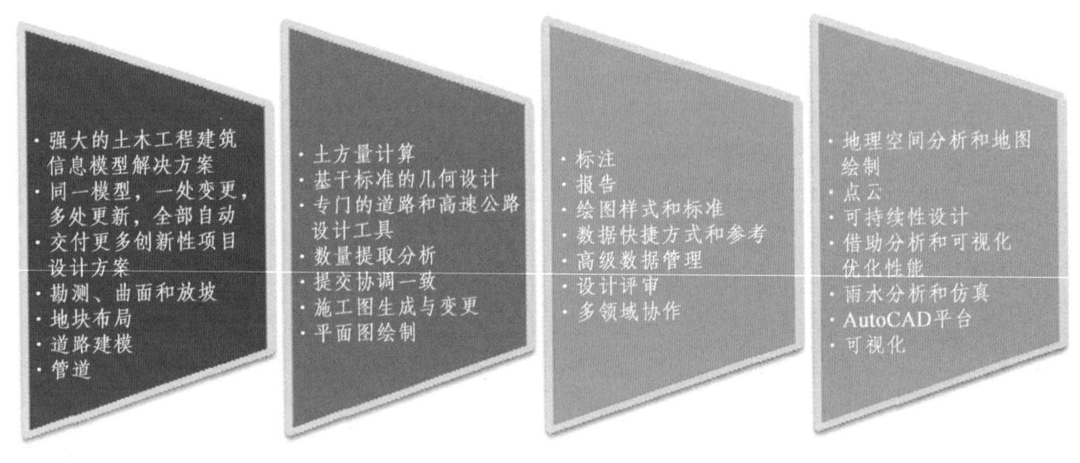

图 2-7　Auto CAD Givil 3D 的功能

（1）强大的土木工程建筑信息模型解决方案。

利用协调一致的数字模型，实现从设计、分析、可视化、文档制作到施工的集成流程。

Surveying & data Collection	勘测和数据采集
Simulation & Analysis	仿真和分析
Visualization	可视化
Multidiscipline Coordination	多领域协作
Modeling & design	建模与设计
Construction Documentation	施工图纸
Construction & Construction Management	施工与施工管理

（2）同一模型，一处变更，多处更新，全部自动。

BIM 是一个集成的流程，它支持在实际建造前以数字化方式探索项目中的关键物理特征和功能特征。AutoCAD Civil 3D 软件是 Autodesk 面向土木工程行业的建筑信息模型（BIM）解决方案。该软件能够创建协调一致、包含丰富数据的模型，帮助在设计阶段及早进行分析，实现设计方案外观、性能和成本的可视化及仿真，并且精确地制作设计文档。

AutoCAD Civil 3D 生成的单一模型中包含丰富的智能、动态数据，便于在项目的任何阶段快速进行设计变更；根据分析和性能结果做出明智的决策，选择最佳设计方案；快速、高效地创建与设计变更保持同步的可视化效果。该模型可以自动反映对整个项目绘图和标注所做的任何变更。

（3）交付更多创新性项目设计方案。

AutoCAD Civil 3D 提供了设计、分析土木工程项目并制作相关文档的更好方法。

AutoCAD Civil 3D 软件支持快速地交付高质量的交通、土地开发和环境设计项目。该软件中的专门工具支持建筑信息模型（BIM）流程，有助于缩短设计、分析和进行变更的时间。最终，可以评估更多假设条件，优化项目性能。

Civil 3D 软件中的勘测和设计工具可以自动完成许多耗费时间的任务，有助于简化项目工作流程。

（4）勘测、曲面和放坡。

Civil 3D 全面集成了勘测功能，因此可以在更加一致的环境中完成所有任务，包括：直接导入原始勘测数据、最小二乘法平差，编辑勘测资料，自动创建勘测图形和曲面；可以交互式地创建并编辑勘测图形顶点，发现并编辑相交的特征线，避免潜在的问题，生成能够在项目中直接使用的点、勘测图形和曲面。

利用 Civil 3D，可以使用传统的勘测数据（如点和特征线）创建曲面；借助曲面简化工具，充分利用航拍测量的大型数据集以及数字高程模型，将曲面用作等高线或三角形，或者创建有效的高程和坡面分析；可将曲面作为参考，创建与源数据保持动态关系的智能对象。团队成员可以利用强大的边坡和放坡投影工具为任何坡形生成曲面模型。

（5）地块布局。

该软件支持通过转换现有的 AutoCAD 实体或使用灵活的布局工具生成地块，实现流程的自动化。这样，如果一个地块发生设计调整变更，邻近的地块会自动反映变更情况。该软件具有许多先进的布局工具，包括测量偏移处正面的选项，以及按最小深度和宽度设计地块布局的选项。

（6）道路建模。

道路建模功能可以将水平和垂直几何图形与定制的横截面组件相结合，为公路和其他交通运输系统创建参数化定义的动态三维模型；可以利用内置的部件（其中包括行车道、人行道、沟渠和复杂的车道组件）或者根据设计标准创建自己的组件。道路建模功能通过直观的交互或改变用于定义道路横截面的输入参数即可轻松修改道路模型，每个部件均有自己独特的特点，便于在三维模型中确定已知要素。

（7）管道。

使用基于规则的工具布局生活用水和雨水排水系统；采用图形或数字输入方式可以截断或连接现有管网或者更改管道和结构，进行冲突检查；打印并完成平面图、剖面图和截面图中管道网的最终绘制工作，并与外部分析应用共享管道网信息（如材料和尺寸）。

（8）土方量计算。

该软件支持利用复合体积算法或平均断面算法，可快速地计算现有曲面和设计曲面之间的土方量。使用 Civil 3D 生成土方调配图表，用以分析适合的挖填距离、要移动的土方数量及移动方向，确定取土坑和弃土场。

（9）基于标准的几何设计。

按照根据政府标准或客户需求制定的设计规范，快速设计平面和纵断面路线图形。违反标准时，设计约束会向用户发出警告并提供即时反馈，以便进行必要的修改。

（10）专门的道路和高速公路设计工具。

专门的交通设计工具可以为高效地设计道路和高速公路提供帮助，并创建可以动态更新的交互式交叉路口模型。由于知道施工图和标注将始终处于最新状态，从而可以集中精力优化设计。根据常用设计标准快速地设计环形道路布局，其中包括交通标识和路面标线。

（11）数量提取分析。

从道路模型中提取材料数量，或者为灯柱、景观等指定材料类型；运行报告，或者使用内建的付款项目列表生成投标合同文件；使用精确的数量提取工具在设计流程中及早地就项目成本做出明智的决策。

（12）提交协调一致。

即使发生设计变更仍能提供与模型保持同步的施工图纸，通过模型与文档之间的智能关联，AutoCAD Civil 3D 可以提高工作效率，交付高质量的设计和施工图纸。Civil 3D 中基于样式的绘图功能可帮助减少错误，提高图纸的一致性。

（13）施工图生成与变更。

自动生成施工平面图，如标注完整的横断面图、纵断面图和土方施工图等。最重要的是，使用外部参考和数据快捷键可生成多个图纸的草图。这样，在工作流程中便可利用与模型中相同的图例生成施工图纸。一旦模型变更，可以很快地更新所有的施工图。

（14）平面图绘制。

Civil 3D 中丰富多样的功能可以帮助自动创建横断面图、平面图和纵断面图。平面图分幅向导（Plans Production）中全面集成的 AutoCAD 图纸集中管理器可按照路线走向自动完成图纸和图幅线的布局，并根据布局生成平面和纵断面图纸。最后，可以为这些图纸添加标注并打印。

地图册功能可对整个项目的图纸进行安排，同时生成针对整个图纸集的重要地图和图例。这项功能非常适合用于设计公用事业地图和放坡平面图。

（15）标注。

软件的注释直接源自设计对象，或通过外部参考，在设计发生变更时可进行自动更新；另外，它还会自动适应于图纸比例和视图方向的变更。这样，当变更图纸比例或在不同视口内旋转图纸时，所有标签都会立即更新。

（16）报告。

AutoCAD Civil 3D 软件可实时生成灵活且可扩展的报告。数据因为直接来自模型，所以报告可以轻松进行更新，迅速地响应设计变更。

（17）绘图样式和标准。

AutoCAD Civil 3D 提供了针对不同国家的 CAD 样式，便于从多个角度控制图纸的显示方式。图纸的颜色、线型、等高线间的等高距、标签等，都可以通过样式来控制。

（18）数据快捷方式和参考。

借助外部参考和数据快捷键，项目团队成员可以共享曲面、路线、管道等模型数据，并在多种设计任务中使用设计对象的同一图例。还可以借助数据快捷方式或直接通过外部参考生成标注，以确保图纸的一致性。

（19）高级数据管理。

该软件中增加的 Autodesk®；Vault 技术可以增强数据快捷方式的功能，实现先进的设计变更管理、版本控制、用户权限和存档控制，实现更为先进的数据管理。

（20）设计评审。

如今的工程设计流程比以往更为复杂，设计评审通常涉及非 CAD 使用者，但同时又是对项目非常重要的团队成员。通过以 DWF™格式发布文件，可以利用数字方式让整个团队的人员参与设计评审。

（21）多领域协作。

土木工程师可以将 Autodesk Revit Architecture 软件中的建筑外壳导入 AutoCAD Civil 3D，以便直接利用建筑师提供的公用设施连接点、房顶区域、建筑物入口等设计信息。同样，道路工程师可以将纵断面、路线和曲面等信息直接传送给结构工程师，以便其在 Autodesk Revit Structure 软件中设计桥梁、箱形涵洞和其他交通结构物。

（22）地理空间分析和地图绘制。

AutoCAD Civil 3D 包含地理空间分析和地图绘制功能，支持基于工程设计的工作流程。该软件可以分析工程图对象之间的空间关系，通过叠加两个或更多拓扑提取或创建新信息，创建并使用缓冲区在其他要素的指定缓冲距离内选择要素；使用公开的地理空间信息进行场地选择，在项目筹备阶段了解各种设计约束条件；生成可靠的地图集，帮助满足可持续设计的要求。

（23）点云。

在 AutoCAD Civil 3D 中使用来自 LIDAR 的数据生成点云。导入并可视化点云信息；根据 LAS 分类、RGB、高程和密度确定点云样式；使用数据创建曲面，进行场地勘测，数字化土木工程设计项目中的竣工特性。

（24）可持续性设计。

AutoCAD Civil 3D 软件能够帮助提高土木工程设计的可持续性。工程师可以根据可靠的场地现状模型和设计约束来评估设计方案，推出更具创新性的环保设计。AutoCAD Civil 3D 中的许多工具支持通过分析研究连接、项目方位、雨水管理方案等，帮助客户达到公认的可持续发展水平（如 LEED®）。

（25）借助分析和可视化优化性能。

在设计流程中及早对诸多假设方案进行评估，利用一流的三维可视化工具表现最终胜出的设计创意。

AutoCAD Civil 3D 软件中集成的分析和可视化工具可以帮助评估各种备选方案，以便迅速地完成更具创新性的设计。

（26）雨水分析和仿真。

利用面向收集系统、池塘以及涵洞的集成仿真工具对雨水洪水系统进行设计和分析，可以减少开发之后的径流量，同时提供符合可持续发展要求的雨水流量和质量报告。用户可以对诸多设计方案进行评估，包括创新绿色最佳管理实践，以创建更加环保、更加美观的设计。另外，还可以准备精确的施工文档，包括水力坡降线和能量梯度线，以便更好地验证设计，确保公共安全。

（27）AutoCAD 平台。

AutoCAD 是全球领先的 CAD 程序之一，AutoCAD Civil 3D 就建立在这一平台之上。全球有数百万经过专业培训的 AutoCAD 用户，因此可以迅速地共享并完成项目。AutoCAD 软件中的 DWG™文件格式支持可靠地保存并共享文件。来自 Autodesk 的 DWG 技术提供了更精确、可靠的数据存储和共享方式。

（28）可视化。

创建出色的可视化效果，让相关人员能够超前体验项目。直接为模型创建可视化效果，获得多种设计方案，以便更好地了解设计对周围环境的影响。将模型发布到 Google Earth™地图服务网站上，以便在真实的环境中更好地了解项目。使用 Autodesk 3ds Ma 软件为模型生成照片级的渲染效果图。在 Autodesk Navisworks 软件中对 Civil 3D 模型进行仿真，让项目相关人员更全面地了解项目在竣工后的外观和性能。

AutoCAD Civil 3D 和 AutoCAD 都具有一定的三维建模能力，但是要用作三维设计，还是和专业三维设计软件差距很大。Civil 3D 功能齐全，因此操作较为烦琐，一般适用于复杂的项目。

附件四：
Revit 快捷键大全

>> 2.1.3　Autodesk Revit

Revit（见图 2-8）是 Autodesk 在 2002 年收购的一套系列软件的名称。Revit 系列软件是专为建筑信息模型（BIM）构建的，BIM 是以从设计、施工到运营的协调、可靠的项目信息为基础而构建的集成流程。通过采用 BIM 技术，建筑公司可以在整个流程中使用一致的信息来设计和绘制创新项目，并且还可以通过精确实现建筑外观的可视化来支持更好的沟通，模拟真实性能以便让项目各方了解成本、工期与环境影响。Revit 可帮助建筑设计师设计、建造和维护质量更好、能效更高的建筑。

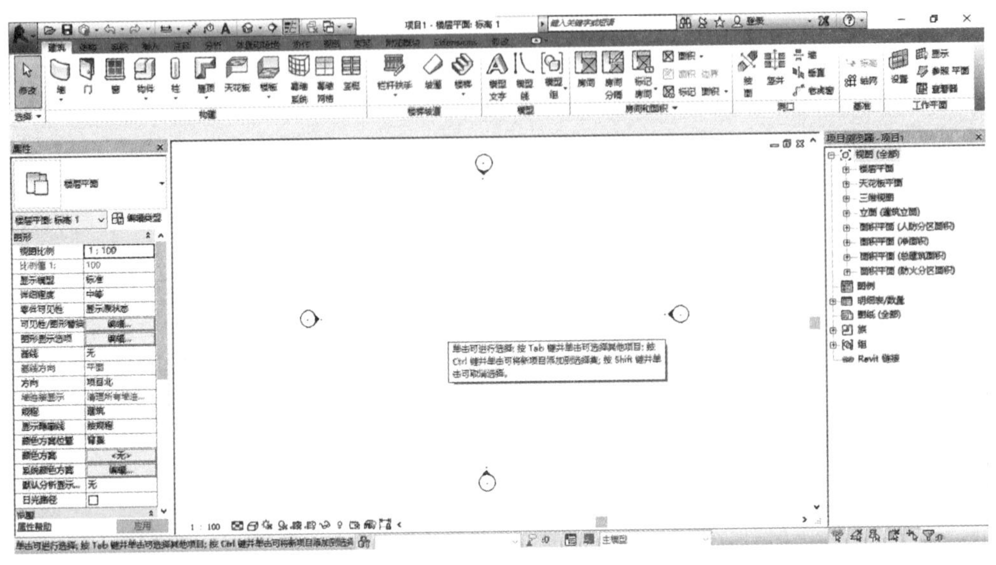

图 2-8　Auto Revit 界面

Autodesk Revit 作为一种应用程序提供，它融合了 Autodesk Revit Architecture、Autodesk Revit MEP 和 Autodesk Revit Structure 软件的功能，提供支持建筑设计、MEP 工程设计和结构工程设计的工具。Auto CAD Revit 的开始界面见图 2-9。下面对上述三个软件分别作介绍。

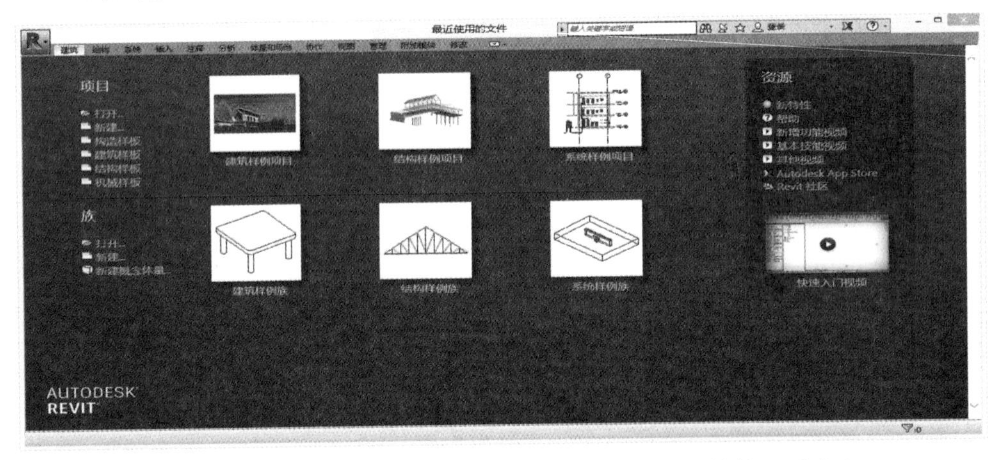

图 2-9　Revit 的开始界面（从左到右分别为建筑、结构、系统）

（1）Architecture（建筑）。

Autodesk Revit 软件可以按照建筑师和设计师的思考方式进行设计，因此，可以提供高质量、精确的建筑设计。通过使用专为支持建筑信息模型工作流而构建的工具，可以获取并分析概念，并可通过设计、文档和建筑保持设计师的视野。强大的建筑设计工具可帮助捕捉和分析概念，以及保持从设计到建筑的各个阶段的一致性。

（2）MEP（机械、电器、管道）。

Autodesk Revit 向暖通、电气和给排水（MEP）工程师提供了可以设计复杂建筑系统的工具。Revit 支持建筑信息建模（BIM），可帮助导出高效的建筑系统，从概念到建筑的精确设计、分析和文档。使用信息丰富的模型在整个建筑生命周期中支持建筑系统。专为暖通、电气和给排水（MEP）工程师构建的工具，可帮助设计和分析高效的建筑系统，以及为这些系统编档。

（3）Structure（结构）。

Autodesk Revit Structure 软件是专为结构工程师定制的建筑信息模型（BIM）解决方案，拥有用于结构设计与分析的强大工具。Revit Structure 将多材质的物理模型与独立、可编辑的分析模型进行了集成，可实现高效的结构分析，并为常用的结构分析软件提供了双向链接。它可帮助工程师在施工前对建筑结构进行精确的可视化，从而在设计阶段的早期制定明智的决策。Revit Structure 提供了 BIM 所拥有的优势，可提高编制结构设计文档的多专业协调能力，最大限度地减少错误，并能够加强工程团队与建筑团队之间的合作。专为结构工程师构建的工具，可帮助设计师精确地设计和建造高效的建筑结构（见图 2-10）。

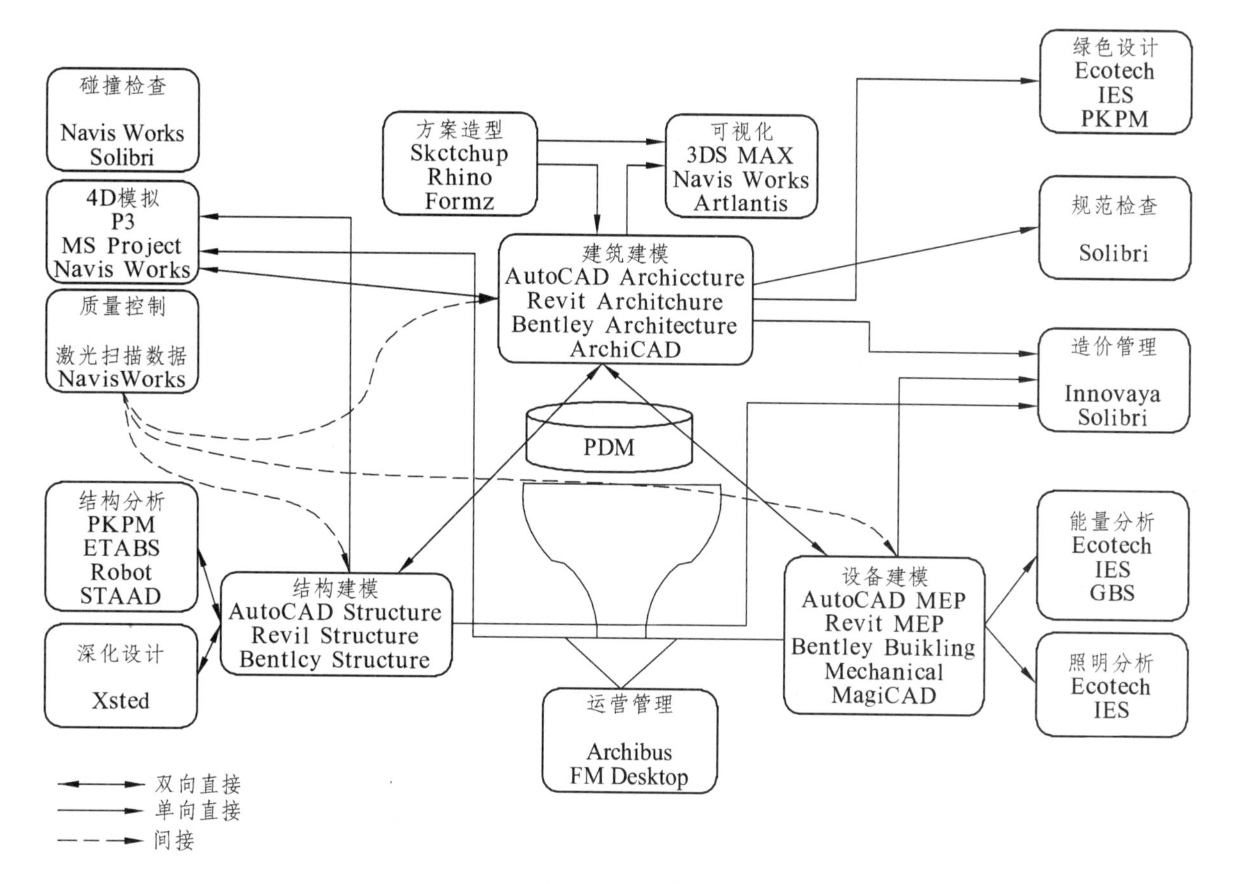

图 2-10　项目运营服务中的软件与信息互用

Revit 在 BIM 领域中属于后起之秀，在 Autodesk 公司的大力推动，以及凭借其出色的建模能力，如今已经成为 BIM 领域运用最多的软件之一。在建模和功能上它有如下特色:

1．Revit 项目样板

项目样板文件在实际设计过程中起到非常重要的作用，它统一的标准设置为设计提供了便利，在满足设计标准的同时大大提高了设计师的工作效率。

项目样板提供项目的初始状态。每一个 Revit 软件中都提供了几个默认的样板文件，用户也可以创建自己的样板。基于样板的任意新项目均继承来自样板的所有族、设置（如单位、填充样式、线样式、线宽和视图比例）以及几何图形。样板文件是一个系统性文件，其中的很多内容来源于设计中的日积月累。

Revit 样板文件以 Rte 为扩展名。使用合适的样板，有助于快速开展项目。国内比较通用的 Revit 样板文件，例如 Revit 中国本地化样板，有集合国家规范化标准和常用族等优势。

2．Revit 族库

Revit 族库就是把大量 Revit 族按照特性、参数等属性分类归档而成的数据库。相关行业的企业或组织随着项目的开展和深入，都会积累到一套自己独有的族库。在以后的工作中，机关人员可直接调用族库数据，并根据实际情况修改参数，由此提高工作效率。Revit 族库可以说是一种无形的知识生产力。族库的质量，是相关行业的企业或组织核心竞争力的一种体现。

3．参数化构件

参数化构件（亦称族）是在 Revit 中设计使用的所有建筑构件的基础。它们提供了一个开放的图形式系统，让设计者能够自由地构思设计、创建外型，并以逐步细化的方式来表达设计意图。设计者可以使用参数化构件创建最复杂的组件（如细木家具和设备），以及最基础的建筑构件（如墙和柱）。

4．Revit Server

Revit Server 能够帮助不同地点的项目团队通过广域网（WAN）而轻松地协作处理共享的 Revit 模型。Revit 的这种特性有助于从当地服务器访问的单个服务器上维护统一的中央 Revit 模型集，且内置的冗余性可在 WAN 连接丢失时提供保护。

5．工作共享

Revit 的工作共享特性可使整个项目团队获得参数化建筑建模环境的强大性能。许多用户都可以共享同一智能建筑信息模型，并将他们的工作保存到一个中央文件中。

Autodesk Vault Collaboration AEC 软件与 Revit 配合使用，可简化与建筑、工程和跨行业项目关联的数据管理：从规划到设计和建筑。这样有助于节省时间和提高数据精确度，甚至设计师会不知道自己在进行数据管理，从而可以将精力放在项目上，而不是数据上。

6．多材质建模

Autodesk Revit 和 Autodesk Revit Structure 包含许多建筑材料，如钢、现浇混凝土、预制混凝土、砖和木材。鉴于设计师设计的建筑需要使用多种建筑材料，Revit 支持设计师使用所需材料创建结构模型。

7．结构钢筋

设计者可以在 Autodesk Revit 和 Autodesk Revit Structure 中快速、轻松地定义和呈现钢筋混凝土，也可以安装插件，利用插件包含的功能对混凝土结构进行结构配筋。

8．分析模型

Autodesk Revit 和 Autodesk Revit Structure 中的工具可帮助创建和管理结构分析模型，包括控制分析模型以及与结构物理模型的一致性。增强的分析模型工具包括：

（1）控制可见性/图形。

（2）在分析模型图元中添加分析参数。

（3）向地板、楼板与墙体分析模型添加曲面。

（4）向物理模型图元添加“启动分析模型”参数。

（5）更加轻松地确定线性分析模型端部。

（6）面向分析调节的全编辑模式。

（7）模型调整功能支持通过节点与直接操纵工具来完成编辑。
（8）支持使用投射与支撑行为，调整线性分析模型。
（9）自动侦测功能，用于保存物理连接件与附件。

9．双向链接

Autodesk Revit 和 Autodesk Revit Structure 软件中的分析模型可以与 Autodesk® Robot™ Structural Analysis 软件进行双向链接。利用双向链接的分析结果将自动更新模型。

参数化变更技术能够在整个项目视图和施工工程图内协调这些更新。Revit 还能够与第三方结构分析和设计程序建立链接，从而优化结构分析信息的交换流程。可共享以下类型的信息：

版本和边界条件；
负载和负载组合；
材质及剖面属性；
冲突检查。

使用冲突检查功能可扫描 Revit 模型，以查找元素间的碰撞。

10．文档编制

（1）建筑建模。

新的建模工具可帮助工程师设计模型上获得更好的施工见解，通过分割和操纵对象，如墙体层与混凝土浇筑等，以此来精确地表现施工方法。相应的工具可以为更多模型构件装配的文档编制带来灵活性，让设计师更加轻松地为构造准备施工图。

（2）结构详图。

通过附加的注释从三维模型视图中创建详图，或者使用 Revit Structure 二维绘图工具新建详图，或者从传统 CAD 文件中导入详图。为了节省时间，可以从之前的项目中以 DWG™格式导入完整的标准详图。专用的绘图工具支持对钢筋混凝土详图进行结构建模（见图 2-11），例如：

焊接符号；
固定锚栓；
钢筋；
钢筋混凝土。

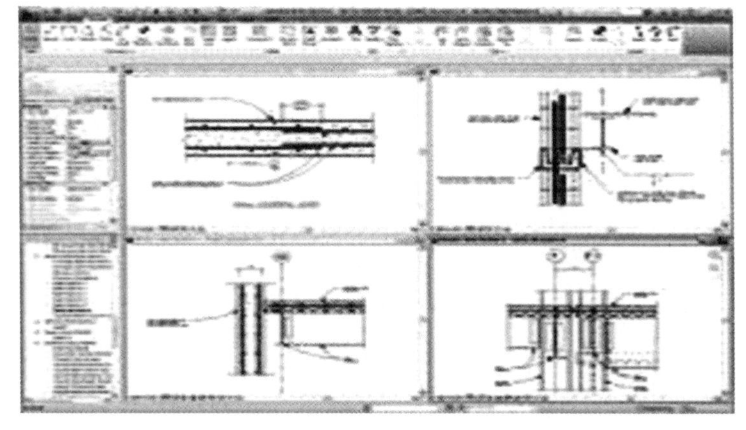

图 2-11

（3）材料算量。

材料算量是一种 Revit 工具，可以帮助计算详细的材料数量，并可在成本估算中追踪材料数量。参数变更引擎可以帮助进行精确的材料算量。

11．点云工具

Revit 点云工具可直接将激光扫描数据连接至 BIM 流程，从而加速改造和翻新项目流程。通过在 Revit MEP 软件环境中直接对点云进行可视化，用户可以更加轻松、更加自信、更加精确地创建竣工建筑信息模型。

1）DWG、DWF、DXF 和 DGN 支持

Revit 可以行业主流格式（如 DWG™、DXF™、DGN 和 IFC）导入、导出及链接数据，因此可以轻松地处理来自顾问、客户或承包商的数据。

2）漫游与渲染

Revit 在完成建模后，可以使用漫游功能，通过设置路径然后导出漫游视频；也可以使用渲染功能，对模型进行渲染，只需要更改构建的材质及颜色，便可以渲染出十分美丽的效果图，对室内装修以及场外布景非常有用。

12．BIM 运用实例

2006 年，云南省设计院金小峰工作室就开始尝试利用 BIM 技术来完成施工图，现在该工作室的成员已经全部利用 BIM 技术进行施工图的设计，累计出图面积近 400 万平方米；同时，在其他创作室也涌现出一批应用 BIM 技术的高手。

在有着北美风格的东部生态城（见图 2-12）和中国传统建筑鸡足山佛塔寺项目中，云南省设计院金小峰工作室和苏兴全工作室，充分考虑项目的周期和相关难度，并更多从技术创新出发，应用 BIM 技术完成项目。

图 2-12　昆明东部生态城

>> 2.1.4　Navisworks

Autodesk Navisworks（见图 2-13）是可视化和仿真软件，能分析多种格式的三维设计模型。软件能够将 AutoCAD 和 Revit®系列等应用创建的设计数据，与来自其他设计工具的几何图形和信息相结合，将其作为整体的三维项目，通过多种文件格式进行实时审阅，而无须考虑文件的大小。Navisworks 软件产品可以帮助所有相关方将项目作为一个整体来看待，从而优化从设计决策、建筑实施、性能预测和规划直至设施管理和运营等各个环节。

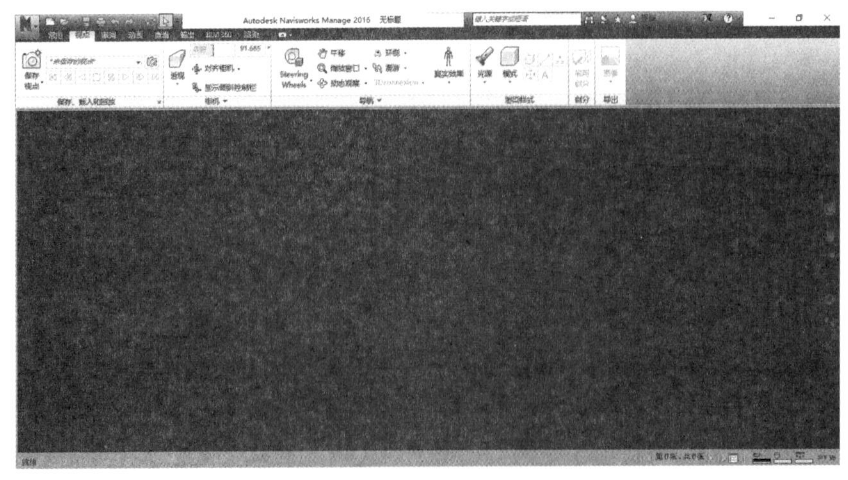

图 2-13　Autodesk Navisworks 软件界面

Autodesk Navisworks 软件系列包括四款产品，能够帮助和扩展团队加强对项目的控制，使用现有的三维设计数据透彻了解并预测项目的性能，即使在复杂的项目中也可提高工作效率，保证工程质量。

Autodesk® Navisworks® Manage 软件是设计和施工管理专业人员使用的一款具有全面审阅解决方案的软件，用于保证项目顺利进行。Navisworks Manage 将精确的错误查找和冲突管理功能与动态的四维项目进度仿真和照片级可视化功能完美结合。

Autodesk® Navisworks® Simulate 软件能够精确地再现设计意图，制定准确的四维施工进度表，超前实现施工项目的可视化。设计师在实际动工前，就可以在真实的环境中体验所设计的项目，全面地评估和验证所用材质和纹理是否符合设计意图。

Autodesk® Navisworks® Review 软件支持整个项目的实时可视化，审阅各种格式的文件，而无须考虑文件大小。Autodesk® Navisworks® Freedom 软件是免费的 Autodesk Navisworks NWD 文件与三维 DWF 格式文件浏览器。

1．协作共赢

Autodesk Navisworks 软件解决方案支持项目设计与建筑专业人士将各自的成果集成至同一个同步的建筑信息模型中。

2．Autodesk Navisworks Manage

通过将 Autodesk Navisworks Review 与 Autodesk Navisworks Simulate 软件中的功能与强大的冲突检测功能相结合，Autodesk Navisworks Manage 为施工项目提供了全面的 Navisworks 审阅解决方案。Navisworks Manage 可以提高施工文档的一致性、协调性、准确性，简化贯穿企业与团队的整个工作流程，帮助减少浪费、提升效率，同时显著减少设计变更。

Navisworks Manage 可以实现实时的可视化，支持漫游并探索复杂的三维模型以及其中包含的所有项目信息，而无须预编程的动画或先进的硬件。

通过对三维项目模型中潜在冲突进行有效的辨别、检查与报告，Navisworks Manage 能够帮助减少错误频出的手动检查。Navisworks Manage 支持用户检查时间与空间是否协调，改进场地与工作流程规划。通过对三维设计的高效分析与协调，用户能够更好地进行控制，做到高枕无忧；及早预测和发现错误，则可以避免因误算造成的昂贵代价。该软件可以将多种格式的三维数据，无论文件的大小，合并为一个完整、真实的建筑信息模型，以便查看与分析所有数据信息。

Autodesk Navisworks Manage 将精确的错误查找功能与基于硬冲突、软冲突、净空冲突与时间冲突的管理相结合，快速审阅和反复检查由多种三维设计软件创建的几何图元，对项目中发现的所有冲突进行完整记录。检查时间与空间是否协调，在规划阶段消除工作流程中的问题。基于点与线的冲突分析功能，便于工程师将激光扫描的竣工环境与实际模型相协调。

3．Autodesk Navisworks Simulate

Autodesk Navisworks Simulate 软件显著增强了 Autodesk Navisworks Review 的实时可视化功能，可以帮助设计人员更加轻松地创建图像与动画，将三维模型与项目进度表动态链接。该软件能够帮助设计与建筑专业人士共享与整合设计成果，创建清晰、确切的内容，以便说明设计意图，验证决策并检查进度。

在工作流程中，随时都可以利用设计及建筑方案的照片及效果图与四维施工进度来表现整个项目。Navisworks Simulate 支持快速从现有三维模型中读取或向其中输入材质、材料与灯光数据，也可以将 PRC 内容应用于现有模型。

Navisworks Simulate 支持项目相关人员通过交互式、逼真的渲染图和漫游动画来查看其未来的工作成果。四维仿真与对象动画可以模拟设计意图，表现设计理念，帮助项目相关人员对所有设计方案进行深入研究。此外，该软件支持用户在创建流程中的任何阶段共享设计，顺畅地进行审阅，从而减少错误，提高质量，节约时间与费用。

四维仿真有助于改进规划，尽早发现风险因素，减少潜在的浪费。通过将三维模型数据与项目进度表相关联，实现四维可视化效果，Navisworks Simulate 可以清晰地表现设计意图、施工计划与项目当前的进展状况。

Navisworks Simulate 支持对项目外观与构造进行全面的仿真，以便在流程中随时超前体验整个项目，制订准确的规划，有效减少臆断。

4．Autodesk Navisworks Review

Autodesk Navisworks Review 支持利用现有的设计数据，在真正完工前对三维项目进行实时的可视化、漫游和体验。可访问的建筑信息模型支持项目相关人员提高工作和协作效率，并在设计与建造完成后提供有价值的信息。软件中的动态导航漫游功能和直观的项目审阅工具包能够帮助相关人员加深对项目的理解，即使是复杂的三维模型也不例外。

Navisworks Review 可以兼容大多数主流的三维设计和激光扫描格式，因此能够快速将三维文件整合到一个共享的虚拟模型中，以便项目相关方审阅几何图元、对象信息及关联 ODBC 数据库。冲突检测、重力和第三方视角进一步提高了 Navisworks Review 体验的真实性。该软件能够快速创建动画和视点，并以影片或静态图片格式输出。此外，软件中还包含横截面、标记、测量与文本覆盖功能，也可以在 Autodesk Navisworks Simulate 创建的内容中放映。

5．Autodesk Navisworks Freedom

使用 Autodesk Navisworks Freedom，可以自由查看 Navisworks Review、Navisworks Simulate 或 Navisworks Manage 以 NWD 格式保存的所有仿真内容和工程图。Navisworks Freedom 为设计专业人士提供了高效的沟通方式，支持他们便捷、安全、顺畅地审阅 NWD 格式的项目文件。这款实用的解决方案可以简化大型的 CAD 模型、NWD 文件，而无须进行模型准备以及第三方服务器托管、培训，也不会有额外成本。该软件还支持查看 3D DWF 格式的文件。设计人员通过轻松地交流设计意图，协同审阅项目相关方的设计方案，共享所有分析结果，便可以在整个项目中实现有效协作。

2.2 Bentley 系列软件

Bentley 公司是一家全球领先企业，致力于提供全面的可持续性基础设施软件解决方案。要改变我们的世界和改善我们的生活质量，建筑师、工程师、施工人员和业主运营商是必不可少的，该公司的目标就是提高他们的项目绩效，以及他们所设计、建造和运营的产品的性能。Bentley 通过帮助基础设施行业充分利用信息技术、学习、最佳实践和全球协作以及推动专注于这项重要工作的职业人的发展，为基础设施行业提供长久支持。

Bentley 公司成立于 1984 年，员工逾 2 800 人，在 50 多个国家设有分支机构，年收入超过 5 亿美元。自 1993 年以来，该公司在研发和收购方面已投入 10 多亿美元。《工程新闻记录》评出的顶级设计公司中有近 90% 使用 Bentley 的产品。在 Daratech 公司 2008 年的一项研究中，Bentley 公司被评为全球第二大地理信息软件解决方案提供商（见图 2-14）。

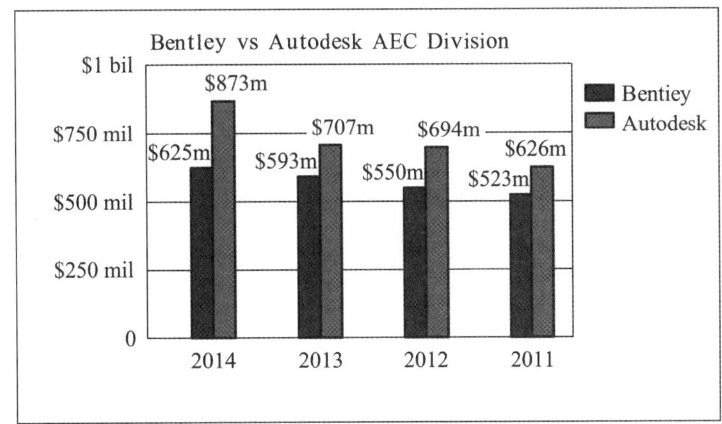

Bentley reports calendar year results.
Autodesk report fiscal year results, Feb.1_January 31.

图 2-14 Bentley BIM 平台和 Autodesk BIM 平台对比

>> 2.2.1 Bentley MicroStation 介绍

1. MicroStation 总体介绍

MicroStation（见图 2-15）是国际上和 AutoCAD 齐名的二维和三维 CAD 设计软件，第一个版本由 Bentley 兄弟于 1986 年开发完成。其专用格式是 DGN，并兼容 AutoCAD 的 DWG/DXF 等格式。MicroStation 是 Bentley 工程软件系统有限公司在建筑、土木工程、交通运输、加工工厂、离散制造业、政府部门、公用事业和电信网络等领域解决方案的基础平台。而 MicroStation 在二维绘图时代是 Bentley 的二维图形平台，在 BIM 时代依旧是 Bentley 的三维图形平台。这就真正做到了：一个平台、一个模型、一个数据架构。

图 2-15 MicroStation 软件

数据格式的不统一是目前 BIM 面临的一大问题，而 Bentley 在自己的体系上很好地解决了这点。

Bentley 软件最大的优势在于不仅自己做平台，还开发专业工具软件；不仅自己开发，还到处收购，然后再把这些软件整合到 MicroStation 之上。AECOsim Building Designer 是专为跨专业团队单独设计的一款建筑信息模型（BIM）软件应用程序。借助该软件，无论建筑的规模、形状和复杂程度如何，建筑、结构、建筑设备和电气工程师都可以对其进行设计、分析、构建、文档编制以及可视化。

MicroStation 是一个可互操作的、强大的 CAD 平台，是集二维绘图、三维建模和工程可视化（静

态渲染 + 各种工程动画设计）于一体的完整的解决方案。其功能包括参数化要素建模、专业照片级的渲染和可视化以及扩展的行业应用。

MicroStation 作为 Bentley 公司的工程内容创建平台，具有诸多优势来满足各种类型项目的工程需求，特别是一些工程数据量大的项目。

MicroStation 为美国 Bentley System 公司所研发，是一套可执行于多种软硬件平台(Multi-Platform)的通用电脑辅助绘图及设计（CAD）软件（见图 2-16）。

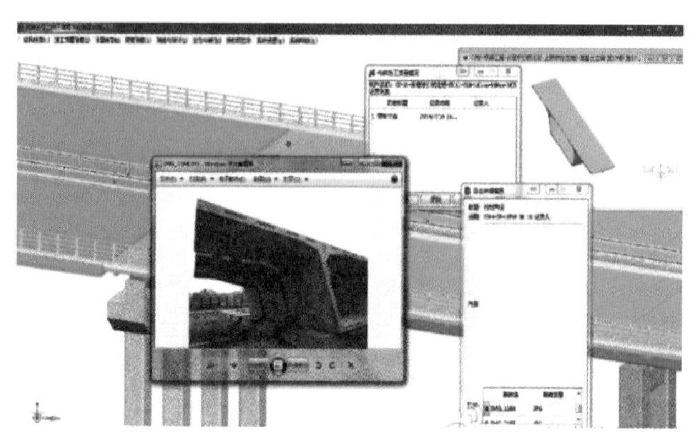

图 2–16

MicroStati on 的前身名为 IGDS（Interactive Graphics Design System），是一套执行于小型机（Micro Vax-2）的专业电脑辅助绘图及设计软件，也因为它是由小型机移植的专业电脑辅助绘图及设计软件，在软件功能与结构上不仅远优于一般的 PC 级电脑辅助绘图及设计软件，在软件效率表现上更有一般的 PC 级电脑辅助绘图及设计软件所远不能及之处。

简单来说，MicroStation 与 AutoCAD 是同类软件，但由于以前不注重小用户，所以在国内使用得不多。MicroStation 的 Third-Party 软件超过 1 000 种，其使用范围覆盖了土木、建筑、交通、结构、机械、电子、地理信息系统、网络、管线、图档管理、影像、出图及其他应用（见图 2-17）。

图 2–17　MicroStation 制作的 BIM 模型

MicroStation 可以直接读写 DWG 文件，而不需要任何转换，DWG 成为 MicroStation 的数据格式之一。今后，MicroStation 还可能会支持其他的 CAD/GIS 数据格式。毫无疑问，凭借强大的编辑能力和图形性能，MicroStation 将会成为最通用的 CAD/GIS 数据编辑器和开发平台。MicroStation 之所以可以代替 Photoshop，是因为它的渲染质量高，渲染图几乎不用 Photoshop 做后期处理。另外，MicroStation 可以在三维模型中插入二维的人车树，这些二维图像可以在渲染中形成阴影等效果，不用在 Photoshop 中再打阴影。当然，MicroStation 也不能全部取代 Photoshop 的功能。说 MicroStation 可以代替 Coreldraw，是因为它的二维渲染功能也比较强。

目前世界前十位的建筑事务所都用 MicroStation，并且很多都是最近从 AutoCAD 转到 MicroStation 的。

MicroStation 拥有生成环绕图功能，可以生成观察房间内前后、左右、上下的效果，比平面渲染图和动画更灵活，便于演示效果。

PowerCAD 是 MicroStation 的超大子集，具备几乎所有的 2D 设计绘图功能和部分 3D 功能以及渲染功能。PowerCAD 能够覆盖用户目前使用的 CAD 软件的各种功能，能够创建、编辑和操作业界流行的 DGN 和 DWG 格式的文件，而且操作更为灵活、方便、快捷。

PowerCAD 不仅可以支持 DGN 格式，还可以打开并保存其他格式的文件。这种处理方法的一个优势就是 PowerCAD 可以参考或直接编辑 AutoCAD 的 DWG 格式的文件，从而使之成为支持当今世界上最流行的 CAD 格式的一个工具。PowerCAD 能够使用与 AutoCAD 相同的方式处理数据，包括图形、图层、视图区和版面布局等内容。这对许多同时使用 PowerCAD 和 AutoCAD 的项目具有重要的实际意义。就其内部而言，PowerCAD 可以被认为是 DGN 和 DWG 文件中信息的扩展集，所以，通过参考这两种文件甚至可以在同一时间内混用。使用 PowerCAD，来来回回或反反复复的文件转换将成为历史。

对于 DGN 和 DWG 的混合环境，PowerCAD 提供了一个“DWG 工作模式”以使 PowerCAD 的很多先进的功能能够为 DWG 格式所利用，DWG 格式也可最大限度地兼容这些特征。PowerCAD 还支持 AutoCAD 的 PGP 文件和 SHX 形文件字体。

PowerCAD 可以和不同种类的文件彼此参考（如不同的工作单位、2D 和 3D、DGN 和 DWG 等）。PowerCAD 允许被参考到一起的文件做任何实际的合并，而无须附加的步骤或用户输入。同样，单元库是 DGN 文件的另一种简单的表现形式，也可以包含按不同单位和维数（英制/公制、2D/3D 等）建立的单元。

PowerCAD 能够感知用户正在放置并进行调整的单元的前后关系，使得项目的管理变得更加容易而且更具可信度。

PowerCAD 通过数字签名明确了设计中的责任，通过数字权利保障了设计成果的安全。PowerCAD 的数字签名使用了业界标准的编码技术，能够实现对 DGN、DWG 文件的图形化或非图形化的数字签名，而且还可以对数字签名进行多重、分级设定。

PowerCAD 通过数字权利能够对文件的查看、编辑和输出的权限分别进行控制；还可以详细地设定上述操作的具体有效期限，也可以为文件加设密码。

2．MicroStation/AutoCAD 两者区别

这两种绘图软件的绘图方式、操作不同，但并没有好坏之分，只是给不同的使用者提供了不同的选择。

（1）绘图功能：绘图功能是一个绘图环境的核心，这两种绘图软件都提供了丰富的绘图功能。这些绘图功能主要是采用点、线、面来对图形进行操作，如加入点、画线、画矩形、画圆等。

（2）操作方式：AutoCAD 采用命令式的操作，大多数的功能实现靠的是命令操作，其方式是在命令行输入命令。这比较像 DOS 系统，在多个命令之间不可以切换，必须先结束一个命令再对下一步进行操作。MicroStation 则是对话框式的操作，大多数的操作是通过对话框的形式来实现的。其方式是通过人机对话界面，使用鼠标来完成，可以多个对话框切换操作，并兼容命令输入的方式，相比起来比较像 Windows。总体而言，AutoCAD 是键盘操作多于鼠标操作，MicroStation 是鼠标操作多于键盘操作。

（3）文本标注：在注记文本时，AutoCAD 是先确定区域再输入文字；MicroStation 则是先输入文字，文字跟随鼠标位置，由鼠标确定位置。对于线段长度、宽度、圆周、半径、直径、弧长等的标注，两者差不多。对于坐标标注，两者有所区别：AutoCAD 是只标注轴坐标，即要么是 X，要么是 Y；MicroStation 为坐标标注提供了多种方式，可以一起标注 XY，并可对所标注坐标进行编号。

（4）文件参考：在文件参考上两者的区别比较大。AutoCAD 提供了直接参考、绑定等功能，但不可以自身参考；MicroStation 除提供直接参考、绑定等功能外，还可以自身参考。

（5）对文件的修改：两个绘图平台在文件的修改方面差不多，均提供了打断、相交、倒角、延伸、修剪元素等功能。

（6）对参考文件的操作：这区别比较大。AutoCAD 在参考文件时是将所参考的文件作为一个整块参考的，因此就不能对参考文件中的某一条线进行拷贝、平移、缩放等操作。MicroStation 中则可以对所参考的文件进行局部或细部的操作。例如，在测量竣工图时，通常是测量新建好的地方，但在出竣工图时则要各边拓宽 50 m，这时就需要将老图的周边内容加进去。这时对参考文件的操作比较重要，

在 AutoCAD 中需将老图全部拷贝过去再进行操作，而在 MicroStation 中则只需将需要的部分拷贝过去即可，这样可以节省很多的时间。

（7）对图形文件的操作：这方面区别也比较大。AutoCAD 提供了“选择集”这样的一个功能，在选择时只能是矩形的选择、单个选择如果是一个矩形中的一条线段，则需要分解后再对其进行操作；如需对窗口进行操作，则需要输入程序。MicroStation 除了“选择”这样的功能之外，还提供了强大的 FENCE 功能，可以直接对参考文件、图形文件进行区域拷贝、剪切、删除等，操作上要方便一些。

当今，应用广泛的图形软件包莫过于 AutoCAD 了。作为通用图形软件，可以直接用于绘图；作为支撑软件，可以在其上开发应用软件。据 AutoCAD 的开发商 Autodesk 公司统计，在美国，AutoCAD 大约有 5 000 种增值软件，几百万个用户。提到 MicroStation，许多人并不知道，它大约是在 20 世纪 80 年代末期随着 Intergraph 公司的图形软件进入中国的。MicroStation 在我国的知名度低，与它进入我国的时间较晚有关，AutoCAD 先入为主，占领了中国市场，但在美国及其他一些西方国家，MicroStation 也占有相当份额的市场。

客观地说：MicroStation 和 AutoCAD 都是相同级别的大型图形软件包，它们提供的许多功能相同或相似。当然，它们也有差异，也有各自的优势及应用范围。

MicroStation 后来居上，其图形用户界面友好，易学易用，三维功能较强，有较强的外部数据库的链接能力，还有一定的图像处理功能。

使用 MicroStation 从三维模型的建立到真实透视图的渲染，在软件内部即可实现。

AutoCAD 也不甘落后，在其 R14，2000，2002 版本中增加了许多新的功能。它在增强其三维功能的同时，也不断地改进用户界面，从外形看与 MicroStation 相近。

AutoCAD 的最大优势是大量的可供选用的增值软件。面向机械、土木建筑、图像处理、影视制作、GIS 等 CAD 应用领域的应用软件往往是用户选用 AutoCAD 的重要因素。MicroStation 也有自己的应用领域如 GIS、土木建筑等。

MicroStation 在建筑行业与 Revit 对应的建筑 BIM 软件是 AECOsim Building Designer。AECOsim Building Designer 囊括了以下原有产品的功能：Bentley Architecture、Bentley Mechanical、Bentley Electrical 和 Structural Modeler。这些功能由于都是基于 MicroStation 开发的，因此数据格式全是.dgn，不管是二维的还是三维的，数据格式的统一也是 Bentley 软件的最大优势。而在这一点上，Autodesk 软件就比较麻烦，二维时代的文件格式是 dwg，而 BIM 时代换成 rvt，数据格式不统一，并且从 dwg 转换到 rvt 目前还没有比较完善的方案。

以下就其中的 Architecture 模块做简要介绍。

>> 2.2.2　Bentley Architecture 总体功能框架简介

Bentley Architecture（简称 BA）是基于 Bentley BIM（Building Information Modeling）技术的建筑设计系统。智能型的建筑信息模型能够依照已有标准或者设计师自定标准，自动协调 3D 模型与 2D 施工图纸，产生报表，并提供建筑表现、工程模拟等进一步的工程应用环境。施工图能依照业界标准及制图惯例自动绘制；而工量统计、空间规划分析、门窗等各式报表和项目技术性规范及说明文件都可以自动产生，让工程数据更加完备。Bentley Architecture 具备直觉式用户体验的交互界面、强大的概念及方案设计功能、灵活便捷的 2D/3D 工作流建模及制图工具、宽泛的数据组及标准组件库定制技术，从设计、工程内容文件管理，到施工阶段甚至项目后期运营维护来全程协助建筑师呈现设计思想。Bentley Architecture 具有的高度弹性，不但能让建筑师直接使用国际或地区性的工程业界的许多规范标准进行工作，更能通过简单的自定义或扩充，以满足实际工作中不同项目的需求，让建筑师拥有进行项目设计、文件管理及展现设计所需的所有工具。

Bentley Architecture 是当前市面上一套不可多得的全能型建筑设计软件。很多普通的 3D 软件只能做方案设计，不能做深化设计和工程制图，因此设计者常常为相关软件的衔接及格式转换等问题而烦恼。例如，在方案阶段建立的3D模型不能发挥更多设计效能；在图纸绘制的过程中，为设计变更带来的频繁的平、立、剖面图纠错而耗费掉宝贵的时间和精力；为海量信息的工程图纸、文档报表等的高效管理和共享而处心积虑；为外包给效果图公司制作的建筑表现渲染图和动画不能有灵气地表达出自己设计方案的精髓。Bentley Architecture贯穿建筑设计各个阶段——概念设计、方案设计、初步设计、建筑表现、施工图深化设计等，帮助建筑师高质量、高效率地完成各个阶段的各项工作。

通过创建BIM模型，Bentley Architecture可以将建筑设计流程中生成的各种散落在不同阶段和位置的工程信息内容以唯一正确性方式进行统筹管理。它能够帮助设计师用参数化的方式创建真实三维的建筑全信息模型，并从这个模型中自动地提取出所需要的工程内容，包括：符合施工图深度要求的平、立、剖等经过再符号化的2D图面，建筑表现渲染图与动画，详尽的工量统计报表等，并能与上下游专业完美合作，为各种工程应用提供良好数据接口。

Bentley Architecture可帮助建筑师顺畅地与工程设计、项目建造及运维管理过程中的其他专业人员作有效沟通，使建筑师充分地理解设计需求，准确评估设计影响与效能，在设计过程中能以虚拟的方式探索自己的设计。Bentley Architecture建立的模型为人流分析、日照分析、照明分析、声学分析、节能分析等工程应用提供了接口，帮助建筑师贯彻以人为本的设计理念，保证建筑设计实现适用、安全、美学欣赏的和谐统一。

>> 2.2.3　Bentley Architecture独特应用技术亮点

1．优秀完备的方案设计建模能力

今天的城市体量越来越巨大，建筑的功能也随之越来越复杂、越来越宽泛，相应地在建筑设计的过程中，各种大体量设计、创新设计及特殊设计层出不穷，当然，设计师也需要一个具备强大灵活建模能力的全能型工具来应对新的设计需求。Bentley Architecture基于MicroStation这一优秀图形平台，涵盖了实体、网格面、B-Spline曲线曲面、特征参数化、拓扑、建筑关系和程序式建模等多种3D建模方式，完全能替代市面上各种软件的建模功能，能满足用户在方案设计阶段对各种建模方式的需求。Bentley Architecture的子模块——Generative Components更是业界第一款商业化计算式设计软件（Computational Design）或程序式建模软件（Programmable Modeling）。它集设计探索活动的直觉感性式和逻辑理性式于同一工具，利用计算机强大的计算能力，自动生成点、线、方、圆、弧、三维实体、B-Spline曲线曲面等矢量图形，帮助设计师节省建模大量的精力与时间，可使设计师在极短的时间内快速、灵活地完成多套风格迥异的设计方案，并使自我进行比对和筛选成为可能，大幅提高了方案中标能力。它的脚本生成模型方式，可以通过组合和拆分脚本实现3D矢量模型的合成和分解，为多个合作者之间的协作建模、新旧设计方案的资源交互利用提供了支持（见图2-18）。

2．从3D方案到深化设计，再到建筑表现的顺畅衔接

当前业界的一些被用于建筑3D方案设计的软件，有不错的建模能力，但是因为并不是专门为工程应用量身定做的，在方案的3D模型出来之后，就不能继续在同一个工具的设计环境中进行工程的深化设计，而不得不转换到其他的工程应用绘图工具来完成施工图设计，导致存在一些重复建模的工作。而在建筑表现阶段做渲染效果图或者动画时，又不得不脱离平面绘图工具，再次在另外的三维软件中耗费时间和精力重新建模，也正是因为如此，很多建筑设计的表现在时间和精力的约束下不得不外包给效果图公司来做。抛开外包人员的建筑表现水准可能表现不出建筑师设计意图的风险不说，纯粹的以视觉图面为导向的“外壳表皮”式的建模方式，在业主提出更多查看要求时会显得捉襟见肘。使用Bentley Architecture则完全不需要担心这类情况。在Bentley Architecture的设计

1. 优秀完备的方案设计建模能力

2.从3D方案到深化设计，再到建筑表现的顺畅衔接

3.强大的动画与渲染功能

4.自由灵活的2D/3D混合工作流

5.动态视图

6.智能的参数化建筑元素创建工具

7.智能型空间工具-Space Tool，与空间资产管理解决方案整合

8.楼层管理器

9.场地模拟工具

10.资料群组系统

11.强大的报表自动生成及与模型同步功能

12.支持国际与自制绘图标准

13.项目内容的组织结构

14.强大的整合平台，对多种3D格式提供支持

15. 新的设计成果发布和提交手段

16.与4D设计的整合

17.与协同工作解决方案的整合

18.数字化建安及建筑的工业化生产的可能性

图 2-18

环境中完成前期方案模型后，利用图纸切取工具可以对方案的已有 3D 模型进行平面图纸的抽取，以此为起点，再使用 Bentley Architecture 提供的专业建筑设计工具和绘图工具来完成后继的初步设计和深化设计（设计师还可以通过 BA 的 2D/3D 工作流技术，自由选择按传统二维方式还是按全三维方式推进设计）。设计的过程实际上就是真实的建筑三维模型建立的过程，并且能够对模型的材质、灯光、渲染模式等进行一切建筑表现所需要的精细控制，让渲染效果图和动画表现成为建筑三维信息模型创建即建筑设计过程的副产品，这也使建筑师能以高效的方式，在建筑表现中贯彻自己的设计思想，实现为了设计而表现，而非为了表现而表现。Bentley Architecture 能帮助建筑师完成方案 3D 模型到施工图，以及建筑表现等设计过程之间的顺畅衔接，提升设计活动的整体感，提供给建筑师更为精彩的设计工具体验。

3．强大的动画与渲染功能

Bentley Architecture 继承了 MicroStation 强大的可视化功能，能够简单且有效地评估设计、与项目团队沟通设计内容、制作出说服力强的表现效果。其强大的功能包括：

（1）细致材质定制和管理属性：纹理贴图、动态贴图、凹凸贴图、多层贴图等；

（2）方便、灵活的材质赋予及调整；

（3）高级仿真渲染模式：精细，光线追踪，光能辐射，光粒子束追踪；

（4）丰富的全局光源、人工光源（包括接收 IES 光源数据）创建以及雾效、夜色的控制；

（5）高级相机功能——透视、景深、自由操控等；

（6）虚拟实效与现实照片匹配；

（7）丰富全面的动画工具：MicroStation 具备的动画角色工具、动态相机工具及脚本创建工具等能保证使用 Bentley Architecture 创建出高质量动画、虚拟漫游和精准物体运动模拟；

（8）全球任意经、纬度地点的可视化日光分析。

4．自由灵活的 2D/3D 混合工作流

针对建筑设计的习惯，Bentley Architecture 具有独特的 2D/3D 工作流（2D/3D Choice）技术，3D 模型和经过再符号化的富含工程意义的 2D 图面能够智能联动，更改三维模型，二维图纸会自动更新；更改二维图纸，三维的模型也会更新。使用者可以自由选择 2D 或 3D 的工作流程，或是同时在两者上交互作业，用同一组工具建立和编修建筑信息模型。Bentley Architecture 的 2D/3D Choice 可由 2D、3D 甚至混合模式开始工作，在项目进行中的任何时间点使用者也能随意在工作模式间进行切换，以符合工作上的需求。对于某些希望由传统 2D 作业流程转换到 3D BIM 流程的设计企业，2D/3D Choice 提供使用者最大的自由度与最低的风险，任何人都能由 Bentley Architecture 的 2D 模式开始进行绘图作业，再由系统自动建立 3D 模型，由于 Bentley Architecture 能够同步进行 2D 与 3D 的作业，任何对于模型或平面图的修改，都能立刻同时反映于 2D 及 3D。无疑的，企业可利用这样的工作模式，轻易地由 2D 前进到 3D，而不需要承担太大的风险与训练成本。

5．动态视图

与很多矢量图形软件处理几何图形时必须由 CPU 担当大量计算任务不同，Bentley Architecture 的实时动态剖面视图技术可以实现显卡完全独立处理的全 3D 动态剖面视图，包括线框、隐藏线、透明、阴影、光滑、材质渲染等视效在同一视图内的混合表现，这种将图形交由显卡独立处理的方式，大量节约了 CPU 资源，使 CPU 能够被更有效地用于大量的浮点运算，去处理 BIM 模型中的非图形信息量，有效提升了对大数据量建筑模型的处理性能。

6．智能的参数化建筑元素创建工具

Bentley Architecture 提供了丰富的三维模型创建、修改及参数化建筑建模工具集，涵盖了单墙、组合墙、帷幕墙、柱、梁、楼板、橱柜、扶手栏杆、门、窗、楼梯、屋顶、厨卫设备洁具等。这些建筑对象在参数化方式创建的同时，能够被附着各种模型信息、图纸信息以及工程信息的集合——Part。Part 包含了诸如线型、线宽、颜色、平面注释符号、剖面填充图案、渲染属性等信息，并能指导材料种类、表面积、体积、重量、价格、长度、延米量等工程材料分量的自动计算。对于门、窗、卫浴设备等建筑构件，则提供了专门的参数式构件创建工具 Frame Builder 和 Parametric Cell Studio，用户可以根据自己的设计需求创建任意构件样式并赋予它们参数化和依照同一构件不同部分间关系衍生的能力，帮助用户不断扩充、丰富和积累设计构件库。已经建立的建筑模型，能智能地维持各种元素之间的相对建筑关系及行为，例如楼板与周围墙体之间的联动、主墙与隔墙之间的联动、组合强各部分之

间的联动、厨卫浴设备与墙之间的位置关系、门窗在墙体上的自动开洞、山墙到屋顶或楼板的墙顶高度自适应等。参数化构件及构件组合技术让设计更加自动化，使设计建模变得更为轻松。

7．智能型空间工具——Space Tool，与空间资产管理解决方案整合

Bentley Architecture 提供了空间创建工具，能将空间与自动定义出空间的墙面建立关联性，使空间面积自动适应墙体布置的修改，并识别门窗洞口以合并空间，使用者可以利用它标示空间的使用面积。在项目的初设阶段，建筑师可利用这个工具研究空间的机能与使用规划；在项目进行中还可利用这个工具精确计算面积及产生报表。Bentley Architecture 针对某些国家的需要，还能提供依照墙心线计算面积及条列面积算式的功能，协助建筑师节省宝贵的时间。当然，这些空间对象信息能够汇入 Bentley Facility，使 Bentley Architecture 创建的空间和资产数据能与设计模型、文件管理以及资产管理平台整合，并进行协同作业。这套数据移交给业主，能协助业主或管理者精确地控制和了解建筑物信息与空间信息，供项目规划和资产管理使用。

8．楼层管理器

楼层管理器创建的楼面系统信息能跨越不同专业使用，在 Bentley Architecture、Bentley Structural 与 Bentley Building Mechanical System 之间共享与交换，以确保所有参与项目的不同专业的不同设计人员取用绝对与相对高程的正确性。同时在 Bentley Architecture 中，天花板的设计、空间使用数据的记录，都可能会与楼层管理员中的设定有关。由此可知，Bentley Architecture 数据的建立方式是环环相扣的，可协助使用者更有系统地建立正确的信息架构。

9．场地模拟工具

Terrain Modeling Bentley Architecture 针对建筑设计与简报的需要，提供了简单易用的地形制作工具，使用者只需要绘制简单的几条等高线或者导入测绘专业提供的平面等高线，就能建立一个简单的模型底台，展示现场的地形，此地形模型还能被赋予材质与建筑物模型进行整合。利用这个工具，建筑师能在极短时间内建立一个专业且准确的地形，建筑模型不再悬浮在空中或是建立在一个完全平坦的平地上，而是放在一个有高低起伏的模型台上，设计的真实程度自然得以提升。

10．资料群组系统

Data Group Systems 数据群组的系统是 Bentley 高阶建筑设计解决方案的数据建置与交换系统，将大量的对象属性数据内容储存于 XML 文件，并与实体 3D 模型结合，这些数据可输出至报告或赋予门、窗、楼板、墙等所有的建筑构件，也能连接到企业级数据库。BA 提供的属性定义编辑器工具（definition editor）可以让用户根据各种不同的项目需求灵活地建立属性类，该属性类可用于记录各种工程信息，如门的防火等级、功能空间的消防等级、卫浴洁具的生产厂家、墙的传热效能等。在此基础上，BA 内建了支持最新的 IFC2X3 标准的一系列构件属性，能自动地附着在构件上。更重要的是，这些数据能够跨越不同的专业，在 Bentley 的高阶专业应用程序如 Bentley Architecture、Bentley Structural 或 Bentley Building Mechanical System 之间交换。通过这个系统，不同专业的顾问与设计师所完成的智能三维模型，将能够轻易地携带大量的非图形信息给其他的专业团队，让整个项目能够在拥有丰富信息的条件下进行。对业主而言，整合各专业厂商之间的图形与非图形信息，将设计数据完整保存也将变得更为容易。Bentley Architecture 包含橱柜、帷幕墙、门窗、楼板、栏杆、卫浴、墙、空间等构件，相应的属性记录在数据群组库中。每一个构件都作为一条记录分类进行保存，点击数据群组库中的某一项时，视图中会相应将该构件高亮突出选中显示。在数据库中我们也可以直接对其属性进行编辑。同时，这些数据都是与图形联动的，例如当使用者修改窗户尺寸时，数据群

组中的尺寸也会自动随之改变；若是使用者移除了一扇门，这一扇门的数据也会自动从数据群组中删除。利用这种方式，使用者只需将精力集中在绘图建模等设计工作上，琐碎的数据整理与记录可以完全交给 Bentley Architecture 来处理。甚至在做图纸标注时，Bentley Architecture 也能寻找构件在数据群组中任意一条属性进行自动标注，Bentley 的 BIM 解决方案对于 3D 模型与数据结合的重视程度由此可见一斑。

11. 强大的报表自动生成及与模型同步功能

BA 能够将 Part 和数据群组中的系统预设或者用户自定义的建筑元素属性及数据，在项目的任何阶段输到模型之中，形成全信息的建筑模型并能有效地管理和使用这些与图形模型连接的非图形信息，迅速、准确地产生各种报表，包括门窗表、工量统计报表、构件报表等，并可以从模型连接到其他文字信息如规范说明概要、安装指南、维修及操作手册等，以帮助项目团队进行决策。这些报表输出的主要特点如下：

（1）有选择的输出建筑元素属性。

（2）多种数据输出格式，包括 Excel、Csv、Txt、Xml、Jpeg 等。

（3）可定义的 Excel 报表输出模板，适应不同报表的格式规范。

信息与图形是一对一互相联动的，添加或删除建筑元素图形，对应地会自动添加或删除数据群组中的信息，所以任何时刻对图形或者信息的修改，都能够实时同步并反映在报表中。

12. 支持国际与自制绘图标准

对于 2D 施工图绘制的设计需求，BA 也提供了丰富的 2D 制图辅助工具和图纸注释符号，以满足用户标注的需要。

BA 不但内建了符合美国及其他国家 CAD 绘图标准的以上制图工具以及标注样式，还开放了这些工具和标注样式的自定义功能，并提供适应性极强的管理架构，能够灵活、有效地适应多种项目标准设计企业的自定义标准、特殊标准以及实施准确、高效的 CAD 绘图标准管理。

13. 项目内容的组织结构

一个项目的设计成果通常被保存在各种格式的文件中，BA 能从这些格式文件（dgn/dwg/doc/pdf/xls/jpg/tif 等绝大部分 Windows 平台上的应用软件格式），包括文件中的模型、参考文件、保存视图、标题、工作表，书签等中抽取出逻辑指针链接，这些链接一一指向源文件，并可以被重新赋予逻辑名称，能够被用来自由地组织项目内容的目录结构。例如，将设计模型放在一个目录下，将平面图、立面图、剖面图和详图放在一个目录下，将材料报表放在一个目录下，这样的目录结构仅仅是逻辑式的，并不影响原有文件实际的保存位置，并方便地以此为快捷超链接，在各种数据文件之间灵活跳转以浏览项目内容，克服了传统的以实际文件系统组织和浏览工程项目时的各种不便和限制。这些链接还可以作为 element link，附着在模型中的 2D/3D 元素，详图符号，剖切符号，文本，引出符号，平面、立面、剖面编号等各种对象上，在设计文件中的具体微观细节与各种文件的宏观数据之间建立直接联系，将原来松散的设计内容信息以可管控的逻辑结构组织起来（见图 2-19）。

14. 强大的整合平台，对多种 3D 格式提供支持

MicroStation 平台赋予了 Bentley Architecture 强大的支持市面上各种流行 3D 格式的能力，包括 Sketch Up、3D Studio、DWG、Rhino、ParaSolids 等十余种，帮助建筑师游刃有余地利用已有的 3D 资源表现自己的设计，并与不同专业、不同格式的 3D 模型保持顺畅的沟通和信息共享，为项目整体设计思想的整合提供完备的平台。

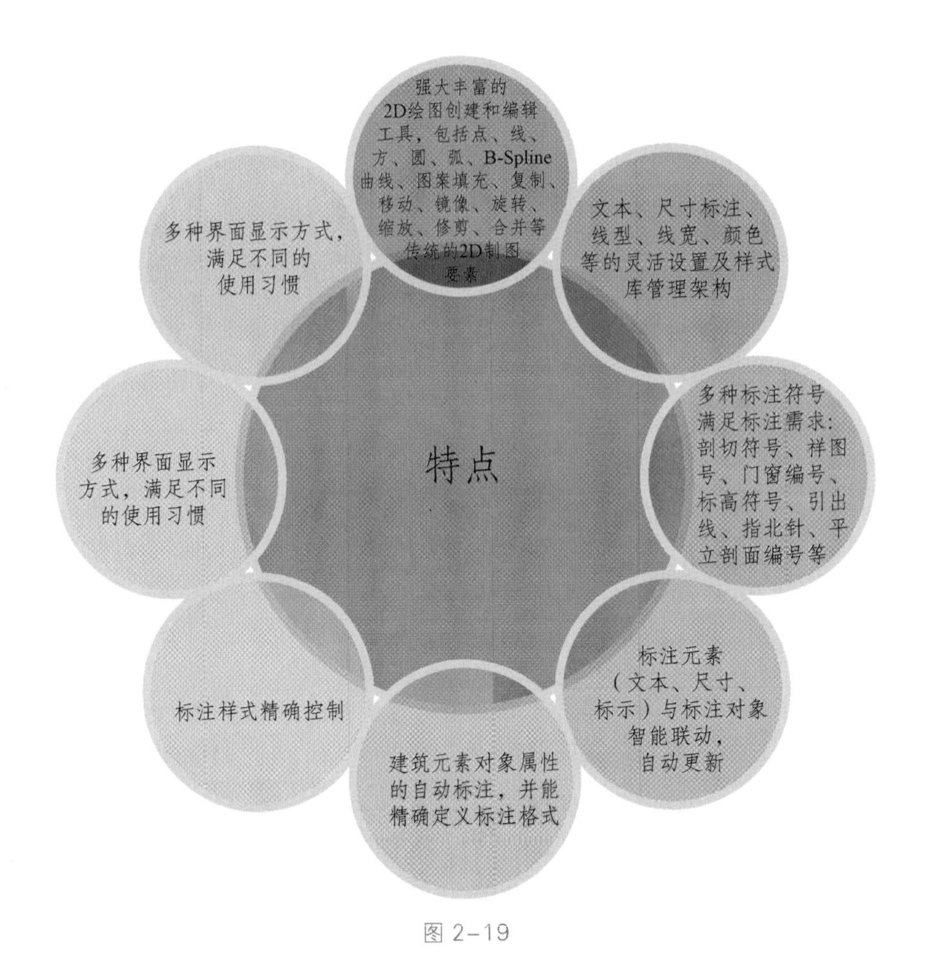

图 2-19

15．新的设计成果发布和提交手段

BA 强大的图形功能使建筑师有了更多新颖、丰厚的手段去发布和提交自己的设计成果，包括：

（1）支持 STL，能输出到各种不同的 3D 打印和模型制作设备。

（2）能制作搭配 3D 立体视觉眼镜（stereo vision glasses）的彩现效果图与动画。

（3）支持 VRML 等 3D Web 格式。

（4）带材质、灯光、动画效果的交互式 3D PDF。

（5）QuickTime Player 支持的 360° 交互式全景媒体文件。

（6）3D 工程模型及信息发布到 Google Earth（KML/KMZ）环境中，以在实际的地理环境中查看和浏览设计效果和共享信息。

16．与 4D 设计的整合

Bentley Architecture 创建的建筑模型能够进一步被整合：

（1）整合模型与项目施工或阶段进度，建筑对象可以与 Microsoft Project 或 Primavera P3 进度表中的工作连接。

（2）由第四维度——时间轴的角度分析施工或使用上可能发生的问题。

（3）通过 Bentley Navigator，实时仿真显示任何时间点的项目进度。

17．与协同工作解决方案的整合

BA 创建的建筑信息模型，除了满足本专业设计需要，还能：

（1）与 Bentley BIM 解决方案的其他模块协同工作，与 Bentley Structural、Bentley Building

Mechanical System、Bentley Building Electrical system 有效分享信息，在项目团队的内部达到高度的协同作业。

（2）配合 Bentley Navigator，能够分析并检查本专业或与其他专业之间的空间干涉，在设计的初期避免设计隐患，提高设计效率和质量。

（3）配合 Bentley 建筑设计系列产品，让项目团队能够分享整合多个专业领域（multi-disciplinary）的信息模型。

多专业的信息模型为更深、更广的工程分析（紧急事件中的人流模拟，声学声效模拟，建筑内热、烟、火、风仿真模拟等）提供了可能，将建筑设计的外延有效地向项目的整体工程设计拓展。

利用 ProjectWise 提供的多人同时打开同一文件技术（Shared DGN）及协同工作环境，Bentley Architecture 能够参与多专业、同专业的多人并行工作，并与项目所有的参与人员一体化工作。从而可以缩短工程工期，并有效地进行权限设置和版本控制，将个人工作环境提升为团队工作环境，提高工作效率，降低工作成本。

18．数字化建安及建筑的工业化生产的可能性

Bentley Architecture 创建的建筑信息模型，富含很多 2D 图纸所不能表达的工程信息，这为特殊建筑的数字化建安以及建筑的工业化生产提供了技术探讨和实施的可能性，并已经有了很多具体的项目实例（见图 2-20）。

图 2–20　Bentley Anchitectune 实例图片欣赏

Bentley Arclitecture 的功能小结见图 2-21。

Bentley Architecture 小结

1.基于Bentley BIM的建筑设计工具，提供了三维的设计环境

2.全面覆盖方案设计建模、初步设计、施工图设计、建筑表现等各个设计流程

3.高自由度工作流—完全同步的2D施工图面绘制和3D模型生成

4.建筑对象的参数化创建方式和相互间关系的智能化的维护，可以使设计师快速高效地完成设计

5.开放的数据集和数据群组体系，可针对建筑对象自定义属性信息类型，以适应不同的工程需求并建立标准管理库

6.自动生成平、立、剖面图，任何模型的变化及时反映在图纸中

7.自动生成门窗表，工程材料表，且保证模型与材料表的同步

8.能进行碰撞干涉检查，及早发现设计中的差、错、碰、漏

9.可基于PW协同工作环境，协同多专业、多工种并行工作

图 2–21

2.3 Nemetschek Graphisoft

>> 2.3.1 Archi CAD 的背景介绍

Archi CAD（以下简称 AC）是 GRAPHISOFT 公司于 1982 年开始开发的专门用于建筑设计的三维 CAD 软件。自成立之初到现在的三十余年中，GRAPHISOFT 公司一直致力于“建筑信息模型”（Building Information Modeling）的开发，至今全球已有 200 多万个设计项目和 40 万用户使用，我国近年来也有一些建筑师使用 ARCHICAD 进行他们的设计（见图 2-22）。

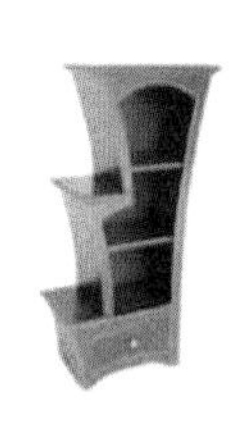
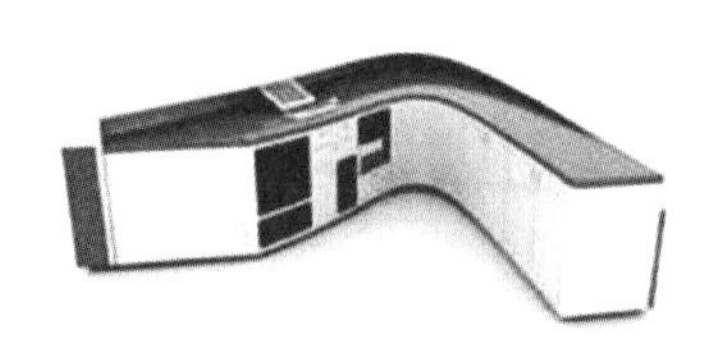

图 2-22

与其他软件不同的是，从 AC 诞生的第一天开始，它就是由建筑师设计开发，并专门为建筑师服务的专业设计软件。1988 年以来，AC 一直是欧洲市场上技术遥遥领先的 CAD 软件，1991 年以来更享誉世界。从 1995 年开始，AC 在全世界发行了 25 种语言版本。经过 20 多年的发展，AC 的功能越来越完善。

值得一提的是，2009 年 GRAPHISOFT 公司推出的 AC13 中文版（Archi CAD 中文版）特别制定了符合中国建筑师习惯的中文环境，最大限度地将中国企业的设计标准规范化、系统化，帮助中国建筑师在最短时间内熟悉并最大限度地挖掘 ArchiCAD 的性能，大幅提高了生产效率。建筑信息模型的核心是利用软件生成真实建筑的数字模型，将所有的相关信息存储在一个工程文件中，设计师通过使用楼板、墙、屋顶、门窗、楼梯等建筑构件来建造建筑。建筑信息模型的每一个物体都是具有现实特征和智能化属性的建筑构件。“建筑信息模型”方法可使用户获得竞争的优势。使用 AC 可以方便、快捷地在各个设计阶段获得真实的表现效果，并高效地表现在图纸和文本上。突破了以往建筑师给客户展示的二维建筑布局和造型效果，它能让用户体验模拟的建筑空间，体会建筑在一天中随着光影变化而产生的不同空间感受。并且其他设计师无论使用的是什么 CAD 平台，都可以得到建筑数据的电子文本，进行修改后再把文件返回，设计师便可进行下一步工作。在这个过程中“建筑信息模型”的数据不会有任何破坏和丢失。

建设方和施工方可以得到完整的进度表和材料单，还有随出图比例自动变化的细部图纸。建造者可以在施工的任何阶段创建随时间变化的动画、文档，而开发商可以在销售手册上附上效果逼真的渲染图。

越来越多的建筑公司正在转向建筑信息模型及使用 ArchiCAD 作为软件解决方案。也有一些公司，在包括住宅建筑和商业建筑项目的设计和文档处理过程中使用 ArchiCAD：“使用 ArchiCAD 构建一个‘灵活的’建筑物模型帮助我们集中精力在设计上，也帮助我们在项目成型的时候做出正确的设计决定。”GRAPHISOFT 公司不仅仅专注于建筑物的外观，也关心建筑物的功能随着时间流逝产生的变化。

>> 2.3.2 AC 的主要优势介绍

在介绍 AC 的优势之前，就必须先介绍“建筑信息模型”与利用其他计算机软件建立 3D 模型的不同之处——“建筑信息模型”模型包含了大量建筑材料和构件的特征信息。Archi CAD 的建筑信息模型是一个包含了全部建筑信息的 3D 中心数据库，跟踪建造一个建筑所需的所有组成部分。不同的视图，包括 3D 模型、平立剖图、大样详图等，只是同一个数据信息的不同表达方式而已。因此无论是在哪个视图上进行修改，其他视图将随之改变。在“建筑信息模型”中做设计，可以随时看到设计的效果。在设计的任何阶段，都可以围绕建筑旋转，观察各个角度的设计效果；或者深入建筑内部，身临其境地感受建筑内部的空间效果。“建筑信息模型”以多视角的智能建筑构件为基础提供了一个完全的 3D 环境。它具有以下几个特点（见图 2-23、图 2-24）：

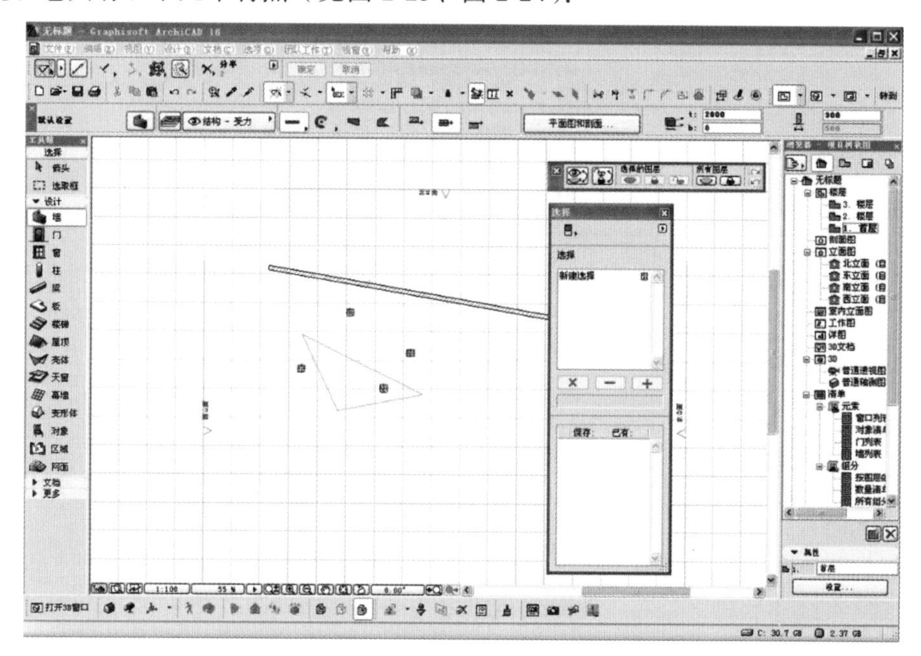

图 2–23　界面与组成部分

（标题栏、工具栏、信息栏、状态栏、屏幕栏、项目栏、活动栏等）

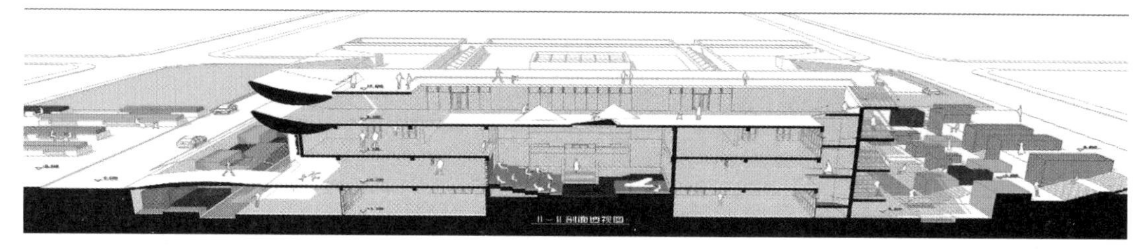

图 2–24

（1）智能化的建筑构件。在 2DCAD 中，所有的建筑构件都是用线条构成和表达的，它们没有任何特殊的意义，仅仅是一些线条而已，包括所有建筑构件，在平面中用一组线条表示，而立面和剖面又用另一组线条表示。而在“建筑信息模型”中，所有的建筑构件都是智能物体，是包含了特殊的建筑构件的属性、尺寸、材料性能、造价等综合信息的智能化三维物体。

（2）自动生成所有视图。在 2D 绘图环境中，所有图纸都是孤立的：从平面开始绘制，然后再是立面、剖面，随着项目进程，变动时分别更改，容易造成绘图错误。在“建筑信息模型”中，所有图纸都是所建造的建筑信息模型的副品，建筑师只需集中精力在设计创造上，而从大量烦琐的图纸中解放出来。

（3）实现高级的自动分析模拟。随着经济的发展、人类的进步，可持续发展的建筑设计日益成为建设行业的主流。在设计前期能够得到翔实的数据进行定量的分析，对于建筑设计过程越来越重要。2DCAD 绘制的图纸无法进行智能化分析和模拟，只有包含了所有建筑信息的“建筑信息模型”才能轻而易举地将数据导入到相关的分析软件中，从而获得真实可信的数据分析成果。现有的分析包含绿色建筑能量分析、热量分析、管道碰撞分析以及安全分析等。

（4）可用于整个建筑生命周期。“建筑信息模型”对于建筑业所有人员都是十分有用的，不仅仅局限于建筑师，其他诸如施工人员、概预算人员等都可以以模型为基础（见图 2-25）。

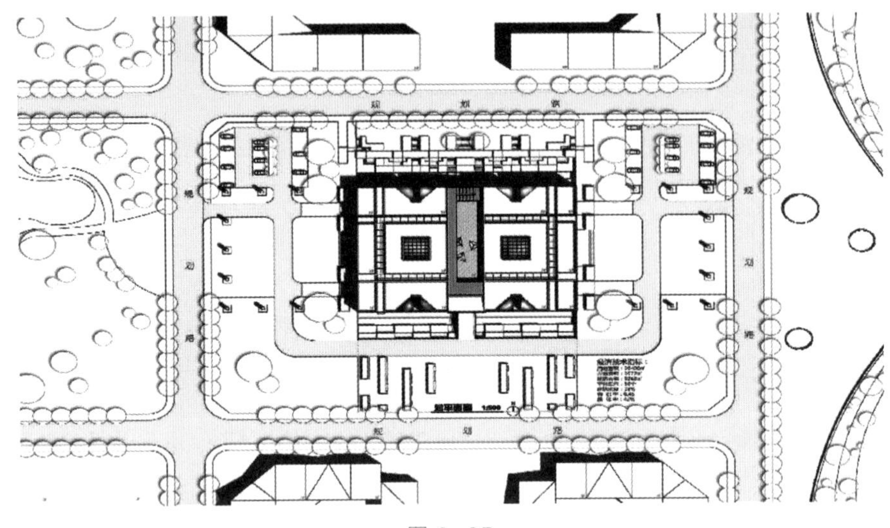

图 2-25

Archi CAD 由于基于“建筑信息模型”平台，与其他 3D CAD 软件相比，主要优势有以下几个方面：

（1）帮助建筑师有时间和精力集中在设计上。多年来建筑师一直以平面图纸的方法来表达他们的设计，只能通过草图设计来想象空间，再根据草图去绘制平立剖面图。这种思考方式严重妨碍了设计质量的提高，制约了建筑师的空间想象能力。Archi CAD 由于是建造建筑信息模型，当模型构建完成时，基本图纸也就出来了，故可帮助建筑师将时间和精力集中在设计上。

（2）智能化的设计评估。通过模型，建筑师和业主可以直观地从各个角度、方位浏览建筑，准确地进行方案优选和设计评价。利用非图形数据，Archi CAD 能自动地生成多种报表：进度表、工程量、估价等。与其他配套软件相结合，可以进行结构工程分析、建筑性能分析、管道碰撞分析以及建筑物理方面的能效分析等。

（3）变更管理一体化。一直以来，无休止的修改再修改成为建筑师最烦琐的工作之一，占用了建筑师大量宝贵的时间和精力。使用 Archi CAD 将彻底改变这一现状，使建筑师从绘图中解脱出来。它的三维模型与平立剖面保持一致，原理就是基于一个数据库打开的不同窗口，只要改动其中的一个，其余的也会作相应的改动。

（4）团队协同设计。在建筑设计的协同工作上，Archi CAD 可以通过强大的 TEAMWORK 功能将一个工作组的成员通过局域网联系起来。基于新一代团队工作技术的 BIM 服务器，彻底革新了 BIM 协同工作方案，在同类解决方案中第一个实现了基于模型的团队协作。行业领先的 DeltaServer 技术使网络流量瞬间降至最低并支持办公室局域网及广域网的数据交换。

（5）外部交流与合作。在外部协作上，通过 IFC 文件标准，Archi CAD 可以实现与结构、设备、施工、物业管理等各种软件及几乎所有相关文件格式的数据传送。利用相关的行业软件，Archi CAD 的三维模型数据可以方便快捷地进行建筑生命周期内的全部数据管理：结构模型与分析、建筑物理及能量分析、成本估算、项目管理等。

（6）宽泛的平台接口。Archi CAD 可以支持多种文件格式，除了常用的 DWG、DXF、JPEG、TIFF 等文件格式外，还支持 3DS 模型文件。

（7）与 SketchUp 的结合。由于 SketchUp 简单易于操作，并且可以较快地得到建筑尺度关系，所以 SketchUp 在建筑师中广受好评，但如何继续发展利用 SketchUp 中所作的草图模型，使之不再仅仅停留在概念阶段就成了一个难题。现在 ArchiCAD 提供了一个解决方案，将 SketchUp 中所作的建筑模型通过某种转化原则转化成智能建筑构件，从而再次利用模型。

（8）自由造型能力。不管是 2D 还是 3D，传统的建筑软件都没法使建筑师随心所欲地进行自由体设计，现在 Archi CAD 和 CINEMA4D 的结合，给建筑师提供了一个大的平台。它允许建筑在 CINEMA4D 中进行各种造型设计，通过无缝链接将它转换为 Archi CAD 中的智能构件。

>> 2.3.3　GDL 的介绍

Archi CAD 的另一特色就是它的 GDL 技术。GRAPHISOFT 从 1982 年开始研发的 GDL 是“建筑信息模型”中智能化建筑构件的重要技术（见图 2-26）。

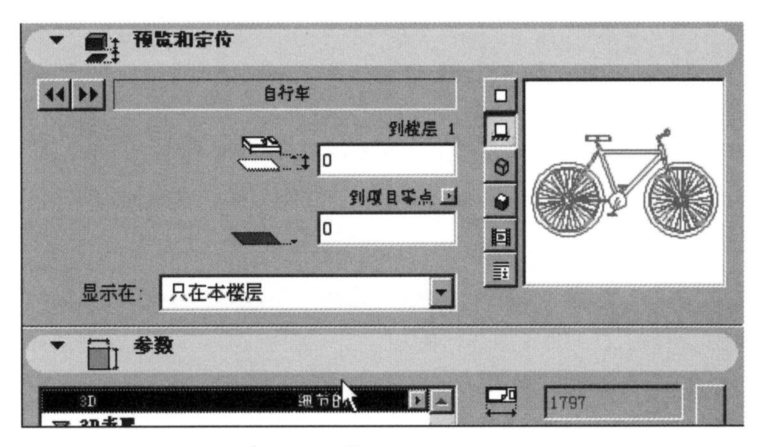

图 2-26

GDL 就是“几何设计语言”，是一种类似于 BASIC 的简单的参数化程序设计语言。利用 Archi CAD 内置的 GDL 语言，设计人员可以创建智能化的三维建筑构件和二维图形，这些统称为 GDL 物体。运用 GDL 技术的 Archi CAD 建筑构件是高度智能化的——它们能自动适应图纸环境。智能化的工具可创建墙、板、柱、梁、屋顶、门窗等，无论是在平面还是在 3D 窗口里，都已经包含了构件的高度、厚度、材质和其他属性。

它们与环境相互作用：自动清除墙的交叉点，梁交叉点优先，构建剪切到屋顶等。这些都将提高设计人员的工作效率。另外也可以运用实体操作建立复杂物体的模型，这也将提高工作效率，使项目管理更加容易，更重要的是，它让设计人员在设计而不是在绘图。设计时，设计人员可以通过修改对话框的一些设置或者编辑其几何参数，能更容易地控制一个构件的外观和属性。

为了加速和简化设计过程，Archi CAD 自带了一个图库，包含了 1 000 多个参数化的门、窗、天窗、家具设备、结构元素以及配景。网络上也有数以万计的 GDL 免费图库下载，同时也可以在 Archi CAD 和 CINEMA4D 中利用图形界面创建 GDL 对象，建筑师还可以通过改变已有对象的参数，扩充自己的图库以满足设计需要。

>> 2.3.4　自由体建模方面的发展

随着建筑师在美学方面的不断追求，建筑物已经不再是由水泥和钢材组成的枯燥乏味的笨重盒子，它更多地包含了建筑师对于环境艺术和造型艺术的理解。因此，近年来在建筑造型上的创新已经成为建筑师追求的目标，许多建筑已经成为城市风景的一部分（见图 2-27）。

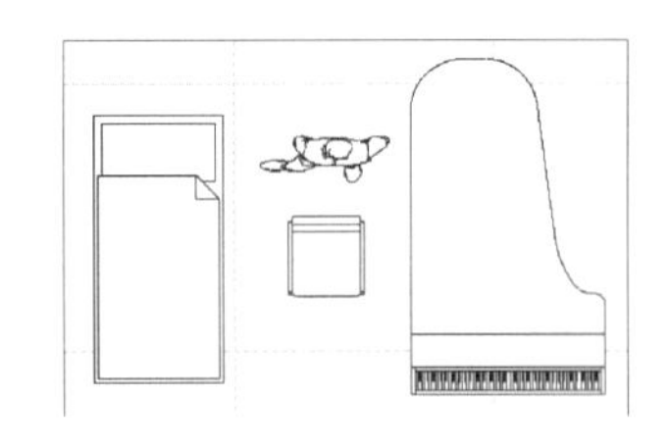

图 2-27

GRAPHISOFT 与 MAXON 公司联合推出的 CINEMA4D，使得建筑师对于自由体造型在建筑设计中的应用成为现实。它能很好地把造型艺术与工程设计结合在一起，是世界上第一个在建筑信息模型技术基础上进行自由体建筑设计的软件。

MAXON 公司的获奖产品已经广泛地被用于电影、电视、科学、建筑学、工程学和其他的工业领域。MAXON 公司的核心产品是 MAXON'S CINEMA 4D，它为建筑学而专门制作了强大、成熟和广泛流行的设计和动画解决方案。插件允许 CINEMA4D 作为一个图解式的 GDL 模型制作者和编者紧密地同 Archi CAD 整合，考虑到 Archi CAD-CINEMA4D-Archi CAD 的双向工作流程方式，它在苹果和 Windows 操作平台上均可以使用。

随着设计发展，建筑师通过点击鼠标就可以随时在 Archi CAD 和 CINEMA4D 之间转换。这使得建筑设计不再是孤立的软件设计，而是采用具有更多解决方案的综合优势对形体进行趋于完美的塑造（见图 2-28）。

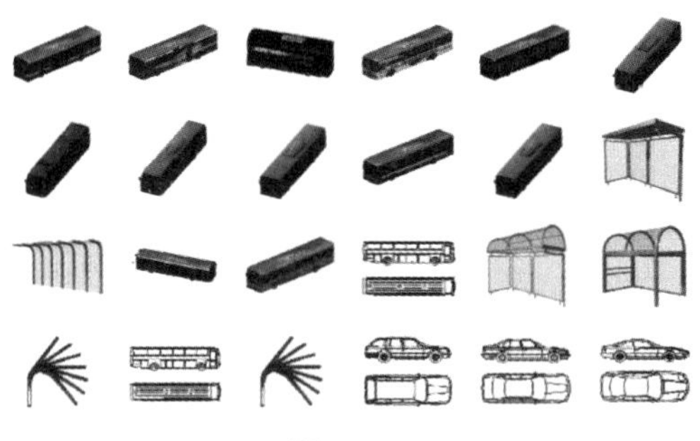

图 2-28

这种结合是强大的，从而增强了整体设计的灵活性，它整体而非孤立地传递着建筑信息，就像建筑师所期望的一样——外形和属性随着建筑设计的深入而变更。

GRAPHISOFT 公司负责产品管理的副总裁 BENCE KOVACS 说："现在我们已经把自由体造型同整个设计过程紧密地结合起来了。"

当建筑师进行建筑创造时，逐渐地被寄予设计出具有象征意义的建筑的期望，于是 Archi CAD 就引入了自由体建模。CINEMA4D 和 Archi CAD 的无缝链接，使得建筑师设计不再局限于规矩的造型中，而是更具激情地去设计各种奇特的造型。这个设计过程中并不放弃建筑信息模型的优势，例如文档的合作，准确的数据信息和感观化的视觉效果。CINEMA4D 也可以对几何化参数语言进行编辑，从而允许建筑师在设计过程中进行反复推敲。

CINEMA4D 使得 Archi CAD 无缝地传递着当代建筑最显著的趋势之一：有机体建筑设计。现在每个人都渴望能创作出突破传统设计限制的非矩形、流动的模型。任何富有激情的建筑师都希望超越传统的形式，期待他们的设计工具能够支持整合自由体模型，而且无须转换文档格式就能传达所有表面材料设计的灵活性。

>> 2.3.5 Archi CAD 与 Sketch Up 的整合

SketchUp 是@LAST 软件公司开发的产品，可以方便快捷地创建、观看和修改三维模型。

它融合了铅笔画的优美与自然笔触，以及现今数字媒体的速度与灵活性。由于这些优点，SketchUp 在世界各地备受赞誉，现在被广泛用于住宅、商业建筑、工业建筑以及城市设计中。但由于 SketchUp 所作出的模型不能在其他软件平台上继续使用，如何继续利用模型，就成为一个棘手的问题。

现在，SketchUp 和 Archi CAD 的结合使得建筑师和项目负责人可以在任何新项目的前期概念设计阶段把注意力集中在创造性上，他们所有的设计可以自动地输入到 Archi CAD 中。这个工具允许用户尽可能地在 Archi CAD 中自动地大量重复使用 SketchUp 模型数据，无须人为手动操作。

这个 SketchUp 插件意味着在日常设计过程中，从建筑的最初概念到 3D 模型将会有一种更为流畅的工作模式，现在即使在最初的由 SketchUp 所作的草图概念阶段也可将数据输入到智能建筑信息模型环境中，在那里很容易增加细节，并且数据的交互性可使模型应用于一系列其他软件。如今，Archi CAD 将建筑数据信息与 SketchUp 表面相链接，在草图阶段就可以进行体积计算和材质的可行性分析，在与客户合作的关键阶段以满足设计要求。

通过这个插件，全球流行的、成熟的解决方案能确保一系列数据无缝地从概念性的表面和颜色转化为智能的建筑物件和材质。在 Archi CAD 中，用户将会看到墙、楼板以及其他智能元素，如同开始时他们在 SketchUp 中创建的模型一样。这种结合带来了几个优点：

（1）开始于视觉 3D，结束于智能 3D。传统设计开始使用的是 SketchUp 做三维模型，最后都需要将其转化为二维的 CAD 图，为什么向后倒退？现在设计人员可以用 Archi CAD 将 3D 模型的优势贯穿于整个项目阶段中。

（2）给概念设计增加更多的利用价值。它通过 Archi CAD 将初始的 SketchUp 模型链接上更多真实的建筑数据。现在，设计人员在前期可行性阶段就可以轻松得到统计的概量以及材料单，这可向客户表明设计已满足他的基本要求。

（3）项目快速发送。Archi CAD 通过重复使用多数可用的概念设计模型来自动输入模型详图设计的数据，允许用户快速完成细部设计，并且 Archi CAD 理应更方便快捷地用于发展复杂真实的建筑元素和部件。

将 SketchUp 中所建的模型转换到 Archi CAD 中，这对我们的设计工作有很大的帮助。通过使用自动转换选项，设计人员只需用鼠标点击就可将 SketchUp 模型输入到 Archi CAD 中去，基于 SketchUp 元素的几何特性，它们将转化成 Archi CAD 的构造元素（例如将水平方向的表面转换为楼板，垂直方向的表面转换为墙，倾斜的面转换为屋顶，组分转换为部件如门窗）。或者在只输入部分 SketchUp 模型或在输入过程中调整 Archi CAD 构造元素特性的情况下，可以使用综合手动转换选项，在 SketchUp 元素转换为智能 Archi CAD 构造元素的过程中预先定义转换规则。即使是多层建筑，该软件也可以轻松处理转化过程，设计人员可以在任意层高度切割 SketchUp 模型，Archi CAD 就会自动创建每层平面，设计人员只需要在 Archi CAD 中点击一下按钮，就可以从 SketchUp 模型中获取整套平面图集。

只需设置好最优化转换规则，设计人员就可以将这些设置存储下来。不论是如何设置手动转换模式，都无须担心今后得重复同样步骤，即可以将同一规则适用于其他方案。

>> 2.3.6 Archi CAD 与能量分析软件的交互

随着全球人口城市化发展的日益加快，对能源的消耗已经成为危及人类生存与发展的关键性问题。在我国，能源短缺已经成为经济持续发展的重大阻碍。建筑行业是能源和原材料的消耗大户，如何在建筑物的建造和使用过程中节约能源，提高使用效率，努力缓解能源资源短缺的矛盾，保护和改善环境，不仅仅是建筑业关心的问题，也是中国实现现代化的必经之路和艰巨的历史性任务。

目前，我们国家在政府的指导下已经开始大规模实施绿色建筑战略，国家和地方制定了一系列节能省地方面的法律法规及标准规范。国内各相关部门和科研机构也在积极开展绿色建筑的研究，“十五”攻关项目“绿色建筑关键技术研究（2004—2005）”提出了一些研究性意见，但与具体的实践应用还有很大的距离。国内目前提出的一些标准和计算方法，还都局限于某一项产品或是建筑物特定部件的指标，并没有形成对建筑物绿色节能的一个整体评价体系，这就需要一个能够对建筑物进行整体分析评价的辅助设计支持系统。在“十一五”的计划当中，“绿色建筑设计与关键技术研究”同样是很关键的攻关课题之一。

在传统的方法中，设计师往往是在设计过程的最后阶段才来进行能量效率的计算，但这时改变设计的一些特性和方案是极其困难和昂贵的。如果建筑师在最早的方案设计阶段就能够容易地计算出能量效率，得到关于建筑物能量性能的反馈，并且对其做出及时的反应，则可以避免很多的浪费和设计中存在的问题。因此，一个能够准确模拟建筑物情况的数字化模型就成为了关键，而近年来 BIM 技术的发展为此提供了技术保障资源。

Archi CAD 在其发展历程中，与很多行业领先的能量分析计算软件很好地结合，在很多项目上获得了成功的应用。在很多国家和地区，建筑设计阶段的能量运行分析已经成为政府性的要求。

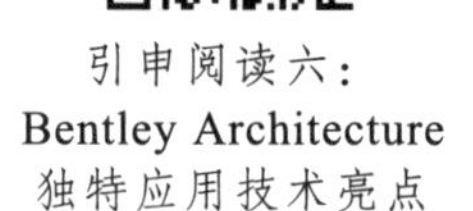

引申阅读六：Bentley Architecture 独特应用技术亮点

>> 2.3.7　其他基于 Archi CAD 平台插件产品的功能简介

Archi CAD 软件已经不再是一个单独的产品，它是一个建筑信息模型设计的平台。在这个平台之上，有很多插件产品为更好地建立和展现设计提供了帮助。本小节对一些常用的插件作简单的介绍，如 Archi Glazing、Archi Stair、Archi Terra、Archi Wall 等。

Archi CAD 软件自带的插件除在插件菜单下有附件、室内向导和 Roof Maker 外，还隐藏了造型工具（放样库）这个插件。我们只需将安装目录下的小插件文件夹放到插件文件夹里，就可以看到在工具菜单栏下会有放样库工具。

1. ArchiGlazing

ArchiGlazing 是使建筑师能进行广泛的玻璃结构设计的 Archi CAD 插件。订制的窗户能在草图基础上建立，并且垂直或倾斜的玻璃幕墙壁也能快捷而方便地基于任何类型的曲线创建。它还特别为类似太阳房的锥形玻璃顶结构提供了支持，对其进行调整使之与建筑协调。在设计过程中的任何时候，设计人员都可以通过修改部件参数来控制其特性。ArchiGlazing 可以充分满足那些不愿意受基本 Archi CAD 图库限制的建筑师的需要。

2. ArchiStair

ArchiStair 是 Archi CAD 的扩充。即使在新建项目或改建项目中，受到限制不能创建一个规则的楼梯，也可以用 ArchiStair 来完成。ArchiStair 的图形界面简洁而且反应迅速，可让使用者创造用户化的、有创造性形体的踏步和平台。

3. ArchiTerra

ArchiTerra 就是为了 Archi CAD 用户解决 3D 地形模型的创建和管理而开发的。为了创建一个真实的场景，设计者经常要将他们的项目融合到特定的环境中，所以在方案阶段就要控制建筑项目对环境的影响。现在，城市设计或景观设计领域也提出了对这种功能的需求，它们需要创建或多或少的大型 3D 地形模型。

4. ArchiTabula

ArchiTabula 这个插件让包含数字和文字的表格可以在 Archi CAD 中创建或导入其中。表格的内容可以以网格形式显示或如果条件允许以图表显示，而且可用各种各样非常用户化的格式。在建筑平面图中创建的表格，其内容可以随时更新而且不会丢失格式。

置于建筑平面图的建筑部件属于图库资料，而且与其数据文件保持动态链接。

5．ArchiWall

ArchiWall 在普通的 Archi CAD 墙上加“叠合结构”，让简单的棱柱体块变成多样的建筑构件。有了 ArchiWall，用户可以在普通的 Archi CAD 的墙上添加自由形式的附加构件，在维持 Archi CAD 特有的简洁特征和速度的同时，让方案看上去更真实。

6．ArchiForma

设计者在画建筑细部的 3D 表现图时，经常需要用复杂形体，如装饰构件、门窗或其他一些很难用 Archi CAD 工具箱中的工具创建的实体和表面。ArchiForma 提供了一系列新的图形基元、指令和函数来解决这些问题，让用户有足够的自由定制他们自己的工程，在其中加入他们想要的细部。

Archi CAD 的一个放样图见图 2-29。

图 2-29 Archi CAD 的一个放样图

2.4 Grey Technology Dassault

Grey Technology Dassault 指的是法国达索飞机公司。CATIA 是该公司在 20 世纪 70 年代开发的高档 CAD/CAM 软件，是世界上一种主流 CAD/CAE/CAM 的一体化软件，是英文 Computer Aided TriDimensional Interactive Application（计算机辅助三维交互式应用）的缩写。

CATIA 是 CAD/CAE/CAM 一体化软件，位居世界 CAD/CAE/CAM 领域的领导地位，广泛应用于航空航天、汽车制造、造船、机械制造、电子/电器、消费品行业。它的集成解决方案覆盖所有的产品设计与制造领域，其特有的 DMU 电子样机模块功能及混合建模技术更是推动着企业竞争力和生产力的提高。CATIA 提供方便的解决方案，迎合所有工业领域的大、中、小型企业需要，从大型的波音 747 飞机、火箭发动机到化妆品的包装盒，几乎涵盖了所有的制造业产品。世界上有超过 13 000 的用户在使用共 13 万套以上的 CATIA 为其工作，大到飞机、载人飞船和汽车，小到螺丝钉和钓鱼竿，CATIA 可以根据不同规模、不同应用定制完全适合本企业的解决方案。CATIA 源于航空航天业，但其强大的功能已得到各行业的认可。在欧洲汽车业中，CATIA 已成为事实上的标准。CATIA 的著名用户包括在世界制造业中具有举足轻重地位的一大批知名企业，如波音、克莱斯勒、宝马、奔驰等。

引申阅读七：Catia 在各个领域的应用

>> 2.4.1 CATIA 软件介绍

CATIA V5 版本是 IBM 和达索系统公司长期以来在为数字化企业服务过程中不断探索的结晶。围绕数字化产品和电子商务集成概念进行系统结构设计的 CATIA V5 版本，可为数字化企业建立一个针对产品整个开发过程的工作环境。在这个环境中，用户可以对产品开发过程的各个方面进行仿真，并能够实现工程人员和非工程人员之间的电子通信。产品的整个开发过程包括概念设计、详细设计、工程分析、成品定义和制造乃至成品在整个生命周期中的使用和维护。

CATIA V5 版本具有以下特点：

1. 重新构造的新一代体系结构

为确保 CATIA 产品系列的发展，CATIA V5 新的体系结构突破传统的设计技术，采用了新一代的技术和标准，可快速地适应企业的业务发展需求，使客户具有更大的竞争优势。

2. 支持不同应用层次的可扩充性

CATIA V5 对开发过程、功能和硬件平台可以进行灵活的搭配组合，可为产品开发链中的每个专业成员配置最合理的解决方案。允许任意配置的解决方案可满足从最小的供货商到最大的跨国公司的需要。

3. 与 NT 和 UNIX 硬件平台的独立性

CATIA V5 是在 Windows NT 平台和 UNIX 平台上开发完成的，并在所有所支持的硬件平台上具有统一的数据、功能、版本发放日期、操作环境和应用支持。CATIA V5 在 Windows 平台的应用可使设计师更加简便地同办公应用系统共享数据；而 UNIX 平台上 NT 风格的用户界面，可使用户在 UNIX 平台上高效地处理复杂的工作。

4. 专用知识的捕捉和重复使用

CATIA V5 结合了显式知识规则的优点，可在设计过程中交互式捕捉设计意图，定义产品的性能和变化。隐式的经验知识变成了显式的专用知识，提高了设计的自动化程度，降低了设计错误的风险。

5. 给现存客户平稳升级

CATIA V4 和 V5 具有兼容性，两个系统可并行使用。对于现有的 CATIA V4 用户，V5 可引领他们迈向 NT 世界。而新的 CATIA V5 客户则可充分利用 CATIA V4 成熟的后续应用产品，组成一个完整的产品开发环境。

>> 2.4.2 CATIA 软件功能模块

附件五：CATIA 主要模块及简称

>> 2.4.3 CATIA 典型工程案例

达索系统是服务于科学、技术和艺术领域的可持续发展的系统。目前采用此系统完成的项目比较多，如 2009 年的凤凰传媒中心、香港理工大学的创新楼等，以下就两个典型案例供参考。

1. 达索系统案例：拉斯维加斯 Tivoli Village 多期综合工程

（1）挑战和效益。

位于美国拉斯维加斯的 Hardstone Construction 公司有意通过优化工序向项目业主提供更好的体实施方案，用以消除分包商之间的现场冲突以及其导致的

工期延迟与成本超支。3D 模型能降低物料浪费和成本、改进构件设计、提高预加工错误剔除的准确率以及现场冲突，总费用可节省 200 万美元。

（2）3D 体验，成就高效的施工管理。

位于拉斯维加斯的 Hardstone Construction 的总裁 Pat Henderson 见证了建筑业的兴盛与衰落。

作为美国最大的两家建筑公司的高级副总裁和总裁，Henderson 参与管理了 100 多个市政工程，项目总额逾 30 亿美元。在其 30 年的职业生涯里，他会因项目进度和预算施工按期可控，获得了满足感，但也因未能按期竣工而深感挫败，因为意外的冲突会导致 20% 的成本超支，甚至项目金额超支。成本超支通常达数百万美元，最终引起法律诉讼，使得项目总成本变得更高。

Henderson 深知需要一个解决方案。他凭借对离散制造进行革新的计算机生产技术的深刻印象，他渴望那些技术应用于建筑业。但由于建筑业的计算机工具一直落后于制造业同行，解决方案显得“可望而不可即”。

（3）独特的视野。

当 2007 年 Hardstone Construction 被指定为拉斯维加斯 Tivoli Village 多期综合工程的总承包商时，Henderson 有了机会。施工规模约为 185 800 m^2 的零售、办公与停车场，包括 16 栋建筑物，在其下面建造了一个 3 层的地下停车库，使得 Tivoli Village 项目所致的协调、工期延迟和成本超支风险变得非常巨大。

由于工程异常复杂，Tivoli Village 在施工早期就陷入困境，因为业主提供的图纸不断变动。由于图纸缺乏施工所需的细目，需要对设计进行重大修改。主要的建筑师、结构工程师和机械/电力/给排水（MEP）工程师中途放弃了项目。在此期间，业主要求 Hardstone 不仅要完成原定的施工协调，还要把完整设计列入合同的职责条款。

这是一个严峻的挑战，但 Henderson 接受了挑战。为了降低风险，这个小规模的本地公司求助于全球 3D 设计、3D 数字样机和产品全生命周期管理（PLM）解决方案领导者、3D 体验公司——达索系统。

3DS 虚拟产品的应用——CATIA 已经在建筑、工程与施工领域证明其建树，包括洛杉矶的迪士尼音乐厅和西班牙毕尔巴鄂的古根海姆博物馆。通过 TiV11i Village 项目，Henderson 计划首次证明 CATIA 能应用于主流施工项目。

（4）精进策划的博弈。

面对建筑业的众多挑战，Henderson 的大胆犹如一场拉斯维加斯赌博：把用于结构复杂、造型独特的纪念碑的技术应用于零售和办公综合大楼。这实在让其看不到潜力所在。

但 Henderson 认为在施工前创建高精确度的虚拟 Tivoli Village 3D 模型能使他的团队通过低成本的虚拟模型来消除风险，而不是高成本的物料与雇员。如果他的判断正确，从设计到实施就会得到顺利衔接，从而实现较少的工期延迟、更少的冲突以及大幅度地节省成本。

同时，Henderson 认为通过促进协调与沟通，基于 CATIA 应用的虚拟产品的 3D 体验平台能使施工现场更整洁、安全、高效；使得所有的利益相关者更有效地展开协作；使得用于项目施工的 3D 模型能应用于长期的运行与维护。

到 2011 年 Tivoli Village 一期项目开工时，Henderson 已证明其先见之明。通过应用 CATIA，Hardstone 参与管理了各个工种的内部协调，用以缩短安装周期、降低混凝土工程的材料成本、金属立杆框架和 MEP 运行，并及时获得 3 亿美元的项目金额（无承包商或分包商的索赔额）。他估计仅潜在的框架成本超支额就会节省 50 万到 100 万美元不等，总节省额在 200 万到 300 万美元之间。

“我相信 3DS 方案能解决困扰建筑业的众多问题。”Henderson 说，“建筑废料能降低 10% 以上。如果把万亿美元仅仅投资于美国的建筑业，那将节省一笔丰厚的资金。”

（5）现场协调促成精益建造。

因为 CATIA 应用于 AEC（建筑、工程与土木营造）行业非常罕见，物色具有建筑背景并能熟练应用 CATIA 的专业人员是个挑战。对此，Henderson 成立了具有不同背景的 CATIA 作为由后勤人员支撑的高级项目成员，三人组合模拟了整个建筑外壳、结构和内部机械 /电力/给排水（MEP）系统。

利用关联模型和最新资料，Harstone 团队获得了对 Tivoli Village 项目的“现场协调”，为施工队提供了 3D 模型高度协调的施工图。

“利用模型的现场协调降低了召开耗时的协调会议的次数。”Neme 说，“我们向总承包商提供了充分协调的模型和精确的工料估算清单，然后由其转交给顾问和分包商。”

（6）精确的模型促成精确的协调。

此外，通过设计重复性建筑自动化构件，3D 模型还能大幅度缩短设计周期。基于 CATIA 应用的虚拟产品的 3D 体验平台具有一个关键的优点：重复性 3D 几何体无须手工模拟。相反，组件数据，如配预制缆绳、钢筋、CMC 钢梁和框，均是根据建筑师或设计师提供的数据表和设计表的参数进行模拟的。如果利用手工模拟，完成这些任务非常耗时，而且容易造成人为错误。事实上，如果没有利用 3DS 的自动化工序，大部分施工人员不会首先进行模拟，因为容易出错，并造成返工和成本超支。

此外，详细的节 3D 结构模型对 MEP 模型有直接影响。据 Neme 估计，初次设计与最终施工图形成之间的反复迭代使得 Hardstone 能优化 MEP 管道布线，节省材料 30%（见图 2-30）。

图 2-30

机械、给排水、电力和喷洒灭火器的协调使得每个工种的人员能根据有限的空间进行相应的安装（见图 2-31）。

图 2-31

在浇灌混凝土前，混凝土梁钢筋提供精确的物料估算，并对捆扎钢筋的位置进行现场确认。

“鉴于模型能精确反映施工工序，我们能精确模拟 MEP 的排布。”他说，“这有利于控制预算和环境保护。因为我们根据模型订购物料，不造成物料浪费。”

（7）工作流的改善有利于消除冲突、降低成本。

如能消除同时间、同场地施工的各个工种的冲突，就能改善现场的安全和施工安排。

利用模型可改善现场的安装工作流，实际上，现场各工种在施工期间无须解决冲突，因为实际之间根本不会发生冲突。

这不仅省时，而且非常省钱。以 500 万美元的框架预算为例，施工工序变更很可能会使成本上升 20%，甚至更高，达 100 万美元。至于 Tivoli Village 项目，由此引起的成本是不可估计的，再如灌注混凝土梁，需要数百种施工方式，而其尺寸各不相同。其中大多数方式在不同的部位会达到数十次。Hardstone 团队对 3D 模型的每个地方进行编号，用以确认某一横梁的施工方式。施工方式的最大化重用使得团队能根据正确的流程在相对较少的地方施工并转移至新地点，最大程度提高效率。

“我们能提前完成任务，因为我们能确切知道已完成的施工形式以及哪种形式会再次出现。”L’Heureux 说。

模型还有助于关键构件的异地制造。以窗框为例，在数百英里之外的地方预制石块，然后用船运至拉斯维加斯。Hardstone3D 协调小组为石匠提供详细的施工图并向施工队提供详细的堆砌方法，包括堆砌每个窗户所需的全套图纸。需要装配时，每个窗框就能完美地结合在一起。

（8）现场可视化使得合作方式焕然一新。

同时，3D 模型也可用其他途径改变施工方式。例如，根据 Neme 的介绍，施工人员倾向于依据施工图和模型的图像进行施工，这是利用 3D 体验平台进行 3D 交流与 3DVIA 应用而提供的资料。

3DVIA 应用使得施工人员对整个项目的施工具有空前的洞察力。例如：管道分包商通常只得到配管图；Tivoli Village 管道工拥有的 3D 模型不仅有配管方案，还有与管道共用空间的所有其他系统。

当施工人员看到 3D 模型时，他们能确切地理解不同系统的组合方式、安装顺序以及施工过程中为下一工序的安装预留空间的重要性。

整个模型促进了相互沟通，分包商能看到最终方案的端倪，所以他们会按总体规划进行施工，并明确其施工方式的缘由。这使得每个施工人员具有项目的主人翁意识。精细模型还能丰富开发商管理竣工项目方面的经验，因为模型是对竣工项目的准确描述。获得批准时，施工期间发生的略微变更与修改将纳入模型。

对未来的承租人来说，这是一个非常精确的竣工模型，颇具成本效益，此举充分节省了通常用于收集提供给业主的项目变化的信息。如果业主有意向，之后的运行与维护模型能融入 3D 主模型。

精细模型显示了如何准确地安装模块［见图 2-32（a）］以及安装完毕后的窗户［见图 2-32（b）］。异地创建的精细模型均能完美组合［见图 2-32（c）］。

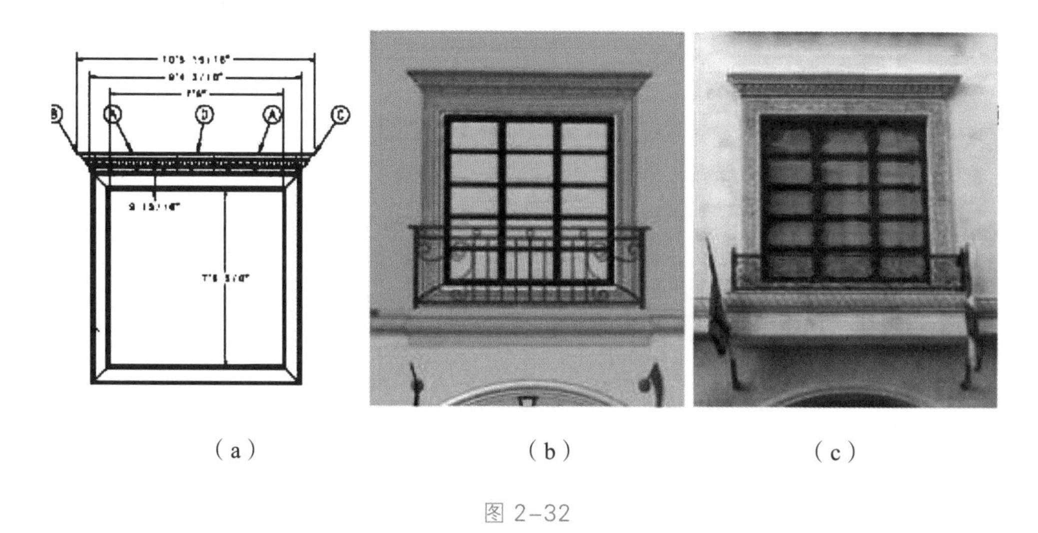

（a）　　（b）　　（c）

图 2-32

整个 TivoliVillage 项目的 CATIA3D 模型由三期项目组成，使得每个施工人员明确其施工范围（见图 2-33）。

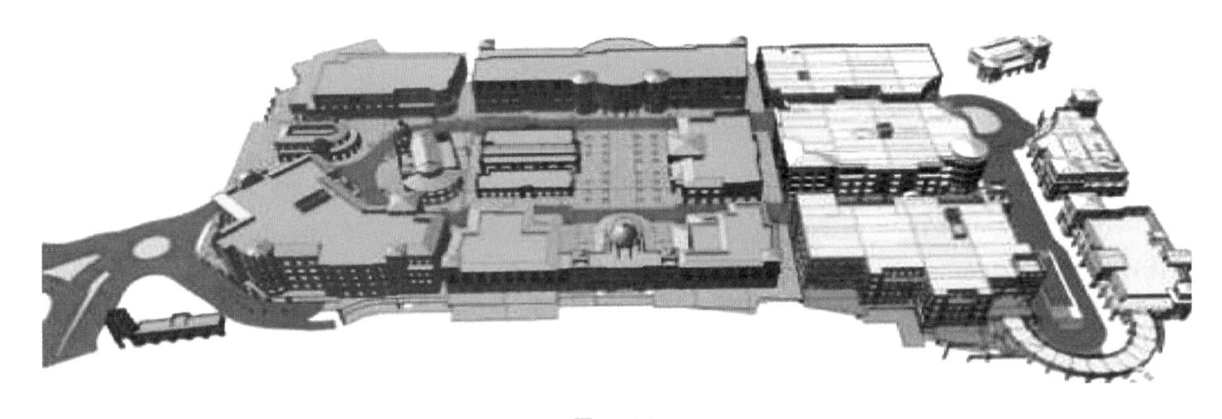

图 2-33

（9）工期进度与预算。

当投入达 3 亿美元的一期项目竣工时，Henderson 指出，应用 CATIA 和 3DVIA 的 3D 体验平台创建的模型有利于按进度施工，并在预算范围之内。他认为 CATIA 应用具有改变整个建筑业的潜力（见图 2-34）。

图 2-34

精细 3D 模型的协调使得 Hardstone Construction 能根据施工进度和预算提供 Tivoli Village 的精细模型，无须更改施工工序，且无成本超支。

作为一家 3D 体验公司，达索系统为企业和客户提供虚拟空间以模拟可持续创新。其全球领先的解决方案改变了产品在设计、生产和技术支持上的方式。达索系统的协作解决方案更是推动了社会创新，扩大了通过虚拟世界来改善真实世界的可能性。集团为 80 多个国家超过 15 万个不同行业、不同规模的客户带来价值。

2．案例分析 2：某市二环高架 BIM 应用

一、案例简介

1．案例背景

（1）二环路高架桥是成都市中心城区最重要的快速通道。

（2）整体设施体量巨大，桥长 40 余千米，底层道路 50 余千米，结构类型复杂多样。

（3）全桥共 2 100 余跨，构件数量达十万级，竣工资料数十万份。

（4）基于二环路高架管理转型升级的需求，引入业界最先进的数字化移交平台、资产信息管理模型以及协同管理平台，实现二环路智慧道桥管理新模式（见图 2-35）。

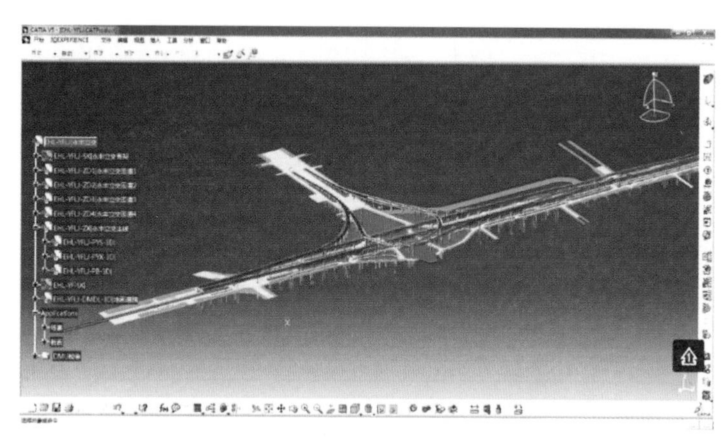

图 2-35

2. 提升效益

（1）二环路病害处理速度提升了 8 倍。

（2）人力使用效率提升了 8.3 倍。

（3）财力节约了 4.42 倍。

（4）质量保障提升了 1 倍。

二、项目成果展示

1. 数字化移交

（1）形成道桥数字化移交规范，市政行业数字化移交参考。

（2）确保多单位多部门数字化移交协同。

（3）实现设施数字化生命周期管理。

（4）建立构件与动静态数据的关联。

（5）实现文档溯源管理。

（6）随时随地数据访问（见图 2-36）。

图 2-36　通过手机随时查看各项数据

（7）同一平台集成多种软件，实现不多格式文档轻松查看（见图 2-37）。

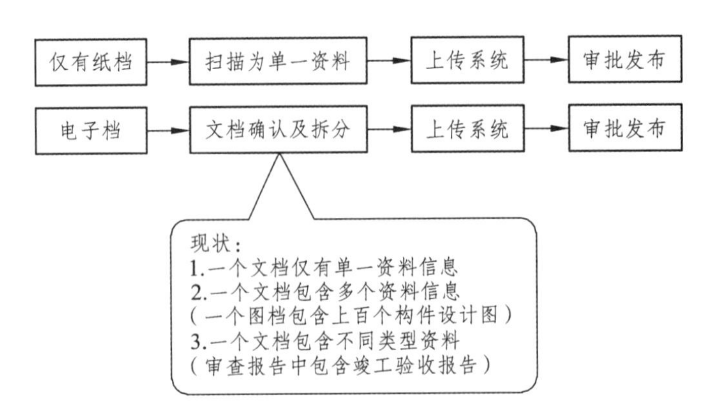

图 2-37

2. 与互联网结合（见图 2-38）

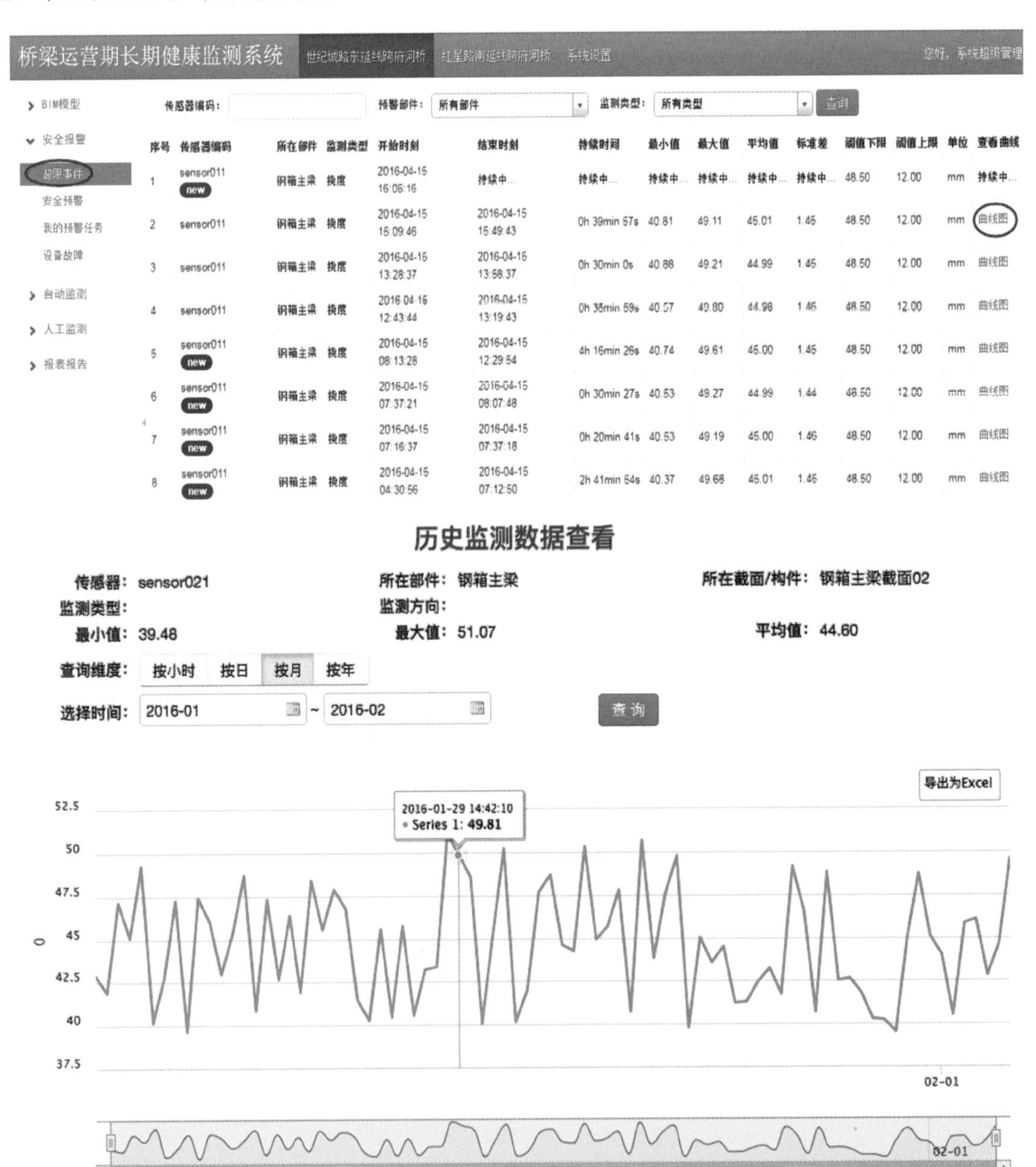

图 2-38

三、未来展望

1. 智慧城市（iCity）是未来的发展趋势

运用通信融合、物联网、云计算、大数据分析等技术手段感知、分析、整合城市运行核心系统的各项关键信息，从而对市政设施、民生服务、交通运输、环境保护、公共安全等领域进行精细化、数字化、智能化管理。

2. 智慧市政（iMunicipal）是智慧城市的核心之一

3. 智慧道桥（iRoad&Bridge）是适应“新常态”，推进管理转型升级的有力支撑

4. 未来的市政设施管理信息系统（见图 2-39）

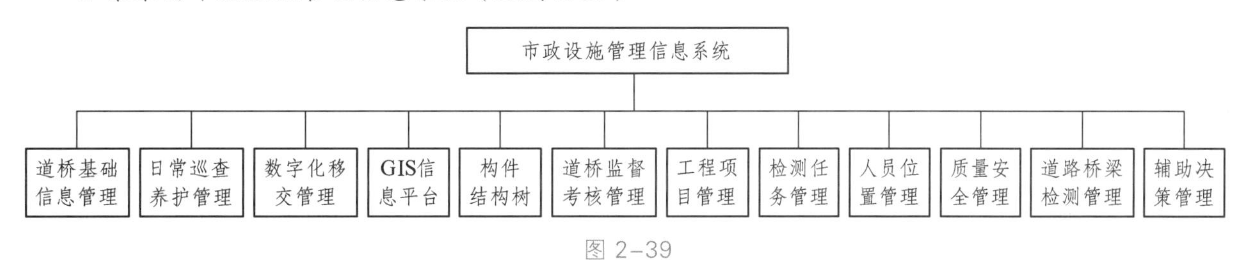

图 2-39

引申阅读八：各软件的亮点

2.5　国产软件

>> 2.5.1　PKPM 软件

PKPM 软件是中国建筑科学研究院建筑工程软件研究所研发的工程管理软件。中国建筑科学研究院建筑工程软件研究所是我国建筑行业计算机技术开发应用的最早单位之一。它以国家级行业研发中心、规范主编单位、工程质检中心为依托，技术力量雄厚。软件所的主要研发领域集中在建筑设计 CAD 软件、绿色建筑和节能设计软件、工程造价分析软件、施工技术和施工项目管理系统、图形支撑平台、企业和项目信息化管理系统等方面，并创造了 PKPM、ABD 等全国知名的软件品牌。

PKPM 没有明确的中文名称，一般就直接读 PKPM 的英文字母。命名是这样的：最早这个软件只有两个模块，PK（排架框架设计）、PMCAD（平面辅助设计），因此合称 PKPM。现在这两个模块依然还在，功能大大加强，更加入了大量功能更强大的模块，但是软件名称却不改了，还是 PKPM。

PKPM 是一个系列，除了建筑、结构、设备（给排水、采暖、通风空调、电气）设计于一体的集

成化 CAD 系统以外，目前 PKPM 还有建筑概预算系列（钢筋计算、工程量计算、工程计价）、施工系列软件（投标系列、安全计算系列、施工技术系列）、施工企业信息化（目前全国很多特级资质的企业都在用 PKPM 的信息化系统）（见图 2-40）。

图 2-40

PKPM 在国内设计行业占有绝对优势，拥有用户上万家，市场占有率达 90%，现已成为国内应用最为普遍的 CAD 系统。它紧跟行业需求和规范更新，不断推陈出新，开发出对行业产生巨大影响的软件产品，使国产自主知识产权的软件十几年来一直占据我国结构设计行业应用和技术的主导地位，及时满足了我国建筑行业快速发展的需要，显著提高了设计效率和质量，为实现住房和城乡建设部提出的“甩图板”目标做出了重要贡献。

软件所近年来在建筑节能和绿色建筑领域做了多方面拓展，在节能、节水、节地、节材、保护环境方面发挥了重要作用。概预算软件是承前启后的关键环节。它上可以接力设计软件，下接施工和项目管理。PKPM 概预算软件完成工程项目的工程量统计、钢筋统计、造价分析报表等。配备了全国各省地市的建筑、安装、市政、园林、装修、房修、公路、铁路等方面的最新定额库，建立了工程材料信息价网站，并适应各地套价、换算、取费的地方化需求，还推出了工程量清单计价软件（见图 2-41）。

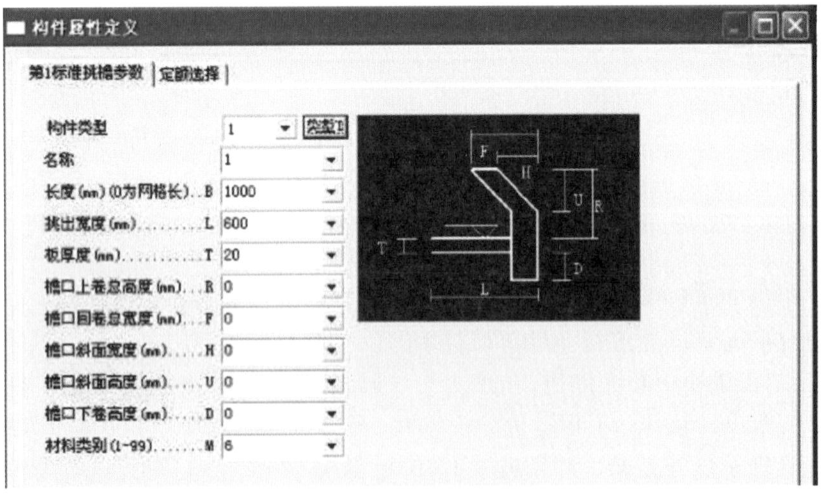

图 2-41

在建筑工程的工程量统计和钢筋统计上，软件可以接力 PKPM 设计软件数据自动完成统计计算，还可以转化图纸的 AutoCAD 电子文件，从而大大节省了用户手工计算工程量的巨大工作量，并使从基础、混凝土、装修的工程量统计到梁、板、柱、墙等的钢筋统计效率和准确性大大提高。

施工系列软件面向施工全过程中的各种技术、质量、安全和管理问题，提供高效可行的技术解决方案。其主要产品包括：有项目进度控制的施工计划编制、工程形象进度和建筑部位工料分析等；有控制施工现场管理的施工总平面设计，施工组织设计编制、技术资料管理、安全管理、质量验评资料管理等；有施工安全设施和其他设施设计方面的深基坑支护设计、模板设计、脚手架设计、塔吊基础和稳定设计、门架支架井架设计、混凝土配合比计算、冬季施工设计，工地用水用电计算及常用计算工具集、常用施工方案大样图集图库等。

在系统提供的协同工作平台上完成项目的四控制四管理，即成本控制、进度控制、质量控制、安全控制和合同管理、生产要素（人、材、机、技术、资金）管理、现场管理、项目信息管理，同时完成收发文等 OA 项目的管理。PKPM 的施工企业和项目的管理信息系统正在为一批国内最大、最有影响、最有代表性的施工企业采用，并成功应用在国家体育场、上海环球金融中心等国家重点项目的建设上。PKPM 系统在提供专业软件的同时，提供二维、三维图形平台的支持，从而使全部软件具有自主知识版权，为用户节省购买国外图形平台的巨大开销。跟踪 AutoCAD 等国外图形软件先进技术，并利用 PKPM 广泛的用户群实际应用，在专业软件发展的同时，带动了图形平台的发展，成为国内为数不多的成熟图形平台之一。

现在，PKPM 已经成为面向建筑工程全生命周期的集建筑、结构、设备、节能、概预算、施工技术、施工管理、企业信息化于一体的大型建筑工程软件系统，以其全方位发展的技术领域确立了在业界独一无二的领先地位。

1．建筑模型的建立（提取）

直接从 DWG 文件中提取建筑模型进行节能设计，可以最大限度地减轻建筑师的工作量，在方案、扩初和施工图等不同设计阶段方便地进行节能设计，避免了二次建模的工作。

使用建模软件进行建模。CHCE 软件提供了自带的建模工具，可以快速高效地完成建筑模型的建立。

可以直接利用 PKPM 系软件的 PMCAD 建模数据。如果有了 PMCAD 的数据，则可以直接进行下一步的节能设计工作（见图 2-42）。

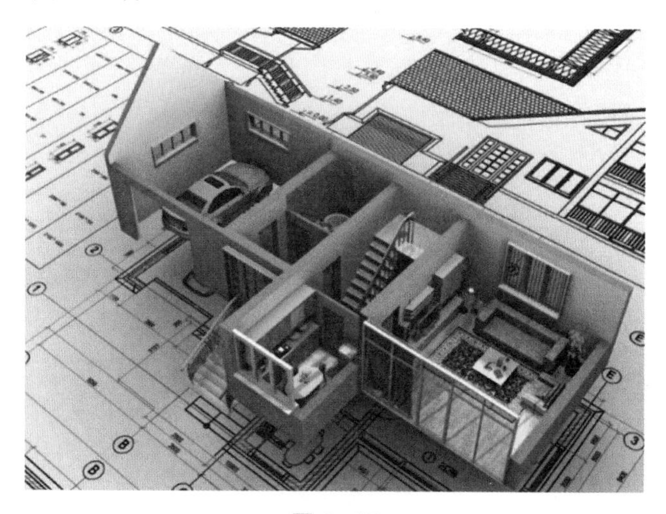

图 2–42

2．建筑节能设计计算

帮助设计师完成所有相关的热工计算，提供了大量不同保温体系的墙体，屋面和楼板类型，可方便地查询各种保温体系的适用范围和特点。

自动计算建筑物的体形系数和窗墙比等参数，直接读取建筑师在建筑设计中的各种门、窗、墙、屋面、柱、房间等设计参数，进行节能设计，并根据节能设计标准规范进行自动校核验算（见图 2-43）。

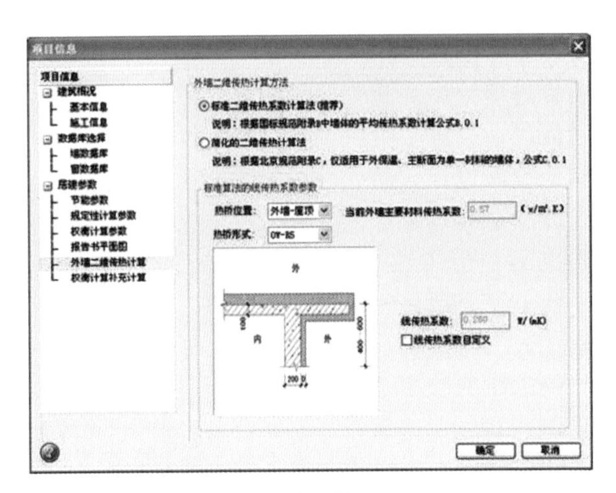

图 2-43

3. 动态能耗分析计算

CHEC 所采用的动态能耗分析计算程序，依据《夏热冬冷地区的居住建筑节能设计标准》(JGJ 134—2001）的规定，按各地的全年气象数据，对建筑物进行全年 8 760 h 的逐时能耗分析计算，计算出每平方米建筑面积的年采暖、空调冷热量指标和耗电量指标，并自动依据《夏热冬冷地区居住建筑节能设计标准》进行判断比较。当计算结果不符合节能设计标准的要求时，使用软件的维护结构设计功能，可以方便地让设计满足节能设计的要求。

4. 节能建筑的经济指标核算

（1）能进行节能和非节能设计的工程造价比较。

（2）能进行在达到相同保温效果下分析不同保温系统的工程造价比较。

（3）帮助设计师和甲方选择最为合理的保温系统。

5. 节能设计说明书和计算书

CHEC 软件可生成符合设计和审图要求的输出文件（见图 2-44）。

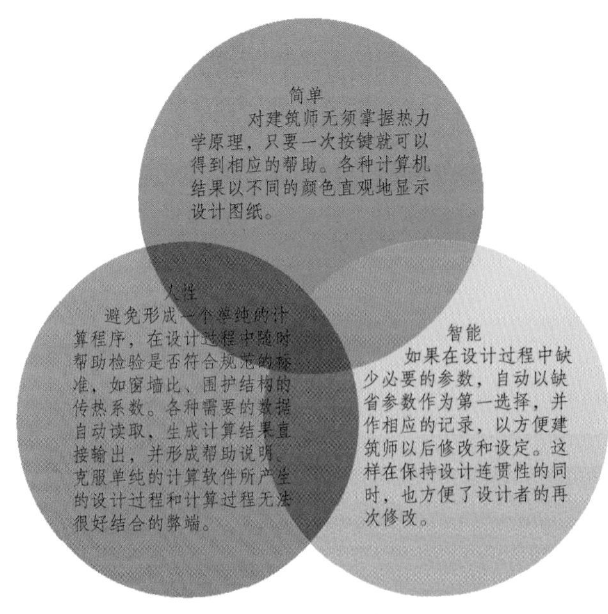

图 2-44　软件特点

6．钢筋混凝土框架、框排架、连续梁结构计算与施工图绘制软件（PK）

引申阅读九：钢筋混凝土框架、框排架、连续梁结构计算与施工图绘制软件（PK）

结构平面计算机辅助设计软件（PMCAD）是整个结构 CAD 的核心，它建立的全楼结构模型是 PKPM 各二维、三维结构计算软件的前处理部分，也是梁、柱、剪力墙、楼板等施工图设计软件和基础 CAD 的必备接口软件。

PMCAD 也是建筑 CAD 与结构的必要接口。

用简便易学的人机交互方式输入各层平面布置及各层楼面的次梁、预制板、洞口、错层、挑檐等信息和外加荷载信息，在人机交互过程中提供随时中断、修改、拷贝复制、查询、继续操作等功能。

自动进行从楼板到次梁、次梁到承重梁的荷载传导并自动计算结构自重，自动计算人机交互方式输入的荷载，形成整栋建筑的荷载数据库，可由用户随时查询修改任何一部位数据。由此数据可自动给 PKPM 系列各结构计算软件提供数据文件，也可为连续次梁和楼板计算提供数据。

绘制各种类型结构的结构平面图和楼板配筋图，包括柱、梁、墙、洞口的平面布置、尺寸、偏轴、画出轴线及总尺寸线，画出预制板、次梁及楼板开洞布置，计算现浇楼板内力与配筋并画出板配筋图。画砖混结构圈梁构造柱节点大样图。

作砖混结构和底层框架上层砖房结构的抗震分析验算。

统计结构工程量，并以表格形式输出。

>> 2.5.2 斯维尔软件

深圳市斯维尔科技股份有限公司成立于 2000 年，是中国领先的建设行业软件及解决方案服务商。斯维尔专业致力于提供工程设计、工程造价、工程管理、电子政务等建设行业信息化解决方案，在业内率先通过了 ISO9001 国际质量体系认证和 CMMI3 国际软件成熟度模式认证，是住房和城乡建设部认定的“软件研发与产业化示范基地”。

根据“以市场为导向，以客户为中心”的经营理念，公司将市场调研融入到产品研发、市场营销、客户服务、产品革新等诸多环节当中，并实现良性循环。目前，斯维尔已拥有数万家用户，并历经数万个项目实际工程运行考验，客户涉及政府主管部门、房地产开发、工程设计、工程施工、工程监理、造价咨询、房地产交易、物业管理等领域，借此塑建企业的运营能力和执行能力以及品牌的产品力、市场力、形象力。

遵循“科技重在创新，服务创造价值”的服务理念，依托清华大学等高校一流人才优势，公司经过多年的技术积累，先后在工程设计、工程造价、工程管理和电子政务等建设领域研发出一系列软件产品，产生了良好的经济效益和社会效益，受到了广大用户和政府主管部门的赞誉（见图 2-45）。

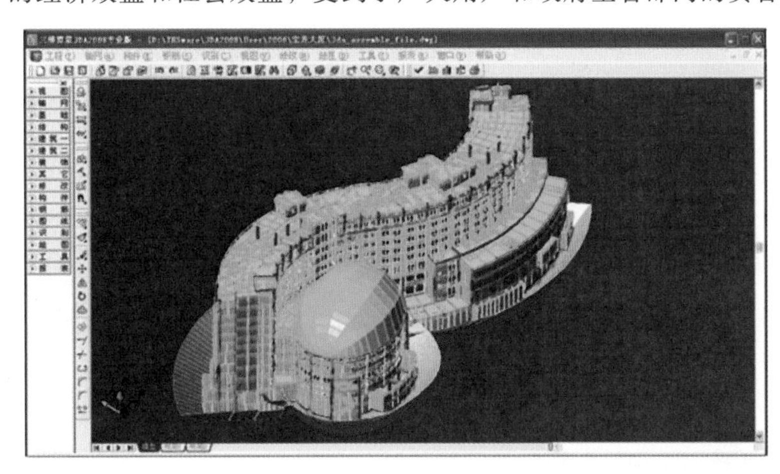

图 2-45

1．三维算量 THS-3DA

三维算量 AHS-3DA 的主要功能有：

（1）支持 11G101 钢筋新平法：软件支持 00G101~11G101 钢筋平法规范，可根据工程实际情况选择所使用的钢筋规范。

（2）工程对比：对同一项目的不同文件进行数据对比，快速准确地定位项目文件之间的工程量差异，并形成差异数据报告，提高工程审核、项目结算的效率。

（3）漏项检查：对完成后的算量模型做一次全面“体检”，快速检查缺项、遗漏构件和钢筋，并形成漏项检查报告进行备案。

（4）图纸对比：通过电子图比对算量模型，快速核查模型和图纸的差异，并进行差异标记。该功能可用于工程设计变更、非标准层的模型快速核查以及工程审计和审核工作。

（5）连体基坑：采用绘制坑口、设置参数方式快速生成基坑，完美解决单个基坑、连体基坑建模及钢筋。

（6）网络土石方：增加不同地平标高的土石方计算。

（7）构件加腋：提供梁、墙、条基等构件的加腋模型及钢筋，支持行业常见加腋设计方案。

（8）桩基识别：增加桩基构件的识别建模功能。

（9）做法识别：提供装饰、装修做法表和材料表的识别，大幅度提高建模效率。

（10）立面装饰：自动生成外墙面展开模型，通过对展开区域的装饰做法指定，快速准确计算外墙装饰工程量。

（11）板及装饰构件：自动布置板、房间构件模型。

（12）快速核量：选择多个构件，即时显示构件的工程量信息。

（13）输出指定：可单独指定某构件的工程量输出。

（14）零星管理：采用手工算量流程，快速提取底图中各类算量数据，不建模也能快速出量。

（15）钢筋三维：支持独基、坑基、筏板、柱、梁、墙、板等构件钢筋三维显示。

（16）钢筋二维：支持独基、坑基、筏板、柱、墙、梁、板等构件钢筋二维实时显示。

（17）自动布置钢筋：提供柱、构造柱、梁、过梁、连梁、墙、墙洞、板、板洞等多种构件钢筋的全楼层自动布置。

（18）柱筋平法：优化柱筋平法绘制功能，增加外箍、角筋、内部分布筋自动布置。

（19）板钢筋：全方位优化板钢筋布置与识别。

（20）进度管理：实现了算量模型各个构件与时间进度的结合，可导入 Project 等网络计划数据，与算量模型关联，根据时间段输出进度工程量报表，实现工程四维可视化管理。可用于计量支付工作。

2．安装算量

（1）回路识别：增加水、暖、电等专业的自动回路搜索，动态预览回路效果，自动连接回路设备，提高建模效率。

（2）手工算量：采用手工算量流程，快速提取底图管线长度和设备数量，同步输出附加工程量，不建模也能快速出量。

（3）碰撞检查：自动分析管线、设备之间的空间关系，生成碰撞检查报告。

（4）工程对比：对同一项目的不同文件进行数据对比，快速准确地定位项目文件之间的工程量差异，并形成差异数据报告，提高工程审核、项目结算的效率。

（5）漏项检查：对完成后的算量模型做一次全面“体检”，快速检查缺项、遗漏构件和钢筋，并形成漏项检查报告进行备案。

（6）快速核量：选择多个构件，即时显示构件的工程量信息。

（7）公共编号：构件按照全楼层统一编号。

（8）快速编号：在布置界面中，改变风管、管道规格型号，自动新建编号。

（9）相同替换：将各类复杂图元对象替换为用户指定的图元对象，便于识别建模。

（10）桥架配线：桥架配线可一次性选择多个输出设备，自动生成所有设备的连接路径，提高桥架和管线的建模效率。

（11）经典布置：新增弹出式对话框布置模式，方便部分用户的操作习惯。

（12）视图转屏：用户可自定义坐标系，方便快速地建模。

（13）回路核查：优化回路核查算法，快速按回路计算和输出工程量。

（14）电气配管：根据配管规范，自动调整配管规格型号。

（15）进度管理：实现了算量模型各个构件与时间进度的结合，可导入 Project 等网络计划数据，与算量模型关联，根据时间段输出进度工程量报表，实现工程四维可视化管理。可用于计量支付工作。

3．清单计价

软件概述：清单计价 BQ 主要适用于发包方、承包方、咨询方、监理方等单位进行建设工程造价管理，编制工程预、结算，以及招投标文件。通用性强，可实现多种计价方法，挂接多套定额，能满足不同地区及不同定额专业计价的特殊要求，操作方便，界面人性、简洁，报表设计美观，输出灵活。

应用范围：主要适用于发包方、承包方、咨询方、监理方等单位建设工程造价管理，编制工程预、决算，以及编制招、投标文件。清单计价软件通过了住房和城乡建设部评审鉴定，以及湖南、重庆、山东、江苏、长春、广东等省市造价站的评审。

4．节能设计

斯维尔节能设计软件 BECS2010 是一套为建筑节能提供分析计算功能的软件系统，构建于 AutoCAD 2002 ~ 2011 平台之上，适于全国各地的居住建筑和公共建筑节能审查和能耗评估。软件采用三维建模，并可以直接利用主流建筑设计软件的图形文件，避免重复录入，因此能够大大提高设计图纸节能审查的效率。

应用 BECS2010 有利于提高建筑节能设计水平，促进节能设计标准的推广应用。

>> 2.5.3　鲁班造价软件

1．LubanPDS（见图 2-46）

鲁班基础数据分析系统（LubanPDS）是一个以 BIM 技术为依托的工程成本数据平台。它创新性地将前沿的 BIM 技术应用到了建筑行业的成本管理当中。只要将包含成本信息的 BIM 模型上传到系统服务器，系统就会自动对文件进行解析，同时将海量的成本数据进行分类和整理，形成一个多维度的、多层次的、包含三维图形的成本数据库。通过互联网技术，系统将不同的数据发送给不同的人。总经理可以看到项目资金使用该情况，项目经理可以看到造价指标信息，材料员可以查询下月材料使用量，不同的人各取所需，共同受益，从而对建筑企业的成本精细化管控和信息化建设产生作用（见图 2-46）。

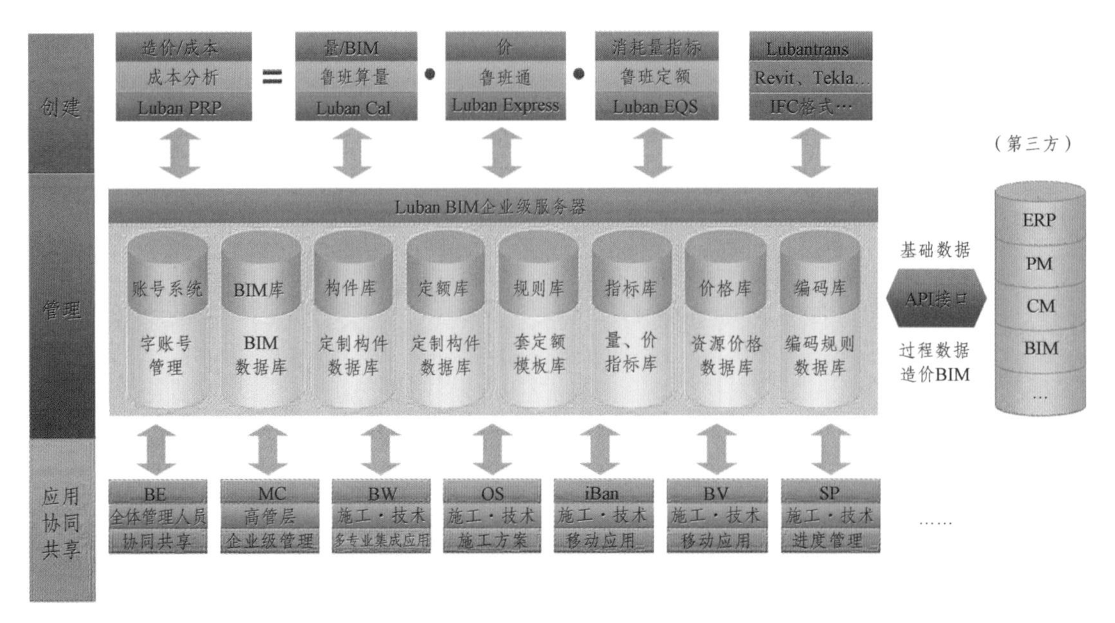

图 2-46　Luban PDS 架构原理图册

2．LubanMC

将各项目 BIM 模型汇总到企业总部，形成一个汇总的企业级项目基础数据库，企业不同岗位都可以根据授权（见图 2-47）。进行数据查询和分析，为总部管理和决策提供依据，为项日部成本管理提供依据。LubanMC 用于集团公司多项目集中管理、查看、统计和分析，以及单个项目不同阶段的多算对比，主要由集团总部管理人员应用。其主要功能包括：量价查询、多算对比、资源计划、产值统计、进度管理、5D 成本管理、偏差分析等。

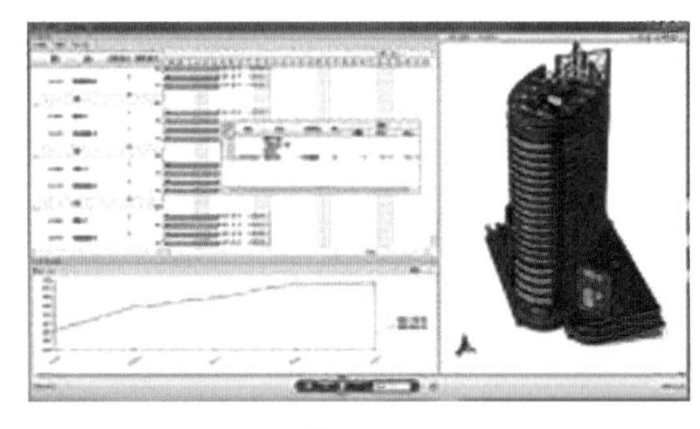

图 2-47

3．LubanBE

通过 BE，工程项目管理人员可以随时随地快速查询、管理基础数据，操作简单方便，轻松实现按时间、区域多维度检索与统计数据。在项目全过程管理中，材料采购、资金审批、限额领料、分包管理、成本核算、资源调配计划等可方便、及时、准确地获得基础数据的支撑。其主要功能包括：工程定位、区域查询、构件反查、资料管理、质量控制、数据查询等。

4．iBan

iBan 是智能移动终端 APP 应用，加强了质量、安全、施工等可视化管理，并与 BIM 模型进行关联，方便核对和管理。它还可形成结构化现场图片数据库，强大即时的可视化、现场问题跟进系统，提升了现场沟通协调效率（见图 2-48）。

图 2-48

5. 鲁班进度计划

鲁班进度计划是首款基于 BIM 技术的项目进度管理软件，通过 BIM 技术将工程项目进度管理与 BIM 模型相互结合，革新了现有的工程进度管理模式（见图 2-49）。鲁班进度计划致力于帮助项目管理人员快速精确有效地对项目的施工进度进行精细化管理。同时，它还依托 LubanPDS 系统直接从服务器项目数据库中获取 BIM 数据信息，打破了传统的单机软件单打独斗的束缚。

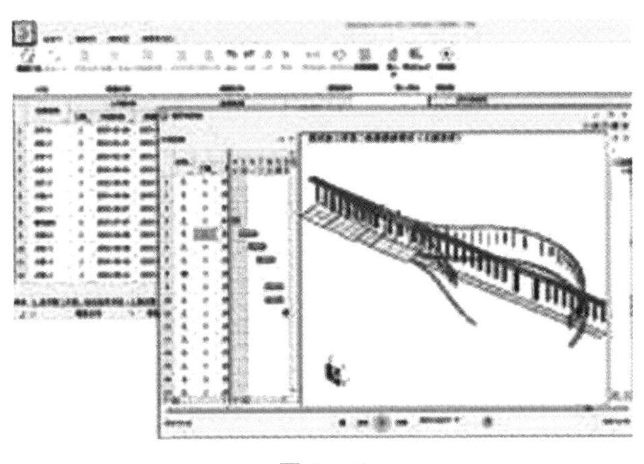

图 2-49

6. LubanBIMView

LubanBIMView 是鲁班首款基于支持移动端查看 BIM 模型的 APP 产品，使 BIM 技术和移动互联网技术相互结合，致力于帮助项目现场管理人员更轻便、更有效、更直观地查询 BIM 信息并进行协同合作，同时依托 LubanPDS 系统直接从服务器项目数据库中获取 BIM 数据信息，打破传统的 PC 客户端携带性的束缚（见图 2-50）。

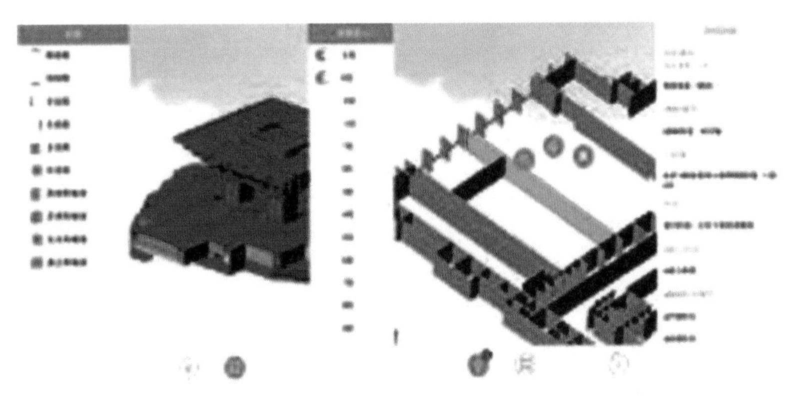

图 2-50

7．LubanBIMWorks

鲁班多专业集成应用平台（LubanBIMWorks）可以把建筑、结构、安装、钢结构等各专业 BIM 模型进行集成应用。对多专业 BIM 模型进行空间碰撞检查，对因图纸造成的问题进行提前预警，第一时间发现和解决设计问题（见图 2-51）。

图 2–51

有些管道由于技术参数原因禁止弯折，必须通过施工前的碰撞预警才能有效避免这类情况发生。LubanBIMWorks 可实现可视化施工交底，降低相关方的沟通成本，减少沟通错误，争取工期。BIMWorks 可以实现工程内部 3D 虚拟漫游检查设计合理性；可任意设定行走路线，也可用键盘进行操作；实现设备动态碰撞，对结构内部设备、管线的查看更加方便直观。

第三章　BIM 技术特点

3.1　BIM 技术相关概念

>> 3.1.1　建筑生命周期

1．建筑生命周期的含义

建筑生命周期是建筑工程项目从规划设计到施工，再到运营维护，直至拆除为止的全过程。建筑工程项目具有技术含量高、施工周期长、风险高、涉及单位众多等特点，因此，全建筑生命周期的划分就显得十分重要。一般我们将建筑全生命周期划分为四个阶段，即规划阶段、设计阶段、施工阶段、运营阶段（见图 3-1）。

图 3–1

工程施工是在建设工程设计文件的要求下，对建设工程进行改建、新建、扩建的活动。运营则包含建筑物的操作、维护、修理、改善、更新以及物业管理等过程。

2．BIM 在建筑全生命周期中的应用

BIM 作为一种先进的工具和工作方式，符合建筑行业的发展趋势。BIM 不仅改变了建筑设计的手段和方法，而且通过在建筑全生命周期中的应用，为建筑行业提供了一个革命性的平台，并将彻底改变建筑行业的协作方式。BIM 到底有哪些价值？它在建筑的全生命周期中有哪些应用？美国 bSa（building SMART alliance）对 BIM 在建筑全生命周期中的应用现状做了比较详尽的归纳（见图 3-2）。

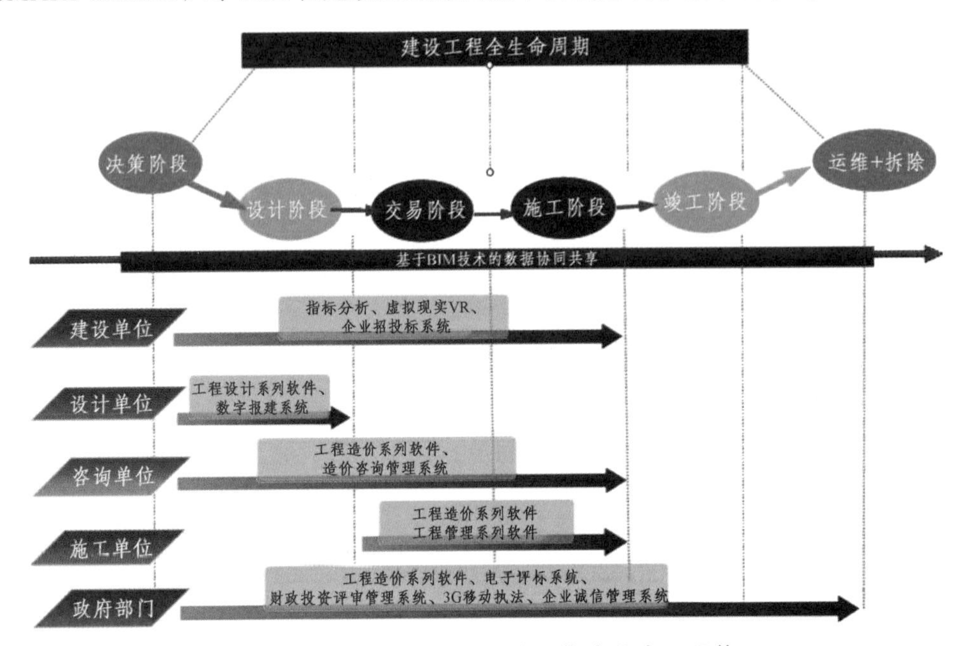

图 3-2　BIM 在建筑全生命周期中的应用现状

这些 BIM 应用按照建设项目从规划、设计、施工到运营的发展阶段按时间组织，有些应用跨越一个到多个阶段，有些应用则局限在某一个阶段内。大量的项目实践表明，BIM 大大促进了建筑工程全生命周期的信息共享，建筑企业之间多年存在的信息隔阂被逐渐打破。这大大提高了业主对整个建筑工程项目全生命周期的管理能力，提高了所有利益相关者的工作效率。

3．BIM 对于建筑全生命周期的价值

可提供数字更新记录，并改善搬迁规划与管理，以及重要财务数据。这些全面的信息可以提高建筑运营过程中的收益与成本管理水平，同时还用于如搬迁管理、环境分析、能量分析、数字综合成本估算以及更新阶段规划等。

（1）案例分析。

世博会国家电网馆是 CCDL 近年来在建筑全生命周期中应用 BIM 比较成功的一个案例，这个项目很好地诠释了 BIM 应用价值，下面将结合这个项目案例，介绍 BIM 在建筑全生命周期中的价值。

简介：世博会国家电网馆占地 4 000 m^2，地上总建筑面积 6 000 m^2，建筑高度 20 m。项目作为世博之心的国家电网馆，同时也是一个大型的变电站，为整个世博浦西园区输送电力。按照面积规模看，国家电网馆或许算不上这届世博会里最引人注目的建筑，但却是为数不多的将 BIM 结合到工程全生命周期的建筑。

（2）规划阶段。

在项目规划阶段，一个重要的挑战就是帮助业主把握好产品和市场之间的关系。BIM 能够帮助业主在项目策划阶段做出市场收益最大化的工作，特别是帮助业主实现高租售价格建筑面积的最大化，例如朝向好、景观好、客户容易到达的商业空间面积最大等。此外，BIM 还能帮助业主了解建筑的造型以及真实环境下的视线可见性等关键信息，而且利用 BIM 对不同的设计方案进行整个建筑物的能源消耗模拟计算，在保证建筑物功能和性能的同时，帮助业主从建筑物的全生命周期来考虑建造成本和能耗成本（见图 3-3）。

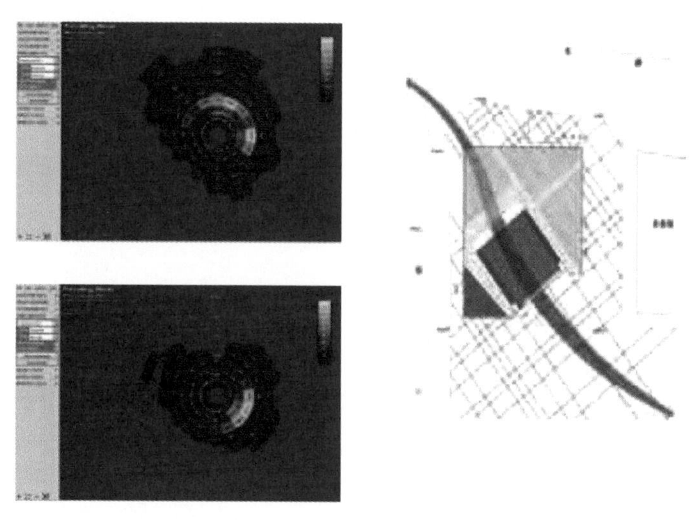

图 3-3　国家电网馆风频风通道图

为了更好地做到节能减排并带来更好的体验，国家电网馆在项目开始初期就重点考虑了遮阳和自然通风。通过 BIM 模型来模拟上海 5—10 月世博展出期间夏、秋季风环境风频，参考风频图表中得出的数据，设计团队为整个建筑留出了一条西北、东南的风通道，同时也作为人员通道和主入口，在避免阳光直射的同时为等候区的人员引来夏季的凉风，提高了人员等候区域的舒适度。

（3）设计阶段。

在项目设计阶段，B1M 让建筑设计从二维走向了三维，使建筑师们不再受限于如何用传统的二维图纸来表达一个空间的三维复杂形态，从而极大地拓展了三维复杂形态的可实施性。

国家电网馆方案初期经历了长达数月的方案比选、奇形怪状的方案构思、无数的草图。手绘前期的构思多是天马行空，设计师大量使用数字化参数设计软件来推敲和调整那些稍纵即逝的想法，并且通过建立 BIM 模型，来研讨这些形体的可行性。经过反复筛选，设计方案逐步明确。设计团队在 BIM 模型的帮助下，高效综合了造价、施工周期、企业形象等各方面的因素，最终采用了两个方盒子的体块咬合的方式来体现国家电网对“电立方”的定位。体量是简单了，但立面设计丝毫没有简化，越是简单的形体越需要建筑立面的精致。设计师结合输电网络电压由高到低的变化，在立面中考虑了大小分割的渐变，并通过 BIM 模型进行立面造型推敲，从而直观地表达了立面分割大小变化的尺度和规律（见图 3-4）。

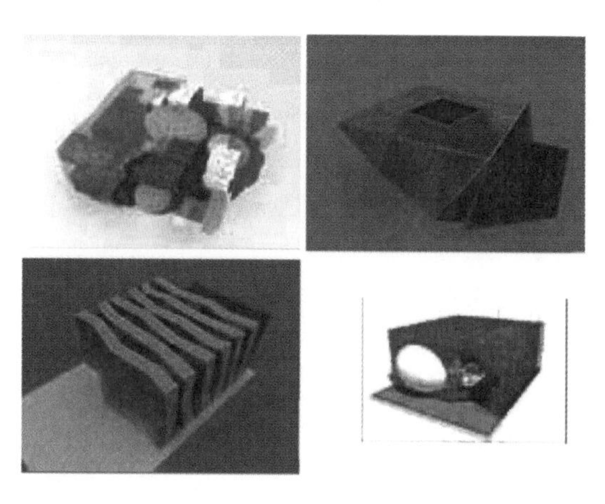

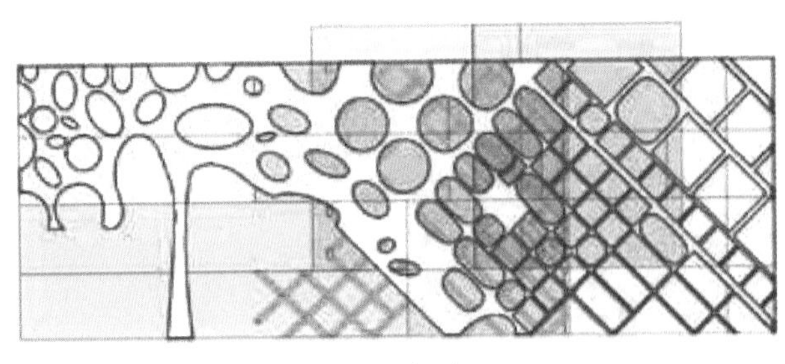
立面造型

实体图

图 3-4

BIM 的出现使设计修改更容易。只要对项目做出更改，由此产生的所有结果都会在整个项目中自动协调，各个视图中的平、立、剖面图自动修改。建筑信息模型提供的自动协调更改功能可以消除协调错误，提高工作整体质量，使得设计团队创建关键项目交付文件（例如可视化文档和管理机构审批文档）更加省时省力，不会出现平、立、剖面不一致的错误（见图 3-5）。

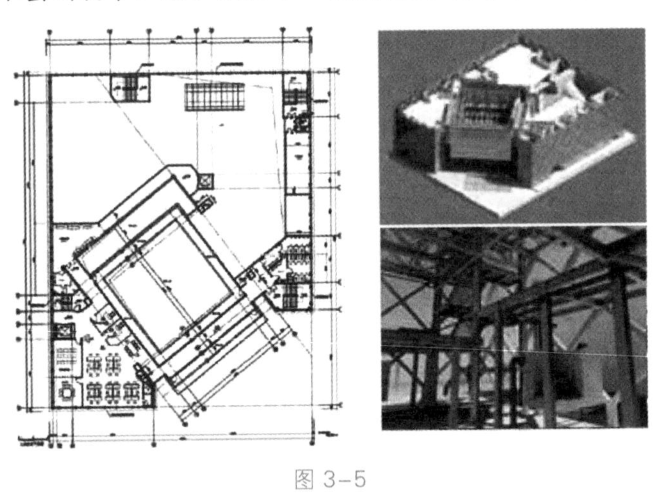
图 3-5

BIM 使建筑、结构、给排水、空调、电气等各个专业基于同一个模型进行工作，从而使真正意义上的三维集成协同设计成为可能。在二维图纸时代，各个设备专业的管道综合是一个烦琐费时的工作，做得不好甚至引起施工中的反复变更。而 BIM 将整个设计整合到一个共享的建筑信息模型中，结构与设备、设备与设备间的冲突会直观地显现出来，工程师们可在三维模型中随意查看，且能准确查看可能存在问题的地方，并及时调整自己的设计，从而极大地避免了施工中的浪费。

BIM 的三维模型也把设计中经常碰到的错漏碰缺问题控制在最少的范围。由于是世博项目，所以各方关注度都很高，经常会在设计过程中甚至施工过程中接到新的指令，调整在所难免。BIM 的模型将传统的二维图纸放到了三维模型里，使这些调整带来的变化能非常直观地体现出来，大大提高了工作效率。

在国家电网馆设计过程中，设计师还利用 Revit 模型将 GB × ML 格式传给 Ecotect 软件，进行日照分析、可视度分析、光环境分析及热环境分析等（见图 3-6），通过客观的数据来辅助设计师进行方案调整与优化。在结构专业进行应力计算分析过程中，将 Revit 模型导出到结构分析软件 SAP2000 里进行应力分析，在多种振型下验算建筑结构的安全性（见图 3-7）。

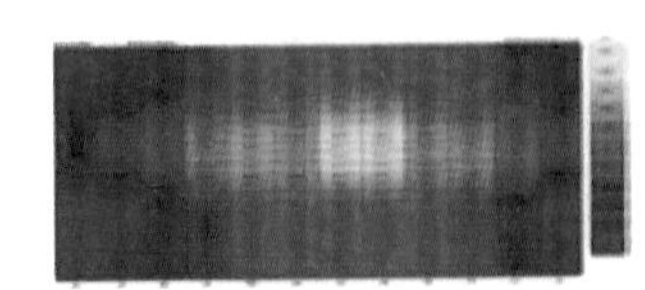

图 3-6　国家电力馆夏季热岛分析和国家电力馆夏季围护结构太阳辐射热分析

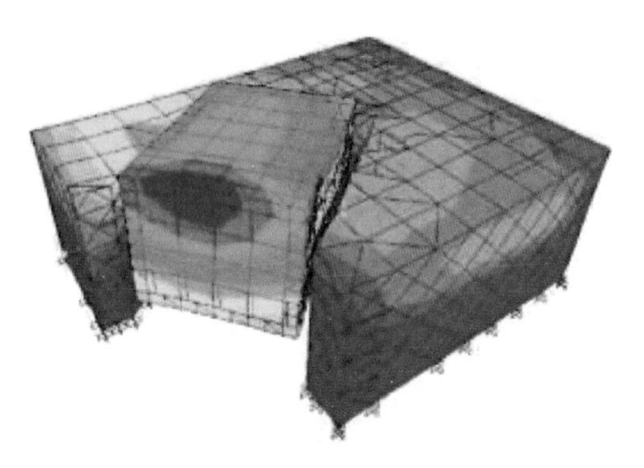

图 3-7　结构的变形分布图

通过 BIM 模型将所有关联的工程信息有序地组织、存储起来，并对其进行各种分析计算，使工程信息成为一个有机的整体，进而为项目各利益相关者提供其所需的各类报表，如门窗明细表、材料表、工程量清单、管线、弯头以及机械设备清单等，从而确保项目信息的准确性和实时性。

在整个施工图设计过程中，BIM 的优势在三维管线综合上体现得淋漓尽致。传统的二维 CAD 图纸都是在平面上考虑管线布置，虽然会对标高有所控制，但在这样一个狭小的空间里管线碰撞会非常严重。通过 BIM 技术，在虚拟的三维环境下由计算机自行完成管线与结构构件之间的碰撞检查，大大提高了设计师管线综合设计的技术解决能力。

（4）施工阶段。

在施工阶段，施工单位将 BIM 模型和计划进度进行数据集成，实现了 BIM 基于时间维度的 4D 应用。通过 BIM 的 4D 应用，除了可以按天、周、月看到项目的施工进度并根据现场情况进行实时调整，分析不同施工方案的优劣，从而得到最佳施工方案；也可以按秒、分、时对项目的重点或难点部分进行可建性模拟，进行诸如建筑机械的行进路线和操作空间、土建工程的施工顺序、设备管线的安装顺序、材料的运输堆放安排等施工安装方案的优化。

BIM 同步提供了有关建筑质量、进度以及成本的信息，方便地提供了工程量清单、概预算、各阶段材料准备等施工过程中需要的信息，甚至帮助实现建筑构件的直接无纸化加工建造。通过建筑业和制造业的数据共享，BIM 将大大推动和加快建筑业的工业化和自动化进程。

由于建设项目的投入不是一次性到位的，而是根据项目建设的计划和进度逐步到位的，因此，BIM 结合施工计划和工程量造价，可以实现 5D 应用：实现建筑业的“零库存”施工，最大程度发挥业主的资金效益。

以 BIM 模型和 3D 施工图代替传统二维图纸指导现场施工，可以避免现场人员由于图纸误读引起施工出错。此外，通过激光扫描、GPS、移动通信、RFID 和互联网等技术与项目的 BIM 模型进行整合，指导、记录、跟踪、分析作业现场的各类活动，不仅能保证施工期间不产生重大失误，也为项目运营维护准备了准确、直观的 BIM 数据库。

国家电网馆项目施工周期紧，施工难度大，因此，如何有效地调配现场施工资源及如何制定合适的施工进度成为关键。特别是钢结构部分，由于建筑的结构和立面表皮肌理充分结合，形成斜交叉的结构体系，大大增加了施工难度，因此在钢结构安装环节，设计师与钢结构施工方一起合作，通过 BIM 模型与施工组织进度计划相链接，利用 Navisworks 对钢结构的安装施工进行了 4D 施工模拟，从而对原有安装方案进行了优化和改善，大大提高了各方对施工进度的把控能力。

项目的钢结构有大量连接节点，设计师将 Revit 模型导入 Xsteel 内进行深化，分析每个节点的构造及连接方式，形成最佳方案，并通过三维模型指导现场安装施工。

（5）运营阶段。

在建筑生命周期的运营管理阶段，BIM 可同步提供有关建筑使用情况或性能、入住人员与容量、建筑已用时间以及建筑财务方面的信息。BIM 可提供数字更新记录，并改善搬迁规划与管理。它还促进了标准建筑模型对商业场地条件（例如零售业场地，这些场地需要在许多不同地点建造相似的建筑）的适应，有关建筑的物理信息（例如完工情况、承租人或部门分配、家具和设备库存）和关于可出租面积、租赁收入或部门成本分配的重要财务数据都更加易于管理和使用，稳定访问这些类型的信息可以提高建筑运营过程中的收益与成本管理水平（见图 3-8）。

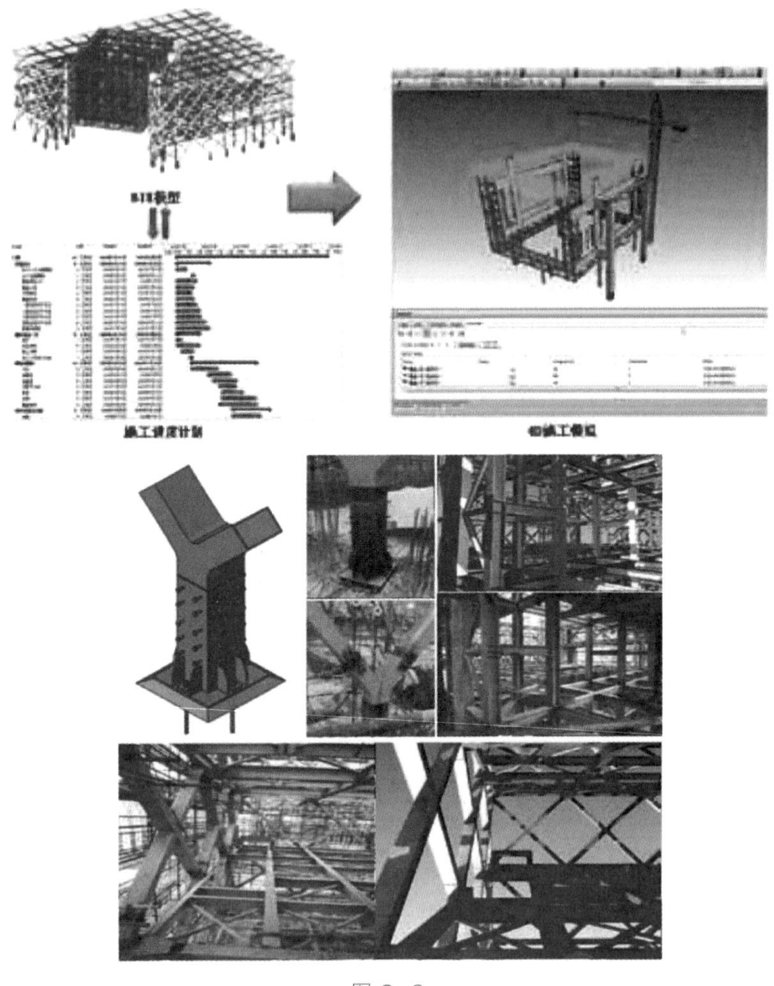

图 3-8

2010 年 5 月 1 日，上海世博会正式拉开帷幕，国家电网馆也进入正式运营阶段，经过了难忘的 730 天，BIM 顺利完成了从设计到施工的使命。但这并不意味着 BIM 全部使命的结束，CCDL 的 BIM 团队正与业主方密切沟通配合，继续通过 BIM 模型并结合传统的设施管理系统，为场馆的日常运营提供直观的可视化服务（见图 3-9）。

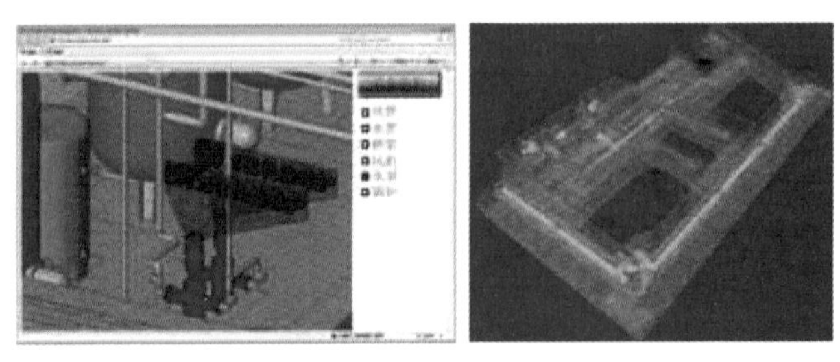

图 3-9

考虑到国家电网馆对于世博浦西园区的输配电功能及重要意义，通过 BIM 模型，运营方可以在不触及建筑及其设备的情况下，“更换和调整”整栋建筑中所使用的系统、设备及其参数，来模拟出性能更好或更差的状态，以便确定和修改系统的操作，提高整个建筑物的性能。同时也为运营方在进行场馆运营维护过程中提供必要的数据参考。

（6）小结。

世博会国家电网馆这个项目向我们揭示了应用建筑信息模型带来的益处已经超越了设计阶段，惠及了施工以及将来的建筑物的运作、维护和设施管理，我们相信 BIM 在项目规划、设计、建造和运营过程的协同应用将成为未来建筑工程行业的趋势。

BIM 建筑信息模型的发展不仅仅是现有技术的进步和更新换代，它也将间接表现在生产组织模式和管理方式的转型，并更长远地影响人们思维模式的转变。BIM 这场信息革命将不受个人好恶和思维习惯的束缚而向前推进。它对于工程建设从设计、建造、加工、施工、销售、物业管理等各个环节，对于整个建筑行业，都必将产生深远的影响。

>> 3.1.2 参数化建模

我们正在进入一个全面的建筑数字仿真时代，数字化的第一个实例发生在电子绘图（CAD）到来之际。随着 CAD 技术在 20 世纪 80 年代的普及，越来越多的建筑和工程项目采用该技术，建筑设计和工程项目实施已发生了翻天覆地的变化，CAD 使建筑业和制造业项目的核心任务——设计创作过程自动完成。尽管现在大多数建筑模型和图纸是数字式的，却未必能联系或是集成起来，有些图纸是用 CAD 设计方法直接绘制的，但它们是独立存在的，和三维建筑模型没有关系。有些图纸由三维模型生成，却和模型联系薄弱或是没有联系，模型变化了，图纸的修改难以预料，常常需要手工校对和协调工作，这样大大降低了基于模型设计方法的效果（见图 3-10）。

图 3–10

CAD 的出现固然是从手工绘图前进了一大步，但基本而言只是用一种表现手法代替另外一种手法。更重大的变革现正在进行，即从电子绘图到建筑信息模型（BIM）。

1．参数化建模含义

参数化设计是 UG 强调的设计理念。参数是参数化设计的核心概念，在一个模型中，参数是通过“尺寸”的形式来体现的。参数化设计的突出优点在于可以通过变更参数的方法来方便地修改设计意图，从而修改设计意图。表达式是参数化设计中的另外一项重要内容，它体现了参数之间相互制约的“并联”关系。参数是参数化建模的核心，在一个模型中，参数是通过“尺寸”的形式来体现的。参数有三个含义（见图 3-11）：

图 3-11

一是提供设计对象的附加信息，是参数化设计的要素之一。参数和模型一起存储，参数可以标明不同模型的属性。例如在一个“族表”中创建参数“成本”后，对于该族表的不同实例可以设置不同的值，以示区别。

二是配合关系的使用来创建参数化模型，通过变更参数的数值来变更模型的形状和大小。

三是无参数的设计于现在的 NX 软件来说是没有任何限制的，也就是说 UG 现在的同步建模功能已经非常强势了，对于无参数的零件修改也可以同有参数的设计一样，可以灵活修改任意特征。

最初 CAD 引擎使用明确的、基于坐标的几何形状来创建图形实体，从模型和独立生成的二维图纸中提取坐标来创建文档。当图形引擎成熟，图形实体按照软件结合到所代表的设计元素中，模型变得“聪明”，更易编辑。表面和固体模型增加了更多的智能到元素中，使复杂的形式创立成为可能。但结果仍然是明确的几何模型，本质上很难编辑，并且提取的图纸和模型关系比较弱，参数化建筑建模代表了与 CAD 二维绘图不同的途径。

2. 参数化设计实现数据的交汇

参数化建模设计分为两个部分：“参数化图元”和“参数化修改引擎”。“参数化图元”指的是 BIM 中的图元是以构件的形式出现，这些构件之间的不同，是通过参数的调整反映出来的，参数保存了图元作为数字化建筑构件的所有信息；“参数化修改引擎”指的是参数更改技术使用户对建筑设计和文档部分做的任何改动，都可以自动地在其他相关联的部分反映出来。在参数化设计系统中，设计人员根据工程关系和几何关系来指定设计要求，参数化设计的本质是在可变参数的作用下，系统能够自动维护所有的不变参数。因此，参数化模型中建立的各种约束关系，正是体现了设计人员的设计意图。参数化设计的数据交互可以大大提高模型的生成和修改速度。例如，在参数化建筑模型中，简单地选择并移动一楼的墙，将导致所有相关元素自动调整。屋顶将维护任何悬垂关系，随着墙移动，其他外墙也将延长，以保持连接到移动的墙（见图 3-12）。

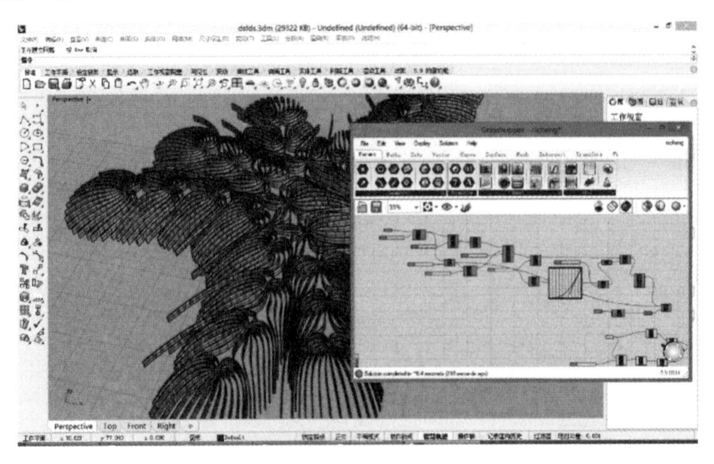

图 3-12

3．参数化建模与 BIM 的关系

BIM 的基础是参数化建筑建模，它使用参数（数字或特征）来判断一个图形实体的行为，并定义模型组件之间的关系。参数化建筑建模对于 BIM 至关重要，它实现协调、可靠、高质量、内部一致的可计算建筑信息。参数化建筑建模可以毫不费力地协调所有图形和非图形数据，包括视图、图纸、日程安排等，因为它们是底层数据库的所有视图。参数化建筑建模通过增加管理模型元素之间的关系，来合并表现模型与设计模式，整个建筑模型和全套设计文档都在一个综合数据库中，这里的一切都是和参数相互关联的。参数化建筑模型知道组件的特性和它们之间的相互作用，特别是机械设计或建筑设计专业，当模型被熟练操作时，它保持元素之间一致性关系。例如，在一个参数化建筑模型中，如果屋顶被改变，墙壁自动按照修订后的屋顶线条改变，参数化建筑建模已被证明是一种有效的嵌入领域专业知识的建筑建模手段。

4．参数化实现过程

以不同的方式来实现参数化建模，参数和几何约束可以同时或程序性地判断，采用关系数据库及行为模型，一起根据需要动态捕捉并提出建筑信息。建筑设计团队接受该技术并采用该技术生产数字建筑构件，然后用这些组件组装成数字楼宇。参数化建筑建模过程可分为 6 个步骤：

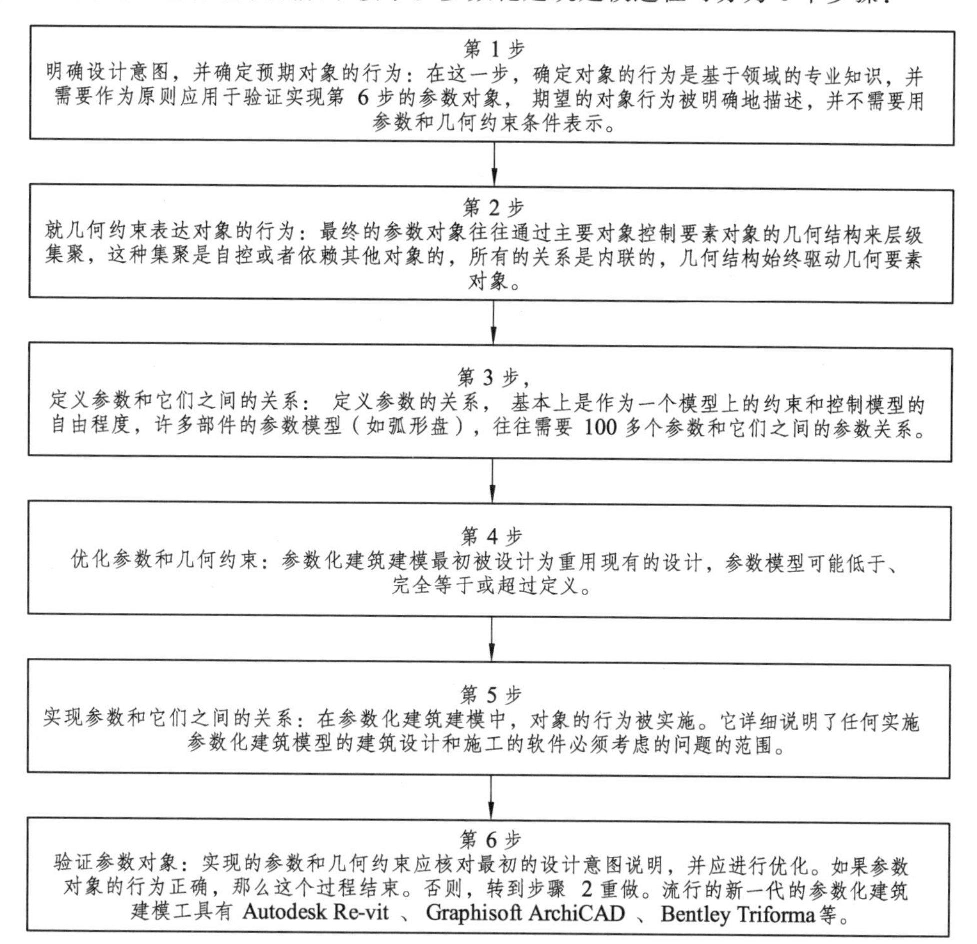

一个参数化建筑建模的建筑是由几何部件组成的，它通过显示几何途径表现提供转化和嵌入的专业知识和领域专长，这部分集中参数化建筑建模，展示了如何在模型中指定、嵌入设计和工程方面的知识、意图，并以一个典型的项目——实现过程化艺术中心为例，来讨论参数化建筑建模。该项目以不同的方式来实现参数化建筑建模，参数和几何约束可以同时或程序性地判断，采用关系数据库及行

为模型，一起根据需要动态捕捉并提出建筑信息。建筑设计团队接受该技术并采用该技术生产数字建筑构件，然后启动这些组件组装成数字楼宇（见图3-13）。

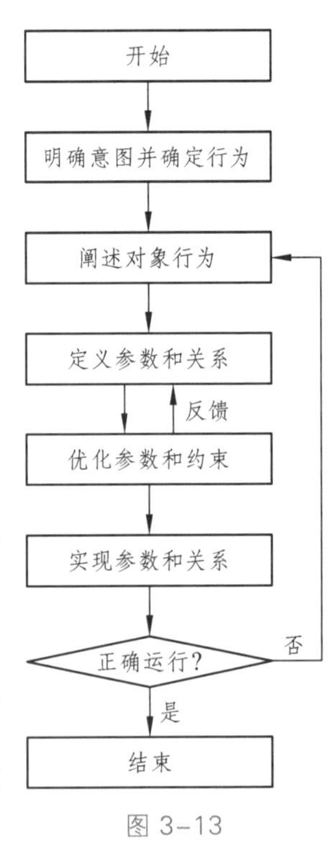

图 3–13

再以一个典型的项目——文化艺术中心为例，来讨论参数化建筑建模。该项目已用 Autodesk Revit 完成设计。该中心由各种数量庞大的不同构件构成，这些构件按照不同的功能和特性归类，它们都模型化了，这样可以保持整体性。参数化建筑建模允许构件间和几何关系一样存在功能代理关系。建筑组件之间的明确的关系被嵌入在参数化建筑模型中。为了克服复杂性，人们往往采取使用户能够从预先定义的抽象对象建立自定义参数对象的方式，而不是从头开始构建它们。这里给出一个对象的参数化建筑模型的例子（移动楼梯）来说明上面讨论的问题。移动的楼梯由阶梯、楼梯平台、墙体接口组成，它们互相连接并互相强化，其中每个都可以被预定义或用户自定义的参数对象取代。在上面的例子中，只有一个参数对象的潜在行为被例证，嵌入所有期望的行为和不同的场景在一个预定义或用户自定义的参数对象中是不切实际的。移动楼梯通过梯道和楼梯平台连接楼层，这里，梯道是一系列阶梯竖管踏板，竖板踏板和楼梯平台必须随着代码和良好的实践要求调整。任何独立组件所做的任何变化将导致移动楼梯和支撑的变化，如果楼梯移动，支撑也自动移动。

利用参数化建模的具体实例见图 3-14。

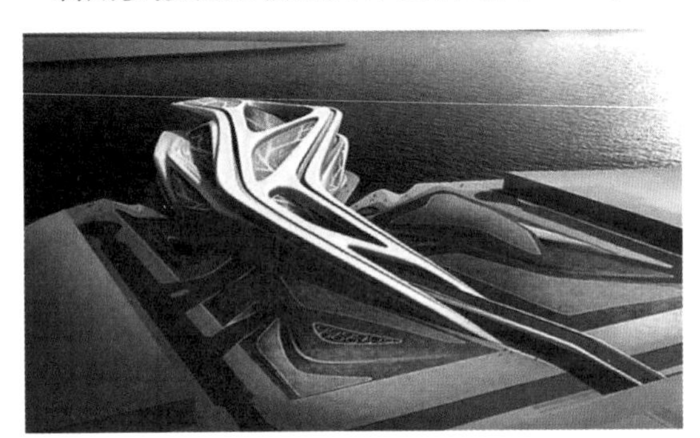

文化艺术中心

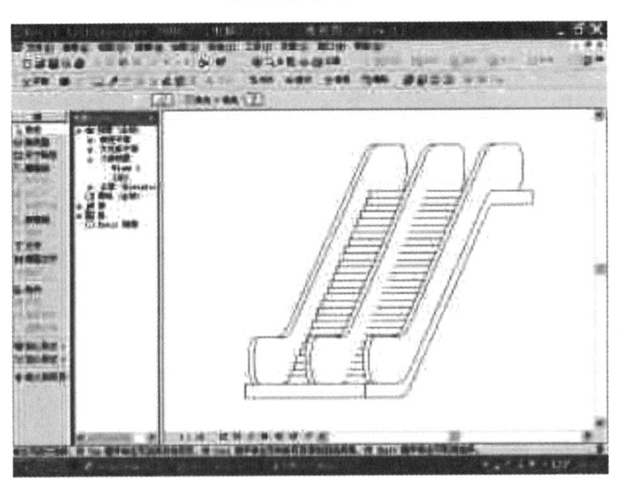

移动楼梯设计图

图 3–14　利用参数化建模的具体实例

5．结　语

参数化建筑建模是一个功能强大的建模方法，它可以模仿智能对象以及它们预期的设计行为。使用参数化建筑建模系统，用户可以创建形状、定义并添加新的参数关系、通过用户界面限制几何对象，在不同的参数对象之间增加约束。参数化建筑建模可以减少设计和画图成本，可以在建筑设计中自动化生产，减少错误率，增强设计方案的可选择性。

>> 3.1.3 信息的互用

1．信息互用的含义

信息互用是指项目建设过程中项目参与方之间、不同应用系统工具之间对项目信息的交换和共享。互用是协调与合作的前提和基础，对项目的进展产生重要的影响。2007 年，麦格劳-希尔建筑信息公司在发布的《建筑行业的协同设计》专题报告中，将信息互用定义为“协同企业之间或者一个企业内设计、施工、维护和业务流程系统之间管理和沟通电子版本的产品和项目数据的能力”。

2．建筑业的信息互用现状

工程建设行业（见图 3-15）的互用问题主要来源于以下几个方面：

① 高度分散的行业特性；

② 长期依赖图纸的工作方式；

③ 标准化的缺乏；

④ 不同参与方应用的技术的不一致性。

图 3-15

全球工程建设行业的软件供应商有几百家，软件产品有几千个。国内曾经做过一个没有公开发布的调研，为工程建设行业客户（业主、设计、施工、运营等）服务的具有一定历史、规模、市场份额、活跃的软件公司大约有 100 家，整个行业正在使用的软件产品也有 1000 种左右。

国内任何一家工程建设行业内的企业，无论是业主、设计院还是承包商，使用的软件产品大部分在几十种到一百多种左右，有些甚至更多，这些软件之间的数据互用状况应该说是非常不理想的。如果认真思考一下业内数百万数千万从业者日常工作中由于上述软件之间数据不能互用所导致的以下一些无效劳动，由此引起的成本增加将是惊人的：

从一个应用程序到另外一个应用程序人工重新输入数据的时间；

① 维护多套同类软件需要的时间；

② 在文档版本检查上浪费掉的时间；

③ 处理资料申请单所需要增加的时间；

④ 用在数据转换器上的成本。

3．BIM 环境下的信息互用

信息是 BIM 的核心，BIM 是一个富含项目信息的共维或多维建筑模型。在项目的全寿命周期内使用 BIM 被认为是解决目前建筑业信息采用效率低下的有效途径。2007 年，麦格劳-希尔建筑信息公司发表的“建筑行业的协同设计”专题报告显示，41% 的用户认为 BIM 对信息互用的有效提升是影响他们是否在项目中采用 BIM 的一个重要因素（见图 3-16）。

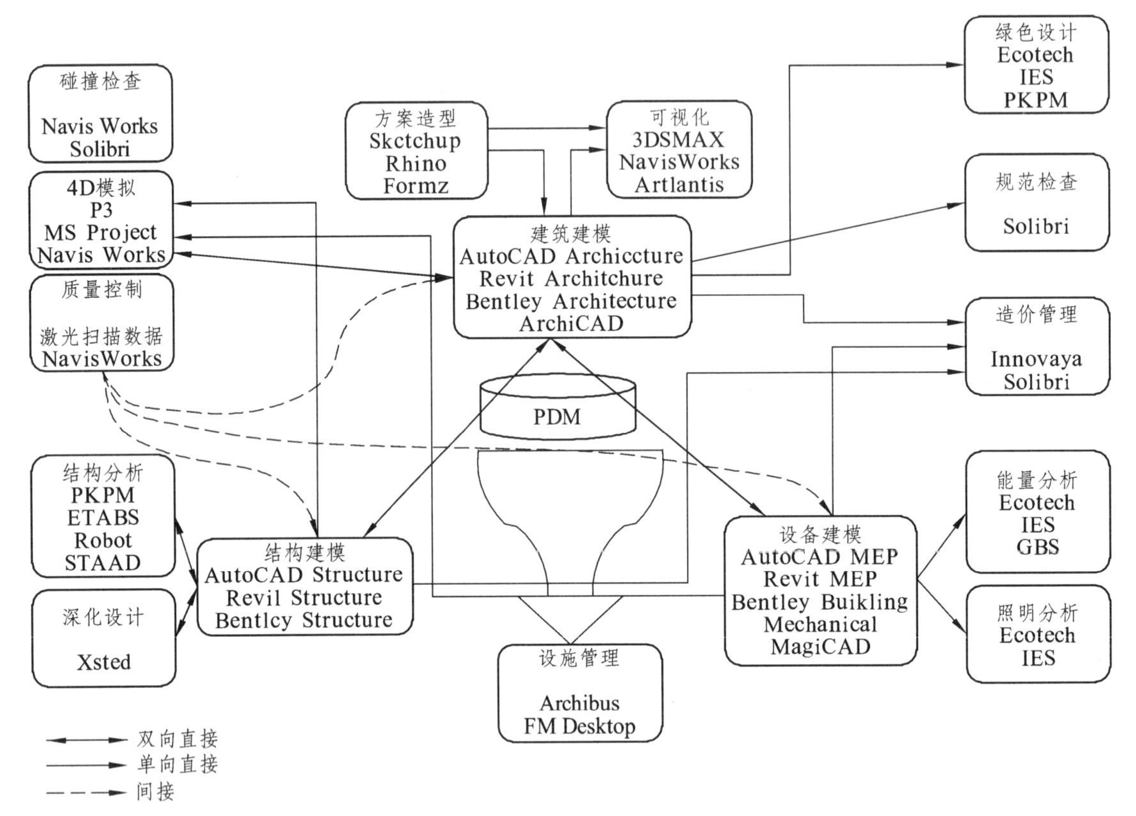

图 3–16　BIM 时代的软件和信息互用关系

高效的信息互用是 BIM 的核心价值所在。随着 BIM 的发展，信息互用问题引起了建筑业内越来越广泛的关注。当 BIM 用户获得更多的专业知识与技术时，相应地对信息互用的关注度也会增加。随着越来越多的用户迅速获得 BIM 的经验，对于信息互用解决方案的需求将更为显著。这些问题会在很大程度上影响用户的软件购买决定。“建筑行业的协同设计”报告调查结果显示，58% 的用户表示会在决定购买项目管理软件时考虑信息、互用和兼容性等因素。

BIM 环境下实现信息互用的方式有多种，其中，使用公共数据模型格式进行信息互用的方式具有明显优势。而 IFC（Industry Foundation Classes）是目前建筑业广泛认可的国际性公共数据格式标准。

1）BIM 信息互用方式——从软件用户角度看

如前面所述，“协同企业之间或者一个企业内设计、施工、维护和业务流程系统之间管理和沟通电子版本的产品和项目数据的能力”谓之信息互用。事实上，不管是企业之间还是企业内不同系统之间的信息互用，归根结底都是不同软件之间的信息互用。不同软件之间的信息互用尽管实现的语言、工具、格式、手段等可能不尽相同，但是站在软件用户的角度去分析，其基本方式只有双向直接、单向直接、中间翻译和间接互用四种，分别介绍如下。

（1）双向直接互用。

在这种情形下，两个软件之间的信息转换由软件自己负责处理，而且还可以把修改以后的数据再返回到原来的软件里面去。人工需要干预的工作量很少，可能存在的信息互用错误主要跟软件本身有关，即软件本身不出错信息互用就不会出错。这种信息互用方式效率高、可靠性强，但是实现起来也受到技术条件和水平的限制。

BIM 建模软件和结构分析软件之间信息互用是双向直接互用的典型案例。建模软件可以把结构的几何、物理、荷载信息都建立起来，然后把所有信息都转换到结构分析软件中进行分析。结构分析软件会根据计算结果对构件尺寸或材料进行调整以满足结构安全需要，最后再把经过调整修改后的数据转换回原来的模型中去，合并以后形成更新以后的 BIM 模型。在实际工作中只要条件允许，就应该尽可能选择这种信息互用方式。图 3-17 是双向直接互用的例子。

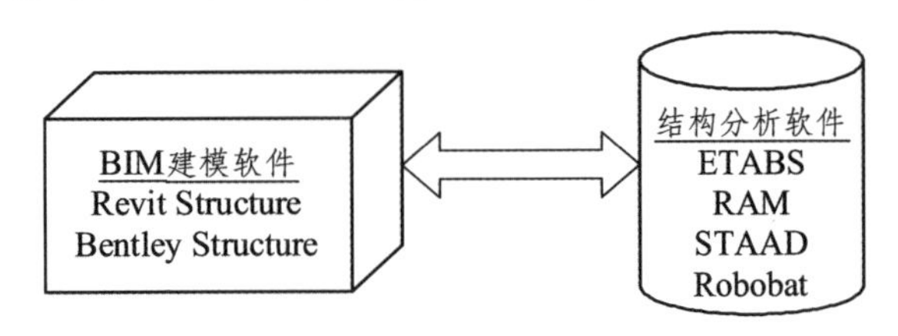

图 3–17 “双向直接”信息互用方式

（2）单向直接互用。

单向直接互用意味着数据可以从一个软件输出到另外一个软件，但是不能转换回来。典型的例子是 BIM 建模软件和可视化软件之间的信息互用，可视化软件利用 BIM 模型的信息做好效果图以后，不会把数据返回到原来的 BIM 模型中去，实际上也没有这个必要这样做。

单向直接互用的数据可靠性强，但只能实现一个方向的数据转换，这也是实际工作中建议优先选择的信息互用方式。单向直接互用举例如图 3-18 所示。

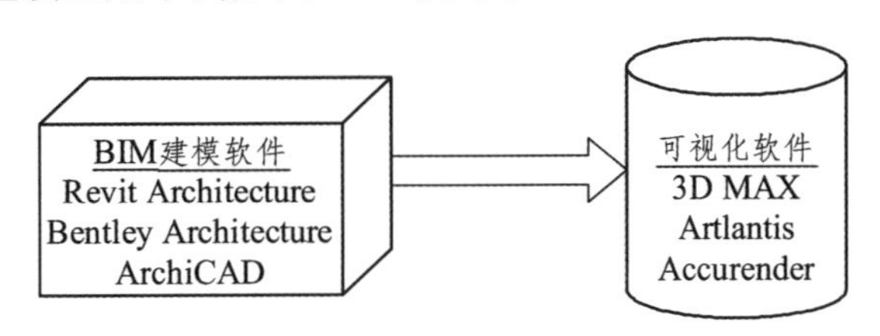

图 3–18 “单向直接”信息互用方式

（3）中间翻译互用。

两个软件之间的信息互用需要依靠一个双方都能识别的中间文件来实现，这种信息互用方式称之为中间翻译互用。这种信息互用方式容易引起信息丢失、改变等问题，因此在使用转换以后的信息以前，需要对信息进行校验。

DWG 是目前最常用的一种中间文件格式，典型的中间翻译互用方式是设计软件和工程算量软件之间的信息互用，算量软件利用设计软件产生的 DWG 文件中的几何和属性信息，进行算量模型的建立和工程量统计。图 3-19 举例说明了该信息互用方式。

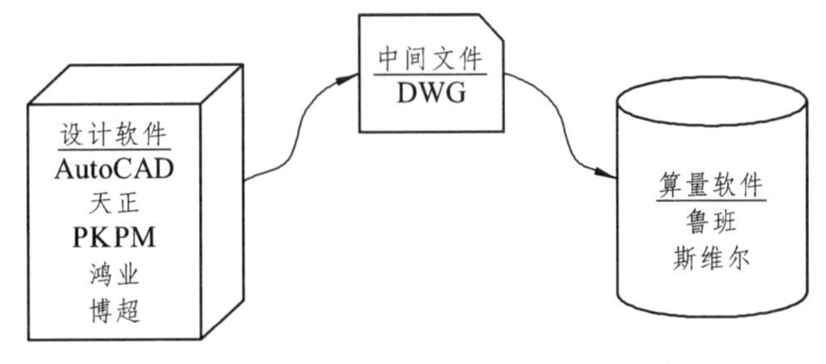

图 3–19 “中间翻译”信息互用方式

（4）间接互用。

信息间接互用需要使用人工方式把信息从一个软件转换到另外一个软件，有些情况下需要人工重新输入数据，另外一些时候也可能需要重建几何形状。

根据碰撞检查结果对 BIM 模型的修改是一个典型的信息间接互用方式，目前大部分碰撞检查软件只能把有关碰撞的问题检查出来，而解决这些问题则需要专业人员根据碰撞检查报告在 BIM 建模软件里面人工调整，然后输出到碰撞检查软件里面重新检查，直到问题彻底更正。图 3-20 为该信息互用方式的举例说明。

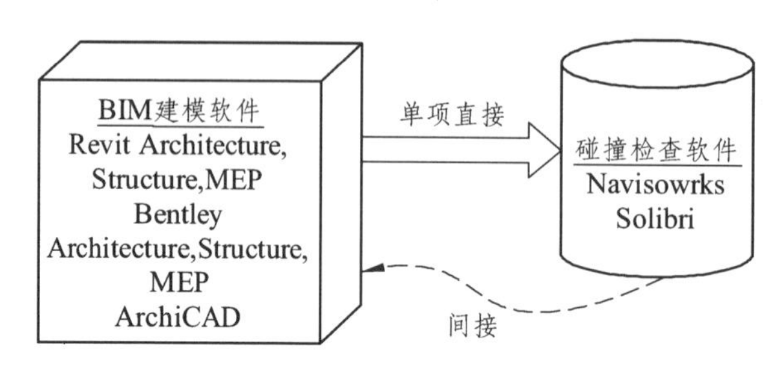

图 3-20 “间接互用”信息互用方式

2）信息互用方式——从软件本身角度看

在上一节中我们从软件用户的角度分析了 BIM 信息互用的四种基本方式，软件用户所能采取的信息互用方式取决于软件所提供的功能。对于大部分的 BIM 用户来说，他们只需了解自己使用的某两个 BIM 软件之间，可以采用上述哪种方式的信息互换即可。

但是在实际工程项目中，用户经常碰到所用软件提供的信息互用功能无法满足需求，现有信息互用精确性不足、功能不齐全等情况。同时，也有很多建筑企业也希望能够为客户提供更加强大的、具有自身特色的 BIM 信息互用解决方案。这个时候就需要从软件本身（或者说是软件开发者）的角度理解 BIM 信息互换的方式。本质上来说，两个建筑行业软件之间的数据交换可以采用下列四种方式之一。

（1）直接互用。

直接互用是指一个软件可以集成另一个软件的信息互用模块，直接读取或输出另一个软件的专用格式文件。这种方式既可以是单向的也可以是双向的。目前，大部分 BIM 软件都有自己的 API（Application Programming Interface），使得第三方可以访问软件的内部数据库，从而创建内部对象或增加命令。

这种方式使信息互用的准确性和针对性大大提高，但是，随着需要进行信息互换的软件数量增加，成本也会剧增。另外，只要某一个软件由于版本升级等原因使数据模型改变了，所有与之相关的软件都必须进行更新。

（2）使用专用中间文件格式。

专用中间文件格式是一个由软件厂商研制并公开发行的，用于其他厂商软件与该厂商软件之间的专用的数据交换文件格式。建筑业中最常见的专用中间格式是 Autodesk 公司开发的 DXF 格式，其他常见的格式还有 ICES、SAT、3DS 等。由于这种格式具有厂商的特殊要求，因此它们的完整性相对较差，例如这种格式只能传递建筑的几何信息。

（3）使用基于 XML 的交换格式。

XML（Extensible Markup Language）是 Internet 环境下跨平台的一种技术，用于处理结构化文档信息。用户通过使用 XML 可以自定义需要转换的数据结构，这些数据结构组合成一个 XML 的 Schema，不同的 Schema 可以完成不同软件间的数据转换。AEC 领域常用的 XML Schema 包括 aceXML、gbXML、IFCXML 等。基于 XML Schema 的信息互用，在进行少量数据转换或者特定的数据转换时优势比较明显。

（4）使用公共数据模型格式。

IFC 和 CIS /2（CIMsteel Integration Standards Re-lease 2）是一种公共数据模型格式。这种格式是

基于三维的数据表达，不仅能描述几何形状，还可以描述构件的其他属性，如材料性质和空间关系等。该格式能有效地将构件属性和构件几何信息联系起来，并贯穿于整个建筑项目全生命周期中，适用于各个阶段的信息交换和共享，这就大大提高了信息间互用的效率和准确性。

综上所述，直接互用、使用专用中间文件格式的间接互用及使用基于 XML 的交换格式的信息互用都有各自的局限性，这些局限性对建筑业的信息互用是不利的。而 IFC 这种公共、开放、国际性的文件格式，能够有效地避免这种局限性，所以这种方式也就受到了广大建筑从业者的青睐。

4．信息分类体系——信息互用的关键问题

BIM 技术让工程师们拥有更加丰富的建筑生命周期数据用于各种目的的建设项目分析和计算，同时，也让建筑业信息分类体系的标准化成为一个广泛关注的问题。实现 BIM 环境下的高效信息互用离不开一个完整的、标准化的建筑业信息分类体系，统一的建筑信息分类体系可以使来自不同国家、地区和团体的建筑相关单位之间的信息交流和互用成为可能。

随着行业的发展，各国都已经建立起各种建筑信息分类方法，分别满足工程造价、建筑规范、项目管理、进度控制等需要，如美国的 Masterformat、UNIFORMAT，欧洲的 Ci/SfB、CAWS、CESMM、EPIC 等。由于文化背景和法律环境的差异，各个国家的分类体系不尽相同。他们的分类方法、分类结构乃至应用范围都存在很大不同，甚至在一个国家内部也可能存在几种不同的分类。这些给充分发挥 BIM 的信息互用优势及在建筑领域应用其他 IT 技术造成了巨大的障碍，也不利于建筑业的国际化（见图 3-21）。

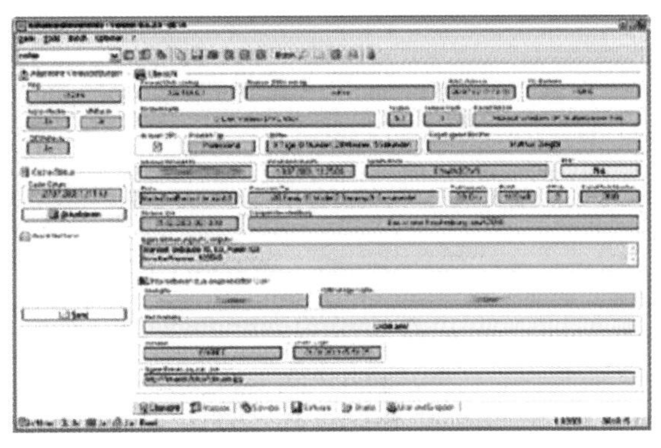

图 3–21　Masterformat

因此，ISO TC59/SC13/WG2 于 2001 年发布了一份建筑信息分类框架标准（ISO 12006-2: Organization of Information about Construction Works-Part 2: Frame-work for Classification of Information）。ISO 12006-2 是 ISO 推荐的信息分类框架，并没有具体内容。这个框架为各国制定自己的分类体系提供了理论上和概念上的基础。正如标准中所述：“如果每个国家都是用这个分类框架，并采用这个标准所提供的定义，那么就可以促成建筑信息分类体系的标准化。”

北美拥有一套比较成熟的建筑信息分类体系，并已应用到 BIM 实施标准规范的制定当中。以美国 BIM 标准（National BIM Standard）为例，它的制定过程需要用到的附件七中列出的几项标准（或规范）表中的 OmniClass 就是一个标准化的建筑业信息分类体系。

（1）OCCS（OmniClass Construction Classification System）。

OmniClass 是建筑业的一个新信息分类体系，采用 ISO 12006-2 信息分类框架，以 Masterformat，UNIFORMAT II，EPIC 等已有的建筑分类体系为基础建立起完整的建筑信息分类体系。OmniClass 由美国建筑规范协会（CSI）和加拿大建筑规范协会（CSC）共同开发和维护，面向北美建筑业市场。

① 分类体系结构。

OmniClass 分类体系采用面分法与层次分类法结合的分类方法，由 15 个分类表组成，例如“建筑

单体”“设施”“空间”“阶段”“属性”等分类表，由两位数字来标识；在每个分类表下采用层次分类法，共分为四个层次，由 8 位数字来标识，分类表编码与分类表内的编码使用“—”连接。表 3-1 显示了 OCCS 的分类表结构。

表 3–1 OCCS 的分类表结构

分类表	分类示例
01 设施 facilities	采煤设施、高速公路、水处理厂、教室、护理室、餐馆、仓库等
02 单体 Constructed entities	油田、机场、高层建筑、悬索桥、隧道、海堤、空间站等
03 空间 Spaces	地下室、房间、阳台、大厅、庭院
04 构件（包括设计构件）Element	基础、结构柱、外墙、外窗、屋盖、分隔、楼梯、传输系统、防火系统
04 设计构件 Designed element	沉管灌注桩基础、预制混凝土柱等
05 工项 work results	现浇混凝土、钢结构工程、幕墙工程、暖通空调系统
06 产品 products	水泥、混凝土、砖、门、电缆、管道、锅炉、油漆、家具等
07 过程阶段 process phase	建筑单体寿命期阶段、建设阶段、项目阶段、建筑规划
08 职能过程 process services	用户需求分析、方案设计、设计、估价、场地准备、施工、会计、房地产活动（营销、销售）、维护等
09 人员 proccss participants	设计师、工程师、保险代理、开发商、承包商、业主、物业经理等
10 工具 process aids	计算机、CAD 软件、塔吊、水泵、模板、脚手架等
11 信息 process information	技术参考资料、期刊、规范、设计图纸、合同、协议、产品目录等
12 属性 attributes	颜色、宽度、长度、厚度、直径、面积、防火性能、重量、强度

② 分类应用范围。

OmniClass 将目前使用的其他分类体系纳入其分类表的内容，比如用于构件分类的 Masterformat，用于工项分类的 U NIFORMAT II。

OCCS 的分类对象包含了建筑全生命周期内的建设活动、建设人员、信息和工具，目标是覆盖整个工程建设行业。正如 OCCS 全称“Overall Construction Classification System——建筑分类体系”所示，它实现了不同类型建筑历经设计、施工、拆除、再利用等阶段时的信息组织、分类、传递。

随着 BIM 技术在建筑行业中的应用持续增加，一些建筑业主开始探索如何利用 BIM 模型以维护及管理其设施，而 BIM 于设施维护管理的标准 COBie 标准原本就是为了营运维护阶段应用所产生出来的标准，可拥有 BIM 模型中信息电子表格。

（2）COBie（Construction Operations Building Information Exchange）。

COBie 标准由美国陆军工兵单位所研发，旨在建筑物设计施工阶段就能考虑未来竣工交付营运单位时设施管理所需信息的搜集与汇整，这对建筑物建立一套营运维护阶段有效率的设施管理机制相当有帮助。COBie 称之为施工营运建筑信息交换标准，主要是要说明与定义在设计、施工到营运阶段和管理过程当中，如何更新与获取所需信息之信息交换技术、标准与流程。这些数据可以是由建筑师或工程师提供楼层、空间或设施的布局，或是由承包商提供的设施产品序号、型号等，凡是建筑生命周期中建筑项目的各参与人，皆可在各阶段输入相关资料，以供后续管理人员方便地使用。

COBie 标准应用至今也逐渐受到世界各国重视，美国国家 BIM 标准（National BIM Standard，NBIMS）第 2 版及英国国家标准（BS 1192-4:2014）也都已将 COBie 纳入其参考标准之中，而 BIM（Building Information Modeling）软件大厂亦争相于软件中（例如 Autodesk Revit 及 Bentley AECOsim

等）发展可支持 COBie 的功能或相关工具。COBie 技术被认为是目前能有效将有助于设施维护管理作业之相关信息，从 BIM 的各生命周期应用阶段中撷取并传递至维护管理阶段的解决方法。

（3）我国地方标准。

为进一步实现 BIM 技术的推广应用，各省市陆续发布了各项指导意见与实施办法。

附件六：各地政府 BIM 相关标准政策汇总

5. 基于 IFC 标准的信息互用

IFC 标准是目前最受建筑行业广泛认可的国际性公共产品数据模型格式标准。各大建筑软件商均宣布了旗下产品对 IPC 格式文件的支持，许多国家也已开始致力于基于 IFC 标准的 BIM 实施规范的制定工作。

1）IFC 的定义

IFC 数据模型（Industry Foundation Classes data model）是一个不受某一个或某一组供应商控制的中性和公开标准，是一个由 buildingSMART 开发用来帮助工程建设行业数据互用的基于数据模型的面向对象文件格式，是一个 BIM 普遍使用的格式。我们可以从以下几个方面来理解 IFC 的定义：

（1）IFC 是一个描述 BIM 的标准格式的定义；

（2）IFC 定义建设项目生命周期所有阶段的信息如何提供、如何存储；

（3）IFC 细致地记录单个对象的属性；

（4）IFC 可以从"非常小"的信息一改记录到"所有信息"；

（5）IFC 可以容纳几何、计算、数量、设施管理、造价等数据，也可以为建筑、电气、暖通、结构、地形等许多不同的专业保留数据。

2）IFC 标准的发展

1997 年 1 月，IAI 发布了第一个完整版本的 IFC 标准——IFC 1.0。之后，在 buildingSMART 组织的模型开发组（Model Support Group）的带领下和全世界范围内企业、专家和学者的共同努力下，IFC 标准不断更新和完善，陆续推出了 IFC 1.5、IFC 2.0、IFC 2*x*、IFC 2*x*2、IFC 2*x*3 等主要版本。图 3-22 总结了 IFC 标准包括的主要版本及各版本的发布时间。

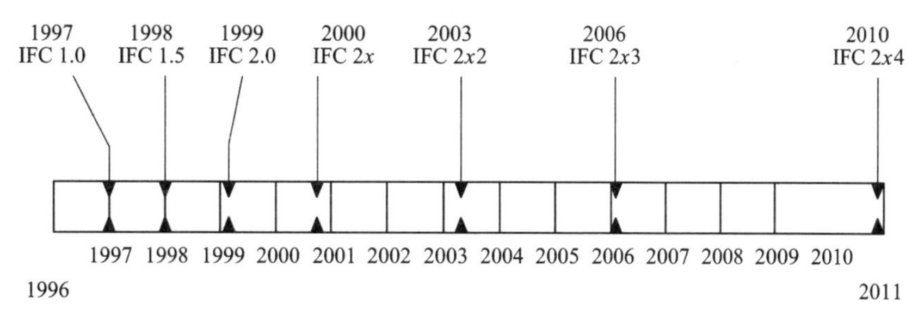

图 3-22

2005 年，IFC 2*x* 的平台规范（IFC 2*x* Platfrorm Specification）被接受成为 ISO 国际标准，编号为 ISO/PAS 16739。buildingSMART 组织的目标是在 2011 年让 IFC 2*x*4 版本所定义的全部规范（不仅是平台规范）成为 ISO 国际标准（编号 ISO/IS 16739）。可以说，IFC 标准已经发展成为一个全世界范围内公认的国际性标准。

3）IFC 的目标

IFC 标准的目标是为建筑行业提供一个不依赖于任何具体系统的，适合于描述贯穿整个建筑项目生命周期内产品数据的中间数据标准（neutral and open specification），应用于建筑物生命周期中各个阶段内以及各阶段之间的信息交换和共享。

4）IFC 的内容范围

IFC 可以描述建筑工程项目中一个真实的物体，如建筑物的构件，也可以表示一个抽象的概念，如空间、组织、关系和过程等。同时，IFC 也定义了这些物体或抽象概念特性的描述方法。IFC 可以描述的内容包括建筑工程项目的方方面面。

5）IFC 的整体框架

IFC 是一个基于面向对象思想的数据模型，它采用 EXPRESS 语言描述建筑工程信息，并通过对应的 EXPRESS 图形符号语言辅助读者理解用 EX PRESS 语言建立的数据模型结构图。EXPRESS 语言可以完整描述一切用 EXPRESS 语言定义的内容，但 EXPRESS 语言只能描述 EXPRESS 语言定义的部分内容。

IFC 自下而上由资源层、核心层、共享层及领域层 4 个层次组成，每一层又由若干子模块构成，这些子模块间是相互独立的。每个层次都只能调用本层或者其以下层的信息，这就保证了当上层信息变动时不会影响到下层信息，从而保证体系的稳定。资源层定义了一些独立于具体建筑的通用信息；如材料、时间、价格等信息；核心层定义了一些适用于整个建筑行业的抽象概念，如 Product，Progress，Control，Relationship 等，一个项目的场地、建筑构件等都被定义为 Product 的子实体；共享层定义了一些适用于建筑项目不同领域的通用概念，如 Shared Building Elements Schema 中定义了梁、柱、墙等构件；领域层定义了一些建筑项目不同领域的特有概念，如管理领域的承包商，结构领域的桩。支座等，IFC 是一种中性文件，可以用普通的文本编辑格式，能够有效地避免这种局限性（见图 3-23）。

```
2    及鹰性. 毳・本
文鄴 F）  （E）(0,
I SO-10303 — 21,
HEADER,
FILE_DESCRIPTION ( ) '
QuantityTakeOffAdOnView]' ), '; 1'),
FILE_NAIE ( 'out. ifc' ' 20 9 — 1 13: 41: 26', ( ' 201 3061540\\A i strat  “' ),
( ' Structural Designer' ), ' IFC Database Version:work', ' Tekla structures 19. 0, IFC Export Version: 4. 0. 0. 0
Apr 26 201, ” ),
FILE-SCHEIA ( ) ' IFC2X3' ));    开头段蹴 0 C
DATA,
# 1= IFCPERSON ( ' 2m403061540\\A inistrat。r', ' Undefined', , , , ,  $, , ,  $, , ),
# IFã ] RGANIZATION ( ), ' Tekla Corporation', , , , , , ),
数据段
#24 IFCPRESEMFATIONLAYERASSIGNIEYF ( ' Grid +6000', , ,  211, #166 ), 9,
#247=     +8000', , , ( #226, #181 ), ,
ENDSEC
EN№— I — 10303 — 21,
```

图 3-23　IFC 文件文本

6）IFC 标准在各国的应用

（1）许多国家和地区采用 IFC 标准作为本国实施 BIM 的数据标准。美国、欧洲各国、新加坡、韩国、澳大利亚等国家均相继发布了基于 IFC 标准的 BIM 实施规范及应用案例。以美国为例，他们基于 IFC 标准制定了 BIM 应用标准——NIMS（National Building Information Model Standard）。NBIMS 是一个完整的 BIM 指导性和规范性的标准，它规定了基于 IFC 数据格式的建筑信息模型在不同行业之间信息交互的要求，实现了信息化促进商业进程的目的。

（2）国际上的各大建筑业软件厂商，如 Aulodesk、Graphisoft、Bentley Systern、NemetSchek 等均提供了各自旗下软件产品对 IFC 标准文件格式输入输出的支持。同时，也有许多专业软件如 Takla、

Solibri、Rhino3d、Acrobat 等也对 IFC 标准格式件有很好的支持。

7）IFC 标准在中国的应用

我国也积极开展 IFC 标准的研究和推广工作。中国建筑设计研究院标准设计院早在 1997 年就开始跟踪 buidingSMART 组织（原 IAI 组织）及 IFC 标准，加强与国际组织的联系，以参与其标准编制，使国际标准能够适合我国国情。中国建筑标准设计院已于2005年加入buidingSMART组织并得到承认。IFC 标准在中国的应用前景广阔，下面从两方面加以说明（见图 3-24）。

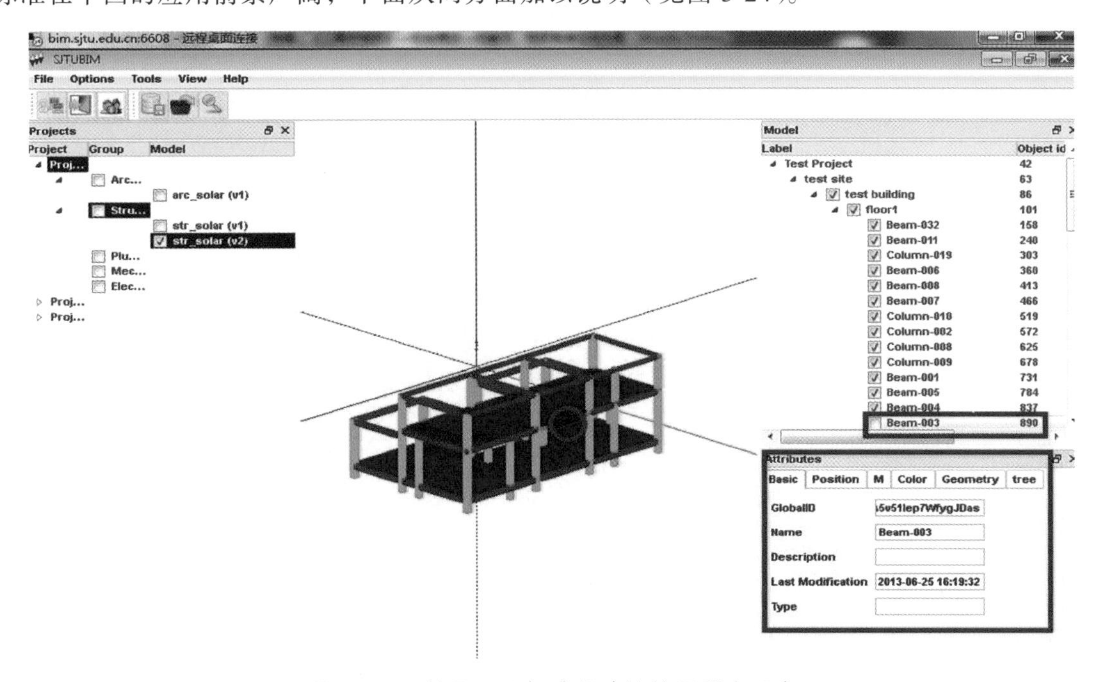

图 3-24　基于 IFC 标准的建筑协同平台研究

首先，IFC 数据定义模式是应该借鉴的。我们大多数的软件开发还停留在自定义数据文件的水平上，简单地定义某一位置或某一项数据代表的含义，这种方式显然不适合大型系统的开发和扩展，更不要说数据的交换。我们需要一个总体的规划，需要一个规范的数据描述方式。不然在前面简单定义数据节省的时间，会在后期修改和扩展中加倍浪费掉，而且容易失去对系统的控制。

其次，IFC 数据定义内容是我们应该借鉴的。IFC 目前和将要加入的信息描述内容是非常丰富的，涉及建筑工程的方方面面，这包括几何、拓扑、几何实体、人员、成本、建筑构件、建筑材料等。更为困难的是，这些信息用面向对象的方法、模块化的方式很好地组织起来，成为一个有机的整体。在定义自己的数据时，可以借鉴或直接应用这些数据定义。IAI 组织集中了全世界顶尖的领域专家和 IT 专家，由他们定义的信息模型经过了多方的验证和修改，是目前最优秀的建筑工程信息模型。如果抛开 IFC，完全自定义信息模型，只能保证定义的模型与之不同，而不能保证比它好。IFC 在中国的应用领域会很多，针对当前需求，主要在两方面：

（1）企业应用平台。

我国的建筑企业，特别是大中型设计企业和施工企业，都拥有众多的工程类软件。在一个工程中，相关人员往往会应用多个软件，而来自不同开发商的软件之间的交互能力很差。这就需要人工输入数据，工作量非常大，而且很难保证准确性。另外，企业没有一个统一的标准，也很难挖掘里面蕴藏的信息和知识。

（2）电子政务。

新加坡政府的电子审图系统，可能是 IFC 标准在电子政务中应用的最好实例。在新加坡，所有的设计方案都要以电子方式递交政府审查，政府将规范的强制要求编成检查条件，以电子方式自动进行规范检查，并能标示出违反规范的地方和原因。这里一个最大问题是，设计方案所用的软件各种各样，不能为每一宗软件编写一个规范检查程序。所以，新加坡政府要求所有的软件都要输出符合 IFC 2*x* 标准的数据，而检查程序只要能识别 IFC 2*x* 的数据即可完成任务。

随着技术的进步，类似的电子政务项目会越来越多，而标准扮演了越来越重要的角色。尽管 IFC 标准是对 STEP 标准的简化，并且是为建筑行业量身定做的信息标准，但还是一个庞大的信息模型，不容易掌握。一直到后期物业管理，档案资料数据需要不断积累和更新，也需要统一的标准。应用 IFC 标准是一次有益的尝试，它解决了我国在工程建设数据科学管理方面的不足，使建筑数据模型作为真实建筑的资料信息，与之同步进化和发展，随时给工程管理人员提供查询分析。建筑物作为城市的重要组成部分，建筑产品数据标准的研究必将带动数字城市的发展。

8）结　语

IFC 标准作为一种中立、公开的通用标准，能够实现不同软件间的信息准确传递。这样就可以方便地使用多个具有不同优势的 BIM 软件来为一个建设项目服务。选用 IFC 作为建筑信息交换的标准将大大提高建筑业信息互用的效率及精确性，改善因信息互用不良而造成的不利影响。

>> 3.1.4　多专业协同

传统的建筑工程设计从建筑设计开始，并由结构、MEP 等专业设计师完成相应的专业设计，通常采用“单一的流水线”模式。各专业的设计师工作方式常常围绕着二维图纸展开，图纸成为各专业设计师之间交流和沟通的介质。这种设计流程需要各个专业设计师在设计中，经过“二维—三维—二维 ”的思维转换，并且各个环节相互独立进行，一旦缺乏有效的沟通和协作，将导致图纸的反复修改甚至返工，由此带来人力、时间和资源等浪费，影响设计师的工作效率，并且会涉及建筑工程的设计进度和质量等问题。因此，建筑多专业设计中的协同工作，如何建立有效的沟通与协作，提升建筑工程设计的效率和品质就变得十分重要。

BIM 基于先进的三维设计，构建可视化数字建筑模型，为建筑工程设计提供了科学的协作平台。其利用三维可视化的信息模型对建筑工程进行设计，甚至能够指导或参与工程项目的建造与后期运营管理。在 BIM 技术的支持下，建筑、结构、MEP 等专业的设计师可以在同一个三维模型基础上进行建筑工程设计，相比传统的二维图纸更加全面、有效和直观；并且与传统的设计模式不同，设计工作不再是线性展开，而是各专业设计师同步进行设计，这将会使工作效率大大提高，从而节约人力和时间成本。

1．BIM 技术协同设计的特点

基于 BIM 的建筑工程多专业协同设计根本优势在于能够建立统一的三维建筑信息模型，通过三维的信息模型将工程项目信息分享给各个相关专业的设计师，进行同步分工协作并有助于各专业设计师尽早地参与到设计过程中。在协同设计过程中，各专业根据国家标准和规范，在进行本专业设计图纸的修改时能够及时准确地反馈给其他专业设计师，从而使其他设计师可以快速直观地分析评估并确定图纸修改的合理与否，进而能够更快地做出最佳的设计成果。这种协同设计的方式大大缩短了各专业设计师之间协调的时间，并且设计师能够更好地考虑其他设计专业的需求，尽可能避免在传统设计模式中常出现的在施工现场进行设计修改或变更的现象。运用基于 BIM 的设计流程，将更注重整个项目的多专业协同设计，这种方式可以更准时、更高质量、更高效地完成任务，并且可以大大提高各设计专业（建筑、结构、MEP 等专业）成果质量。

BIM 协同设计使传统的设计方法发生质的改变，它将传统的二维图纸转换成三维立体模型，具有较强的协调性、较高的准确性、较快的同步性，还具有建筑全生命周期的所有信息，便于进行建筑工程项目的建造、运营、维护改建甚至拆除。

2. 基于 BIM 的多专业协同设计流程探析

BIM 协同设计即将建筑、结构、MEP 等工程、开发商乃至最终用户所提供的信息集成在一个虚拟的三维模型上，以帮助对项目进行设计、建造及运营管理。随着建筑工程项目日趋复杂，尤其某些项目的关键问题设计时必须由多专业设计师或专家，利用各自的专业知识商讨并协作完成。为了实现设计目标，设计师团队必须参考大量项目信息，加以整合分析并需要条理化的管理（见图 3-25）。

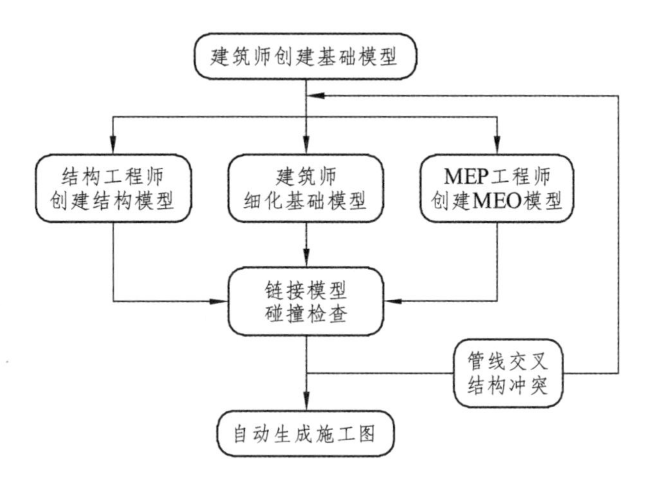

图 3-25 基于 BIM 的协同设计工程流程示意

因此，在基于 BIM 的设计流程中通常需要制定用于指导该项目团队明确设计目标的多专业协同设计协调规划。协调规划中，首先，必须确定项目的整体计划，即要设计团队的各专业设计师明确各个阶段的具体任务以及各阶段图纸的深度要求；其次，在任务范围内核查各阶段设计质量，避免造成疏漏或分工不明带来的相互推诿；最后，设定各个专业设计师的工作权限，避免在设计时对项目中一些相关的图进行重复修改或者删除，导致重复的劳动。多专业协同设计的工作采用并行模式，非常强调多专业设计师合作，同时，需要建立 BIM 的网络服务器，将包含工程项目的 BIM 模型在各专业设计师中共享，并进行工作协调和审核。

基于 BIM 的多专业协同设计在实际工程中的运用，将传统工作模式中各自独立的工作有效协同在一起，使各专业设计师工作思路更加清晰，目标更加明确，从而达到不同专业的设计师配合完成项目的规划、设计以及施工。

1）创建初步的 BIM 模型

工程项目设计通常先由建筑设计师按项目的设计任务书或业主的要求进行初步设计，主要研究项目的建筑功能、容积率、绿地率、建筑密度、交通区位、用地范围、建筑限高等各方面限制条件达到设计要求。通过 BIM 的方式创建初步模型，主要考虑大致的体量关系，建筑平面模型只需要表达空间的围合和限定等因素，模型的精细程度需保证满足建筑项目的基本功能。然后，通过建立的网络服务器，将包含工程项目的 BIM 模型共享给各专业设计师。

2）BIM 模型的细化

在初步的 BIM 模型的基础上，根据制订的多专业协同设计协调规划，结构、MEP 等专业设计师可以根据自己的需要对其提出设计要求或条件。因此，此方式为各专业之间的协同设计构筑了一个平台，建筑、结构、MEP 等专业的设计工作便可以同步进行。建筑设计师可以按照结构和 MEP 等专业提出的要求，对项目进行细化设计。

由于基于同一个 BIM 模型，建筑设计师可以清楚地看到结构和 MEP 等图纸设计中结构、管路的分布或布局，进而能够确定门窗开口开洞位置、建筑房间布局大小、楼梯位置等。由于 BIM 模型具有即时的可视化特性，建筑设计师可以更加直观地感受到空间的尺度、大小是否合理。假如发现结构设计中某个梁影响到建筑内部空间的感受，就可以立即与结构设计师进行沟通协商，在结构模型中取消或者改变梁的位置或形式，这样的调整都是通过同一个 BIM 模型进行修改，可以进行及时同步更新，反馈给其他相关的设计师；既可以节约时间成本，又避免了传统工作模式下的重复修改或返工。结构设计是工程项目的重要组成部分，安全性分析计算是结构设计的首要环节和重要问题，其决定着工程项目的可实现性。由于结构分析模型中包括了大量的结构分析所要求的各种信息，如材料的力学特性、单元截面特性、荷载、荷载组合、支座条件等信息且参数繁多，采用 BIM 模型可以避免在传统模式下结构专业与其他专业之间缺乏有效的信息沟通渠道、信息传递不流畅等问题。通常在项目初期，建筑与结构设计之间需要反复交互修改图纸，BIM 模型为结构专业和其他专业设计提供了沟通的桥梁，结构工程师将建筑专业的 BIM 模型链接到它自己的工作中，在此基础上进行结构设计使之达到结构方面的合理要求。MEP 专业设计一直是项目工程的难点，包括了电气照明、给排水、暖通等专业设计。在设计过程中既要考虑设备管线等预留足够的安装空间，又要考虑设备管线等的安装顺序，还要考虑设备管线运行、维修、替换等因素。因此，MEP 专业的设计方法通常情况下与建筑、结构等的设计不同，在进行 MEP 专业 BIM 建模时，需将结构模型链接到 MEP 模型中作为参考，通过 BIM 模型文件的链接，确保结构模型修改后，MEP 模型中的结构部分自动更新，从而能够在 MEP 模型中及时发现问题并进行修改。

3）审查碰撞冲突和协调设计

传统的建筑工程设计过程中，各专业设计师围绕二维图纸，将图纸打印出来，通常需要反复召开协调会，采用人力的方式进行复核比对发现图纸中的冲突部分，然后分析并提出解决的方案。这种方式既费时又费力，且难免出现纰漏。基于 BIM 的设计过程中，计算机则可以自动高效可靠地瞬间完成核查繁多的碰撞冲突。当各专业的设计工作完成后，将各自设计的 BIM 模型链接到整个项目之中，用于核查所有专业设计工作同时进行时产生的冲突碰撞。由于设计的工作都是基于同一个建筑 BIM 模型展开的，在协调设计时，各专业都是借助 BIM 软件平台及时地和与之相关的专业进行协调和交流，从而能够快速核查碰撞，并提出解决方案。这种工作方式，在工程设计初期就能够有效地控制各专业之间的冲突部分。

4）重复修改和优化设计

在碰撞检查和协调设计中发现的问题，要重新返回到相关的 BIM 模型中进行各专业间的讨论协商并修改。经过这样的过程，各专业的设计师可以不断地优化和完善自己的 BIM 模型，并且能与整个项目的 BIM 模型保持一致。这种高效的工作方式，能使整个设计团队参与到设计方案之中，能充分体现他们的设计思路和发挥其最大的作用，并且帮助项目团队在基于 BIM 多专业协作设计的基础上找到最优设计。

5）基于 BIM 的多专业协同设计工作流程的应用实例

以 Autodesk Revit、PKPM 和 Navisworks 等 BIM 软件在某图书馆和办公楼建筑设计应用的实践经验与体会，探讨和分析基于 BIM 的多专业协同设计工作流程，旨在通过实际案例带给 BIM 多专业协同设计的设计师一些启示（见图 3-26）。

图 3-26 某图书馆效果图

简介：某图书馆项目建筑面积约 32 000 万 m^2，要求兼备公共图书馆与高校图书馆的功能，既是能够面向基层、面向大众，成为满足普通读者需求的地区文献信息中心和民众图书馆，又是能够为科研服务的学术性保障机构。客户要求完成建筑设计，解决好城市中心区域大型公共建筑与校内、校外环境的关系、交通流线、功能布局、空间形态等问题；并且要求提供 BIM 模型协调结构、MEP 等专业提供完整 BIM 资料，形成建筑施工图并提供平立剖三视图，以及楼梯间、卫生间等大样图。首先，建筑设计师按客户需求和任务书开始设计。采用 BIM 的方式，在 Revit 软件中创建初步模型，研究图书馆项目的功能、容积率、区位交通等限制条件。初步模型主要考虑大致的体量关系、轴网、层高、功能分区等，模型要求表达空间的围合和限定等因素，保证满足建筑项目的基本功能。然后，通过网络服务器，将包含工程项目信息的 BIM 模型共享给各专业设计师。

在初步的 BIM 模型的基础上，根据制定的多专业协同设计协调规划，建筑、结构、MEP 等专业设计师可以根据任务书对其提出设计要求。通过 Revit 软件为各专业之间的协同设计构筑了一个平台，建筑、结构、MEP 等专业的设计工作便可以同步进行。建筑设计师对项目进行细化设计，确定墙体厚度、材质、门窗尺寸等信息，结合结构和 MEP 等专业确定门窗开口开洞位置、建筑房间布局大小、楼梯位置等。同时利用 BIM 的节能软件，进行热环境、光环境、声环境、日照等对 BIM 模型进行分析，使其达到节能设计规范要求。结构设计师将建筑 BIM 模型与 Revit 软件的结构模型联系起来并且使用复制（监视）工具复制共享模型，添加柱、梁、楼板、剪力墙、基础构件等。结构 BIM 模型中包括了大量的结构分析所要求的各种信息，如材料的力学特性、单元截面特性、荷载、荷载组合、支座条件等信息，通过 IFC 接口，与第三方的结构计算软件进行信息交换，这样就可以让结构模型与其他结构计算软件衔接（如 PKPM 软件），使之达到国家规范的设计要求。MEP 专业有电气照明、给排水、暖通等设计工作。电气照明设计师利用图书馆 BIM 建筑模型创建满足设计要求的电源、照明和开关系统，通过对模型的详细分析，对电气系统的设计提出修改建议，以提高建筑的能效。给排水设计师创建给水系统、排水系统、消防系统等模型，进行管线路径、用水量和水压分析计算等设计。暖通空调设计师采用 BIM 建筑模型进行项目中暖通工程技术分析，划分整座建筑的空调负荷区、设备区域等并布置设备、管道敷设线路（见图 3-27）。

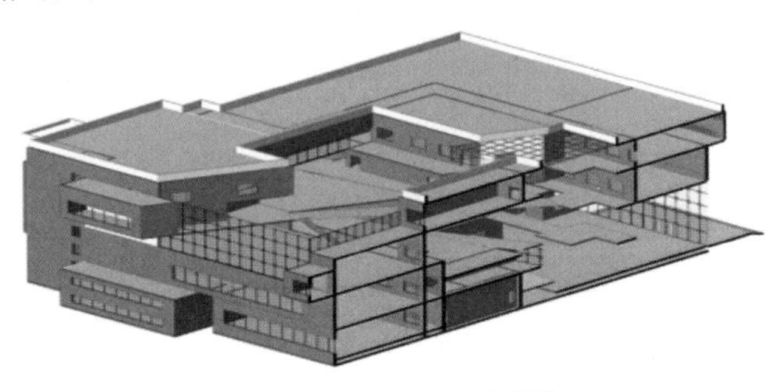

图 3-27 建筑物剖面图

各专业完成各自的 BIM 模型后，将各自的模型链接到一起完成审查和协调，核查设计工作，同时进行时产生了碰撞。建筑专业、结构专业和 MEP 专业通过碰撞检测，可以在瞬间完成检查繁多的潜在冲突，并且自动生成冲突报告。在冲突审核时可借助 Navisworks 软件进行碰撞检查，冲突报告可以生成 XML、HTML、文本等格式文件。根据生成的报告查找出冲突的部位，进行各专业的讨论协商，从而完成项目的优化设计，最终完成图书馆建筑的施工图纸（见图 3-28）。

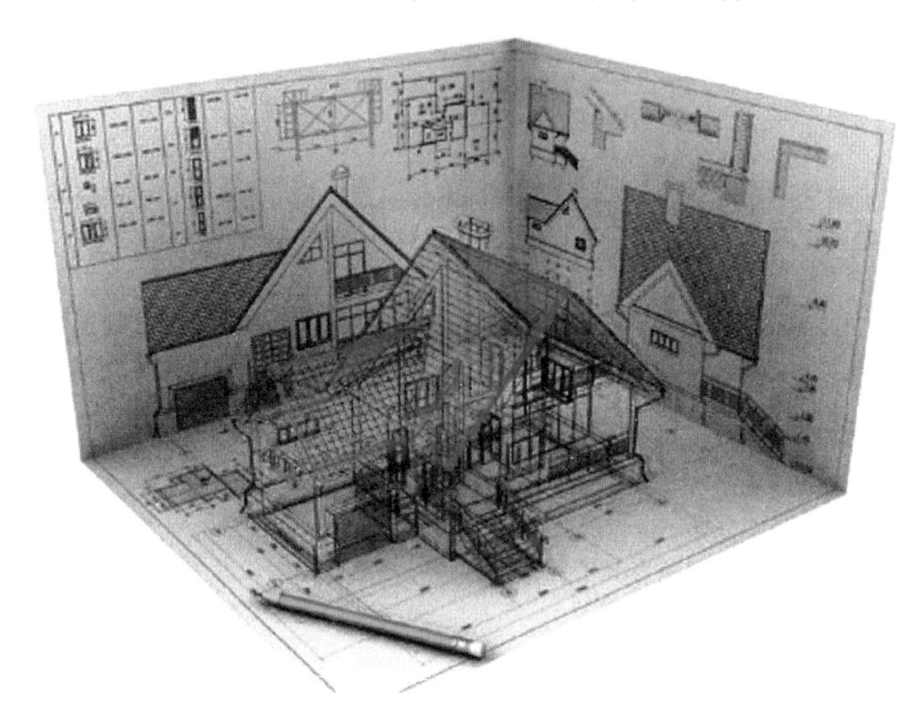

图 3–28

3.2 BIM 的技术特点

在介绍 BIM 的特点之前，首先让我们看下在其之前建筑时代里的建筑特点。

>> 3.2.1 建筑史的“手工时代”

从原始社会建筑出现一直到工业革命这漫长的时间里，人类技术相对落后，农业、手工业、畜牧业等各行各业都以手工劳作为主。建筑也是一样，不论东方西方、大到古埃及金字塔、西欧哥特教堂，小到民居住宅，各类建设活动主要依赖匠人的手工劳作，效率很低。

以西欧中世纪时期的哥特教堂为例，以当时的建筑技术，建设如此巨大体量、装饰繁复的建筑物，需要花费大批匠人和艺术家的心血和长达数十年甚至上百年的时间。历史上的大教堂都有几百年的建造历史。如我们熟悉的巴黎圣母院（在老圣母院原址上兴建的新圣母院）：1163 年动工修建，1345 年才建成；天主教的中心，梵蒂冈的圣彼得教堂，于 1506 年奠基，1623 年才落成。近代建筑师高迪的圣家族大教堂也一样。而且，由于高迪的设计非常个别，几乎没有一块建筑材料是可以由工业流水线成批制造的，都必须现场手工加工（见图 3-29）。

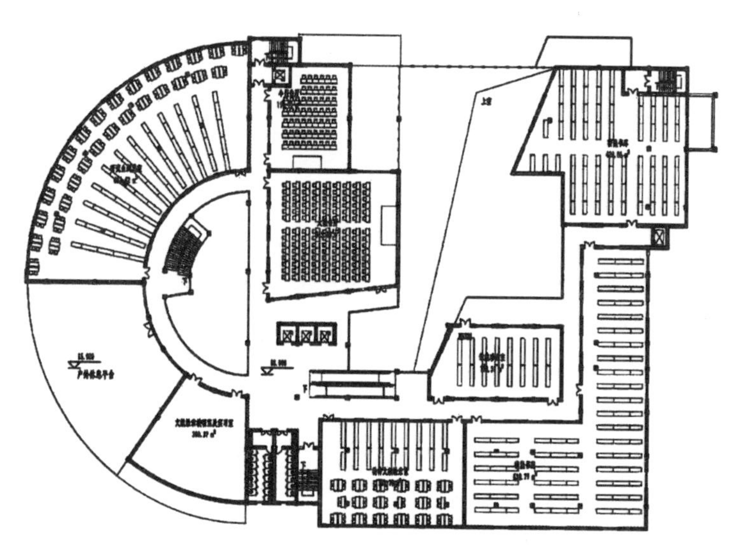

图 3-29　图书馆建筑施工图

>> 3.2.2　建筑史的“机械时代”

随着英国工业革命的激发，建筑也逐步进入机械时代。自从进入现代化机器大生产时代，就一直有各种出于经济或适用的目的，试图把最新工业技术应用到建筑中的尝试。利用机器的帮助，人们可以比纯手工操作实现更高效，更快速的建筑活动。第二次世界大战期间，人们曾不加掩饰地采用与表现钢筋混凝土、钢和玻璃的，像萨伏依别墅那样的建筑成为“机器美”，并附加以“时代美”“精确美”等标签。技术使建筑向更高、更大跨度发展（见图 3-30）。

哥特式建筑

巴黎圣母院

图 3-30　巴黎世博会机械馆

>> 3.2.3 建筑的电子时代

这里的电子时代是指随着 AutoCAD 软件的出现，建筑绘图从传统手工图板发展到计算机绘图的时代。AutoCAD（Auto Computer Aided Design）是美国 Autodesk 公司首次于 1982 年生产的自动计算机辅助设计软件，用于二维绘图、详细绘制、设计文档和基本一维设计。AutoCAD 确实解放了建筑师手绘图纸的传统，但是它只能绘制二维矢量图，而不包含任何建筑信息，成为它当今发展的最大局限。传统的建筑建模软件 Sketch up 也有着同样的问题。由于 AutoCAD 的局限性，电子时代的建筑图纸往往以只包含建筑的空间尺寸信息为主，而建筑的材料、构造、设备必须依赖其他图纸辅助，每张图之间没有任何关联，一处更改必须处处更改，工作量大而烦琐，设计效率较为低下（见图 3-31）。

图 3-31　深圳帝王大厦

由此，我们可以看出 BIM 的出现是大势所趋，它最突出的技术特点就是 3D 效果，这弥补了之前的“手工时代”“机械时代”“电子时代”的不足，将建筑业推向了另一个时代。

下面将着重介绍 BIM 的技术特点。

1．可视化

可视化即“所见所得”的形式，对于建筑行业来说，可视化的真正运用在建筑业的作用是非常大的，例如经常拿到的施工图纸，只是各个构件的信息在图纸上采用线条绘制表达，但是其真正的构造形式就需要建筑业参与人员去自行想象了。对于一般简单的东西来说，这种想象也未尝不可，但是现在建筑业的建筑形式各异，复杂造型在不断地推出，那么这种光靠人脑去想象的东西就未免有点不太现实了。所以 BIM 提供了可视化的思路，让人们将以往的线条式的构件形成一种三维的立体实物图形展示在人们的面前；现在建筑业也有设计方面出效果图的事情，但是这种效果图是分包给专业的效果图制作团队进行识读设计制作出的线条式信息制作出来的，并不是通过构件的信息自动生成的，缺少了同构件之间的互动性和反馈性，然而 BIM 提到的可视化是一种能够同构件之间形成互动性和反馈性的可视，在 BIM 建筑信息模型中，由于整个过程都是可视化的，所以，可视化的结果不仅可以用于效果图的展示及报表的生成，更重要的是，项目设计、建造、运营过程中的沟通、讨论、决策都可在可视化的状态下进行。

2．协调性

这个方面是建筑业中的重点内容，不管是施工单位还是业主及设计单位，无不在做着协调及相配合的工作。一旦项目的实施过程中遇到了问题，就要将各有关人士组织起来开协调会，找各施工问题发生的原因，及解决办法，然后出变更，做相应补救措施等进行问题的解决。那么这个问题的协调真的就只能在出现问题后再进行协调吗？在设计时，往往由于各专业设计师之间的沟通不到位，而出现各种专业之间的碰撞问题，例如暖通等专业中的管道在进行布置时，由于施工图纸是各自绘制在各自的施工图纸上的，真正施工过程中，可能在布置管线时正好在此处有结构设计的梁等构件在此妨碍着管线的布置，这种就是施工中常遇到的碰撞问题，像这样的碰撞问题的协调解决就只能在问题出现之后再进行解决吗？BIM 的协调性服务就可以帮助处理这种问题，也就是说 BIM 建筑信息模型可在建筑物建造前期对各专业的碰撞问题进行协调，生成协调数据，提供出来。当然 BIM 的协调作用也并不是只能解决各专业间的碰撞问题，它还可以解决例如电梯井布置与其他设计布置及净空要求之协调、防火分区与其他设计布置之协调、地下排水布置与其他设计布置之协调等。

3．模拟性

模拟性并不是只能模拟设计出的建筑物模型，还可以模拟不能够在真实世界中进行操作的事物。在设计模拟性阶段，BIM 可以对设计上需要进行模拟的一些东西进行模拟实验，例如节能模拟、紧急疏散模拟、日照模拟、热能传导模拟等；在招投标和施工阶段可以进行 4D 模拟（三维模型加项目的发展时间），也就是根据施工的组织设计模拟实际施工，从而确定合理的施工方案来指导施工。同时还可以进行 5D 模拟（基于 3D 模型的造价控制），从而来实现成本控制；后期运营阶段可以模拟日常紧急情况的处理方式的模拟，例如地震人员逃生模拟及消防人员疏散模拟等。

4．优化性

事实上，整个设计、施工、运营的过程就是一个不断优化的过程，当然优化和 BIM 也不存在实质性的必然联系，但在 BIM 的基础上可以做更好的优化、更好地做优化。优化受三样东西的制约：信息、复杂程度和时间。没有准确的信息做不出合理的优化结果，BIM 模型提供了建筑物的实际存在的信息，包括几何信息、物理信息、规则信息，还提供了建筑物变化以后的实际存在。现代建筑物的复杂程度大多超过参与人员本身的能力极限，BIM 及与其配套的各种优化工具提供了对复杂项目进行优化的可能。复杂程度高到一定程度，参与人员本身的能力无法掌握所有的信息，必须借助一定的科学技术和设备的帮助。目前基于 BIM 的优化可以做下面的工作：

（1）项目方案优化：把项目设计和投资回报分析结合起来，设计变化对投资回报的影响可以实时计算出来；这样业主对设计方案的选择就不会主要停留在对形状的评价上，而更多的可以使得业主知道哪种项目设计方案更有利于自身的需求。

（2）特殊项目的设计优化：例如裙楼、幕墙、屋顶、大空间到处可以看到异型设计，这些内容看起来占整个建筑的比例不大，但是占投资和工作量的比例和前者相比却往往要大得多，而且通常也是施工难度比较大和施工问题比较多的地方，对这些内容的设计施工方案进行优化，可以带来显著的工期和造价改进。

BIM 深化设计目标：

① 机电综合管线碰撞解决；

② 机电管线排布合理、美观、快捷，满足“鲁班奖”要求；

③ BIM 深化设计降低成本增效；

④ 提高管线安装标高，增加走廊净空；

⑤ 提高深化设计质量准确率至 98%。

以日本东京的新摩天大楼——日本邮政大厦为例，日本邮政大厦地下共 3 层，地上 38 层，建筑面积 212 000 m²。该项目位于历史悠久的东京站旁边。新大楼将容纳东京中央邮政局、学术和文化的博物馆、商业设施 KITTE、零售广场的近百家商店和餐馆、国家的最先进的商务办事处（见图 3-32）。

图 3-32　邮政大厦实景图

5. 可出图性

BIM 并不是为了出大家日常多见的建筑设计院所出的建筑设计图纸，及一些构件加工的图纸，而是通过对建筑物进行了可视化展示、协调、模拟、优化以后，可以帮助业主出如下图纸：

（1）综合管线图（经过碰撞检查和设计修改，消除了相应错误以后）；

（2）综合结构留洞图（预埋套管图）；

（3）碰撞检查侦错报告和建议改进方案。

3.3　BIM 的关键技术

BIM 不只是一种信息化技术，它已经开始影响到建筑施工企业的整个工作流程，并对企业的管理和生产起到变革作用。随着越来越多的行业从业者关注和实践 BIM 技术，BIM 必将发挥更大的价值，带来更多的效益，为整个建筑行业的跨越式发展奠定坚实基础，其中 BIM 具有一些关键技术。

>> 3.3.1　基于 IFC 数据交换标准

建设工程项目是一个复杂的、综合的经营活动，它具有参与方多、生命周期长、软件产品杂等特点。而 BIM 要能够支持上百上千项目参与者和纷杂众多的软件产品一起协同工作，首先面对的就是建筑信息的交换和共享。而解决信息交换和共享问题的出路在于标准，有了统一的标准，也就有了系统之间交流的共同语言，基于这样的需求，才有了 Industry Foundation Class（IFC）标准。

IFC 数据模型是一个不受某一个或某一组供应商控制的中兴和公开的标准，是一个由 Building SMART 开发用来帮助工程建设行业数据互用的基于数据模型的面向对象文件格式，是一个 BIM 普遍使用的格式。IFC 的提出为建筑行业提供了一个不依赖于任何具体软件系统的，适用于描述贯穿整个建筑项目生命周期内产品数据的中间数据标准，应用于建筑物生命周期中各个阶段内以及个阶段之间的信息交换和共享（见图 3-33）。

图 3-33

IFC 的一些基本情况在前文中已经介绍过，这里就不多阐述了。

>> 3.3.2　维图形平台

三维图形支撑平台是支撑 BIM 建模，以及基于 BIM 的相关产品的底层支撑平台。它在数据容量、显示速度、模型建造和编辑效率、渲染速度和质量等方面满足 BIM 应用的各种支撑（见图 3-34）。

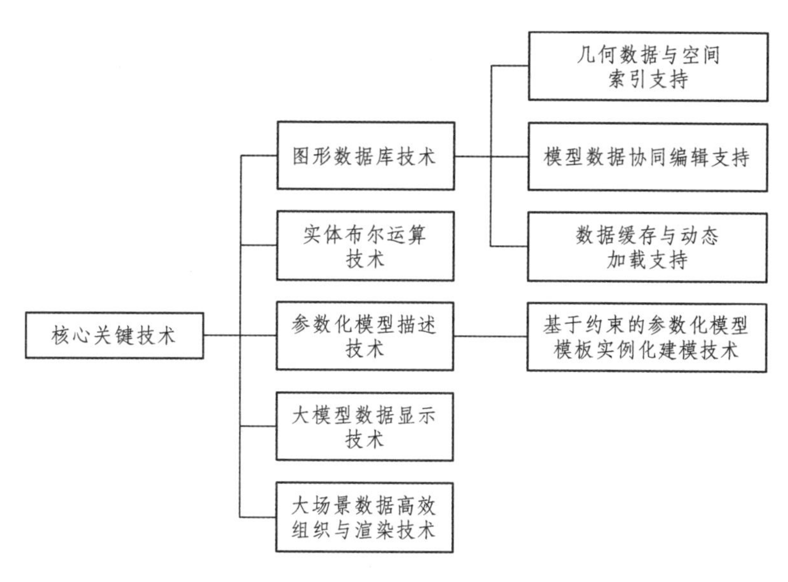

图 3-34

由于 BIM 建模软件也有多家产品，需要基于 IFC 数据标准，实现不同专业和业务模型之间的数据交换。以及不同建模软件产品间的数据交换。

3.4　BIM 的关键价值

BIM 技术对产业链中投资方、设计方、建设方、运维方等参建各方具有非常多的价值，第一章已经描述过，这里主要针对建筑施工企业在工程施工全过程中的关键价值做一个具体描述。

>> 3.4.1　虚拟施工、方案优化

首先，运用三维建模和建筑信息模型（BIM）技术，建立用于进行虚拟施工和施工过程控制、成本控制的施工模型，结合虚拟现实技术，实现虚拟建造。模型能将工艺参数与影响施工的属性联系起来，以反映施工模型与设计模型之间的交互作用。施工模型要具有可重用性，因此必须建立施工产品主模型描述框架，随着产品开发和施工过程的推进，模型描述日益详细。通过 BIM 技术，保持模型的一致性及模型信息的可继承性，实现虚拟施工过程各阶段和各方面的有效集成（见图 3-35）。

图 3-35　工程三维设计与施工模拟仿真实验图

其次，模型结合优化技术，身临其境般进行方案体验、论证和优化。基于 BIM 模型，对施工组织设计方案进行论证，就施工中的重要环节进行可视化模拟分析。按时间进度进行施工安装方案的模拟和优化。对于一些重要的施工环节或采用新施工工艺的关键部位、施工现场平面布置等施工指导措施进行模拟和分析，不断优化方案，以提高计划的可行性，直观地了解整个施工或安装环节的时间节点和工序，并清晰把握在施工过程中的难点和要点，从而优化方案，以提高施工效率和施工方案的安全性。

>> 3.4.2　碰撞检查、减少返工

在传统施工中建筑工程建筑专业、结构专业、设备及水暖电专业等各个专业分开设计，导致图纸中平立剖之间、建筑图和结构图之间、安装与土建之间及安装与安装之间的冲突问题数不胜数，随着建筑越来越复杂，这些问题会带来很多严重的后果。通过三维模型，在虚拟的三维环境下方便地发现设计中的碰撞冲突，在施工前快速、全面、准确地检查出设计图纸中的错误、遗漏及各专业间的碰撞等问题，减少由此产生的设计变更和工程洽商，更大大提高了施工现场的生产效率，从而减少施工中的返工，提高建筑质量，节约成本，缩短工期，降低风险。

>> 3.4.3　形象进度、4D 虚拟

建筑施工是一个高度动态和复杂的过程，当前建筑工程项目管理中经常用于表示进度计划的网络计划，由于专业性强，可视化程度低，无法清晰描述施工进度以及各种复杂关系，难以形象表达工程施工的动态变化过程。通过将 BIM 与施工进度计划相链接，将空间信息与时间信息整合在一个可视的 4D（3D + Time）模型中，可以直观、精确地反映整个建筑的施工过程和虚拟形象进度。4D 施工模拟技术可以在项目建造过程中合理制订施工计划、精确掌握施工进度、优化使用施工资源以及科学地进行场地布置，对整个工程的施工进度、资源和质量进行统一管理和控制，以缩短工期、降低成本、提

高质量。此外，借助 4D 模型，承包工程企业在工程项目投标中将获得竞标优势，BIM 可以让业主直观地了解投标单位对投标项目主要施工的控制方法、施工安排是否均衡、总体计划是否基本合理等，从而对投标单位的施工经验和实力作出有效评估（见图 3-36、图 3-37）。

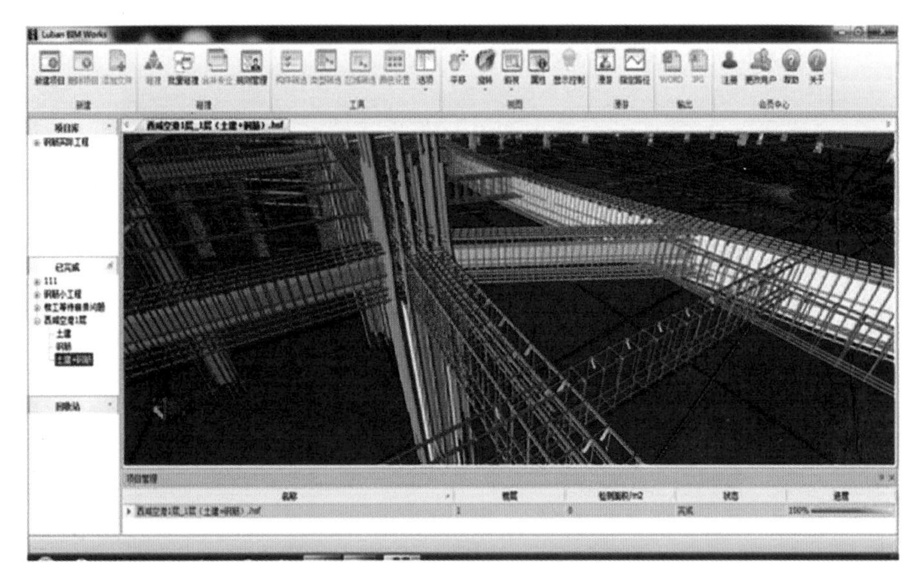

图 3-36　钢筋与型钢的碰撞实验

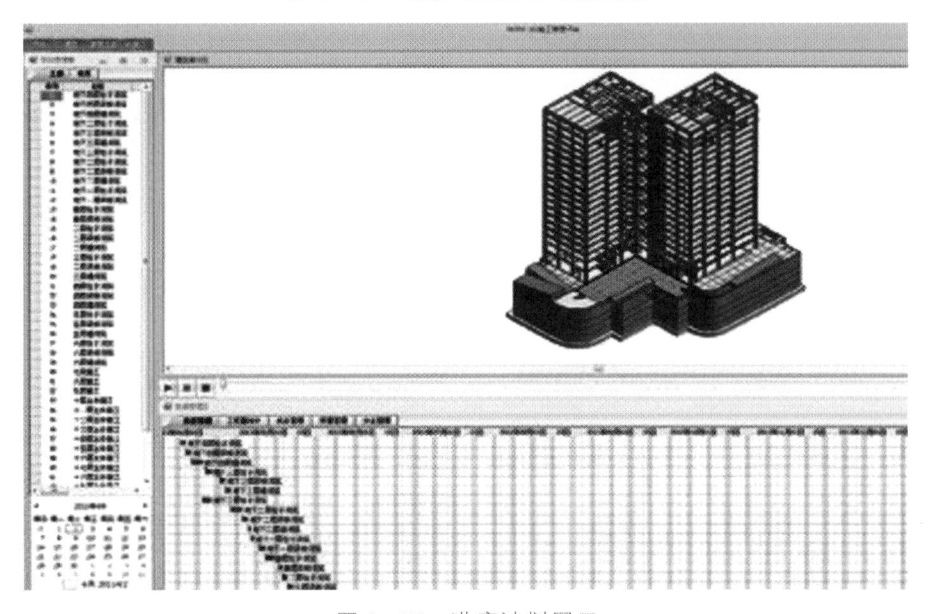

图 3-37　进度计划展示

>> 3.4.4　精确算量、成本控制

工程量统计结合 4D 的进度控制，即所谓 BIM 在施工中的 5D 应用。施工中的预算超支现象十分普遍，缺乏可靠的基础数据支撑是造成超支的重要原因。BIM 是一个富含工程信息的数据库，可以真实地提供造价管理需要的工程量信息，借助这些信息，计算机可以快速对各种构件进行统计分析，进行混凝土算量和钢筋算量。大大减少了烦琐的人工操作和潜在错误，非常容易实现工程量信息与设计方案的完全一致。通过 BIM 获得的准确的工程量统计可以用于成本测算，在预算范围内对不同设计方案的经济指标进行分析，不同设计方案工程造价的比较，以及施工开始前的工程预算和施工过程中的结算。

>> 3.4.5 现场整合、协同工作

BIM 技术的应用更类似于一个管理过程，同时，它与以往的工程项目管理过程不同，它的应用范围涉及多方的协同。而且，各个参建方对于 BIM 模型存在不同的需求、管理、使用、控制、协同的方式和方法。在项目运行过程中，需要以 BIM 模型为中心，使各参建方在模型、资料、管理、运营上能够协同工作（见图 3-38）。

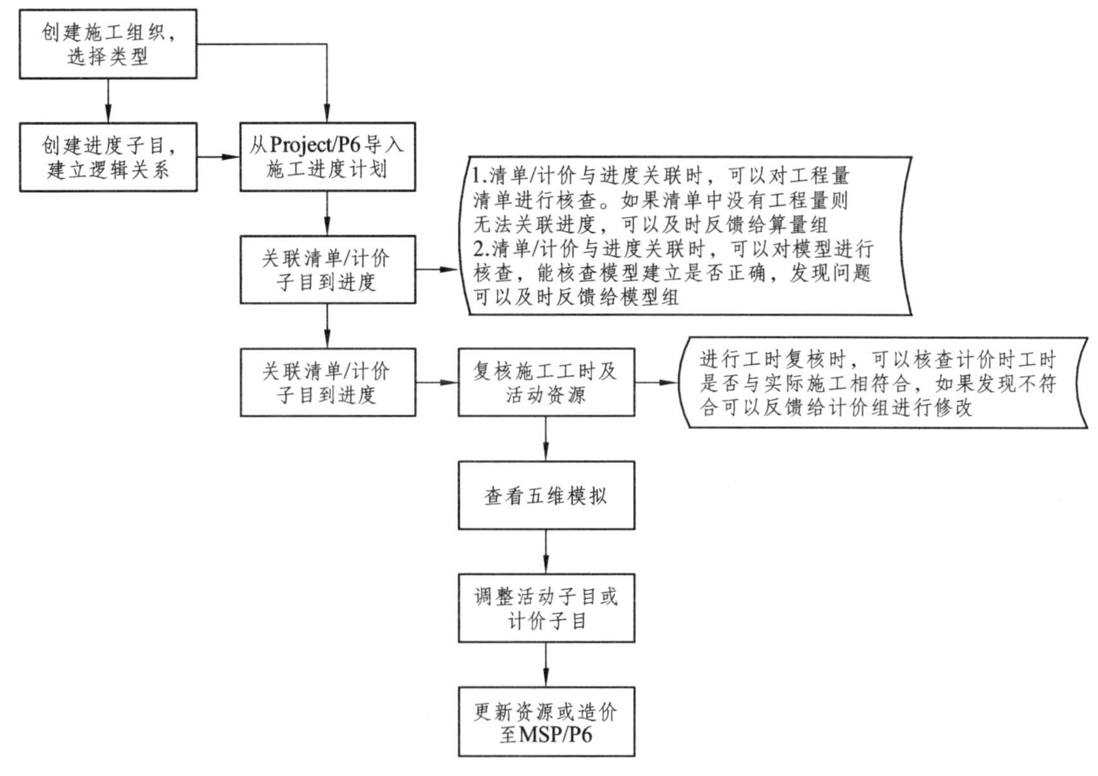

图 3-38 基于 BIM 协同管理案例

为了满足协同建设的需求、提高工作效率，需要建立统一的集成信息平台。通过统一的平台，各参建方或业主各个建设部门间的数据交互直接通过系统进行，减少沟通时间和环节，以解决各个参建方之间的信息传递与数据共享问题，实现系统集中部署、数据集中管理；能够进行海量数据的获取、归纳与分析，协助项目管理决策；形成沟通项目成员协同作业的平台，使各参建方能够进行沟通、决策、审批、渠道、项目跟踪、通信等。

基于 BIM 模型，在统一的平台下强化项目运营管控。围绕 BIM 模型进行分析、算量、造价，形成预算文件，并将模型导入系统平台，形成招标、进度、结算、变更的依据。BIM 模型集成进度计划，将进度管理的甘特图绑定在 BIM 模型上，按照进度计划，形成下期资金、招标、采购等的计划。按照实际进度填报，自动形成实际工程量的申报。在分包和采购招标阶段，围绕 BIM 模型，进行造价预算分析，基于辅助评标系统，形成标书文件。同时可以对投标文件进行分析、对比、指标抽取、造价知识存储等。按照招标签订合同，基于进度 BIM 模型申报资金计划，进行设计变更、工程变更、工程结算和项目成本管理。

>> 3.4.6 数字化加工、工厂化生产

建筑工业化是工厂预制和现场施工相结合的建造方式，这将是未来建筑产业发展的方向。BIM 结合数字化制造能够提高承包工程行业的生产效率，实现建筑施工流程的自动化。建筑中的许多构件可

以异地加工，然后运到建筑施工现场，装配到建筑中（例如门窗、预制混凝土结构和钢结构等构件）。通过数字化加工，工人可以准确完成建筑物构件的预制，这些通过工厂精密机械技术制造出来的构件不仅降低了建造误差，并且大幅度提高了构件制造的生产率。这样一种综合项目交付方式可以大幅度地降低建造成本，提高施工质量，缩短项目周期，同时减少资源浪费，并体现先进的施工管理。对于没有建模条件的建筑部位，还可以借助先进的三维激光扫描技术，快速获取原始建筑物或构件模型信息。

案例介绍

随着中国城市进程的不断加快，超高层建筑接踵出现。由中国平安人寿保险股份有限公司投资建设的平安金融中心北塔楼工程（见图 3-39）总建筑面积约 46 万平方米，高 660 米。其中，机电总承包工程包括通风空调、强电及变配电、柴油发电、给排水、消防、楼宇自控、停车管理、会议影音、制冷站及控制、泛光照明、燃气工程、健康监测工程等 20 多个机电专业系统，是国内真正意义上的第一个大型机电总承包工程。机电安装作为建筑的中枢神经，如何实现建筑的智慧化、人性化，是各家建筑企业孜孜不倦的研究课题。在这方面，中建三局深圳平安金融中心机电总承包项目针对高层机电安装区域高、远离地面、施工空间狭窄等特点，采用基于 BIM 的数字化建造模式，用科技、创新助力施工建筑，走在中国建筑行业数字化建造的前沿，探索出了一条国内超高层机电总承包管理新路，开启了国内超高层机电总承包“平安”模式。

图 3-39　“平安”大楼

数字化建造通过 BIM 技术的适当介入，在可控制的范围内使传统施工方法通过参数化辅助建造的模式获得新生。项目部利用 3D 模型检测碰撞，为施工提供最优化管线综合设计；利用 4D 进度模拟，模拟施工进度，指导项目计划管理的顺利实现；BIM 结合预制加工，有效地避免了场地狭窄等局限性，完成了风管传统加工模式到工厂预制化模式的华丽转型；虚拟仿真，将施工方案进行预演，方案实施过程一目了然；全数字化运维管理系统是未来智慧型城市的雏形，数字化建造也将成为未来建筑业发展的方向。

>> 3.4.7　可视化建造、集成化交付（IPD）

传统的项目管理模式中，建设项目参与者的集成化程度差，设计和施工处于独立进行的运作状态，设计商和承包商之间、总承包商和分包商之间、业主和总承包商等之间缺乏长期的合作关系。无休止的设计变更、错误误差、工期拖沓冗长、生成效率低下、协调沟通缓慢、费用超支等问题困扰着建设行业的所有参与者。造成这一不良机制的原因主要是在一个建设项目中的各个参与单位间，存在着各种各样的利益冲突、文化差异和信息保护等问题。项目的各成员往往只关注企业自身利益的最大化，协同决策的水平低，往往是建设项目中的局部最优化而不是整体最优化。

随着建筑信息模型 BIM 技术的逐渐成熟，以 BIM 技术为基础的新的建设项目综合交付方法 IPD（Integrated Product Development）是在工程建设行业为提升行业生产效率和科技水平，在理论研究和工程实践基础上总结出来的一种项目信息化技术手段和一套项目管理实施模式。它带来新的项目管理模式变更，最大程度的建筑专业人员整合，实现信息共享及跨职能、跨专业、跨企业团队的高效协作。

美国建筑师学会（AIA）将 IPD 集成项目交付定义为“一种项目交付方法，即将建设工程项目中的人员、系统、业务结构和事件全部集成到一个流程中。在该流程中，所有参与者将充分发挥自己的智慧和才华，在设计、制造和施工等所有阶段优化项目成效、为业主增加价值、减少浪费并最大限度提高效率”。

IPD 是以信息及知识整合为基础，是信息技术、协同技术与业务流程创新相互融合所产生的新的项目组织及管理模式，也是一种使 BIM 价值最大化的项目管理实施模式。反过来，BIM 是 IPD 模式得以能够实现高度协同的重要基础支撑，是支持 IPD 成功高效实施的技术手段。IPD 的核心是一个从项目一开始就建立的由项目主要利益相关方参与的一体化项目团队,这个团队对项目的整体成功负责。这样的一个团队至少包括业主、设计总包和施工总包三方，跟传统的接力棒形式的项目管理模式比较起来，团队变大变复杂了，因此，在任何时候都更需要一个合适的技术手段支持项目的表达、沟通、讨论、决策，这个手段就是 BIM。

BIM 能够作为工程项目信息的共享知识资源，从项目生命周期开始就为其奠定可靠的决策基础，使不同参与者在项目生命周期的不同阶段进行协作，输入、提取、更新或者修改 BIM 信息。IPD 基于 BIM 构建了从设计、施工到运营的高度协作流程，通过采用该流程，建筑师、工程师、承包商和业主能够创建协调一致的数字设计信息与文档。IPD 作为一种新的项目交付方法论，通过改变项目参与者之间的合作关系，从协同的角度，加大参与者之间的合作与创新，对协同的过程不断进行优化及持续性改进。

第四章　BIM 与设计及招投标

4.1　BIM 与规划设计

近年来，随着我国城市化进程的不断加快，城市规划建设力度也逐渐加大。在当前时代背景下，生态环境已成为最热门的话题，人们越来越关注于城市建设的质量及其对生态环境的影响，所以一个城市的规划尤其重要。国标《城市规划基本术语标准》定义：城市规划是对一定时期内城市的经济和社会发展、土地利用、空间布局和各项建设的综合部署、具体安排和实施管理（见图 4-1 ~ 图 4-3）。城市规划的本质就是城市规划作为政府职能，是以城市空间环境为对象、以土地使用为核心的公共干预。其目的就是克服城市空间开发中市场经济机制的缺陷，确保满足城市经济和社会发展的空间需求，保障社会各方的合法权益。为了更加高效精确地满足城市规划的要求，我们引入 BIM 技术。BIM 技术是从粗放型管理模式向精细化管理模式的转变，而所有精细化管理的基础即是数据的管理。通过 BIM 技术完成规划设计，及早做好整体规划和及早发现问题，可减轻后续作业的负担。

图 4-1　城市规划

图 4-2　农村规划

图 4-3　旅游区规划设计

>> 4.1.1　规划设计的概念

规划设计是指对项目进行较具体的规划或总体设计，综合考虑政治、经济、历史、文化、民俗、地理、气候、交通等多项因素，完善设计方案，提出规划预期、愿景及发展方式、发展方向、控制指标等理论。

规划层次分为城镇体系规划、城市总体规划、城市规划、镇规划和乡（村）规划五个层次；类型大致有国土规划、区域规划、城市总体规划、分区规划、城镇体系规划、控制性详细规划、修建性详细规划、城市设计、产业布局规划、城市发展理论研究等等一系列不同范围、不同内容（专项规划）的规划设计。

城市设计是在各类上位规划的指导下，以城市作为研究对象的设计工作，介于城市规划、景观建筑与建筑设计之间的一种设计。相对于城市规划的抽象性和数据化，城市设计更具有具体性和图形化。城市设计的内容作为纲要、构件，用以指导后期建筑设计、景观设计等细目（含建筑体量、形式、建筑色彩、界面、结构、空间布局、景观形式等）。

>> 4.1.2　传统的规划设计

在 BIM 出现之前，城市规划信息技术只是单一的 CAD + GIS，是一种静态的规划。规划管理部门虽然一直倾向于数字规划，但也只是实现了 CAD + GIS 的规划数字管理格局，即规划设计及报批的数据以 CAD 数据为依据，规划管理部门以 GIS 数据为主要依据（见图 4-4）。

图 4-4

CAD 是以传统的二维规划管理信息数据为基础，GIS 以三维辅助审批规划管理和三维可视化为突破口，建立一个虚拟的立体建筑形态和环境，以动态和交互的方式对城乡规划、建筑形态及景观进行全方位的审视和评估，从而为城乡规划管理提供决策依据，以解决目前规划管理中“怎么建”以及“建什么”的问题，逐步实现城乡规划管理的科学性和民主性。但是随着城市化进程的不断深入，以及当前国家和地方政府将可持续发展、绿色建筑、低碳规划等理念作为战略目标后，CAD + GIS 的技术已经不能完全满足发展要求。

>> 4.1.3 BIM 在规划设计中的特点

安置房建设出资方绝大多数是政府部门，部门内部相关专业人员比较稀缺，多数人二维图纸看不懂，三维效果图只是个表象，可能无法准确理解设计人员的设计意图，沟通有障碍，导致无法精准地把控设计质量。采用 BIM 技术，规划从三维入手，Cityplan 三维互动设计规划软件彻底颠覆了传统的“平面设计”模式，使得原本抽象的二维图纸具体化、形象化，实现了设计指标与图形，三维模型与平面图纸相互关联以及三维仿真可视化漫游等功能。设计人员利用三维规划图与业主进行方案沟通、讨论、认定。熟悉地块地形的村镇干部和村民代表结合三维规划图，查看安置房间布局、外立面图、道路走向、景观等，通过属性参数查看建筑面积、基地面积、层数、容积率、绿化面积、限高、退距、日照等指标参数。相关人员无须专业知识就能看懂设计意图，沟通方便，便于业主精准把控设计质量。

BIM 在规划设计中是以建筑工程项目的各项相关信息数据作为模型的基础，进行建筑模型的建立，通过数字信息仿真模拟建筑物所具有的真实信息。BIM 有可视化、可出图性、协调性、优化性、模拟性五大优点，这五大优点与第 3.2 节提到的 BIM 的技术特点有共通之处。在这里，我们主要用图片和例子为大家说明。一是设计可视化——3D，GIS 也可见，但是 BIM 中的可视是一种能够同构件之间形成互动性和反馈性的可视。其结果不仅可以用于效果图的展示及报表的生成，而且项目设计、建造、运营过程中的沟通、讨论、决策都在可视化的状态下进行。3D 化后的建筑模型拥有价值非凡的直观性（见图 4-5）。

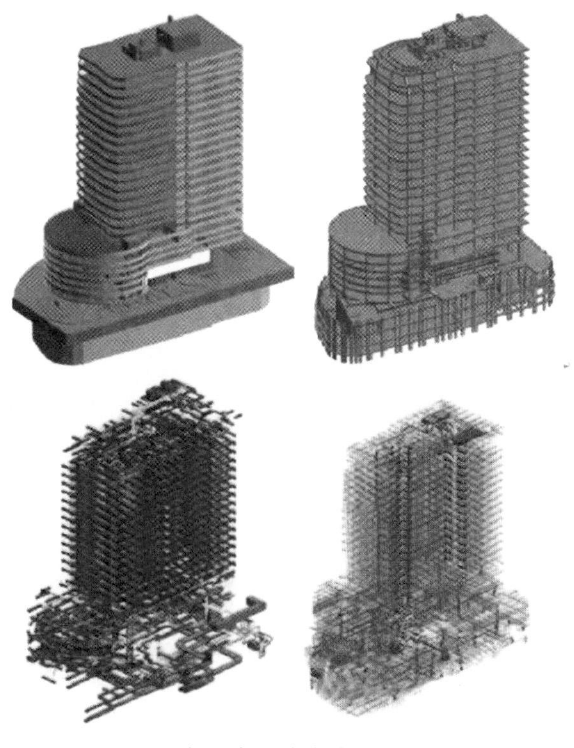

图 4-5 中国金融信息中心可视化举例

二是协调作用，BIM 技术可在建筑物建造各阶段通过虚拟建造的手段对各专业的设计问题提前预判，小问题小范围解决，重要问题重点协调，同时借用可视化特性减少沟通成本，及时解决问题。例如：某大厦项目，地下车库坡道坡度走向设计决策，通过 BIM 对比决策最终方案（图 4-6 中红色表示进地下车库的坡道，黄色表示出地下车库的坡道）。

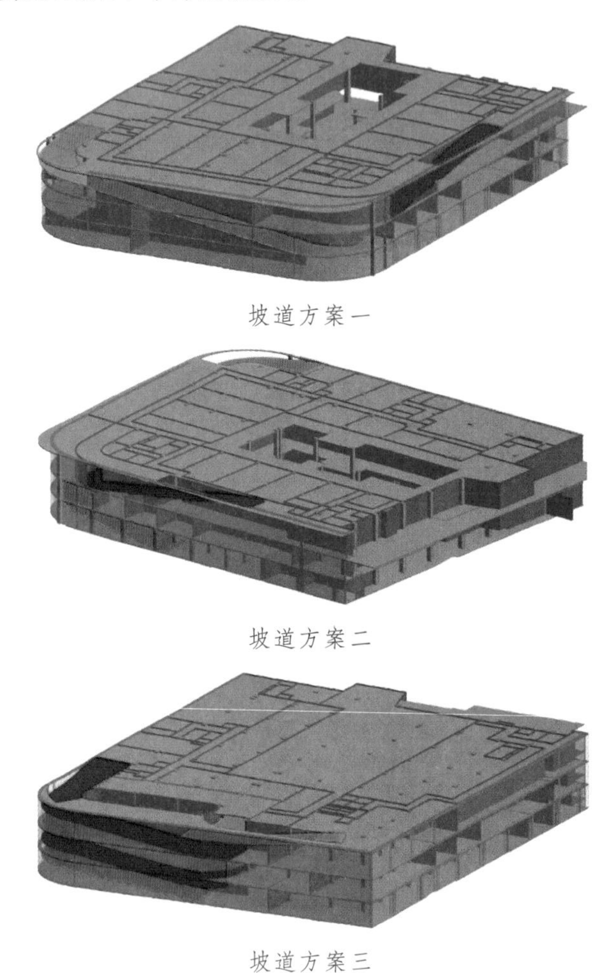

坡道方案一

坡道方案二

坡道方案三

图 4-6 坡道方案决策

三是模拟性，例如，模拟实验中的建筑物日照间距不仅是城市规划管理部门审核建筑工程项目的重要指标之一，也是规划设计的参考标准。它不仅直接关系到城镇居民的生活环境质量，也是控制建筑密度的有效途径之一。而 BIM 技术的加入，可以对建筑单体日照与采光权、噪声、建筑群空气流动等进行模拟分析，通过模拟，发现问题，并找出相应的解决方案，从而对模型进行调整，不仅节约了成本，还提高了效率。

四是 BIM 特有的模型深化设计首先进行各专业建模，经过优化，对管线、设备综合排布，使管线、设备整体布局有序、合理、美观，最大限度地提高和满足建筑使用空间、降本增效。

机电安装工程施工前的总体策划是保证机电安装工程质量的必要阶段。对于现代建筑工程，特别是具有较复杂功能的智能建筑，其机电系统很复杂，子系统很多。而机电系统全部都是由管、线将功能设备连接而成，这些管、线、设备在建筑物内必定要占据一定的空间，而现代建筑的内部空间是有限的。所以，机电安装工程的管、线、设备的合理布置就成为机电安装工程施工策划的首要任务。

利用三维模型的直观性、可视化作为设计整合、协调的主要手段，进行每周设计 BIM 协调，及时发现各专业之间碰撞问题，反馈、协调并跟踪所有设计问题的不断调整，利用 BIM 协调平台辅助进行问题解决过程管理（见图 4-7、图 4-8）。

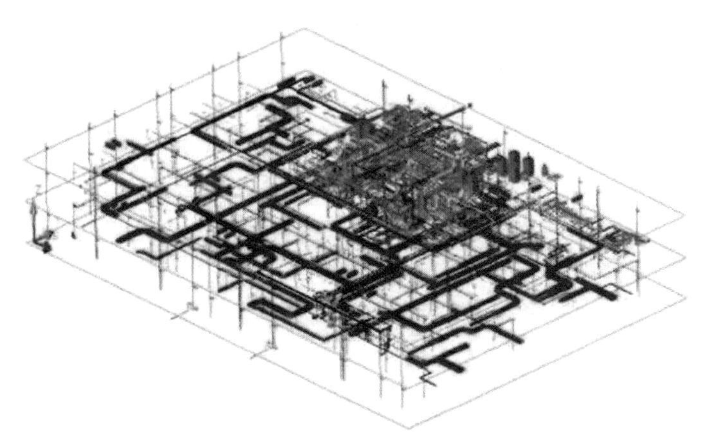

图 4-7　管线综合布置图

显示信息（178可见 / 178全部）

系统：全部系统　楼层：全部楼层　部件类型：全部部件　消息类型：全部消息

系统	楼层	部件类型	消息	位置(楼层)
SF1	12	风管	[illegible]	[illegible]
SF1	12	风管	风水管碰撞	(35454, 38780, 3100)
SF1	12	风管	风水管碰撞	(18300, 38681, 3300)
SF1	12	风管	风水管碰撞	(33671, 33367, 3300)
SF1	12	风管	风水管碰撞	(13834, 33272, 3300)
SF1	12	风管	风水管碰撞	(8742, 24188, 3100)
SF1	12	风管	风水管碰撞	(8365, 18176, 3100)
SF1	12	风管	风水管碰撞	(8375, 11144, 3350)
SF1	12	风管	风水管碰撞	(2513, 719, 3360)
SF1	12	风管	风水管碰撞	(24211, -1567, 3350)
HF1	12	消声	风风管碰撞	(33345, 269, 3140)
SF1	12	消声	风风管碰撞	(32735, 434, 3101)
SF1	12	消声	风风管碰撞	(31841, 87, 3300)
SF1	12	消声	风风管碰撞	(21146, 270, 3318)
SF1	12	消声	风风管碰撞	(20252, 109, 3200)
SF1	12	消声	风风管碰撞	(20247, 25, 3350)
HF1	12	消声	风风管碰撞	(2680, 14250, 3100)
PY1	12	消声	风风管碰撞	(48641, 6430, 3210)
PY1	12	消声	风风管碰撞	(48521, 6429, 3210)

按照楼层坐标系　用户坐标系

标明选定的错误并放大

标明全部错误

BIM学习网

（a）碰撞检测结果

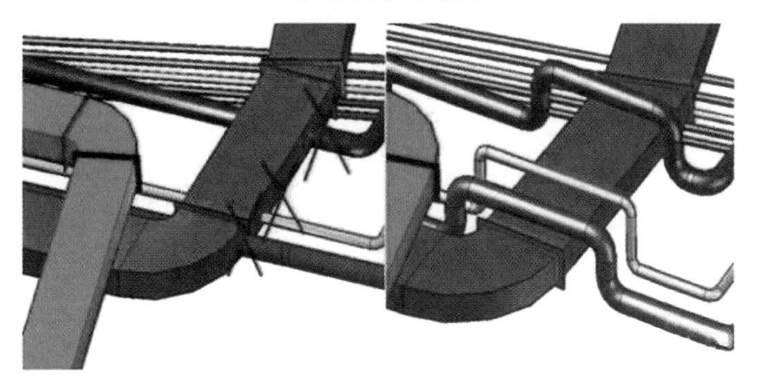

（b）碰撞调整图

图 4-8　碰撞检测结果和调整图

针对多专业综合区域，包括设备、设施集中区域，根据机电、复杂钢结构、设备设施在竖向空间、操作范围方面的要求等进行三维基础上的竖向净空优化调整，合理调整设计空间，同时对维修路径可行性、维修通道顺畅情况、维修角度、维修方式等进行虚拟漫游，优化设备、设施维修通道，提出最优维修方式，保证维修的畅通、便捷。

优化原始平面设计，BIM 模型直接出图：

模型根据设计院提供的初步设计图纸及业主要求进行三维图纸的深化设计，建立智能化系统单专业模型，模型精度符合 LOD300（精确几何形态要求）模型。在建模过程中，通过三维校审可及时发现图纸问题。相对于二维图纸审图，三维模型更容易直观地发现问题。本项目设计内容涉及各个专业的各种管线，通过分组的方式将原始图纸进行 BIM 深化后，对各系统的管线进行碰撞检测，以检查出可能出现的碰撞问题，并据此优化管线相应的标高和布置（见图 4-9）。

空调系统

给排水系统管道

图 4-9

>> 4.1.4 BIM 技术在规划设计中的应用

1. BIM 技术在风景名胜区规划中的应用

基于建筑行业中 BIM 的应用情况，结合规划本身的需求和特点，将 BIM 应用于风景名胜区规划业务内容之中，以风景区规划范围的科学决策为实践的切入点和重点，探讨其应用方法和发展前景。

通过初步构建风景名胜区规划数据库，以信息化技术手段对地形地貌、地表覆被、人文因子等各方面的因子进行分析、综合、叠加，进而提出风景名胜区规划建议，为风景名胜区的范围划定和用地适宜性分区划定提供依据，从科学技术角度支撑风景名胜区规划，提高风景名胜区规划编制与规划管理的科学水平。

在风景名胜区规划实践中的专家决策模式，其科学性不足。信息化是未来社会的发展趋势，风景名胜区规划引入数字化的信息技术，可以提高规划效率和技术支持能力，提高风景名胜区规划编制与规划管理的科学水平。

BIM 应用于风景名胜区规划，目标是要建立风景名胜区规划的信息模型，此模型需以影响规划决策的专项因子的基础数据为依据来建立。这些专项因子可分为自然因子、人类活动因子和半自然半人工因子，目的是在进行风景名胜区适宜性分析和风景资源评价分析时，将风景名胜区的特征明确地凸显出来。

附件七：美国 BIM 标准制定采用的标准

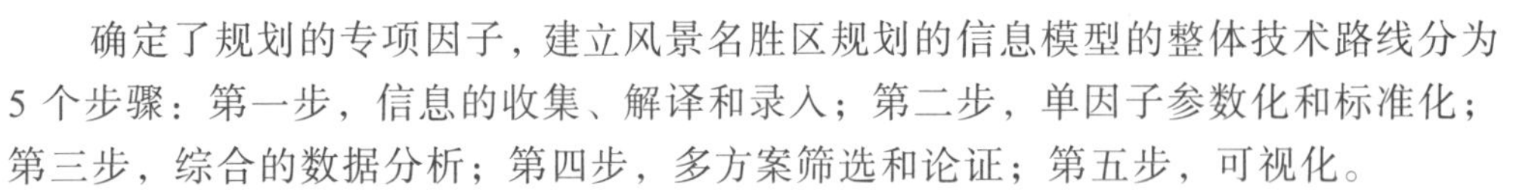

确定了规划的专项因子，建立风景名胜区规划的信息模型的整体技术路线分为 5 个步骤：第一步，信息的收集、解译和录入；第二步，单因子参数化和标准化；第三步，综合的数据分析；第四步，多方案筛选和论证；第五步，可视化。

通过规划模式和技术方法的变革，即建立风景名胜区规划信息模型，以数字模拟、数据管理应用的方式，减少规划过程中的模糊性、经验决策，通过比较准确的数据分析成果，进行规划决策，并反复验证，希望论证结合 BIM 技术的规划逻辑能使规划结果，例如风景名胜区范围决策，更合理、更客观、更科学。另外，希望打通风景名胜区规划数据源和各个专业领域的接口，提出数据资源共享的理念，最终希望实现多专业的协同作业；同时，实现风景名胜区规划的可视化表达，让专业和非专业人士能够更好、更清晰地解读规划逻辑和内容，提高规划的科学性和可靠性。

1）初步构建风景名胜区规划数据库

（1）基础信息数据的收集。

风景名胜区基础数据的收集和处理是 BIM 的基础，与风景名胜区规划内容关系密切的数据信息包括数字化的信息数据、图形图像、文档信息数据等。

（2）基础信息数据的处理。

首先，对风景名胜区图形图像文件进行解译。在规划中设计人员采用了自动矢量化的解译方法，通过图像校准、提色、替换、矢量化等步骤，将图形文件转化为 shp 格式的矢量文件。其次，对数字化的结果进行误差分析，进而判断数字化的方法是否具有可行性，解译后的数据成果是否有价值，能否作为基础数据用于下一步的规划过程、进行叠加运算等。再次，根据各个部门提供的数据资料，对区域内所有乡镇的人口规模、基本农田分布、村镇分布、森林植被分布、人均土地面积、人均基本农田面积、县域范围内景点名称和类型等数据资料进行了整理和录入，进一步补充数据库。最后，基于测绘部门提供比例尺为 1：50000 的等高线测绘图，在 Arcgis 中初步建立三维高程模型。

2）单因子分析

（1）地形地貌分析。

（2）地表覆被分析。

（3）人文因子分析。

3）确定风景名胜区范围

综合考虑风景名胜区的个性和特点，在风景名胜区边界的可识别性、行政区划管理的必要性、景观特征和生态环境的完整性、地理空间和地域单元的相对独立性、生物资源多样性、地表覆被的独特性和异质性、风景名胜区面积的适宜性和可行性等多项原则指导下，通过多因子叠加，科学划定例如巫峡景区和大宁河景区的范围（见图 4-10）。

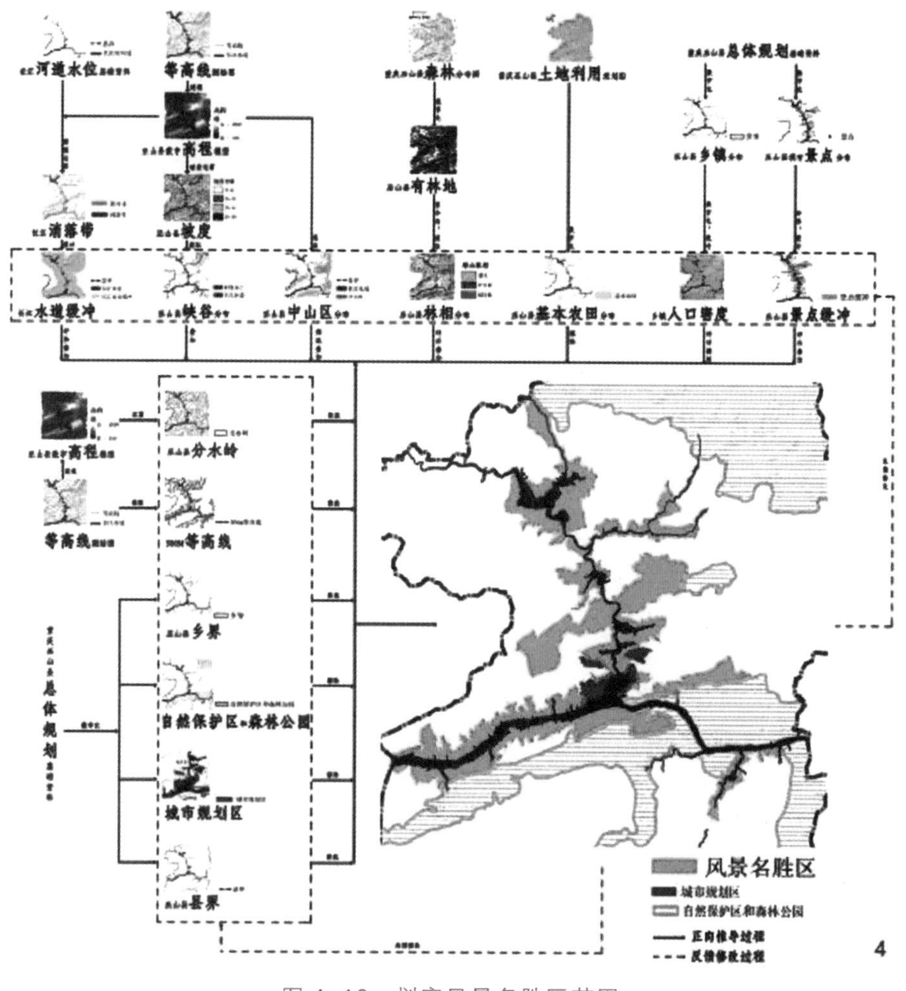

图 4-10　划定风景名胜区范围

4）多方案筛选和论证

通过多个方案的比较和筛选，选出最恰当方案。

5）可视化成果

在 BIM 规划的数据库基本完成的基础上，建立三维数据模型，结合不同地表覆被材质形成不同的三维、四维可视化专题图形、图像，将复杂的专业专题规划内容解译成简单可视的图形与视频，便于专业的规划人员与非专业的民众交流和传播。同时，三维图形和四维视频为今后的景区宣传、导游、网站等经营管理提供了数据源。

2．BIM 规划应用小结与展望

该规划实践将 BIM 引入到风景名胜区规划中，对 BIM 定义从建筑项目设计的范围衍生到区域规划，涉及的学科众多，基础资料范围广而多，专题因子复杂，涉及的软件和技术也较多。

1）技术创新（优点）

（1）规划设计平台创新：风景规划学科传统技术平台是建立在 CAD 上的，没有专门的软件技术服务，只能在现有的各学科应用软件中进行整合，寻求所需模块，解决风景区规划所涉及的内容。而 BIM 整合了多个模块，建立了从二维到三维的规划设计平台，满足风景区总规、详规和设计 BIM 平台。

（2）规划决策数据化：规划逻辑和方式上较传统的规划模式有很大的改变——传统规划定性多定量少。BIM 是以精确的数据定量为依据，从量变到质变，定性依赖于量的变化，定量以科学数据为基础。

（3）规划内容图形图像化：传统的风景区规划文字多、图形图像少，规划设计学科设计语言却是以图形图像为主，文字为辅的。而只有图纸语言才能使规划设计内容落实到地上。

（4）BIM 信息模型的建立，为土地利用管理、水利建设管理、农业生产、林业管理、生物多样性保护、旅游服务、景区建设等相关部门提供数据信息交换和更新，科学保护和利用、建设好风景名胜区，使资源可持续利用。

（5）BIM 风景名胜区规划信息模型可以为下一阶段的设计、建设、经营管理、旅游等提供科学依据，为今后风景名胜区建立生命周期管理体系提供基础的信息模型和平台。

2）不　足

BIM 理论研究和实践在我国风景名胜区规划中刚得到应用，几乎没有专业案例可作参考，BIM 理论和技术主要借鉴于建筑行业，有一定的局限性，更缺乏多学科、多专业全面的研究和实践。

（1）技术支持不足。风景区 BIM 不是一个单一模型，与建筑行业相比，风景园林行业对 BIM 关注程度不高，缺少人力和物力投入技术研究，规划信息模型的 BIM 技术平台尚未建立。在长江三峡风景名胜的实践中，规划信息模型是由多个技术软件产生的数据整合而成的，还不能满足 BIM 技术协同作业的特性。

（2）推广 BIM 技术在风景名胜区规划中的应用，还缺乏完整 BIM 风景区规划行业通用的数据标准，以及行业内部和外部相关行业之间的数据交流作支持。

（3）全生命周期管理的环节缺失。本次实践探索只研究了数据整理和规划 BIM，缺少建设 BIM 和运营管理 BIM 的研究。

（4）在普适性上存在不足。全国风景名胜区的类型多种多样，扩大 BIM 的规划实践研究很值得期待。

3）在规划设计中的未来

国内在长江三峡风景名胜区规划中应用 BIM 技术，探索重点在于如何为规划服务，提高规划的科

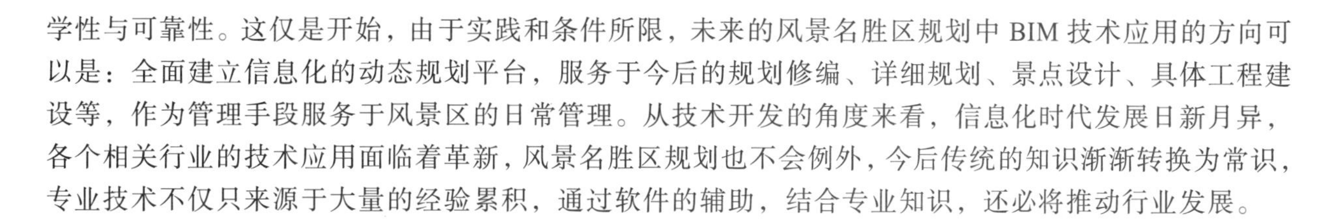
学性与可靠性。这仅是开始，由于实践和条件所限，未来的风景名胜区规划中 BIM 技术应用的方向可以是：全面建立信息化的动态规划平台，服务于今后的规划修编、详细规划、景点设计、具体工程建设等，作为管理手段服务于风景区的日常管理。从技术开发的角度来看，信息化时代发展日新月异，各个相关行业的技术应用面临着革新，风景名胜区规划也不会例外，今后传统的知识渐渐转换为常识，专业技术不仅只来源于大量的经验累积，通过软件的辅助，结合专业知识，还必将推动行业发展。

3．BIM 助力海绵城市建设

目前，国家已出台相关政策在大力推动“海绵城市”建设，作为解决城市内涝的治本之策，并一定程度上调整水资源配置，使暴雨变“灾”为“益”。目前，中央财政已支持包括北京、天津、石家庄等在内的 30 个试点城市。“十三五”规划已将海绵城市和地下综合管廊建设作为城建改造的重点方向。

海绵城市的建设涉及雨水花园、线性排水明沟、下沉式绿地、透水混凝土、植被缓冲带、人行透水砖等多样化方式。当然，地下综合管廊的建设也不容忽视。作为建设工程项目，处在移动互联网和前沿科技迅速发展的时代，运用现代化优势更好更快地完成工程建设和项目管理，是当下海绵城市建设的关键。而基于移动互联网的 BIM（建筑信息模型）技术正是工程施工时的一大选择。

随着建筑信息模型 BIM 技术应用的日趋成熟，其在城市的绿色建设和持续发展中将发挥着更加重要的作用，BIM 技术的价值凸显于以下几方面：

一是从智慧管廊的系统构建角度。基于 GIS + BIM + 大数据的结合构建全维度智慧管廊系统，可实现智慧管廊在工程全生命周期中各参与方在同一平台上进行数据采集、移交、转移、验收，能够为综合管廊的规划选线、协同设计、施工管控、资产管理、风险跟踪、联动预警、培训演练和应急指挥等提供综合的智能化管理。

尤其这几年虚拟现实和智能化设备的发展，还可以和大数据、传感设备、AR（增强显示）结合促进地上地下一体化建设。与移动设备、可穿戴装备、通过 AR 技术还原现实，实现综合管廊的隐蔽工程穿透式数据的查询，促进智慧管廊的模拟和可视化。

二是从城市系统构建角度。随着对城市的认识，如何构建城市从单体建筑走向全系统运行管理变得越来越重要。所有的智能建造、意识、构建，全部整合起来，形成一个新体系。城市是生命体，建筑是细胞，从 BIM 到城市 CIM，应该是一个从细胞到生命体的变化。未来可以 BIM 为“细胞”构建城市 CIM 的工作底板，多种数据的导入可促进对如交通流、水流、气流、固废物的排泄等的全系统模拟管理，对城市的安全系统进行全景式的监测、维护和应急化优化，避免城市的各种突发性事件。

三是优化建筑这个“城市最基本的生命单元”角度。通过 BIM 在建筑全生命周期的应用，促进建筑更绿色、低碳的发展，减少对环境的破坏，减少各种极端性气候。“如果说不同的建筑是城市的器官，那么 BIM 技术就是保障各器官健康运行的新鲜血液。”建筑产业互联网平台服务商广联达公司 BIM 总经理汪少山曾表示。海绵城市建设中的每一项工程，都是这个城市新生的重要组成部分，而通过 BIM 技术在电脑里面预先建造一遍，并且通过“三端一云”技术推送到现场，指导实际的施工，可谓工程建设最简单高效的步骤。同时，基于 BIM 的平台，实现建筑的能耗管理、环境监测等运维管理，能够保障建设和城市环境的进一步协调。

>> 4.1.5　BIM 技术在城市管网规划中的应用

随着工程类行业 BIM 技术的逐步推广，BIM 在市政规划中尤其是管网规划中的利用也在逐步加强。通过对各类管线进行统一信息化 BIM 处理，在市政统一规划数据库中进行相关管道的协同设计布线，从而优化管网布置，节约成本，提高设计效率。

同时随着工程类行业 BIM 技术的逐步推广、应用的逐步深入，其优势逐渐显现。BIM 技术最终应用于市政设计领域也将是大势所趋。其在城市规划尤其是管网规划中的利用逐步加强，但是还不够成熟，经常由相关部门各行其道，道路经常被开挖，管线经常被挖断，造成了很大的经济损失。利用 BIM 技术，通过对各类管线进行统一信息化处理，以市政规划数据库为设计基础进行相关管道的设计布线，就可避免错误发生，从而优化管网布置，提高设计及经济效益。

1．城市管网规划特点

1）管线高度集中

城市管网规划是在城市道路下面建造一个市政共用通道，将电力、通信、供水、燃气等多种市政管线集中在一起，实现地下空间的综合利用和资源的共享。

2）建设地段繁华

城市管网一般建设在交通运输繁忙或地下管线较多的城市主干道以及配合轨道交通、地下道路、城市地下综合体等建设工程地段以及城市核心区、中心商务区、地下空间高强度成片开发区、重要广场、主要道路的交叉口、道路与铁路或向流的交叉处、过江隧道等。

3）附属工程系统庞大

城市管网规划一般包括通风、排水、消防、监控等附属工程系统，由控制中心集中控制，实现全智能化运行。

2．BIM 技术在城市管网规划中的应用

对已有构筑物（道路、桥梁、管道、建筑等）进行信息化处理，在已知信息的基础上进行市政管道规划设计。

信息化处理：获取已有构筑物的相关信息，储存到相应数据库中。根据初始化信息，把原有构筑物用可视化软件三维显示。即利用 BIM 技术对管廊节点、监控中心结构、装饰等进行建模、仿真分析，提前模拟设计效果，对比分析，优化设计方案。

协同设计：在软件中布置各类管道，通过判断检测与已知构筑物位置信息判断相邻距离是否合适，是否有碰撞情况；碰撞检测包括硬碰撞（直接相交）、软碰撞（相距距离小于规定值）；在布置管道的同时获取管道位置、工程量等相关信息，以便随时调整。

重复调整规划结果：调整管线立体走向，获取合适的管道空间位置，并根据当前管线获取管道、土方等关联工程量，检测施工条件从而选取最好的规划线路，自动生成施工平面图，如标注完整的平面施工图、纵横断面图等。若后期再度调整线路，软件能够轻松处理相应变更；还可以与其他专业如道路规划等同时设计，实现多领域交互合作。设计结果可以作为管道生命周期管理中的重要数据，以便后期的运维。

以城市道路下管网规划为研究对象，其中包括道路、桩基、管道等已知信息。提取相关已存构筑物属性信息（尺寸、材料、空间位置等）保存到数据库 SQLite 中进行管理。SQLite 是遵守 ACID 的关系型数据库管理系统，它包含在一个相对小的库中，是完全开放的数据库。图形显示以 Autodesk 公司的 AutoCAD 为平台。在 AutoCAD 平台上利用 Visual C++编程语言进行二次开发，编制相关功能函数及操作界面，作为立体显示及管道线路设计工具。通过使用开发的软件，进行人机交互操作，规划相应地理位置的管线。

引申阅读十：BIM 技术应用于城市管网的具体操作步骤

通过在城市道路、管网规划中应用 BIM 技术，利用信息化与可视化软件的完美结合，实现市政道路、管道高效、合理的布局，为市政规划人员提供方便的设计工具，并与其他相关专业协同工作，所见即所得，前瞻性地解决施工时才经常发现的管道碰撞、施工条件差、空间不合理等问题，能够随时进行设计变更，从而节约成本，并对

以后的运营维护提供基础的电子化数据，方便查找问题并快速解决。在进行城市远景规划时还可以作为原始规划数据进行统筹考虑，把城市作为整个网络科学地进行规划布局，实现资源最优化，最终引导城市的合理化发展，节能减排。

>> 4.1.6　基于 BIM 技术的地下管网规划设计

结合 GIS 数据，我们可开展城市管网规划。 预定义的零件，并支持自定义管网零件库通过管网规则指定各种设计参数范围（坡度、深度、覆土层厚度等），通过地形模型和管网规则进行竖向设计，生成三维模型创建管网干涉检查。

1. 模型建立

（1）结构元素建模。

首先是管廊的建模，其结构元素搭建主要使用墙梁板柱工具，局部异型使用复杂截面或壳体、变形体完成，注意区分图层与材质。

作为与二维设计的区别之一，三维设计每一笔画出的都是虚拟实体，有必要养成操作几步就观察一下三维视角的习惯，以便及时发现设计中存在的问题。

（2）管道建模。

管道建模使用软件自带的 MEP（水暖电插件），不同种类管线预设置不同颜色的 MEP 系统，通过在布设过程中设置管道直径、标高信息，可连续画出不同管径、标高、倾斜角度的连续管段，弯头及异径管根据设置将自动添加，设计中管线综合依据《城市工程管线综合规划规范》（GB 50289—2016）及各种管线相关规范进行避让调整。

模型建成后，使用剖面图工具在模型任意位置剖切，可自动生成相应剖面图并可直接在其中添加标注，任意剖切是三维设计软件的主要优势之一，且剖面图与模型联动，一处修改同步更新，非常方便。由于道路管廊的特殊性，有时需要做非垂直的折剖，例如两个接入口成 170° 交角，这种情况 ArchiCAD 无法剖切，仍需手绘，为了保持出图风格一致，本子项出图仍为 AutoCAD 绘制，但自动生成的剖面发挥了很好的参考作用，可减轻脑力消除错漏（见图 4-11 ~ 图 4-13）。

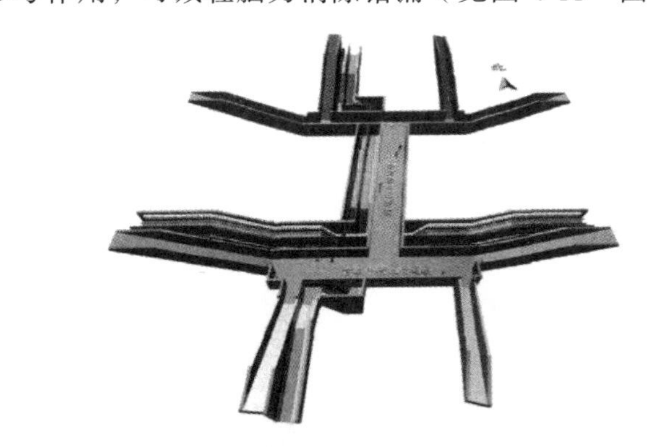

图 4–11　全模型三维视角

图 4–12　由模型生成的剖面图

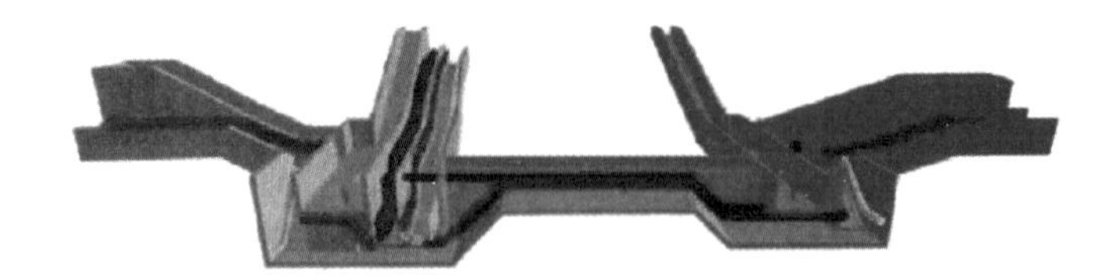

图 4-13 由模型生成的剖面图

2．项目展示

创建出管网的 BIM 模型，就可以使用三维平台对模型进行展示。创建的模型可以采用多种方式进行展示汇报，ArchiCAD 创建的模型可以导出至 Artlantis 进行照片渲染或动画制作，除此以外还可以生成一个 exe 可执行文件，用户无须安装软件即可在个人电脑上浏览整个模型（见图 4-14），在浏览的同时还可以查看模型信息及距离测量。

图 4-15 及图 4-16 分别为进行中查看给水支管信息和测量管道间净距。

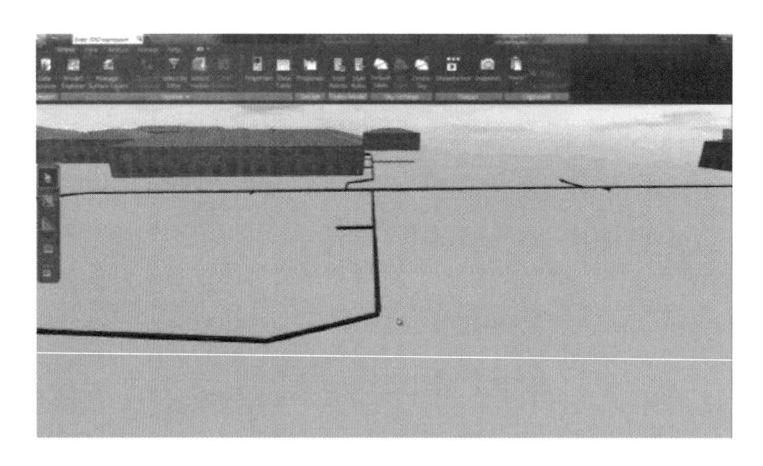

图 4-14 管网模型浏览

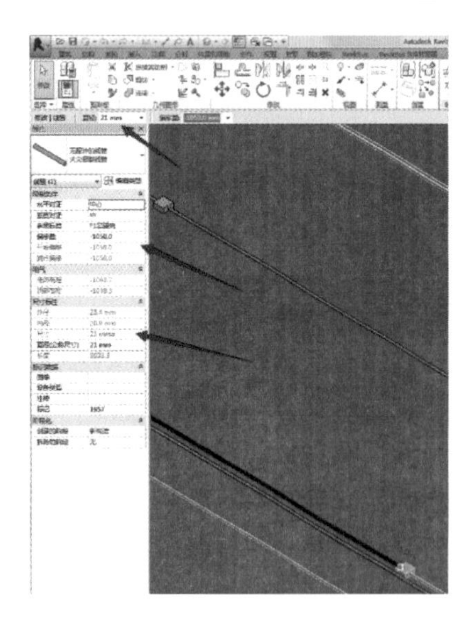

图 4-15 模型信息实时查看

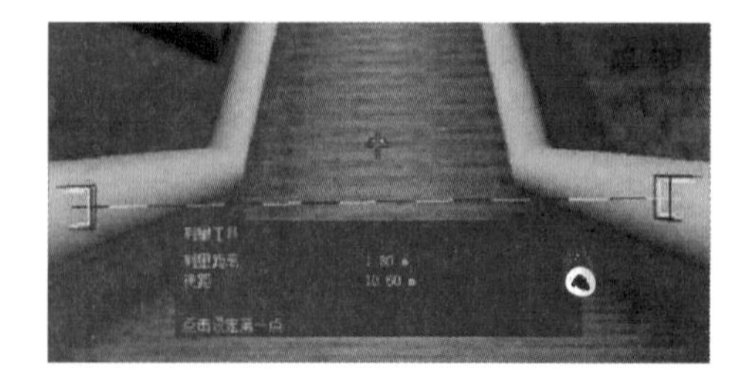

图 4-16 模型距离实时测量

3．系统管理

可制订巡检计划，录入巡检结果，对损坏的设备进行维修，并且把维修结果以图片形式上传到系统中。设定巡检计划与任务，设置需要巡检的设备、巡检周期要求等，并且系统具有计划到期提醒功

能。设定设备巡检内容、设备状态、巡检人员安排，并把巡检结果录入巡检记录表；如出现异常、损坏情况，则生成维修工单。

4．通过二次开发的 BIM 技术展望

通过二次开发，研发出设备管理系统。所有设备是否正常运行在 BIM 模型上均可直观显示，例如绿色表示正常运行，红色表示出现故障；对于每个设备，可以查询其历史运行数据；另外可以对设备进行控制，例如某一区域照明系统的打开、关闭等。

4.2　BIM 与建筑设计

随着我国经济的高速发展，建筑也如雨后春笋一般，从地面突兀而起，从而也带动起了我国建筑设计的发展，由此也影响了城市规划的发展步伐。然而，世界竞争日益激烈，城市规划的协调竞争也越来越激烈，成为城市规划发展急需解决的问题。由于建筑是一个城市的重要组成部分与象征，是作为人类的精神文化和物质文化的结合体，它具有时代的特征，一方面满足人类的居住问题，另一方面承载着时代的精神。因此，首先要解决好建筑设计与城市之间的关系，才能更好地让建筑设计对城市规划发挥重要作用。所以除了上一小节的规划设计，BIM 也应用在了建筑设计方面（见图 4-17）。

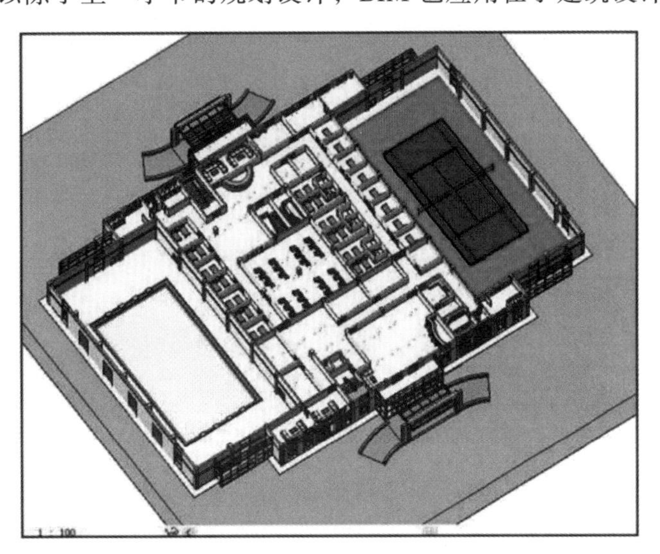

图 4–17　BIM 在建筑设计中的应用

>> 4.2.1　建筑设计的概念

建筑设计（Architectural Design）是指建筑物在建造之前，设计者按照建设任务，把施工过程和使用过程中所存在的或可能发生的问题，事先做好通盘的设想，拟定好解决这些问题的办法、方案，用图纸和文件表达出来。建筑设计作为备料、施工组织工作和各工种在制作、建造工作中互相配合协作的共同依据，便于整个工程得以在预定的投资限额范围内，按照周密考虑的预定方案，统一步调，顺利进行，并使建成的建筑物充分满足使用者和社会所期望的各种要求。

简单地说，建筑物要的是最后的使用功能，它有一定的要求，而建筑设计就是针对这些要求而创造出来的解决办法。解决的办法千变万化，而能够超乎原先设定的要求者，就是好的建筑设计。

通常所说的建筑设计，是指“建筑学”范围内的工作。它所要解决的问题，包括建筑物内部使用功能和使用空间的合理安排，建筑物与周围环境、与各种外部条件的协调配合，内部和外表的艺术效果，各个细部的构造方式，建筑与结构、建筑与各种设备等相关技术的综合协调，以及如何以更少的材料、更少的劳动力、更少的投资、更少的时间来实现上述各种要求，最终使建筑物做到适用、经济、坚固、美观。

>> 4.2.2 BIM 对建筑设计的重要性

在传统的建设工程设计领域，往往存在很多方面的问题，比方说各专业设计信息交流不畅、整体性太差等。为了使这些问题得以解决，应当实现一体化以及各专业的协同设计等。BIM 就是这个能够提高设计效率以及提供协同设计的工具平台，它可以使设计、周期、效率以及品质得到非常明显的提高。

目前，建筑软件从 2D 绘图向模拟 3D 建筑转换，并且累积整个建筑物生命周期中经由各专业领域的设计者提供的该领域所贡献的建筑资料与专业知识，把这些资料储存起来就形成一个建筑信息模型，其他领域可从建筑信息模型中获取所需的资料与欲处理的建筑物的信息，如此便达到资料共享与信息再利用，所以 BIM 是一个信息库；又因为将该建筑物生命周期里所有的资料与信息存在其中，所以也是各个专业领域设计者知识与经验的累积所汇集的知识库。因此，建筑产业逐渐将图形与非图形信息整合于此模型中，以期达成整个生命周期的需求。

BIM 模型在三维建筑设计的应用，表现为通过计算机模拟降低成本与风险，提高项目规划设计的质量，加快项目实施进度，加强各相关部门对于项目的认知、了解和管理。对工程的各个参与方来说，减少错误对降低成本有很重要的影响，还因此减少建造所需要的时间，同时也有助于降低工程的成本。

>> 4.2.3 BIM 在建筑设计中的应用

传统的 2DCAD 系统存在许多弊端问题，建筑设计人员在绘制图纸和制作图表过程中需要浪费大量时间，因此建筑设计的时间相对不足，并且和业主、建筑用户以及其他工程设计人员之间缺乏有效的沟通交流。而应用 BIM 软件，可以建立虚拟建筑模型，并自动生成相关图纸、图表和文档。通过直观形象的三维模型，更利于人们的沟通交流，也能够有效缩短设计时间，提高建筑设计服务质量和工作效率。其在计算机辅助建筑设计中的应用优势包括以下内容：

1. 场地分析

在建筑设计初始阶段，场地的一些信息往往是影响设计的决策性因素，通常需要通过对场地的分析来对环境现状、建后交通流量、景观规划等各种因素进行评定与分析，也通过对场地的分析来确定建筑物的空间位置，建立建筑物与周围环境的联系。

传统的场地分析有着许多弊端，例如主观因素太重、大量数据处理迟缓、定量分析不足等，但是 BIM 的引入给了场地分析新的可能，通过与 BIM 结合的地理信息系统，可以对场地和在场地上拟建的建筑物的数据进行处理，通过 BIM 技术虚拟成型，可迅速得出数据以支持设计，可以帮助新建项目做出最理想的建筑布局、场地规划等。

2. 能够实现可视化虚拟建筑设计

BIM 软件可以让建筑设计人员轻松地建立虚拟建筑模型，并能够身临其境地随时感受到建筑内部的空间设计效果，更好地形成设计思路，对比分析相关材料、颜色、空间、环境、体量造型等。因此，BIM 能够把建筑设计人员从过去的绘图制图中解放出来，充分激发建筑设计人员的想象力与创造力。

其能够建立起直观形象的三维建筑模型，方便建筑设计人员的沟通交流，也让业主、建筑用户等非专业人员能够掌握建筑项目的功能，通过预演设计方案，可以让业主和建筑设计方能够更好地进行场地分析、性能预测以及成本估算等，从而完善设计方案。

对于复杂项目的建筑外形，可利用BIM技术对建筑外形进行数字化设计，通过参数的调整反映建筑形体，称为参数化找形。

3．能够自动生成和修改图纸文档

建立虚拟建筑模型以后，即可在设计阶段随时自动生成建设设计相关的全部图表、图纸和文档等，发挥了计算机技术的优势，有效提高了工作效率，并且确保图形图纸准确无误。全部图形图纸都从模型中直接生成，修改变更等也会在项目文件中自动反映并达到实时更新效果。因此，可以让建筑设计人员更好地进行设计工作，能够高效智能地进行设计评估。

4．建筑性能分析评估

BIM技术建立的虚拟建筑模型包括大量非图形数据信息。从模型中提取数据信息导入专业分析模拟软件即可进行面积、体形系数、可视度、日照轨迹、建筑疏散、结构、热工性能、管道冲突检验、防火安全检验、能量、规范检验等各类分析评估，从而准确反映出设计方案的可行性和可靠性，让设计方案更加科学合理，缩减性能分析周期，提高建筑设计质量。

5．各专业协同设计

协同设计是一种新兴的建筑设计方式，它可以使分布在不同地理位置的不同专业的设计人员通过网络的协同展开设计工作。协同设计是在建筑业环境发生深刻变化、建筑的传统设计方式必须得到改变的背景下出现的，也是数字化建筑设计技术与快速发展的网络技术相结合的产物（见图4-18）。

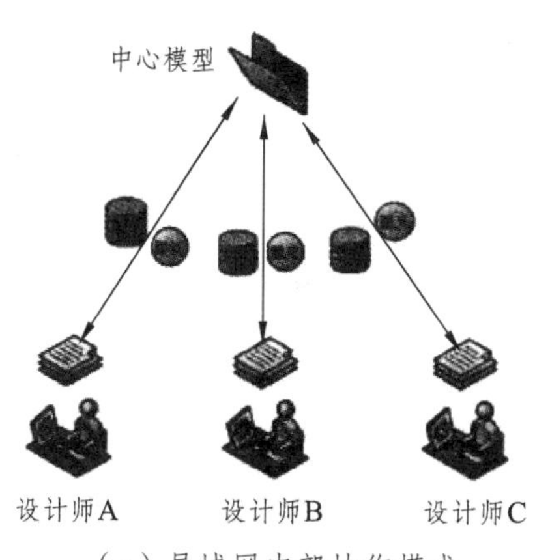

（a）局域网内部协作模式

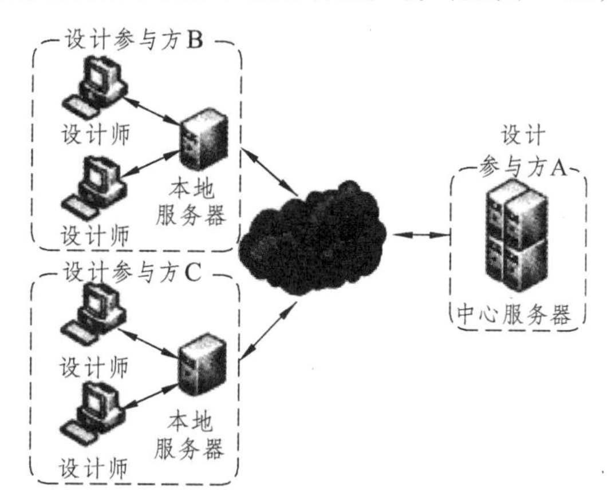

（b）广域网（WAN）协作模式

图4-18 通过网络进行协同设计的两种模型

一个建筑项目的设计，通常涉及规划、建筑、结构、电气、暖通、给排水等这几个专业，各专业之间存在大量的信息交换、提资与反提资的过程。在传统的CAD平台上，各专业设计人员的沟通基本上都是通过面谈和CAD过程图纸来完成的，容易出现遗漏或延迟的现象，导致最后的设计成果不完善。

BIM技术通过三维可视化的设计，实时地实现不同专业设计之间的信息共享、各专业之间的协同设计。某个专业设计的对象被修改，其他专业设计中的该对象会实时随之更新。各专业可从信息模型中获取所需的设计参数和相关信息，不需要重复录入数据，避免数据冗余、歧义和错误。BIM将专业内多成员、多专业、多系统间原本各自独立的设计成果（包括中间结果与过程），置于统一、直观的三维协同设计环境中，避免因误解或沟通不及时造成不必要的设计错误，提高设计质量和效率。

6．管线碰撞检测

随着建筑物规模和使用功能复杂程度的增加，业主和施工企业对机电管线综合的要求愈加强烈。在 CAD 时代，主要由建筑或者机电专业牵头，将各专业的 CAD 图纸叠在一起进行管线综合，由于二维图纸的信息缺失以及没有直观的交流平台，导致管线综合难以做到完全没有管网的碰撞冲突。

BIM 技术通过搭建各专业的模型，设计师能够在虚拟的三维环境下方便地发现设计中的碰撞冲突，并可对机电管线之间以及管线与建筑机构之间的碰撞冲突进行自动检测，从而大大提高了管线综合的设计能力和工作效率。基于 BIM 技术的碰撞检查功能有助于在施工图设计阶段发现问题，这不仅为各工程设计专业的协同工作提供了辅助手段，有利于提高设计质量，更能及时排除项目施工环节中可能遇到的碰撞冲突，减少后期施工阶段的变更和改动，大大提高施工现场的生产效率，降低由于施工协调造成的成本增长和工期延误。

7．工程量分析

在传统的设计流程里，设计人员需要人工对图纸进行测量和统计，或者使用专门的造价计算软件对 CAD 文件进行重新建模后再进行计算统计，前者会消耗大量的人力物力，而手工计算也会带来误差导致最后的结果不精确，同时后者也需要对图纸进行重新建模，较为麻烦。两者同样的问题在于，如果图纸的信息发生了改变，不能及时地对其做出修改和反映，数据则失去了原有的作用。造成这些弊端的主要原因则是二维设计的制约性，CAD 的图形不含有任何建筑属性和信息，对于信息的反映也比较迟缓。而 BIM 的介入则可以解决这些问题，最主要的原因就是 BIM 模型里含有大量的信息，信息的修改可以直接对模型进行修改，与之关联的工程量数据也随之更新。BIM 真实地提供了造价管理所需要的工程量信息，减少了人工操作的潜在错误，极为容易实现工程量信息与方案的一致。

>> 4.2.4 建筑设计涉及的软件

建筑设计类专业最常用软件包括 SU、CAD、REVIT、PS 等（见图 4-19），在第二章的软件介绍中我们已经提到过部分软件的应用，这里对于重复部分请参照第二章。

图 4-19　常用的建筑设计专业软件

（1）sketch up 简称 SU，中文名为草图大师，在推敲方案，拉推体块时有着不可或缺的作用，而且随着新版的到来，SU 内容功能更加强化，许多公司已经将其列入必会的软件，随着时代发展，可能在方案深入，以及最终效果中起到重要作用（见图 4-20）。

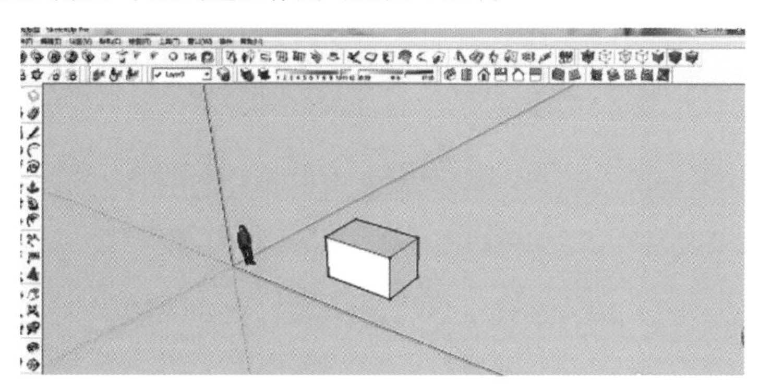

图 4-20 SU 软件界面

（2）AutoCAD，简称 CAD（见图 4-21），建筑、环艺、机械类专业必须得用的一个软件，国内普及很广，也是专业类学生用得很精的软件。

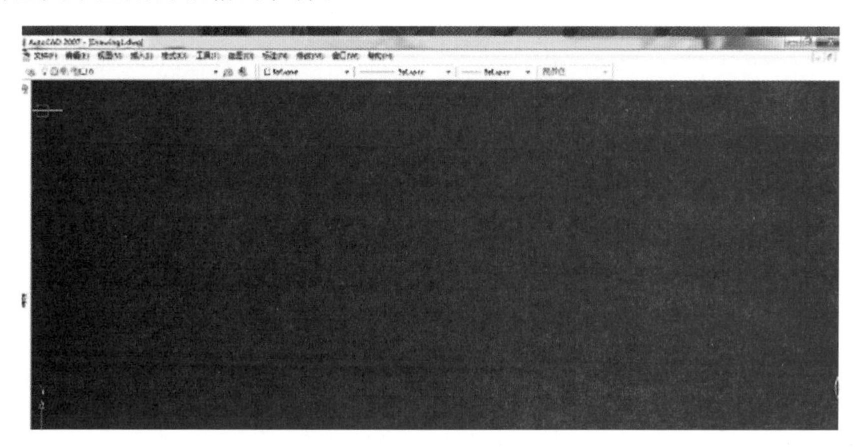

图 4-21 AutoCAD 软件界面

（3）Revit，目前国外主流公司基于 BIM 系统上的一个全面突破，未来有望超越 CAD 成为设计类主流软件。新一轮国外前 100 强建筑公司中有 70%招聘时附带了要必须会这个软件的条件，可见其未来性，所以有必要精通。

（4）ACDsee、PS（见图 4-22），两个图片软件，后期展板制作，效果图制作必备软件，作为一个优秀建筑师必须得精通，在出图的各方面都能起到至关重要的作用。

（a）ACDsee

（b）PS

图 4-22 图片处理软件界面

（5）Rhino，犀牛软件（见图 4-23），做异型建筑首推，类似 3Dmax 的操作界面，较复杂的形体推敲，对扎哈、盖里等人感兴趣的可以学习，初学建筑学者不推荐。

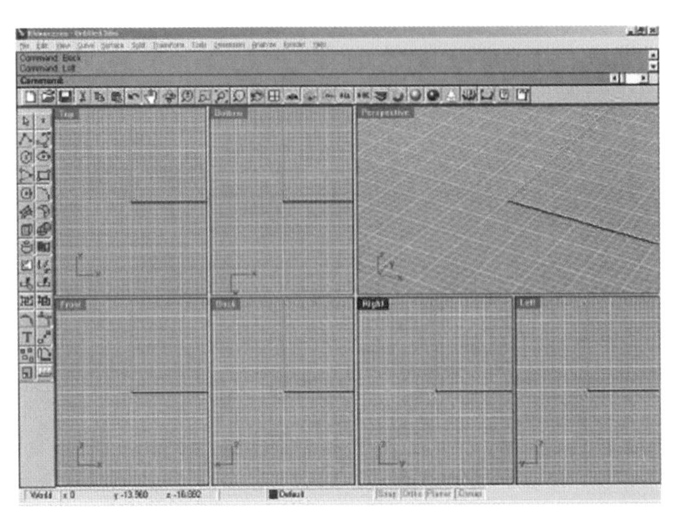

图 4-23 Rhino 软件界面

（6）Ecotect、Phoenics，环境分析软件以及菲尼克斯流体分析（见图 4-24），较符合现在推崇的绿色建筑概念，也适用于建筑后期环境分析、风分析、日照分析等，是比较有用的分析软件，目前国内应用不广，不过必将是一个趋势。

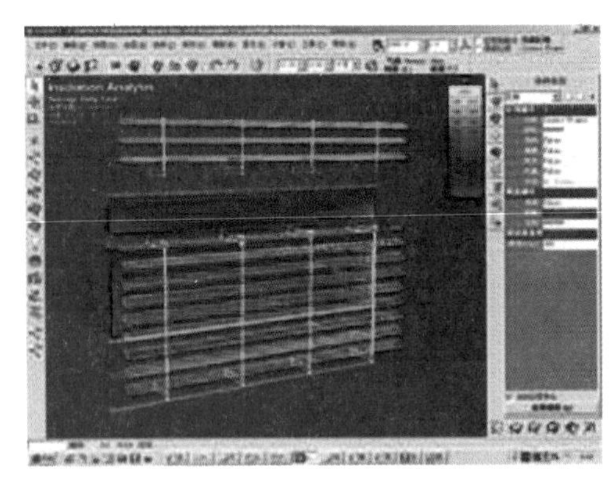

图 4-24 环境分析软件界面

4.2.5 案例：羊坊店医院（位于北京市西二环海淀区双贝子坟路）

Revit 完成的工作包括：场地分析与周边整合、内部动线分析与模拟、内部使用空间分析与模拟、相关专业的配合。

1．场地分析与周边整合

场地紧邻北京西站，需在用地 6 000 m^2、限高 42 m 的场地上建造 200 床的综合医院，并且满足新建医院 30% 的绿化率，用地矛盾较为突出。在场地规划上，综合考虑了用地情况和周边复杂的道路和环境，采用集中式布局，以高层和裙房建筑形体进行组合，东南侧留出较大面积的室外庭院，结合绿化布置活动场地及少量停车场地；地下停车出入口设在场地西北角，减少了噪声污染对建筑主体的干扰。

2．内部动线分析与模拟

在医疗建筑设计过程中，最重要的是内部和外部流线的安排，怎样保障在使用人群即患者、医护人员和后勤人员拥有最短流线的同时，洁污分流，更成为重中之重。与之前设计人员先通过 CAD 进行二维平面设计，完成之后再通过其他软件辅助标明流线相比，Revit 作为一个三维信息模型的搭建工具，可一次完成流线设计过程，并且清晰地表现出设计人员所习惯的填色平面以及三维剖透。

3．内部使用空间分析与模拟

Revit 的可视化、可出图性以及信息化这三大特征在项目中得到了良好体现。在可出图方面，该软件只需要一次精细的平面绘制即可同步完成立面和剖面的绘制。以本项目为例，在平面上，通过窗户族的信息设置，在平面绘制时即可一次性调整好开窗宽度、高度以及在立面所处位置；对于玻璃幕墙，也可以通过“族”信息的载入和调整，一次性完成幕墙的设计。

在信息化方面，携带大量信息的三维模型是区别于以往任何二维图形的根本，它在根本上加强了建筑设计的可控制性，以及日后运营管理的便捷性。以该项目中的窗户为例，立面窗户的选择一旦完成，窗户所附带的信息就不仅包含了传统意义上的长宽高，还可以包含窗框材质、构造节点、生产厂家、厂家的联系方式、其已生成空间内界面的保温系数等信息。在选定了降温保暖器材以及内部装修材料之后，每个房间的温度、湿度，都将成为在设计最初即可控制的因素。这不但大大减少了设计在施工过程中的不可控性，也在建造过程中减少了材料的浪费，增加了水暖电各专业对建筑运行的控制，还建立了极为便捷的自始至终的安装维护方式。

对于预算来说，这种携带信息的模型也让预算的统计变得更为便捷，内外墙面积、水泥用量、各级防护门用量等一系列的参数也变得直观可见。

4．各专业的配合

以该项目结构和水暖电配合来说，主要是通过碰撞试验检查水暖电管道管线和梁柱是否矛盾，可通过试验在电脑上全部显现出来。

5．绿色环保

在绿色环保方面（能源管理），运用 Revit，可直接完成日照以及气候对于建筑主体热能的影响分析。该软件通过对房间材料保温系数、空间大小以及构造和空气渗透等级等参数的设置，进而协助暖通专业计算最为合适的能源使用方案。此外，Revit 和 Ecotect 的联合使用，更是能在节能方向有着很好的表现，可以进行室内日光分析、人工照明分析、火灾后热气流的模拟分析等。

6．人性化和智能化

信息化设计不仅指建筑设计过程中的信息化，更深层的是指整个工程管理的信息化。从项目立项开始，经过规划、设计、节能分析、工程定量分析、材料品种和数量统计、建造过程，一直到建造完成后项目的运营维护，每一个步骤都可查询到起初设计时的信息。例如，窗户的模数与材料甚至于生产厂家都可在模型中查询，这不但使最初设计有了一定的选择范围，而且在项目推进过程中的速度也大大提升，甚至于建成后项目的维护也变得更加便捷。特别是在机电专业方面，医院因其特殊性，使得自动化设施在整个医院中尤为重要，一旦设施服务中断，医院就面临服务中断的危险。当遭到突发状况后，这种信息化模型因为其携带大量信息，能让医院在第一时间找到修复的方法。

>> 4.2.6　绿色建筑设计（绿色建筑具体见 8.6）

随着全球气候的变暖，世界各国对建筑节能的关注程度正日益增加。人们越来越认识到，建筑使用能源所产生的 CO_2 是造成气候变暖的主要来源。节能建筑成为建筑发展的必然趋势，绿色建筑也应运而生。

1．绿色建筑设计理念

绿色建筑设计理念包括以下几个方面：

（1）节能能源：充分利用太阳能，采用节能的建筑围护结构以及采暖和空调，减少采暖和空调的使用。根据自然通风的原理设置风冷系统，使建筑能够有效地利用夏季的主导风向。建筑采用适应当地气候条件的平面形式及总体布局。

（2）节约资源：在建筑设计、建造和建筑材料的选择中，均考虑资源的合理使用和处置，要减少资源的使用，力求使资源可再生利用，节约水资源，包括绿化的节约用水。

（3）回归自然：绿色建筑要强调与周边环境相融合，和谐一致、动静互补，做到保护自然生态环境，例如利用太阳光进行照明等。

（4）舒适和健康的生活环境：建筑内部不使用对人体有害的建筑材料和装修材料。室内空气清新，温、湿度适当，使居住者感觉良好，身心健康。

要想促使建筑的绿色得到实现，就需要在建设的全过程中加以应用，不能够单单着重于某一个环节。要想实现绿色建筑，建筑规划设计是必须要重视的。但如今建筑较为复杂，建筑师仅仅凭借主观判断或者经验，是无法有效把握的，那么就可以将先进的计算机技术应用过来，计算复杂的数据，也可以实现实时的动态模拟，分析建筑物理环境性能，促使绿色建筑设计得到实现。在这种情况下，就可以应用先进的 BIM 软件，对建筑信息模型进行创建，建筑师就可以随时分析建筑物理性能，以便合理调整方案。

绿色建筑是通过建筑设计手段改善建筑的声光热环境。然而传统的建筑设计二维图纸存在信息量不全、可视效果差等弊端，在绿色建筑设计过程中，需要花费大量的时间重建模型。随着 BIM 技术的产生，其丰富的信息量以及可视效果为绿色建筑设计提供了一体化的解决策略。设计者可以方便获取有关设计与几何图形、成本、进度的信息，从而可以更快、更有效地制定绿色建筑设计方法。同时，BIM 的参数化变更管理使得绿色设计变得快捷，保证了设计与表达的一致性。当项目外立面为异形曲面时，采用传统二维设计，难以精确直观表达建筑师的思想，效果图与设计者本身意图也有一定出入，BIM 技术的应用有效解决了这一难题。

2．基于 BIM 的绿色计算

使用 Autodesk Project Vasari 中的 BIM 模型进行绿色计算，对建筑所在地的气象数据、太阳辐射、干湿球温度、建筑舒适度、被动技术应用、采光、能耗、声环境及热环境等进行分析。分析结果可以为绿色节能设计提供有力的支持和参考依据，并根据分析结果对 BIM 模型进行进一步修改整理，实时调整设计方案，使得方案的设计过程相较过去更加理性、科学（见图 4-25 ~ 图 4-28）。

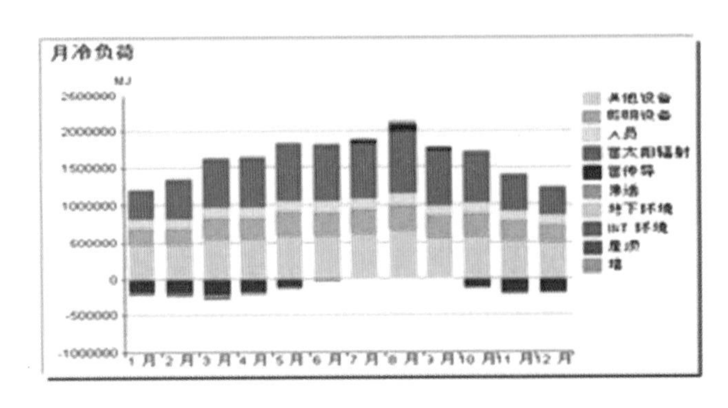

图 4-25　月冷负荷分析

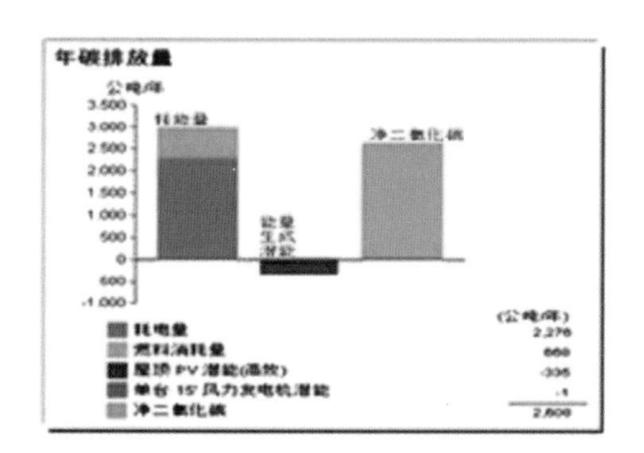

图 4-26　年碳排放量分析

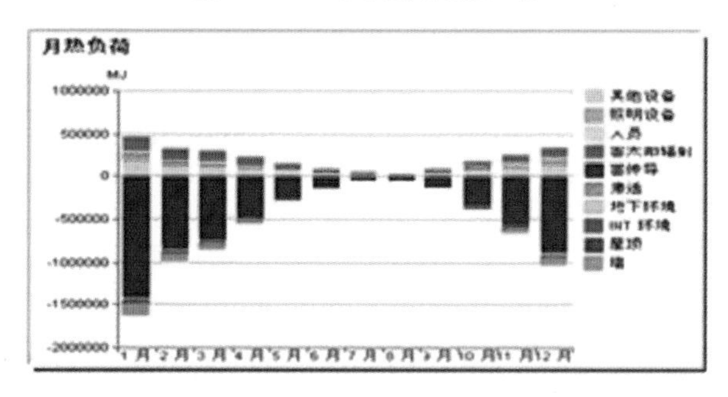

图 4-27　月热负荷分析

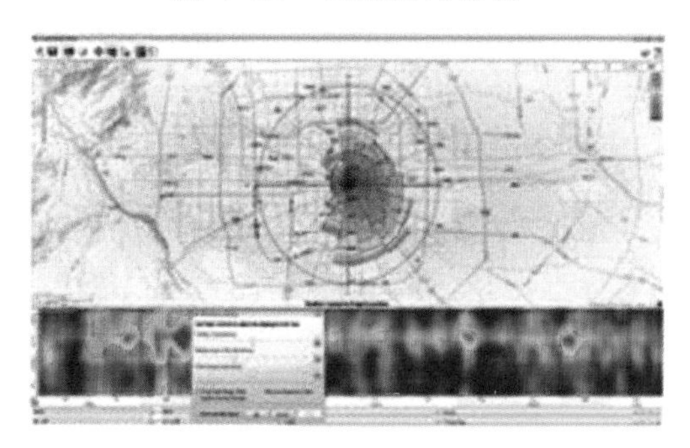

图 4-28　月热负荷分析

3．节能分析

采用 Autodesk Simulation CFD 技术可以对办公楼屏蔽机房（图 4-29）进行温度分布分析、风环境分析和热舒适性模拟，通过改进建筑外窗的位置、大小、室内空间分隔等，保证住户在室外气象条件满足自然通风的时间段能够利用自然通风来满足室内的热舒适性要求，以达到节约能源和提高人体舒适性的目的，最终得出三套方案（见图 4-30 ~ 图 4-32）。

图 4-29　屏蔽机房

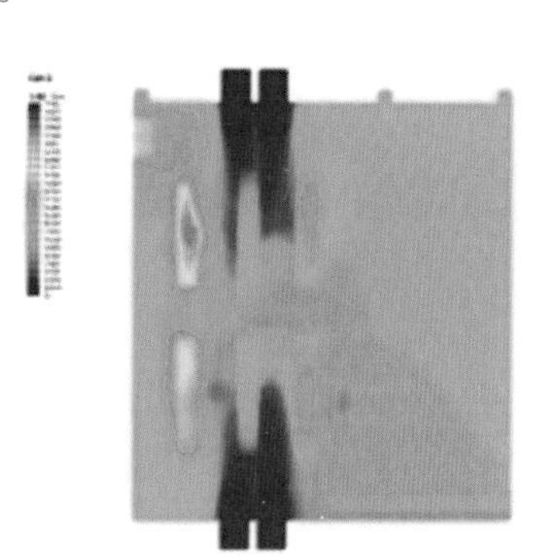

图 4-30　方案一

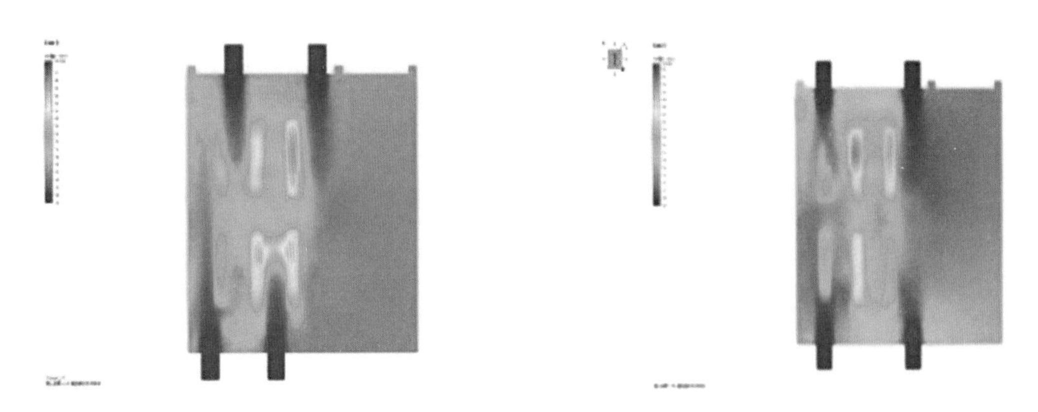
图 4-31　方案二　　　　图 4-32　方案三

根据新方案一，24 °C 环境温度范围（见图 4-33）符合机房要求。

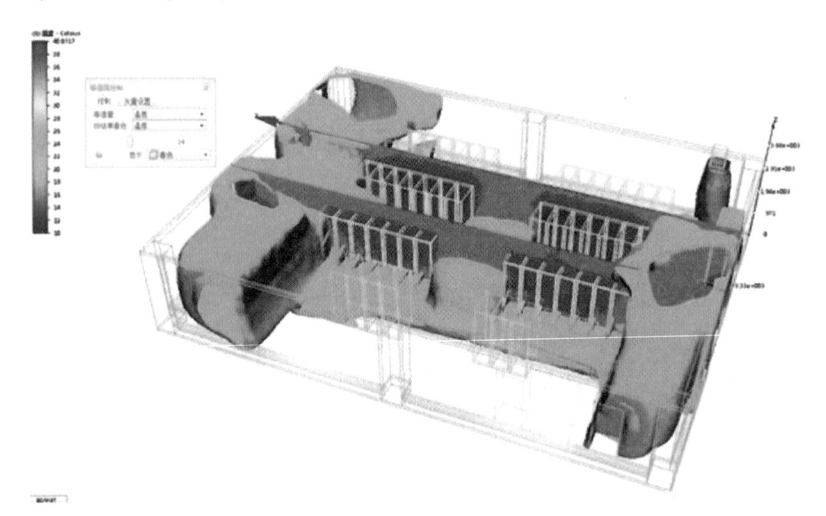
图 4-33　机房环境温度

根据方案一，测的室温局部最高温度为 40 °C（见图 4-34），满足机房要求。

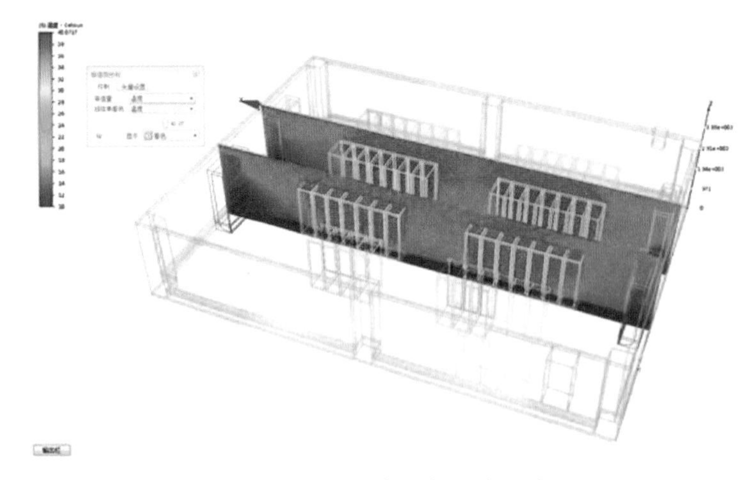
图 4-34　机房局部最高温度

>> 4.2.7　BIM 与建筑室内装修

随着我国住宅产业化的发展，装配化住宅全装修的开发模式势在必行。推行住宅全装修，发展住宅装修产业化，是我国房地产市场必然的发展趋势，也是我国住宅产业化的必然要求。从全装修房的开发设计、施工环节入手，通过BIM技术的仿真模拟、动态展示等方式，也可以对室内装修进行设计。

传统的装修设计方式是先建筑后装修，这种分散化的设计方式很难做到建筑、安装、装修的协调统一，在后期的施工过程中容易造成不同设计环节的碰撞，装修过程中不但达不到理想的效果，而且容易造成结构的不稳定和材料的浪费。基于BIM的Revit Architecture建筑设计软件可以实现建筑和装修设计的协同，结合Revit structure和MEP可以实现不同专业之间设计的协同，这样就可以避免装修与不同专业之间在施工过程中的碰撞。除了参数化建模之外，Revit本身也自带了渲染和漫游功能。在设计的过程中，通过Revit可以实现从不同的角度对装修设计的效果进行评估。在初步设计阶段结合目标人群的要求进行不同装修风格的初步定位，通过对模型的仿真漫游可以更加直观地向客户展示设计的效果（见图4-35）。

图4-35　基于Revit的室内设计效果图

为了更好地实现室内装修风格的渲染和仿真效果，可以在Revit建模的基础上通过rvt格式导出模型，再导入到基于BIM的showcase软件进行不同风格的装修定位和渲染（见图4-36）。

图4-36　基于 showcase 的不同装修风格的效果展示

showcase拥有强大的材质库，可以实现对真实效果的完全仿真。基于此，再结合不同的开发项目、不同的目标人群以及不同的装修档次和风格进行定位、调整和修改。在装修设计环节，若要更好地从不同角度对装修效果和装修风格进行动态化的展示，可以利用基于BIM的LumenRT4Studio3D漫游功能以及结合AR技术的4D装修体验功能。

>> 4.2.8　BIM在建筑技术上的前景观望

如今，BIM在我国主要应用于造型奇特以及复杂的建筑之中，但这仅仅是一种片面的存在。这并不利于BIM在普通的技术人员以及广大设计企业之中进行应用。如果BIM能够应用在平常的民用建筑设计中，对于积累经验十分有利，而且能够促进新技术的发展，同时降低学习BIM技术以及应用其技术的门槛，使复杂的项目获得更多经验。

>> 4.2.9 案例：BIM 技术助力室内设计

之前，很多建筑工程使用 BIM 技术，我们也见到了很多案例。室内设计应用 BIM 技术的案例并不是很多，但不得不承认，室内设计也正在面临革新。

1. 装饰施工 BIM 技术应用点

1）前期策划

（1）施工模拟。

三维模型及点云数据能够很清晰地反映施工细节和现场情况。我们通过这项技术，预先解决大部分的施工问题，大幅降低后期的返工率和由错误引起的设计变更，并将施工策划的深度提升至下单图水平，策划的成果直接用于材料下单，不但提升了施工精度，也改变了传统的流水施工模式，将工期大大缩短，是目前我们运用 BIM 技术的核心内容（见图 4-37、图 4-38）。

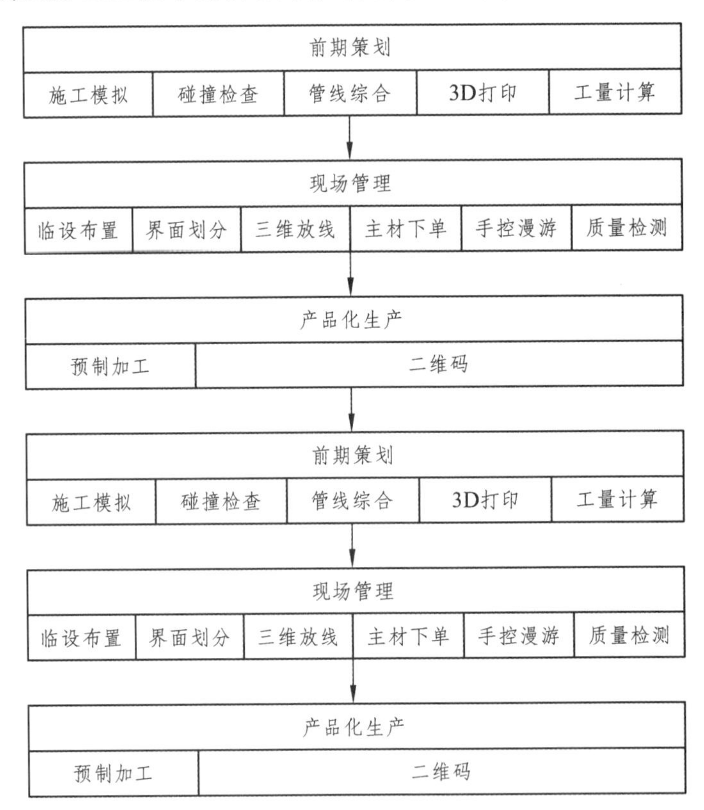

图 4-37

图 4-38

某商场项目模拟中庭铝板安装，下单铝板无一返工（见图 4-39）。

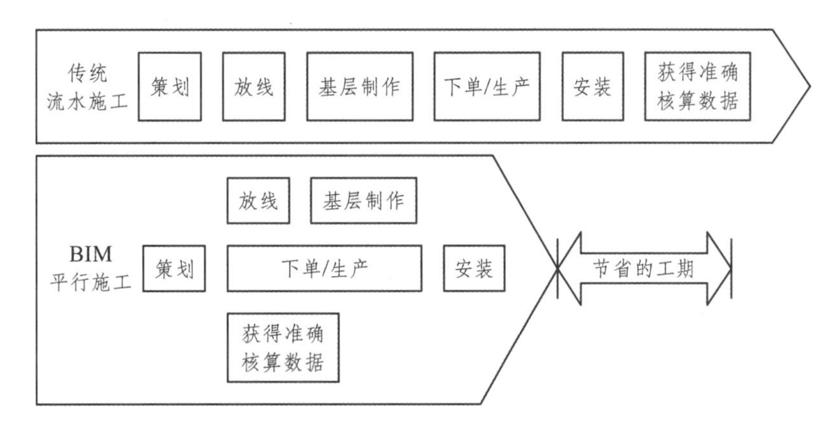

图 4-39　基于 BIM 技术的施工策划改变了传统的施工流程

（2）碰撞检查。

设计模型与现场数据进行碰撞比对，提前发现施工不合理的部位（见图 4-40）。

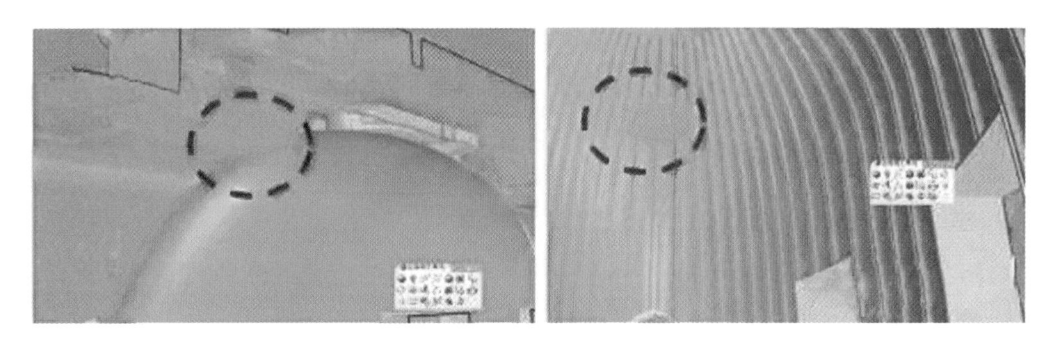

图 4-40　某酒店电梯厅管道与装饰面层碰撞

（3）管线综合。

装饰施工与机电位置“打架”的问题是工地协调的顽疾，在未施工前先根据所要施工的图纸利用 BIM 技术进行图纸“预装配”，直观地把设计图纸上的问题全部暴露出来，让施工过程有条不紊（见图 4-41）。

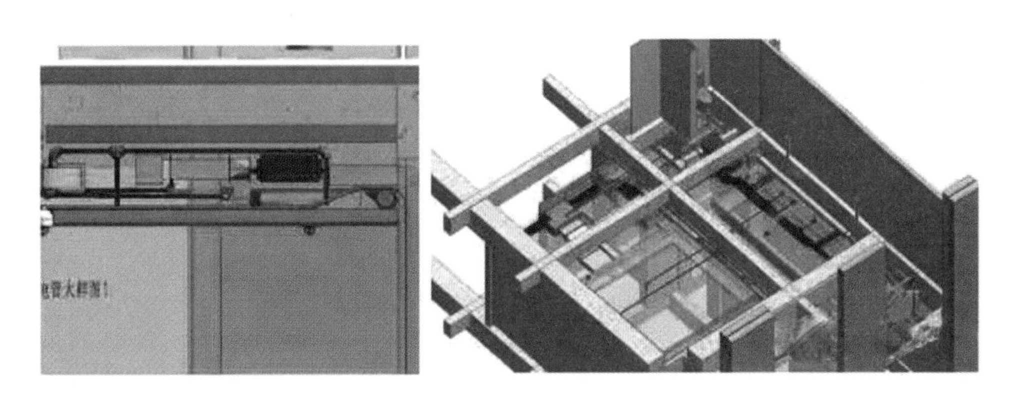

图 4-41　某酒店标准间水电综合

（4）与 3D 打印结合。

将虚拟的 BIM 模型打印成按比例缩小后的实体模型，为业主和设计师展示最直观的效果和建议（见图 4-42）。

图 4-42　某乐园拱门 3D 打印成果

（5）工程量计算。

基于 BIM 模型的算量方式精准可控，很少出现少算、漏算等情况，但装饰面层的造型多样、复杂，算量工作与其他专业相比难度较大，目前也没有很好的软件解决方案。我们针对不同 BIM 应用的项目研发出全模型算量、局部模型算量、点云模型算量等不同的 BIM 算量技术，弥补传统算量的不足（见图 4-43 ~ 图 4-46）。

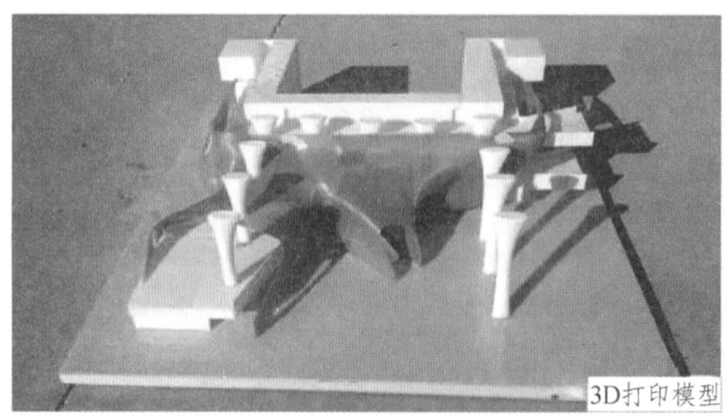

图 4-43　某影剧院打印模型

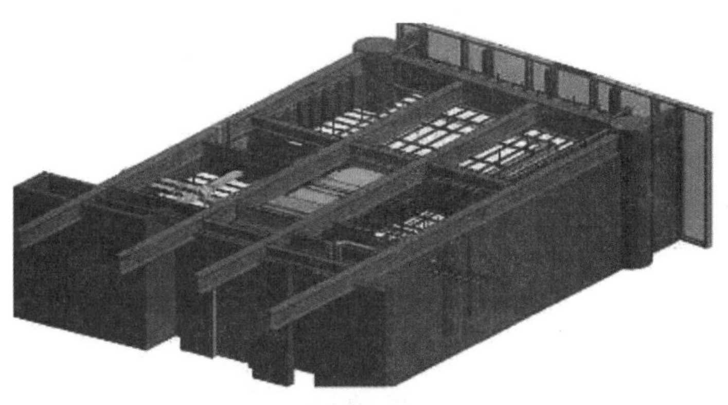

<不锈钢线条明细表>

A	B	C	D	E	F
族	类型	材质	长度	合计	附件说明
墙饰条: 檐口	U型金属凹槽: U型金属凹槽	MPF001	2310	1	
墙饰条: 檐口	U型金属凹槽: U型金属凹槽	MPF001	2330	1	
墙饰条: 檐口	U型金属凹槽: U型金属凹槽	MPF001	2410	2	
墙饰条: 檐口	U型金属凹槽: U型金属凹槽	MPF001	2415	1	
墙饰条: 檐口	U型金属凹槽: U型金属凹槽	MPF001	2431	1	
墙饰条: 檐口	U型金属凹槽: U型金属凹槽	MPF001	2440	1	
墙饰条: 檐口	U型金属凹槽: U型金属凹槽	MPF001	2500	1	
墙饰条: 檐口	U型金属凹槽: U型金属凹槽	MPF001	2540	4	
墙饰条: 檐口	U型金属凹槽: U型金属凹槽	MPF001	2660	1	
墙饰条: 檐口	U型金属凹槽: U型金属凹槽	MPF001	2870	1	
墙饰条: 檐口	U型金属凹槽: U型金属凹槽	MPF001	2920	22	
墙饰条: V型收	V型收口条: V型收口条	MPF001	2395	1	

图 4-44　某样板房项目模型整体导出的工程量清单

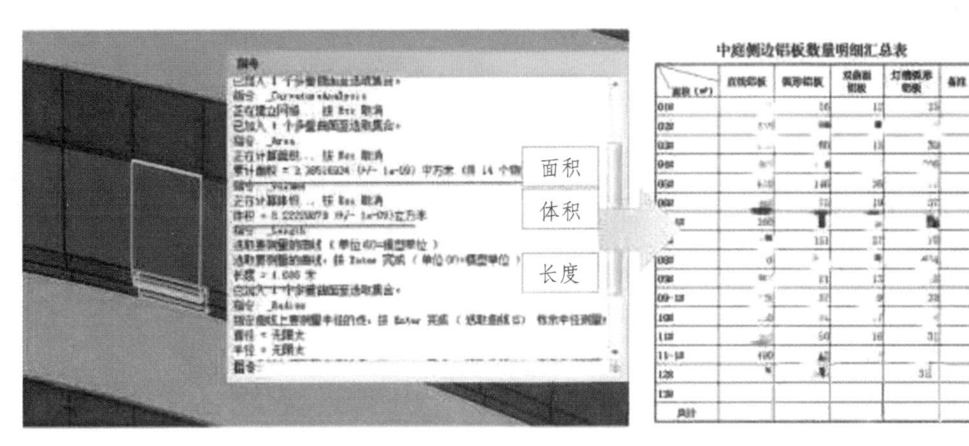

图 4-45　某项目中庭铝板模型导出局部材料工程量清单

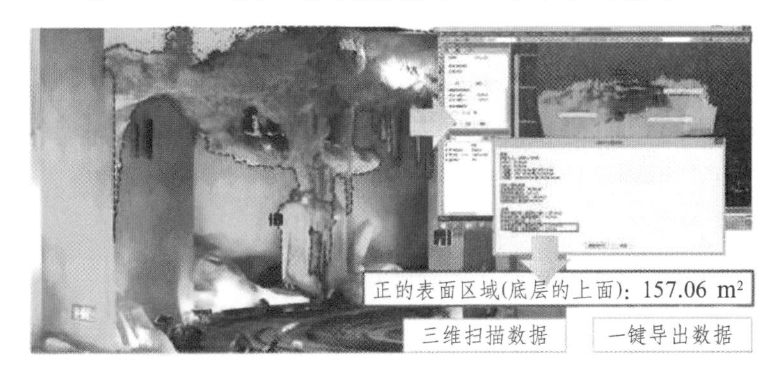

图 4-46

2）现场管理

（1）场地临设布置。

进场前期利用 BIM 模型对现场进行临设布置，能够准确模拟现场，便于安全交底，还可以根据三维模型快速导出临时设施工程量（见图 4-47）。

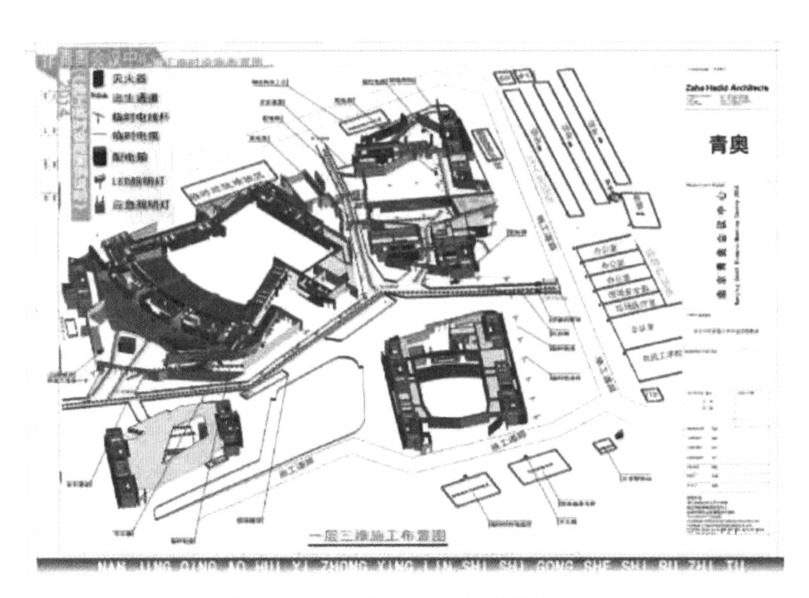

图 4-47　某项目逃生路线图设计

（2）施工界面划分、现场协调。

利用三维模型对施工界面进行划分、现场协调，更加直观合理，可避免施工纠纷。

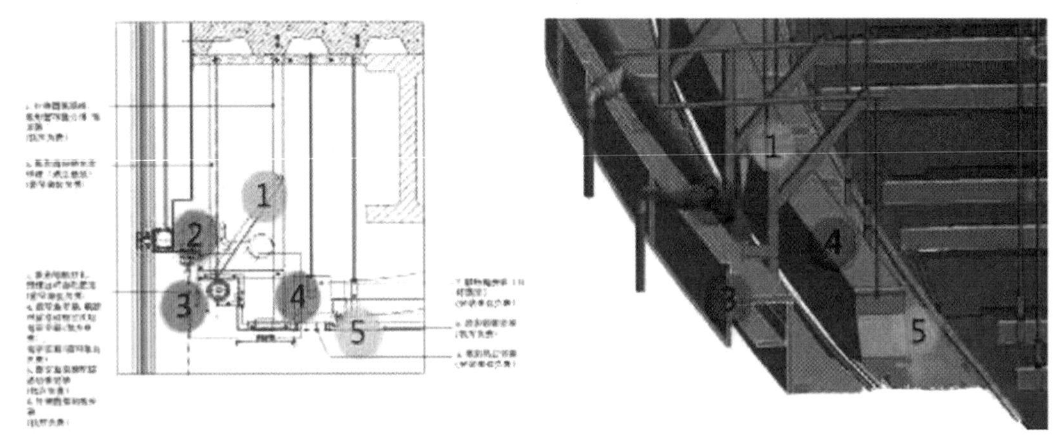

图 4-48　幕墙边设备带及窗帘盒处施工界面划分更加直观

图例：

① 装饰施工（隐蔽支架）。

② 安装单位施工（隐蔽支架）。

③ 窗帘与装饰施工交接面，协调好施工顺序。

④ 安装单位负责（静压箱安装）。

⑤ 装饰异形铝板安装，风口安装。

（3）三维放线：

有别于传统的平面放线，通过全站仪进行现场三维空间取点放点，精确地将 CAD 或三维模型中的点位坐标与施工现场的位置进行转换。全站仪放线精准度高，工作面积广，根本上解决了图纸与现场尺寸的匹配问题（精确到毫米级），对于高大空间及复杂造型空间有很好的应用（见图 4-49）。

利用三维定点技术，直接在施工前期定位出中铝板的完成面线，为后期面层安装提供准确依据。

（4）主材下单。

通过数字化施工策划，生成高精度的电子文档直接交付厂家下单，取代现场测量或制作模板等传统下单方式，实现下单过程数字化，后期配合全站仪定点等技术进行放线和安装定位（见图 4-50）。

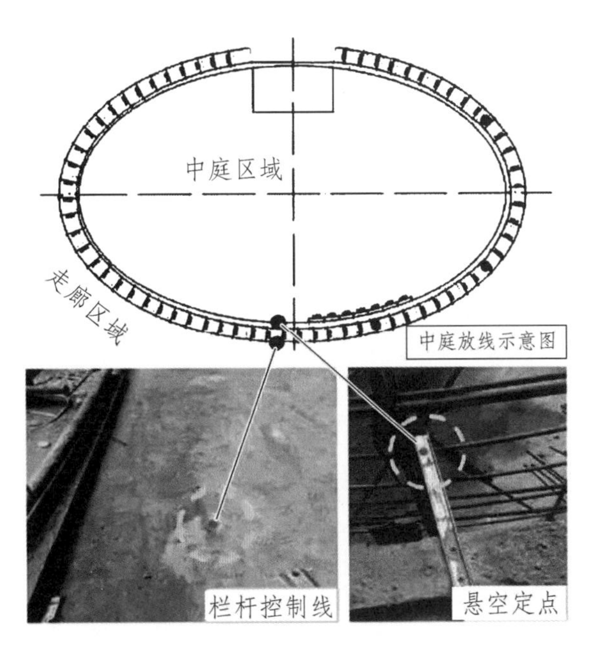

图 4-49

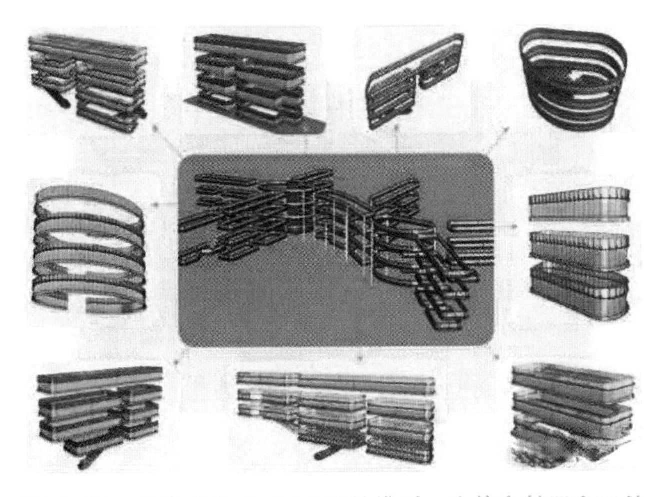

图 4-50　某商场项目 BIM 下单模型，直接交付厂家下单

（5）现场手控漫游。

在施工现场用 iPad 代替纸质图纸，跟随现场的脚步进行同步漫游，随时查看构件的详细信息、测量尺寸等，比纸质图纸的信息更加全面方便（见图 4-51）。

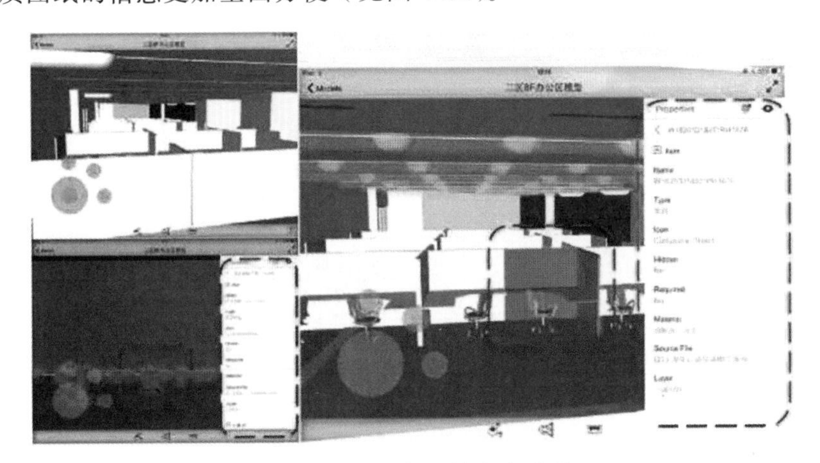

图 4-51　某办公楼室内漫游

（6）质量检测。

借助 BIM 技术对施工质量进行检测，有着传统靠尺、水平尺等局部人工检测的手段不可比拟的优势，其检测结果更加全面、客观。同时，复杂图形精确定位技术的成熟，使得设计美观有了控制手段以及检验标准（见图 4-52）。

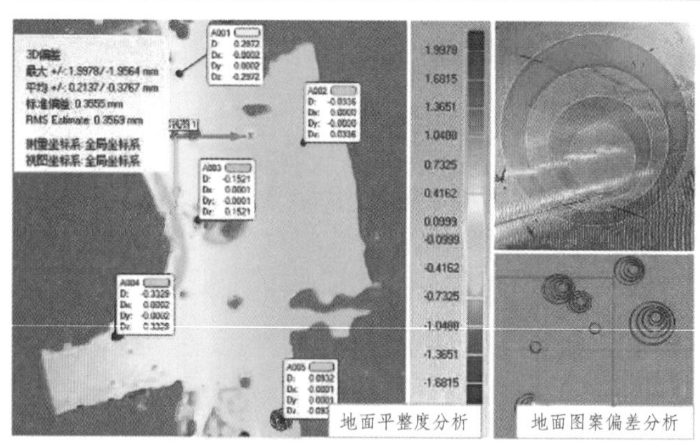

图 4–52　某医院地坪质量检测

3）产品化生产

（1）预制加工。

通过 BIM 模型可以获得更加精确的施工尺寸和更加详细的施工细节。将施工对象进行分解，导出每个构件的尺寸进行后场批量加工（见图 4-53）。

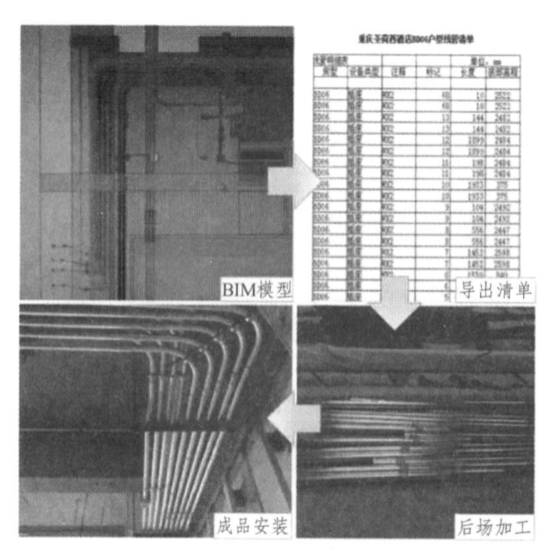

图 4–53　某工程水电线管预制加工

（2）二维码标签。

通过二维码记录下主要施工构件的信息，包括采购、仓储、运输、加工、组装、进场、现场管理、安装等，由扫码枪将产品状态关联到 BIM 模型上，方便管理（见图 4-54）。

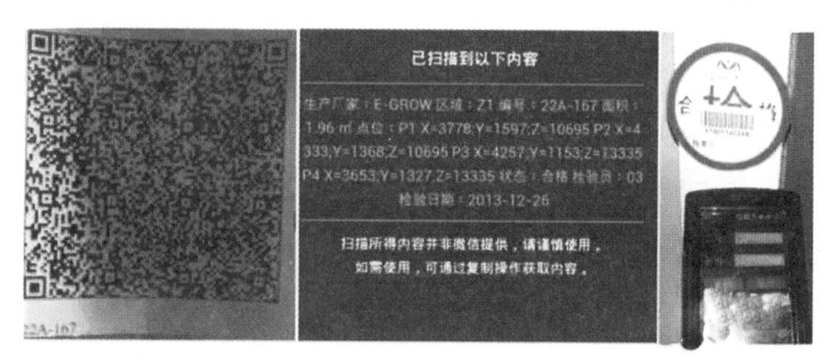

图 4-54 某项目 GRG 产品二维码和质量条形码，通过扫码可清楚反应产品的厂家、安装位置和质量状态等信息

（3）与数控加工机床的结合。

将 BIM 模型中构件的精确尺寸信息提供给数控机床等加工设备，实现自动化加工（见图 4-55）。

图 4-55 某项目中庭拦河模型导入数控机床，制作模具

2．装饰 BIM 技术应用工程项目

1）南京青奥中心

青奥中心是装饰行业首次使用“三维数字化施工技术”的项目，该技术获得了中国装饰协会“2014 年度十大科技创新奖”。设计人员通过三维扫描、逆向建模等技术解决了图纸与现场尺寸不匹配的问题，将大空间异型构件的下单尺寸、质量偏差控制在毫米级别，极大地保证了施工效果（见图 4-56、图 4-57）。

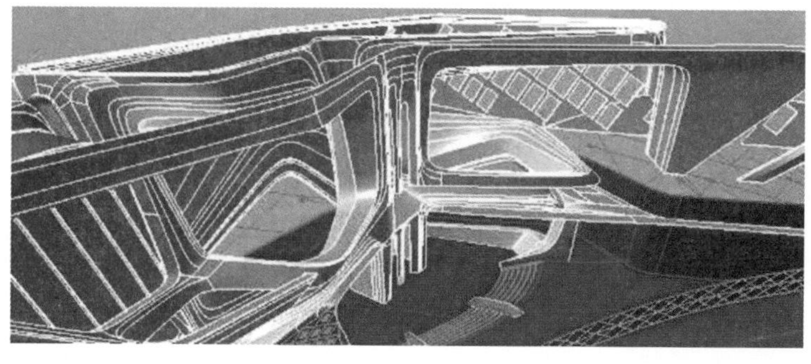

图 4-56 犀牛模型

图 4-57 完工效果

2）上海中心大厦

在本项目的施工策划阶段，我们将每个标准层的标准化构件如架空地板、轻钢龙骨吊顶等进行分类、整合，利用其模块化和参数化特点简化了大部分区域的建模工作，并配合施工管理进行单元化定制和工厂加工，提升了装饰施工的工业化生产率（见图 4-58）。

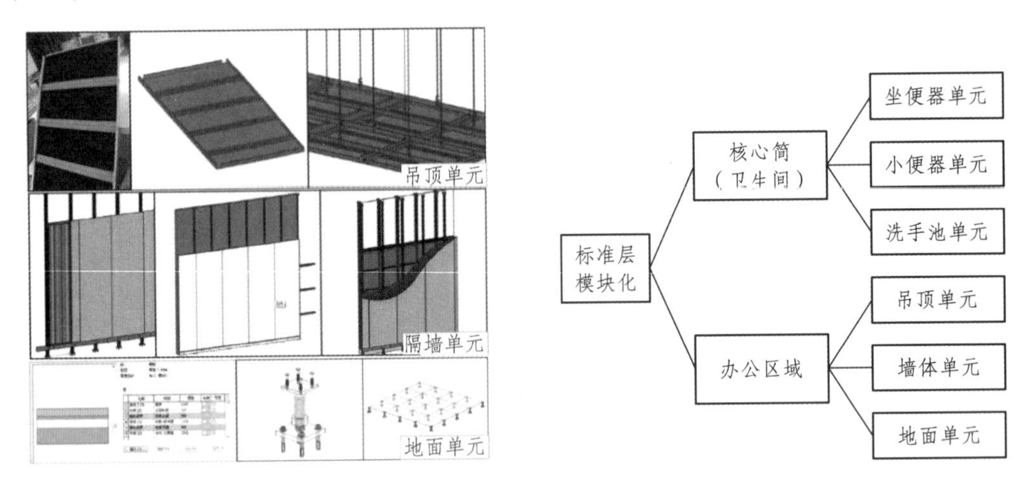

图 4-58 办公区域模块化示意图

3）新疆人民会堂改造工程

项目部在不到半年时间内高质量地完成了会堂的拆改工作（见图 4-59 ~ 图 4-62），这归功于基于 BIM 技术的精准施工策划和各专业的高效配合。

图 4-59 利用点云数据详细记录设施情况，为业主提供第一手资料

图 4-60　利用 BIM 模型结合现场情况精准策划

图 4-61　管线综合，体现以装饰为中心的协调能力

图 4-62　完工效果图

4）北京 104 大厦

大厦中的“魔豆”造型是整个建筑的亮点，体现了设计师“无限成长”的创意（图 4-63）。而在施工前期，设计方只提供了设计概念图以及平立剖少量图纸，并且存在施工图与现场严重不符的现象。项目部利用 BIM 手段对楼梯造型进行建模处理（见图 4-64），结合三维扫描数据进行前期策划，将深化、下单、安装、质量验收等工作一气呵成，不但保证品质，也将工期大大缩短。

图 4-63

图 4-64　北京 104 大厦“魔豆”楼梯

>> 4.2.10　BIM 与建筑照明设计

现有设计环境中 BIM 技术对照明设计的提升有如下几个方面：

（1）图纸修改。同建筑设计类似，照明设计者也饱受图纸修改的困扰。而 BIM 技术基于一个总体的信息模型，如前所述，只要在任意视图中将模型修改，就会自动反映到所有的图纸中，使得设计师可以将更多的时间和精力用在设计上，而不是画图、改图上。

（2）信息化。以往编制设计相关的各项报表时，一般需要根据 CAD 文件进行测量和统计，之后借助 Excel 等软件制作报表，这样的工作非常烦琐、易错。并且一旦修改图纸，所有数据都需重新统计。而 BIM 模型可以理解为一个信息库，可以提供实时可靠的报表清单，例如灯具选型表、配电盘明细表等。如果设计修改，报表中的信息也会随之自动修改，既省时省力，又保证设计的准确性。

（3）一体化。在照明设计中，设计师要严格遵循相关的设计规范要求，例如照度水平、眩光要求、能耗指标等。

很多照明计算软件可以较准确地计算相关的物理量，但是在目前的二维 CAD 设计环境中，只能将图纸导入照明软件中作为参照底图使用，之后根据底图再次建模、置入灯具后计算。因此一些设计师为了节省时间，常常凭经验计算，这样就不能保证设计的规范性。除计算外，照明设计最后还要向业主提供夜景效果图。目前，国内的效果图制作主要有两种方法：第一是用三维建模软件例如 3DMAX 建立模型，之后置入光源文件，通过渲染生成效果图；第二种方法是用 Photoshop 等软件直接将建筑日景的效果图改为夜景效果。关于第一种方法，建模依然是件费时间的事情，尽管建好的模型可以导入照明计算软件中继续使用，但放置的光源却无法识别，需要重新放置，对于规模较大的项目来说，依然费时费力。而第二种方法，需要设计师对光有较好的感觉和想象力，才能准确地在 PS 中选色，而能做到图上色彩与实际用灯准确一致的少之又少，所以往往图与实际效果有差距。由于 BIM 模型包含了设计中的信息，例如光源、建筑表面材质的光学属性等信息，因此它既能像传统 CAD 设计那样出照明平面图，还可以直接渲染，或者将模型导入到基于 BIM 技术的照明计算软件中，进行计算，实现照明设计出图、计算、渲染等相关步骤的一体化。

三维化在目前的照明设计中，效果图只能反映某一个角度或者某一个区域内的照明情况，无论对于设计师还是业主来说，在项目竣工前都无法准确了解项目区域内的全部情况。而 BIM 技术是一种全三维的技术，通过它可以向人们展现一个立体全面的虚拟光环境，设计师可以看到每个区域的照明情况，以便发现问题及时修改方案，实质上提高了照明设计的质量。此外，通过这种全三维的设计模式，可以直接看到照明系统的模型，为设计的深入和之后的施工都提供了便利。

最新的 Autodesk Revit 版本不再分为面向建筑专业的 RevitArchitecture、面向结构工程专业的 RevitStructure、面向机电专业的 RevitMEP 三个软件，而是将它们的功能集中于一个软件，该软件中的 MEP 部分在照明设计中起到了十分显著的作用。

目前，国内在照明计算方面较常用的软件主要有：广泛应用于学校、设计部门的 DIALux；少数大专院校和少数几个较专业的设计公司中使用的 AGI32；建筑设计行业中进行建筑物理性能评估最常见的软件——Ecotect。

经过比较，从三者的计算能力来看，DIALux 和 AGI32 强于 Ecotect。从目前的软件功能来说，Ecotect 最大的优势在于其属于 BIM 软件，因此提供了与 BIM 软件的接口，例如 gbXML 文件格式（Green Building Extensible Markup Language 的缩写，即绿色建筑可扩展的标记语言，包含了项目所有的建筑构件数据）和 IFC 文件格式（Industry Foundation Classes 的缩写，是由国际协同工作联盟组织制定的建筑工程数据交换标准，为不同软件应用程序之间的协同问题提供解决方案。IFC 模型包括项目、地点、建筑、楼层等建筑分级，墙、板、柱、梁等元素类型，材料，标准属性等信息）。当 BIM 模型以 gbXML 或 IFC 文件格式导入后，可在 Ecotect 中得到一个完整的带有信息的建筑模型，直接进行计算。但该软件主要是在建筑设计的早期阶段进行建筑物理参数的分析，因此多为估算，在照明计算方面以天然光的计算为主，可计算的照明指标较少，数值不够精确。

AGI32 目前只提供了一些二维图形格式的接口，例如 DWG 格式。它只能利用导入后的平面图作为参考，绘制墙体、门窗等构件，不能充分发挥 BIM 技术的优势。

DIALux 软件在较新的版本中已经提供了 gbXML 接口，虽然功能还不健全，导入后只能以多个室内空间的形式出现，无法实现建筑室外照明的计算，但是从中可以看到 DIALux 对目前 BIM 潮流的响应。据悉，其下一个阶段的任务就是创造 IFC 接口，到时可将 Revit 中带有照明设备的模型导入并直接计算，实现与 BIM 软件的完美对接。

基于三款软件在照明计算能力和 BIM 接口两方面的综合考虑，DIALux 将是未来与主体软件 Revit 配合使用的进行基于 BIM 技术的照明设计的照明计算软件，因此选择该软件作为辅助软件。

经过对 Revit2013 和 DIALux4.10 两个软件的研究以及它们在照明设计方面的表现，可以说以目前的设计环境和软件水平来说，还无法实现照明设计的全部 BIM 化。但在政策、潮流和行业自身需求的推动下，将 BIM 技术应用于照明设计是必要的，也是必然的。随着 Revit 软件的进一步发展和 DIALux 软件接口的日益完善，最终必将实现建筑照明设计的全部 BIM 化。

鉴于现存的问题及解决方案目前的情况，在照明设计中使用 BIM 技术主要存在如下几个问题：

（1）对硬件的要求较高。对于习惯使用 CAD 进行绘图的人来说，Revit 软件的运行速度和绘图的流畅度与 CAD 仍有很大差距，尤其当项目规模较大时，通常打开模型就需要十分钟或更长时间。

（2）“族”是 Revit 中构成项目模型的基本构件，是一个包含通用属性参数集和相关图形表示的图元组。与“图层”在 CAD 中的作用相似，族是 Revit 软件中的一个重要概念。墙体、门窗，甚至图纸标注都是一个个族文件。在照明设计中所需要的灯具、开关、配电盘等也都是以族的形式出现。例如在灯具族中，包含了灯具的外形尺寸、配光曲线、功率、光通量、色温等信息，以满足出图、计算、渲染等需求。但是 Revit 软件自带的电气专业族数量太少，且多是按国外的标准而做，例如开关的符号就不符合国内的规范要求，因此很多不适用于国内的工程设计。几乎每个项目都要根据实际情况创建若干族，占用很多时间。而如果仅依靠设计师个人的力量创建符合我国实际情况的族库，难度很大。

（3）Revit 软件是一个综合的设计软件，因此与博超、鸿业等专门服务于电气及照明设计的软件相比，其功能还有待加强，例如灯具沿墙布置、矩形均布等均无法实现。仅依靠一笔一画，一个一个地布置，效率较低。

（4）接口问题。Revit 自身提供的照明计算无法满足设计要求，势必需要专业照明计算软件 DIALux 的配合，而如果软件间的接口问题不能解决，那么 BIM 技术在照明设计中能发挥的作用也会大大降低。

（5）目前，BIM 技术出图所占照明专业出图的数量仍处在较低的水平。其中设计说明、图例表、配电系统图、节点详图等图纸还无法绘制。而数目繁多的设备元器件等，由于族库、辅助绘图工具不足等原因，仍只能表达到设计方案层次，无法做到施工图深度。以目前 BIM 软件的成熟度，仍然需要使用 CAD 作为辅助。

若要解决上述问题，使得 BIM 技术可以在照明设计中使用，主要有以下几点解决方法：

（1）加快 Revit 软件的普及。Revit 的应用情况也是影响 BIM 发展的一个很重要因素，作为新兴的 BIM 软件，其普及肯定会有一个过程。在 CAD 依然风行而 Revit 还未根深蒂固时，出现不被所有人热衷的情况是很正常的。加强 Revit 专业人才的培养是加快其普及的重要途径。

（2）建立族库。在照明设计中，每个项目都要根据实际情况灵活选择合适的灯具，如果灯具厂家能在目前提供 IES 配光曲线文件的基础上，进一步提供适用于 Revit 的灯具族文件，那么对于照明设计的 BIM 化将会起到强力的推动作用。

（3）增强 Revit 软件的功能或开发相关的辅助程序。Revit 作为平台软件，不可能在每一个细节问题上都做到尽善尽美。基于 CAD 平台的天正等插件的开发，使得 CAD 的绘图效率和智能程度都得到了大幅提升，在设计院和学校都被广泛使用。因此对于目前的 Revit 来说，急需相关辅助程序的出现，提高软件的实用性。

（4）解决接口问题。目前基本上所有的建筑类分析软件都具备了 CAD 的接口，因此对于 BIM 接口的开发也只是时间问题。只有当各类分析软件都具备了与 BIM 软件的接口之后，才能充分发挥 BIM 虚拟模型的优势。

虽然目前还无法实现照明设计的全部 BIM 化，有很多的问题需要解决，但将 BIM 技术应用于照明设计是必要且必然的。随着 BIM 技术的进一步发展，相应问题会逐一解决，以 Revit 和 DIALux 软件为工具，未来基于 BIM 技术的照明设计步骤应分为项目准备，创建电气设备族，放置相关设备，电力系统创建，照明计算，照明渲染和编制图纸，最终实现建筑照明设计的全部 BIM 化，摆脱传统设计模式的束缚。

4.3 BIM 与结构设计

随着现代工程技术的发展，设计变得越来越复杂，也需要越来越多的专业参与到其中，那么就更需要对同一个模型和相同的数据进行分享。BIM 是整个建筑生命周期的建筑信息模型化，在这整个周期中，设计是上游阶段，因此，BIM 在设计阶段应用得是否成功决定了 BIM 在其他阶段应用的连续性和有效性。

通过研究总结 BIM 的技术特点建立 BIM 结构设计方法，明确 BIM 结构设计工作流程、协同工作方式、参与人员职责、BIM 标准实施、数据交互、计算分析、图纸绘制、数据资源管理、质量控制原则、成果交付要求等，论述如何利用 BIM 技术和先进的 BIM 软件工具提升设计过程标准化和质量控制，使设计工作更加高效，促进基于 BIM 结构设计的实际生产作业。基于传统的结构设计工作方法，研究其工作程序与 BIM 技术优势，遵照现行的生产管理方式，全面提升结构设计在 BIM 技术应用下的可实施性，例如外部模型数据的格式要求、内外部设计资源的统一管理、协同设计方式的选取等，实现减免部分重复工作、避免设计过程中信息的缺失和不对称，提高设计成果的质量。

>> 4.3.1 结构设计

结构设计分为建筑结构设计和产品结构设计两种，在此我们说的结构设计一般是建筑结构设计，建筑结构又包括上部结构设计和基础设计。上部结构设计主要分为框架结构（框架结构是指由梁和柱以刚接或者铰接相连接而成，构成承重体系的结构，即由梁和柱组成框架共同抵抗使用过程中出现的水平荷载和竖向荷载）、剪力墙结构（剪力墙结构是用钢筋混凝土墙板来代替框架结构中的梁柱，用钢筋混凝土墙板来承受竖向和水平力的结构）、框架-剪力墙结构（在框架结构中布置一定数量的剪力墙）、框架-核心筒结构、筒中筒结构、砌体结构。基础设计是根据地基土的承载能力，通过一系列的力学计算得出基础底面的尺寸（见图 4-65）。

图 4-65

>> 4.3.2　传统结构设计

传统的结构设计更多的是在二维完成的，流程是利用 PKPM 等有限元结构分析软件进行结构建模、整体空间受力和变形分析及截面设计，然后利用二维 CAD 等绘图软件来绘制传统的施工图文档。设计规范可参考《建筑抗震设计规范》《混凝土结构设计规范》。

传统的结构设计有以下几个步骤：

（1）柱网的布置。这一阶段为概念设计，根据柱的布置规范确定柱的位置。对于某些室内空间有要求的建筑，设计人员还需要确定柱子的形状，一般是矩形。在确保结构尽量规整（比如框架尽可能形成闭合体系，就是围成一个矩形）的基础上，根据建筑的使用要求再进行调整（比如有的地方不能放柱）。

（2）确定梁的位置。一般没意外的话墙下尽可能要有梁，柱网没有形成闭合体系的地方通过梁把两个闭合体系连接成一个整体，楼板跨度过大的地方要设置次梁，楼板开洞处板洞要用梁围合，梁不能凭空搭接，梁的两端要么搭在柱上，要么搭在别的梁上。

（3）梁柱尺寸的确定。柱截面尺寸可根据轴压比公式来估算，梁高主要根据跨度取，主梁一般取 1/10 左右，次梁取 1/12，梁宽取 200 ~ 350 mm，高宽比最好不要大于 2。比如一块 7 m × 9 m 最边上的板，外部 9 m 长的跨度部分取 800 mm × 250 mm，内部的取 800 mm × 300 mm，7 m 跨度部分外部取 600 mm × 250 mm，内部取 600 mm × 300 mm，9 m 跨一半的地方搭根次梁取 500 mm × 250 mm。

（4）加荷载。前三点已经在 PKPM 里建模做了，接着加荷载。比如墙的重量转化成梁上的线荷载，板上的面层转化成楼面荷载等，对于楼层组装，设定建筑的一些系数，最后去 SATWE 里计算，然后系统会自动配筋。

（5）出施工图。用梁平法和柱平法把施工图出出来，然后根据制图规范进行调整修改。

（6）计算，在 JCCAD 里做基础，地质报告，设置系数，布基础、地梁、导荷载，然后自动计算。

>> 4.3.3　BIM 结构设计系列软件

结构设计系列软件主要包括 BIM 结构建模、结构分析、深化设计等。

（1）BIM 结构建模软件。

目前，设计人员主要使用的结构建模软件包括 Autodesk 公司的 Revit structure 和 Bentley 公司的 Bentley structure。它们都属于核心建模软件。

（2）结构分析软件。

结构分析软件能够与核心建模软件共享数据模型，通过双向传递数据，实现信息交换。从结构建模软件中可以将模型导入结构分析软件中，结构分析的结果和结构分析软件中调整后的模型也可以反向传回结构模型中。目前能够与 BIM 软件接口的主要分析软件包括 ETABS（见图 4-66）、STAAD、Robot 等国外软件以及 PKPM、盈建科等国内软件。

（3）深化设计软件。

Xsteel 是由芬兰 Tekla 公司开发的目前最有影响的基于 BIM 技术的钢结构深化设计软件。可将核心模型数据导入到该软件中进行钢结构深化设计。该款软件可以在虚拟空间中搭建完整的钢结构模型，模型中包括结零部件的几何尺寸、材料规格、横截面、节点类型、材质、用户批注语等在内的所有信息。同时，所有元素包括梁、柱、板、节点螺栓等都是智能目标，即当梁的属性改变时相邻的节点也自动改变。

对于一个项目或企业，BIM 核心建模软件技术路线的确定可以考虑如下基本原则：民用建筑用 Autodesk Revit；工厂设计和基础设施用 Bentley；单专业建筑事务所选择 ArchiCAD、Revit、Bentley 都有可能成功；项目完全异性、预算比较充裕的可以选择 CATIA 或 Rhinoceros。目前，常用的计算分

图 4-66　ETABS

析软件 PKPM 和 YJK 是国内自主研发的结构计算分析软件，也是目前结构设计师最常用、与中国设计规范结合最好的结构分析软件，SAP2000 支持复杂的空间结构建模及计算分析，Revit 不仅能够实现物理模型的导入，而且可以将结构的荷载、荷载组合、支座条件等导入 SAP2000。ETABS 常用于复杂高层建筑；MIDAS 与 ETABS 类似，但在中国本土化方面要优于 SAP2000 和 ETABS。PKPM 作为我国自主开发的结构建模分析计算软件，良好地结合了我国的结构设计规范，因此在国内设计院中应用广泛。实际运用方面，混凝土结构数据交换，建议使用 YJK；空间网架、网壳结构，建议使用 ETABS；对于复杂空间钢结构，亦可采用 SAP2000 或 3D3S 建模，然后将模型导入到 Revit 中。

>> 4.3.4　BIM 在结构设计中的应用

1. BIM 设计组织架构、工作流程

BIM 结构设计开始之前应有明确的设计项目组织架构和适合项目的工作流程。明确的 BIM 结构设计组织架构能清楚地区分设计团队成员的职责和工作内容。在基于 BIM 的设计过程中遵循合理的工作流程有利于各专业之间互相协调，同时可以保证项目的顺利进行，可以在基于 BIM 的设计过程中及时有效地解决设计过程中遇到的问题和冲突。设计过程中 BIM 设计师可以通过更新模型实时检查设计冲突，不必在设计结尾时再解决。基于 BIM 的设计组织架构和流程示意图见图 4-67。

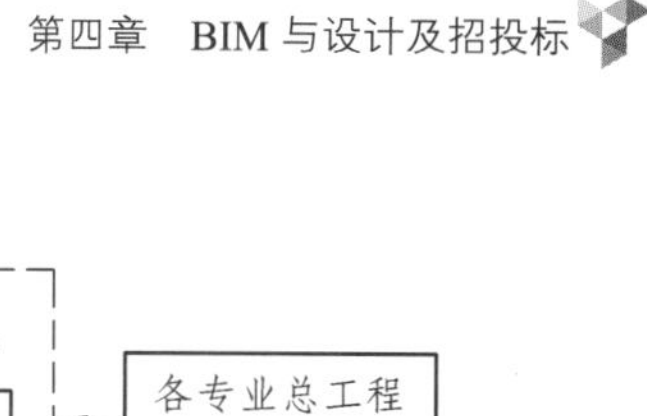

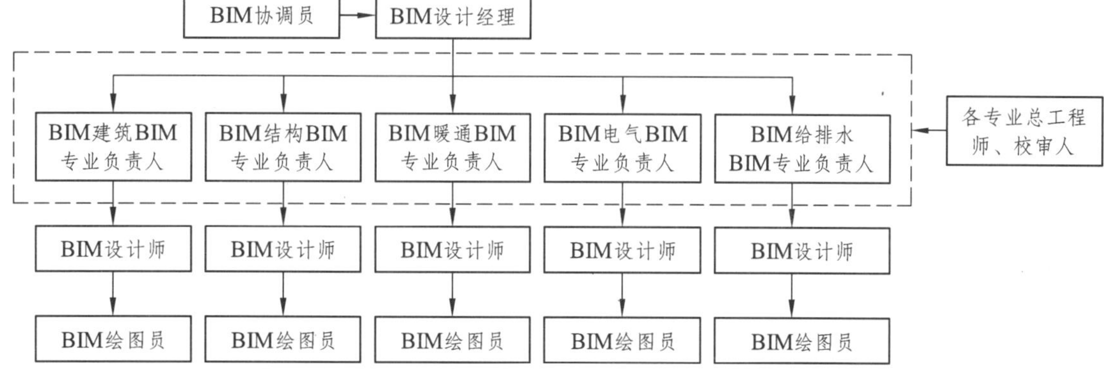

图 4-67　各专业联系

从图 4-67，可看见各专业的联系，在 BIM 设计过程中，由建筑、结构、暖通、电气、给排水五部分设计，每一部分都是需要设计师和绘图员，而每一部分又是通过软件的协同联系在一起的（见图 4-68）。

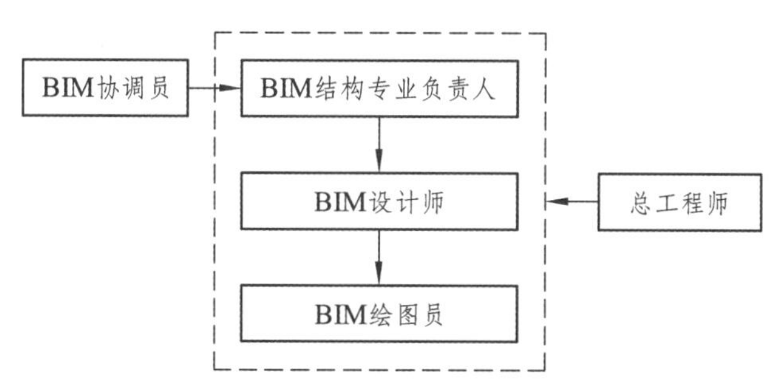

图 4-68　结构专业 BIM 设计团队组织架构

2．BIM 协同设计方式

协同设计开始前，项目组应确定一个适合项目的协同设计方式。建筑专业应建立“起始模型”以供其他专业以“起始模型”为基础开始协同设计。在协同设计之前使用 Revit 中的“共享坐标”工具定义项目中某一点的真实世界坐标，并将其发布到所有链接的模型，采用“通过共享坐标”插入方法链接其他子模型，同时应正确建立“正北”和“项目北”之间的关系。采用外部参照时参照路径应使用“相对路径”进行参照，防止文件位置变化后参照丢失。同时，整个项目应确定一个共同的原点坐标，以便协同设计时各专业之间的模型链接（见图 4-69）。

图 4-69

1）专业之间

采用“文件链接（Link）”方式进行 BIM 设计协同。该方式不存在图元借用和中心模型的概念，属离散型协同设计，通常不存在跨专业修改，更多的是相互参照。该方法可以在协同的基础上将专业间干扰降至最低（见图 4-70）。建筑、机电、结构三个专业通过一个模型联系在一起。

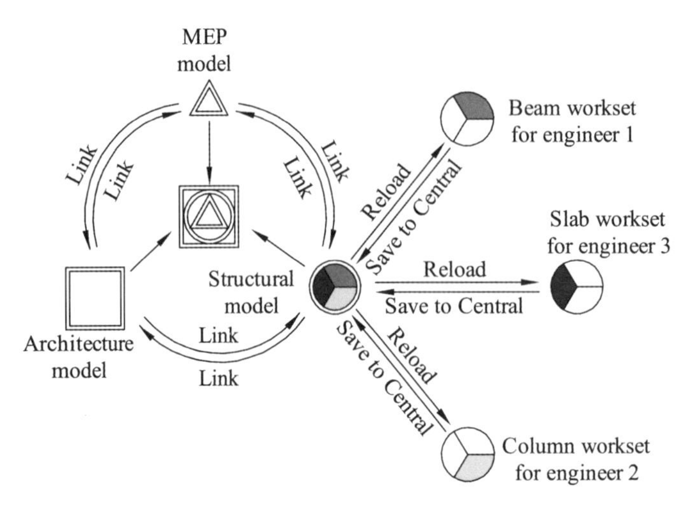

图 4-70　专业之间协同示意

2）专业内部

采用“工作集（Workset）”方式进行 BIM 设计协同。该方式存在图元借用和中心模型等紧密型的协同设计，适用于专业内部协同设计。由于采用中心模型，不同设计师均在本地模型操作属于自己权限的构件，然后再与中心模型同步更新。该方法只有中心模型是可以完整编辑的模型，中心模型的管理机制和操作权限非常重要，如果管理不善很可能导致模型崩溃。图 4-71 为结构专业内部协同示意图，由梁板柱的设计工程师构成了结构模型。

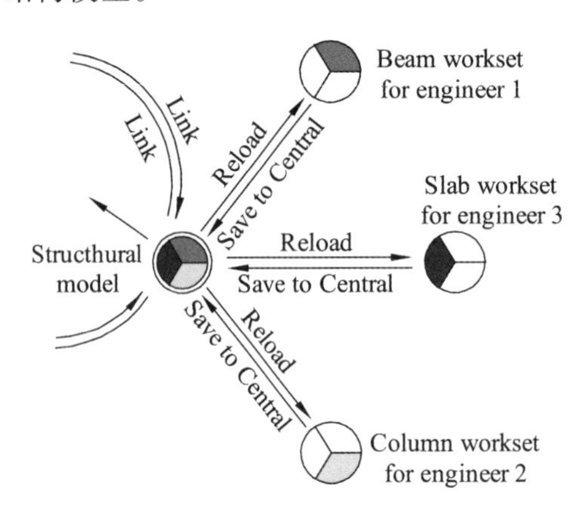

图 4-71　结构专业内部协同示意

3．数据资源管理

1）外部数据资源管理

设计过程中应对外部提供的项目资源进行统一管理，不同类型、属性的资源应分别存放至项目“共享”区，当设计团队人员使用外部资源时应复制至本地后应用，不得修改、破坏原始资源。外部资源在使用前应将现有的工作模型留存副本，以防止由于外部资源的引入导致模型崩溃。外部资源应由 BIM 经理统一批准进入，由 BIM 协调员统一管理，由 BIM 专业负责人统一使用。当外部资源更新时由 BIM 经理统一发布。项目的 BIM 协调员应预先检查导入的数据是否适用，然后才能将其放到项目的“共享”区域进行共享。建议在导入或关联至 BIM 模型之前对数据进行清理，以去除所有无关或冗余数据，因为这些数据可能会影响 BIM 数据库的稳定性。

2）内部数据资源管理

内部资源是指在通过 BIM 软件建模过程中，用户通过软件功能添加的资源。同一专业下不同设计师添加的资源应分别命名，命名规则应符合本标准总则命名规则的要求，不同类型的资源应分别存放至独立的文件夹下。内部资源由创建该资源的设计师统一管理、发布，当其他设计师引用该资源时应注意资源的更新情况。当将外部资源转化为内部资源时，应由BIM专业负责人统一执行，经检验后再发布。外部资源转化为内部资源后的参数名称、类型属性均应与项目已有的参数名称、类型属性协调一致。转化用的外部资源应留存副本，转化后的内部资源源文件也应该留存副本，并存放至独立的文件夹下，由BIM专业负责人统一管理、发布。设计师新建立的内部资源文件，经过BIM专业负责人、BIM设计经理的逐级审核后及时归入BIM项目数据库，以便其他BIM设计师调用资源。内部资源是BIM工作的成果和积累，所有的项目参与者与管理者应特别重视内部资源的保护，防止随意拷贝与发布（见图4-72）。

图4-72 复制/监视建筑构件

4．BIM结构设计

1）链接建筑模型

在BIM的核心建模软件中，目前得到推广使用较多的是来自Autodesk公司的Revit系列软件，其出色的性能得到了广大用户的喜爱。对于BIM在结构中的应用，下面将以利用RevitStructure这款软件进行BIM结构建模作介绍。

通过链接建筑Revit模型，把建筑模型里的轴网和柱网参照到RevitStructure里，应用“复制/监视”工具将建筑模型的轴网和柱网复制到结构模型中，此时结构复制的轴网、柱网和建筑模型中的轴网、柱网建立了监视关系，如果被监视的对象发生了移动或者修改，程序会发出警告提示结构设计师。有了轴网和层高，就可以继续添加结构构件了，如梁、板、柱、桁架等，来完善结构模型，形成一个初步的物理结构模型，在添加构件的同时应勾选构件属性对话框中的“启用分析模型”选项（见图4-73、图4-74）。

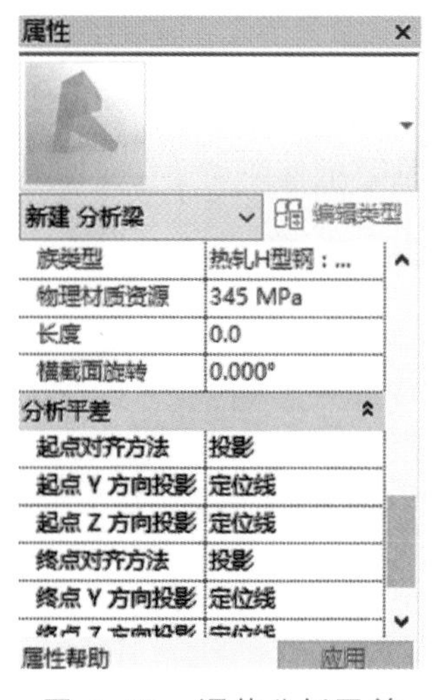

图4-73 调整分析平差

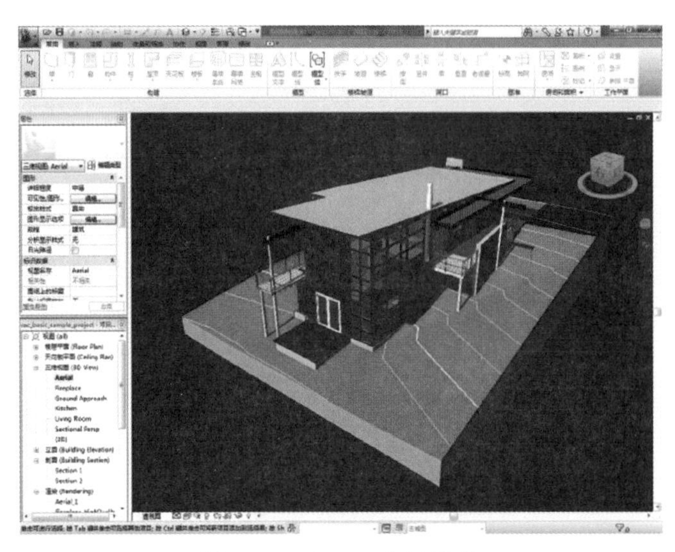

图 4-74 Revit 分析模型

2）分析模型建立

启用分析模型之后，在结构构件建立的过程中会同时建立计算分析用的有限元线、面单元模型。在结构设计时几何模型和物理模型仍然存在一定的区别，例如对比较小的高差在分析时结构一般采用同平面处理，对节点相近的杆件一般采用共用节点处理，以减少计算中的刚度矩阵产生奇异。在 Revit 里可以通过分析对象属性对话框中的“分析平差”选项调整分析模型与几何模型构件之间的相对关系，实现分析模型与几何模型的差别共存。

5．BIM 结构设计分析计算

1）进行结构计算分析之前的准备

在结构模型建好之后，就需要进行结构的分析计算。该项目是在 ETABS 结构有限元分析软件里进行计算的，把结构模型从 RevitStructure 导入到 ETABS 里，当然这个导入是双向的，在导入之前，我们还要做一些计算前的定义。

给结构模型定义准确的荷载是保证计算结构正确的重要的一步，在 RevitStructure 里也可以定义荷载，但是仍然不方便，那就是荷载的修改需要从计算软件返回到模型软件里去修改，这样就加大了工作量，而且很容易出错。在本工程中，荷载是直接在计算软件里定义的，这样更方便，定义的荷载也更稳定，因为计算软件里的荷载类型更多，而且可以直接修改，不需要返回到模型软件里去修改。

计算之前还要做的一个准备是模型的一致性检查。在一个结构模型建立完成的同时，Revit 会生成一个相对应的分析模型，这个结构分析模型就是用来进行计算分析的，因为计算软件只接受分析模型。为了保证物理模型和分析模型的一致性，在计算之前必须要进行一致性检查。

2）导入分析软件

本工程采用的结构分析软件是美国 CSI 公司开发的 ETABS 结构有限元分析软件，该软件自行开发了与 Revit 模型数据交换的应用程序，该应用程序即可通过 Revit 模型生成新的 ETABS 分析模型，也可以更新现有 ETABS 模型，反向亦可。鉴于规定的 BIM 结构设计流程和图纸绘制的要求，本工程采用的是 RevitStructure 模型作为主设计模型，原因是 RevitStructure 模型需要与外部专业的 BIM 模型保持一致，同时 R evitStructure 模型还有作为图纸绘制的基础作用。

应用程序会将 RevitStructure 的分析模型导出为.exr 文件（见图 4-75），打开 ETABS 软件导入生成的.exr 文件即可生成 ETABS 分析模型（见图 4-76）。在生成基础的 ETABS 模型后，结构设计师继续在分析软件中定义约束、荷载、抗震等分析参数，同时设计师应对导入的分析模型进行仔细检查。

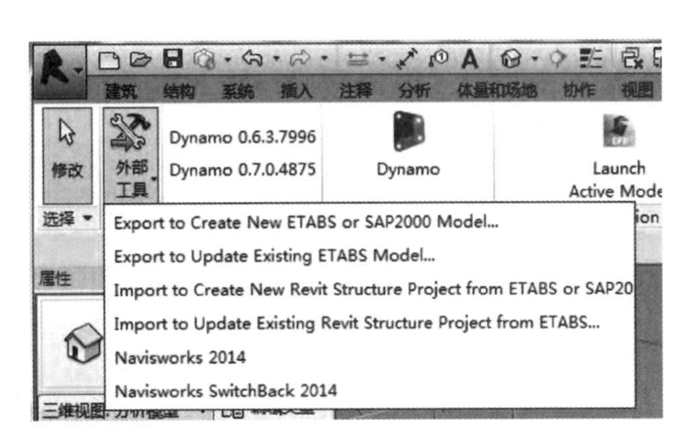

图 4–75 导出.exr 文件

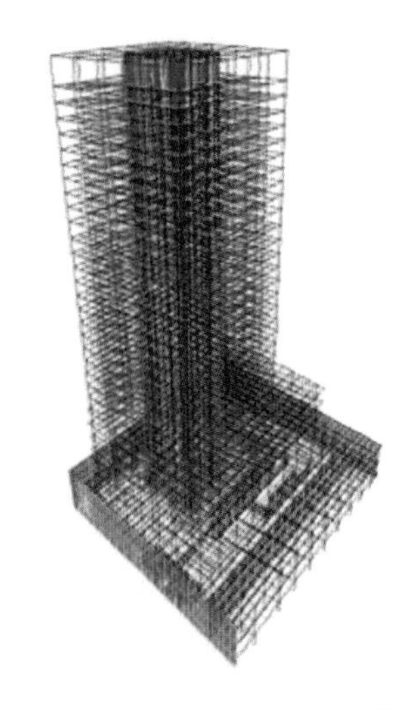

图 4–76 生成的 ETABS 模型

6．BIM 结构设计图纸绘制

图纸是 BIM 结构设计成果最终的交付物之一，也是最重要的交付物。在 BIM 结构设计中，二维图纸的表达方法仍然采用了传统的“结构平法施工图表达方法”。下面就主要以梁、板结构平面图的绘制方法做一个简单介绍。

首先，将 Revit 转至平面视图，更改视图名称如“三层梁平法施工图”，Revit 会自动生成基本的结构平面图，也能区分构件的可见线（实线）和不可见线（虚线），若我们还不满足于软件自动生成的线型，可以通过“修改”工具集里的“线处理”工具对线型进行自定义修改。图纸说明文字可以通过“注释”工具集下的“文字”工具进行添加。对于结构钢筋字体，Revit 安装时并没有自带结构钢筋字体，解决方法如下：

（1）获取字库文件“REVIT_0. ttf”，该字体文件可以从互联网上的 BIM 相关论坛下载。

（2）将 Windows 字库文件 REVIT_0. ttf 拷贝安装到您机器的如下路径：系统盘（默认为 C）：\windows\fonts\然后拷贝（安装）。

（3）REVIT_0. ttf 钢筋符号字体应用方法如下。

$——代表 HPB235，输入后显示的符号为 Φ

%——代表 HRB335，输入后显示的符号为 Φ

&——代表 HRB400，输入后显示的符号为 Φ

#——代表 RRB400，输入后显示的符号为 $Φ^R$

（4）选中文字对象，修改或定义字体格式。

1）梁结构平面图

采用“注释”工具集下的“梁注释”工具对选中的梁对象进行梁配筋标注，“梁注释”工具提供了一根梁六个位置的注释文字放置对话框，梁顶和梁底的起点、中点、终点各三个，每一个位置均可放置一个“结构框架标记”，如图 4-77 所示。

首先我们要自定义一个“结构框架标记”族，以用来标注梁配筋，当然根据需要，“结构框架标记”族会分为很多种类型，以对应不同位置的梁配筋标注，如图 4-78 所示。该“结构框架标记”族中的“标签”文字内容需要用户自定义设置格式，梁截面可以通过“选择字段来源”添加标签内容，配筋则需要采用自定义“共享参数”的方法生成标签内容，完成后加载至项目模型中，在“梁注释”对话框中就可以选取我们想要的梁标注类型了。采用自定义“共享参数”方法进行构件标注时，标注文字与构件属性参数是相互对应和关联的，也就是说无论设计师是修改标注对象的属性还是修改构件对象的属性，其共享的参数项会同时修改，这大大方便了模型后期的修改和图纸的维护。

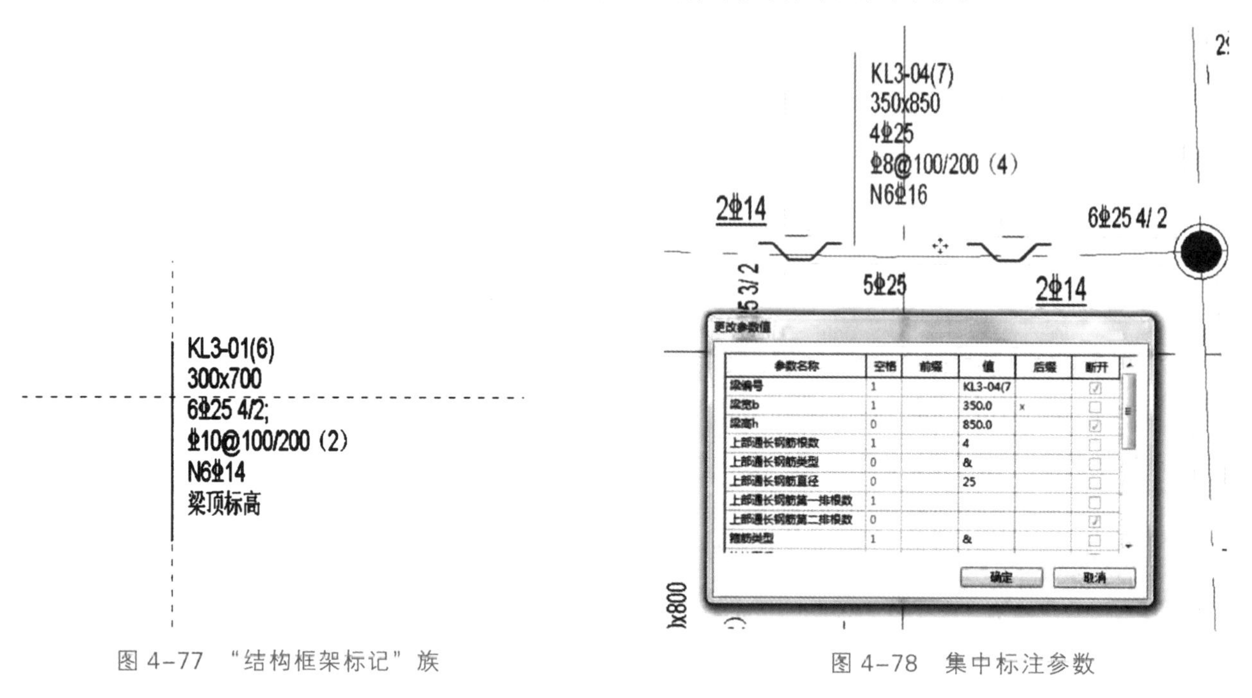

图 4-77 “结构框架标记”族　　图 4-78 集中标注参数

2）楼板结构平面图

首先我们要自定义一个“详图项目”族，以用来布置板配筋，如图 4-80 所示。该“详图项目”族中的配筋文字内容是将“常规注释”族嵌套在“详图项目”族里，支座负筋的伸出长度由定义标签的“尺寸标注”族实现其参数化，完成后加载至项目模型中，在“注释”工具集中加载“详图构件”就可以绘制我们想要的板标注类型了。与梁相同采用自定义“共享参数”方法进行标注时，标注文字与构件属性参数是相互对应和关联的，也就是说无论设计师是修改标注对象的属性还是修改构件对象的属性，其共享的参数项都会同时修改（见图 4-79～图 4-81）。

图 4-79 梁对象属性

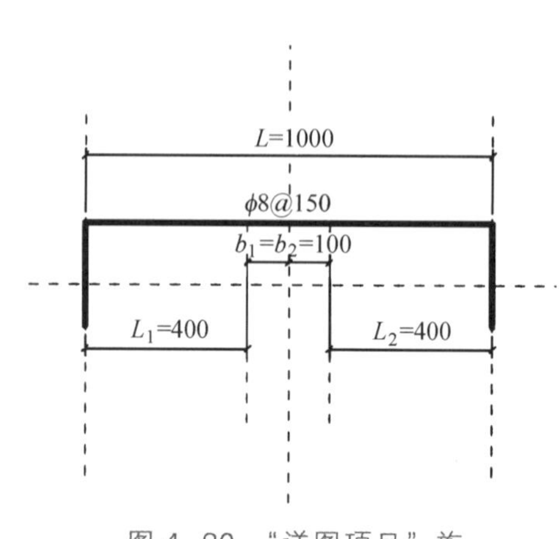

图 4-80 “详图项目”族

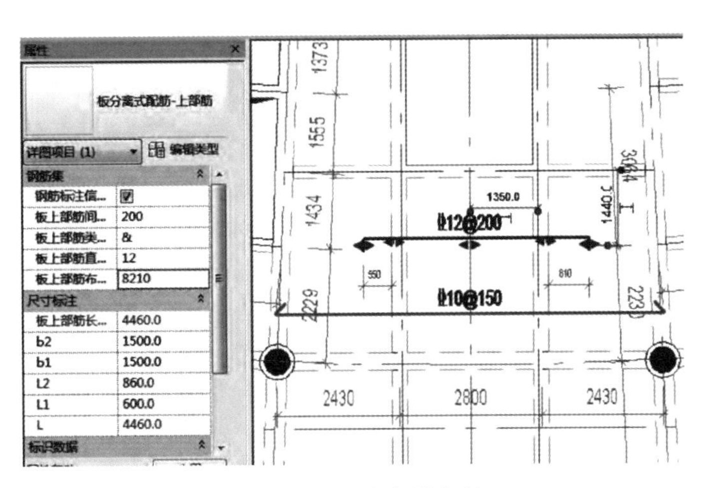

图 4-81　支座负筋标注

3）其　他

对于柱墙、基础平法施工图和基础平法施工图均可采用与梁、板相似的方法绘制，在 BIM 设计的过程中，平法图绘制的工作量相对传统的 CAD 设计方法偏大，这也是结构设计师采用 BIM 技术进行设计的障碍之一。由于目前的结构设计成果有效交付文件仍为平法表达的蓝图，BIM 模型仅作为辅助文件交付，所以基于 BIM 的二维图纸绘制效率仍然是一个待解决的问题。通过项目实践可知，BIM 模型里已经含有结构设计的配筋信息，笔者认为二维平面图可以不再表达构件的配筋信息，仅表达构件的编号或者索引编号即可，使用者通过查看 BIM 模型获得构件的其他结构信息，这样可以有效减少基于 BIM 的二维图纸绘制工作量，提高设计效率。

该项目采用了参数化的二维平法施工图绘制，虽然有一定的工作量，但是图纸绘制结束后，构件的相关设计信息也同时赋予构件本身，这也是 BIM 结构设计的根本目的。有了这些设计信息，设计师可以快速地统计混凝土用量、钢筋用量，比如：梁中准确地含有各位置的钢筋直径、钢筋数量、梁剪切长度等信息并可以通过输出明细表导出为 Excel 表，同时钢筋的锚固长度与钢筋直径为简单的线性函数关系，我们可以通过对导出的 Excel 表进行二次编辑实现钢筋量的精确统计。

关于配筋大样图和钢构节点大样，虽然 RevitStructure 可利用其内部功能和外部二维详图族实现绘制配筋大样图和钢构节点大样，但利用第三方的应用扩展软件包可大大提高绘制速度。Subscription 的结构扩展程序就是其一，但其功能有待完善（见图 4-82、图 4-83）。

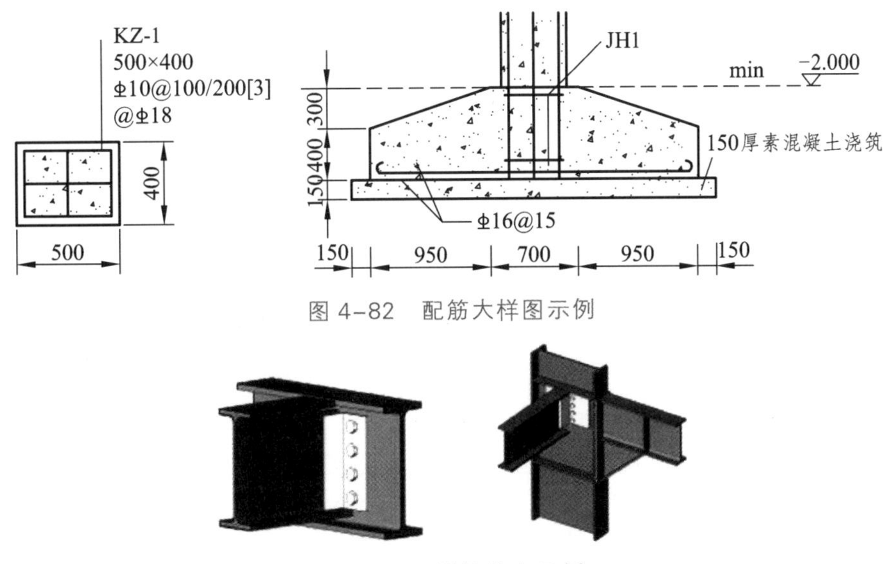

图 4-82　配筋大样图示例

图 4-83　刚构节点示例

7. 案例：BIM 技术在地铁车站结构设计中的应用研究

以某地铁车站为例，应用 BIM 核心建模软件 Revit Structure 2012 建立地铁车站标准段的 BIM 三维模型，通过支座检查、物理模型和分析模型的一致性检查完善 BIM 模型，并将完善的 BIM 模型导入 BIM 技术配套软件 Robot Structure Analysis 2014 软件进行结构内力分析。

1）车站结构建模

由于 Revit 软件本身携带的构件族较少，不能满足建模的需要，特别是涉及特殊截面的梁、柱或墙。因此，首先创建需要的构件族；其次，选择针对中国用户定制的 Structure Analysis- DefaultCHNCHS.rte 项目样板文件创建新的项目，使用创建的族文件和系统族文件创建车站站台区的 3D 模型。在使用结构族创建三维模型的过程中，Revit 也创建了用于结构分析的三维分析模型，双击项目浏览器的分析模型可以进行查看。最后，根据地质条件设置边界约束以及定义荷载组合（见图 4-84）。

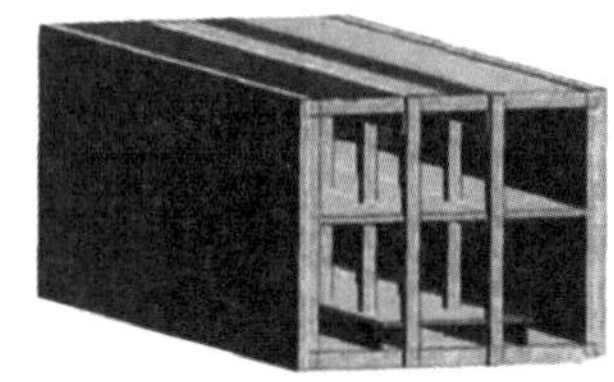

图 4-84　车站 3D 模型

2）结构分析

对地铁车站的 BIM 模型进行支座检查、物理/分析模型的一致性检查和碰撞检查完善 BIM 模型。使用 Revitextensions 将完善后的 BIM 模型发送到 Robot Structure Analysis Professional，在发送过程中可以对模型进行基本和附加选项的设置，包含杆端释放、自重工况、材料、模型转换等，最后得到地铁车站 Robot 结构分析模型如图 4-85 所示。由于 Robot 和 Revit 具有很好的兼容性，在 Revit 中关于模型材质、荷载、荷载组合、支座、弹簧约束等的定义均能被 Robot 识别和使用，不需要重新进行设置，同时 Robot Structure 可以将分析结果反馈给 Revit，实现结构信息的双向对接（见图 4-86）。

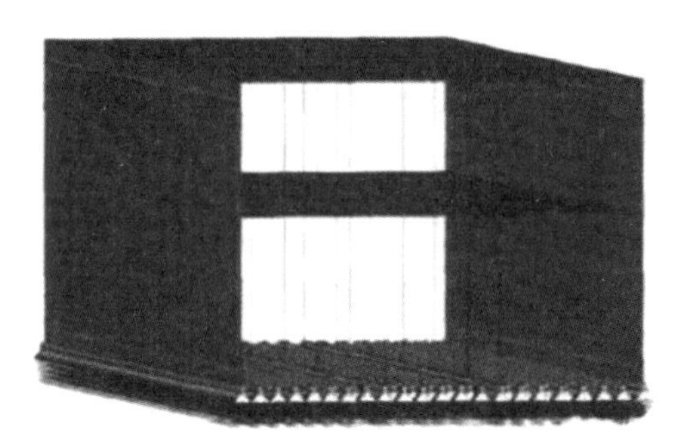

图 4-85　地铁车站 Robot 结构分析模型

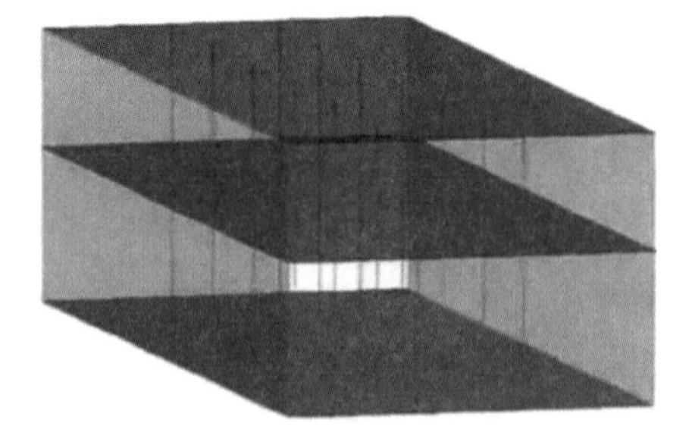

图 4-86　车站三维分析模型

添加荷载与荷载组合，在 Robot 中分别定义荷载工况，添加恒荷载与活荷载，恒荷载包括结构和设备自重、地层压力、水压力以及浮力，活荷载包括地面车辆荷载以及产生的侧向力和人群荷载，得到荷载图如图 4-87 所示。RobotStructure 软件能够读取和使用 Revit 中关于荷载组合的定义，同时也可以根据《建筑结构荷载规范》（GB 50009—2012）自动进行荷载组合并进行计算。

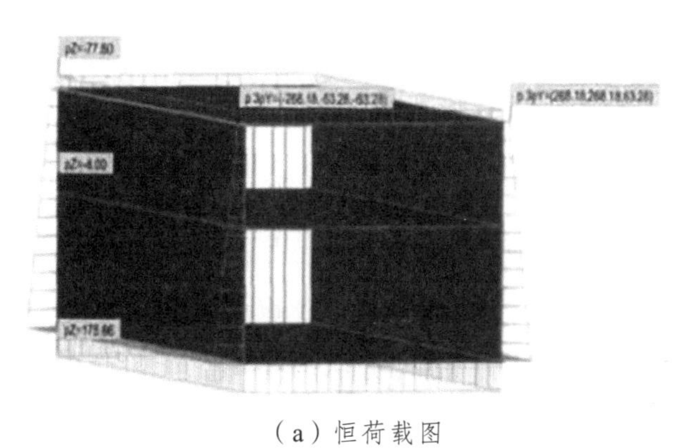

（a）恒荷载图

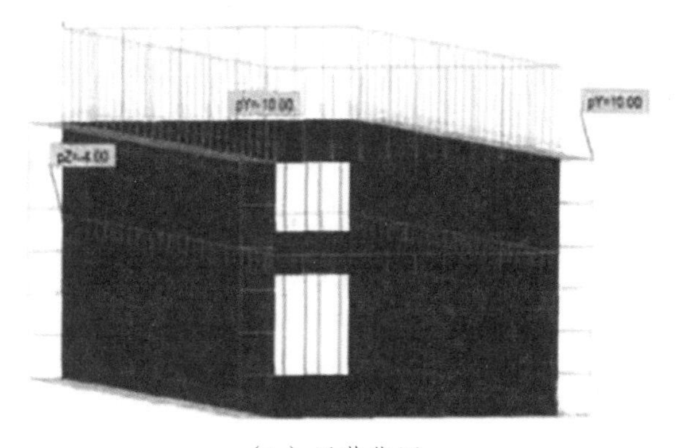

（b）活荷载图

图 4–87

进行结构分析设置，在“工程首选”对话框中设置分析和显示的一些参数，例如单位格式、材料、设计规范、网格划分等。在分析下拉菜单中可以通过添加和删除方式设置分析类型，例如基本组合、标准组合、模态分析、地震分析、时程分析等，本节仅设置基本组合和标准组合两种分析。RobotStructure 在对结构分析模型划分单元的同时，会对分析模型进行结构分析检查，根据检查结果对结构模型进行修改和调整，加以完善，最后进行结构计算。

结构分析过程完成后，可以进行分析结果的查看，以及计算文档的组织工作。在“结果”下拉菜单中可以通过彩图、杆件示意图和表格的方式查询结构的反力、位移、力、应力详细的分析等分析结果。本节通过计算得到了车站的内力和位移，由此将车站的横向和纵向弯矩分别计算出来。

3）生成明细表

随着建筑业的快速发展，工程项目越来越复杂，工程量也越来越大，传统方式统计工程量已难以满足市场需要，而 BIM 建筑信息模型可以快速生成构件明细表。下面以杭州 2 号线双菱路站建立地车站站台区的 BIM 模型为例，介绍墙生成明细表的过程。新建明细表的界面见图 4-88。

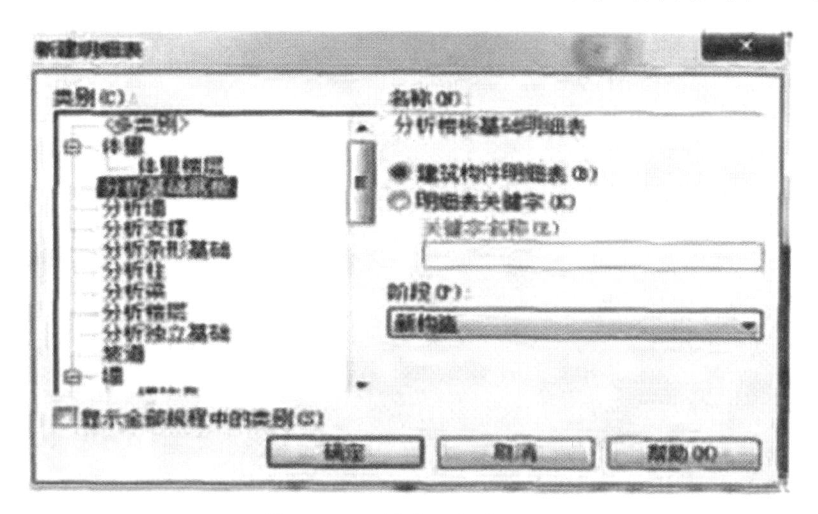

图 4–88　新建明细表界面

>> 4.3.5　BIM 在结构设计应用中的特点

随着建筑业的发展，建筑结构趋于复杂，一般大型项目均是由结构设计团队共同完成的。但现有的结构设计流程和规则很难保证团队成员之间实现及时准确有效的信息共享和交换，由此带来错漏碰缺等设计错误。相比传统的结构设计，BIM 技术有以下几个优点：

（1）信息传递的效率加快，对于传统的结构设计，各种结构分析与结构计算软件产生的文件散乱地分布在不同人员的计算机中，导致数据传递慢，利用率低，文件更新不及时，错误和相互不一致，文件丢失、破坏等情况发生。这些问题耗费了大量结构工程师的时间和精力，增加了成本。BIM 技术的应用，使建筑师与结构工程师将更多地通过建筑模型交流，减少双方的误解，让他们将更多的精力投入到对方案的优化设计上来。

（2）协作，在基于 CAD 的设计方法中，各个设计者都是各自独立工作的，彼此之间很少有协同工作的时候，而在基于 BIM 的设计方法中，协同工作贯穿始终。协同工作不仅存在于不同专业的设计者之间，同时也存在于同一个专业的不同设计者之间。

（3）“自动化”。在基于 CAD 的设计流程里，很多的工作都需要人工去完成，例如，人工读 CAD 图、人工检查 CAD 图纸的一致性、人工进行信息传递等。然而，在基于 BIM 的设计流程里，这些工作都是自动完成的，例如有“Link”“Workset”，结构和建筑模型可以随时自动地加载和更新，任何修改都可以随时自动更新到相关的地方，各个专业模型之间的一致性也可以自动进行检查。

（4）工作效率提高。利用工具软件快速创建 3D 模型并自动生成各层平面结构图（模板图）和剖面图的来完成结构条件图。

（5）减少成本。结构设计成果交付给施工单位的形式是一套结构施工图，对于以前的结构设计，图纸有自身的局限性，难以全面地表现设计人员的设计意图。同时，施工单位的工程师们往往在对设计结果进行处理时，花费相当一部分工作精力又来重新建模，如施工单位需要重新按照施工图建模完成施工图预算、图纸分类与汇总等。而 BIM 技术的加入，使过程一体化，节约了时间和人力还有成本。

>> 4.3.6 BIM 在结构设计应用中的问题

基于 BIM 技术的理想 3D 物理模型与结构分析模型是可以双向链接的。由于分析模型中包括了大量第三方分析程序所要求的各种信息，如荷载、荷载组合、支座条件，这就使得工具软件中采用的参数更加繁多，让初学者难以适应。

除了模型外，流程上也有些问题。设计师和设计团队从 CAD 设计方法到 BIM 设计方法发生了根本的变化，虽然 BIM 的应用越来越多，但它目前还仅是一些大型建筑设计公司在尝试应用，许多中小型建筑设计公司仍采用常规的 CAD 方法，而且也很满足于此。这是因为在设计过程中还存在着很多困难。第一个问题是：建筑师和结构师之间的信息共享不是很充分，如建筑模型里的构件自重不能自动传递到结构模型里，因此所有的构件自重都需要手动计算并加到结构模型里去，这是个很烦琐的工作并且很容易出错。第二个问题是：在结构模型软件和别的结构计算软件之间的数据导入和导出的双向性并不是那么可靠。第三个问题是：因为结构计算的复杂性，单一的计算软件很难满足计算的需要，模型数据格式的通用性和可传递性并不是那么完美。第四个问题：使用 BIM 设计方法中二维结构图纸中梁、柱墙表达采用平法时工作效率并不比传统方法高。还有就是在基于 BIM 的建筑设计过程中，工作团队里各人的职责分工不够明确。

>> 4.3.7 BIM 在结构设计中的展望

结构设计关系着建筑物的安全性、经济性和适用性，这将是未来 BIM 理论发展和不断成熟的关键问题之一，以后会有越来越多的工程师和其他项目参与方会重视它在结构设计方面所带来的理论价值和现实意义。从以上的设计过程和分析可以看出，尽管 BIM 设计流程还有很多的缺点，它仍然是个很实用的方法，并且可以在建筑设计中成功采用。因此，BIM 软件开发者应该尽力改善 BIM 软件的缺点，并且加强和其他计算软件的数据格式合作，从而达到一个真正的建筑信息化时代——真正的 BIM 时代。

4.4 BIM与招投标

在中国，BIM 概念在 2002 年首次引入了中国市场后，历经十几年的时间，中国的建筑行业正在经历着一场 BIM 的洗礼。软件公司、设计单位、房地产开发商、施工单位、高校科研机构等都已经开始设立 BIM 研究机构。国内已经有不少建设项目在项目建设的各个阶段不同程度地运用了 BIM 技术。所以 BIM 除了在设计中的应用外，在招投标阶段中也有应用，而且提高了成本的控制。通过了应用 BIM 技术，建设方在工程项目投标阶段取得了更多的可靠数据，施工方案能以 3D 的形式清晰简明地展示给客户，大大提升了中标率。

>> 4.4.1 招投标的概念

招投标就是采购人事先提出货物、工程或服务采购的条件的要求，邀请众多投标人参加投标并按照规定程序从中选择交易对象的一种市场交易行为（见表 4-1）。

表 4-1 招投标的特性

原则	公开原则	是指招标项目的需求、投标人资格条件、评标准和办法，以及开标信息、中标候选人、中标结果等招标投标程序和时间安排等信息应当按规定公开透明
	公平原则	是指每人潜在投标人都享有参与平等竞争的机会和权利，不得设置任何条件歧视排斥或偏袒保护潜在投标人，招标人与投标人应当公平交易
	公正原则	是指招标人和评标委员会对每个投标人应当公正评价，行政监督部门应当公正执法，不得偏袒护私
	诚实信用原则	是指招标投标活动主体应当遵纪守法、诚实善意，恪守信用，严禁弄虚作假、言而无信
特征	竞争性	有序竞争，优胜劣汰，优化资源配置，提高社会和经济效益。这是社会主义市场经济的本质要求，也是招标投标的根本特性
	程序性	招标投标活动必须遵循严格的法律程序。《招标投标法》及相关法律政策，对招标人确定招标采购内容、招标范围、招标方式、招标组织形式直至选择中标人并签订合同的招标投标全过程每一水节的工作内容和时间、顺序都有严格的限定，不有随意改变
	规范性	《招标投标法》及相关法规政策对各招标投标主体的资格、行为和责任以及各个环节的工作条件、内容、形式、标准都有明确的规范要求，应当严格遵守
	一次性	投标要约和中标承诺只有一次机会，且密封投标，双方不得在招标投标过程中就实质性内容进行协商谈判，讨价还价，这也是招标采购与谈判采购以及拍买卖竞价的主要区别
	技术经济性	招标采购或出售标的都具有不同程序的技术性，主要体现在招标项目标的使用功能和技术标准、建造、生产和服务过程的技术及管理要求等；招标投标的经济性同样贯穿招标投标的全过程，体现在招标人的预期投资目标和投标人竞争期望值的博奕平衡，形成了中标价格

招标—投标—开标—评标—定标—签合同（见图 4-89）。

引申阅读十一：
招投标流程

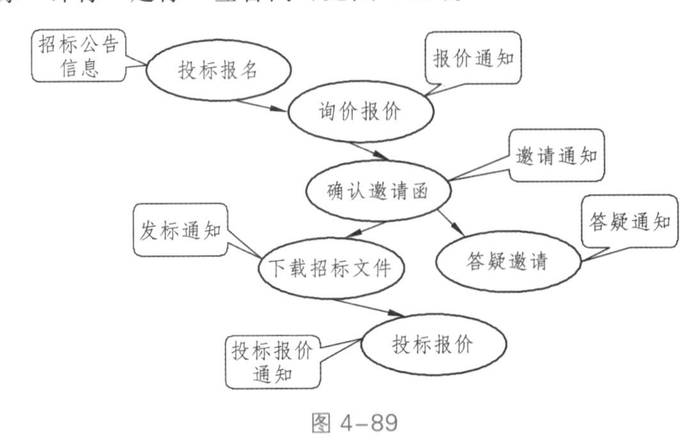

图 4-89

>> 4.4.2 传统招投标

传统招标是一种交易模式，主要包括公开招投标和邀请招投标两种方式。传统的招投标需经过招标、投标、开标、评标与定标等程序，涉及招标方、投标方、监管方、代理方等多个角色，其中的规章制度烦琐，操作流程复杂，采购周期较长，整个运作成本高。传统招标的工作大部分采用人工、书面文件的方式操作，电子化程度低。公司在获取投标项目信息后，即可准备资格预审文件、现场踏勘、标书制作和答疑，最后参加开标会，从而完成项目的投标过程。

但是由于政府新开工的项目大幅缩减，企业的经营任务却有增无减，企业之间的竞争加大，在这样的环境下，传统的招投标就出现了许多问题。

（1）因为招标方提供的是项目图纸，以致项目工程量获取不准确，而企业须根据图纸来计算工程量。

（2）信息孤岛问题，系统无法与其他系统及时进行数据交互。

（3）工程量大，由于企业要根据图纸来获得项目的工程量清单，要花费大量的人力和时间来完成这项任务。

1. 针对甲方而言

现在的工程招投标项目时间紧、任务重，甚至还出现边勘测、边设计、边施工的工程，甲方招标清单的编制质量难以得到保障。而施工过程中的过程支付以及施工结算是以合同清单为准的，这导致了施工过程中变更难以控制，结算费用一超再超的情况时有发生。

要想有效地控制施工过程中的变更多、索赔多、结算超预算等问题，关键是要把控招标清单的完整性、清单工程量的准确性以及与合同清单价格的合理性。

2. 针对乙方而言

由于投标时间比较紧张，要求投标方高效、灵巧、精确地完成工程量计算，把更多时间运用在投标报价技巧上。这些单靠手工是很难按时、保质、保量完成的。而且随着现代建筑造型趋向于复杂化、艺术化，人工计算工程量的难度越来越大，快速、准确地形成工程量清单成为招投标阶段工作的难点和瓶颈。这些关键工作的完成也迫切需要信息化手段来支撑，以进一步提高效率，提升准确度。

>> 4.4.3 BIM 在招投标中的应用

我国建筑法规定建筑工程依法实行招标发包。自 2000 年招标投标法颁布至今，我国招投标事业取得了长足的发展，新技术在招投标过程中的应用十分普遍。基于信息与网络技术，利用 BIM 进行招投标是近几年在建筑市场逐渐开始采用的一种新型的工程承发包交易手段。经过多年的探索与实践，信息化招投标系统建设日趋成熟，发展前景光明。2012 年颁布的《中华人民共和国招标投标法实施条例》第五条明确提出国家鼓励利用信息网络进行 BIM 招标投标，更使 BIM 在招投标领域的推广得到了法律层面的支持。

1．BIM 技术在工程项目投标中的优势

BIM 技术在项目中是指利用现代信息技术，以数据电文形式进行的无纸化招投标活动。在技术的应用中与传统方法有着明显的差异，也突出了 BIM 技术的优势。

2．BIM 在招标控制中的应用

利用三维设计模型，辅助审计团队进行重、难点区域的工程量信息提取，方便业主对工程量、造价及复杂造型中不同类型构件复杂程度的全面了解。

对各投标单位进行项目三维总体情况，重、难点区域细节设计，方案调整过程介绍等，方便承包商快速了解项目情况，正确评估项目难易程度，准确报价。同时，对投标单位进行 BIM 投标方案和 BIM 实施能力评估。

通过导出 Navisworks 软件制作动画可以进行直观显示，对项目进行具体的操作介绍和动画演示，所见即所得（见图 4-90）。

图 4–90

在招标控制环节，准确和全面的工程量清单是核心关键。而工程量计算是招投标阶段耗费时间和精力最多的重要工作。BIM 是一个富含工程信息的数据库，可以真实地提供工程量计算所需要的物理和空间信息。通过 BIM 获得的准确的工程量统计可以用于前期设计过程中的成本估算、在业主预算范围内不同设计方案的探索或者不同设计方案建造成本的比较，以及施工开始前的工程量预算和施工完成后的工程量决算。同时，借助这些信息，计算机可以快速对各种构件进行统计分析，从而大大减少根据图纸统计工程量带来的烦琐的人工操作和潜在错误，在效率和准确性上得到显著提高（见图 4-91）。

（1）建立或复用设计阶段的 BIM 模型。

对于 BIM 模型的建立，一种是用最基础的方法直接按照施工图纸重新建立 BIM 模型；另一种是用二维施工图的 AutoCAD 格式的电子文件，利用软件提供的识图转图功能，将 dwg 二维图转成 BIM 模型。除此之外，就是复用和导入设计软件提供的 BIM 模型，生成 BIM 算量模型，这是从整个 BIM 流程来看最合理的方式。

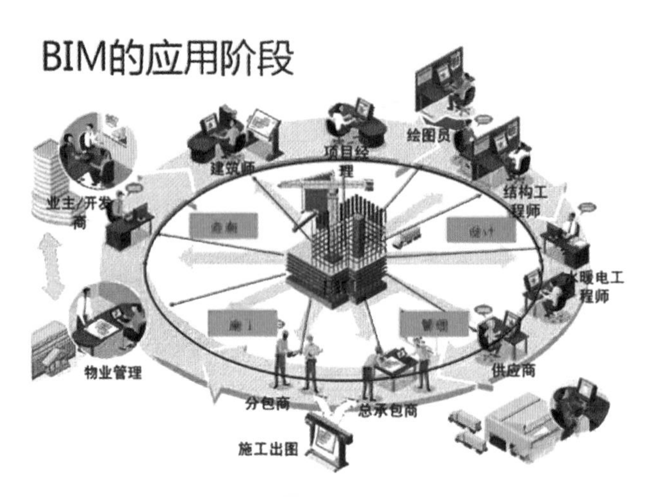

图 4-91

（2）基于 BIM 的快速、精确算量。

基于 BIM 算量可以大大提高工程量计算的效率。

利用 BIM 的自动化算量方法提高了工程量计算的准确性，将人们从手工烦琐的劳动中解放出来，节省更多时间和精力用于更有价值的工作，如询价、评估风险等，并可以利用节约的时间编制更精确的预算。

3．BIM 在投标过程中的应用

投标文件一般包括经济、技术和商务标三大块，经济标主要指投标报价，技术标主要包括组织技术方面的内容，商务标就是公司的资质、执照、获奖证书等方面的东西。在这里主要介绍 BIM 技术在商务标和技术标两个方面投标阶段发挥的作用。

1）商务标

在工程投标过程中，招标单位一般给投标单位的准备时间大概为 15 ~ 20 d。如按传统方式，这么短的时间内，不太可能对招标工程量进行详细复核，只能按照招标工程量进行组价，得出总价以后进行优惠报价。而 BIM 的应用使快速准确算量不是难事。

2）技术标

投标除了商务标拿分，好多单位忽视了技术标的分数。想要中标，除了在报价方面的优惠，技术方案的编制也非常关键，尤其是一些超高层或是标志性工程，业主对技术标的标准要求非常高，评标细则也很苛刻。一项超高层的项目，总造价一般都在 5 亿元人民币以上，要知道，技术标的 1 分之差，相当于商务标总价的几千万差额。那么应用 BIM 技术在投标阶段可以发挥哪些作用呢？下面列举的六个 BIM 在投标时的亮点：

（1）碰撞检查：减少返工、节约工期、减低建造成本（见图 4-92）。

图 4-92　地下 1 层局部梁与消防主管碰撞

由于施工图是各自绘制在各自的施工图纸上的，各专业设计师之间的沟通不到位会出现各种专业之间的碰撞问题，比如暖通等专业中的管道布置可能正好在此处有结构设计的梁等构件在此妨碍着管线的布置。

（2）虚拟施工：通过模型提前预知施工难点，提出切实可行施工方案。

运用 BIM 三维可视化功能再加上时间维度，利用碰撞优化后的三维管线方案，可以发现本工程的重难点施工部位，按照场地特点、国家规范制订详细的施工方案，将施工方案模型化、动漫化，让评标专家，甚至非工程行业出身的业主领导都对施工方案的各种问题和情况了如指掌。

然后进行方案论证，项目投资方可以使用 BIM 来评估设计方案的布局、视野、照明、安全、人体工程学、声学、纹理、色彩及规范的遵守情况。BIM 甚至可以做到建筑局部的细节推敲，迅速分析设计和施工中可能需要应对的问题。

（3）加强施工现场的安全管理和实时监控。

BIM 模型中，对洞口、临边、电梯井等存在安全隐患的位置，布置上安全围栏，施工前，对施工人员进行安全交底，形象又直观，让施工人员对安全隐患位置有较深的印象，确保施工过程不出安全事故。

（4）利用 BIM，分区统计材料用量，避免二次运输，加快施工进度（见图 4-93）。

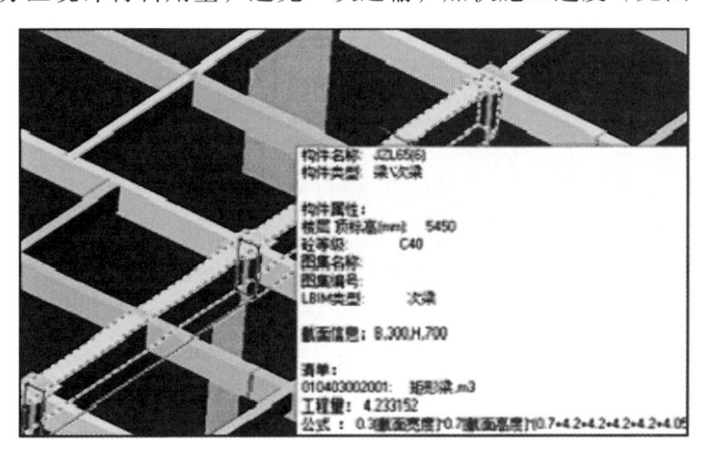

图 4-93 单个构件材料用量快速统计

利用 BIM 技术可以及时制订采购计划，限额领料，做到对材料用量的对比分析。可以让管理人员随时获取需要的数据，比如要浇筑一层的柱子，施工员只要鼠标轻轻的点击，就可以得出柱子的混凝土数量，方便报料。还有就是想要知道下个月所需要的材料计划用量，也只要鼠标轻轻地点击一下，框选一下计划施工区域，就可以迅速得到材料用量。利用已经建立的模型，可以准确快速地统计到每个区域、每个构件的材料用量，点对点的材料运输，使得材料一次性到位，减少材料的二次搬运，进而有效提高各工序的配合程度，加快施工进度。

实施物料跟踪，随着建筑行业标准化、工厂化、数字化水平的提升，以及建筑使用设备复杂性的提高，越来越多的建筑及设备构件通过工厂加工并运送到施工现场进行高效的组装。而这些建筑构件及设备是否能够及时运到现场，是否满足设计要求，质量是否合格将成为整个建筑施工建造过程中影响施工计划关键路径的重要环节。

（5）提交运维 BIM 模型，方便业主管理。

工程竣工后，向业主提供 BIM 资料数据库，这是一种 6D 关联数据库，业主方可以根据各种条件快速检索到相应资料，例如，当甲方发现一些渗漏问题，首先不是实地检查整栋建筑，而是转向在 BIM 系统中查找位于嫌疑地点的阀门等设备，获得阀门的规格、制造商、零件号码和其他信息，比如要更换一种阀门，只要按一下键盘，该阀门的厂家，如型号、寿命、质保期数量、位置等信息立即可知道，用不着一张图纸一张图纸去查看，可大大提高效率，大大提升了物业管理能力。

如果你是业主，面对这样的投标你是不是很心动呢？总之，利用 BIM 技术可以提高招标投标的质量和效率，有力地保障工程量清单的全面和精确，促进投标报价的科学、合理，加强招投标管理的精细化水平，减少风险，进一步促进招标投标市场的规范化、市场化、标准化的发展。

>> 4.4.4 BIM 招投标中的规定与政策

当下，招标投标行业已进入新常态。这种新常态具有以下明显的特点：一是以“互联网”为标志，大数据、BIM 技术、电子化三大科技手段正在促进工程建设领域快速发展，并产生质的飞跃，也为建筑业的改革发展带来革命性、方向性的变化。同时，PPP（公私合作模式）项目等一系列新的资本运作模式也给招投标方式带来了新的挑战。二是我国的行政监管正在充分体现简政放权的理念，在取消非行政许可事项的同时，进一步简化审批事项，延伸服务内涵。三是全国招投标交易场所按国务院最新要求，正在进行全面整合。但总体目标依然是体现了可持续这一经济学的核心，其方向是明确的，即公共资源及建设工程交易中心从传统意义的监管服务方式向信息化、电子化交易服务平台转变。四是随着政府指导价格的放开、企业资格弱化，招标代理企业面临如何健康持续发展的新课题。

据《中国建筑施工行业信息化发展报告（2015）》透露，目前，BIM 技术在我国的应用现状是，全国有 38% 的建筑企业处于开始概念普及阶段，有 26.1% 的企业处于项目试点阶段，有 10.4% 的企业处于大面积推广阶段，有 25.5% 的企业处于尚未有推进计划阶段。在建筑工程领域，关于 BIM，有一点是行业内的共识，即在理想状态下，工程的各参与方能够基于同一个（套）项目 BIM 成果，来进行高效和广泛的流程管理。这里“各参与方”一般包括业主方、设计方、施工方甚至运行维护方，也包括政府审批和监管部门。为促进 BIM 技术的加速发展，住房和城乡建设部在 2011 年 5 月 10 日印发的《2011—2015 年建筑业信息化发展纲要》中 8 次提及 BIM 技术，在 2014 年 7 月 1 日印发的《关于推进建筑业发展和改革的若干意见》中指出，推进建筑信息模型（BIM）等信息技术在工程设计、施工和运行维护全过程中的应用，提高综合效益。2015 年 6 月 16 日，住房和城乡建设部又印发《关于推进建筑信息模型应用的指导意见》，加快推动 BIM 应用。各省也相应出台了推进 BIM 应用的相关文件，例如：2014 年 7 月，《山东省人民政府办公厅关于进一步提升建筑质量的意见》明确提出，推广建筑信息模型（BIM）技术。2014 年 10 月 29 日，上海市政府颁布了《关于在上海推进建筑信息模型技术应用的指导意见》，明确规定大型项目和重点项目全面应用 BIM 技术。2015 年 2 月，广东省住房和城乡建设厅确定了《广东省建筑信息模型应用统一标准》制订计划。2015 年 5 月，深圳发布《深圳市建筑工务署政府公共工程 BIM 应用实施纲要》和《深圳市建筑工务署 BIM 实施管理标准》，明确了 BIM 应用的阶段性目标，BIM 应用参与各方的职责和设计、施工、运行维护等阶段的 BIM 应用的标准和要求。2015 年 6 月，福建省住房和城乡建设厅发布《2015 年建筑产业现代化试点工作要点》，要求引导龙头骨干设计企业加大对建筑工业化设计的研究，探索实施 BIM 等先进技术在建筑工业化项目中的应用，提升建筑工业化的设计深度水平。

BIM 在招投标中的应用主要表现在模型上面。而甲方对总承包方（施工单位）的 BIM 招标中技术标（就是投标文件里涉及技术方面的方案、内容、机具设备、人力、保障措施等）占 16 分，而信息化实施能力占 3 分。信息化实施能力就是在 BIM 方面根据招标文件 BIM 的实施大纲中，结合本工程实际情况利用 BIM 模型对工程的进度、物料、机械、现场布置等安排进行动态管控和协调方案的合理可行等进行评分（0 ~ 1 分）；在 BIM 重难点分析中根据投标文件，结合本工程实际情况利用 BIM 模型对现场施工难点、重点分析等进行评分（0 ~ 1 分）；对于数字化工地方案，根据招标文件数字化工地软硬件配置符合要求，实施方案合理可行，符合招标文件要求等进行评分（0 ~ 1 分）。

>> 4.4.5　BIM 在招投标中的前景

应用 BIM 技术做出来的投标文件，业主能直观地了解该建筑物的所有信息，在投标阶段的确能为施工单位带来巨大价值。但 BIM 的建模需要长期积累，应用 BIM 技术投标现属于起步阶段，投标成本也相对高，投标的时候需要投入一整个专业团队，他们对建模软件必须很熟练。所以，应用 BIM 技术投标现仅限于造价高和标志性建筑的项目。但 BIM 技术并不是鳌头，业主也是希望通过 BIM 实现价值。BIM 建筑信息模型的建立，是建筑领域的一次革命，将成为项目管理强有力的工具。掌握 BIM 技术，才能在建筑行业更好地发展。因此，应用 BIM 中标只是第一步，如何在施工过程中有效利用 BIM 节约工期、造价成本，提升建筑质量，打造绿色建筑，才是各单位应该认真思考的问题。

第五章　BIM与施工管理（工程项目管理）

项目管理（Project Management，PM）是指在项目活动中运用专门的知识、技能、工具和方法，使项目能够在有限资源限定条件下，实现或超过设定的需求和目标的过程。项目管理是对一系列目标活动（比如任务）的整体监测和管控。

“项目管理是运用管理的知识、工具和技术于项目活动上，来达成解决项目的问题或达成项目的需求。所谓管理包含领导（leading）、组织（organizing）、用人（staffing）、计划（planning）、控制（controlling）等五项主要工作。”

而工程项目管理是项目管理下的一个分支，主要是指项目管理在工程类项目、投资项目以及施工项目管理中的应用。其中，施工版块主要是做到成本和进度的把控，这一把控主要依靠工程项目管理软件。工程项目管理根据所处角度（业主、承包商、监理、总承包商、供应商）不同，工程项目管理的职能重点也不同。其共性职能是：为保证项目在设计、采购、施工、安装调试等各个环节的顺利进行，围绕“安全、质量、工期、投资、决算”控制目标，在项目集成管理、范围管理、时间管理、成本管理、质量管理、人力资源管理、沟通管理、风险管理、采购管理、结算管理、决算管理等方面所做的各项工作。

工程项目管理是建设工程项目规划、可行性研究、选址和勘察设计中的重要组成部分，是保证建设项目顺利实施，保证建设工程质量，提高经济效益的重要因素。工程项目管理的准确性和科学性对建设项目具有极大的影响。

工程项目管理三大目标：进度、质量、成本。对承包商来说，三大目标的实现和自身利益紧密联系在一起，目标控制的好坏直接或间接地影响承包商乃至业主的经济利益。施工阶段的工程项目管理是整个工程项目管理中最复杂最重要的。因此，工程建设实施过程中，承包商主要是围绕这三大目标进行工程项目管理的。而BIM技术是继CAD技术之后的又一次应用于工程项目管理的重要的技术革新，其具有高效的信息处理和传输能力，也能有效减少项目工程中的信息过大或过少输出。位于美国亚特兰大市的水族馆希尔顿花园酒店项目，总建筑面积为484 000 ft^2（1ft = 0.304 8 m），造价为4600万美元，包括一座14层的旅馆建筑和一座12层的地下停车库。为了加强项目团队的协作和降低成本，在项目的实施过程中，总包商Holder公司便将BIM运用到了项目管理工作中。在本章中，我们主要站在承包商的角度谈BIM在工程项目管理三大目标上的运用及产生的价值。

5.1　BIM与进度管理

所谓工程项目进度管理，是指对工程项目建设各阶段的工作内容、工作程序、持续时间和衔接关系根据进度总目标及资源优化配置的原则编制计划并付诸实施，然后在进度计划的实施过程中经常检查实际进度是否按计划要求进行，对出现的偏差情况进行分析，采取补救措施或调整原计划后再付诸

实施，如此循环，直到建设工程竣工验收交付使用的活动。进度计划是进度控制的依据，是实现工程项目工期目标的保证。因此，进度控制首先要编制一个完备的进度计划。但进度计划实施过程中由于各种条件的不断变化，需要对进度计划进行不断的监控和调整，以确保最终实现工期目标。

>> 5.1.1　传统的进度管理

建筑施工项目的实施过程是一个用时长且复杂的过程。施工进度控制是指对工程项目各建设阶段的工作内容、工作程序、持续时间和衔接关系编制计划，将该计划付诸实施的过程。在实施的过程中，我们要经常检查实际进度是否按计划要求进行，对出现的偏差分析原因，采取补救措施或调整、修改原计划，直至建筑工程保质竣工，交付使用。它对建筑项目建设者和承建者的经济效益有着直接的影响。

进度控制一般是指在规定的时间内，依据起初设计的合理且经济的工程进度计划，对整个建设过程实施监控、检查、指导和纠正的行为过程。工期的时间内容包括了从工程开始到竣工的所有相关施工活动。要具体和细化工期目标的制定，首先就是总工期目标，明确总的工期进度计划；其次是各分进度目标，包括设计、采购、施工等各分项计划；最后还有阶段性的里程碑目标。项目进度的控制通常通过实际进度完成情况与计划进度目标进行对比，找出差异、分析原因并加以更正。工程项目的进度控制应该是事前、事中和事后全过程的进度控制。事前由于对项目实施过程可能出现的问题的估计很难做到周全的考虑，所以进度控制的大量工作是在事中和事后两个阶段。工程实践中，一般存在一个控制点，在控制点范围内加快施工进度能够降低费用，而在范围外的情况就正好相反。所以建筑工程进度的控制必须和质量、投资控制互相兼顾，不要单纯片面地追求某一目标。只有对项目进度计划目标实施很好的全面控制，才能保证投资目标和质量目标的实现。

1．建筑工程施工进度的影响因素

2．传统建筑工程施工中进度的控制措施

3．施工企业工程项目管理的传统技术

引申阅读十二：建筑工程施工进度的影响因素

引申阅读十三：传统建筑工程施工中进度的控制措施

项目进度管理的内容分为计划制订和计划控制两部分，相应的进度管理技术也以这两方面内容为主。

（1）项目进度计划制订的技术。

① 横道图。

横道图又称甘特图。在带有时间坐标的表格中，用一条横向线条来表示一项工作，不同的颜色代表了不同阶段（图中每项工作分为三个阶段），横向线段起止位置对应的时间坐标代表该项工作的开始和结束时间（第一段房屋拆迁从第 1 天开始到第 3 天结束），横向线段长度代表该工作的持续时间（场地修整持续 2 天），不同的位置代表各工作的先后顺序，整个进度计划都由一系列的横道线组成，故名横道图。横道图可以按时间不同划分：日计划、周计划、旬计划、月计划、季度计划和年计划等，如图 5-1 所示。

横道图简洁直观、绘制方便、容易理解，各工作起止时间、先后顺序、持续时间等信息都一目了然。但是，它无法表现出各个工作中对总进度目标起关键作用的关键工作，以及对总进度目标没有影响的非关键工作。这样就无法知道哪些工作在时间安排上必须抓紧，哪些工作可以灵活变动，更不知道这些工作可调整的长短、时间、先后、范围。最重要的一点是，计算机不能对横道图进行识别、计算和分析，这一点使得进度计划的修改变得更加困难。

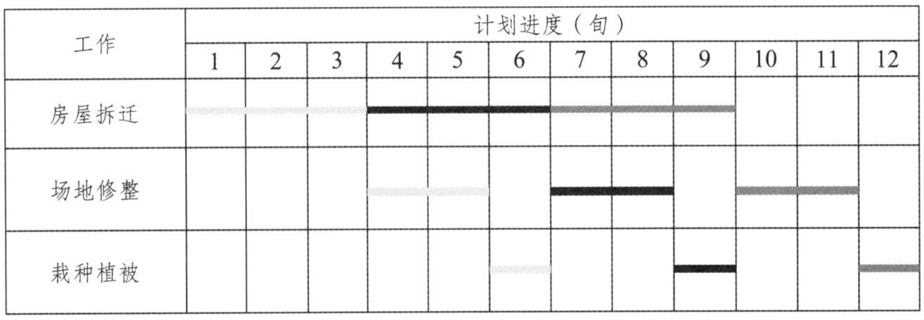

工作	计划进度（旬）											
	1	2	3	4	5	6	7	8	9	10	11	12
房屋拆迁												
场地修整												
栽种植被												

图 5-1　某绿化工程施工横道图

② 网络计划技术。

在项目进度管理工作中，通常用网络计划图来表示项目进度计划。网络计划图是由节点和箭线构成的网状图形，用来表现有方向、有条理、有顺序的各项工作间的逻辑关系。一项任务可以用一个网络图代表。按照需要的粗细程度，可以把计划任务划分成多个具有逻辑顺序的工作、子项目、子任务等。任务可以是一个工程，也可以是一个工段甚至更小的规模：一个简单工艺，如捆扎钢筋就可以视为网络计划中的一项基本工作。在施工过程中，有的工作既需要消耗时间，也需要消耗人力、材料、机械台班、水电等资源，这样的工作在网络计划中就要重点照顾，给予充足的时间和资源，确保按时完成。但也有一些工作只花时间而不耗费资源，如混凝土浇筑后的养护过程，这样的工作只需在网络计划中给它留好位置即可，不必过多关注。

网络计划图分为单代号网络计划图和双代号网络计划图。单代号网络计划图是以节点和编号表示工作，箭线表示工作之间的逻辑关系，所以又称为竹点式网络图。双代号网络计划图是以箭线及其两端节点的编号表示工作；同时，节点表示工作的开始或结束以及工作之间的连接状态，故又名箭线式网络图。它们的区别如图 5-2、图 5-3 所示。

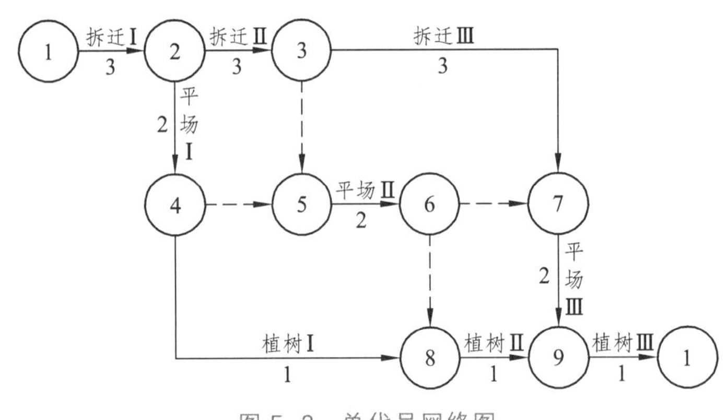

图 5-2　单代号网络图

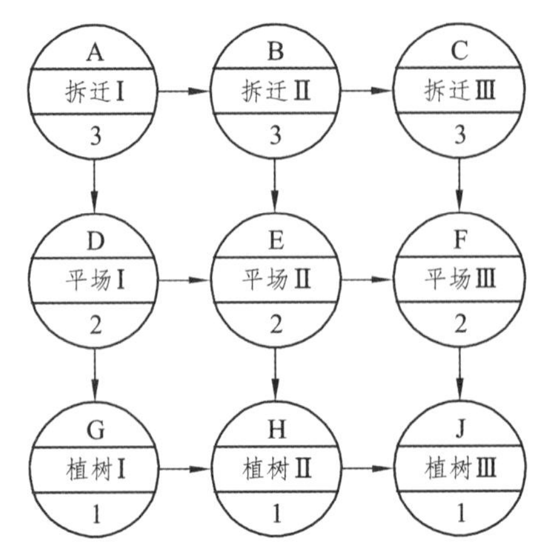

图 5-3　双代号网络图

目前，施工企业普遍使用确定型网络计划。它的基本原理是：首先，先绘制普通的网络计划图；然后，通过分析找到该项目的关键工作和关键线路；接着，对网络计划的逻辑关系、施工顺序和时间参数进行调整，不断改进直到最优方案为止；最后，执行最优方案，并按照常规的进度控制方法不断进行调整，使资源合理调配、工期目标实现。综上所述，网络计划技术不仅是一种进度表达方式和简单的图表，更是一种追求最优最合理方案的手段。

③ 关键链法。

关键链法是一种综合考虑了确定性与随机性的进度网络分析技术，它能够借助有限的资源对项目进度计划进行调整。首先估算项目中各项活动的持续时间，依据给定的依存关系和约束要求绘制项目进度网络图，然后找出关键线路。在找到关键线路后，把资源的有无和多少的情况考虑在内，绘制有资源限制的进度计划。这种有资源限制的进度计划没有确定的关键路线，因为经常改变。关键链法在网络图中增加了一段时间缓冲，用来应对无法确定的“非工作进度活动”造成的损失时间。关键链末端会加入一个缓冲称为项目缓冲，它可以保证项目不会因关键链的拖延而滞后。还有一种缓冲，叫接驳缓冲，经常被夹在关键链与非关键链连接的位置，用来抵消非关键链拖延对关键链的影响。每个缓冲的时间长短是根据所在路线上各活动持续时间的不确定性来决定的。当“缓冲进度活动”确定了，就可以按照最晚开始日期和最晚结束日期来安排进度计划。这样一来，关键链法就不需要继续对网络计划的总机动时间进行管理，而是分配管理两个剩余时间之间的匹配关系，即剩余工作链持续时间和剩余缓冲持续时间。

（2）项目进度控制的技术。

项目的施工进度控制的主要任务是对比分析和修改调整，其中施工进度对比分析是最核心的环节，也是计划修改调整的基础。分析方法的选择与进度计划的表现形式密切相关。常用的技术有下列几种：

① 横道图比较法。

横道图比较法（见图5-4）使用得比较普遍，它是把实际施工进展情况标注在原始横道图中，直接进行对比的方法。通过鲜明的对比和分析，为管理者提供了实际施工进度偏离计划进度的范围，明确了下阶段需要完成的工程量，为采取调整措施提供了依据。横道图比较法是施工企业进行进度控制使用最多的一种的方法，具有简单、直观、有效等优点。

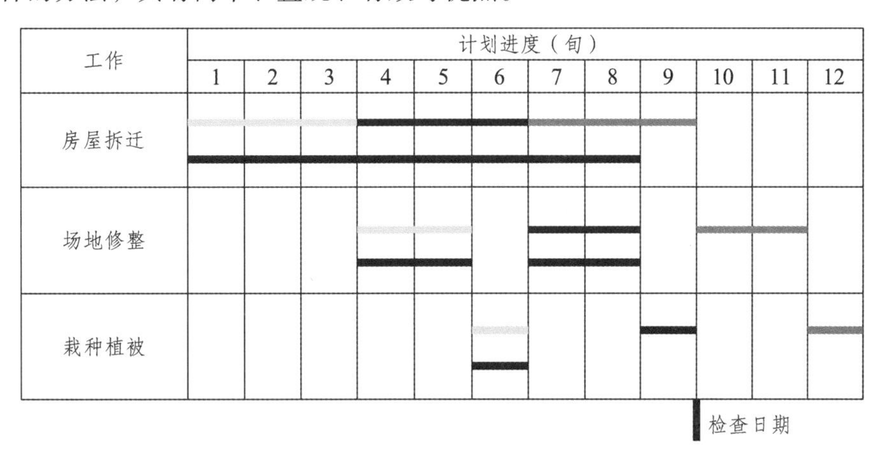

图5-4　横道图比较法

横道图比较法具有很多便利：绘制简单，方法容易，图形直观，方便掌握，应用面广，在不太复杂的进度检查任务中被广泛采用。但是，因为它是建立在横道图平台上的，所以具有横道图自身固有的弱点和先天的缺陷性，如无法确定图上各工序之间的关系，从而无法确定关键线路，更无法计算出每项工作的自由时差，不利于进度的调整。假如某些工作发生延误，管理者难以估算后续工作和完成时间会产生何种影响，更无法做出正确的调整措施。根据施工项目中各项工作的施工速度的不同，横道图比较法又分为：匀速施工横道图比较法和非匀速施工横道图比较法。

② S 形曲线比较法。

从工程项目施工的全过程来看，开始和结尾时一般都是一些较轻松的任务，而真正繁重的任务都集中在中间阶段，所以资源的消耗速率是两头慢、中间快。通过前面的分析知道，累计工程量和资源消耗量是正相关的，所以工程量也呈同样的变化规律：随着时间的增加，累计完成的工程量呈 S 形变化，如图 5-5 所示。

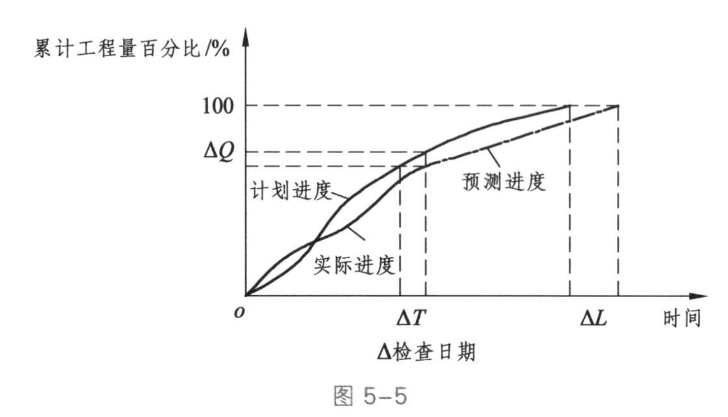

图 5-5

S 曲线比较法就是在纵坐标表示累计工程量、横坐标为时间的坐标系内先绘制一条 S 曲线，该曲线表示进度计划随着施工时间增加累计应完成的工程量，然后将实际施工过程中监测的累计工程量曲线画在同一坐标系中，形成两条不同曲线，最后对两条曲线进行比对分析的一种方法。S 曲线比较法与横道图比较法类似，也是直接在图上进行实际情况与计划的对比。

如图 5-5 所示，通过比较两条曲线，可以得到如下信息：

- 工程项目实际进度情况；
- 工程项目实际进度与计划进度的时间偏差：
- 工程项目实际进度与计划进度的完成任务量偏差；
- 预测后续工程进度和完工时间。

③ 前锋线比较法。

进度检查时，把各项工作的实际进度位置点标注在时标网络计划图上，然后从检查当天的时标点出发，依次将各点用半虚线连接起来而形成的折线就是前锋线。前锋线比较法就是通过前锋线来控制进度偏差的方法。前锋线与原计划中各工作的交点位置即代表检查日期该工作的进度偏差，根据交点的相对位置预测偏差对后期工程以及完工时间的影响，有助于及时制订调整计划和采取相应措施。前锋线比较法适用于时标网络计划。

④ 列表比较法。

列表比较法是指在进度检查时将正在进行的工作名称和已进行的天数记录下来，然后列表分析相关统计数据，根据原有总时差和尚有总时差判断进度偏差情况。该方法适用于无时间坐标网络计划图。

4. 施工企业在工程项目进度管理中存在的问题

在进度管理中，施工单位是编制进度计划的主体。施工单位在认真审阅设计单位提供的施工图纸后，和设计单位进行深入细致的沟通交流，来进一步了解设计目标、设计要求，并就图纸的瑕疵和缺漏进行确认和修改，这个过程是在项目管理单位和监理单位共同监督协调下完成的。接下来，施工单位依照以往的从业经验快速地编制项目施工方案的初稿，制订可行的总体进度计划传达到下层分包单位，由材料供应商和分包单位结合资源限制情况，对总体进度计划不合理的地方和施工单位分析的问题及时反馈，并考虑全局的总体效益，进一步优化进度计划初稿方案。优化后的进度计划以文件的形式确定下来，指导具体的施工过程。在实际施工过程中若出现进度偏差或其他问题，可以根据具体的问题对施工进度计划进行修改。项目的参与单位众多，他们之间的沟通往往不能协调一致。由于进度

偏差的表现形式很多，偏差信息的传递途径同样很多，这就会出现某个单位独自获得了进度偏差信息及纠偏措施而没有同步知会项目的其他参与单位的现象。现在的进度管理组织形式上隔绝了信息在组织内部的交流。只有在定期召开的通气会议上，各个部门的进度控制工程师才能沟通信息，并请求其他专业工程师关注自己专业内的关键工作的进度情况，并给予必要的帮助来解决自己无法完成的关键性的进度问题。

传统施工进度控制方法从时间上来说属于事后控制。管理者往往是在实际进度已经偏离了计划进度的情况下，才制定出各种纠偏措施，然后措施指令经过层层传递到达操作端后纠偏措施才会被执行，从出现偏差到发现偏差、从制定纠偏措施再到具体执行，这个过程至少要耗费一周的时间。也就是说：影响进度偏差的因素已经存在了，到发现的时候已经过去了一段时间，然后制定相应补救措施、传达措施指令并执行实施又过了一段时间，而当初的“病因”可能已经发生改变，这就会造成“药到”却无法“病除”的问题。所以，不能在发现问题时立即作出决策，实现动态的进度控制是传统进度管理方法最大的弊端。

>> 5.1.2　基于 BIM 的工程项目进度管理

将 3D 模型空间上增加时间维度，形成 4D 模型，可以用于项目进度管理。四维建筑信息模型的建立是 BIM 技术在进度管理中核心功能发挥的关键。四维施工进度模拟通过施工过程模拟对施工进度、资源配置以及场地布置进行优化。过程模拟和施工优化结果在 4D 的可视化平台上动画显示，用户可以观察动画验证并修改模型，对模拟和优化结果进行比选，选择最优方案。将 BIM 与空间模拟技术结合起来，通过建立基于 BIM 的 4D 施工信息模型，将项目包含建筑物信息和施工现场信息的 3D 模型与施工进度关联，并与资源配置、质量检测、安全措施、环保措施、现场布置等信息融合在一起。实现了基于 BIM 的施工、进度、成本、安全、质量、劳力、机械、材料、设备和现场布置的 4D 动态集成管理以及施工过程的可视化模拟。BIM 平台下的施工模拟技术是将三维建筑信息模型空间上增加时间维度，形成 4D 模型，使用高性能计算机进行施工过程的模拟。在模拟的过程中会暴露很多问题，如结构设计、安全措施、场地布局等各种不合理问题，这些问题都会影响实际工程进度，甚至造成大规模窝工。早发现早解决，并在模型中做相应的修改，可以达到缩短工期的目的。

BIM 进度管理应用步骤：

1．建立建筑工程 4D 信息模型

建立建筑工程 4D 信息模型可以分为三个步骤。首先创建 3D 建筑模型，然后建立建筑施工过程模型，最后把建筑模型与过程模型关联。

（1）创建 3D 建筑模型。

系统支持从其他基于 IFC 标准的 3D 模拟系统中直接导入项目的 3D 建筑模型，也可以利用系统提供的建模工具直接新建 3D 建筑模型。墙、门、窗等经常使用的构件类型的快捷工具，只需输入很少的参数就可以建立相应的构件模块，并且给构件模块赋予相应的位置、尺寸、材质等工程属性的信息，多种模块组合就形成 3D 建筑模型。

（2）建立施工过程模型。

施工过程模型就是进度计划的模拟，通过 WBS 把建筑结构分为整体工程、单项工程、分部工程、分项工程、分层工程、分段工程等多层节点，自动生成的 WBS 树状结构。把总体进度计划切分到每一个节点上，即可完成进度计划的创建工作。系统提供了丰富的 WBS 编辑功能以及基本的施工流程工序模板，只需做少量输入就能够为 WBS 节点增添施工工序节点，并且在进度信息中添加这些节点

的工期以及任务逻辑关系。同时在进度管理软件中设置一些简单的任务逻辑关系（见图 5-6），创建进度计划就完成了，这样显著提高了工作效率。

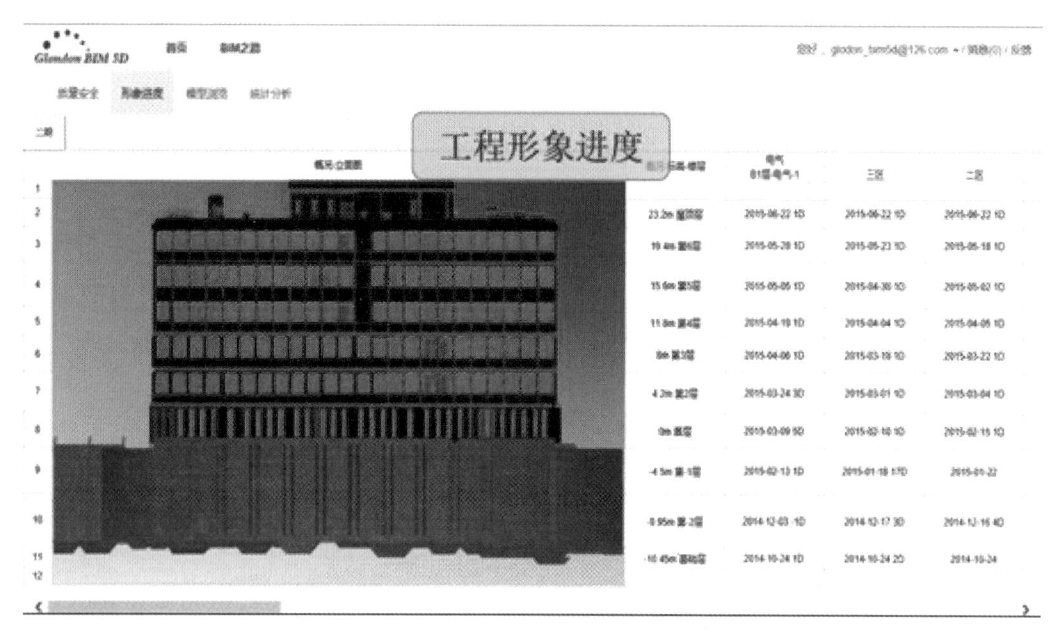

图 5–6

（3）建立工程 4D 信息模型。

在完成 3D 模型的建立和进度过程结构的建立后，利用系统提供的链接工具进行 WBS 节点与工程构件以及工程实体关联操作，通过系统预置的资源模板，就自动创建了建筑工程 4D 信息模型。系统提供的工程构件可以依据施工情况定义为各种形式，可以是单个构件，如柱、梁、门、窗等，也可以是多根构件组成的构件组。工程构件保存了构件的全部工程属性，其中有几何信息、物理信息、施工计划以及建造单位等附加信息。

2．建筑施工数据集成和信息管理

（1）施工管理数据库。

在 4D 施工进度管理系统中，模型数据的记录、分析、管理、访问和维护等操作主要是在施工管理信息数据库中完成的。由于在信息模型中模型实体的数据结构烦琐，有复合数据、连续数据和嵌套数据等。为了实现科学合理地管理这些数据，使模型能够直观、真实地表现工程领域的复杂结构，一般采用将模型对象封装的办法，来提升数据处理能力，在系统中加入面向对象的计算方法，并创建面向对象的过程数据库系统，实现了较高的层次上的数据管理。

（2）施工管理信息平台。

施工管理信息平台为工程项目管理者提供了一个信息集成环境，为工程各参建方之间实现互联互通、协同合作、共享信息提供了一个公开的应用平台。其功能主要有如下几点：

① 施工管理信息数据的记录与管理。其主要内容有：施工管理过程中所有数据的统计、分析，数据之间逻辑关系的建立和调整，产品数据与进度数据的关联等。

② 施工管理数据库的维护。通过该平台提供的信息数据库访问端口，可以对数据库内所有的复杂实体数据进行访问，允许用户根据实体的工程属性信息进行分类搜索、统计查询和批量修改等操作；提供协同施工管理的环境。

（3）数据交换端口。

数据交换端口可以提供其他非 IFC 标准的软件或系统与本系统之间数据交换的途径。本系统采用

以中性数据文件为基础的数据交换模式 1，数据交换端口要用于实现应用系统读写和访问信息模型内基于 IFC 标准的中性文件。具体地说，在 4D 施工进度模型中数据交换端口主要用于与项目进度管理软件进行数据交换。

3．4D 施工管理系统

4D 施工管理系统为管理者提供了进行项目 4D 施工管理的操作界面和工具层。利用此系统，操作人员可以制订施工进度计划、施工现场布置、资源配置，实现对施工进展和施工现场布置的可视化模拟，实现对项目进度、综合资源的动态控制和管理。

4D 施工进度管理系统以工程经常采用的进度管理软件为基础，通过进度管理引擎将重新定义的一系列标准调用端口连接起来，实现进度数据的读写和访问。按照该端口的定义，系统建立了与工程进度管理软件的链接，实现了数据交互共享。4D 进度计划管理可以有两种实现方法：

第一种是通过进度管理软件的管理界面，对进度计划进行控制和调整，当平台中的进度计划被修改时，4D 施工模型也自动调整，使进度计划不仅可以用横道图、网络图等二维平面表示，还可以用三维模型方式动态地呈现出来。

另一种是在 BIM 软件的操作界面中，实现 4D 施工模型的动态管理。其主要功能如下：

可实时查看任意起止时间、时间段、工程段的施工进度。模型上不同的颜色代表了不同的工作，已完工的用特殊颜色标记。可实时查看图像平台上的任意构件、构件单元或工程段等任意施工对象的施工状态和工程属性信息。如当前工作的计划起始时间、持续时间、施工工艺、承揽单位和任务量等。对施工对象的持续时间和当前施工情况进行修改，系统会根据项目进展自动调整进度数据库，修改进度计划，并及时更新呈现 4D 图像。

当 4D 模型或进度计划发生了改变，系统会自动更新数据，重新进行劳动力、机械、材料等施工资源的计算和调配。资源配置始终与施工进度计划关联，协调时间的同步性，实现了基于进度计划的资源动态管理（见图 5-7）。

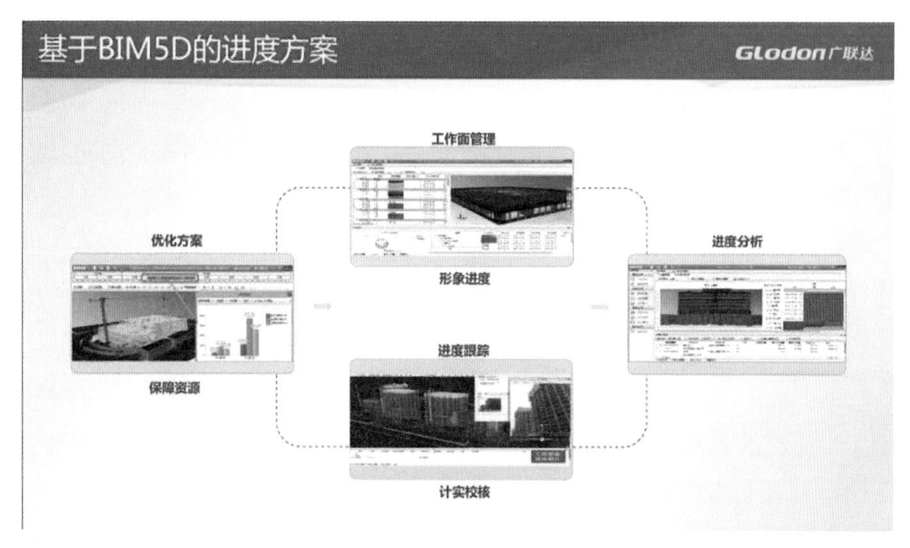

图 5–7

4．4D 动态资源管理

用户首先对初始资源模板进行定制，建立企业定额标准。然后输入材料种类、劳力、机械、设备以及各种资源的提供商等信息。系统把构件的三维模型与各种资源相关联，最后自动分析任意构件、构件单元或施工段在不同时间阶段内的资源用量，并给出合理配置方案。如果想对资源信息进行更改，只需对资源模板进行修改，就可以自动调整全部关联构件的资源属性。4D 动态资源管理系统将施工进度、建筑三维模型、资源配置等信息通过 WBS 合理地关联在一起，达到了对整个施工中资源的计划、配置、消耗等过程进行动态管理的目的。资源管理的对象包括材料、劳力和机械，通过计算各单位工程、分部工程、分项工程的人力、机械、材料的需求量和折算成本，并将各种资源与构件的三维模型关联，就可以生成任意构件或构件单元在施工阶段内的资源消耗，将资源消耗情况结合施工进度计划就达到了资源的动态管理目的（见图 5-8）。

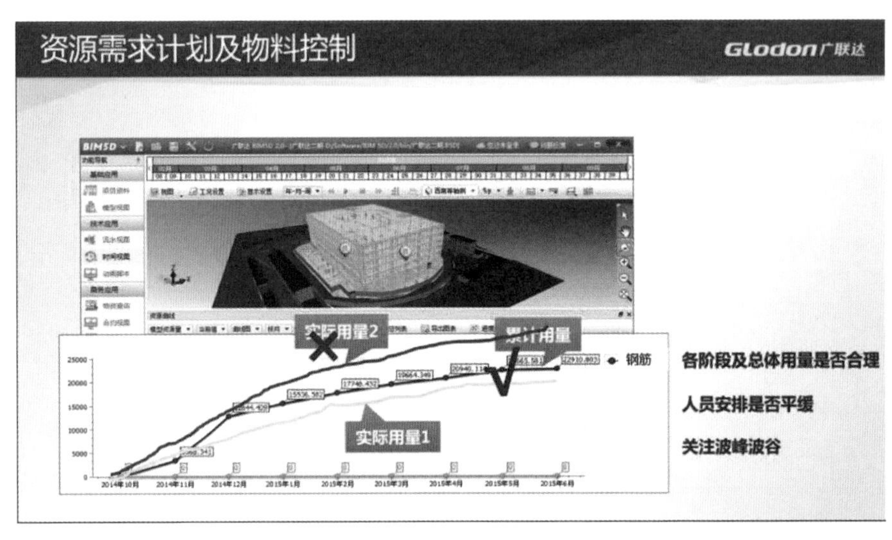

图 5-8

5.2 BIM 与工程质量管理

建筑工程质量管理指为建造符合使用要求和质量标准的工程而运用一整套质量管理体系、手段和方法所进行的质量管理活动。工程项目建设，投资大，建成及使用时期长，只有合乎质量标准，才能投入生产和交付使用，发挥投资效益，结合专业技术、经营管理和数理统计，满足社会需要。建筑工程质量关系建筑物的寿命和使用功能，对近期和长远的经济效益都有重大影响。

工程质量管理包括很多个阶段，如勘察设计质量管理、决策阶段质量管理、工程完成后的质量管理。本节主要介绍施工阶段的质量管理。施工阶段的质量管理分为事前控制、事中控制和事后控制。BIM 在施工阶段的质量管理主要是在事前控制和事中控制阶段。

影响施工阶段质量的因素主要有以下几个方面：人的因素、材料的因素、机械因素、施工方法因素和环境因素。其中人的因素主要是施工操作人员的质量意识、技术能力和工艺水平，施工管理人员的经验和管理能力；材料因素包括原材料、半成品和构配件的品质和质量，工程设备的性能和效率；施工方法因素包括施工方案、施工工艺和施工组织设计的合理性、可行性和先进性；环境因素主要是指工程技术环境、工程管理环境、质量体系是否健全和完善、劳动环境。施工阶段的质量控制实际上就是对这五个方面的控制。

>> 5.2.1 传统的工程质量管理

1．人的控制

人，是指直接参与工程施工的组织者、指挥者和操作者。人，作为控制的对象，目的是避免产生

失误，作为控制动力充分发挥人的积极性，发挥人的主导作用。

为避免人的失误，调动人的主观能动性，达到工作质量保工程质量的目的，除采取全岗位责任制、改善劳动条件、公平合理的激励等措施外，还需根据工程特点，合理选择人才资源。

在工程施工质量控制中，应考虑人的以下素质：

（1）人的技术水平。

人的技术水平直接影响到工程质量的水平，尤其是对技术复杂、难度大、精度高的工序或操作，如金属结构的仰焊、钢屋架的放样、高级装饰及饰面、油漆粉刷的配料调色等，都应由技术熟练、经验丰富的工人来完成。必要时，还需对他们进行技术水平的考核。

（2）人的生理缺陷。

根据工程施工的特点和环境，应严格控制人的生理缺陷，例如：有高血压、心脏病的人，不能从事高空作业和水下作业；反应迟钝、应变能力差的人，不能操作快速运行、动作复杂的机械设备；视力、听力差的人，不宜参与校正、测量或用信号、旗语指挥的作业等。否则，将影响工程质量，引起安全事故，产生质量事故。

（3）人的心理行为。

人由于要受社会、经济、环境的影响和人际关系的影响，要受组织纪律和管理制度的制约，因此，人的劳动态度、注意力、情绪、责任心等在不同地点、不同时期也会有变化。所以，对某些需确保工程质量，万无一失的关键工序和操作，一定要控制人的思想活动，稳定人的情绪。

（4）人的错误行为。

人的错误行为，是指人在工作场地或工作中吸烟、打赌、错视、错听、误判断、误动作等，会影响质量或造成质量事故。所以，对具有危险源的现场作业，应严禁吸烟、嬉戏；当进入强光或暗环境对工程质量进行检验测试时，应经过一定时间，使视力逐渐适应光强度的改变，然后才能正常工作，避免发生错视；在不同的作业环境，应采用不同的色彩、标志，以避免误判断的和误操作；对指挥信号，应有统一明确的规定，并保证畅通，以避免噪声的干扰，这些措施均有利于预防发生质量事故和安全事故。

提高管理者和操作者的质量管理水平，必须从政治素质、思想水平、业务素质和身体素质等方面进行综合培训，坚持持证上岗制度，推行各类专业人员的执业资格制度，全面提高工程施工参与者的技术和管理素质。

2．材料、构配件的质量控制

材料包括原材料、成品、半成品、构配件、仪器仪表、生产设备等，是工程项目的物质基础，也是工程项目实体的组成部分。

1）材料控制的重点

（1）优质、廉价、能如期供货的厂家的材料。

（2）合理组织材料的供应，确保工程的正常施工。施工单位应合理组织材料采购、订货、加工生产、运输、保管和调度，既能保证施工的需要又不造成材料的积压。

（3）严格材料的检查验收，确保材料的质量。

（4）实行材料的使用认证，严防材料的错用误用。

（5）严格按规范、标准的要求组织材料的检验，材料的取样、实验操作均符合规范要求。

（6）对于工程项目中所用的主要设备，应审查是否符合设计文件或标书中所规定的规格、品种、型号和技术性能。

2）材料质量控制的内容

（1）材料质量标准。

材料质量标准是衡量材料质量的尺度。不同材料有不同的质量标准。例如，水泥的质量标准有：

细度、标准稠度用水量、凝结时间、体积安定性、强度、标号。

（2）材料质量的检验。

材料质量检验的目的，是通过一系列的检测手段，将所得的材料质量数据与材料的质量标准相对照，借以判断材料质量的可靠性，能否使用于工程中；同时，还有利于掌握材料质量信息。材料质量检验的方法有：书面检验、外观检验、理化检验、无损检验等。

根据材料质量信息和保证资料的具体情况，其质量检验程度分为免检、抽检和全部检验。根据材料质量检验的标准，对材料的相应项目进行检验，判断材料是否合格。

（3）材料的选用。

材料的选择和使用不当均会严重影响工程质量和造成质量事故。为此，必须针对工程的特点，根据材料的性能、质量标准、适用范围和对施工要求等方面进行综合考虑，慎重地选择和使用材料。

例如，储存期超过三个月的过期水泥或受潮、结块的水泥，需重新检定其强度等级，并且不允许用于重要工程中；不同品种、强度等级的水泥由于水化热不同，不能混合使用；硅酸盐水泥、普通水泥因水化热大，适宜用于冬期施工，而不适用于大体积混凝土工程；矿渣水泥适用于配置大体积混凝土和耐热混凝土，但具有泌水性大的特点，易降低混凝土的匀质性和抗渗性。

3．机械设备的控制

机械设备的控制一般包括施工机械设备的控制和生产设备的控制。

（1）施工机械设备的选择是否适用、先进和合理将直接影响工程项目管理的施工质量和进度。所以结合工程项目的布置、结构形式、施工现场条件、施工程序、施工方法和施工工艺，控制施工机械形式和主要性能参数的选择，以及施工机械的使用操作，制定相应的使用操作制度。

（2）生产机械设备的控制。

设备的安装要符合有关设备的技术要求和质量标准。在安装过程中，要对每一个分项、分部工程和单位工程进行检查验收和质量评定。在设备安装检验合格后，必须进行试压和试运转，这是确保配套投产正常运转的重要环节。机械设备应本着因地制宜的原则，按照技术上先进、经济上合理、生产上适用、性能上可靠、使用上安全、操作和维修上方便等条件进行选择。机械设备的主要性能参数是选择机械设备的依据，要能满足施工需要和保证质量的要求，如起重机的性能参数，必须满足构件吊装中的起重量、起重高度和起重半径的要求，才能保证正常施工。生产机械设备的质量控制主要保证设备是完好可用的，使用前要对设备进行实验，合格后才能投入使用。

4．施工方法及工序的控制

施工方法的控制主要指工程项目的施工组织设计、施工方案、施工技术措施、施工工艺、检测方法和措施。施工方法直接影响到工程项目的质量，特别是施工方案是否合理和正确。不仅影响到施工质量，还对施工的进度和费用产生重要的影响。因此，监理工程师会参与和审定施工方案，并结合工程项目的实际情况，从技术、组织、管理、经济等方面进行全面分析和论证，确保施工方案在技术上可行、经济上合理、方法先进、操作简便，既能保证工程项目质量，又能加快施工进度，降低成本。

在每一分项工程施工之前，做到“方案先行，样板先行”。施工方案必须实行分级审批制度。方案审完后，做出样板，反复对样板中存在的问题进行修改，直至达到设计要求方可执行。对于技术交底，应将其分成两个部分：一般性的分部工程技术交底和关键过程、特殊过程的技术交底。在工程实施过程中，要进行连续的监控，并应有实施记录。针对施工过程中出现的新问题、新状况，需要对施工方案进行修改，必须要制定程序化的制度文件，使施工方案的实施处于受控状态。

在施工中要建立严格的交接班检查制度，根据“下道工序就是用户”的观点，在工序交接时进行签证。如果质量不符合标准，可以拒签，并向质监员或项目经理反映，在做出仲裁后方可施工。质监

员应严格依据国家现行建筑工程质量检验评定标准，对分部分项及单位工程进行质量检验。班组实行自检互检制，并执行按质量标准施工的操作纪律和班组分项工程质量不合格便返修的制度。对于那些质量容易波动的工序或对工程质量影响比较大的关键工序和检测手段或检测技术比较复杂而靠班组自检互检不能保证质量的工序，最后交工前的检查更要严格把好质量检验关。

5．环境因素的控制

影响工程项目环境的因素很多，归纳起来有三个方面：工程技术环境、工程管理环境和劳动环境。

（1）工程技术环境，主要包括工程地质、地质地貌、水文地质、气象等因素。

（2）工程管理环境，主要包括质量管理体系、质量管理制度、工作制度、质量保证活动等。

（3）劳动环境，主要包括劳动组合、劳动工具、施工工作面等。

在工程项目施工中，环境因素是在不断变化的。不断变化的环境对工程项目的质量会产生不同程度的影响。对环境因素的控制与施工方案和技术措施密切相关，必须全面分析，才能达到有效控制的目的。

6．质量控制点

质量控制点是为了保证施工质量，将施工中的关键部位与薄弱环节作为重点而进行控制的对象。项目监理机构在拟定施工质量控制工作计划时，应首先确定质量控制点，并分析其中可能产生的质量问题，制定对策和有效措施加以预控。

（1）质量控制点的确定原则：对于施工质量影响重大的特殊工序、操作、施工顺序、技术、材料、机械、自然条件、施工环境等均可作为质量控制点来控制。

（2）确定质量控制点的原则：

① 施工过程中的关键工序或环节以及隐蔽工程。

② 施工中的隐蔽环节或质量不稳定的工序、部位。

③ 对后续工程施工或对后续质量或安全有重大影响的工序、部位或对象。

④ 采用新技术、新工艺、新材料的部位或环节。

⑤ 施工上无把握的、施工条件困难或技术难度大的工序或环节。

（3）质量控制点中的重点控制对象：

① 人的行为。

② 施工设备、材料的性能与质量。

③ 关键过程、关键操作。

④ 施工技术参数。

⑤ 某些工序之间的作业顺序。

⑥ 有些作业之间的技术间歇时间。

⑦ 新技术、新材料、新工艺的应用。

⑧ 施工薄弱环节或质量不稳定工序。

⑨ 对工程质量产生重大影响的施工方法。

⑩ 特殊地基或特种结构。

>> 5.2.2 施工企业在工程项目进度管理中存在的问题

材料的采购和储存需要按需提供，材料供应不足会导致窝工甚至停工，影响工期，材料供应过多会造成现场材料的管理困难，放置太久的材料可能会影响美观甚至直接影响工程质量（如水泥、钢筋）。

无计划采购或计划不周，造成工程材料数量、质量、规格、型号与现场实际需要不符。管理不严，保管、运输不当造成工程材料损坏、变质、丢失和报废。

材料供应的多少可以根据阶段的工程量来估算材料的使用量。传统的工程量的估计是项目经理根据多年的项目管理经验大概估计出来的，难免会有失误。材料设备安置之后对材料信息的复核是个很麻烦的事情，施工人员只能拿着材料单和设计说明到现场一项一项地进行复核，既耗费时间和精力还不能保证复核的准确性。

施工机械设备的控制涉及施工现场的场地布置。工程建设的地点常会在城市中，施工必然会影响周围的交通，但材料的加工、运转不会困难。传统的场地布置是二维的图形，只有平面的布置，对于空间的布置具有局限性。

现在的建筑风格各异，各有特色，已不再以方正为主，这就给施工带来了难度。对于复杂的建筑，如何制定施工方案，如何进行技术交底。既然是复杂的建筑，二维的图纸已不能满足技术交底的要求。

环境的变化难以捕捉。环境变化后如何应对，哪些地方需要加强措施，是施工中的一个难点。

>> 5.2.3 基于 BIM 的工程项目质量管理

1. BIM 用于构件预制加工

预制装配式建筑是指用在工厂生产加工的预制构件通过运输工具运送到工地现场，在施工现场经装配、连接、部分现浇而成的建筑。它作为建筑产业化的一种新型结构形式，推进着现代建筑产业化的快速发展。

建筑产业化就是“像搭积木一样”造房子，它在工程项目建设中以新型的“设计—制造—安装”模式代替传统的“设计—现场浇注”模式。目前，影响建筑产业化实施存在的问题是不能够充分协调设计、制造和安装过程之间的关系，从而影响工程工期、成本和质量。因此，建筑产业化的主要任务是协调好建筑工程项目中预制装配式结构构件的设计、制造、安装过程之间的关系。

基于 BIM 的 3D 信息模型一旦出现设计方案与工厂制造、现场施工冲突，建筑、结构、设备碰撞冲突，即可在同一参数化信息模型上进行优化设计，参数化协同设计可做到一处参数修改，处处模型同步更新。如此便将构件在工厂制造现场安装前出现的所有问题都在电脑里进行修改，达到构件设计、工厂生产制造和现场安装的高效协调，保障项目按计划的工期、造价、质量顺利完成。

预制没有 BIM 也可以做，也就是说并不是只有用 BIM 才能做，而是用了 BIM 之后可以更加准确、更加经济、更加安全。

预制分为两个方面，预制构件和预安装。在国内，大家对于预制构件有很多不同的看法，究其原因，主要是在做之前，没有人知道做完之后是什么效果，不能预先分析，这才是我们需要正视的问题。值得一提的是，国内很多企业已经开始了这方面的尝试。比如，BIM 项目的典范——上海中心的每一块幕墙不仅是预制的，而且是预装配的。1 000 多块幕墙，每块幕墙的形状都是不一样的。为解决这一问题，项目采用了 BIM 预制和预装配。在工厂里，将准确的幕墙属性信息（无论是裁制的尺寸，还是曲变的弯度）输入到机械制造的生产软件当中去，生产这样的幕墙，然后按照 BIM 模型的指导模拟现场实际情况进行预拼装。这些装配好的幕墙运到现场之后，无论是运输成本，还是返工成本都急剧下降。

据悉，上海中心目前装了 8 000 多块幕墙，只有 2 块幕墙需要重新改尺寸。要知道，按照原来的建筑安装程序，幕墙安装的返工率要有 10% ~ 15%，面对上海中心这种复杂项目，由于每一块幕墙都不一样，这个返工率可能会更高且不可能预估。

在 2D 环境下进行建筑设计，每一张图纸都是一个单独的“迷你项目”，先从平面开始绘制，然后画立面、剖面，再按照项目进展更改所有的图纸。永无休止的修改、再修改成为设计师繁重冗长工作

的一个重要原因，占用了大量宝贵的时间和精力，而 BIM 技术改变了这种工作方式。在虚拟建筑中做设计，设计过程的核心是模型而不是图纸，所有的图纸都直接从模型中生成，图纸成为设计的副产品。每一个视图都是同一个数据库中的数据从不同角度的表现。运用 BIM 技术创建的虚拟建筑模型中包含着丰富的非图形数据信息，提取模型中的数据，建筑师可以根据自己的需要在任何时候生成任意视图。平面图、立面图、剖面图、3D 视图甚至大样图，以及材料统计、面积计算、造价计算等都从建筑模型中自动生成。

在国家如此重视施工安全的今天，如果用 BIM 做到预制，使所有的构件都能够做到能量化、能准确预估，那么将会给我们带来无法估计的效益。除了最基本的施工工人的安全问题外，还有更多的经济效益。

当然，在国外，这种装配工业化发展与 BIM 的结合已经很平常，已形成惯例。在我国，也有很多企业在尝试，不管是混凝土、钢结构还是幕墙都做了很多尝试。可以说，这样的结合必然会成为一种趋势（见图 5-9 和图 5-10）。

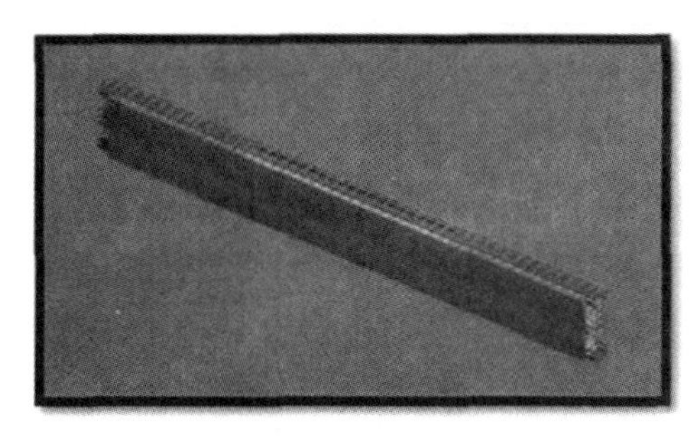

（a）模型库中的构件

（b）实际中的构件

图 5-9　模型库中的主梁与实际的对比

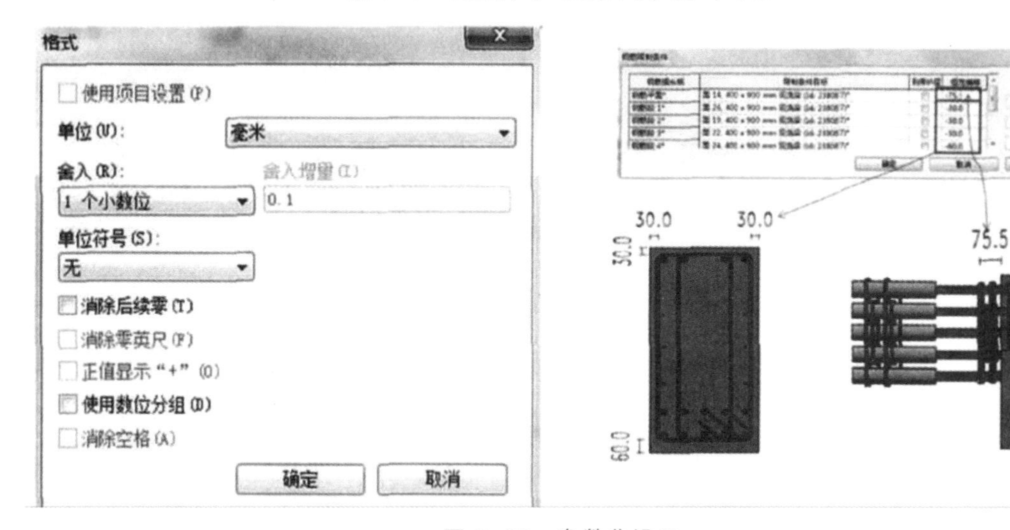

图 5-10　参数化设置

2．BIM 用于指导施工——施工模拟

施工技术质量是保证整个建筑产品合格的基础，工艺流程的标准化是企业施工能力的表现，尤其当采用新工艺、新材料、新技术时，正确的施工顺序和施工方法、合理的施工用料将对施工质量起决定性的影响。

一些复杂的技术方案在二维图纸中很难表现出来，语言文字说明也容易造成信息传递的错误，导致技术领导向施工参与方进行技术交底时出现信息错漏或者不明确的现象发生。

BIM 为施工技术流程模拟技术标准建立提供了平台。通过 BIM 一系列的软件平台动态模拟施工技术流程，再由各方专业工程师合作建立 BIM 标准化工艺流程，通过讨论及精确计算确立、保证专项施工技术在实施过程中细节上的可靠性，然后由施工人员按照仿真施工流程施工，确保施工技术信息的传递系不出现偏差，避免实际做法和计划做法不一样的情况出现，减少不可预见问题的产生（见图 5-11）。

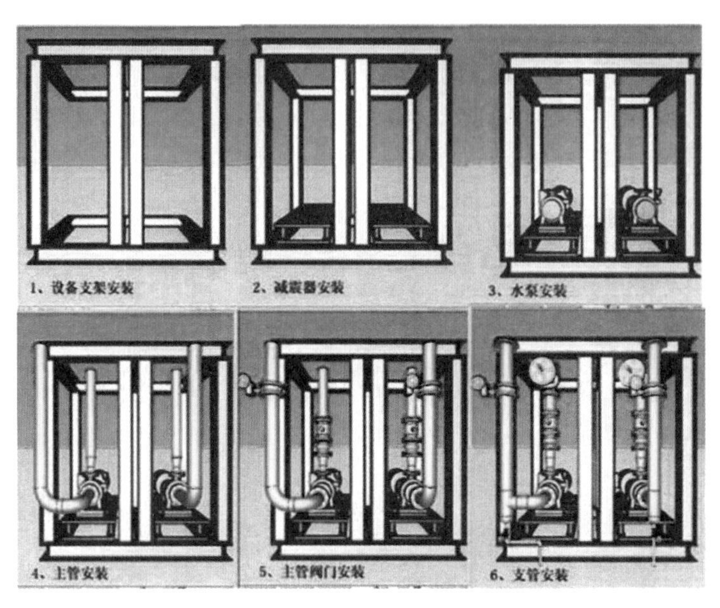

图 5-11　水泵安装流程

BIM 施工工序模拟图：

将已经完成的 Revit 结构模型以及场地模型导入到 NavisworksManager2014 软件中，根据项目施工组织计划方案对项目进行动态的施工仿真模拟，在虚拟模型中未建先试，将各构件的进场时间顺序、吊装顺序等输入到 Navisworks 中进行施工模拟，对标准层吊装的每一个步骤进行精细化模拟仿真，查找项目施工中可能存在的动态干涉，从而提前规划起重机位置及路径，并优化构件吊装计划，使吊装过程更加有序、科学，最终生成施工指导视频，让施工人员提前掌握施工细节，更加直观地了解施工工序。在模拟的过程中我们可以查看任一时间段的施工状态，并且可以发现施工组织过程中的纰漏，及时调整施工进度计划，避免在实际施工过程中由于时间安排的不合理而致使各工种、各专业、各工序配合上出现矛盾，从而导致怠工、窝工现象，影响项目工期。通过对本项目的可视化施工模拟，优化了施工工序，保证了各施工阶段的顺利进行。

3．BIM 用于材料采购

工程材料的采购是否及时合理对项目的质量和工期具有重要的影响。材料供应不足会导致窝工甚至停工，影响工期，材料供应过多会造成现场材料的管理困难，放置太久的材料可能会影响美观甚至直接影响工程质量（如水泥、钢筋）。无计划采购或计划不周，造成工程材料数量、质量、规格、型号与现场实际需要不符。管理不严，保管、运输不当造成工程材料损坏、变质、丢失和报废。

工程建筑材料的采购在工程项目实际操作中具有非常重要的地位。能否进行高效的工程材料采购关系到是否能够有效降低工程项目的成本，也进一步关系到工程项目建成以后的经济效益，采购成本在工程项目总成本中一般要占到 60% 左右，是工程项目费用监控的重要内容之一。在满足工程项目建设需要的基础上，找到质量最好、价格最低的材料是从事建筑材料采购工程的主要目标，然而在实际的工程项目材料采购的过程中要很好地实现这一目标不是一件容易的事。但是，我们可以在采购的过程中通过对工程项目材料采购的每一个流程的每一个环节严格控制，从而达到降低工程材料采购成本、保证工程质量，使工程项目资金的使用达到合理的配置的目标。

BIM 模型的应用为材料采购减轻了负担。材料采购除了要看进度计划对各里程碑时间点的要求和总进度计划要求外，重要的是工程量。一般该工作由手工完成，烦琐、复杂而且不精确，在通过 BIM 软件平台的应用后，这项工作变得简单易行。利用信息模型，通过软件平台将数据整理统计，可精确核算出各阶段所需材料用量，结合国家颁布的定额规范及企业实际施工水平，就可简单核算出各阶段所需的人员、材料、机械用量。通过与各方充分沟通和交流建立 4D 可视化模型和施工进度计划，方便采购部门及施工管理部门为各阶段工作做好充分的准备（见图 5-12）。

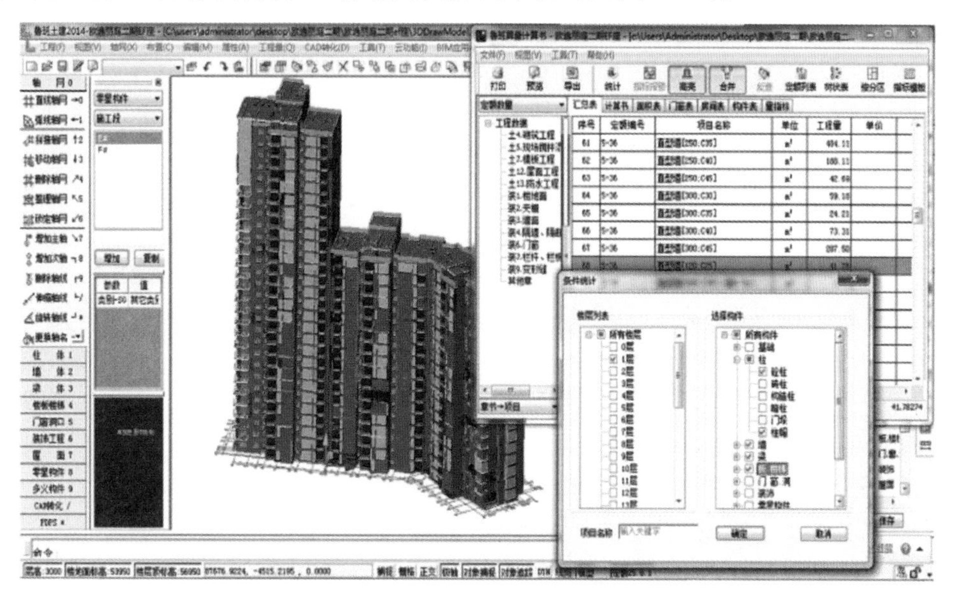

图 5–12

BIM 团队通过 BIM 模型拉取各专业材料明细清单，对项目部材料员进行材料明细交底，商讨制定现场材料申报流程管理，做到每日数据规整，整合材料使用情况、损耗情况等相关数据，上传至 BIM 模型（见图 5-13）。

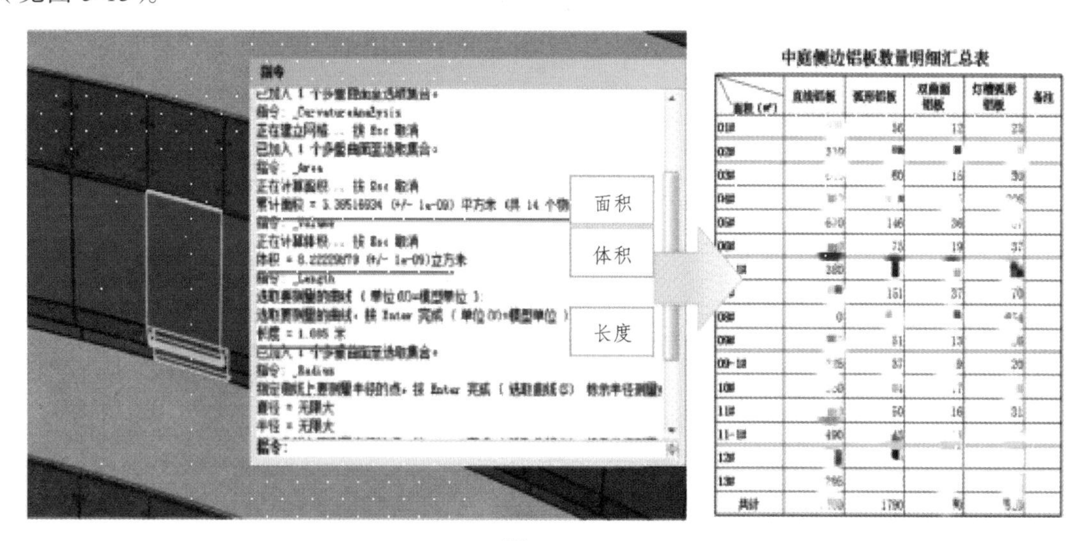

图 5–13

4．BIM 用于场地布置

施工场地布置是项目施工的前提。合理的布置方案能够在项目开始之初，从源头减少安全隐患，是方便后续施工管理、降低成本、提高项目效益的重要方式。根据近年来中国建筑统计年鉴的统计，建筑单位的利润仅占建筑成本的 3%～4%。如果能从场地布置入手，不仅能给施工单位带来直观的经济效益，且能同时加快进度，最终达到施工方与其他参与各方共赢的结果；随着我国经济的不断发展，各种新技术新工艺等不断涌现，建设项目规模不断扩大，形式日益复杂，对施工项目管理的水平也提出了更高的要求。所以施工场地布置迫切需要得到重视。

传统二维模式下静态的施工场地布置是由编制人员在编制投标文件的施工组织设计时，基于对该项目特点及施工现场环境情况的基本了解，依靠经验推测对施工场地各项设施进行布置设计，而进行实际场地布置的却是现场的技术负责人等，他们往往并不会认真参考之前的场地布置方案设计，而是依据现场情况及自己的施工经验指导现场的实际布置。因为是凭经验和感觉，所以很难分辨其布置方案的优劣，更不能在早期发现布置方案中可能存在的问题。而且施工现场活动本身是一个动态变化的过程，施工现场对材料设备机械等的需求也是随着项目施工的不断推进而变化的，这种普遍采用的不参照项目进度进行的静态布置方案，很有可能随着项目的进行，变得不适应项目施工的需求。这样一来就得重新对场地布置方案进行调整. 再次布置必然会需要更多的拆卸、搬运等程序，需要投入更多的人力物力，进而增加施工成本，降低项目效益。布置不合理的施工场地甚至会产生施工安全问题。所以传统的静态的二维的施工场地布置方法在一定程度上已经不适应新的需求了。

建筑信息模型（BIM）是以建筑信息集成为理念的建设行业新的技术方法，其主要特点是建造具有项目信息数据的建筑模塑，并运用这些信息数据支持项目决策、项目设计、项目施工等。先将项目进行动态划分，在此基础上对各阶段分别进行不同的场地布置方案，然后通过 BIM 模型量化找出不同方案的潜在空间冲突，整合现有评价指标体系，最后运用灰色关联度分析模型对不同场地布置方案评价，由此选出相对最优的动态施工场地布置方案。具体研究思路如图 5-14 所示。

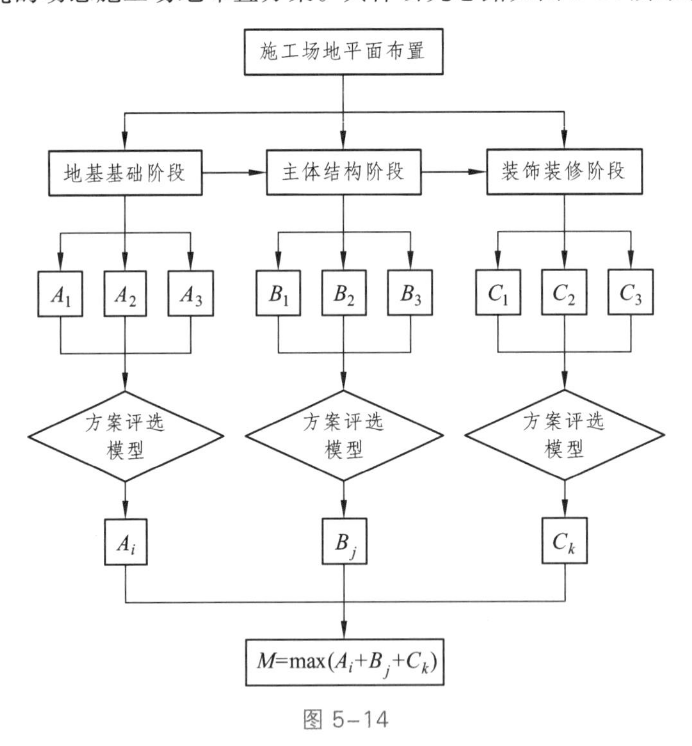

图 5-14

1）施工过程动态划分

为了对工程施工进行科学的管理，工程上普遍将工业与民用建筑施工项目分为地基与基础工程、主体结构工程、装饰装修工程、屋面工程、给排水及采暖工程、电气工程、智能建筑工程、通风与空调工程、电梯工程、节能建筑工程共十大分部工程。其中的地基与基础工程、主体结构工程以及装饰装修工程因为所需人力及材料等资源最多，且耗费时间最长，成为施工中的最主要的三个分部工程。通过对施工过程中的三个主要施工阶段分别进行场地布置方案设计，可达到相对动态的施工全过程方案布置的目的。项目的施工过程是动态的，随着项目的不断深入，项目的主要施工特征会发生变化，对资源材料人

力的需求也会随之改变。选择这三个分部工程是因为其所需人力及材料等资源最多，且耗费时间最长，但却有着各自不同的施工特点。各自不同的施工特点决定了每个不同阶段需要有与之相适应的场地布置方案。针对施工场地静态布置可能与动态施工活动不符的问题，从施工全过程的角度出发考虑施工场地的布置方案，就要根据施工进度的推进，动态地针对不同的施工阶段进行场地布置。

2）施工各阶段的主要施工特征及布置特征

三大主要分部工程是按结构形式、工程部位、构件性质、使用材料、设备种类等的不同而划分的工程项目，每一部分都具备其特有的施工特征，对各种资源的需求也存在显著不同，根据各阶段特征及需求，对三个阶段分别进行场地布置方案设计。通过咨询专家意见以及施工现场的调查，可得出各阶段施工所需的主要场地布置特征如表5-1所示。

表5–1

施工阶段	主要施工特征	所需主要资源	场地布置特征
地基与基础阶段	土方量大，地基承载力较弱	土地	可供利用的土地相对较少
主体结构阶段	施工工艺相对重复性大，需要的材料种类繁多	模板、钢筋、混凝土需要量大	可利用土地相对较充裕
装饰装修阶段	施工场地混乱，但堆放材料较少	需要材料种类多，可存放于室内	场地布置更宽裕，外围材料堆放较少

3）对各阶段各方案下的空间冲突指标进行量化

施工场地动态布置方案就是考虑施工项目不同施工阶段的不同资源需求和施工特点，找出其不同的布置需求，对不同的施工阶段分别进行针对性布置。为了更好地进行场地的布置，需要进行场地布置的多方案评选。而要评价一个项目的场地布置方案的优劣，要考虑多方面的因素。通过对以往论文资料等的搜集，可以总结出主要因素包括设施费用、占地利用率、场内运输和施工效率、施工安全等，通过分析可以看出，目前已有文献对前四个因素进行了深入的量化研究，但对影响施工较大的空间冲突问题涉及较少。因此，动态布置方案下空间安全冲突问题将是研究重点讨论的问题。空间安全冲突主要指施工过程中具有动能，或活动中的机具设备与人员的工作空间发生冲突因而产生危险，例如，工程车辆行驶时与其他机具的冲突。空间冲突主要指施工机械在运行过程中与施工场地内的永久、临时建筑、材料堆场等的冲突。首先建立带有场地布置的BIM模型，将模型进行施工模拟，找到产生冲突的关键位置，再针对关键位置进行施工车辆与周围建筑物、材料堆场等的冲突检测，便得到该施工阶段下该场地布置方案下产生的空间安全冲突指标值。

4）动态布置方案评估

建立方案评价指标体系：对施工场地布置方案的评估，综合考虑施工设施费用、施工占地利用率、施工场内运输量、施工管理效率、施工空间冲突五个指标。建立灰色关联度分析模型对指标体系进行量化运算。

选择该方法是因为灰色关联分析是一种新的因素分析方法，它通过对系统的动态变化过程进行量化分析，从而判断系统各因素之间的相关度，是一种结合定性与定量的分析方法。它能从某种程度上弥补数理统计中很多其他方法的缺点，分析结果可靠，尤其是对本研究而言，具有独特优势。本研究中也是需要通过对各个因素进行量化分析，选出各指标集合相对最优的方案。因此，灰色关联分析法是很实用的分析方法。灰色关联分析的原理是依据序列曲线几何形状相似程度来判断其关联是否紧密。曲线越接近，相应序列的关联度就越大，反之越小。由于关联度仅仅反映了曲线上各点的相似程度，不能反映整体的接近程度，故在构造初值时，省略初值零像化，以原始值进行处理得到指标序列。利用关联分析法，研究实际关联程度，再由专家打分，选出最优方案（见图5-15）。

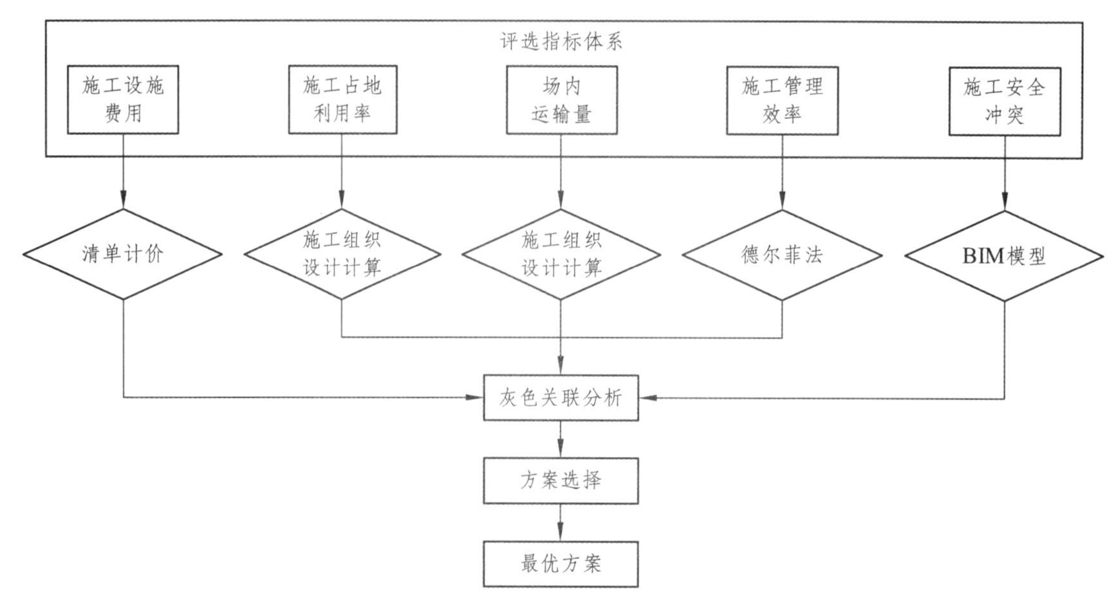

图 5-15 方案评选模型

BIM 工具对施工场地进行布置，可以全方位、多角度检查施工现场平面图的各专业场地、道路、设备、临时用房等与建筑工程在各施工阶段的关系，通过漫游等功能，及时发现现场平面布置图中出现的碰撞、考虑不周到的地方，确保现场平面布置满足工程施工需求，且不影响工程施工进度、质量、安全。作为 BIM 技术的应用点之一，BIM 工具在施工现场平面布置中的运用在工程投标、施工阶段得到了广泛的应用。

BIM 技术在公司施工现场布置中的应用照片见图 5-16。

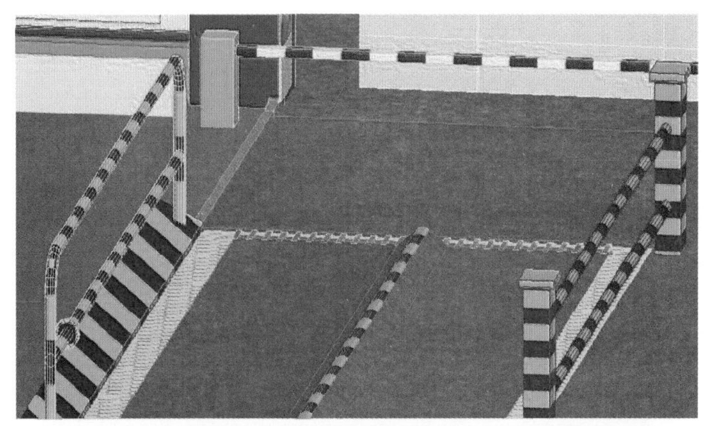

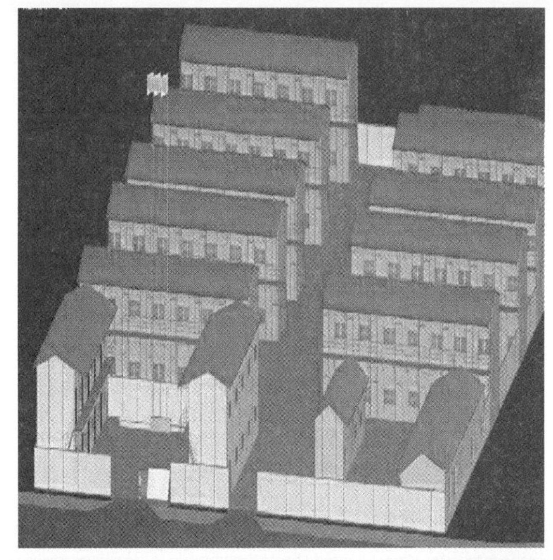

图 5-16　BIM 技术在施工现场布置中的应用

5．BIM 用于碰撞检查

碰撞检查对减少施工中材料的浪费、减少返工、提高管道及管件的安装效率具有重要意义（前面的章节已详细介绍，此处不赘述）。

6．BIM 用于参数复核

在工程完成之后对采用的重要设备进行参数复核。材料设备安置之后对材料信息的复核是个很麻烦的事情，传统的参数复核是施工人员拿着材料单和设计说明到现场一项一项地进行复核，既耗费时间和精力，还不能保证复核的准确性。

利用 BIM 技术，我们可以将模型上传到 BIM360 等移动终端上，施工人员只需要带一个 iPad 到现场，将现场的设备信息和模型的设备信息进行比对就可以了，大大减少了参数复核的难度。

7．BIM 用于竣工图的生成

1）竣工图的意义

建筑工程产品形体大，一般都含有隐蔽工程。建筑工程竣工图是设计信息的反馈，不同于设计图，它最能真实、准确、系统地反映工程实体，就像工业产品的说明书，产品使用、维修管理离不开它。由于建筑工程隐蔽部位较多，不能像有些机械、仪表产品那样，使用过程中有什么问题，可以拿来给技术人员看看，也可以拆开检查维修，这些常常是建筑工程所办不到的，要解决问题就只得靠竣工图及竣工资料。因此，在对建筑工程和地下设施进行科学管理的过程中，竣工图就显得十分重要。

建筑工程建设周期长，使用和维护管理时间长，这就需要妥善保存建设过程中各阶段形成的文件材料，当进行下阶段施工或遇到问题时，都需要查找已经形成的图纸资料。一般说建筑工程是百年大计，使用、维护和管理不是一代人的问题，我们不可能靠当事人的记忆去解决工程出现的各种问题，后人只有靠竣工图及有关竣工资料去研究处理。所以说，编制竣工图、收集整理竣工资料并将其保管好，这是一项存储信息财富、造福子孙后代的大事。

各项工程建设都是在一个特定的地域内进行的，工程项目之间具有密切的相关性。工程建设单位在组织设计和现场勘察时，必须了解相邻工程的状况，这样才能统筹规划和正确处理各项工程在水平和竖直方向的关系。

2）竣工图的作用

（1）在新建、改建、扩建、恢复工程中的作用。

一项工程在开始建设时，一般要通过实地调查和查阅原工程图纸来了解周围工程的情况，特别是在铺设地下管线或进行维修时，一定要通过竣工图来掌握原地下管线的走向、管径、标高和转折点、交叉点的详细位置，否则是无法进行的；改建、扩建工程，由于是在原有工程基础上进行的，因此也只有通过工程竣工图查明原建筑物的结构情况，此项工作才得以实现。如某水厂将平流沉淀池改建为斜管沉淀池，就利用了原工程竣工图纸，使改建工程顺利进行，改建后日供水量增加 10 万吨，比新建一个日供水 5 万吨的沉淀池节约投资 300 万元，并提前两年半供水；再如某体育馆改造工期很紧，体育馆是 1976 年后，边设计边施工的，查找不到任何竣工图，在设计院找到了设计图，按图改造，图形和实物不符，造成很大损失。因自然灾害、战争或人为灾害等原因，原建筑或设施，遭到部分或全部破坏，在救灾和恢复过程中，也是需要利用竣工图的，否则必然产生严重的后果。如某城市油库大火，由于不能及时提供系统的管道竣工图，延误了抢救时间，造成了严重的经济损失，后来不得不舍近求远，从外地设计部门调来了原管道图纸，并对地下输油管道采取分段隔离的应急措施，才使大火得以扑灭，这个教训很深刻。

（2）在城市规划、建设、管理工作中的作用。

竣工图不仅在城市规划、建设、管理中是重要的依据和凭证，而且在城市规划、建设、管理中也是不可缺少的基础资料。现代工业的发展决定了现代化城市已成为多功能、多层次、多因素的综合有机体，随着城市的发展，城市的主体化程度越来越高，地面建筑星罗棋布，地下管线密如蛛网，各种隐蔽工程越来越多。在这错综复杂的有机体里需要加强综合协调和管理，为此，就需要借助于竣工图了解各项建筑工程之间的相互关系，根据城市规划的总体要求，安排好各项建设的总体布局，以协调工程项目计划与城市规划的关系，协调工程项目的规模与城市基础设施的关系，协调单项工程与群体的关系。只有通过严格的统一管理，方能使城市建设有条不紊。否则，就会造成混乱、比例失调，后患无穷。在这些协调管理中，建筑工程竣工图及工程资料起到了保证作用。在详细规划设计时，也需要掌握有关资料，以便研究道路断面和标高，研究建筑物间距、层数和造型，具体布置公共建设、绿地和综合管线，合理安排交通等。

（3）在信息交流中的作用。

由于竣工图详细地反映了城市建设各项活动在各个发展阶段中的设计思想，以及建筑材料、施工技术中的最新成果，因而是一种重要的信息资源。它可以在技术交流中发挥重要的作用，而且可以为城市科研、历史考证、编史修志提供必要的信息。

综上所述，竣工图的编制是工程建设中的一个重要环节，也是贯彻全过程的一项持续性的基础工作。它所具有的与建筑实体相符合的真实性，是其他图纸所不能替代的，这就是为什么不能用施工图代替竣工图的根本原因。由于施工图不能准确反映施工现状，在设计或施工发生更改之后，图纸没有进行相应更改，会给日后管理带来困难，甚至造成不应有的损失。同样，也不能用变更通知单、技术核定单或隐蔽工程验收记录来代替竣工图的编制，这样在查阅资料时很不直观，也不方便。如果变更资料不全或有散失，查档者并不了解，还容易造成贻误和损失。有些变更通知是用文字描述的，理解文意不同，也容易造成差错。因此，为了在原有基础上更好地建设和发展现代化城市，我们应进一步提高认识，有责任把竣工图编制好，使其发挥更大的作用。

3）竣工图的绘制

（1）利用施工蓝图改绘竣工图。

在施工蓝图上一般采用杠（画）改、叉改法；局部修改可以圈出更改部位，在原图空白处绘出更改内容；所有变更处都必须引画索引线并注明更改依据。具体的改绘方法可视图面、改动范围和位置、繁简程度等实际情况而定。

① 取消、变更设计内容。

尺寸、门窗型号、设备型号、灯具型号、钢筋型号和数量、注解说明等数字、文字、符号的取消，可采用杠改法。即将取消的数字、文字、符号等用横杠杠掉，从修改的位置引出带箭头的索引线，在索引线上注明修改依据，例如“见××年××月××日设计变更通知单，×层结构图（结2）中Z15（Z16）柱断面图取消”。

隔墙、门窗、钢筋、灯具、设备等的取消，可用叉改法和杠改法。例如6层⑧轴线隔墙取消，可在各墙的位置上打“×”；再如要把窗C602改为C604，可在门窗型号及相关尺寸上打“杠”，再在其“杠”的上面标写C604，并从修改处用箭头索引引出来，注明修改依据。

② 增加、变更设计内容。

在建筑物某一部位增加隔墙、门窗、灯具、设备、钢筋等均应在图上绘出，应注明修改依据。

其绘改方法，可将增加的钢筋画在该剖面要求的位置上，并注明更改依据。

③ 当图纸的某个部位变化较大，或不能在原位置上绘改时，可以采用绘制大样图或另补绘图纸的方法。

• 画大样图的方法。在原图上标出应修改部位的范围后，再在其空白处绘出修改部位的大样图，并在原图改绘范围和改绘的大样图处注明修改依据。

• 另补绘图纸的方法。如果原图纸无空白处，可另用硫酸纸绘补图纸并晒成蓝图，或用绘图仪绘制白图附在原图之后，并在原修改位置和补绘的图纸上均应注明修改依据。补图要有图名和图号。

具体的做法：在原图纸上画出修改范围，并注明修改依据和见某图（标明图号及图名）；在补图上也必须注明该图号和图名，并注明是原来某图（标明图号及图名）某部位的补图与修改依据。

（2）重新绘制竣工图。

如果需要重新绘制竣工图的，必须按照有关的制图标准和竣工图的要求进行绘制及编制。

① 要求重新绘制的竣工图与原图的比例相同，并且还应符合相关的制图标准，有标准的图框和内容齐全的图签，再加盖竣工图章。

② 用 CAD 绘制的竣工图，在电子版施工图上依据设计变更、工程洽商的内容进行修改，修改后用云图圈出修改部位，在图中空白处做 1 个修改备考表，并且在其图签上必须由原设计人员签字。

（3）在原硫酸纸上依据设计变更、工程洽商等内容用刮改法进行绘制，即用刀片将需更改的部位刮掉，再用绘图笔绘制修改内容，并在图中空白处做修改备注表，注明变更、洽商编号（或时间）和修改内容，晒成蓝图。

（4）竣工图加写说明。

① 凡是设计变更、洽商的内容在施工图上修改的，均应用绘图方法改绘在蓝图上，不再加写说明，如果修改后的图纸仍然有内容无法表示清楚，可用精练的语言适当加以说明。

② 图上某一设备、门窗等型号的改变，涉及多处修改时，要对所有涉及的地方全部加以改绘，其修改依据可注明在一个修改处，但需在此处做简单说明。

③ 钢筋的代换，混凝土强度等级的改变，墙、板、内外装修材料的变更以及由建设单位自理的部分等，在图上修改难以用作图方法表达清楚时，可加注或用索引的形式加以说明。

④ 凡是涉及说明类的洽商，应在相应的图纸说明中使用设计规范用语反映洽商内容。

4）利用 BIM 生成竣工图

了解完竣工图的绘制方法和步骤，是不是觉得很麻烦，在工程要做完了的最后阶段还要把所有的设计变更找出来和原来的施工图相比较，哪些地方进行了变动，变成了什么样子，一一进行对照，还要到现场进行复核（见图 5-17）。

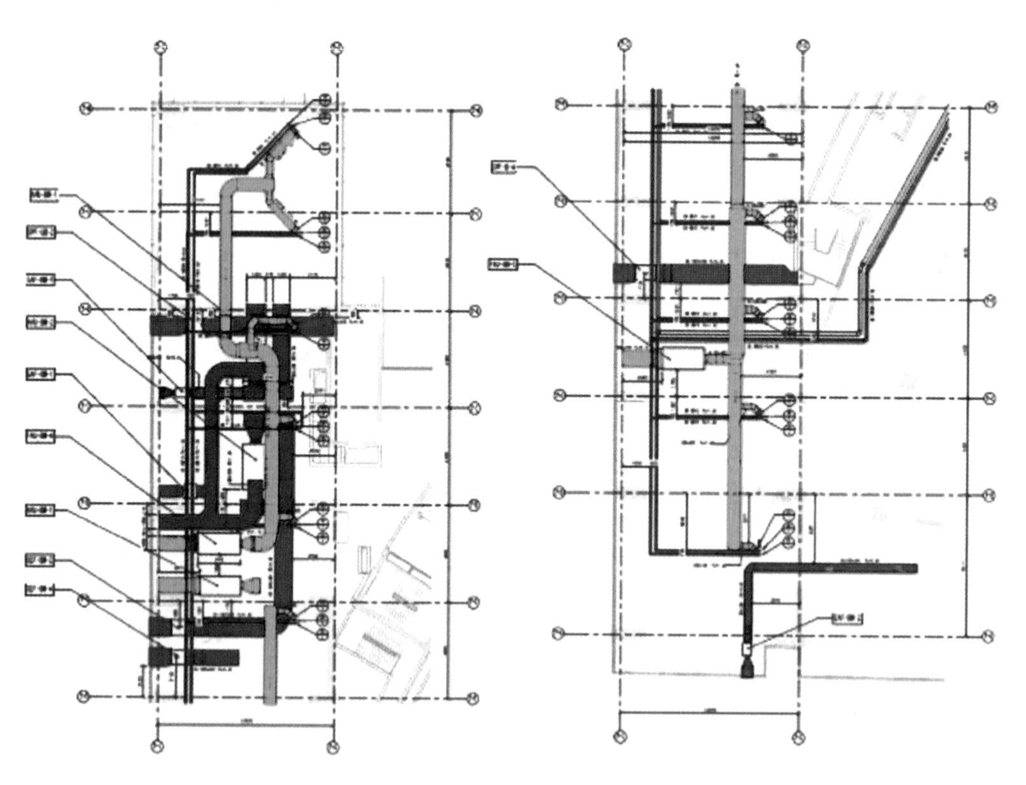

图 5-17　某管道工程竣工大样图

通过之前建立的 BIM 模型可以很轻松地解决这些麻烦事。BIM 模型是随着设计变更和现场签证变化的，当工程竣工时，我们得到的模型就已经是一个竣工模型了。将每一层的模型投影到平面得到的平面图就是竣工图的平面图。

5.3　BIM与成本管理

>> 5.3.1　成本管理的概念及作用

成本管理是指企业生产经营过程中各项成本核算、成本分析、成本决策和成本控制等一系列科学管理行为的总称。成本管理一般包括成本预测、成本决策、成本计划、成本核算、成本控制、成本分析、成本考核等职能。成本管理是充分动员和组织企业全体人员，在保证产品质量的前提下，对企业生产经营过程的各个环节进行科学合理的管理，力求以最少的生产耗费取得最大的生产成果，从而实现成本计算和成本控制的目标。

成本计算的目标是为所有信息使用者提供成本信息，包括外部和内部使用者。外部信息使用者需要的信息主要是关于资产价值和盈亏情况的，因此成本计算的目标是确定盈亏及存货价值，即按照成本会计制度的规定，计算财务成本，满足编制资产负债表的需要。而内部信息使用者利用成本信息除了了解资产及盈亏情况外，主要是用于经营管理，因此成本计算的目标即通过向管理人员提供成本信息，借以提高人们的成本意识，通过成本差异分析，评价管理人员的业绩，促进管理人员采取改善措施；通过盈亏平衡分析等方法，提供管理成本信息，有效地满足现代经营决策对成本信息的需求。成本控制的目标是降低成本水平。在历史的发展过程中，成本控制目标经历了通过提高工作效率和减少浪费来降低成本、通过提高成本效益比来降低成本和通过保持竞争优势来降低成本等几个阶段。到现在，在竞争性经济环境中，成本目标因竞争战略而不同。成本领先战略企业成本控制的目标是在保证一定产品质量和服务的前提下，最大程度地降低企业内部成本，表现在对生产成本和经营费用的控制。而差异化战略企业的成本控制目标则是在保证企业实现差异化战略的前提下，降低产品全生命周期成本，实现持续性的成本节省，表现为对产品所处生命周期不同阶段发生成本的控制，如对研发成本、供应商部分成本和消费成本的重视和控制。

成本管理是企业管理的一个重要组成部分，它要求系统而全面、科学和合理，它对于促进增产节支、加强经济核算、改进企业管理、提高企业整体管理水平具有重大意义。要搞好成本管理和提高成本管理水平，首先要认真开展成本预测工作，规划一定时期的成本水平和成本目标，对比分析实现成本目标的各项方案，进行最有效的成本决策。然后应根据成本决策的具体内容，编制成本计划，并以此作为成本控制的依据，加强日常的成本审核监督，随时发现并克服生产过程中的损失浪费情况。在平时要认真组织成本核算工作，建立健全成本核算制度和各项基本工作，严格执行成本开支范围，采用适当的成本核算方法，正确计算产品成本。同时安排好成本的考核和分析工作，正确评价各部门的成本管理业绩，促进企业不断改善成本管理措施，提高企业的成本管理水平。要定期积极地开展成本分析，找出成本升降变动的原因，挖掘降低生产耗费和节约成本开支的潜力。

>> 5.3.2　传统成本管理的难点

成本管理是一个全员全过程的管理，也是一项多部门多环节的复杂活动。但目前国内建设领域对成本管理概念认识不清晰，工程组织人员只负责施工生产，材料管理人员只负责材料的采购，并没有将成本管理的概念贯穿至工程的各个环节，造成了严重的低效率。目前成本管理工作中，网络技术、信息管理等的高科技手段应用较少，软件的应用仅限于工程量的计算和造价计算。大部分施工企业在竣工结算时才考虑成本问题，缺乏科学的事前成本预测和决策、严格的事中成本控制以及事后考核分析，无法及时更新在生产经营过程中出现的数据信息，并采取应对措施，导致企业经济效益流失。以及成本管理体系十分混乱。材料浪费，盲目采购，检查、验收、领用控制不严，成本核算混乱、账目不清晰，各环节相分离等现象在成本管理和造价核算中可以说是普遍现象。没有建立起科学的严格的成本控制体系，也是目前成本管理效率低、成果低的重要原因。总体来说，目前传统的成本管理有待解决的问题如下：

一是数据量大。传统的成本对比分析需要人工将合同收入、计划成本和实际成本按照成本项目进行大量的分摊与拆分，即使是通过成本管理系统对成本分摊和拆分进行智能化处理，但仍然需要人工录入大量的数据。每一个施工阶段都牵涉大量材料、机械、工种、消耗和各种财务费用，每一种人、材、机和资金消耗都统计清楚，数据量十分巨大。工作量如此巨大，实行短周期（月、季）成本在当前管理手段下，就变成了一种奢侈。随着进度进展，应付进度工作自顾不暇，过程成本分析、优化管理就只能搁在一边。

二是牵涉部门和岗位众多。实际成本核算，当前情况下需要预算、材料、仓库、施工、财务多部门多岗位协同分析汇总提供数据，才能汇总出完整的某时点实际成本，往往某个或某几个部门不能实行，整个工程成本汇总就难以做出。

三是成本分析的数据不够细化，且维度单一。传统的成本对比分析，通常是按照单位工程的人工费、材料费、机械费等成本项目进行统计对比分析，清单中的人、材、机等成本信息从技术上很难与具体的构件一一对应。因此，传统成本分析的数据无法满足精细化成本分析的要求，也难以通过分析报表发现分项工程或工序的成本问题、准确发现成本超支的具体原因。

四是消耗量和资金支付情况复杂。材料方面，有的进了库未付款，有的先预付款未进货，有的用了未出库，有的出了库未用掉；人工方面，有的先干未付，有的预付未干，有的干了未确定工价；机械周转材料租赁也有类似情况；专业分包，有的项目甚至未签约先干，事后再谈判确定费用。情况如此复杂，成本项目和数据归集在没有一个强大的平台支撑情况下，不漏项做好三个维度的（时间、空间、工序）的对应很困难。

五是缺乏过程中的成本控制，多为事后成本分析。传统的成本对比分析偏重于以合同为主线的财务分析，经常是在项目结束或者是阶段性施工完成后才进行成本统计和分析工作，对过程中的成本控制帮助较小。

面对传统成本管理的众多缺陷，BIM 作为最能推动建设管理方式改革的理念，针对目前成本管理存在的问题能够有效的改进。

>> 5.3.3 BIM 运用于成本管理中的效果

随着高科技信息技术的推广和应用，工程施工技术有了快速的发展，各种数据信息的处理效率变得越来越高，推动了施工技术水平的信息化发展。市场经济体制下，BIM 技术的发展满足了建筑行业的施工需求，使工程工期和施工成本得到有效控制，解决了建筑施工中的很多问题，促进了施工工作效率的不断提高。近年来，针对 BIM 技术在工期和成本控制中的应用，运用 BIM 技术进行三维建筑建模和 4D 模拟，是建筑行业中的重点研究对象，国家给予了高度重视，以促进建筑施工技术水平的不断提升。

BIM 技术是基于 IFC 标准的面向对象的参数化设计理论，在建筑行业中，可以充分运用于建筑施工成本和工期的有效控制，以提高施工管理水平，促进建筑工程施工技术的不断创新。目前，我国对施工管理系统的研究，运用了 IFC 标准数据集成与交换、4D 建模与集成建筑，实现了以 WBS 为核心的 4D 集成化施工管理和可视化平台等，促进我国建筑施工管理技术的国际化发展。

“BIM 成本控制解决方案”的核心内容是利用 BIM 软件技术、造价软件、项目管理软件、FM 软件，创造出一种适合于中国现状的成本管理解决方案。首先定义一套通用编码标准，用于解析各种软件和体系的编码。整体解决方案包含了设计概算、施工预算、竣工决算、项目管理、运营管理等所有

环节成本管理的模块，构成项目总成本控制体系，进一步成为甲方的项目 TCO。其价值点有：

设计：由设计院制作 BIM 模型提交，作为所有各方建模的基础（设计院中间件 + Revit）；

施工：采用基于 BIM 的工程量清单招标，要求乙方全部采用 BIM 投标（基于 FM 的招标条件 + 预算中间件 + 算量软件），施工概预算的信息都写入 BIM；

PM：要求项目管理单位全面采用 BIM-WBS 中间件（项目管理中间件 + 普华软件），便于将来运营时回溯建筑构件的历史信息；

FM：要求运营单位全面采用 BIM-FM 中间件（FM 中间件 + Archibus），直接将 BIM 携带的建筑信息全部留给运营阶段，实现 BIM 价值的最大化；

办公家具设备采购：将采购信息全部纳入到 BIM 模型中，提交给甲方的管理部门，联合 Archibus 软件进行长期管理。

项目成本控制是一个复杂的大系统，要整合各方面资源，形成合力，把各子系统纳入到大系统中，系统永远大于子系统之和。其具体在成本管理中的应用体现在下面几个方面：

1．BIM 技术在建筑设计阶段的成本管理与应用

任何建设项目在设计过程中都会由于各种因素导致设计变更，通常设计变更往往不仅会浪费时间，延迟工期，而且还会增加大量的工程成本费用。当传统的建筑设计出现设计变更时往往修改很复杂，需要花费大量的人力和精力，因为传统的建筑设计都是采用二维的建筑设计方式，它里面所设计出来的各项构件信息都是相互独立的，因此如果我们想要修改某个构件信息，比如修改卫生间的一个门尺寸，那么不仅建筑平面图上相应位置的门尺寸需要修改，而且包含有这个门尺寸信息在内的所有图纸都需要修改。这些修改过程不仅很烦琐而且还很容易出错，同时也会大量增加工程的成本费用。然而用 BIM 技术就能很好地解决上述难题，用 BIM 技术做建筑设计可以彻底改变用传统的二维设计方法所带来的设计构件信息独立分裂等问题，因为 BIM 三维信息模型能提供一个综合的集成信息平台，它能够将整个建筑全寿命周期内所有信息包含在内供随时查阅和修改，而且 BIM 技术所采用的信息存储数据方式都是整体的、唯一的。当我们想要修改设计当中的某个构件信息时，只需修改任何一幅图当中的这个构件信息，相应的其他各个设计图中的这个构件信息就会自动一起更改过来，就不用像传统的二维设计一样每幅图一一逐字去更改，这样就节省了大量的时间，相继也节省了大量的工程成本费用。同时，用 BIM 技术也可以全面检查出设计问题，我们可以根据设计施工图进行 BIM 的三维建模，在建模过程中就可以根据建出来的三维模型查找设计图纸中的错误之处，提早通知设计师们做更改，也就避免了在施工时再做设计变更所造成的成本费用增加等麻烦。

2．BIM 技术在建筑施工阶段的成本管理与应用

传统的施工进度计划表通常采用的是 3D 模拟的，它不会因项目的计划和实际的完成情况而变化，而且这个施工进度计划大部分都是凭借施工管理人员的经验来确定的，所以其统计的工程量和施工人员安排数、材料的总量与实际值或多或少会存在一些偏差，在实际施工中不可避免会造成工程成本的增加。然而 BIM 技术却在原来的 3D 模拟基础上增加了一个时间因素，通常将其称为“4D 施工模拟”，它既可以表示计划的变化情况，又可以表示实际已完成的变化情况，在 4D 模型图中可以同时表示已建、待建、延误等信息。这个模型图也十分直观、形象、易懂，所以一直深受业主方的一致好评。应用 BIM 技术所做的施工进度计划通常是比较精确有依据的，它可根据 BIM 软件精确地计算出施工各阶段所需要的材料用量，然后根据国家规范等精确计算出各阶段需要安排的施工人员数、机械用量等，这样就既可以避免由于施工人员不足、材料总量不足，施工单位不得不临时增加施工人员或补进施工材料等增加的施工成本，又可以避免由于计划的施工人员过多造成的人员窝工和由于材料总量过多造成的浪费。这对于施工企业来说同样也会造成施工工程成本的增加，不利于其施工工程的成本管理。基于上述的问题，在过去的 3D 模型基础上，就必须通过 BIM 应用，将进度、预算、资源、施工组织

等关键信息集成进来，让项目管理人员在施工之前提前预测项目建造过程中每个关键节点的施工现场布置、大型机械及措施布置方案，还可以预测每个月、每一周所需的资金、材料、劳动力情况，提前发现问题并进行优化。广联达的 BIM5D 产品实现的施工模拟，能应用于项目整个建造阶段，真正做到前期指导施工、过程把控施工、结果校核施工，拒绝信息的割裂，从而实现项目的精细化管理。

3．BIM 技术在建筑运营和维护阶段的成本管理和应用

整个建筑项目的信息在经历了设计、施工阶段之后，到运营和维护阶段其信息累积得最多，然而这些累积的信息对于将来项目的运营维护的成本管理都很重要。但是用传统方法做的建筑项目，项目不同阶段的参与者们往往只关注自己目前所需求的信息，这样就造成了很多信息不断遗失又不断新建，这种重复过程不仅会浪费大量的劳动力，还会大量增加工程成本费用。然而用 BIM 技术做的项目在任何阶段不论当前是否需要这些信息，它都会完整地记录下来，并且一直累积存储着，这就避免了上述麻烦。BIM 在后期的建筑设备维护和成本管理方面也发挥着重要的作用，以前当建筑设备出现问题或者需要维护时很难找到所需要的设备原始信息，不是因为这些信息数据已经丢失了，而是由于以前没有按一定的组织关联顺序存放。自从 BIM 技术引进之后，这些问题都迎刃而解了，因为在 BIM 建筑设备维护管理系统中，建筑设备的所有相关信息都与 BIM 模型完全一一对应，如果我们想查找建筑设备的某些信息，直接点击 BIM 模型相对应位置即可获得，同样我们也可以根据某些信息直接定位到 BIM 模型中，这样查找起来就很方便，同时也能节省很多时间和工程成本。引用 BIM 技术还可以为设备的维护和检修制订详细的计划，通过 BIM 模型时时刻刻监测设备的运行情况，看其运行执行情况与我们制订的计划是否相匹配，随时修改我们的计划以确保设备能正常高效的运行，这样就可以节省大量人工检测和保修费用。

4．BIM 在成本管理中的优势

（1）快速精确的成本核算。

BIM 是一个强大的工程信息数据库。进行 BIM 建模所完成的模型包含二维图纸中所有的位置、长度等信息，并包含了二维图纸中不包含的材料等信息，而这些的背后是强大的数据库支撑。因此，计算机通过识别模型中的不同构件及模型的几何和物理信息（时间维度、空间维度等），对各种构件的数量进行汇总统计。这种基于 BIM 的算量方法，将算量工作大幅度简化，减少了因人为原因造成计算错误，大量节约了人力的工作量和花费时间。有研究表明，工程量计算的时间在整个造价计算过程占到了 50%～80%，而运用 BIM 算量方法会节约近 90% 的时间，而误差也控制在 1% 的范围之内。将 Revit 三维模型直接用于算量的意义是当前 BIM 在工程造价管理应用中的重大突破。Revit 模型到算量模型导入率接近 100%，实现三维设计模型快速传递到造价、施工的 BIM 应用中，是业主方、设计方，施工方实现信息共享的关键一环。各应用阶段使用同一模型，信息的一致性确保了信息传递的准确性，既能够指导并实施于招投标、预结算，可提前开始算量和避免扯皮，又能够检验设计三维模型成果的准确性，为后续应用做质量检验。同时，算量阶段无须再次建模，工作量减少 50% 以上。

（2）虚拟施工及碰撞检查减少设计错误。

BIM 的一个重要应用点就是建模完成后的碰撞检查。通常在一般工程中，在建筑、结构、水暖电等各专业二维图纸设计汇总后，各方及总图工程师人工会审发现和解决不协调问题，该过程花费大量时间并且不能保证完全无失误。未发现的错误设备管线碰撞等引起的拆装、返工和浪费是成本大量花费的重要原因。而 BIM 技术中整合建筑、结构和设备水暖电等模型信息，能够彻底消除硬碰撞、软碰撞，检查和解决各专业的矛盾以及同专业间存在的冲突，减少额外的修正成本，避免成本的增加。另外，施工人员可以利用碰撞优化后的设计方案，进行施工交底、施工模拟，业主能够更真实地了解设计方案，提高了与业主沟通的效率。

（3）设计优化与变更成本管理、造价信息实时追踪。

在传统的成本核算方法下，一旦发生设计优化或者变更，变更需要进行审批、流转，造价工程师需要手动检查设计变更，更改工程造价，这样的过程不仅缓慢，而且可靠性不强。建筑信息模型依靠强大的工程信息数据库，实现了二维施工图与材料、造价等各模块的有效整合与关联变动，使得设计变更和材料价格变动可以在BIM模型中进行实时更新。变更各环节之间的时间被缩短，效率提高，更加及时准确地将数据提交给工程各参与方，以便各方做出有效的应对和调整。目前，BIM的建造模拟职能已经发展到了5D维度。5D模型集三维建筑模型、施工组织方案、成本及造价等3部分于一体，能实现对成本费用的实时模拟和核算，并为后续建设阶段的管理工作所利用，解决了阶段割裂和专业割裂的问题。

BIM通过信息化的终端和BIM数据后台使整个工程的造价相关信息顺畅地流通起来，从企业级的管理人员到每个数据的提供者都可以监测，保证了各种信息数据及时准确的调用、查阅、核对，使得管理人员对成本控制能力达到加强。

建设工程项目管理已经逐渐进入到全寿命周期和精细化管理的阶段，成本管理也向过程控制与全寿命周期控制进行转变，较短周期的造价核算与全寿命周期内实时的成本控制是工程成本精细化管理的进步的方向。BIM技术虽是一门新技术，但是它的应用已使整个建筑产业在工程成本控制方面发生了质的改变和飞跃。

>> 5.3.4 BIM应用于成本管理存在的问题

近年来，建筑行业随着城市的不断发展已经越来越重要，成为了我国经济发展的支柱行业，对于促进经济的可持续发展具有重要现实意义。BIM技术在工期和成本控制管理中的应用，大大提高了工程施工的工作效率，减低了施工成本，增强了工程工期的控制能力，使工期延误风险得到有效控制，在建筑施工中得到了广泛推广和应用。

利用BIM技术将问题前置，可以减少不必要的返工和浪费，大大节约成本。通过使用BIM技术实现施工模拟和碰撞检查，提前发现设计中的问题，并及时解决，这样可以减小施工难度，减少工程变更，从而控制造价，节约成本。但是BIM自身也存在着许多缺陷。

1. BIM技术自身的问题

由于缺乏软件和系统数据的互用标准，我国BIM技术主要是依靠引进国外的技术和软件技术规范，因此，存在与国内实际应用情况不相符的情况，使BIM技术在工期和成本控制管理中的应用受到严重影响。BIM软件技术的不成熟，使得软件运行和功能达不到平衡状态，从而无法进行最有效的工期与成本管理软件的交互，使管理系统的开发速度变得缓慢，严重影响建筑施工管理水平的不断提升。

2. 认识不够，管理制度不完善

由于受传统成本管理模式的影响，BIM技术在工期和成本控制管理中的应用没有给以大力的支持，政府管理人员对工期和成本管理的认识严重不够，没有对此给予高度的重视，从而导致管理制度的不完善，影响BIM技术在工期和成本控制管理中应用的有效性。建筑施工企业各部门只负责自己的本职工作，对成本管理的认识严重缺乏，忽略成本管理对企业长远发展的重要意义，从而导致BIM技术在工期和成本控制管理中的应用得不到有效推广，达不到提高管理水平的目的。

3．专业技术人才缺乏，技术水平低

BIM 技术在工期和成本控制管理的应用中，由于建筑施工单位的人员都来自不同的地方，文化差异较大，导致人员素质修养差，专业技术人员缺乏，给项目的施工造成了极坏的影响。企业没有注重 BIM 技术专业人才的吸收，没有进行有效的 BIM 技术的培训，导致建筑施工的 BIM 技术水平很低，无法达到提高施工工作效率的目的，致使企业管理水平得不到有效提升。

4．体制问题，施工管理组织不完善

建筑施工企业没有完善的管理制度，使得施工管理没有明文的规范标准，这严重影响了 BIM 技术在工期和成本控制管理中的应用。企业对施工工期的安排非常不科学，导致 BIM 技术在工期和成本控制管理中的应用不能规范化发展。

当然，BIM 技术还有待发展，但是基于 BIM 编制的成本管理建筑信息模型正在引发建筑行业一次史无前例的彻底变革。该模型利用数字建模软件，提高项目设计、建造和管理的效率，并给采用 BIM 的建筑企业带来极大的新增价值。同时，通过促进工程项目全生命周期各个阶段的知识共享，开展更密切的合作，将建造、施工和运营专业知识融入整个设计，建筑企业之间多年存在的隔阂正在被逐渐打破。毫无疑问，BIM 时代已经来临，围绕工程项目建设的所有公司都置身其中。建筑行业正步入历史上最伟大的变革时代。

5.4　BIM 与现场管理

一个工程项目从立项、规划、设计、审核、施工，到竣工验收、资料归档管理，整个流程环环相扣，任何环节都不能有丝毫闪失。其中，施工作为将设计意图转化为实际的过程，是其中至关重要的一环。在施工过程中，许多设计同实际情况有出入的问题以及以后使用维护相关的问题均会有所暴露。因此，加强施工现场管理至关重要。随着建筑技术的日益进步，施工现场的安全问题也一直面临着巨大的挑战。保障现场施工的安全是安全文明施工的需要，也是保障施工人员切身利益的需要。除此之外，项目的相关合同、信息以及现场材料、机械等准备工作均在现场管理范围之内。本节主要分析了施工现场主要的现阶段概况及存在的问题，通过结合 BIM 技术，提出能够解决现场问题的合理化方案。借助 BIM 技术在安全监控流程、施工现场布置、复杂建筑安全施工等方面的优势，达到安全交底、危险源提前预防、完善安全管理流程，实时把控现场动态、施工现场合理布置的目的。

>> 5.4.1　建筑施工现场管理的概念及内容

1．建筑施工现场管理的概念

所谓施工现场管理，就是运用科学的思想、组织、方法和手段，对施工现场的人、设备、材料、工艺、资金等生产要素，进行有计划的组织、控制、协调、激励，来保证预定目标的实现。其主要任务是针对施工队伍的特点，通过合理的组织施工，达到优质、低耗、高效、安全和文明施工的目的。

施工现场管理主要包括：施工现场材料管理、施工现场安全管理、施工现场进度控制管理、施工现场质量管理、施工现场技术管理、施工现场组织管理、施工现场的合同管理、施工现场的设备管理等。

2．传统建筑施工现场管理

1）平面布置与管理（前面章节有详细介绍，在此不赘述）

（1）施工现场的布置，是要解决建筑施工所需的各项设施和永久性建筑（拟建和已有的建筑）之间的合理布置，按照施工部署、施工方案和施工进度的要求，对施工用临时房屋建筑、临时加工预制场、材料仓库、堆场、临时水、电、动力管线和交通运输道路等做出周密规划和布置。

（2）施工现场平面管理就是在施工过程中对施工场地的布置进行合理的调节，也是对施工总平面图全面落实的过程。

2）材料与设备管理

材料管理：全部材料和零部件的供应已列入施工规划，现场管理的主要内容是：确定供料和用料目标；确定供料、用料方式及措施；组织材料及制品的采购、加工和储备，做好施工现场的进料安排；组织材料进场、保管及合理使用；完工后及时退料及办理结算等。

设备管理：现场施工所用的全部设备的运行位置范围以及设备的维护管理等。

基本流程：设材处根据项目部正常需求编制设备采购计划→工程部审核→总经理批准→设材处招标采购、验收、编号进入ERP设备总台账→项目部工程ERP调入现场管理→退库→根据使用年限和状况报废处理。

3）合同管理

现场合同管理是指施工全过程中的合同管理工作，它包括两方面：一是承包商与业主之间的合同管理工作，二是承包商和分包商之间的合同管理工作；现场合同人员应及时填写并保存有关签证方面的文件。

通过企业内部合同管理建立以合同管理为核心的组织机构，明确合同管理的工作流程，在管理过程中抓住“四个环节”将合同管理融入施工项目管理全过程，提高经济和社会效益，增强企业的实力实现生产经营的良性运行。合同签订后首先要由招投标中编制“经济标”和“技术标”的部门与工程项目施工合同管理部门进行技术交底。其次，由项目合同管理人员对各级项目管理人员、各工作小组负责人进行合同交底。通过技术交底使大家熟悉合同中的主要内容、各种规定、管理程序，了解施工单位的合同责任和工程范围。项目部合同管理人员应负责将各种合同事件的责任分解落实到各工作小组或分包商，使他们对各自的工作范围、责任等有详细的了解。通过层层合同责任分解，层层合同责任落实到人，使各工程小组都能尽心尽职。

重视合同文本分析及合同变更管理。合同文本分析主要包括两个方面。一是合法性分析，包括当事人是否具备相应资格、合同内容是否符合《合同法》和其他各种法律的要求。

二是完备性分析，包括构成合同文件的种种文件是否齐全、合同条款是否完备、对各种问题的规定有没有遗漏、合同用词是否准确、有无模棱两可或含义不清楚、对工程中可能出现的不利情况是否有足够的预见性。合同变更在工程实践中是非常频繁的，变更意味着索赔的机会，所以在工程实施中必须加强管理。合同管理工程师应该记录、收集、整理所涉及的种种文件如图纸、各种计划、技术说明、规范和业主的变更指令，并对变更部分的内容进行审查和分析，必要时还要进行更改。

4）质量管理（前面章节有详细介绍）

现场质量管理是施工现场管理的重要内容，主要包括以下两个方面的工作：

（1）按照工程设计要求和国家有关技术规定，如施工质量验收规范、技术操作规程等，对整个施工过程的各个工序环节进行有组织的工程质量检验工作，不合格的建筑材料不能进入施工现场，不合格的分部分项工程不能转入下道工序施工。

（2）采用全面质量管理的方法，进行施工质量分析，找出产生各种施工质量缺陷的原因，随时采取预防措施，减少或尽量避免工程质量事故的发生，把质量管理工作贯穿到质量施工全过程，形成一个完整的质量保证体系。

5）安全管理与文明施工（之后有安全管理的详细介绍）

安全生产管理贯穿于施工的全过程，交融于各项专业技术管理，关系着现场全体人员的生产安全和施工环境安全。现场安全管理的主要内容包括安全教育、建立安全管理制度、安全技术管理、安全检查与安全分析等。由于施工现场情况复杂且处处存在危险，除了严格的安全制度、定期的安全教育等之外，安全管理人员必须时刻检查现场的安全隐患。

文明施工是指在施工现场管理中，按照现代化施工的客观要求，使施工现场保持良好的施工环境和施工秩序。文明施工是施工现场管理中一项综合性的基础管理工作。

6）现场技术管理

技术管理是指对掌握技术的人才、技术设备、技术资料等进行统筹布置。技术管理按时间顺序可以划分为施工准备阶段的技术管理、施工过程中的技术管理以及竣工后的技术管理。施工前技术管理主要体现在对施工准备的组织设计及各种方案的编制及应用中。施工前的准备工作对施工实施过程中的影响深远且巨大，所谓有备无患，充分的准备可以为施工过程节约时间，使施工进行得更加顺利。充分的准备可以使各工序间衔接更紧密，施工等待的时间更少。

施工阶段的技术管理就是施工人员利用物料、机具如何更快更好地建起高楼大厦的过程，包括施工指挥人员对图纸的会审，按照图纸施工，合理调配人、财、物力，在施工过程中对人员的组织、协调，对工程质量的控制管理等等。在施工阶段的技术管理中，对工程实体的平行检查和监督也是必不可少的。对于重点部位及隐蔽工程必须严格执行检查验收制度，认真做好施工记录及隐蔽工程检查记录。在施工阶段要加强对隐蔽工程的技术管理强度，以保证下一道工序的顺利施工。同时在施工过程中做好施工资料的积累和整理，确保与施工进度同步。

竣工后技术管理的主要工作是对施工过程中的施工日志、施工资料、施工图纸进行分类整理，对相关资料进行汇总。施工资料就是对整个施工过程的真实记录。这些技术资料不仅对于出资方十分重要，对于施工企业同样极为重要，一旦哪个部位出现问题，根据这些资料可以迅速找到当时的施工负责人，施工的工人师傅，当时签字的质检人员，当时运送物料的工人师傅，甚至可以回溯当时的某些技术参数、技术细节。

7）施工现场人员组织管理

施工管理网络机构框图见图 5-18。

根据具体工程项目特点设置相应的管理人员机构，明确各岗位职责，以保证工程项目的顺利有序的实施。

质量管理组织机构框图见图 5-19。

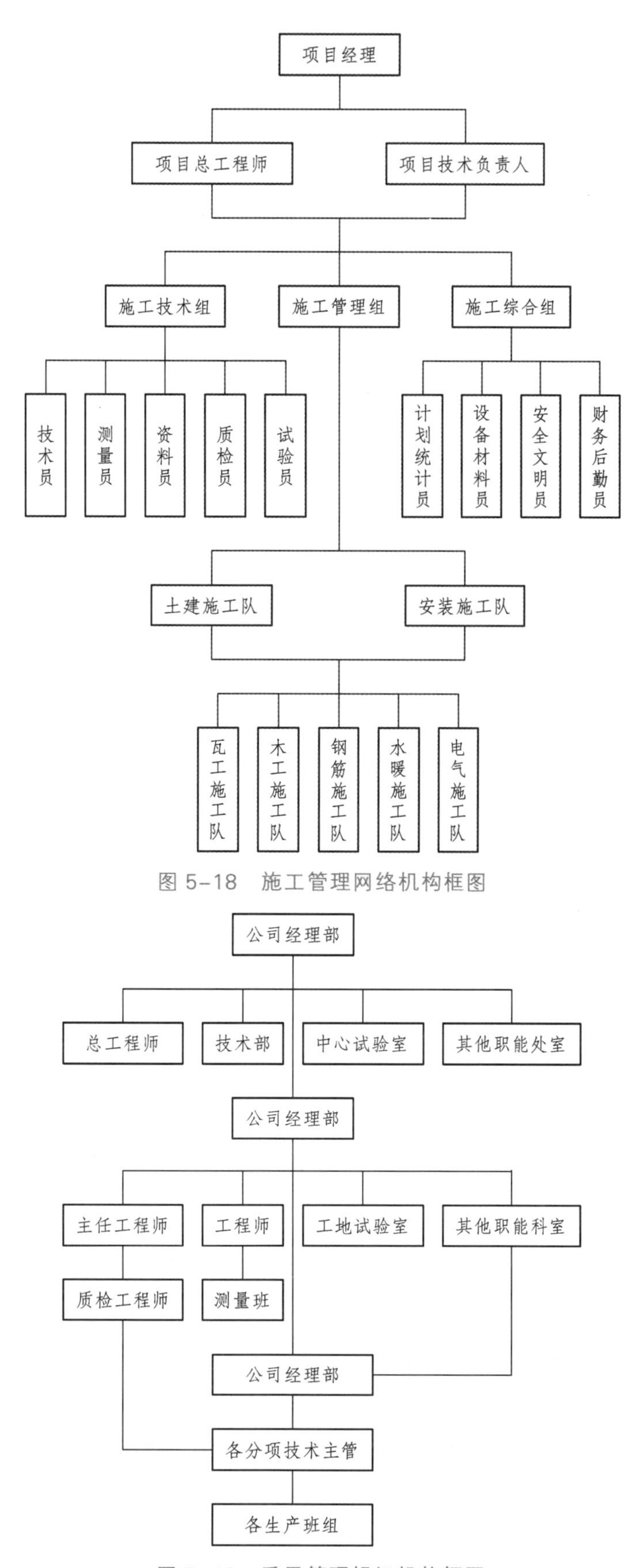

图 5-18　施工管理网络机构框图

图 5-19　质量管理组织机构框图

3．施工现场管理 6 大要点

引申阅读十四：施工现场管理 6 大要点

4．现阶段施工现场管理方面存在的问题

1）安全方面的问题

安全问题对于每一个施工单位来说都是一个相当严重的问题，需要得到每一个施工单位的关注。一旦施工现场发生了安全事故，就会对企业或者是相关单位的发展状况以及企业利益造成很大程度上的影响。但是大部分企业还是未对安全方面的问题引起重视，从而也就导致了其企业中的工作人员对安全问题的认识也没有到位。

2）对于现场的管理做得不够全面

建筑施工现场需要多名工作人员的配合工作，而这些工作人员的工作性质和工作地点都较为分散，不同的项目都有着不同的施工情况，所以就不能够形成集中性的工作场地。这样很大程度上增加了工作人员管理的难度。

3）技术以及设备管理力度不够

从目前的情况来看，在建筑施工场地方面，由于相关的技术人才的缺失，在一定程度上导致了对施工现场中设备的管理造成了缺失。工作人员的专业知识不足，所以在施工现场发生意外的时候，不能根据其问题作出妥善的安排与处理。对于施工来说，设备的管理是非常重要的，但是从实际的情况来看，在对设备的管理这方面的处理还是没有做到位，甚至其中的一些设备在非常恶劣的环境下工作相当长的时间却没有人对其进行关注，有的设备在出现问题之后也没有进行检修和更换，这样对施工的安全也造成了一定的影响。

4）土建工程项目设计产生多次变更

土建工程项目设计的多次变更导致设计工作无法统合设计思想和建筑标准尺度，并难以有效监督设计变更的合理性及必要性，造成土建施工设计变更频繁而提高了控制工程造价的难度，进而不断出现管理、造价等实际问题，从而有必要结合土建工程项目合同对结算审核主体进行确定。审查过程中应审查中标后转变为合同价的投标预算，再审查土建施工项目中发生的变更。施工过程中，对阶段额度和项目复杂度应进行综合考虑，以明确审查费用的上下限，并对审查时限进行约定。审查完毕后，根据结果调整合同价，并提交相关审查报告及审后结算。审查结果应由发包、承包及委托进行签章后生效。

>> 5.4.2 基于 BIM 的施工现场管理

BIM 建筑信息模型为我们展现了二维图纸所不能给予的视觉效果和认知角度，基于 BIM 的虚拟施工为施工企业有效控制施工组织，减少返工，控制费用、进度，创造绿色环保低碳施工提供了有力支持。随着 BIM 理念在建筑行业内不断地被认知和认可，其作用也在工程领域内日益凸显，作为建设项目全寿命周期中至关重要的施工阶段，BIM 建筑信息模型的运用将为施工企业的施工产生极为重要的影响。由于施工阶段的成本占据工程总投资额的绝大部分，BIM 技术应用对于建筑产业链的重要性是不言而喻的。我国施工企业的科技投入仅占企业营业收入的 0.25%，而施工中应用计算机进行项目管理的不到 10%，提升空间非常之大。BIM 的发展已经将时间信息和空间信息整合在一个可视的 4D（3D + 时间）模型中，也已产生再整合费用信息，形成可视的 5D（3D + 时间 + 费用）模型，将 BIM 与 5D 施工管理结合起来，已被应用于工程实践中。

通过将建筑物或结构物及施工现场 3D 模型与施工进度链接，与施工资源、安全质量以及场地布置等信息集成一体，实现了基于 BIM 和网络的施工进度、人力、材料、设备、费用、安全、质量和场地布置的 5D 动态集成管理以及施工过程的 5D 可视化模拟。因此，以 BIM 为核心的工程基础信息管理系统在建设行业应用广泛。

1．BIM 项目实践应用点

1）深化设计

（1）机电深化设计。

在一些大型建筑工程项目中，由于空间布局复杂、系统繁多，对设备管线的布置要求高，设备管线之间或管线与结构构件之间容易发生碰撞，给施工造成困难，无法满足建筑室内净高，造成二次施工，增加项目成本。基于 BIM 技术可将建筑、结构、机电等专业模型整合，再根据各专业要求及净高要求将综合模型导入相关软件进行碰撞检查，根据碰撞报告结果对管线进行调整、避让，对设备和管线进行综合布置，从而在实际工程开始前发现问题。

（2）钢结构深化设计。

在钢结构深化设计中利用 BIM 技术三维建模，对钢结构构件空间立体布置进行可视化模拟，通过提前进行碰撞校核，可对方案进行优化，有效解决施工图中的设计缺陷，提升施工质量，减少后期修改变更，避免人力、物力浪费，达到降本增效的效果。其具体表现为：利用钢结构 BIM 模型，在钢结构加工前对具体钢构件、节点的构造方式、工艺做法和工序安排进行优化调整，有效指导制造厂工人采取合理有效的工艺加工，提高施工质量和效率，降低施工难度和风险。另外，在钢构件施工现场安装过程中，通过钢结构 BIM 模型数据，对每个钢构件的起重量、安装操作空间进行精确校核和定位，为在复杂及特殊环境下的吊装施工创造实用价值。

2）多专业协调

各专业分包之间的组织协调是建筑工程施工顺利实施的关键，是提高施工进度的保障，其重要性毋庸置疑。目前，暖通、给排水、消防、强弱电等各专业由于受施工现场、专业协调、技术差异等因素的影响，缺乏协调配合，不可避免地存在很多局部的、隐性的、难以预见的问题，容易造成各专业在建筑某些平面、立面位置上产生交叉、重叠，无法按施工图作业。通过 BIM 技术的可视化、参数化、智能化特性，进行多专业碰撞检查、净高控制检查和精确预留预埋，或者利用基于 BIM 技术的 4D 施工管理，对施工过程进行预模拟，根据问题进行各专业的事先协调等措施，可以减少因技术错误和沟通错误带来的协调问题，大大减少返工，节约施工成本。

3）现场布置优化

建筑业的发展对项目的组织协调要求越来越高，项目周边复杂环境往往会带来场地狭小、基坑深度大、周边建筑物距离近、绿色施工和安全文明施工要求高等问题，并且加上有时施工现场作业面大，各个分区施工存在高低差，现场复杂多变，容易造成现场平面布置不断变化，且变化的频率越来越高，给项目现场合理布置带来困难。BIM 技术的出现给平面布置工作提供了一个很好的方式，通过应用工程现场设备设施族资源，在创建好工程场地模型与建筑模型后，将工程周边及现场的实际环境以数据信息的方式挂接到模型中，建立三维的现场场地平面布置，并通过参照工程进度计划，可以形象直观地模拟各个阶段的现场情况，灵活地进行现场平面布置，实现现场平面布置合理、高效。

4）进度优化

比选建筑工程项目进度管理在项目管理中占有重要地位，而进度优化是进度控制的关键。基于 BIM

技术可实现进度计划与工程构件的动态链接，可通过甘特图、网络图及三维动画等多种形式直观表达进度计划和施工过程，为工程项目的施工方、监理方与业主等不同参与方直观了解工程项目情况提供便捷的工具。形象直观、动态模拟施工阶段过程和重要环节施工工艺，对多种施工及工艺方案的可实施性进行比较，为最终方案优选决策提供支持。基于 BIM 技术对施工进度可实现精确计划、跟踪和控制，动态地分配各种施工资源和场地，实时跟踪工程项目的实际进度，并通过计划进度与实际进度进行比较，及时分析偏差对工期的影响程度以及产生的原因，采取有效措施，实现对项目进度的控制，保证项目能按时竣工。

5）工作面管理

在施工现场，不同专业在同一区域、同一楼层交叉施工的情况难以避免，对于一些超高层建筑项目，分包单位众多、专业间频繁交叉工作多，不同专业、资源、分包之间的协同和合理工作搭接显得尤为重要。BIM 技术以工作面为关联对象，自动统计任意时间点各专业在同一工作面的所有施工作业，并依据逻辑规则或时间先后，规范项目每天各专业各部门的工作内容，工作出现超期可及时预警。流水段管理可以结合工作面的概念，将整个工程按照施工工艺或工序要求划分为一个可管理的工作面单元，在工作面之间合理安排施工顺序，在这些工作面内部，合理划分进度计划、资源供给、施工流水等，使得基于工作面内外工作协调一致。BIM 技术可提高施工组织协调的有效性。BIM 模型是具有参数化的模型，可以集成工程资源、进度、成本等信息，在进行施工过程的模拟中，实现合理的施工流水划分，并基于模型完成施工的分包管理，为各专业施工方建立良好的工作面协调管理提供支持和依据。

6）现场质量管理

在施工过程中，现场出现的错误不可避免，如果能够尽早发现并整改错误，对减少返工、降低成本具有非常大的意义和价值。在现场将 BIM 模型与施工作业结果进行比对验证，可以有效地、及时地避免错误的发生。传统的现场质量检查，质量人员一般采用目测、实测等方法进行，针对那些需要与设计数据校核的内容，经常要去查找相关的图纸或文档资料等，为现场工作带来很多的不便。同时，质量检查记录一般是以表格或文字的方式存在，也给后续的审核、归档、查找等管理过程带来了很大的不便。BIM 技术的出现丰富了项目质量检查和管理方式，将质量信息挂接到 BIM 模型上，通过模型浏览，让质量问题能在各个层面上实现高效流转。这种方式相比传统的文档记录，可以摆脱文字的抽象，促进质量问题协调工作的开展。同时，将 BIM 技术与现代化新技术相结合，可以进一步优化质量检查和控制手段。

7）图纸及文档管理

在项目管理中，基于 BIM 技术的图档协同平台是图档管理的基础。不同专业的模型通过 BIM 集成技术进行多专业整合，并把不同专业设计图纸、二次深化设计、变更、合同、文档资料等信息与专业模型构件进行关联，能够查询或自动汇总任意时间点的模型状态、模型中各构件对应的图纸和变更信息，以及各个施工阶段的文档资料。结合云技术和移动技术，项目人员还可将建筑信息模型及相关图档文件同步保存至云端，并通过精细的权限控制及多种协作功能，确保工程文档快速、安全、便捷、受控地在项目中流通和共享。同时能够通过浏览器和移动设备随时随地浏览工程模型，进行相关图档的查询、审批、标记及沟通，从而为现场办公和跨专业协作提供极大的便利。

8）工作库建立及应用

企业工作库建立可以为投标报价、成本管理提供计算依据，客观反映企业的技术、管理水平与核心竞争力。打造结合自身企业特点的工作库，是施工企业取得管理改革成果的重要体现。工作库建立的思路是适当选取工程样本，再针对样本工程实地测定或测算相应工作库的数据，逐步累积形成庞大的数据集，并通过科学的统计计算，最终形成符合自身特色的企业工作库。

9）安全文明管理

传统的安全管理、危险源的判断和防护设施的布置都需要依靠管理人员的经验来进行，而 BIM 技术在安全管理方面可以发挥其独特的作用，从场容场貌、安全防护、安全措施、外脚手架、机械设备等方面建立文明管理方案指导安全文明施工。在项目中，利用 BIM 建立三维模型让各分包管理人员提前对施工面的危险源进行判断，在危险源附近快速地进行防护设施模型的布置，比较直观地对安全死角进行提前排查。将防护设施模型的布置给项目管理人员进行模型和仿真模拟交底，确保现场按照布置模型执行。利用 BIM 及相应灾害分析模拟软件，提前对灾害发生过程进行模拟，分析灾害发生的原因，制定相应措施避免灾害的再次发生，并编制人员疏散、救援的灾害应急预案。基于 BIM 技术将智能芯片植入项目现场劳务人员安全帽中，对其进出场控制、工作面布置等方面进行动态查询和调整，有利于安全文明管理。总之，安全文明施工是项目管理中的重中之重，结合 BIM 技术可发挥其更大的作用。

10）资源计划及成本管理

资源及成本计划控制是项目管理中的重要组成部分，基于 BIM 技术的成本控制的基础是建立 5D 建筑信息模型，它是将进度信息和成本信息与三维模型进行关联整合。通过该模型，我们可以计算、模拟和优化对应于项目各施工阶段的劳务、材料、设备等的需用量，从而建立劳动力计划、材料需求计划和机械计划等，在此基础上形成项目成本计划，其中，材料需求计划的准确性、及时性对于实现精细化成本管理和控制至关重要，它可通过 5D 模型自动提取需求计划，并以此为依据指导采购，避免材料资源堆积和超支。根据形象进度，利用 5D 模型自动计算完成工程量并向业主报量，与分包核算，提高计量工作效率，方便根据总包收入控制支出。在施工过程中，及时将分包结算、材料消耗、机械结算在施工过程中周期性地对施工实际支出进行统计，对实际成本及时进行统计和归集，与预算成本、合同收入进行三算对比分析，获得项目超支和盈亏情况。对于超支的成本找出原因，采取针对性的成本控制措施将成本控制在计划成本内，有效实现成本动态分析控制。

2．BIM 技术对建筑工程合同管理的影响

BIM 作为信息化的新技术，它的出现能够促进建筑工程合同管理的严谨性，并产生如图 5-20 所示影响。

1）建筑工程项目合同管理应用 BIM 技术的必要性

美国国家标准技术研究所（NIST）曾发布，2000 年建筑行业因数据交换问题损失达 158 亿美元；英国政府商务办公室（UKOGC）也做过统计，预测通过持续推进项目集成可节约建设项目成本 30%。BIM技术正是通过信息化来解决此类问题的技术。合同管理的目的是约束与规范各方之间的行为关系，是有效提高管理水平的一种方法，BIM 技术能增强其严密性，并有效地解决以下问题：

（1）减少不必要的变更。

在建设工程合同中，合同价款和合同工期的最大影响因素就是工程变更。变更的出现很难避免，同时也是在建筑施工中取最优方案的途径之一。BIM 技术除了具有传统平面设计的功能外，还能在设计中利用 3D 的可视化表达、4D 的时间、5D 效果和多维的功能表现，可见 BIM 技术就是增加了实物控制和精准控制的模式，BIM 技术的协同管理、碰撞试验、信息跟踪、系数化、参数化、模式可视化、同级交流平台等均可实现变更的动态管理。诸多的功能有效地排除了参与方之间的沟通障碍，从而使建筑设计从源头上减少变更，当变更必然发生时，将变更系数导入“BIM 工作组”模型，那么 BIM 系统就会生成新的工程量，这种自然发生的变化会在合同管理中一目了然，对合同索赔和工程合同管理起到决定性作用。

对合同索赔有较强的抗干扰作用	对建筑合同管理有很强的监督和控制作用	在项目合同运营管理中的作用
•合同索赔是法律维护受害者的权利的一种手段。建筑工程合同索赔对于承包商来说是一种避免损失的方法。在建筑市场激烈的竞争中，不平等现象时常发生，导致索赔工作受到很多因素的干扰。通常在大型工程项目的施工过程中，难免会出现很多的交叉现象，特别是范围大、跨度广的工作界面都会出现不同程度的碰撞，从而影响工期进度。BIM的一体化模型可以很好地驱除外界的因素干扰，并且能准确地提取双方的原始信息，这样就能使得双方共享一个模型，确保项目中的工程信息在工程进程中的一致性。	•对一些不重视合同管理的工程来说，其合同的归档管理和分级管理机制必然很不健全，合同管理的程序也会很不明确，或者是有制度也不执行，管理过程中势必缺乏必要的审查和评估。在此环境下，BIM技术的应用无疑会起到很强的监督和控制作用，BIM技术在建筑工程中的定义是具有较高业务价值的合同文件，它需要明确工程进程的具体时间，以及何时提交、什么人提交、怎么使用等问题，所以合同信息提交计划必须要严格说明。	•传统的项目合同管理已经很难满足当前建筑合同的运行，合同管理的作用是在复杂工程生产经营中能够减少不必要的损失，由于建筑工程建设周期耗时长，环境复杂，又需要建设单位，施工单位、设计单位和监理单位等多方的相互配合，所以在建设工程中加强合同管理是很有必要的。BIM的合同管理其实就是根据相关的实际操作，优化相关合同条款，明确制度实施责任。在项目的实施过程中通过可视化的方式，运用BIM技术进行模拟，这对于施工方来讲不但可以优化施工方案，而且在实际的运营过程中还能大大提高中标概率。

图 5-20　BIM 技术对建筑合同管理的影响

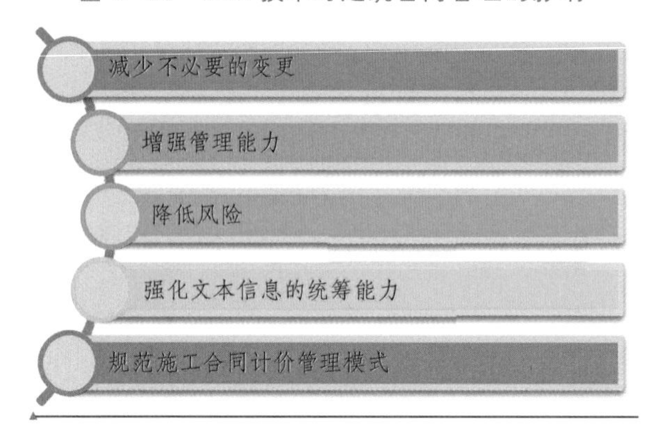

（2）增强管理能力。

在合同管理过程中，越来越多的合同纠纷产生于后期的维护阶段，BIM 技术后期合同管理成为开发的重点，大数据的汇总与解析是这一管理系统的关注点，主要的任务是如何打造基于 BIM 数据的资产管理平台，集物业管理和资产管理于一身，有效降低运维成本，解决 BIM 数据后续应用问题。BIM 有着美好的未来，实施操作中也带来了很多的挑战，与传统的平面设计相比，BIM 有着明显控制全局的能力，对组织间起连带作用，因此在操作控制时将面临的也是各方面的技术问题。掌握这门技术就可以通过 BIM 的信息化来提高合同管理水平，BIM 技术的模型创建标准和现场信息采集标准决定了在巨大的数据支撑下要动态描述建筑物标准和功能，需要巨大的信息平台支撑，传统的合同归档管理信息化程度偏低，大多工程项目合同管理是分散管理状态，一直以来合同的归档程序也没有明确规定，在履行的过程中也缺乏严格的监督，所以在合同履行后期没有全面评估和概括。BIM 技术的出现改变了合同管理中的不足，使合同管理在创建初期就介入管理沟通和协同作用，这样做一方面不影响合同管理应用软件的开发和使用，而且还能够与 BIM 技术的全生命周期起到协同作用（见图 5-21）。

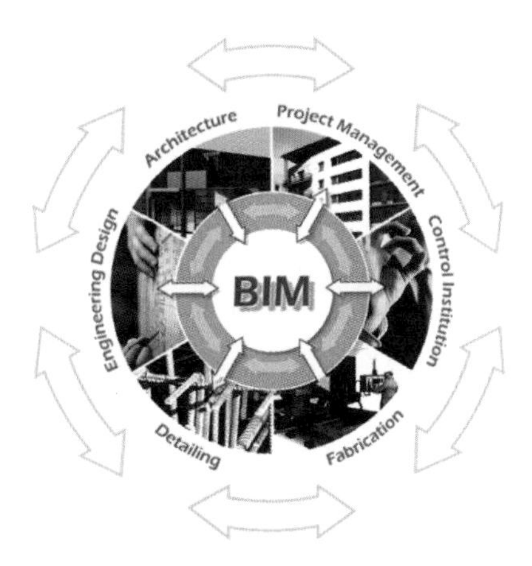

图 5-21

（3）降低风险。

建筑工程中引用 BIM 的本质就是降低成本和减少风险。BIM 技术对建设项目的各阶段产生了重要的影响，它对工程项目全生命周期都能产生跟踪和预测作用。从合同传统的分配原则分析，风险的提出是较为狭义的风险，如 ICE 合同范本与 FIDIC 合同范本都是采用的可预见性风险分配原理，这种原理没有充分考虑到双方对风险事件的偏好和能力问题，所以在风险的分配上存在一定的局限性。NEC（英国土木工程师新合同）是该合同管理体系的典型运用，它强调分配的公平性，但同样无法理性有效地合理分配，可见传统的合同风险管理分配原则很难做到公平公正。作为影响整个建筑全生命周期的 BIM 技术，它的不断完善使得 BIM 技术在信息的掌控和资源的分配方面逐步得到提高，有效的资源能够有效地获取，各方面资源同时逐步完善，风险的处理也能不断加强，弥补了传统的不足，参与双方的权利义务更加平等。运用 BIM 技术来进行合同风险分配，既能考虑到项目双方的风险偏好，又能考虑到现实过程中风险不断变化对双方造成的影响。

（4）强化文本信息的统筹能力。

随着经济的快速发展，信息化负荷逐渐加重。在建设工程项目中，随着规模的增大，数据也会逐渐增加，使得大数据的立体化程度也逐渐增强。项目的完成需要众多的参与方，在项目的周期运营过程中大量非结构性的数据逐步产生，在这些数据中会有较多的数据以文本的形式出现，其中就包括合同管理中所需的大量信息。庞大的工程项目如何有效地管理这些文本信息成为了一项重要的研究内容。目前，BIM 技术所产生的文本管理能力已经得到了主流思想的认可，与以往 CAD 的记忆功能不同，BIM 技术的文本信息管理的特征主要是通过立体管理模式，对信息进行全生命周期的集成管理，通过向量空间管理（Vector Space Model，VSM）进行信息分类，通过余弦公式和向量（Support Vector Machine，SVM）进行识别性分析，再连接 Autodesk Revit 软件的运营平台，最终实现文本的排序和运营。这些纵向与横向的双向管理模式，增强了工程建设的文本信息管理（见图 5-22）。

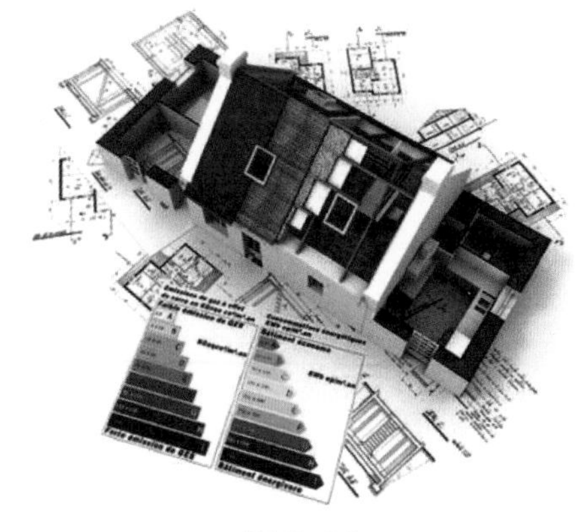
图 5-22

（5）规范施工合同计价管理模式。

施工合同计价模式可以规范价款的风险和归属的分配方式，所以在传统合同管理中具有重要作用，计价模式决定了业主对工程管理的期望目标。在工程管理中，计价模式可以实现承包商和业主之间的协调管理。BIM 技术可以在项目的采购商间进行特定的调剂，其中包括理论上的 BIM 施工合同计价模式。利用 BIM 技术对合同管理体系进行逻辑分析，能够量化双方之间的合同条款，推断出适宜的计价模式。这种量化过程能够省略人工对不同合同计价模式的影响因素，通过“BIM 工作组”进行对比，能够更加清楚地对本质问题进行科学分析，有利于促进施工的进程，保障了双方的利益关系（见图 5-23）。

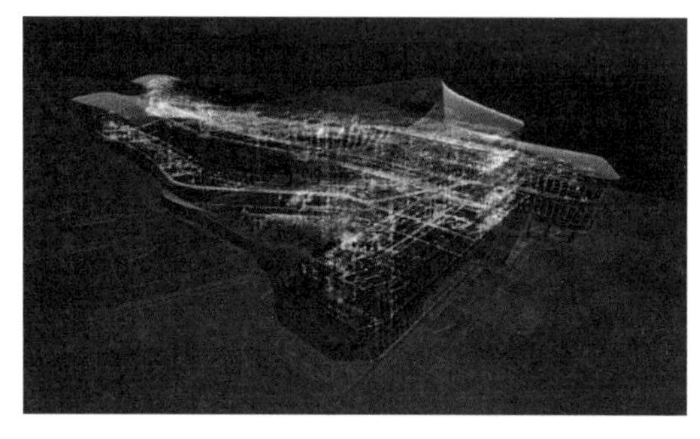

图 5–23

2）建筑工程项目合同管理应用 BIM 技术的缺点

（1）对 BIM 从业者的技术要求、对软件开发者的要求、对项目参与者的要求、对企业盈利的要求均较高。

（2）BIM 从业者技能不过关，导致大量的项目做得不好。

（3）本土软件不给力，国外软件不落地，导致项目实施不见效。

（4）施工或者设计因为各种利益关系对 BIM 的抵触，企业本身使用 BIM 时对盈利手段的认识不清晰，导致半途而废。

3．以 BIM 作为核心的安全管理模式

为了减少施工过程中事故的发生，传统的方式无法准确完整地报告实时的建设状况，所以有必要有一个更加高效、高科技的安全集成管理办法对施工项目进行全面的、系统的、现代化的管理，这就是以 BIM 作为核心的安全管理模式。

基于 BIM 的建筑信息模型，我们就可以建造可视化的技术，为建设信息化提供基础，让管理决策更加信息化、自动化、科学化、标准化。BIM 在带动建筑工程施工效率提升的同时，也大大降低了施工安全隐患。下面，本书就基于 BIM 在建筑施工空间中的安全管理研究、施工空间的管理理论、施工空间的管理技术、基于 BIM 的施工空间安全管理方法、施工空间冲突检查等问题进行探讨。

BIM 技术可以先在电脑中虚拟模拟，其过程本身不消耗施工资源，却可以根据可视化效果看到并了解施工过程和结果，可以较大程度地降低返工带来的安全风险，增强管理人员对安全施工过程的控制能力。基于 BIM 的技术在安全生产施工中的应用有以下几点：

1）临时设施

临时设施是为工程建设服务的，它的布置将影响到工程施工的安全、质量和生产效率。三维全真模型虚拟临时设施对施工单位很有用，可以实现临时设施的布置及运用，还可以帮助施工单位事先准确地估算所需要的资源，以及评估临时设施的安全性，是否便于施工，以及发现可能存在的设计错误。

根据所做的施工方案，将安全生产过程分解为维护和周转材料等建造构建模型，将它们的尺寸、重量、连接方式、布置形式直接以建模的形式表达出来，来选择施工设备、机具，确定施工方法，配备人员。建模可以帮助施工人员事先对施工有一个直观的认识，再深入地研究怎样去施工和安装（见图 5-24）。

图 5-24　基坑边围护栏杆安装示意

2）作业前，根据方案，先进行详细的施工现场查勘

重点研究解决施工现场整体规划、现场进场位置、材料区的位置、起重机械的位置及危险区域等问题，确保建筑构件在起重机械安全有效范围内作业；利用三维建模，可模拟施工过程、构件吊装路径、危险区域、车辆进出现场状况、装货卸货情况等。

施工现场虚拟三维全真模型可以直观、便利地协助管理者分析现场的限制，找出潜在的问题，制定可行的施工方法。这有利于提高效率、减少传统施工现场布置方法中存在漏洞的可能，及早发现施工图设计和施工方案的问题，提高施工现场的生产率和安全性。在平面布置图中，塔吊布置是施工总平面图中比较重要的一项，塔吊布置得是否合理会直接影响施工进度、安全。塔吊布置主要考虑覆盖范围、安装条件以及拆除。

在布置的过程中，一般施工单位前两项一般都做得比较出色，而往往会忽视掉最后拆除一项。因为塔吊是可以自行一节一节升高的，上升过程中没有建筑物对其由约束，而拆除的时候就不一样了，悬臂约束、配重约束、道路约束等甚至一些想不到的因素都会对其产生影响。在这些因素中，有的建设项目可能没有考虑周全，也有整体布置没有更形象的空间比较的因素。

通过 BIM，将塔吊按照整个建筑的空间关系进行布置和论证，会极大地提高布置的合理性，然后通过链接其他模型，如施工道路、临时加工场地、原材料堆放场地、临时办公设施、饮水点、厕所、临时供电供水设施及线路等。

运用 BIM 技术，会使施工总平面布置图就像是在画布上摆玩具一样，根据不同的方案采用不同的布置，效果更直观，修改更迅速更准确，也极大地减少了以往施工总平面图的庞大修改的工作量（见图 5-25）。

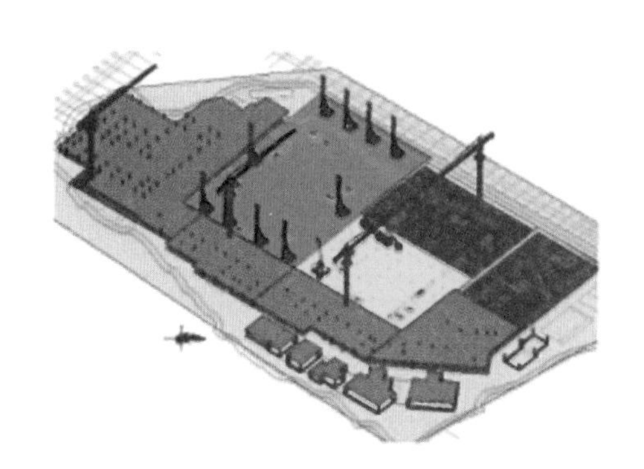
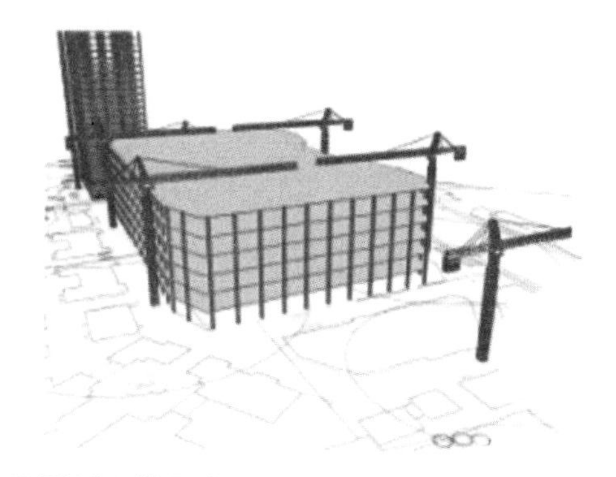

图 5-25　现场平面布置图以及塔吊布置

3）通过 BIM 的 3D 模拟平台虚拟工程安全施工

对整个工程施工过程中的安全管理可以是可视化管理，也可以达到全真模拟。这样的方法可以使项目管理人员在施工前就清楚下一步要施工的所有内容以及明白自己的工作职能，确保在安全管理过程中能有序地管理，按照施工方案进行有组织的管理，能够了解现场的资源使用情况，把控现场的安全管理环境，会大大增加过程管理的可预见性，也能够促进施工过程中的有效沟通，可以有效地评估施工方法、发现问题、解决问题，真正运用 PDCA 循环来提高工程的安全管控能力。这样就可以改变原来传统的施工组织模式、工作流程和施工计划。

4）对于 BIM 技术的建模进行全过程的模拟

BIM 技术可使工程的安全、技术和施工生产管理人员能清楚地了解每一步的施工流程，将整个过程分解为一步一步的施工活动，让他们在管理过程中思路清晰，并且能够发现问题，提出解决的新方法，还能针对其新的方法来进行模拟验证是否可行。这样就可以做到在工程施工前绝大多数的施工风险和问题都能被识别，做到事前有效地控制，并顺利解决存在的问题。

5）建模进行施工过程的模拟

BIM 模拟可以使整个过程达到可视化，同时通过三维效果能让没有识图能力的人也能看明白是怎么回事。这样就极大地便利了项目参与者之间的交流，可以增加项目参与各方对丅程内容及完成工程保证措施的了解。

施工过程的可视化，使 BIM 成为一个便于施工参与各方交流的沟通平台。这种可视化的模拟缩短了现场工作人员熟悉项目施工内容、方法的时间，减少了现场人员在工程施工初期犯错误的时间和成本，还加快、加深了对工程参与人员培训的速度及深度，真正做到了质量、安全、进度、成本管理和控制的人人参与。

6）BIM 还可以提供可视化的施工空间

BIM 的可视化是动态的，施工空间随着工程的进展会不断地变化，它将影响到工人的工作效率和施工安全。通过可视化模拟工作人员的施工状况，我们可以形象地看到施工工作面、施工机械位置的情形，并评估施工进展中这些工作空间的可用性、安全性。

总之，从建筑业的实践中可知，许多施工单位还未清楚地认识到 BIM 对于提高建筑安全状况的直接作用，但现在许多施工企业对于 BIM 在建筑安全管理方面的间接作用有了进一步的认识，他们普遍认为 BIM 可有效提高施工质量并控制返工率，这将在一定程度上降低事故发生的可能性，也同样会降低施工成本，达到既经济又安全地施工，做到在施工过程中通过模型信息管理，使各建设阶段的流程得到控制。同时通过信息模型的应用，建立预防机制，可以直观地规范安全生产行为，使生产各环节符合有关安全生产法律法规和标准规范的要求，促使人、机、料、环境处于良好的状态，并持续改进，不断加强企业在安全生产过程中的规范化建设。

4．BIM 在施工现场管理运用中的优势

建立以 BIM 应用为载体的建筑信息化管理，提高建筑综合管理水平，具体体现在：三维渲染，宣传展示三维渲染动画，给人以真实感和直接的视觉冲击。建好的 BIM 模型可以作为二次渲染开发的模型基础，大大提高三维渲染效果，如图 5-26 所示。

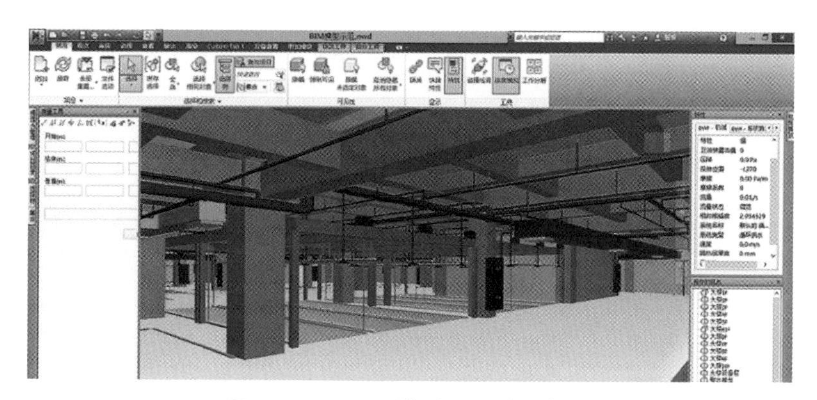

图 5-26　BIM 模型三维渲染效果

（1）三维渲染，宣传展示。

三维渲染动画，给人以真实感和直接的视觉冲击。建好的 BIM 模型可以作为二次渲染开发的模型基础，大大提高了三维渲染效果的精度与效率。通过多维技术的渲染，以动画形式将施工步骤、施工要点等进行演示，减少了平面图画分析与实践之间的差距，也减少了图纸分解的过程，提供了科学参照，给业主更为直观的宣传介绍，也提升了中标概率，提高了施工效率。

（2）快速算量，精度提升。

BIM 数据库的创建，通过建立 5D 关联数据库，可以准确快速地计算工程量，提升施工预算的精度与效率。由于 BIM 数据库的数据粒度达到构件级，可以快速提供支撑项目各条线管理所需的数据信息，有效提升施工管理效率。BIM 技术能自动计算工程实物量，这个属于较传统的算量软件的功能，在国内此项应用案例非常多。

（3）精确计划，减少浪费施工企业精细化管理很难实现的根本原因在于其中有海量的工程数据，无法快速准确获取以支持资源计划，致使经验主义盛行。而 BIM 的出现可以让相关管理条线快速准确地获得工程基础数据，利用 BIM 的 5D 模型，将工程的耗费与进度结合展现，再通过量化核算，能够为施工方案的资源控制提供前置性依据。利用 BIM 技术有效地将工程施工的基础性数据进行搜集和整合分析，精确地利用大量数据信息计算出预期消耗，给施工计划和资源节约计划的制订提供了科学依据，在资源消耗方面可以做到用量限额，减少开支，将大大减少资源、物流和仓储环节的浪费，为实现限额领料、消耗控制提供技术支撑。特别是 BIM 极具代表性的碰撞检查，能够较为准确地模拟出施工情况，帮助优化预设方案，从而减少了返工可能。

（4）多算对比，有效管控。

管理的支撑是数据，项目管理的基础就是工程基础数据的管理，及时、准确地获取相关工程数据就是项目管理的核心竞争力。BIM 数据库可以实现任一时点上工程基础信息的快速获取，通过合同、计划与实际施工的消耗量、分项单价、分项合价等数据的多算对比，可以有效了解项目运营是盈是亏，消耗量有无超标，进货分包单价有无失控等等问题，实现对项目成本风险的有效管控。

（5）虚拟施工，有效协同。

以 BIM 为依托，将不同的施工方案和设计等录入其中，并进行演算，对比找出最优方案并选择实施，利用三维可视化功能再加上时间维度，可以进行虚拟施工，避免一些施工过程中的问题。随时随地直观快速地将施工计划与实际进展进行对比，同时进行有效协同，除施工方之外，监理方、业主方甚至非工程行业出身的业主领导等都可以通过 BIM 技术对工程项目的各种问题和情况了如指掌，同时明确各自在不同周期的工作内容，便于相互配合。这样通过 BIM 技术结合施工方案、施工模拟和现场视频监测，大大减少了建筑质量问题、安全问题，减少了返工和整改。

（6）碰撞检查，减少返工。

利用 BIM 的三维技术除了在前文提到的在前期可以进行碰撞检查，优化工程设计，减少在建筑施工阶段可能存在的错误损失和返工的可能性外，还可以优化净空，优化管线排布方案。最后施工人员可以利用碰撞优化后的三维管线方案，进行施工交底、施工模拟，提高了施工质量，同时也提高了与业主沟通的能力。

（7）冲突调用，决策支持。

BIM 数据库中的数据具有可计量的特点，大量工程相关的信息可以为工程提供数据后台的巨大支撑。BIM 中的项目基础数据可以在各管理部门进行协同和共享，工程量信息可以根据时空维度、构件类型等进行汇总、拆分、对比分析等，保证工程基础数据及时、准确地提供，为决策者制订工程造价项目群管理、进度款管理等方面的决策提供依据。

（8）物联网集成，管理控制。

① 精确地掌握了各种数据和各个进度的演化可能，再与计划消耗、实际消耗等进行多算对比，最终作用于用材、采购环节，实现对成本和风险的有效控制。以大量数据为支撑，加上现场监控，决策层能够及时地掌握一些施工的实际情况，从而为下一步决策做出准备，特别是在人员调动、资源匹配和进度控制等方面，拥有了更多的参考和依据。

② 设备远程控制。把原来商业地产中独立运行并操作的各设备，通过 RFID 等技术汇总到统一的平台上进行管理和控制。一方面可以了解设备的运行状况，另一方面可进行远程控制。例如：通过 RFID 获取电梯运行状态，查看电梯是否正常运行，控制远程打开或关闭照明系统。

③ 照明、消防等各系统和设备空间定位。给予各系统各设备空间位置信息，把原来的编号或者文字表示变成三维图形位置，这样一方面便于查找，另一方面查看时也更直观更形象。例如：通过 RFID 获取大楼的安保人员位置；消防报警时，在 BIM 模型上快速定位所在位置，并查看周边的疏散通道和重要设备。

④ 内部空间设施可视化。现代建筑业发端以来，信息都存在于二维图纸和各种机电设备的操作手册上，需要使用的时候由专业人员自己去查找信息、理解信息，然后据此决策对建筑物进行一个恰当的动作。利用 BIM 将建立一个可视三维模型，所有数据和信息可以从模型里面调用。例如：二次装修的时候，哪里有管线，哪里是承重墙不能拆除，这些在 BIM 模型中一目了然，在 BIM 模型中就可以看到不同区域属于哪些租户，以及这些租户的详细信息。

>> 5.4.3 BIM 如何更好地与施工现场管理相结合

1. 监管利用

监管利用是指用于施工现场的非实地监管。① 信息传递，利用 BIM 技术与通信技术结合，建立信息交流平台，及时传达指令、反映问题。② 进度控制，利用 BIM 的预演功能，管理者能掌握施工节点，对于施工过程中的资料调配和各单位之间的配合等有了预先的计划，对于一些施工过程中的重点和难点，能够实现预先计划，并分派任务，最终以现场指导或远程指导的形式辅助完成作业。③ 风险评估，通过预演和系统分析，得出工程各阶段的施工预值，根据分析结果判定某个阶段是否具备一定的风险，预判风险形式和风险等级，并且提前做好应急和补救准备。④ 方案验证，提前制订方案，利用 BIM 进行建模分析，总结出相应的方案缺陷，根据系统提供的建议和实际情况酌情对原方案进行修改。

2. 实践利用

① 虚拟施工，按照计划进行演化，展现给现场负责人，作为图纸具象化的简化程序，以虚拟施工动画为参考，进行实际作业。② 施工建模，根据设计图纸对建筑构件、施工现场、机械、临时设施等进行预先建模，合理规划出作业空间、时段、方法，例如设备型号、工作时长、进出方式和路线等，确保施工有条不紊地开展。③ 可视化的图纸输出，利用图片输出技术，将一些实际效果或作业图像传递到施工人员手中，作为作业参照，并且制定相应的操作说明及技术交底，确保施工的正常进行。

3．传统辅助

拥有 BIM 技术并不是全无后顾之忧的，一些施工现场管理的传统手段和方法仍旧需要配合运用。一方面是现场巡查和指导必须严格执行，由专门的管理者进行巡视，及时地发现问题和处理问题，弥补 BIM 可能出现的监管盲点；另一方面是管理制度的制定，必须落实以 BIM 为基础的责任机制，避免因为有了预先判定而在管理过程中轻视实际的情况。

4．保障事宜

BIM 技术与施工现场管理的结合应当在两个方面进行保障：① 技术与系统设备的完善，应当采用较为先进的技术（4D 或 5D）和系统，确保建模分析的全面性。为了配合图像输出、信息传递等工作，还应当添置相应的设备，如监控装置、无线对讲装置、打印装置等。② 人员素质的提高，管理人员要依靠 BIM 进行管理，就必须掌握足够的数字信息技术，能够完成系统的操作和简易故障的排查，确保工作的持续性。

>> 5.4.4 BIM 应用于施工现场管理的相关案例——张家界人民医院整体搬迁一期工程项目 BIM 应用

首先，在实践过程中，利用 BIM 技术的可视化与可模拟化特性，将传统的碰见解决问题转变为预见消除问题，避免了施工过程中的返工、延误工期等问题。其次，利用现代化平台式的管理模式，采用 BIM 软件管人，规范了管理行为，利用平台集成、共享管理数据及资料，避免了部门墙与信息孤岛，最终形成竣工模型辅助结算。运用 BIM 技术实现更精细的过程量统计及过程控制，杜绝了工程量的错、漏、跑、丢和材料的浪费现象。最后，利用互联网 + 的信息传递，如二维码、APP，使管理更加便捷，在深度应用方面，BIM 技术利用排砖、模板下料、钢筋下料、措施控制等产生了可观的技术经济实效。

湖南六建张家界人民医院整体搬迁一期工程项目 BIM 工作站于 2015 年 11 月 30 日正式挂牌成立，工作站由湖南六建 BIM 技术中心、项目经理部抽调技术骨干联合组成。该工程总建筑面积约 16 万平方米，其中：住院楼地下 2 层，地上 17 层；医技综合楼地下 1 层，地上 5 层；门诊楼地下 1 层，地上 6 层；全科医生培训基地地下 1 层，地上 6 层。住院楼、全科医生楼为框架剪力墙结构，门诊楼、医技楼为框架结构。本工程地基基础设计等级为甲级，基础安全等级为二级，结构安全等级为一级，设计使用年限为 50 年（见图 5-27）。

图 5-27

张家界人民医院整体搬迁一期工程是中华人民共和国成立以来，张家界市最大的民用医疗建筑工程，自开工以来受到省、市、医院各界领导的高度重视。工程工期紧、质量要求严格、任务重、管理复杂，对安全文明及环境保护要求极高等条件为施工带来了极大的困难。为全面提高项目管理水平，提高设计、施工质量，精细化控制成本，确保工程按期竣工交付，张家界人民医院整体搬迁一期工程项目积极采用 BIM 技术。下面将项目实施中 BIM 应用阶段性成果做如下总结：

1．建立结构、建筑模型

建立模型，使建模人员对图纸有更深的了解，吃透设计意图。在建模过程中，我们发现多处土建专业图纸设计的错、漏、碰、缺等问题，在形成问题报告后，及时反馈至设计院进行解决，避免了因图纸问题造成的工期延误。同时，运用 BIM 模型对项目工程部、技术部及项目班组进行三维图纸、技术交底，表达效果直观明了。

（1）土建模型（见图 5-28）。

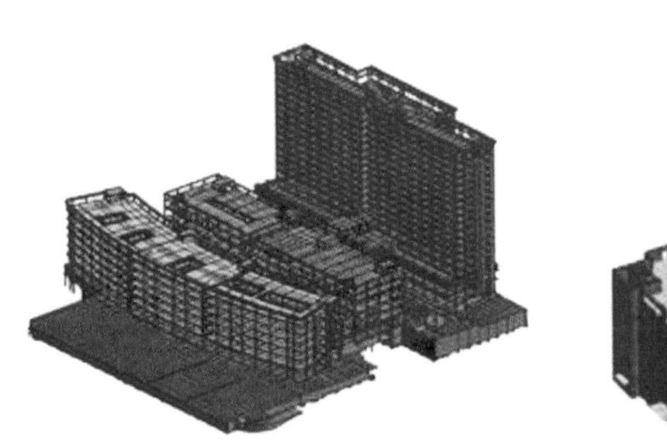
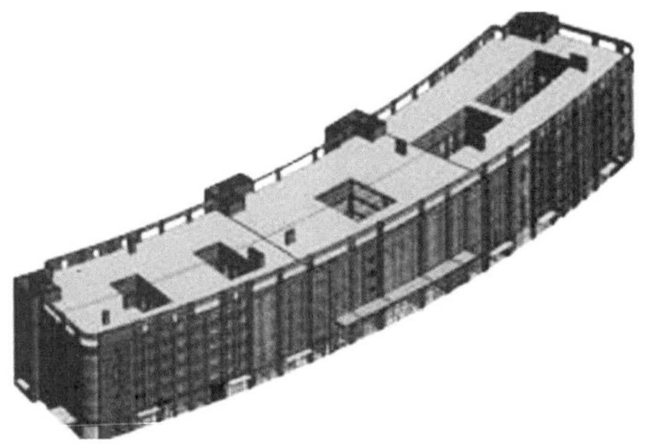

图 5–28

（2）问题报告（见图 5-29）。

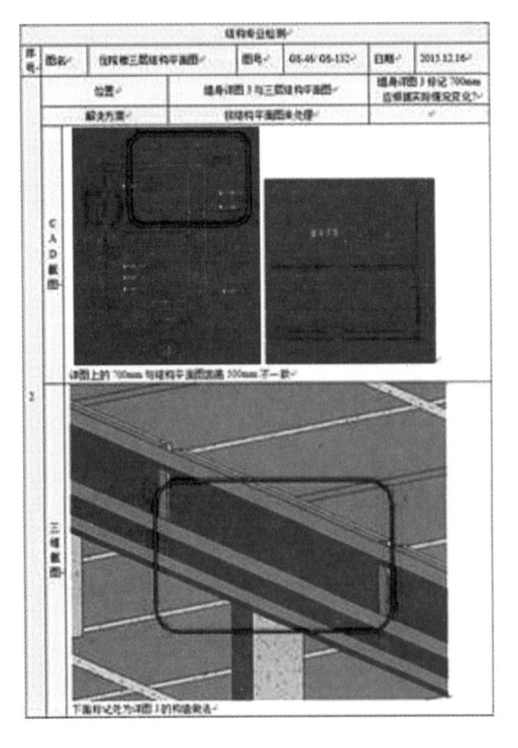
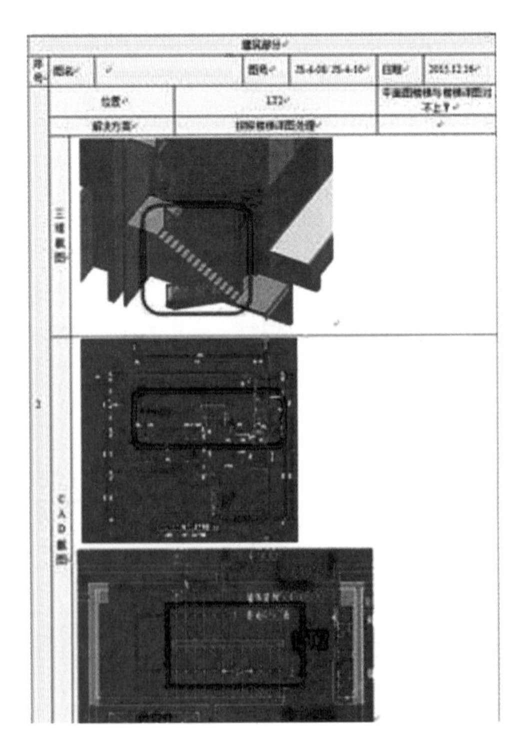

图 5–29

（3）三维技术交底（见图 5-30）。

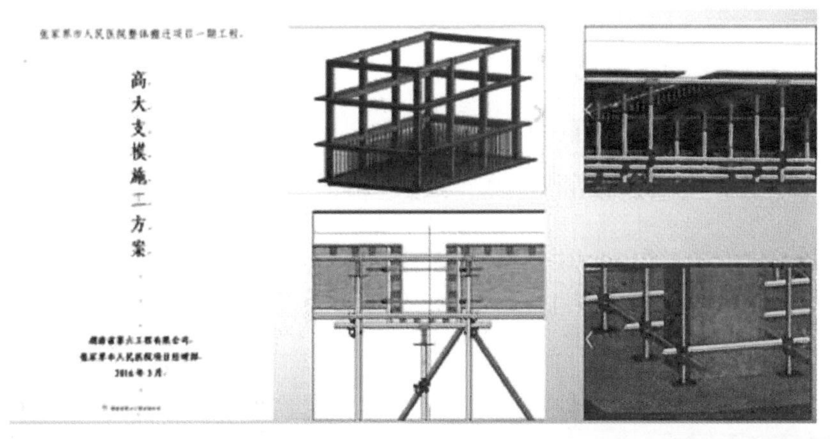

图 5–30

2．三维场地布置

（1）因本工程为公司重点工程，对安全生产、文明施工要求严格。为创建“湖南省建筑施工安全质量标准化示范工程”及“AAA 级安全文明标准化工地”，项目部采用 BIM 技术，分阶段建立了三维场地布置模型，科学合理地布置了进出口大门、施工道路、材料仓库、加工棚、配电房、标养室、塔吊等，既保障了运输道路畅通，又有效减少了材料转运，提高了工作效率（见图 5-31）。

工地航拍效果

模型渲染效果

图 5–31

（2）项目安全文明及质量宣传 BIM 化。以往，安全文明示范工地安全通道或者宣传栏都是以文字加二维图形进行展示，不能很直观地反映标准化安全、质量的实际情况，降低了现场人员学习的积极性（见图 5-32）。

图 5-32

现在，项目部运用 BIM 技术，对现场标准化施工工艺流程以及施工样板间、安全体验区进行三维展示，使得现场施工人员对工程产品有更直观全面的了解，大大带动了学习兴趣，提高了工作效率（见图 5-33）。

图 5-33

3．临边、洞口安全防护三维展示及工程量统计

本工程主体结构施工临边、洞口较多。通过利用 BIM 技术模拟防护，提前知晓防护区域，通过对安全措施的工程量统计进行报料，有效控制了标化防护栏杆材料数量，减少了标化防护栏杆的材料浪费现象（见图 5-34）。

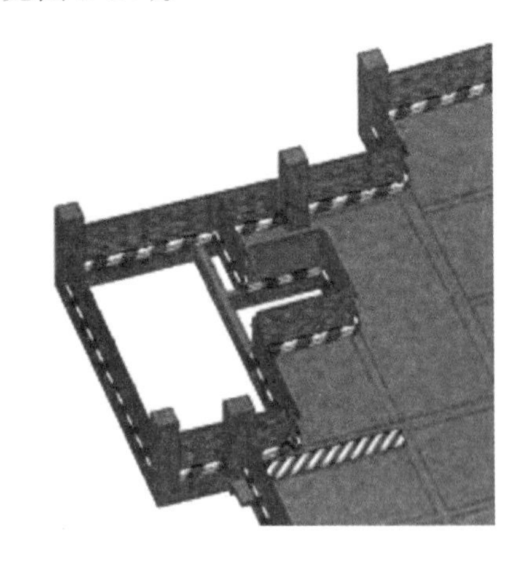

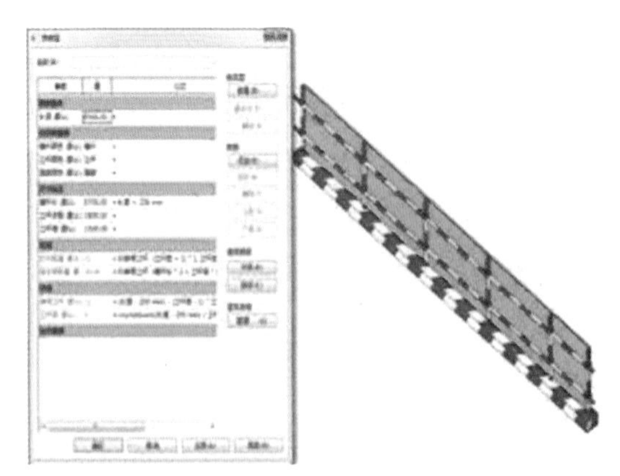

图 5-34

4．搭建鲁班平台

通过鲁班 BE 平台，工程项目管理人员可随时随地快速查询、管理基础数据，操作简单方便，并能按时间和区域多维度检索、统计数据。在项目全过程管理中，BE 平台能使材料采购流程、资金审

批流程、限额领料流程、分包管理、成本核算、资源调配计划等方面及时准确地获得基础数据的支撑。目前，项目经理、项目书记以及项目管理人员已全部应用 BIM 软件对项目进行管理，规范日常行为，逐步从传统管理走向现代精细管理（见图 5-35 ~ 图 5-38）。

图 5-35　现场进度情况实时上传

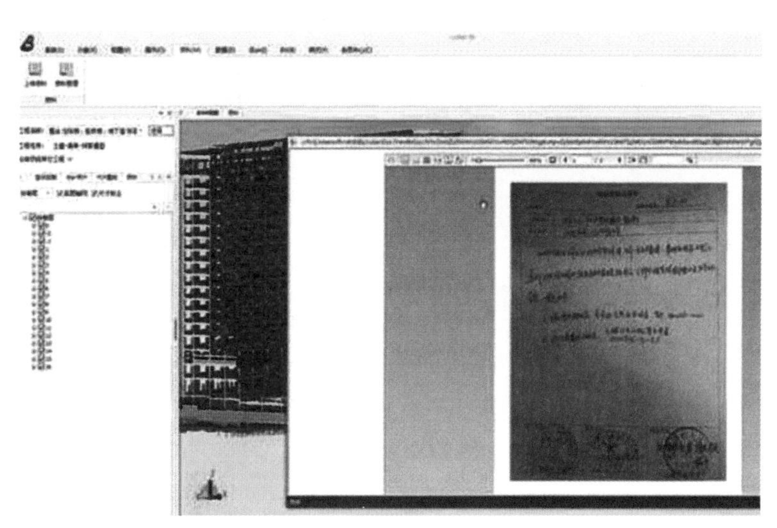

图 5-36　签证资料归整

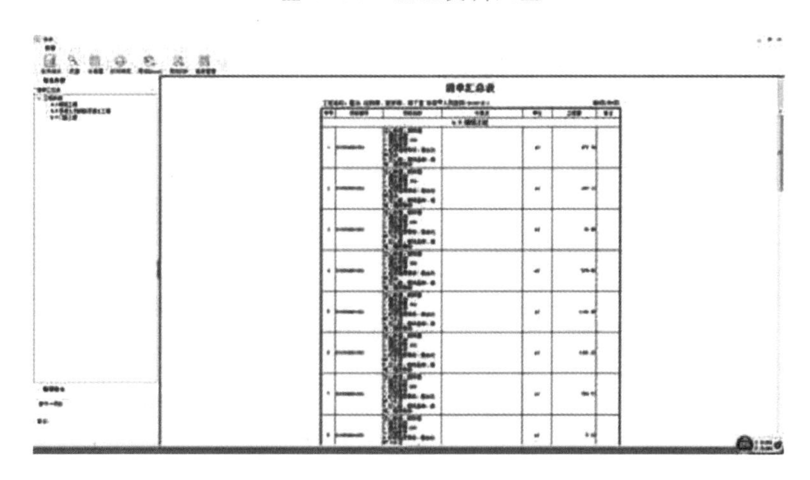

图 5-37　工程量的提取

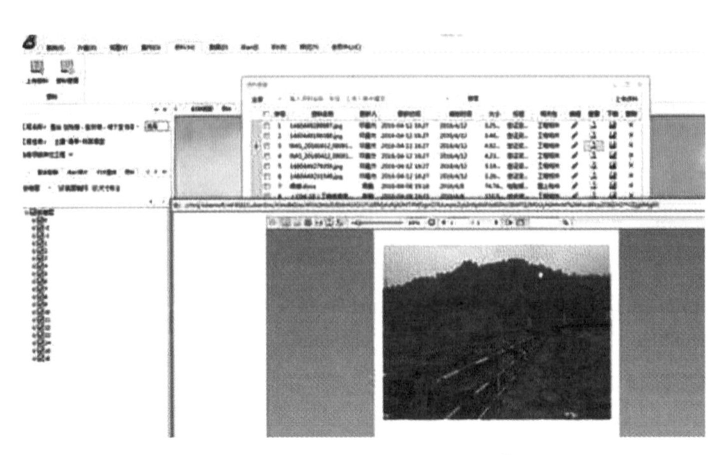

图 5-38　现场签证照片上传

5．二维码应用

BIM 工作站人员制作二维码，粘贴至现场的对应构件上。现场人员通过扫描二维码即可知道每个构件的截面尺寸、浇筑时间、浇筑方法、施工班组、配筋、质量责任人、混凝土强度等级、轴线位置、构件标高、实测实量等详细信息，方便了现场管理人员对构件质量的管控，提高了班组的施工效率（见图 5-39、图 5-40）。

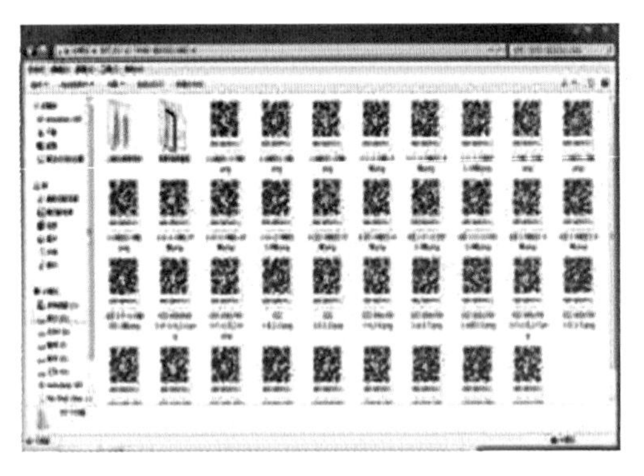

图 5-39

张家界人民医院整体搬迁一期工程

项目名称	张家界人民医院整体搬迁一期工程项目
栋号	门诊楼
构件名称	KZ1
大类/小类	柱/砼柱
楼层	一层
位置	A区 1-E轴交1-8轴
截面形状	矩形断面
截面宽度(mm)	600
截面高度(mm)	600
截面尺寸	600*600
截面周长(m)	2.4

图 5-40

6．基于 Revit 参数化排砖

二次结构深化一直是比较困难的一项工作，现场实际施工时因不能严格按照深化设计进行施工，导致砌筑工程质量下降严重，缺失管控，对后期工作造成很大影响，且砌筑材料浪费现象比较普遍。该项目经项目经理强烈要求，运用 BIM 技术对砌体进行合理排布（见图 5-41）。其具体做法如下：

（1）排砖深化降低材料损耗。

施工现场墙体的砌筑，为满足横竖向灰缝厚度，特别是一些洞口、构造柱等细部处理，需要对砖砌块进行切割，而施工现场切砖的随意性，造成了砌体材料的大量浪费。

使用 Revit 软件，对砖砌筑各构件进行参数化制作，如：600×200×200 加气混凝土砌块、构造柱、过梁、斜砖等，根据《砌体结构工程施工规范》，利用已制作完成的参数化构件进行排砖。在排砖过程中，不断进行排砖设计的优化，确定最少排砖方式，如图 5-42 所示，为张家界门诊楼地下一层风井洞口的一面墙排砖的三维模型。墙体大部分采用 600×200×200 加气混凝土砌块，采暖通风口内两面墙体为 600×200×100 加气混凝土块，墙体底端设 200×墙宽 C20 素混凝土。

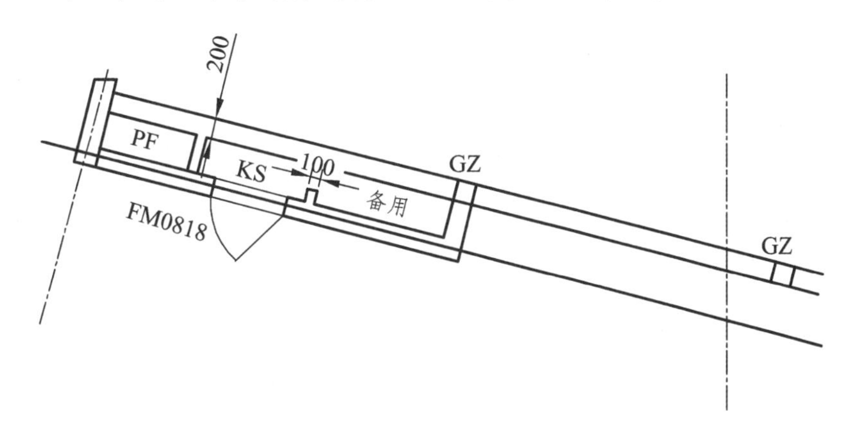

图 5-41 CAD 平面截图

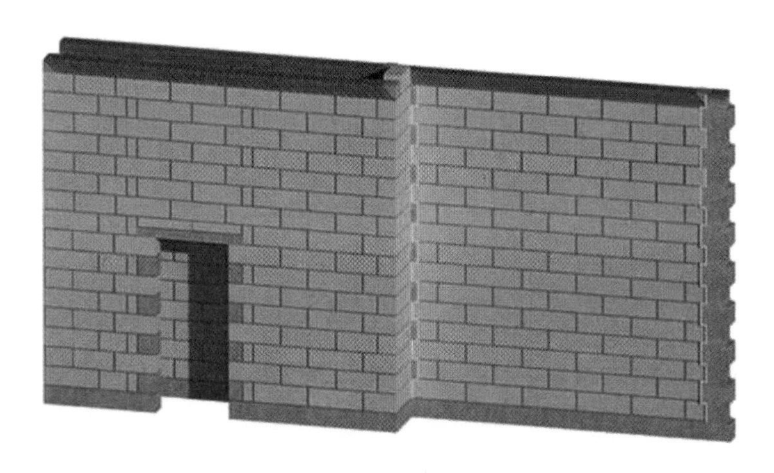

图 5-42

（2）数据统计细化成本。

对已进行排砖的墙体进行量统计，可得到砌筑量为：367 块加气混凝土砌块（.不同规格砌块数量详见明细表，见图 5-43），构造柱为 2 个，灰缝体积为 0.796 m^3，斜砖所需块数为 214 块，以及其他规格预制块的规格。根据砌块使用量数，合理控制材料进场时间，节约施工场地，同时根据统计得到各砌块体的规格，在加工现场切割后再运至砌筑现场，不仅节约了施工人员的时间，更节约了材料的使用量。

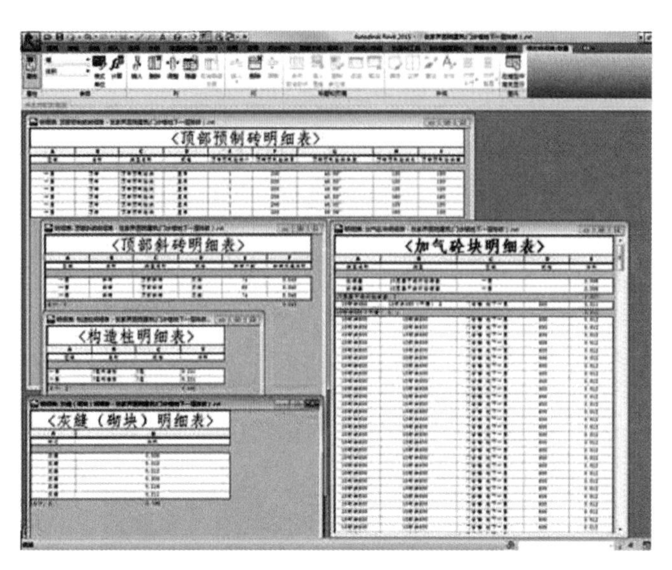

图 5-43

（3）面墙排砖出图指导现场砌筑。

根据已建立的排砖模型，针对每一面墙进行标准化出图，对每一砖砌块的规格进行标记。在为现场砌筑人员进行可视化交底时，现场砌筑人员即可对图进行砌筑，做到高标准、高质量砌筑。

第六章　BIM 与运营维护

6.1　BIM 与建筑运营维护

建筑信息模型技术在土木工程施工领域的应用目前已经在全球范围内得到广泛的认可，被誉为工程建筑行业实现可持续设计的标杆，可以说 BIM 已经在整个行业中产生越来越重要的作用。经过“十一五”之后，BIM 技术已经涉及整个行业，全生命周期都适用该技术，其中，包括我们的运营维护期。在建筑设施的生命周期中，运营维护阶段所占的时间最长，花费也最高。虽然运维阶段如此重要，但是所能应用的数据与资源却是相对较少。在传统的工作流程中，设计、施工建造阶段的数据资料往往无法完整地保留到运维阶段，例如建设途中多次的变更设计，但此信息通畅不会在完工后妥善整理，造成了运维上的困难。BIM 技术的出现，让建筑运维阶段有了新的技术支持，大大提高了管理效率。

我们知道，BIM 是为了建筑全生命周期各阶段数据传递之间的问题而产生的解决方案。将建筑项目中所有关于设施设备的信息，利用统一的数据格式存储起来，包括建筑项目的空间信息、材料、数量等，利用此数据标准，在建筑项目的设计阶段，即使用 BIM 进行设计，建设中如有变更设计也可以及时反映在此档案中，维护阶段则能得到最完整、最详细的建筑项目信息。

美国国家标准与技术协会（NIST）在 2004 年进行了一次研究调查，目的是预估美国重要设施行业（如商业建筑、公共设施建筑和工业设施）中的效率损失。研究报告显示，每年因计算机辅助设计、工程设计和软件系统中的操作性不够充分而造成的损失高达 158 亿美元。业主和运营商在持续设施运营和维护方面耗费的成本几乎占总成本的三分之二，这次统计反映了设施管理人员的日常工作烦琐费时。

通过在建筑生命周期中的时间较长、成本较高的维护和运营阶段使用 BIM 设计程序中的高质量建筑信息，业主和运营商便可降低由于缺乏操作性而导致的成本损失。因此，这再一次说明了 BIM 的出现，对整个建筑行业信息化的发展起着不可忽视的作用。BIM 作为一种新型的技术支持，从运营的情况来看是非常必要的，这门技术的出现给建筑业呈现出了多维的效果，无论从设计的整合、施工的方案还是质量的检验，都能起到很好的作用。BIM 贯穿于建筑全生命周期的全过程，BIM 技术在工程建设应用领域中的价值和作用，主要体现在以下 4 个方面：

① 实现建筑信息共享；

② 生产过程中的可预测性；

③ 能带动建筑业生产方式的改变；

④ 推进建筑业的工业化进程。

>> 6.1.1　BIM 在建筑运营维护阶段的基本概念

建筑运营维护阶段是从项目竣工验收交付使用开始到建筑物最终报废。

建筑项目全生命流程：

从整个建筑全生命周期来看，相对于设计、施工阶段的周期，项目运维阶段往往需要几十年甚至上百年，运维阶段需要处理的数据量巨大且凌乱，从规划勘察阶段的地质勘察报告、设计各专业的CAD出图，到施工各工种的组织计划、运维各部门的保修单等。如果没有一个好的运维管理平台协调处理这些数据，可能会导致某些关键数据的永久丢失，不能及时、方便、有效检索到需要的信息，更不用提基于这些基础数据进行数据挖掘、分析决策了。因此，作为建筑全生命周期中最长的过程，运维管理对整个建筑的运营有着至关重要的影响。项目运维管理是整个建筑运营阶段生产和服务的全部管理，主要包括：

（1）经营管理：为项目最终的使用者、服务者以及相应建筑用途提供经营性管理，维护建筑物使用秩序。

（2）设备管理：包括建筑内正常设备的运行、修理以及空间规划和维护操作、设备的应急管理等。

（3）物业管理：包括建筑物整体的管理、公共空间使用情况的预测和计划、部分空间的租赁管理，以及建筑对外关系等。

>> 6.1.2　传统运维方式

在建筑出现时，我们一开始并没有特别重视运营这个方面，房子建好后的管理体系也不是特别清晰。随着建筑行业的发展，我们对运维管理越来越明确。

在建筑设计图纸还是手绘阶段时，我们的建筑运维也比较简单。在日常的建筑运营中，我们对建筑进行定期检测，如我国行业标准JGJ 102—96第8.2.4条规定："玻璃幕墙在正常使用时，每隔五年应进行一次全面检查。"《建筑工程质量管理条例》规定屋面最低保修期为5年；检测的方法就是我们常用的一些试验方法，在检测出问题后我们就核对设计施工阶段的图纸，由设计师或者其他工程师提出解决方案，然后业主负责找维修队维修。如果确实不能够维修，我们就会采取其他方式。但往往图纸资料多且复杂，再加上保留时间过长会出现遗漏或遗忘的情况，这也为后期检测维修带来了一定的困难。

当建筑走进CAD的二维电脑绘图阶段时，我们对建筑设计图纸、施工图纸等的保留有了进一步的提高，不但提高了图纸等原始资料的保留质量，也便于我们查找。此时，在我们的建筑运维中，通过定期定人的检测，当出现问题后，我们直接通过电脑查询图纸，然后派人去检修。这里所谓的定人是指由专门的部门单位负责，比如电梯里就有类似的标志。

总之，传统的运维方式就是：定期定人维修→查找图纸，确定具体位置→设计师给出维修方案→维修人员维修。

>> 6.1.3　传统运维的弊端

通过上面的介绍，我们可以看出，传统建设项目运营阶段一般由原建设单位将项目移交给新的物业公司。显然，不管是手绘阶段，还是CAD时代，其管理手段、理念、工具都比较单一，大量依靠各种数据表格或表单来进行管理，以文字的形式列表展现各类信息，缺乏直观高效地对所管理对象进行查询检索的方式，尤其是无法展现设备等之间的空间关系。数据、参数、图纸等各种信息相互割裂，这也就造成了建筑运营管理的信息保存度低，信息链断裂严重。此外，对于CAD而言，还需要管理人员有较高的专业素养和操作经验，由此造成管理效率难以提高，管理难度增加，管理成本上升。

传统的运营管理存在的问题主要有：一是目前竣工图纸、材料设备信息、合同信息、管理信息分离，信息往往以不同格式和形式存在于不同位置，信息的凌乱造成运营管理困难；二是设备管理维护没有科学的计划性，仅仅是根据经验不定期进行维护保养，难以避免设备故障的临时发生带来的损失，属于被动式管理维护；三是资产运营缺少合理的工具支撑，没有对资产进行统筹管理统计，造成很多资产的闲置浪费（见图6-1）。

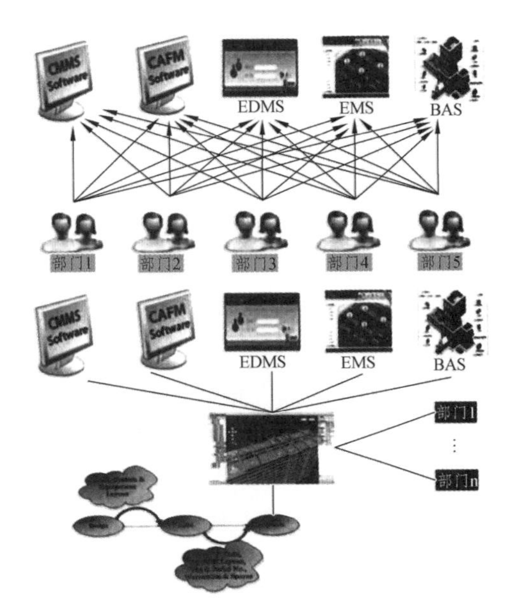

图 6-1 信息集成与共享

>> 6.1.4 基于 BIM 的运维

BIM 运维的通俗理解即为运用 BIM 技术与运营维护管理系统相结合，对建筑的空间、设备资产等进行科学管理，对可能发生的灾害进行预防，降低运营维护成本。具体实施中通常利用物联网、云计算技术等将 BIM 模型、运维系统与移动终端等结合起来应用，最终实现如设备运行管理、能源管理、安保系统、租户管理等（见图 6-2 和图 6-3）。

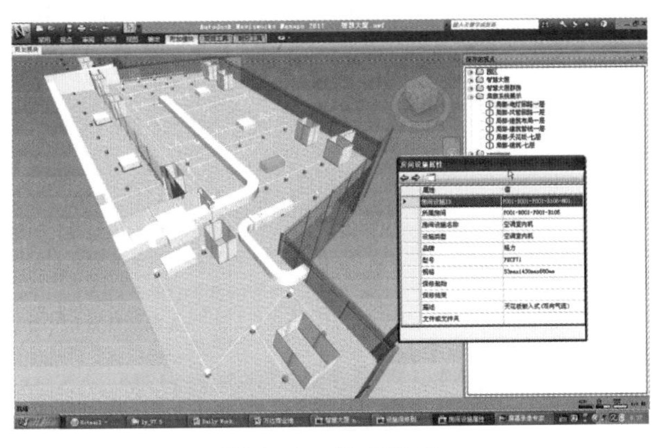

图 6-2 设备信息

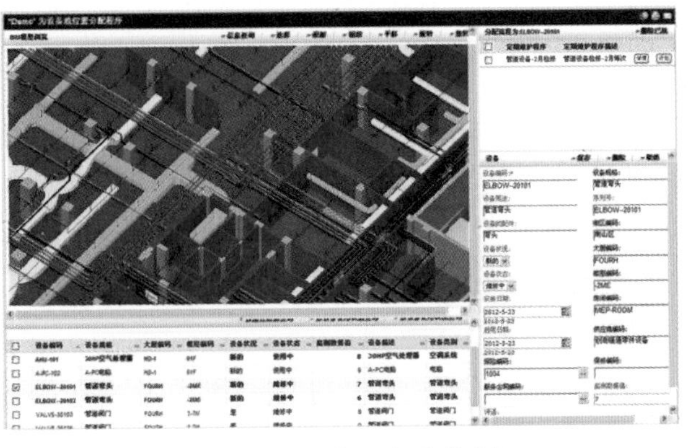

图 6-3 设备运行和控制

BIM 在运维阶段的具体使用：

1．记录模型

基于 BIM 系统，收集、整理、汇总前期可研规划阶段、设计阶段、施工阶段及运维阶段，整个寿命周期有关记录，形成记录模型数据。在这经整合过的数字环境中，前者输入之数据可供后续其他人员使用，有助于提高项目质量、节省时间、降低成本与错误；透过 BIM 建立的图说及相关信息，链接 ODBC（Open Database Connectivity，开放式数据库连接）将建筑物相关设施数据自 BIM 中撷取出来，以建立设施管理的数据库，作为设施管理的主要内容；透过管理软件可查询相关设施的数据，能降低维修之不便并避免错误，让使用者在使用阶段的维护管理能更方便且具效率。运营维护数据累积与分析，对于管理来说具有很大的价值。可以通过数据来分析目前存在的问题和隐患，也可以通过数据来优化和完善现行管理。例如：通过 RFID 获取电表读数状态，并且累积形成一定时期能源消耗情况；通过累积数据分析不同时间段空余车位情况，进行管理。

2．运行监测

建立与运行控制系统，调度自动化遥信、遥测、遥控、遥调和遥视系统，消防火灾报警系统等的链接，进行多视图切换、可视化监测各系统实时运行状态。

3．运检维护计划

基于 BIM 记录模型、运行监测及设备管理要求，编制并录入检查、维修、保养计划，明确运检维护内容、方法、周期、次序及具体要求，设置提醒、记录及报错功能等。对硬件设备进行检查、清洁、润滑、调整和更换，并对软件系统记录进行检查与分析，根据系统报错信息，发现潜在问题，尽早采取措施，排除故障隐患。

4．资产管理

按照公司基建项目投产及移交管理业务指导书要求及 BIM 拓展服务的功能，建立完整的资产台账，对建筑设施、电气设备、消防器材等进行固定或非固定资产、安健环管理。

5．应急管理

基于 BIM 的安全管理功能，进行运维阶段风险辨识、危害分析，建立应急响应管理系统，并持续改进；进行设备事故、自然灾害、消防排烟、人员疏散等应急预案模拟，并进行针对性演练及培训。

在建筑生命周期的运营管理阶段，BIM 可同步提供有关建筑使用情况或性能、入住人员与容量、建筑已用时间以及建筑财务方面的信息。BIM 可提供数字更新记录，并改善搬迁规划与管理。它还促进了标准建筑模型对商业场地条件（例如零售业场地，这些场地需要在很多不同地点建造相似的建筑）的适应。有关建筑的物理信息（例如完工情况、承租人或部门分配、家具和设备库存）和关于可出租面积、租赁收入和部门成本分配的重要财务数据都更加易于管理和使用。稳定地访问这些类型的信息可以提高建筑运营过程中的收益与成本管理水平。同时由于 BIM 是构件化的 3D 模型，信息更新迅速，新增或移除设备均非常快速，也不会产生数据不一致的情形。

具体可分为：

（1）数据存储借鉴。

利用 BIM 模型，提供信息和模型的结合，不仅将运维前期的建筑信息传递到运维阶段，更保证了运维阶段新数据的储存和运转。BIM 模型所储存的建筑物信息，不仅包含建筑物的几何信息，还包含大量的建筑性能信息。

（2）设备信息有效共享，维护高效。

利用BIM和模型可以储存并同步建筑物设备信息，在设备管理子系统中，有设备的档案资料，可以了解各设备可使用年限和性能；设备运行记录，了解设备已运行时间和状态；设备故障记录，对故障设备进行及时处理并对故障信息进行记录借鉴；设备维护维修，的鼎故障设备的及时反馈以及设备的巡视。同时，还可以利用BIM可视化技术对设施设备进行定点查询，直观地了解项目的全部信息。

（3）物流信息丰富。

采用BIM模型的空间规划和物资管理系统，可以随时获取最新的3D设计数据，以帮助协同作业。在数字空间进行模拟现实的物流情况，显著提升庞大物流管理的直观性和可靠性，使服务者了解庞大的物流管理活动，有效降低了服务者进行物流管理的操作难度。

（4）数据关联同步。

BIM模型的关联性构建和自动化统计特征，对维护运营管理信息的一致性和数据统计的便捷化做出了贡献。

（5）建筑信息快速整合与查询。

BIM提供的信息集成和整合平台，使管理者能够更准确、更安全、更快速地掌握建筑管理信息，实现快速、准确地定位和查询管理者所需的所有相关资料。

（6）信息综合管理。

基于BIM模型建立的管理系统数据库，综合了建筑的基本信息、保养记录、维修资料、成本信息、合同信息等更丰富而详细的信息，可供设备的综合管理，分析并产生图表报告。同时，更新BIM模型中相应的信息，达到可持续运行维护管理，使管理者能轻松高效地管理信息并随时掌握最新信息。

（7）提高建筑设备管理效率和管理水平。

数据库技术降低了管理的难度，能有效提高建筑的管理效率、管理水平，可用于各种建筑工程的建筑运行维护管理，尤其适用于大型、复杂的建筑工程（见图6-4）。

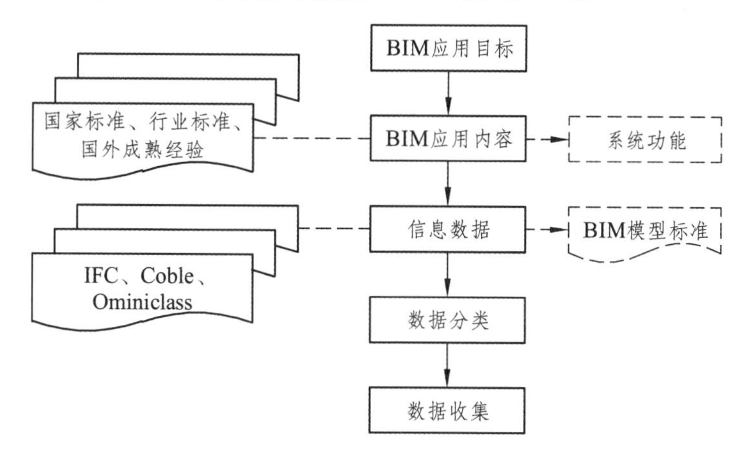

图6-4　运维管理BIM应用

>> 6.1.5　运维阶段BIM模型的开发应用

1．BIM模型运维管理的应用与开发

要实现后期BIM模型在运维中的应用，最核心的就是实现真正的信息管理，这就需要BIM在运维管理应用之前满足以下条件：

（1）BIM模型拥有满足运维的信息；运维信息能够方便地被管理、修改、查询、调用。

（2）对BIM的应用有个清晰的规划：即如何对BIM信息进行收集；需要收集哪些信息；需要在项目的哪个阶段收集；由谁来进行信息收集；如何安排收集的组织流程；怎样保证动态信息的有效性

和及时性；何种程度的 BIM 模型具备运维管理要求的条件；业主如何方便的对 BIM 模型进行运维管理的应用；业主在运维阶段使用 BIM 模型会不会加大成本投入。

对于运维阶段模型信息的收集在设计阶段建模的过程中，按照 LOD 等级对 BIM 模型在不同应用层次的具体要求进行不同程度的开发，把建筑物的不同构件、设备的具体信息加入到模型之中，把建筑、结构、MEP 分类建模的信息进行集成，完成设计阶段 BIM 模型的开发。

在施工阶段，依据设计阶段的模型在项目的施工过程中进一步的完善和优化，把参建方和 BIM 服务商提交的 BIM 模型在施工的过程中和业主的业务和管理系统包括造价、采购、财务、ERP、项目管理系统等，数据库技术可对它们进行数据集成。在这两个阶段的基础上，才能做到竣工模型在运维阶段的应用。

2．BIM 在运维管理中的具体应用

建筑的运维管理范畴包括五个方面：空间管理、资产管理、维护管理、公共安全管理、能耗管理。运维阶段在整个建筑生命周期中所占的时间比例最大。从前三个阶段到建筑的运维阶段，BIM 集成了建筑的三维几何信息、构件的位置与尺寸等参数信息、管线的布局、建筑的材料信息、基本设备的生产厂家信息等。建筑的使用者利用建筑空间开展业务，空间管理自然离不开“面积”和“位置”，这两个信息在建筑竣工后的 BIM 模型中有现成的数据可供使用；资产管理，对建筑来说，一般指固定资产，所有的固定资产都是基于“位置”的，BIM 模型中有这些固定资产的位置，在哪一楼层、哪一房间都是三维可视化显示；BIM 模型中的建筑构件和基本设施的使用期限、生产厂家等信息可查阅，为建筑运营期间设施的维护提供一个参考；用 BIM 模型可以直观地找到应急设施和安全出口的位置，基于 BIM 模型可以进行应急方案模拟；BIM 模型中关联各种能耗设备的探测器，可以直观地了解到“有位置”的能耗的情况。同时，空间管理中的建筑物局部改造、资产的调整搬移、设施的维护更换、安全应急方案的拟订、能耗的调查与能耗设备的调整又反作用于 BIM 模型，其几何信息与非几何属性信息得到修改完善。

基于前面的介绍，BIM 在运维中的具体运用可以从以下几个方面考虑：

（1）针对运营维护管理的需求，以 BIM 技术为基础，将专属设施设备数据库与 BIM 模型相链接，开发完整的运维系统，以利各项维护管理作业使用。若组织拥有设施设备管理系统，可将 BIM-FM 系统与现有设备设施管理系统相结合。

（2）项目在导入 BIM 技术前，可先由业主主导项目执行，以及拟订相关执行计划。业主可以在招标时就明确表示需要使用 BIM 技术，然后设计、施工等的模型一体化，更方便运维阶段的使用。也就是业主作为各个阶段沟通的桥梁，制定各阶段交付档案及信息，其项目执行所遭遇的阻力亦相较为小。

（3）运营维护作业所需的信息，可在较早的阶段便先行规划与订定，并于施工阶段将规划好的信息加入模型中，这样可免于后续须花费更多时间于信息的输入与清除，亦可避免后续回头收集资料，却因现场距建筑物竣工已有一段时间，需求信息于施工阶段没有保存完整，而造成信息需求缺口等情形。

（4）BIM-FM 项目分为业主委外及自办两种导入模式。委外模式系将项目交由项目公司负责，业主仅需告知需求便可导入。然而委外模式业主无法直接掌握项目讯息，可能需耗费大量时间与委托公司沟通，亦需支付庞大费用；若以自办模式导入，业主能实时掌握项目以及更动讯息，虽然导入初期较委外模式辛苦，但能建立自己的 BIM 团队，订立机制标准及累积导入经验，供后续相关项目参考，提升项目执行效率。

>> 6.1.6 BIM + FM

FM（facility management）直译为“设施管理”，又称整合设施管理，或整合工作空间管理。它是一门管理学科，是将地点（location）、人员（people）、流程（process）、建筑设施（facilities）、资产

（assets）等因素整合起来，从而得到更高附加值的一个管理过程。

传统上的 FM 设备管理系统适用于民用设施的管理，其系统在市场上较少，多为国外引入成熟系统或自行定制化开发。已经引入中国市场的 FM 信息化系统主要有以下几个：ARCHIBUS，IBM-Tririga，FM：System，Trimble-Manhattan，ArchiFM（基于 BIM 技术）。

图 6-5 和图 6-6 分别是 ARCHIBUS 软件的运维管理功能与 EcoDomus 软件的设备信息管理功能，两者相对应的设备信息定义界面的截图。ARCHIBUS 是传统上 CAFM 软件的代表，EcoDomus 则是新兴的 BIM-FM 解决方案的代表，图中的三维模型是从 Revit 制作的文件导入而来的，所以这些设备属性信息是在 Revit 中定义好的，但在 EcoDomus 中可以修订。

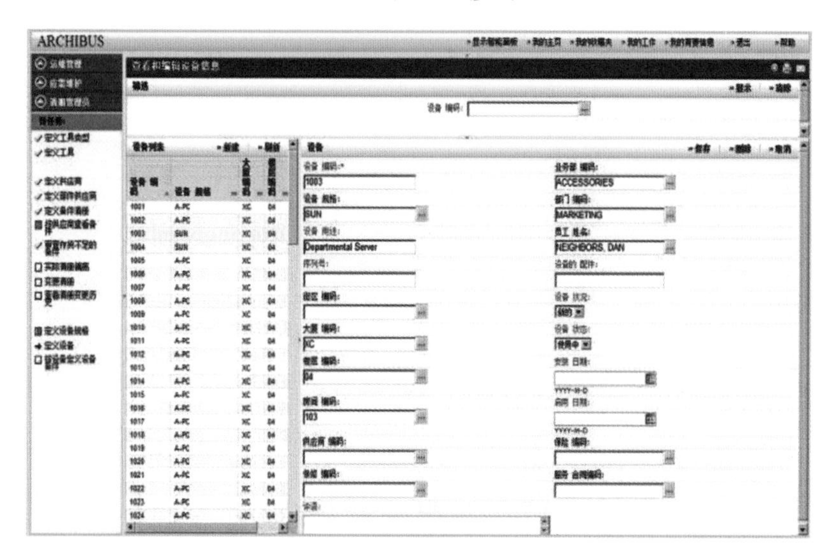

图 6-5

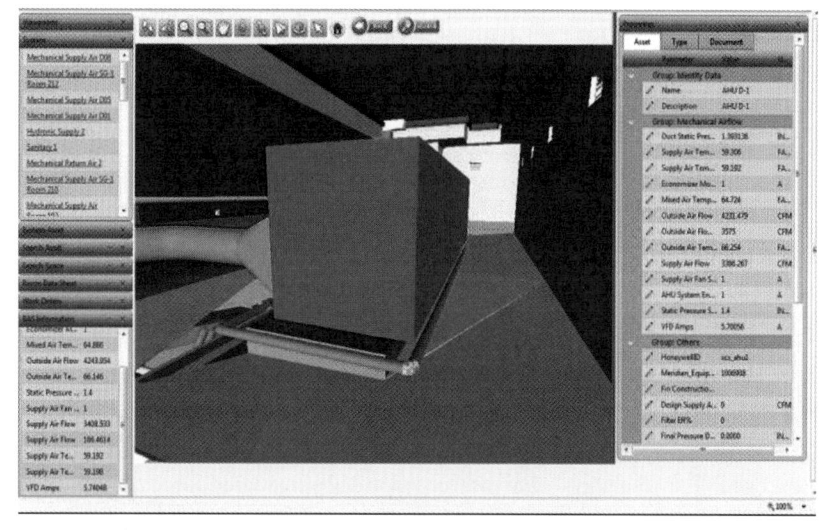

图 6-6

对比两者的设备信息页面，可以看到非常显著的不同之处是：ARCHIBUS 的设备属性页面使用的属性字段是全局设定，而 EcoDomus 则是与 Revit 相同的分门别类设定（即 Revit 的精华——族体系）。全局设定是关系型数据库最常见的设计方法，即对于全部设备都使用同样的属性列表；而按照设备类型进行分门别类的设定在原理上接近于对象数据库的开发思想，考虑到对象数据库的开发难度较大，所以在实际软件开发中仍然是使用流行的关系型数据库（如最为流行的微软 SQL 数据库平台）。

CAFM/IWMS 这些软件系统是 FM 管理体系的信息化。CAFM 中的数据就是 FM 管理作业的数据，再加上 BIM 特有的模型化和数据管理平台，可将 BIM 与 FM 管理系统结合实现数据的互通。因此 BIM + FM 运维即指 FM 管理模式下的设施运行维护管理（O&M），而不单单是指工厂生产设施的运维及住宅小区物业设备运维，这两者分别有非常成熟的 CEAM 或 CMMS 系统、国产物业管理软件及企业管理 ERP 系统中附属的设备资产管理功能。但目前两者结合后实际的应用成效还未完全实现，BIM 与 FM 软件的设备信息对接还有很长的路要走。

1. BIM 运维组织架构

BIM 运维组织架构见图 6-7。

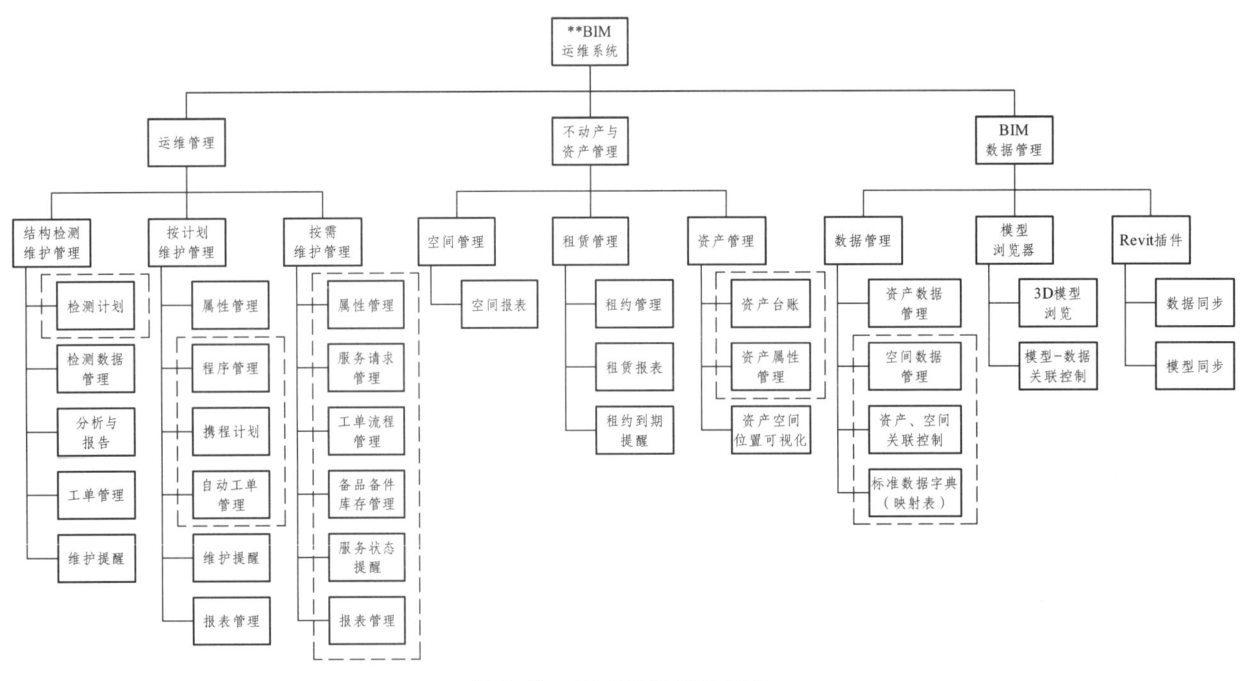

图 6-7　BIM 运维组织架构

2. BIM + FM 的实施关键技术点

1）搭建 BIM 运维模型

（1）BIM 现场复勘模型。

在运维现场进行勘测，获得相关运维数据，再利用 BIM 技术根据获得的数据建立模型，并将这些数据逐一录入数据库，为后期维护提供依据，实现 BIM 与 FM 的双向同步过程，见图 6-8、图 6-9。

图 6-8

图 6–9

（2）构件分类编码和附属运维属性（见图 6-10）。

设备编码					
设备规格编码			设备所在楼层号	楼宇号	本规格本楼层序列号
设备系统号	设备系统内设备类别号	规格序列号			
01	01	01	B1	1	001

序号	编号首字	系统名称	序号	编号首字	系统名称
1	BL	避雷针	12	M	门
2	CF	厨房设备	13	NX	能效系统
3	DK	灯控系统	14	QD	强电系统
4	DT	电梯系统	15	QX	气象系统
5	FG	泛光照明	16	RD	弱电系统
6	GF	太阳能光伏系统	17	SH	生活用水系统
7	GR	光热系统	18	XF	消防系统
8	JJ	洁具	19	XG	巡更系统
9	JK	监控系统	20	YS	雨水回用系统
10	KT	空调系统	21	ZM	照明系统
11	LH	垂直绿化			

注：模型与构件的编号命名方式为：

【设备系统号】+【设备类别号】+【规格序列号】+【楼层号】+【楼宇号】+【序列号】。

图 6–10　构件分类编码和附属运维属性

2）定制运维管理平台

相关人员可根据项目本身制定满足本地运维需求的平台，使运维更加精细化、灵活化（见图 6-11）。

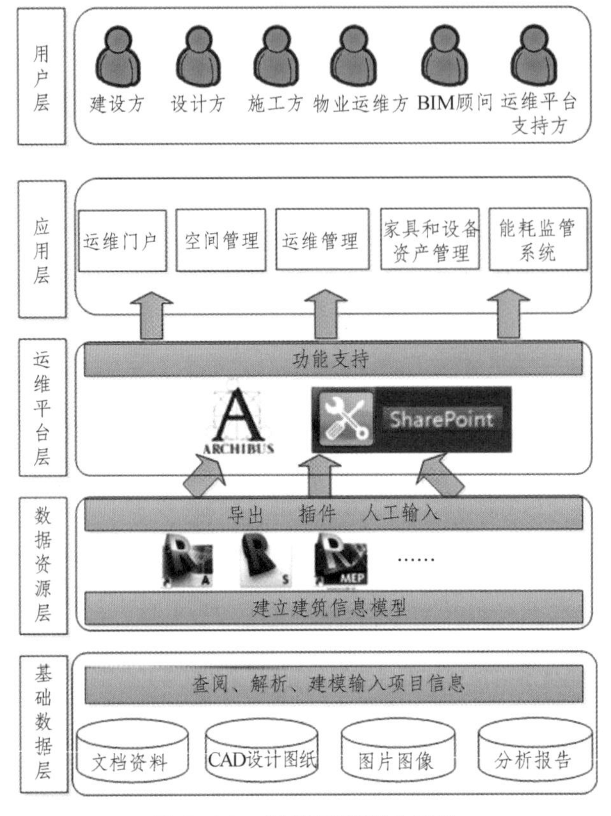

图 6-11 运维管理平台架构

3）信息交换模板

从 BIM 模型按照模板导出数据，导入其他 BIM 软件或管理信息系统，见图 6-12。

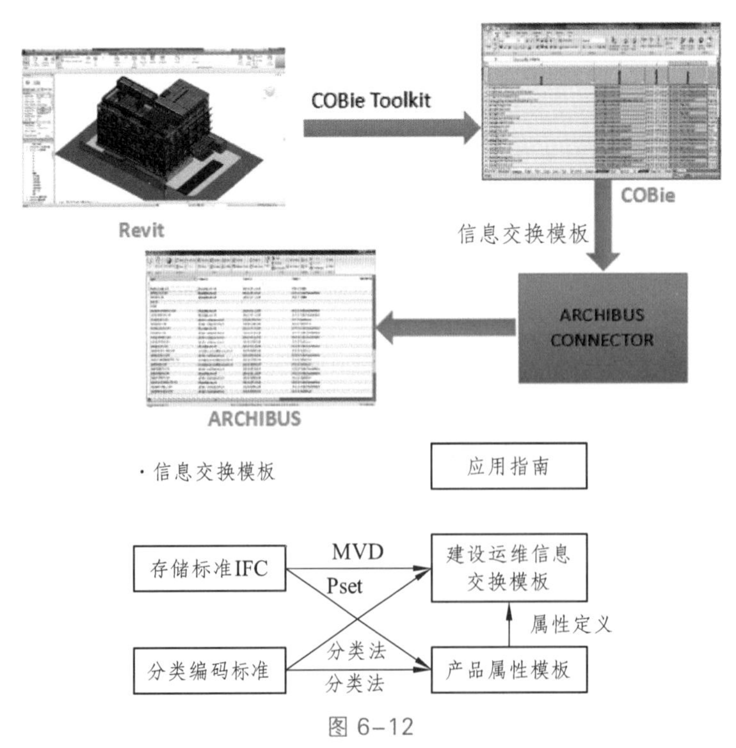

图 6-12

其作用是：

（1）交换非几何信息。

非几何信息可按照统一的格式定义从 BIM 模型中提取，并可在项目各阶段、各参与方之间交换数据；几何信息的交换则需要通过 IFC 进行。

（2）可读性。

由于项目各参与方的信息化能力不同，模板可以采用通用的电子表格形式，可读性高，并且方便人工录入编辑和软件自动化处理（见图 6-13）。

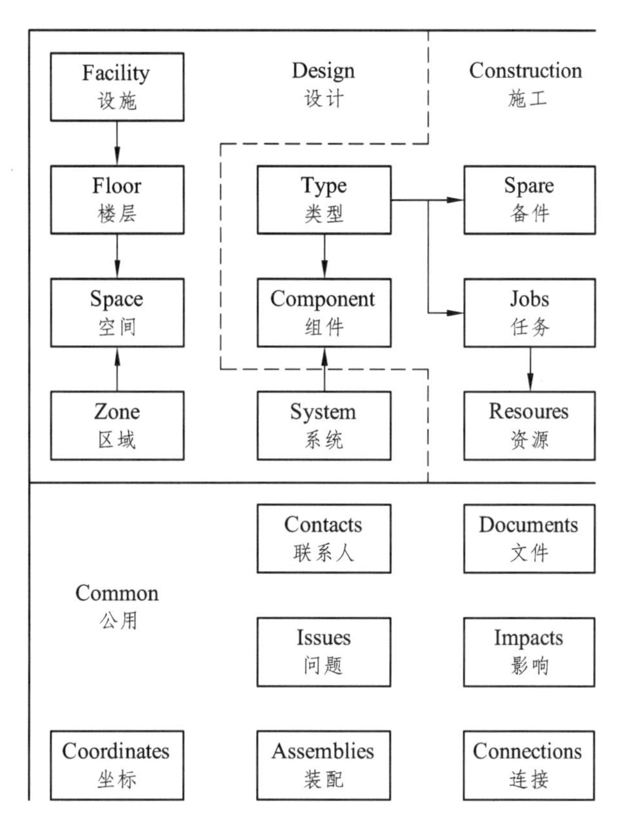

图 6-13　信息交换模板内容

4）确定合理 BIM 实施流程

（1）基础调研。

基础调研内容包括运维管理模式、资产管理模式、设备文档资料。

（2）系统部署。

（3）基础数据建立。

基础数据包括大厦的楼层、组织结构（ERP）、员工等。

（4）空间管理实施。

背景数据：房间类别和类型（OmniClass）、显示颜色。

空间信息采集：从 Revit 模型获取房间信息、设置房间分类和部门。

空间信息优化：明确房间编号，核实部门分配。

（5）资产管理实施。

背景数据：家具规格、设备规格。

资产信息采集：从 Revit 模型获取家具和设备信息。

资产信息优化：设置家具设备的部门分配、人员分配。

（6）运维管理实施。

背景数据：设备规格、备件、供应商、工具类型、工种、技工、问题类型、原因类型。

应需维护流程：根据每种响应级别设置维护流程。

定期维护流程：设置定期维护程序、步骤、工具、工种、备件，将程序分配给设备。

（7）用户培训。

用户培训包括基础操作/空间管理培训、运维管理培训和资产管理培训。

（8）技术支持。

BIM 技术支持主要是帮助用户掌握系统使用方法（见图 6-14）。

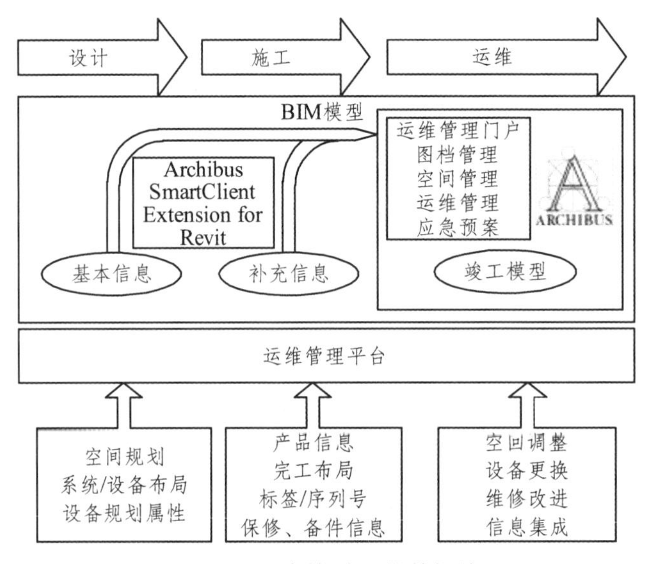

图 6-14　实施过程的数据流

3．案例：上海申都大厦 BIM+FM

传统的运维过程仅关心物业本身的建筑、设施维护。随着专业化分工及精细化管理的提高，从 20 世纪 80 年代开始，运维的理念逐步转向一种现代化的物业管理模式——设施管理（FM）。它涉及的范畴很广，甚至可以包括客户所有的非核心业务。在 BIM 还未提出之前，FM 通常的实施模式是从二维的纸质或者 CAD 图中导入创建建筑信息，而本身就承载着建筑信息的 BIM 的出现无疑让 BIM 与 FM 之间的关系变得更紧密了，越来越多的业主意识到：BIM 与 FM 的结合应用是必然的趋势。

运维阶段需要处理的数据是巨量且凌乱的，从规划勘察阶段的地质勘察报告、设计各专业的 CAD 出图、施工各工种的组织计划、运维各部门的保修单等，如果没有一个好的运维管理平台协调处理这些数据，可能会导致某些关键数据的永久丢失，不能及时、方便、有效检索到需要的信息，更不用提基于这些基础数据进行数据挖掘、分析决策。一个良好的运维平台是运维实施的前提。目前市场上常见的运维平台以国外为主，比如 ARCHIBUS、FM：Systems、EcoDomus 等，但由于国外工程的背景要求、建设模式、法规标准都与国内有着明显区别，尚不能很好地满足本地化的业务需求，需要有针对性地定制开发才能投入实际项目使用。

1）项目背景

申都大厦项目位于上海市西藏南路 1368 号，是既有建筑的改造项目，初建于 20 世纪 70 年代，当时是厂房车间，90 年代改成六层办公楼，如今经历了第三次“绿色”改造。多次改建已让很多基础资料随着时间推移遗失了，留下来的设计资料也分散在各个组织机构，收集、查找极为不便。申都大厦定位为绿色三星级科技示范楼，有很严格的建筑节能要求，需要实时地掌握楼宇各部分的能耗情况，以便及时制定相应的节能措施，保证不同部位的能耗平衡性。大厦建成后，将入驻集团下属现代建设咨询有限公司的部门，因为部门行使职能和管理模式的不同，势必对物业单位进行统一的运维管理造成困难。同时，物业单位的工作人员普遍信息化技术操作能力低，平时对物业维修的基本工作表单也很少通过电子化的文档记录管理。这些都是申都项目运维工程中需要实际解决的问题。

2）实施方案

（1）需求调研。

在申都项目运维平台的前期工作中，我们分析了已有各类运维相关的数据、文档、照片资料，梳理工作各类流程，发现申都的运营理念还停留在传统意义的物业管理模式上，主要由物业公司实施，侧重工程部和物业部的作用，比如房屋建筑主体的管理，房屋设备、设施的管理，环境、卫生管理，绿化管理，保安管理，消防管理，车辆道路管理。这与现代设施管理的理念是不同的，设施管理关心的内容侧重企业的运作和管理，并由专门的设施管理公司管理，包括空间管理、家具与设备管理、工作环境管理、绿色建筑永续评估、设备状态评估、应急预案、建筑运营与维护、不动产与租赁管理、专案管理、资产预算、搬运管理、通信与线缆管理、资产控制节能。国外主流的FM软件面向的就是这些设施管理的需求，这也是造成国外FM软件不能在本地有效实施的根本原因。

为了更具体地定位申都项目实际的运维需求，我们通过在线问卷、现场沟通的方式进行调研，内容涉及FM的需求内容，以期望能够挖掘国内物业公司的潜在运维要求。结果显示，申都大厦的运维工作虽然由传统物业单位实施，但对于FM的设施管理需求是非常强烈的，特别是“空间管理”“家具设备管理”“设备状态评估”“建筑运营与维护”“资产管理”“能耗监测”这几项。这对于运维平台的定制开发具有重要意义，也反映了国内运维需求的现状。

（2）平台选型与架构。

针对需求调研的结果，我们建立的运维系统应该具有以下几个特点：

① 良好的BIM标准支持、开放的数据接口，以充分支持申都大厦在设计、建设工程中产生的BIM数据，使BIM向运维阶段延伸。

② 集成能耗监测系统，能及时采集能耗数据，为能耗分析提供基础信息。

③ 统一的运维门户，提供文档管理（BIM模型管理、维护手册、规章制度）、通讯录、公文流转等协同功能，并集成主要FM功能入口（见图6-15、图6-16）。

图6-15 申都大厦外景

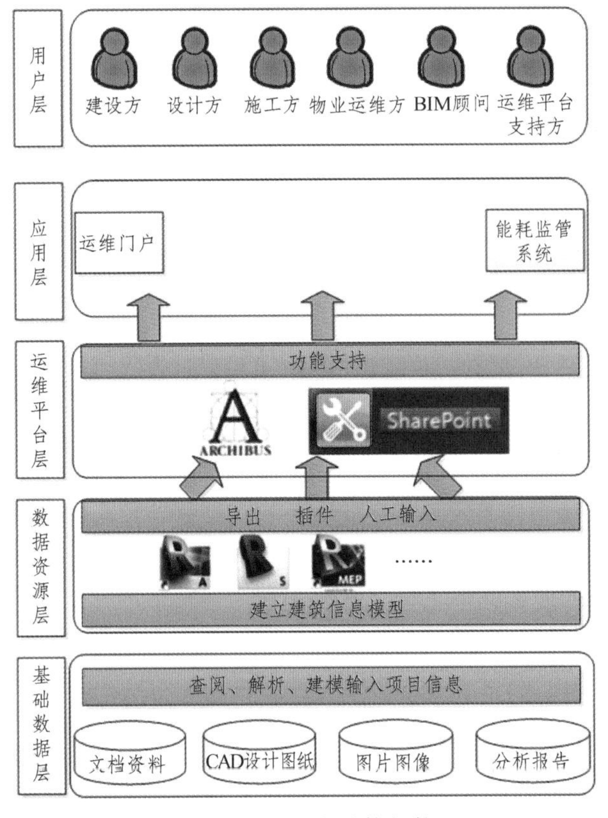

图 6-16　系统总体架构

在比较了 ArchiBUS、FM：Systems、EcoDomus 主流的 FM 软件特点之后，从功能模块的全面性、数据标准的支持度、能耗集成方面，最终确定了以 ARCHI-BUS 为 FM 软件平台，并结合 SharePoint 的协同功能自主开发集成了派诺能耗监管系统的运维管理门户，从而形成申都大厦绿色运维管理系统的基本架构。

基础数据层包括项目的规划资料、岩土勘察设计资料、方案设计资料、施工组织资料、设备材料采购资料等一切因项目建设而产生的原始信息，它们可以是文档格式，也可以是 CAD、图片图像、分析报告图表。

数据资源层通过原始信息的再利用或者人工的数据再组织集成到建筑信息模型中，它们可以是多专业、跨平台、文件分布式的，但是信息经过加工已经成为面向建筑构件的形式存在了。

运维平台层必须充分利用所选择的运维平台的强大数据储存、处理的能力将数据资源层的各类信息集成汇总，形成一个强大的数据平台。通常这一阶段的数据集成需要利用数据资源层各软件工具的导出功能、插件输出，或者采取人工输入的方式。一旦到达这个阶段，建筑信息将呈现高度的集成、对象化。

应用层是整个架构中直接供外部使用的功能，它提供一系列操作使用户能做具体的功能实现。这里提供了运维门户、空间管理、运维管理、设备管理、能耗监管系统采集等功能。基于运维平台层，应用层是可以扩展的，根据具体的项目需求可以由平台技术支持方定制功能应用。

用户层包括了需要用到这个平台的各类用户，主要有建设方、设计方、施工方、物业运维方、BIM 顾问、运维平台支持方。建设方主要提供具体需求，验收平台成果，协调项目进行；设计、施工方提供项目基础资料；运维平台支持方提供满足项目要求的平台和必要的技术支持；BIM 顾问提供详细的解决方案，协助业主验收平台成果；物业运维方是最终运维平台的交付对象，也是实际操作运维平台的角色。

3）实施关键技术

（1）整体的实施过程。

运维平台的实施过程是一个数据持续收集和数据库创建的过程，整体的实施过程如图 6-17 所示。

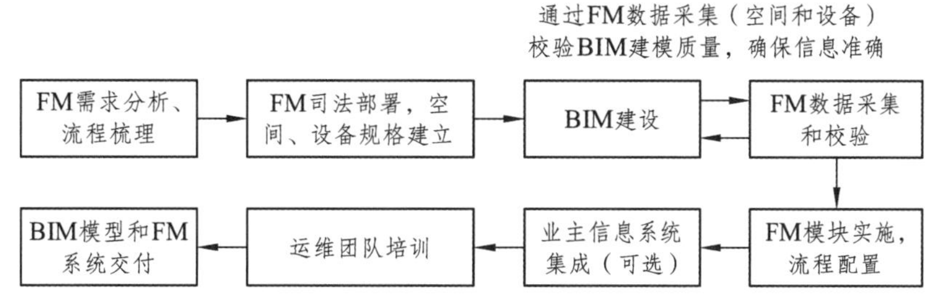

图 6-17　实施流程

在确定好运维需求后，首先需要制定合适的建模规则及设备分类编码，并在设计、施工的 BIM 模型创建过程中落实。只有满足运维要求的 BIM 模型才能作为 FM 数据源，并可以实现 BIM 与 FM 系统的双向同步过程。

BIM 模型交付给运维管理部门后，需要对采集的 FM 数据进行校验，并通过运维门户继续对本项目相关的空间管理、设备应需维护、设备定期维护、资产管理等运维管理模块进行数据更新与修改，最终实现一套与信息系统紧密相关的运维管理体系和制度。

其中，应用可靠的数据交换标准、制定设备分类编码、BIM 模型的运维交互是整个实施过程的关键。

（2）应用数据交换标准。

建设项目要求移交给 FM 部门的文件，包含设备清单、产品数据表、备用零件清单、预防性维护计划以及其他信息。这些信息对设施资产的操作、维护、管理是必不可少的，应该完整交付给业主或 FM 经理。但用传统方式收集这些信息是复杂和昂贵的，因为大多数的信息必须重新创建。而 FM 经理们既要应付日常的运作需要，又要面对各类信息系统如 CAFM、BIM、CAD、IWMS、EAM、CMMS。在复杂的需求背景下，可靠的数据交换标准是实现 BIM 与 FM 协同工作的基础。

国际上主要的 BIM 数据标准规范有 IFC（Industry Foundation Classes，工业基础类）、COBie（Construction Operations Building Information Exchange，施工运营信息交换）、OmniClass 等。IFC 是一个开放的、供应商中立的格式，以方便在建筑行业的数据交互操作；COBie 是建筑项目数据交付的标准，可以保证设计、建造过程的 BIM 数据有效传递给运维过程；Omni Class 是描述建筑环境全生命周期的信息分析系统，定义了一系列的信息分类原则。

在申都运维的工作过程中，物业管理充分利用了各个标准间的优势特点，协同工作。所有用到的设施设备的标准公共模型库（如 Revit 族库）都是依据 Omni Class 标准建立的，在创建 BIM 模型时，添加了包含 FM 需要的 COBie 信息，然后根据 COBie 标准定义 Revit 导出 IFC 文件的对象映射表，将 COBie 信息以 IFC 格式导出，最后将数据直接导入支持 COBie 标准的 CAFM 软件（如 ARCHIBUS），这样就确保了 BIM 模型向 FM 的信息传递。

（3）制定设备分类编码。

设备分类编码是运维管理平台数据库建立的基础，只有在统一的数据编码标准下，才能将不同数据来源、不同格式的数据传递共享给平台，为具体的运维业务服务。申都大厦运维管理平台的数据库在建立过程中，采用了 OmniClass 分类编码体系对设备类型进行了分类。

申都大厦设施设备共分为 21 个系统：

序号	编号首字	系统名称	序号	编号首字	系统名称
1	BL	避雷针	5	FG	泛光照明
2	CF	厨房设备	6	GF	太阳能光伏系统
3	DK	灯控系统	7	GR	光热系统
4	DT	电梯系统	8	JJ	洁具

续表

序号	编号首字	系统名称	序号	编号首字	系统名称
9	JK	监控系统	15	RD	弱电系统
10	KT	空调系统	16	SH	生活用水系统
11	M	门	17	XF	消防系统
12	NX	能效系统	18	XG	巡更系统
13	QD	强电系统	19	YS	雨水回用系统
14	QX	气象系统	20	ZM	照明系统

设备系统编码见图 6-18。

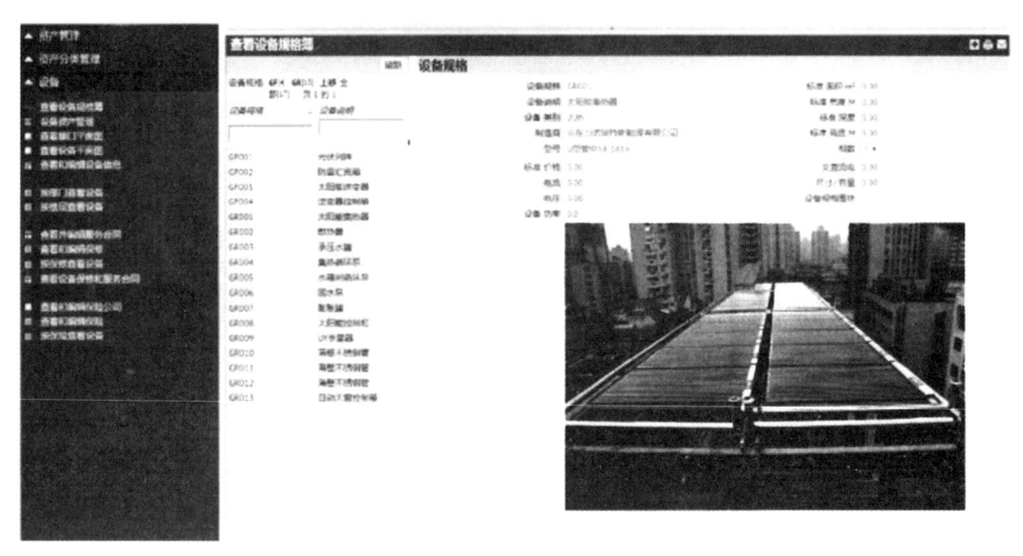

图 6-18　设备规格簿

模型与构件的编号命名方式为:【系统编号首字】+【数字】。

编号首字：该模型或构件所属系统的名称拼音首字（取前两位）;

数字：每一个编号中的数字都从 001 开始，顺序增加。

例如，灯控系统，其编号首字即为 DK。在这个系统中，第一项模型为 NEO 黑白触摸带逻辑功能，其命名为 DK001；第二项模型为触摸屏边框，其命名为 DK002。

（4）BIM 模型的运维交互。

申都大厦 BIM 建模的过程始终与 ARCHIBUS 保持协同和交互，以确保模型中包含的信息符合 ARCHIBUS 的管理需求。作为 BIM 模型与 ARCHBUS 沟通的关键数据，模型中的每一个设备或家具都需要包含 ARCHIBUS 提供的唯一的编码（即设备编码，利用 Revit 族的 Mark 参数存放），同时还提供 Revit 共享参数 Equipment Standard，存放 ARCHBUS 的设备规格编码。

申都大厦的 BIM 模型包括几何信息、对象名称、材料信息、系统信息、型号信息、时间版本等。

4）运维平台应用效益

（1）运维门户。

申都运维门户与 ARCHIBUS、派诺能耗监管系统紧密集成，提供了 ARCHIBUS 功能模块、维护工单统计和多种实时能耗图表，结合自身的文档管理、自助报修、应急预案、通讯录等实用功能，成为了物业人员日常事务操作不可替代的运维手段（见图 6-19）。

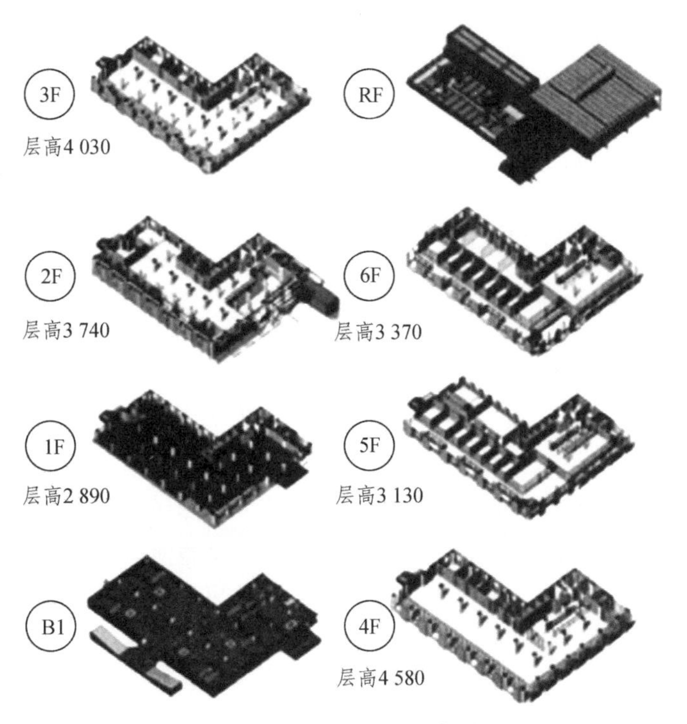

图 6-19 BIM 运维模型

特别是能耗监测系统，在投入运营的一年多里，物业运维人员已经摆脱了一到月底就各部门上门抄表，然后抱着一大堆数据报表回来输入电脑 Excel 进行统计的工作形式。通过运维门户，运维人员可以方便及时查询当月各个门户的用电量、用水量，并可按楼层、按月份进行数据统计，比如 2 ~ 6 层逐月用电量、过去 6 个月的数据折线图，从而找到用电用水大户，制定出合理的节电节能措施（见图 6-20）。

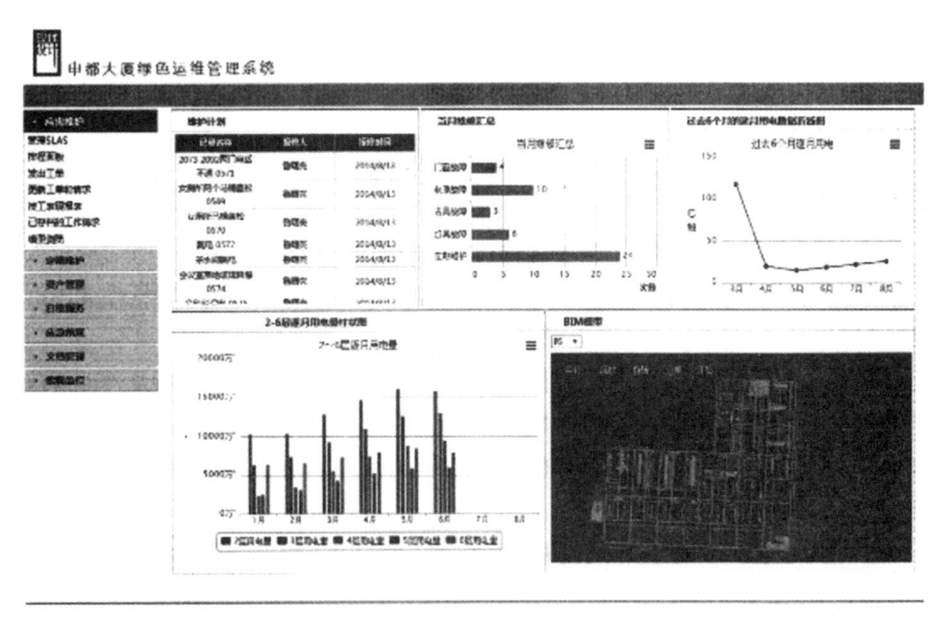

图 6-20 运维门户首页

（2）空间管理。

申都大厦入驻的企业是拥有 20 多个部门的大型企业，由于部门众多，拥有成员人数不同，企业内部如何分配各个部门的楼层空间、执行成本分摊、控制非经营性成本的问题往往是笔糊涂账，不能做到精细化管理（见图 6-21）。

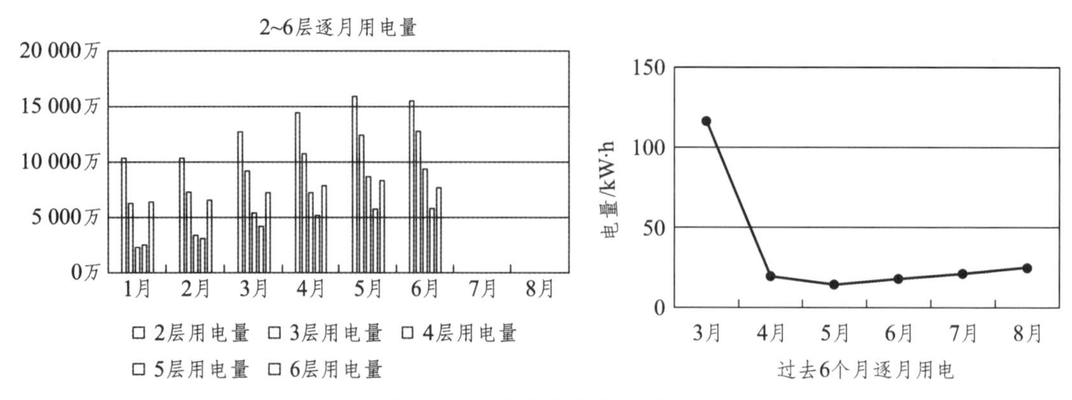

图 6-21 运维门户用电统计

运维平台的空间管理模块满足了申都项目在空间管理方面的各种分析及管理需求。平台能统计各个楼层当前的实际入驻部门及尚可分配的楼层面积，并显示各部门在不同楼层上的分配情况，以便及时调整空间的分配关系，既确保不影响部门间的协作关系，又能使空间利用率最高。

如图 6-22 所示，申都一层、屋顶层尚无入驻公司，物业可以根据情况出租代售；二层到六层主要入驻现代建设咨询各部门单位，占用面积最大的是现代建筑咨询主体单位，为 571.67 m^2，主要分布在二层到四层楼层；工程管理中心、办公室、工程总承包部由于人数少，合并安排在四层。

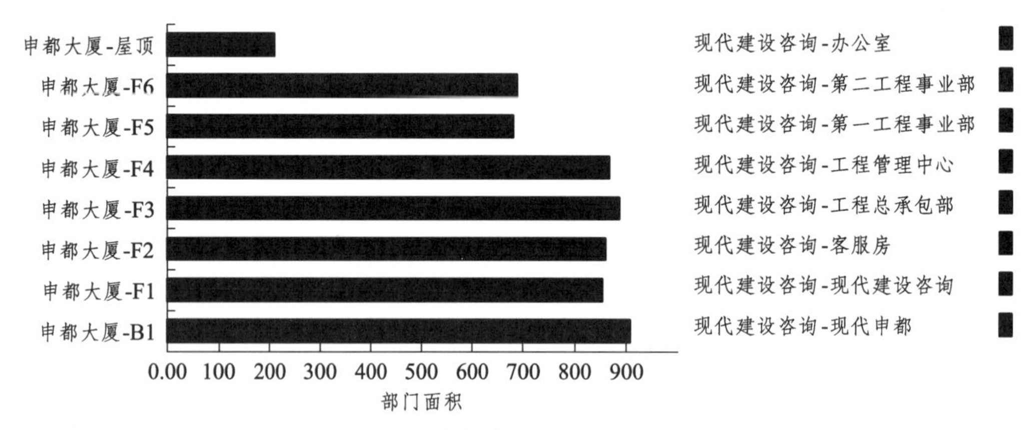

图 6-22 申都大厦部门空间分析图

（3）运维管理。

运维管理模块便于申都的设施管理部门更科学合理地配置人员以及工作时间与频次，能快速、轻松地应对维修设备数据进行访问，低成本、高效率地管理工作，跟踪所有的维修作业。由于预先定义了维护请求的问题类型，系统在近一年的运行过程中搜集了相关运维工单数据，可以按照时间维度对产生的各类问题进行统计分析，有利于及时发现故障频发点，预先采取措施避免故障，优化设施的健康状态。

图 6-23 为 2014 年 9 月维护工作请求统计表，定期维护进行了 24 次，另外，门窗故障 4 次，电源故障 10 次，洁具故障 3 次，灯具故障 6 次。每次维护工作都详细地记录在案，包括维护内容、维护人员、保修时间、维修时间、当前状态，甚至可以通过这些数据了解到不同维修人员的相应速度、服务满意度，从而考核具体人员的工作业绩。

5）结　语

BIM 在设计、施工阶段的技术应用已经逐渐成熟，其价值获得了普遍的认可，但在设施管理方面基本处于起步阶段。上海现代建筑设计集团率先通过申都大厦的运维管理平台实践，总结了一整套适合于本地运维需求管理平台的定制、部署、实施流程。

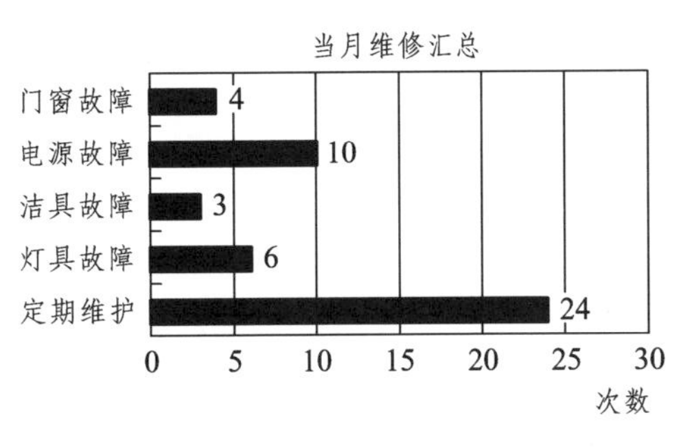

记录名称	报修人	报修时间
2073 2092 两门电话不通0571	鲁曙亮	2014/8/13
女厕所两个马桶盖松0569	鲁曙亮	2014/8/13
女厕所马桶盖松0570	鲁曙亮	2014/8/13
跳电0572	鲁曙亮	2014/8/13
茶水间跳电	鲁曙亮	2014/8/13
会议室落地玻璃自爆0574	鲁曙亮	2014/8/13
文印台没电0575	鲁曙亮	2014/8/13

图 6-23　维护工作分析表

通过研究结果发现，BIM 对于 FM 的实施来说是一条捷径。BIM 数据是运维平台的基础，也是运维业务开展的前提，交付给运维阶段的模型数据质量，对建筑设施管理和运维的成效会产生很大的影响，这些需要在设计或施工过程中进行仔细规划。

>> 6.1.7　BIM 技术应用于运维管理的展望

得益于国家近几年的政策引导与扶持，特别是住房和城乡建设部在 2011—2015 年建筑业信息化发展纲要中提出，在“十二五”期间，要基本实现建筑企业信息系统的普及应用，加快建筑信息模型（BIM）、基于网络的协同工作等新技术在工程中的应用，推动信息化标准建设，促进具有自主知识产权软件的产业化。

鉴于 BIM 技术的重要性，我国从“十五”科技攻关计划中已经开始了对 BIM 技术相关研究的支持。经过多年发展，BIM 技术在设计和施工阶段已经被广泛应用，而在设施维护中的应用案例并不多，尚未被广泛应用。但相关专家一致认为，在运维阶段，BIM 技术需求非常大，尤其是商业地产的运维将创造巨大的价值。随着这几年物联网的高速发展，BIM 技术在运维管理阶段的应用也迎来了一个新的发展阶段。物联网被称为继计算机、互联网之后，世界信息产业的第三次浪潮。业内专家认为，物联网一方面可以提高经济效益，节约成本；另一方面可以为全球经济的复苏提供技术动力。目前，美国、欧盟、日本、韩国等都在投入巨资深入研究探索物联网。我国也高度关注、重视物联网的研究，工业和信息化部会同有关部门，在新一代信息技术方面开展研究，已形成支持新一代信息技术发展的政策措施及相关标准。我们相信将物联网技术和 BIM 技术融合，并引入到建筑全生命周期的运维管理阶段，将带来巨大的经济效益。

然而，“路漫漫其修远兮，吾将上下而求索”，BIM 的运维路还需要我们进一步探索，国内 BIM 技术的应用还将更好地发展，BIM 利用计算机软件来模拟一个设施的建造与运营。一个 BIM 竣工模型是数据丰富的、目标导向的、智能的、参数化数字化的。模型提供的各种 3D 视角以及模型输出的各种数据可以帮助项目各方决策，改善整个建设运营流程。

6.2　空间管理

建筑空间是一种人为的空间，墙、地面、屋顶、门窗等围成建筑的内部空间；建筑以它所提供的各种空间满足着人们生产和生活的需要。如今用途复合的建筑已经非常之多，比如一半是办公室、一半是加工区或实验室，甚至于专门有综合体一词。国外 FM 通常会将空间用途细化到房间级，其最细颗粒度的空间乃是建筑物内的一个个房间或区域，统称为空间。这些空间是空间管理、空间规划和建筑空间设计的最小单位。随着业主方对于空间要求的不断提高，空间管理在建筑设计到运营的全生命周期中扮演着越来越重要的角色。

>> 6.2.1 空间管理的相关概念

空间管理是业主为节省空间成本、有效利用空间、为最终用户提供良好工作生活环境而对建筑空间所做的管理。空间管理主要是满足组织在空间方面的各种分析及管理需求，更好地响应组织内各部门对于空间分配的请求及高效处理日常相关事务，计算空间相关成本，执行成本分摊等内部核算，增强企业各部门控制非经营性成本的意识，提高企业收益。

>> 6.2.2 传统空间管理

1．传统空间管理方式

传统建筑信息以二维纸质蓝图影像文件和计算机 CAD 图纸方式存放，外加机电设备的操作手册，需要使用的时候由专业人员调用档案查找理解信息，然后据此决策进行一个恰当的动作。项目规模越大、建筑功能越复杂，其空间管理的难度也就越大。

假设业主需要统计每个租户的空间位置以及租户的信息，如租户名称、建筑面积、租约区间、租金情况、物业管理情况，则业主必须专门派人去现场统计或者核对各种信息，如果遇见租户当天不开门的情况，就还要再去一次，直到信息全面为止。当然，业主也可以通过网络的方式让租户将自己的信息发送过来，这样方便统计些。

2．传统空间管理方式的弊端

通过上面的假设，可以了解到传统空间管理方式的弊端。

（1）传统管理需要由专业人员解决问题，比如图纸等，人力耗用大，而且通过图纸不能快速找到该设备或是管线的位置以及附近管线、设备的空间关系。

（2）大型商业地产对空间的有效利用和租售是业主实现经济效益的有效手段，也是充分实现商业地产经济价值的表现。但传统的管理方式并不能直观地查询定位到每个租户的空间位置以及租户的信息，同时租户信息的变化，也很难及时调整和统计。

>> 6.2.3 引入 BIM 后的空间管理

BIM 不仅可以用于有效管理建筑设施及资产等资源，也可以帮助管理团队记录空间的使用情况，处理最终用户要求空间变更的请求，分析现有空间的使用情况，合理分配建筑物空间，确保空间资源的最大利用率。

基于本系统，业主通过三维可视化可直观地查询定位到每个租户的位置以及租户的信息，还可以实现租户的各种信息的提醒功能。同时，根据租户信息的变化，实现对数据进行及时的调整和更新。

首先，空间管理主要应用在照明、消防等各系统和设备空间定位。获取各系统和设备空间位置信息，把原来的编号或者文字表示变成三维图形位置，直观形象且方便查找。例如：获取大楼的安保人员位置；消防报警时，在 BIM 模型上快速定位所在位置，并查看周边的疏散通道和重要设备等。其次，空间管理应用于内部空间设施可视化。传统建筑业信息需要使用的时候由专业人员自己去查找。利用 BIM 将建立一个可视三维模型，所有数据和信息可以从模型获取调用。如装修的时候，可快速获取不能拆除的管线、承重墙等建筑构件的相关属性。在软件研发方面，由 Autodesk 创建的基于 DWF 技术

平台的空间管理，能在不丢失重要数据以及接收方无须了解原设计软件的情况下，发布和传送设计信息。在此系统中，可以读取由 Revit 发布的 DWF 文件，并可自动识别空间和房间数据，而用户无须了解 Revit 软件产品，使企业不再依赖于劳动密集型、手工创建多线段的流程。设施管理员将协调一致的可靠空间和房间数据从 Revit 建筑信息模型迁移到 Autodesk FMDesktop。最后，生成他们专用的带有彩色图的房间报告，以及带有房间编号、面积、入住者名称等的平面图——在迁移墙壁之前，无须联系建筑师。到迁移墙壁时，DWF 还能够帮助将更新的信息返回建筑师的 Revit 建筑信息模型中（见图 6-24）。

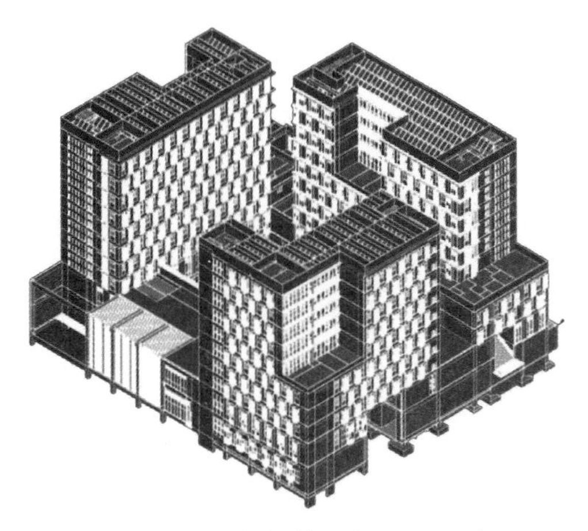

图 6–24　空间管理与导引系统

1．空间管理——会议室、展厅预定

对于较重要的会议，人们大多要到现场查看会场。对于一个集中会议区、大型的会展中心，预定会场就变成了一个很繁重的工作，且对会场布局的不同要求，使这一工作的效率变得很低。

BIM 模型的建立提供了可视空间的 3D 模型，人们在电脑画面上（或手持平板电脑上）就可方便地了解会场的布局、空间感觉和气氛，同时可以模拟调整布局会场，改变桌子摆放、增减椅子数量，并立即得到调整后的空间效果。通过网络又可实现远程会场预定，大大提高了效率。这种预定方式同样非常适合展场展位的预定。对于出租类写字楼或同一单位的办公室调整也有很大帮助。

2．3D 引导显示屏

利用智能手机在楼内、区内进行信息引导已开始应用。在大型项目、大型会展园区可设立多处 3D 引导显示系统，方便顾客。例如：中国尊大厦设计了双层空中大堂及双层电梯，如找不好路径，要到目的层就会很麻烦，因此可设多块 3D 导引牌，指示乘梯路径。

3．区域及室内定位（ULS）

目前多用手机增强天线、WIFI 天线、VLAN（内部通信）天线等组成定位系统，精度应可做到 3 ~ 5 m，也有更精确的微波专用定位系统，定位精度可达到零点几米。在一般办公楼、园区、大型商场管理中，定位 3 ~ 5 m 的精度应该够用。

人们可以通过智能手机、平板电脑等移动设备利用 APP 即可了解区域内的各种空间信息（地图功能），并可按引导寻找到目的地。这对一个大型物业项目、大型商场及大型会展中心来说都具有非常实用的价值。

4．车库定位及寻车

对于车库停车的定位和取车寻找：在停车位边上（柱、墙上）安装二维码，用智能手机扫描后，即记录了停车位置信息，再利用区域定位，即可找到所存的车，这一方法简单、投资低。

当然，依靠摄像识别系统或者每个车发一个定位用的停车卡（RFID 卡），依赖精度更高的定位系统寻回停车也是可行的，但要考虑领卡所需的时间对大流量车库入库速度的影响，而利用二维码结合 BIM 信息共享平台则简单方便了许多。

总之，在已有车辆诱导系统的大型停车场，定位及寻回方式应尽可能简单。

>> 6.2.4 设备管理

所谓建筑设备管理，就是指使所有建筑设备常保持良好的工作状态，尽可能延缓它们使用价值的降低，在提高建筑设备功能的同时，最好地发挥它的综合价值，以提高经济收入，降低管理成本，同时达到良好的经济运行。设备管理的目标是追求最经济的设备寿命周期费用和最好的设备综合效能。高效的维护保养有助减少设备损坏，延长设备寿命，减少维护运行成本。

>> 6.2.5 传统设备管理

1. 传统设备管理方式

设备管理过程中最基础的建筑设备信息分为设备基本信息、运维信息、合同信息、成本信息四类。传统的设备管理方法是由各参与方分别记录设备相关信息，如施工方等，从而使得管理方充分掌握设备各种信息。每到维检保修时，管理者需要分别查询各方资料、二维图纸、文件等大堆资料来开展具体的维修保养工作。同时，在建筑设备运行维护期间，工程部对建筑所有设备都要建立纸质的登记卡片。设备登记卡片记载着设备的名称、型号、编号、规格等，并附有历次检修记录和事故记录。

2. 传统设备管理方式的弊端

我国传统的设备管理方法，管理者需要分别查询大堆资料来开展具体的维修保养工作，这就耗费了大量时间且难以有效管理。它以物业管理为根本特点，这种管理机制信息保存度低，不能有效地与前期设计阶段的设备信息整合。在建筑设备运行维护期间，工程部对建筑所有设备都要建立登记卡片。设备登记卡片记载着设备的名称、型号、编号、规格等，并附有历次检修记录和事故记录。这些信息多是以纸张格式呈现的，信息不能有效更新。

运维阶段与前期设计及施工阶段相对分离，导致运维阶段的设施管理任务只停留在运维人员上，而与设计人员、施工人员以及业主无法有效联系，在项目全寿命周期内设施的有效信息无法实现流转。

另外，传统的理念将建筑设施管理等同于对建筑设备状态的管理，只关注于设备的使用状态、维修情况等，没能将设施管理与设备管理区分开，导致设施管理的内涵和外延不够明确，无法达到预期的管理目标。需要明确的是，建筑设施与设备是两个具体不同的概念，设备管理是建筑设施管理的基础，设施管理是对设备管理的系统提升和整合。设施是指空间安排与整体布置，为某种需要而建立的机构、组织、建筑综合体；设备是指基本具有特定实物形态和特定功能，可供人们长期使用的一套装置。设施与设备的区别在于一个系统与一个具体构件的不同，设备则强调具体生产构件本身，而现代设施管理更加强调的是设备的空间布置和联动性，而不再仅仅局限于设备构件本身。

二维模型（如 CAD 等）需要具备一定专业基础的技术人员才能看懂。并且二维图形在表达较为复杂的图形信息时，容易出现较多的图纸错误，读者也容易产生误解。对管理者而言，需每一部分都在脑子里还原成现实的三维空间图形，过程复杂耗时。

>> 6.2.6 引入 BIM 后的设备管理

在设施管理方面，引入 BIM 后的设备管理主要包括设施的装修、空间规划和维护操作。美国国家标准与技术协会（NIST）于 2004 年进行了一次研究，业主和运营商在持续设施运营和维护方面耗费的成本几乎占总成本的三分之二。这次统计反映了设施管理人员的日常工作烦琐费时，例如：手动更新住房报告；通过计算天花板瓦片的数量，计算收费空间的面积；通过查找大量建筑文档，找到关于热水器的维护手册。而 BIM 技术的特点是，能够提供关于建筑项目的协调一致的、可计算的信息，因此该信息非常值得共享和重复使用，且业主和运营商便可降低由于缺乏互操作性而导致的成本损失。此外，还可对重要设备进行远程控制，把原来商业地产中独立运行的各设备通过 RFID 等技术汇总到统一的平台上进行管理和控制。通过远程控制，管理人员可充分了解设备的运行状况，为业主更好地进行运维管理提供良好条件。

设施管理在地铁运营维护中起到了重要作用，以及在一些现代化程度较高、需要大量高新技术的建筑如大型医院、机场、厂房等中也会应用广泛。

1．BIM 设备管理系统

这个系统的底层为各种数据信息（见图 6-25），包含了 BIM 模型数据、设备参数数据，以及设备在运维过程中所产生的设备运维数据。中间层，是系统的功能模块，通过 3D 浏览来实现 BIM 模型的查看，点击 BIM 模型中的相应构件，实现对设备参数数据的查看。而中间层中的设备运维管理，可以允许用户发起各种设备接报修流程，制订设备的维护保养计划等。最顶层的系统门户，类似于 OA 系统中的门户概念，是对各类重要信息、待处理信息的一个集中体现和提醒。

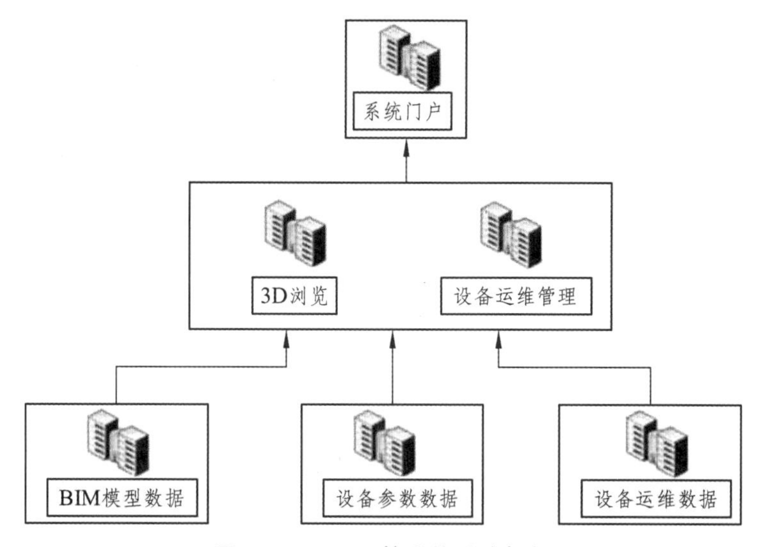

图 6-25　BIM 管理的系统框架

与传统的建筑运维管理系统相比，本系统除了固有的设备参数数据外，还增加了 BIM 模型数据库。

以欧特克的 Revit 系列软件为标准，推荐使用欧特克的 Revit 系列软件来建立 BIM 模型；确保所有的模型构件都有唯一可识别编码（见图 6-26）。

图 6-26　模型构件编码示例

模型的拆分不仅需要按照建筑专业来划分（如建筑、结构、暖通、消防等），还需要按照系统和位置两个维度来进行（暖通专业中的系统可分为中央空调系统、恒温恒湿空调系统等。位置除了可按楼层划分外，还可以根据需要对单一楼层划分成 A、B、C、D 等多个区域）；模型精度，特别是机电设备的精度应以尽可能地还原真实设备外观为原则；建模时，尽量选用 Revit 中的标准构件；对于大量的重复构件，需要建立标准的构件模型族库；模型中需要分别显示/选择/变化的构件必须分开建模；模型中需要整体显示/选择/变化的构件必须整合成同一个构件；系统中不需要反映的模型构件不要建立在模型中；需要纳入系统的模型对象，如各类机电设备、阀门等，按照实际命名。

设备参数数据经过多方调研，目前建筑运维管理中较常用的设备参数表格，可以分为设备台账与设备台卡两种：

设备台账：设备台账是反映建筑内所拥有设备资产的基本情况，主要记录了设备的简要信息、基本型号与规格，以及所处的位置等（见图 6-27）。

设备设施台账

MD2-016

设备类别：空调箱　　　　顺序号：

序号	名称	编号	图纸编号	型号规格	制造厂家供应商	出厂编号	出厂日期	安装日期	安装位置	使用日期	使用年限	数量	备注
1	空调箱	ZG-AG4001	AHU/A-7.7G-1	SGT675	暂具	095-024-1			B1层A区空调风机房			1	
2	空调箱	ZG-AG4002	AHU/B-BIF-1-1	SGT9100	暂具	095-024B-1			B1层B区1#空调风机房			1	
3	空调箱	ZG-AG4003	AHU/B-BIF-1-2	SGT9100	暂具	095-04B-2			B1层B区2#空调风机房			1	
4	空调箱	ZG-AG4004	AHU/B-BIF-1-3	SGT9100	暂具	095-04B-3			B1层B区2#空调风机房			1	
5	空调箱	ZG-AG4005	AHU/B-BIF-1-4	SGT9100	暂具	095-04B-4			B1层B区7#空调风机房			1	
6	空调箱	ZG-AG4006	AHU/B-BIF-1-5	SGT9100	暂具	095-04B-5			B1层B区7#空调风机房			1	
7	空调箱	ZG-AG4007	AHU/B-BIF-2	SGT560	暂具	095-04B-6			B1层B区4#空调风机房			1	
8	空调箱	ZG-AG4008	AHU/B-BIF-3	SGT780	暂具	095-04B-7			B1层B区5#空调风机房			1	
9	空调箱	ZG-AG4009	AHU/B-BIF-4	SGT580	暂具	095-04B-8			B1层B区5#空调风机房			1	
10	空调箱	ZG-AG4010	AHU/B-BIF-5	SGT780	暂具	095-04B-9			B1层B区13#空调风机房			1	
11	空调箱	ZG-AG4011	AHU/B-BIF-6	SGT470	暂具	095-024B-10			B1层B区14#空调风机房			1	

图 6-27　设备台账表格示例

设备台卡：设备台卡是设备台账的进一步深化，详细记录了设备的各种运行参数，是设备性能的最真实体现（见图 6-28）。

所属系统	VRV空调	设备名称	VRV新风机内机	设备编号	ZG-A21097
设备型号	FWQ3OPFF1L20	安装地点	BIF B区风机房9号		
安装日期	1990-1-1 :00:00	制造商	大金	安装区域	B17
出厂编号		出厂日期	1990-1-1 0:00:00	启用日期	
确定电压		额定频率		额定风量	
额定转速		额定电流		额定功率	
设备净值		设备原值		设备图号	
合格证		装箱单		使用说明	
技术资料		工作介质		设备数量	1
使用年限	1990-1-1 0:00:00			设备资料卡	
供应商		地　址		电　话	
备注		项目名称		制造国家	

图 6-28　设备台卡表格示例

此外设备台卡还应该包含该设备的主要易损件、配套附件，以及设备的维修保养记录等信息。

整个系统的门户，是对各类重要信息、待处理信息的一个集中体现和提醒。

运行：提供基于 BIM 模型的设备浏览与查询功能。

维护：提供设备运维管理，可以允许用户发起各种设备接报修流程，制订设备的维护保养计划等。

3D View 控件：本系统的核心是基于 BIM 模型的浏览与显示功能，因此需要通过第三方的 3D View

插件来实现。考虑到模型是使用欧特克的 Revit 系列软件来搭建的，因此在第三方插件的选择上重点考察了欧特克的 Navisworks 与 Design Review 两个平台。经过比较发现，相较于 Navisworks，Design Review 在某些方面也有其自身优势：对于 BIM 模型的浏览与展示而言，我们不仅希望能显示 BIM 模型的空间关系，也需要更真实地展现模型的细节；相较于 Navisworks，Design Review 在浏览时可以更接近真实的物理模型。

Design Review 使用 DWF 文件格式，如果使用欧特克公司产品作为模型建模工具，那么可以直接输出 DWF 文件，而不需要再经过任何二次转换。此外，Design Review 是一款免费平台，在需要大量部署时，将可以大大降低用户的平台投入成本；如果使用 Navisworks 作为显示控件，那么需要为每个客户端都安装一套商业版本的 Navisworks（Navisworks Manage），这也是一笔相当可观的投入。

最后，在建筑运维管理过程中，很多时候不仅需要三维模型的表达，有时也需要二维视图作为辅助，Design Review 在二、三维表达切换这方面有明显的优势。因此，最终选择了欧特克的 Design Review，通过使用 Design Review 内建的 EComposer 控件来实现 BIM 模型的浏览功能。由于 Design Review 目前没有.NET 的 API，只有 COM 控件，所以在系统开发时，先将 Design Review 的显示控件 InterOP 之后，再行封装，对功能进行进一步整合，使之成为符合需要的显示组件；Design Review 提供了完整的 BIM 模型浏览操作按钮菜单（见图 6-29）。

图 6-29 Design Review 插件所提供的 BIM 模型浏览操作按钮菜单

基于用户的需求，在 BIM 模型浏览功能的开发过程中，开发人员设计了以独立系统为基础的，递进式模型浏览目录树，来给用户提供针对性的 BIM 模型浏览功能。

第一层级：依据系统的 BIM 模型浏览

BIM 模型浏览的第一层级以建筑专业下的独立系统来展示（见图 6-30）。图中所展示的是建筑暖通专业下的中央空调系统，根据第一线用户的反馈，他们希望浏览整个建筑完整的中央空调系统 BIM 模型，其中包括管线和设备的分布情况。在这个浏览视图中，不包含任何与中央空调系统无关的 BIM 模型。

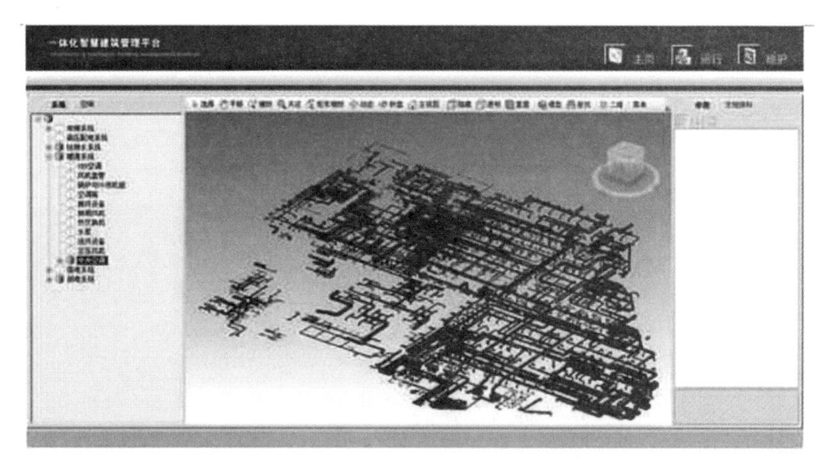

图 6-30 依据系统的 BIM 模型浏览

第二层级：依据楼层的 BIM 模型浏览

BIM 模型浏览的第二层级是在系统的基础上，依据楼层来进行浏览（见图 6-31）。这个层级增加了建筑与结构模型，这样可以帮助用户更好地判断设备所处的空间位置。

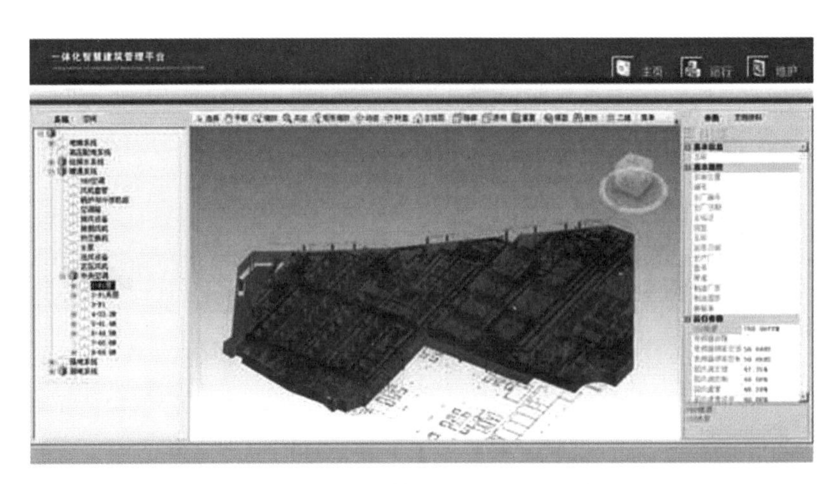

图 6-31　依据楼层的 BIM 模型浏览

此外，在这个层级上，用户还可以通过点击菜单上的“二维”按钮，来查看系统的二维图（见图 6-32）。

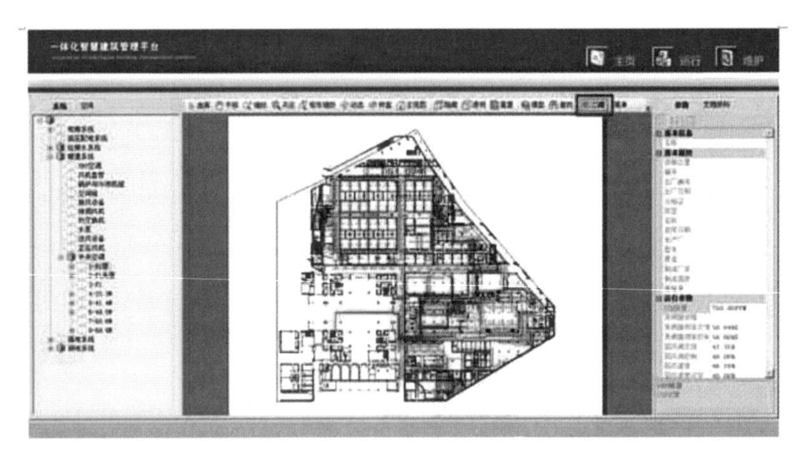

图 6-32　依据楼层的二维图浏览

第三层级：依据具体设备的 BIM 模型浏览

整个 BIM 模型浏览的最底层级，即是对建筑内某一具体设备的查询浏览，以获取与该设备相对应的设备信息（见图 6-33）。对具体设备的 BIM 模型浏览是双向的，用户既可以通过在模型视图中选择相对应的设备模型构件，也可以在系统界面左侧的模型目录树中选择对应的设备名称来进行浏览查询。

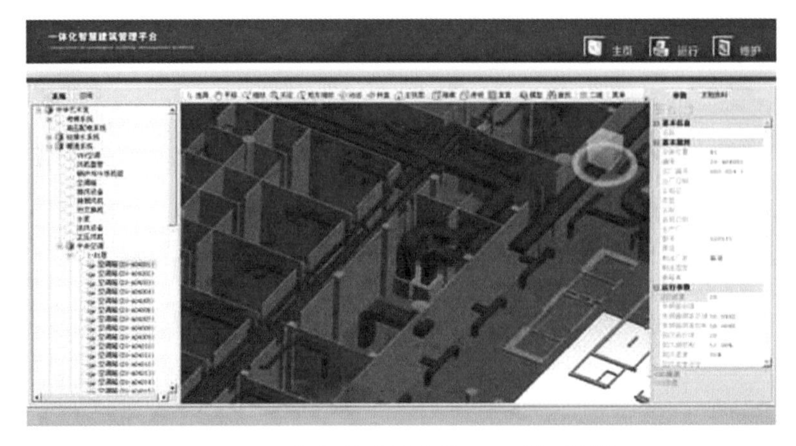

图 6-33　依据具体设备的 BIM 模型浏览

无论通过何种方式，一旦选中了某一具体设备的模型构件，在界面的右侧就会出现与该设备相关的设备台账供用户查看（见图 6-34），同时用户也可以通过点击文档资料标签，来查看“设备说明书”“维修保养资料”“供应商资料”“应急处置预案”等各种与设备相关的文件资料。

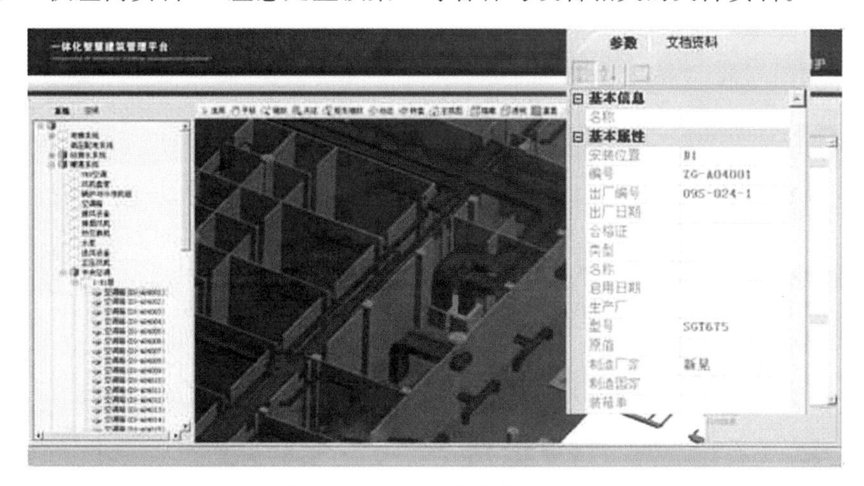

图 6-34　系统设备台账示例

此外，用户还可以通过在模型目录树上选中对应的设备，右键选择查看设备台卡与设备维护保养记录。

设备运维管理除了 BIM 模型浏览功能外，为了更大地发挥 BIM 的价值，在系统中我们将其与建筑的日常设备运维管理功能相互整合，提供了包括设备信息查询、设备报修流程以及计划性维护等在内的各种功能（见图 6-35）。

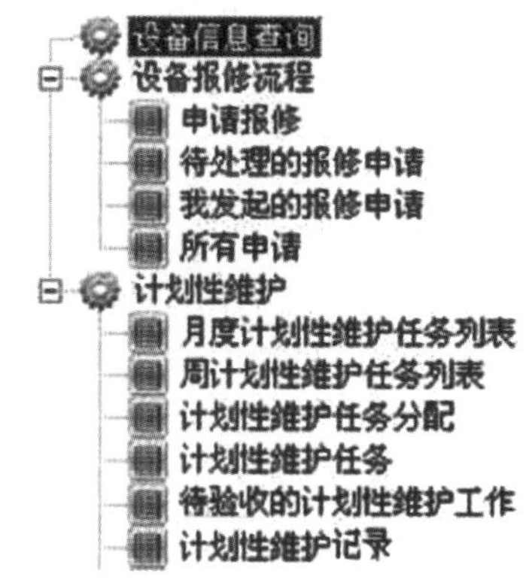

图 6-35　设备运维管理功能列表

设备信息查询在系统的调研阶段，通过整理从建筑运维管理第一线用户处获得的需求反馈，我们发现，传统的建筑运维管理系统中对设备信息的列表显示方式，用户对其依然有强烈的应用需求。因此，在系统的维护页面中，依然将设备信息的列表搜索方式予以保留，用户依然可以通过设备名称或编号等关键字进行搜索（见图 6-36），并且用户可以通过需要对搜索的结果进行打印，或导出成 Excel 列表。

一体化智慧建筑管理平台

设备名称：空调箱　设备编号：　出厂日期

序号	名称	编号	图纸编号	型号规格	制造厂家供应商	出厂编号	出厂日期	安装日期	安装位置	使用日期	使用年限
1	空调箱	ZG-A04001	AHU/A-(-7.75)-1	SGT675	新晃	09S-024-1			B1层A区空调风机房		
2	空调箱	ZG-A04002	AHU/B-B1F-1-1	SGT9100	新晃	09S-024B-1			B1层B区1#空调风机房		
3	空调箱	ZG-A04003	AHU/B-B1F-1-2	SGT9100	新晃	09S-024B-2			B1层B区2#空调风机房		
4	空调箱	ZG-A04004	AHU/B-B1F-1-3	SGT9100	新晃	09S-024B-3			B1层B区2#空调风机房		
5	空调箱	ZG-A04005	AHU/B-B1F-1-4	SGT9100	新晃	09S-024B-4			B1层B区7#空调风机房		
6	空调箱	ZG-A04006	AHU/B-B1F-1-5	SGT9100	新晃	09S-024B-5			B1层B区7#空调风机房		
7	空调箱	ZG-A04007	AHU/B-B1F-2	SGT980	新晃	09S-024B-6			B1层B区4#空调风机房		
8	空调箱	ZG-A04008	AHU/B-B1F-3	SGT780	新晃	09S-024B-7			B1层B区9#空调风机房		
9	空调箱	ZG-A04009	AHU/B-B1F-4	SGT780	新晃	09S-024B-8			B1层B区9#空调风机房		
10	空调箱	ZG-A04010	AHU/B-B1F-5	SGT780	新晃	09S-024B-9			B1层B区13#空调风机房		
11	空调箱	ZG-A04011	AHU/B-B1F-6	SGT470	新晃	09S-024B-10			B1层B区14#空调风机房		
12	空调箱	ZG-A04012	AHU/B-B1F-7-1	SGT9100	新晃	09S-024B-11			B1层B区9#空调风机房		
13	空调箱	ZG-A04013	AHU/B-B1F-7-2	SGT9100	新晃	09S-024B-12			B1层B区11#空调风机房		
14	空调箱	ZG-A04014	AHU/B-B1F-7-3	SGT9100	新晃	09S-024B-13			B1层B区12#空调风机房		
15	空调箱	ZG-A04015	AHU/B-B1F-7-4	SGT9100	新晃	09S-024B-14			B1层B区12#空调风机房		
16	空调箱	ZG-A04016	AHU/B-B1F-8-1	SGT780	新晃	09S-024B-15			B1层B区10#空调风机房		
17	空调箱	ZG-A04017	AHU/B-B1F-8-2	SGT780	新晃	09S-024B-16			B1层B区10#空调风机房		
18	空调箱	ZG-A04018	AHU/B-B1F-8-3	SGT780	新晃	09S-024B-17			B1层B区10#空调风机房		
19	空调箱	ZG-A04019	AHU/B-B1F-8-4	SGT780	新晃	09S-024B-18			B1层B区10#空调风机房		
20	空调箱	ZG-A04020	AHU/B-B1F-9-1	SGT780	新晃	09S-024B-15			B1层B区10#空调风机房		
21	空调箱	ZG-A04021	AHU/B-B1F-9-2	SGT780	新晃	09S-024B-16			B1层B区10#空调风机房		
22	空调箱	ZG-A04022	AHU/B-B1F-9-3	SGT780	新晃	09S-024B-17			B1层B区11#空调风机房		

图 6-36　设备信息查询列表

在设备信息查询列表中，用户也可以通过选中其中的一条设备记录，点击菜单栏上的“三维浏览”按钮，通过打开的 BIM 模型浏览窗口来浏览 BIM 模型（见图 6-37）。

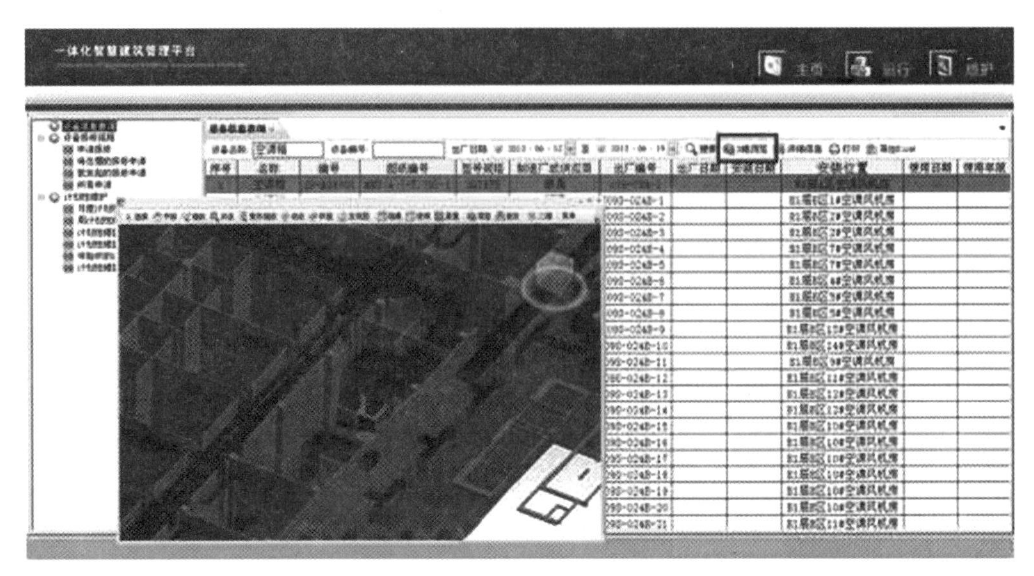

图 6-37　设备信息查询列表中的 BIM 模型浏览功能

在建筑的运维管理中，设备的接报修功能也是必不可少的，基于此，我们也在系统中增加了设备接报修管理功能，实现了接报修人物的在线流转（见图 6-38、图 6-39）。

保修单

B/F2-035　　　　　　　　　　　　　　　　　　　　顺序号

报修人		报修部门		报修日期		
保修内容				报修人联系电话		
				派单人		
接报时间		到达时间		完工时间		
是否有证件	○无 ●有			材料单编号		
维修记录（处置结果）						
	维修人		验收人		验收评价	○满意○基本满意○不满意
回访意见	维修质量	○满意　○基本满意　○不满意		回访人		
	维修态度	○满意　○基本满意　○不满意		回访日期		

图 6-38　设备报修表单

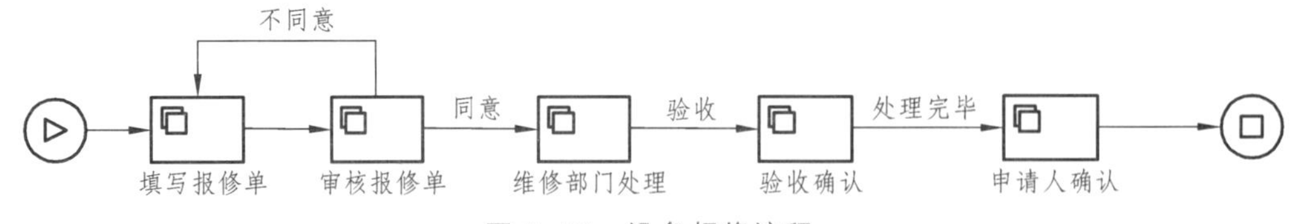

图 6-39　设备报修流程

用户可以在线填写设备报修单，工程经理在线审批并指定由哪位工程人员去现场修理。修理完成后，工程人员在线填写设备修理反馈信息，由专人在线验收设备修理结果，最后在线归档，形成一个完整的设备报修流程闭环。最终设备的报修表单将作为一条记录，保存在该设备的设备台卡中，用户可以通过选中 BIM 模型中的对应模型构件，在设备参数信息中查到相应的报修记录。

计划性维护：计划性维护的功能是让用户依据年、月、周等不同的时间节点来确定设备的维护计划，当达到维护计划所确定的时间节点时，系统会自动提醒用户启动设备维护流程，对设备进行维护。

设备维护计划的任务分配是按照逐级细化的策略来确定的。一般情况下，年度设备维护计划只分配到系统层级，确定一年中哪个月对哪个系统（如中央空调系统）进行维护；而月度设备维护计划，则分配到楼层或区域层级，确定这个月中的哪一周对哪一个楼层或区域的设备进行维护；而最详细的周维护计划，不仅要确定具体维护哪一个设备，还要明确在哪一天具体由谁来维护。

通过这种逐级细化的设备维护计划分配模式，建筑的运维管理团队无须一次性制定全年的设备维护计划，只需有一个全年的系统维护计划框架，在每月或是每周，管理人员可以根据实际情况再确定由谁在什么时间维护具体的某个设备。这种弹性的分配方式，其优越性是显而易见的，可以有效避免在实际的设备维护工作中，由于现场情况的不断变化，或是因为某些意外情况，而造成整个设备维护计划无法顺利进行。

设备计划性维护的表单与流程如图 6-40 与图 6-41 所示。

建筑设备设施维修保养记录表

M/D2-020　　　　　　　　　　顺序号

类别			日期	2013-06-29	
项目	空调箱(ZG-ADO2003)	编号	17#	地点	
项目内容 交办人：　　　　日期：　2013-06-20					
维修/外发包监管记录 耗用材料： 耗用工时： 维修/监管人：　　　日期：					
维修质量评价	评价人：　　　日期：				
备注					

审计：　　　　日期：

图 6-40　设备计划性维护表单

Y	Z	AA	AB	AC	AD	AE	AF	AG	AH	AI	AJ
所属位置			基础数据						安装信息		
区域	楼层	BIM区域	防护等级	产品标准	安装规范	调试记录	型号	附属设备	安装方式	安装日期	安装人员
办公室顶部	38		IP74	JG/T301-2011	GB50243-2002	链接	697322	VAV BOX	手动	2012.6.15	李健
办公室顶部	38		IP74	JG/T301-2011	GB50243-2002	链接	697928	VAV BOX	手动	2012.6.15	李健
办公室顶部	38		IP74	JG/T301-2011	GB50243-2002	链接	698115	VAV BOX	手动	2012.6.15	李健
办公室顶部	38		IP74	JG/T301-2011	GB50243-2002	链接	701119	VAV BOX	手动	2012.6.15	李健
办公室顶部	38		IP74	JG/T301-2011	GB50243-2002	链接	701442	VAV BOX	手动	2012.6.15	李健

图 6-41　设备数据共享

引入 BIM 技术，基于 BIM 提供的信息共享及可视化操作展示平台。

利用集成设备信息的 BIM 模型对设备信息进行快速查询与统计，同时可对设备维修状态、合同状态、成本超支状态等设备管理常用的状态信息进行可视化表达。同时应用 Access 数据库技术，基于 BIM 模型导出数据，加入设备的详细合同信息、成本信息、设备管理部门信息、员工信息，建立建筑设备运行维护数据库，对设备更完善、更详细的信息进行储存和管理，实现对建筑设备的基本信息管理、设备运行信息管理、合同管理、成本管理、供应商管理、部门信息管理、员工信息管理等功能，实现了运行维护阶段建筑设备信息的综合管理。从物业运营管理方的角度，提出了建筑设备可视化管理模式及其具体实施流程，明确了管理过程中各参与方与管理内容，最后通过案例模拟，展示了对建筑设备运行维护阶段的可视化显示和建筑设备信息的综合管理，如图 6-42 所示。

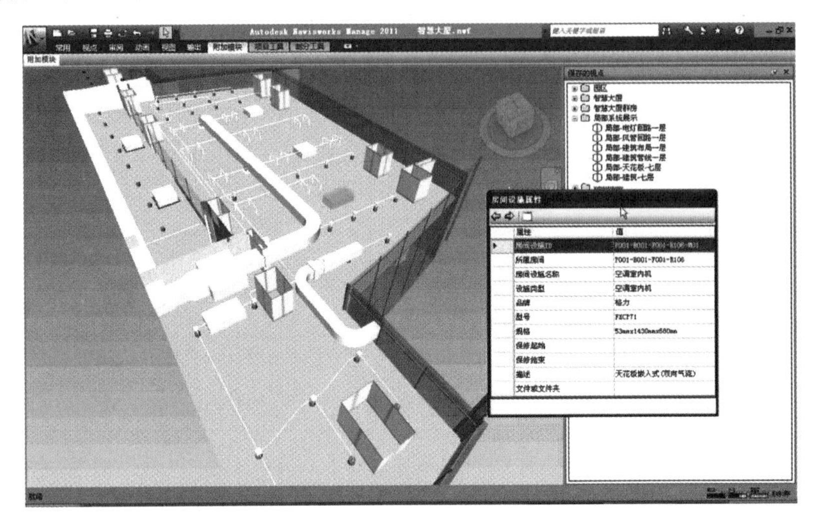

图 6-42

BIM 提供可视化操作平台，使管理人员形象、直观、清楚地掌握建筑设备相关情况，增加其信息掌握的准确性，同时比二维图纸更容易理解。设备运行监控可以实现对建筑物设备的搜索、定位、信息查询等功能。在运维 BIM 模型中，在对设备信息集成的前提下，运用计算机对 BIM 模型中的设备进行操作可以快速查询设备的所有信息，如生产厂商、使用寿命期限、联系方式、运行维护情况以及设备所在位置等。通过对设备运行周期的预警管理，可以有效地防止事故的发生，利用终端设备和二维码、RFID 技术迅速对发生故障的设备进行检修。

BIM 提供的数据共享平台，使设备管理参与方能信息共享，提供了方便快捷的信息获取方式，设备信息无损传递，实现了设备信息的快速查询、数据统计，为管理者节约了大量的时间，提高了设备管理效率，实现了及时、简便、高效的设备运行维护管理。建立的建筑设备运行维护数据库，设备信息更加丰富，管理功能更加完善，能够对设备数据进行完整储存和综合管理，提高建筑设备管理水平。

2．BIM 与物业管理

1）预留维修更换设备条件

利用 BIM 模型很容易模拟设备的搬运路线，我们要认真分析，对今后 10 年甚至 20 年需更换的大型设备，如制冷机组、柴油发电机、锅炉等作出管道可拆装、封堵、移位的预留条件（见图 6-43）。

2）基于 BIM 的建筑数据统计

BIM 模型中的建筑数据比传统的 CAD 软件要求更严、更准，利用这一点在物业管理中可对诸如石材面积、地毯面积、地板面积、外窗（外玻）面积以及阀门、水泵、电机等大量材料和零配件进行精准的定位统计。尤其是对于那些十几万平方米以上的大项目，如中国尊 108 层，单体 43 万平方米，意义就更大。结合物业行业中已较成熟的 ERP 管理[①]，就可使我们的管理工作上一个台阶（见图 6-44）。

① ERP 管理系统是现代企业管理的运行模式。它是一个在全公司范围内应用的、高度集成的系统，覆盖了客户、项目、库存和采购供应等管理工作，通过优化企业资源达到资源效益最大化。

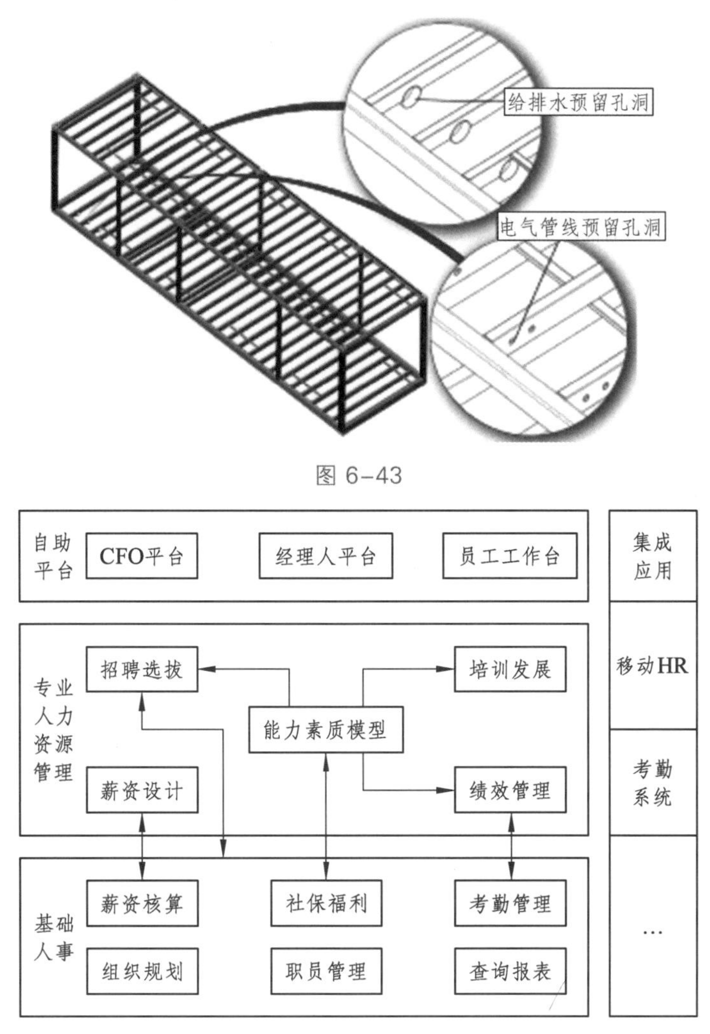

图 6-43

图 6-44

3）大型清洁维修设备的模型

利用 BIM 模型可对较小空间中要使用大型清洁设备如自助车、液压升降车等进行模拟，为采购提供依据（见图 6-45）。

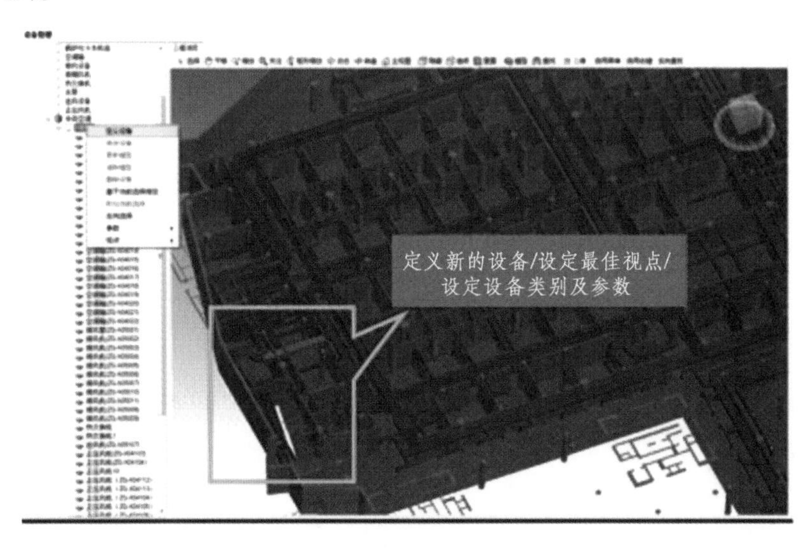

图 6-45

4）BIM-ERP 的连接

在物业管理企业中，ERP 系统已开始广泛应用，多种版本的软件紧紧围绕物业管理需求，系统内容逐渐丰富，适用性逐渐落地。在应用中许多物管企业参与或改进了这一系统，因此使其越来越完善。BIM 模型与物管 ERP 连接后可在物业运维方面发挥重要作用，延续建筑生命。ERP 的大量数据、统计方式、显示界面都将使 BIM 应用更快成熟，只需要在设计 BIM 应用时，提前预留与 ERP 的接口条件就可以了。

5）RFID 卡和二维码

在机电设备运维管理中，利用 RFID 卡（射频卡）或二维码作设备标签已开始普及，我们最初采用 RFID 卡对隐蔽工程中的 VAVBOX（变风量空调末端）、阀门等进行标签。但因设备多、标签数量大、电源需更换等问题，感觉比较麻烦。现开始采用二维码，在设备本体、基座、隐蔽设备附近（如通道墙面）贴附二维码，就要实用很多。用智能手机、平板电脑扫描二维码可得到设备的相关信息及上下游系统构成，也可将巡视资料通过 WIFI（或 3G、4G）送回后台。

6）去天花功能

房间分隔想改造、风道风口要移位、灯光电线要增加，可是有天花挡着，路由看不见，是否有安装空间看不见，从检修孔探进头也被空调末端挡着，看不清，这时我们就想把天花拆了，看个究竟。BIM 模型的建立，解决了这个难题，在现场拿着平板电脑，调出房间图纸，作去天花功能处理（涂层透明化），这时整个天花从图像中去掉，甚至连四壁墙的装修也去掉，天花内、装修内的设备、管线、电线一清二楚，为改造、检修提供了极大方便。

7）人员定位

在 BIM 模型中，在晚间对入室的保洁服务员、巡视保安人员及运维的技工进行定位，就可了解每个人的移动轨迹，这无疑对内部可能发生的偷盗、泄密等事件起到监视和威慑，从而提高敏感区域的安全性，使物业整体保卫保密工作的水平进一步提高。

8）BIM 模型与运维人员的培训

BIM 模型直观、准确，各种机电设备、管线、风道、建筑布局一目了然，加上动态信息、人流、车流、设备运行参数，又以动画方式演绎出来。这些信息正是我们培训运维技工、安保人员以及各类服务人员的极好教材。因此，充分利用这些教材进行培训，又成为 BIM 模型的重要应用内容。

6.3 隐蔽工程管理

隐蔽工程的涵盖非常广，具体包括：电力、电信、煤气、供水、污水、天然气、热力等各种设备设施及管网等的运行维护与定位。

由于我国设计与施工工种的划分，相当一部分地下管线资料难以集中显示，某些设施甚至只有少数人知道它们的档案信息，随着建筑使用年限增加，技术管理人员更换，各种安全隐患显得日益突出。隐蔽管线信息了解不全困扰着很多建筑管理者，因为工人挖断地下管线、施工机械误触到高压电缆酿成的恶性爆炸伤人事故也常见诸媒体，如 2010 年南京市某废旧塑料厂在进行拆迁时，因隐蔽管线信息了解不全，工人不小心挖断地下埋藏的管道，引发了剧烈的爆炸，此次事件引起了社会的强烈反响。而 BIM 全息建筑拟态技术对于建筑隐蔽工程，尤其是隐蔽管线信息的显示是准确完整全方位实时更新的，便于电力、电信、煤气、供水、污水、天然气、热力等各种设备设施及管网等的运行维护与定位。

>> 6.3.1　传统的隐蔽工程管理

在传统建筑设施维护管理系统中，多半还是以文字的形式列表展现各类信息，但是文字报表有局限性，尤其是无法展现设备之间的空间关系。如果在后期建筑运营维护过程中出现房屋漏水、电路故障等隐蔽工程问题，传统维修方式需要根据文字或图纸信息推测故障位置，而当文字和图纸信息不明或丢失时只能敲开墙面进行检查维修。

施工方向业主最后交付的各种信息中包括各种隐蔽工程的信息。

>> 6.3.2　引入 BIM 后的隐蔽工程管理

当 BIM 导入到运维之后，除可以利用 BIM 模型对项目整体做了解之外，模型中各个设施的空间关系，建筑物内设备的尺寸、型号、口径等具体数据，也都可以从模型中完美展现出来，这些都可以作为运维的依据，并且合理、有效地应用在建筑设施维护与管理上。基于 BIM 技术的运维可以管理复杂的地下管网，如污水管、排水管、网线、电线以及相关管井，并且可以在图上直接获得相对位置关系。当改建或二次装修的时候可以避开现有管网位置，便于管网维修、更换设备和定位。内部相关人员可以共享这些电子信息，有变化可随时调整，保证信息的完整性和准确性。

以海南琼中抽水蓄能数字电站为例，电缆敷设三维可视化管理采用 BRCM 对电缆进行自动敷设。整个敷设过程，精确化三维建模，对电缆桥架、动力及控制设备等进行智能编号，自动计算电缆起点到终点的最优路径，同时准确计算出电缆长度，模拟敷设整个厂房的电缆，取代了电气专业手工实现电缆敷设的状况，提高了工程设计质量。电缆敷设的成果数据等可以很好保存，在运维期间，根据之前的成果将电缆、桥架、设备之间的关联关系直观生动地体现在数字电站中，实现电缆的精细化管控（见图 6-46）。

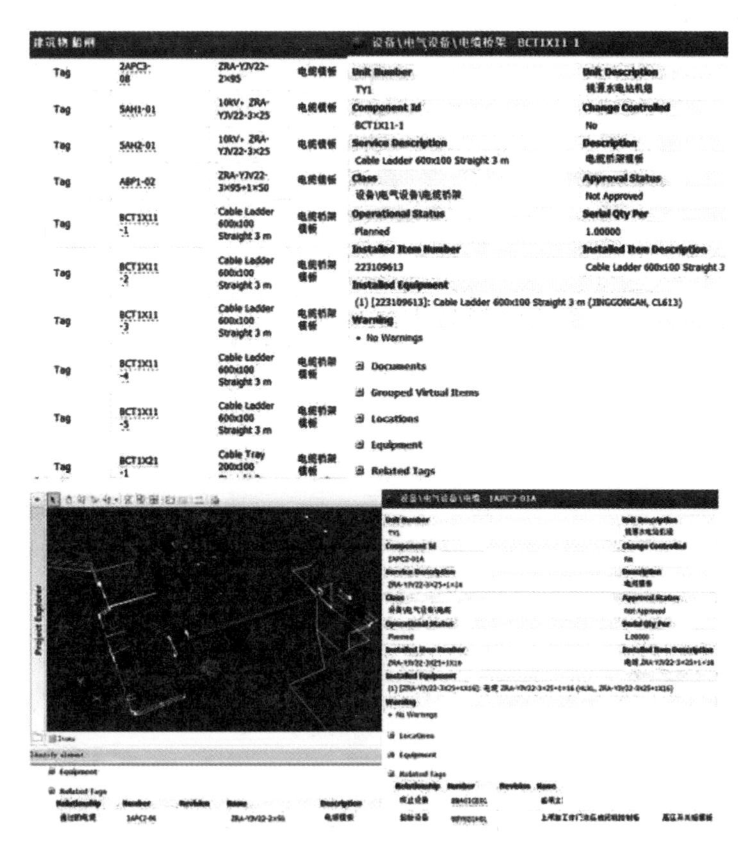

图 6–46

三维数字化巡检系统通过制订巡检计划，系统在三维场景中绘制出巡检路径，完成实际巡检路径与预设巡检路径的比对；采用巡视记录表单、移动设备、二维码、拍摄等多种手段采集巡检数据，现场采集数据可通过移动、无线设备上传至服务器。可在虚拟场景中漫游查询巡检记录，检查巡检工作。系统能根据巡检数据生成报表及分析图，运维人员根据巡检点异常记录统计发起检修任务（见图 6-47）。

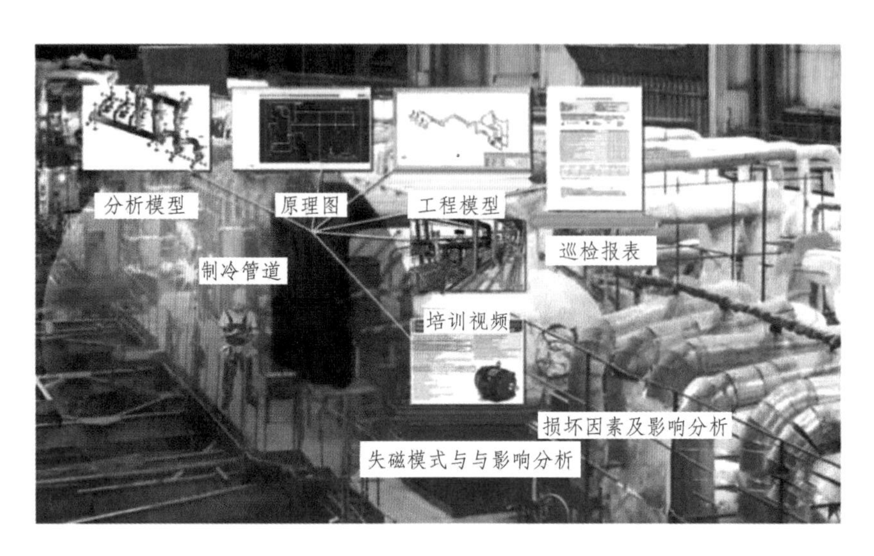

图 6-47

6.4 应急与安全管理

随着城市化进程的加剧，城市公共安全问题日趋复杂，特别是大型公共建筑人流密集，是城市较为复杂的区域，也是发生公共安全问题的敏感地带，因此，保证大型公共建筑的安全运营是城市管理的关键任务之一。在我国相关政策法规的引领下，只有加强风险管理意识，不断健全城市管理标准体制，加强风险评估、预防控制、监测预警、应急处置等关键技术的持续创新，提升公共安全突发事件的预防、准备和应对的能力，才能确保大型公共建筑的安全运营，避免公共安全突发事件发生。

随着各种城市公共安全问题的暴露，如何提升城市建筑安全运营风险的评估、监测、预警、应急响应及安全保障水平显得越来越重要，只有通过高效的信息化监测、预警和应急响应风险管理体系，才能最大限度地降低大型建筑安全运营风险，减少经济损失、人员伤亡，切实降低社会负面影响。在信息化发展的今天，特别是引入 BIM 技术后，对于城市安全及应急我们逐渐有了新的管理系统，那就是利用 BIM 技术和数字化管控技术应用，构建公共安全信息平台，使建筑信息在规划、设计、建造和运营、维护各阶段各参与方中充分共享和无损传递，从而实现对大型公共建筑的智慧运维和管理。

>> 6.4.1 城市大型建筑安全运营问题原因分析

城市大型建筑运营安全问题与人民社会生活息息相关，它以大型公共建筑为载体，涉及范围之广、影响程度之深、牵涉因素之多、突发能力之大，任何其他社会经济问题均无法与之相比。

1．城市大型建筑运营安全问题的特点

引申阅读十五：
城市大型建筑运营
安全问题的特点

2．城市大型建筑安全运营风险的原因

1）建筑自身素质

所谓的建筑素质是指构成建筑的结构、设施设备、系统等等组成建筑实体的软硬件条件。建筑自身素质是影响城市公共安全的因素之一，而且某种程度上代表城市建筑抵御公共安全问题的一种能力。影响建筑素质的主要因素包括建筑的设计合理性（空间设计、结构设计、防火设计、抗震设计等）、施工质量、工程结构耐久性、设施设备条件（建筑内部给水系统、燃气及热水供应工程、建筑消防给水、建筑通风及高层建筑防排烟工程、供热工程、空气调节工程、电气照明及设备安装、检测与控制仪表）、系统（管理体系、预警应急防范措施等软件配备）等。建设期施工质量不合格造成的建筑在运营期发生公共安全事件的案例数不胜数。1995年6月29日，韩国首都首尔市三丰百货大楼突然发生坍塌事故，造成501人死亡，910人受伤。事故原因调查表明，三丰事件的根本原因在于偷工减料：混凝土质量差；浇注立柱的沙子是从海滩运回的，因含有盐分致使钢筋腐蚀；楼顶混凝土预制板的厚度比当初设计的厚度大 25 cm，造成大厦楼顶不堪重负。运营期的建筑改造也会影响建筑结构的安全。住宅拆改是一个十分严重的社会问题，如原设计无地下室改出来一个地下室，原来基础变成了挡土墙，原来埋在地下的给排水管道暴露于外；原来符合抗震的建筑，由于增加了地下室，拆改了墙，可能不符合抗震设计要求。原来墙被拆掉、被凿洞、被位移，楼下拆墙，楼上有的墙就等于作用在板上，有的开大门窗洞口，横墙嵌入暖气片，厨房、卫生间排气道缩小嵌入横墙内造成横墙断开。这就给建筑物的耐久性和特殊荷载带来了潜在的危害，家庭装修往往其荷载都比原设计超载，这种不利情况的组合加剧了安全问题发生的概率。例如：衡阳大厦“11·3”火灾事故中，大楼在救火过程中倒塌，致使20名消防官兵牺牲，很大程度上也是由于开发商擅自改变设计，并采用不合格材料。

2）外界环境影响

影响城市建筑公共安全的另一个因素就是外界干扰，包括各种自然灾害、人为灾害、生命线工程灾害，如火灾、风灾、水灾（包括城市型水灾、洪灾等）、地震等，人为灾害如恐怖袭击，以及供水、供气、供电、通信系统不作为的生命线工程灾害等。

3）时间效应

对于城市建筑而言，建筑运营期远远长于建设期，长达数十年、上百年。随着时间效应的增加，建筑结构自身素质渐渐下降，在经历过数次外界干扰后，发生公共安全问题的概率会越来越高。例如，国家规范明确要求各省地市按抗震区划图进行抗震设防，同时提出未抗震设防之前的建筑加固问题，有关地市1994年开始抗震设防，但由于认识和财政资金方面存在问题，抗震加固几乎没有进行。2008年发生的“汶川大地震”，暴露了我国抗震规范相关规定已不满足建筑实际抗震要求，尤其是1990年代以前建造的建筑抵御外界灾害的能力弱，是城市建筑中最脆弱的一环。建筑耐久性下降导致安全问题也是运营期常见的案例。例如由于材料开裂、木结构腐朽等原因，建筑承载能力会不断减弱，特别是在环境污染严重的城市里，这一趋势更快更严重。建筑结构老化容易在一些不利荷载作用下发生突然破坏并造成灾害。

>> 6.4.2 应急管理

应急管理是指对于已经发生的灾害或突发事件，根据事先制定的应急预案，采取应急行动，控制或者消灭正在发生的灾害或突发事件，减轻灾害危害，保障系统的运营，保护人民生命和财产安全，

一般包括灾前的减灾、防备、预报、预警和应急，灾后的应急、恢复与重建。

应急预案的具体组成包括准备程序、基本应急程序和特殊应急程序等内容。

引申阅读十六：应急预案的具体体现

>> 6.4.3 引入 BIM 后的应急管理

基于 BIM 技术的管理不会有任何盲区。公共建筑、大型建筑和高层建筑等作为人流聚集区域，突发事件的响应能力非常重要。传统的突发事件处理仅仅关注响应和救援，而通过 BIM 技术的运维管理对突发事件管理包括预防、警报和处理。以消防事件为例，该管理系统可以通过喷淋感应器感应信息；如果发生着火事故，在商业广场的 BIM 信息模型界面中，就会自动触发火警警报；着火区域的三维位置和房间立即进行定位显示；控制中心可以及时查询相应的周围环境和设备情况，为及时疏散人群和处理灾情提供重要信息。类似的还有水管气管爆裂等突发事件：通过 BIM 系统可以迅速定位控制阀门的位置，避免了在浩如烟海的图纸中寻找信息，如果处理不及时，将酿成灾难性事故。

我国既有的建筑面积已近 400 亿平方米，根据国家统计局公布的数据，从 2000 年至 2010 年全国商业地产投资额以每年平均大约 15% 的速度增长，原有的商业地产企业增加商业地产投资，许多住宅地产企业开始逐步向商业地产转型，金融、保险及央企进入商业地产投资领域，大量的商业企业也开始进军商业地产的投资，房地产企业的投资组合中，持有型不动产所占比重越来越大。随着大型商业和公共建筑物的急剧增多，这些大型建筑物机电设备的正常运作给运维管理带来了新的要求，因为机电设备故障是无法避免的事实，一旦发生机电设备出现问题，如何快速确定故障点，如何在最短时间内修复故障，如何在修复过程中把故障带来的影响降到最低，如何对维护维修人员进行紧急情况下的模拟演练，当遇到紧急情况下能快速、安全地处理事故，是大型商业和公共建筑物机电设备应急管理需要解决的问题。

1. 基于 BIM 的灾害应急模拟

利用 BIM 及相应灾害分析模拟软件，可以在灾害发生前，模拟灾害发生的过程，分析灾害发生的原因，制定避免灾害发生的措施，以及发生灾害后人员疏散、救援支持的应急预案。当灾害发生后，BIM 模型可以提供救援人员紧急状况点的完整信息，这将有效提高突发状况应对措施。

对地震人员逃生及消防人员疏散的日常紧急情况的处理方式的模拟见图 6-48。

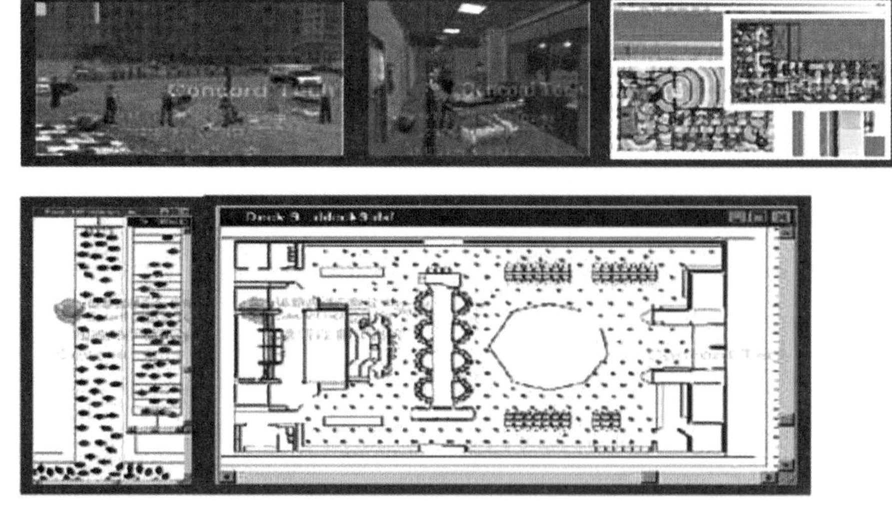

图 6-48

2．基于 BIM 技术的机电设备应急管理优势

（1）BIM 的可视化非常直观，可极大地降低普通保养维修人员对于各类机电系统的理解的难点，几乎可以不用查阅专业的图纸就可以直观判断机电系统的位置和关系，降低物业管理的成本。

（2）BIM 的竣工模型可以做到比较接近现实，处理已经包含了设计、施工以及建设过程的变更等信息外，同时再补充和持续更新运维管理所需的信息，为今后物业持续的运维管理提供丰富的数据查询和利用。

（3）利用 BIM 的机电管线上下游关系，快速定位故障点的控制设备，极大地提高应急响应的速度，提高物业管理的质量和客户满意度（见图 6-49）。

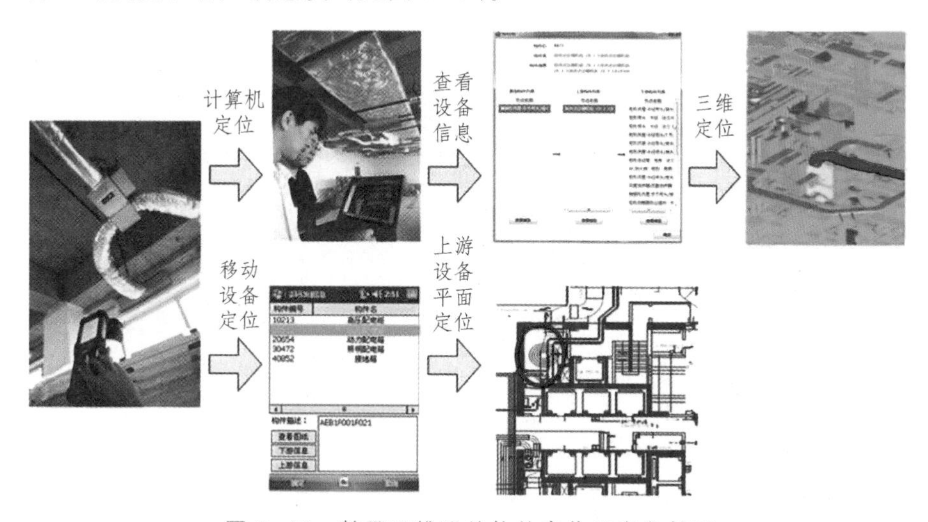

图 6-49　基于二维码的构件定位及应急管理

3．引入 BIM 后的相关工程应急管理

1）跑水应急处理

在管理项目中，当自来水外管线破裂，水从未完全封堵的穿管进入楼内地下层，尽管有的房间有漏水报警，但水势较大，且从管线、电缆桥架、未作防水的地面向地下多层漏水，虽然有 CAD 图纸，但地下层结构复杂，上下对应关系不直观，从而要动用大量人力，对配电室电缆夹层、仓库、辅助用房等进行逐一开门检查。如果能将漏水报警与 BIM 模型相结合，我们就可在大屏上非常直观地看到浸水的平面和三维图像，从而制定抢救措施，减少损失（见图 6-50）。

图 6-50

2）重要阀门位置的显示

标准楼层水管及阀门的设计和安装都有相应的规律，可方便找到水管开裂部位并关断阀门。但是在大堂、中庭等处，由于空间变化大，水管阀门在施工时常有存在哪里方便就安装在哪里的现象。如某项目因极端冷天致使大门入口风幕水管冷裂，经反复寻找阀门，最后在二层某个角落才找到。这里虽存在基础管理的缺陷，但如有 BIM 模型显示，阀门位置一目了然，处理会快很多。

3）入户管线的验收

一个大项目，市政有电力、光纤、自来水、中水、热力、燃气等几十个进楼接口，在封堵不良且验收不到位时，一旦外部有水（如市政自来水爆裂、雨水倒灌），水就会进入楼内。利用 BIM 模型可对地下层入口精准定位、验收，方便封堵，质量也可易于检查，减小事故发生概率（见图 6-51）。

图 6-51

4）火灾应急处置水平的提高

对于火灾应急处置恐怕是 BIM 模型可以成为最具优势的典型应用。

（1）消防电梯。

按目前规范，普通电梯及消防电梯不能作为消防疏散用（其中消防梯仅可供消防队员使用）。而有了 BIM 模型及 BIM 具有了前述的动态功能，就有可能使电梯在消防应急救援，尤其是超高层建筑消防救援中发挥重要作用。

要达到这一目的所需条件包括：

① 具有防火功能的电梯机房、有防火功能的轿厢、双路电源（采用阻燃电缆）或更多如柴油发电机或 UPS（EPS）电源。

② 具有可靠的电梯监控，含音频、视频、数据信号及电梯机房的视频信号、烟感、温感信号。

③ 在电梯厅及电梯周边房间具有烟感传感器及视频摄像头。

④ 可靠的无线对讲系统（包括基站的防火、电源的保障等条件）或大型项目驻地消防队专用对讲系统。

⑤ 在中控室或应急指挥大厅、数据中心 ECC 大厅等处的大屏幕。

⑥ 可靠的全楼广播系统。

⑦ 电梯及环境状态与 BIM 的联动软件。

当火灾发生时，指挥人员可以在大屏前凭借对讲系统或楼（全区）广播系统、消防专用电话系统，根据大屏显示的起火点（此显示需是现场视频动画后的图示）、蔓延区及电梯的各种运行数据指挥消防救援专业人员（每部电梯由消防人员操作），帮助群众乘电梯疏散至首层或避难层。哪些电梯可用，哪些电梯不可用，在 BIM 图上可充分显示，帮助决策。

（2）疏散引导。

对于大多数不具备乘梯疏散的情况，BIM模型同样发挥着很大作用。凭借各种传感器（包括卷帘门）及可靠的通信系统，引导人员可指挥人们从正确的方向由步梯疏散，使火灾抢险发生革命性的变革。

（3）疏散预习。

另外，在大型的办公室区域，我们可为每个办公人员的个人电脑安装不同地址的3D疏散图，标示出模拟的火源点，以及最短距离的通道、步梯疏散的路线，平时对办公人员进行常规的训练和预习。

>> 6.4.4　桥梁安全应急管理

经过改革开放后的发展，我国公路桥梁建设取得了举世瞩目的成就。截至2014年年底，我国公路桥梁总数已达75.71万座，4 257.89万延米。目前，仅黄河上已建和在建的大桥已达228座，长江上达到162座。我国建成的悬索桥、斜拉桥、拱桥和梁桥这四类桥梁的跨径均已居世界同类桥梁跨径的前列。从发展历程看，我国公路桥梁建设经历了从平原区向山岭重丘区、从一般江河湖泊到大江大河再向海湾及联岛工程建设的发展历程；桥梁结构从常规的以梁桥和拱桥为主，向大跨径斜拉桥、悬索桥、高墩、不对称结构、弯桥发展，再向离岸深海长联桥大型上下部预制结构、大型复合基础以及超大跨径结构发展。

引申阅读十七：BIM在桥梁施工阶段的应用优势

总体上，我国公路桥梁建设走过了一条自力更生、以我为主到技术引进、消化吸收再到注重原始创新、集成创新的技术发展道路，已逐步实现从最基本的注重强度、刚度、稳定性的设计方法向注重全寿命周期成本及环保、景观、品质、耐久的现代设计理念转变。

1．当前我国桥梁建设发展与桥梁强国相比存在的主要差距

引申阅读十八：当前我国桥梁建设发展与桥梁强国相比存在的主要差距

2．桥梁的运营维护管理

面对我国桥梁长期性能研究和长大桥梁运营管理的技术需求，需要研发高精度、长寿命、智能化传感器，发展桥梁关键状态参数和性能指标长期跟踪监测技术，构建桥梁健康诊断以及性能和抗力衰变监测技术体系与标准，研发基于BIM技术的桥梁管养系统，以推动我国公路桥梁养护管理技术的发展。

面对服役桥梁养护科学决策的技术需求，需要进一步完善和发展桥梁技术状况评定、承载能力和减灾防灾能力鉴定方法，构建桥梁安全可靠性评估和使用寿命预测等的理论体系及技术方法，以推动我国桥梁服役可靠性的提升和使用寿命的延长。

面对服役桥梁病害处治和提高使用荷载等级的实际需求，需要完善加固设计理论与方法，研发快速可靠的加固技术，发展模式化加固技术和整体替代技术，以保证公路网的畅通与高效。

面对灾后应急抢通和保通的需求，需要提升桥梁应急装备跨越和承载能力，拓展桥梁应急装备的品种，增强桥梁应急装备的施工便捷性，以提高我国公路的应急保障能力及水平。

3．BIM模型定位桥梁病害

融入BIM技术的道路桥梁管理系统可以使桥梁问题得到很快处置，按照竣工图纸，制作内外部一样的3D模型，大到桥梁的梁体，小到一个水箅子、一个进水口，都能立即精确定位，这会使桥梁病害的发现处置和速度得到大幅度提升。针对特殊结构桥梁，道桥处可以建立实时监控系统，保证桥梁健康。同时，为了防止车辆超载影响桥梁安全，可以建立城市桥梁超载监控系统，上桥车辆超载能提前预警提醒绕行。

当维护人员在道路桥梁的日常巡查中发现护栏角落里的水泥块有些裂缝时。维护人员打开了手机摄像头，拍照，然后在手机里的道路桥梁管理系统里，上报巡查情况。不到 1 min，维修人员就可以接到信息，赶往现场处理。从发现病害到处理，不到半天时间。而在以前，则可能要花几天。因为传统道路桥梁病害处理是带着本子巡查，发现问题以后记录，回去再输入电脑上报，然后指挥中心再派单，安排人去处置。有了 BIM 技术建立的 3D 模型的精准定位，极大降低了道桥维护的时间。

4．BIM 可视化辅助下的隧道病害决策分析

维护分事后维护、预防维护和预知维护三种，而后两种属于先决性维护，运营人员需根据已有信息查找病害源或隐性异常，在问题出现前开展维护工作。要做到这点仅依靠现有的计算机维修管理系统中的数据难度非常大，原因在于建筑各资产之间存在系统且复杂的联系。要想改善隧道运维管理，需将运维中发现的常见病害和建筑资产间复杂关系相关联，以此来捕捉各病害之间的空间、逻辑联系，并且在 BIM 数据库中添加资产状况、能源状况、环境状况等信息，用 BIM 视觉分析方法辅助病害分析，追溯病害产生的驱动因子，推断出病害可能产生的结果并进行提前维护。BIM 可以把建筑的物理特性与功能特性信息化地表达出来，并在建筑全生命周期中的所有利益相关者之间进行信息的管理、共享、交换。

BIM 可视化能力不仅能进行隧道设备、空间、资产等管理，还可以进行可视化病害分析，从而改善现阶段的运维管理工作。

视觉分析可用在以下几方面：

（1）通过分析病害在过去和现在的分布及出现频率来推断病害的时空分布模式和趋势。

（2）将建筑全生命周期内的数据及建筑空间结构进行可视化来表达隧道隐性异常。

（3）可视化分析各设备与设备、结构与设备之间的连锁效应，模拟各资产之间的连锁效应的影响力度。

1）可视化隧道病害分析思路及框架

（1）可视化病害分析框架

要进行隧道病害的可视化分析，要先制定一个可视化分析框架，并结合 BIM 可视化模型使运管人员运用其推理能力对隧道病害原因进行分析。可视化病害分析分为以下三层：

① 数据层。

除了原计算机运维管理系统中的运管信息外，隧道设备、设施的监测数据也将通过多源数据采集模块录入系统，各数据根据其属性进行分类并在定义其从属关系之后存入数据存储模块中。

② 分析层。

时空数据挖掘模块会自动对监测数据进行异常检测，发现和确认异常发生，接着异常数据会在 BIM 模型中可视化表达，从而进一步对异常进行识别、分析以及根源追溯。最后，危险评估模块会对危险等级、成因、决策方案进行自动化报告。

③ 可视化交互层。

用一系列可视化手段（如颜色编码、滚动条以及标签等）来展现隧道的健康状态，实时更新动态以及报警内容，并且以 BIM 为可视化工具绘制配套三维视图。而用户可通过交互界面进行查询内容的输入，一个查询系统模块将根据用户输入从集成数据库中提取信息。在隧道运维可视化系统中启用了 Revit 等可视化建模软件，并为它提供了可视化信息查询功能，用户不仅可在用户界面输入内容，也可直接点击模型构件获取信息，如图 6-52 所示。

（2）隧道病害可视化分析流程。

为了进一步介绍可视化分析的中间过程，表 6-1 展示了巡检人员或监测系统发现隧道病害后进行分析展示的过程。隧道系统由传感器实时监测以及人工定期巡检来发现隧道内各类异常。系统将自动进入病害分析，之后进行可视化定义，最后显示于模型上。管理人员运用漫游功能进行漫游巡检，对于有颜色或标签标记的构件相应段结构的监测信息进行调取，分析病害产生的原因。

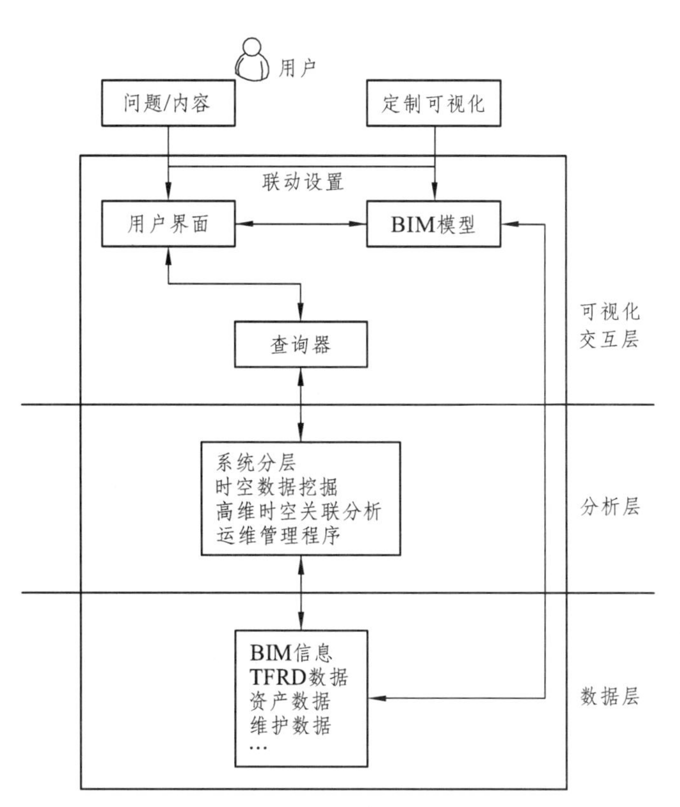

图 6-52　隧道病害可视化框架

表 6-1　故障/病害可视化分析/展示机制

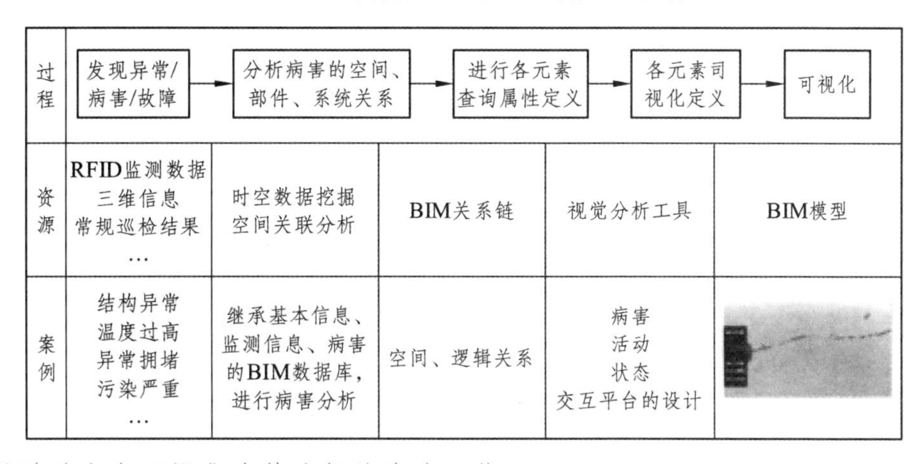

过程	发现异常/病害/故障 →	分析病害的空间、部件、系统关系 →	进行各元素查询属性定义 →	各元素司视化定义 →	可视化
资源	RFID监测数据 三维信息 常规巡检结果 …	时空数据挖掘 空间关联分析	BIM关系链	视觉分析工具	BIM模型
案例	结构异常 温度过高 异常拥堵 污染严重 …	继承基本信息、监测信息、病害的BIM数据库，进行病害分析	空间、逻辑关系	病害 活动 状态 交互平台的设计	

2）实现隧道病害可视化决策分析的先决工作

病害的形成来自于各种原因，保护区内超常荷载、潮汐变化、设施退化、设备故障、环境污染等都有可能导致隧道大小病害的产生。要进行提前预防维护，则必须运用大量传感设备，使隧道现状转成数据信息，使用大数据分析技术进行隧道病害分析。

（1）数据存储。

此系统不仅集成了隧道所有的设计施工信息，还加入了后期的设备、设施、环境、运维记录等，所有的数据存储整合形成数据库，运维数据存储采取分布式与中心式存储结合的方式进行。从传感器、人工获取的监测数据及多媒体资料经过中间表的转换，按照业务类型存储于数据服务器中。考虑到部分监测数据具有海量、高频的特点，频繁读取会影响服务器的稳定性，因此采取CSV文档分布式存储的方案，将监测数据转换成“键-值”形式，按时间目录索引存放在数据库中。多媒体资料（图片、视频、声音等）将通过FYrP服务器端口，存放在数据服务器相关索引目录下，如图6-53所示。

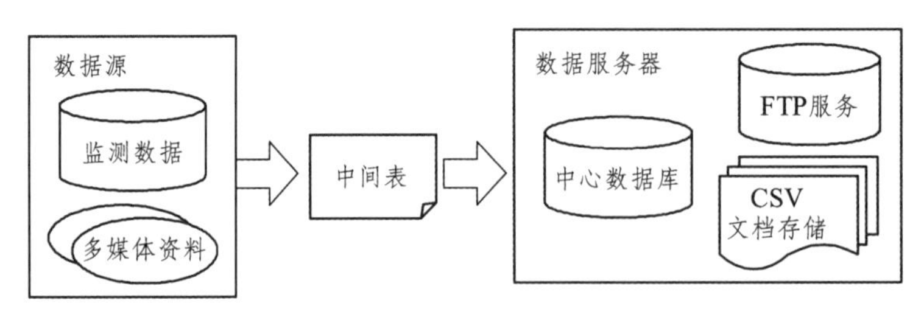

图 6-53 数据存储方案

而数据存储模块中的数据信息要想与 BIM 模型对接，则必须对所有信息进行实体编码设置，通过识别一个唯一的编码为每个实体与其相应的模型构件进行对接，表 6-2 为编码规则。

（2）隧道病害主要由人工巡检和监测数据异常报警两种途径发现。所有监测数据是由相等时间间隔记录的数值数据长序列，是十分典型的时间序列数据。时间序列中的异常是指偏离大部分数据产生机制的数据点或区段。针对监测数据通常具有非线性、非平稳性的特点，我们采用非线性时间序列分析方法来处理数据，寻找监测数据中的异常。非线性时间序列分析的基本思想是将监测获得的原始时间序列转换成描述该时序系统的特征，然后基于系统特征做数据挖掘和分析。

表 6-2 隧道元素编码规则

编码区段	编码类别	位数	位置号	标准制定级别	HDLL
	项目名称	4	1，2，3，4	集团	
管理单元	单 体	1	5	企业	?
	网络划分	2	6，7	企业	? ?
类 别	对象属性	1	8	集团	E
	大 类	1	9	集团	J
	小 类	3	10，11，12	集团，企业自主增加	TYP
位 置	位置形式标志	1	13	集团	?
	里程号/序号/标识号	4	14，15，16，17	企业	? ? ? ?
	圆环位置	1	18	企业	?
分隔符	分隔符	1	19	固定	—
扩展码	扩展码	3	20，20，22	企业，集团推荐	
设施编码	设施编码	22		集团企业，企业集团	HDLL? ? ?

集团集团……E1TYP? ? ? ? ? ? -0

（3）隧道空间结构并不复杂，但在隧道内部和两端变电所内有着大量设备，再加上隧道属于地下工程，潮汐、土层沉降、环境恶劣等都会对隧道安全产生影响，因此要准确定义隧道设施、设备、环境等各元素之间的关系。一般建筑元素有两种从属关系：

逻辑关系指的是元素之间的相互层级关系，不仅指有直接相关的元素，还包括间接相关的元素（如风机和空气质量、开裂和渗漏等）。

空间关系指元素的位置空间关系（是否相邻、是否连接）以及时间关系。将系统中所有信息化分为三类：逻辑型、空间型以及空间-逻辑型，并将其相关的上下级元素进行关联，形成元素关系链。

（4）BIM 模型下的高维时空关联分析。

隧道运营中会产生大量高维时空数据，运用 IFC 标准从整合后的 BIM 模型中提取构件信息并对数据进行关联性分析，可用于探测隧道内病害产生的原因，也可以发现隧道内不易发现的隐性病害。图6-54通过将高维时空数据进行算法分析得出关联性，根据相互关联性对可能存在病害根源进行分析。如图6-55所示，以隧道联通段为例，联通段两端记录衬砌环一定时间间隔的监测数据，寻找出数据之间的不变关系。当两端数据产生不同步时，联通段高维数据存在一定波动，由此可以推断异常可能造成联通段的隐性问题。在提取此段时间内与之相关联的其他数据（如隧道纵向沉降、潮汐等数据）可进行进一步的异常原因深入分析。

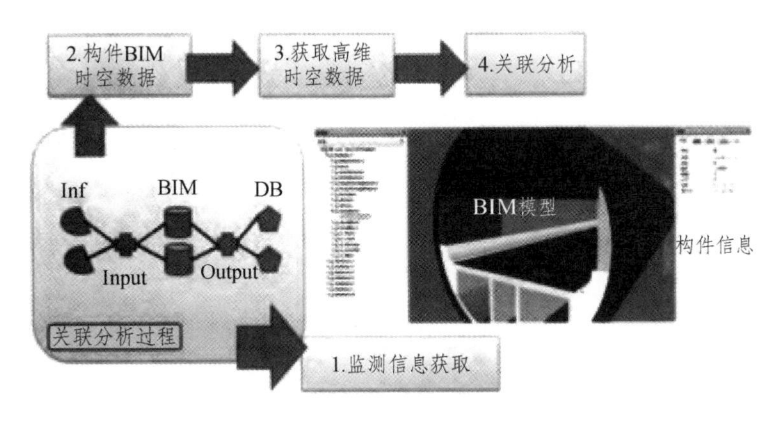

图6-54　BIM下的时空关联分析流程

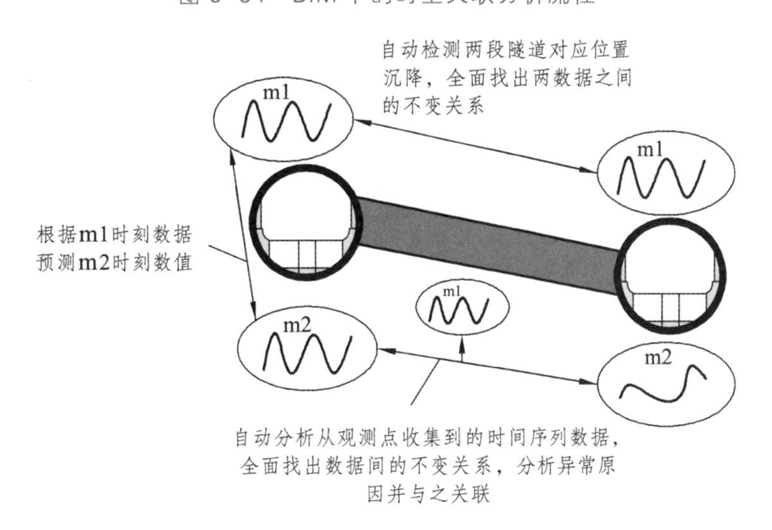

图6-55　关联不变关系分析示意

3）拟漫游和信息可视化设置

病害的发现、分析都在系统后台进行，而病害分析结果和处理建议是需要管理人员第一时间知道的，高效的报警手段和显示方法成了人机交互的重要一环。隧道管理人员一般从三方面监测隧道健康情况：一为隧道整体状态查询；二为隧道局部状态查询；三为紧急报警信息查询。而系统根据这三方面制定了隧道虚拟巡检和信息可视化功能，快速查看隧道各元素基本属性以及病害记录。

（1）通常，只有隧道巡检维修人员才会实时下隧道检查，管理层人员则通过巡检记录或维修报告了解隧道情况。系统运用BIM进行隧道的虚拟建设，对隧道运维过程进行算计机仿真。BIM数据模型代替了传统的纸质记录、报表，管理人员利用虚拟模型了解隧道结构、查看隧道基本信息和病害信息，从而进一步进行病害决策分析。高效、方便的漫游技术有效辅助一系列工作的开展，为此在系统中设置了多种漫游方式，如隧道鸟瞰查看隧道分布及整体评估、驾车漫游查看隧道整体情况、人工漫游查看隧道细节、方位快速跳转进行视线切换以及隧道全透明设置展现资产空间关联性。图6-56为漫游巡检机制，图6-57为虚拟隧道漫游。

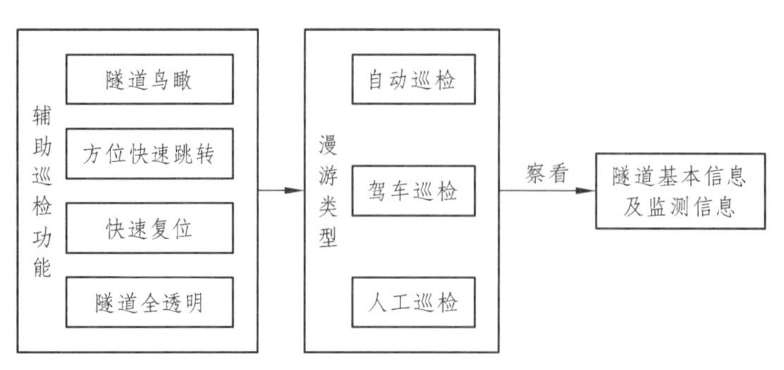

图 6-56　可视化漫游巡检机制

图 6-57　隧道内部漫游

（2）基于 BIM 的信息可视化展示。

系统根据各类数据的属性进行不同的可视化功能设计。对于 RFID 传感数据以折线图、条形图等形式展现，可直观了解数据时间变化趋势，数据间的关联变化。对于隧道评估结果则以色值编码实现，将隧道评估分为 5 级值，蓝色为正常、绿色为退化、黄色为劣化、橙色为恶化、红色为危险，颜色值具有很好的警示作用，可直观地反映隧道整体健康情况如图 6-58 所示。对于具有双属性的病害则使用标签及颜色值：

① 病害类别由标签展示；

② 病害严重度由色值表示。

对于系统报警信息，以高亮显示的形式提醒管理者（见图 6-58）。

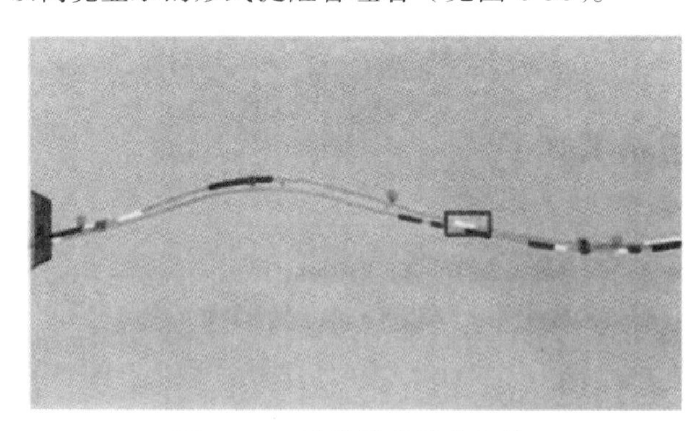

图 6-58　隧道结构健康评估

（3）BIM 模型和用户界面的联动设置。

如果以漫游代替人工巡检，可视化设置代替纸质文件，那么联动设置则将两者结合。点击任意模型信息，该模型的全部信息都将被打开；查看任意设备、设施信息，模型自动将视觉切换到该设备、设施处。这样的联动设计很好地结合了信息和模型。同时用户界面还设置了信息详情、健康档案等 logo，以便更为详细的信息查看。为了进行病害/故障的根源追溯，将其与监控中心相关界面相连接，调出相关数据信息，如：结构健康档案、间接结构沉降信息、断面收敛信息。

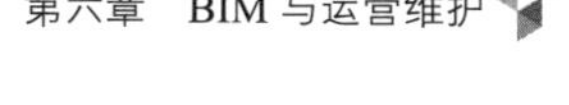

结合日常隧道管理工作流程，将传感技术、大数据分析技术以及 BIM 可视化展示技术运用于其中，进行隧道病害的发现、分析、展示、决策等工作，有效辅助隧道运营维护工作的开展。

>> 6.4.5　基于 BIM 的安全管理

BIM 技术应用的意义是使建筑信息在规划、设计、建造和运营、维护各阶段各参与方中充分共享和无损传递，为建筑全寿命周期的管理决策提供可靠依据。

1．BIM 技术结合数字化管控技术应用，构建公共安全信息平台

借助 BIM 技术和数字化管控技术构建基于数字技术的公共建筑安全运营管理系统，与大数据、物联网相结合，形成公共安全信息平台，从而实现对大型公共建筑的智慧运维和管理，包括设施空间实时状态管理、实时构件健康监测信息反馈以及智能化运维预警。目前，有效的公共安全信息平台应包括以下几点功能：

（1）公共安全信息平台必须实现各类灾害报警事件集中处理、历史事件管理及查询，预先设定各类事件联动接口，并记录所有枢纽运行紧急事件及处理过程。

（2）通过公共安全信息平台实现事件的联动处理，用户可定义报警事件的级别、报警联动流程、报警事件处理流程、报警显示与提示信息等；当重要报警发生时，实现集中显示、报警定位、报警统一处理。

（3）当有紧急事件发生时，按照预案规则，进行联动处理。根据相应设置及提示，引导操作人员的决定，并记录所有工作过程；可通过电子地图显示各类监测预警系统布置情况，自动记录各类事件，可在电子地图上直接进行相关操作，如在某区域发布广播。目前，上海浦东国际机场 T1 航站楼的钢结构、屋面及幕墙等复杂系统率先应用基于 BIM 的运营管理系统，对建筑内各类复杂系统的运维计划进行智能化预警，确保人流密集的公共建筑的设施安全。

2．提供建筑的安防能力

1）可疑人员的定位

利用视频识别及跟踪系统，对不良人员、非法人员，甚至恐怖分子等进行标识，利用视频识别软件使摄像头自动跟踪及互相切换，对目标进行锁定。

在夜间设防时段还可将双鉴、红外、门禁、门磁等各种信号一并传入 BIM 模型的大屏中。试想当我们站在大屏前，看着大屏中一个红点水平、上下移动，走楼梯、乘电梯，时时都在我们的视线之中。

当然这一系统不但要求 BIM 模型的配合，更要有多种联动软件及相当高的系统集成才能完成。

2）人流量监控（含车流量）

利用视频系统+模糊计算，可以得到人流（人群）、车流的大概数量，这就使我们可在 BIM 模型上了解建筑物各区域出入口、电梯厅、餐厅及展厅等区域以及人多的步梯、步梯间的人流量（人数/m^2）、车流量。当每平方米 > 5 人时，发出预警信号，> 7 人时发出警报。从而作出是否要开放备用出入口，投入备用电梯及人为疏导人流以及车流的应急安排。这对安全工作是非常有用的。

3）重要接待的模拟

利用 BIM 模型在大屏上，我们可以和安保部门（或上级公安、安全、警卫等部门）联合模拟重要贵宾（VVIP）的接待方案，确定行车路线、中转路线、电梯运行等方案。同时可确定各安防值守点的布局，这对重要项目、会展中心等具有实用价值。利用 BIM 模型模拟对大型活动整体安保方案的制订也会有很大帮助。

>> 6.4.6 其他管理概述

1．能源运行管理

能源运营管理旨在降低能源组织消耗，提高能源运用效率的管理。对于商业地产项目有效地进行能源的运行管理是业主在运营管理中提高收益的一个主要方面。

（1）传统管理方式。

传统管理部门包括生产数据中心、运行监测中心、设备管控中心、专家诊断中心、决策支持中心、应急指挥中心六大中心。

也就是说，我们传统的能源运维管理首先是从使用阶段就通过施工方等拥有各种数据和图纸，为了它能够正常地运行，我们会定期地对其进行检修，一旦出现了大问题，便邀请专家进行诊断，然后进一步决策以解决问题。

（2）BIM 管理方式。

通过 BIM 模型可以更方便地对租户的能源使用情况进行监控与管理，就像摄像头一样监测着每个能源的使用情况，赋予每个能源使用记录表以及传感功能，在管理系统中及时做好信息的收集处理。通过能源管理系统对能源消耗情况自动进行统计分析，并且可以对异常使用情况进行警告。

同时，通过 BIM 结合物联网技术的应用，使得日常能源管理监控变得更加方便。通过安装具有传感功能的电表、水表、煤气表后，可以实现建筑能耗数据的实时采集、传输、初步分析、定时定点上传等基本功能，并具有较强的扩展性。系统还可以实现室内温湿度的远程监测，分析房间内的实时温湿度变化，配合节能运行管理。在管理系统中可以及时收集所有能源信息，并且通过开发的能源管理功能模块，对能源消耗情况进行自动统计分析，比如各区域、各户主的每日用电量、每周用电量等，并对异常能源使用情况进行警告或者标识（见图 6-59）。

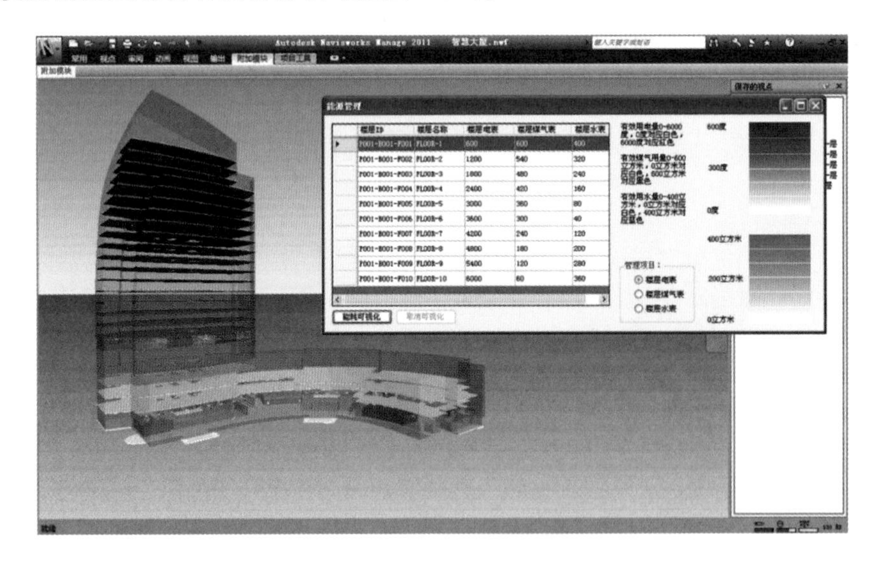

图 6-59

举个例子，中国电信等运营商正在有计划地推出节能减排解决方案。运营商在耗电量大的空调设备上加装控制模块，透过网络通信将空调设备的运转信息收集至节能管理统一平台进行统计分析，产出空调设施优化控制策略，同时使用者可透过平台进行空调设备操控管理，亦可监测空调设备每天 24 小时的运转状况。一旦侦测发现异常，可立即发出告警通知，以利于管理者维修处理。在客户空调系统的负载端设备（如分离式冷气、空调箱等）及外气引进装置加装控制设备，同时在空调环境内加装环境感知组件来侦测环境状况（温度、湿度、CO_2 浓度等），透过对环境状况的资料搜集与分析，由节能管理统一平台自动将空调系统的负载端设备进行自动调控，将空调环境的温、湿度及 CO_2 浓度控制在一定范围下，避免因不当的人为控制导致环境过冷或过热，让使用者能充分享受一个自动调控且舒适的空调环境。

2．资产管理

有效地管理有形资产设备，是维护建筑财务健全的重要一环。同时要追踪设备资产及管理职工的变更及搬动，留意其成本、购买年限、设备内容、使用和放置位置等，并作详细记录。可追踪其所在位置和资产折旧状况，以减少汰换设施设备的频率，充分利用现有资源。

>> 6.4.7 案例分析

1．嘉里建设广场二期项目简介

BIM 是近年来引领建筑数字技术走向更高层次的新技术。越来越多的成功案例证实了：它的全面应用大大提高了建筑企业的生产效率，提升了工程建设的集成化程度。在 2012 年中建三局第一建设工程有限责任公司竣工的嘉里建设广场二期项目中，公司在机电运维系统中深化应用 BIM 技术，走出了一条机电设备智能管理（BIM-FIM）的新路（见图 6-60）。

图 6-60

在这个项目中运用到的软件有：

Autodesk Revit Architecture

Autodesk Revit Structure

Autodesk Revit MEP

Autodesk Navisworks

Autodesk Inventor

2．项目概况

嘉里建设广场二期项目工程位于深圳市中心区。建设方是嘉里置业（深圳）有限公司，施工方由中建三局第一建设工程有限责任公司（“中建三局一公司”）担任。此项目总建筑面积 102 883.88 m^2，地上 43 层，地下 3 层，建筑高度 195.60 m，属超高层建筑。建筑性质为商业、办公（见图 6-61）。

图 6-61　嘉里建设广场 BIM 模型

3．BIM 模型概况

三维建模主要根据提供的建筑设计技术资料，直接从方案阶段 AutoCAD 图纸导入到基于 BIM 技术的 Autodesk Revit 三维建模软件平台，为该项目创建建筑、结构、给排水、消防、电气（桥架）和暖通三维信息化模型基础轴网等，使用共有的轴网坐标，这样对做后期整合项目及管综仿真碰撞、项目协调设计等都相当重要。

BIM 协同项目的系统管理：Autodesk Revit MEP 在管理多专业和多系统数据时，采用系统分类和构件类型等方式对整个项目数据进行方便管理，为视图显示和材料统计提供规则（见图 6-62）。

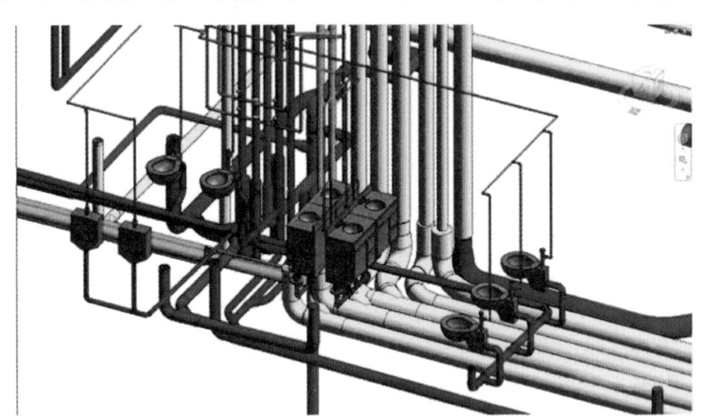

图 6-62　暖通与给排水及消防局部综合模型

给排水、电气、暖通专业（Autodesk Revit MEP）主要根据提供的平面图纸以及设备的型号、外观及各种参数提供完整的给排水、暖通、消防、电气信息模型、管道平立剖图、材料统计表（格式自定义）。这里要求提供准确的设备型号、外观及各种参数，才能保证提供的模型更准确。但在施工图设计中往往还有许多设备的型号等未确定因素，只能作为原则性假定，使用替代设备创建三维信息模型。

将 BIM 技术应用于特大型商业中心工程设计项目，取得良好效果，很好地解决了工程深化设计质量的控制问题，并能有效地对项目进行协同管理。

在完成了嘉里建设广场项目的 BIM 模型后，利用现阶段开发的 BIM-FIM 系统，即基于 BIM 技术的机电设备设施管理系统，实现了 BIM 信息的再加工提取，为物业的运行维护起到了良好的作用（见图 6-63）。

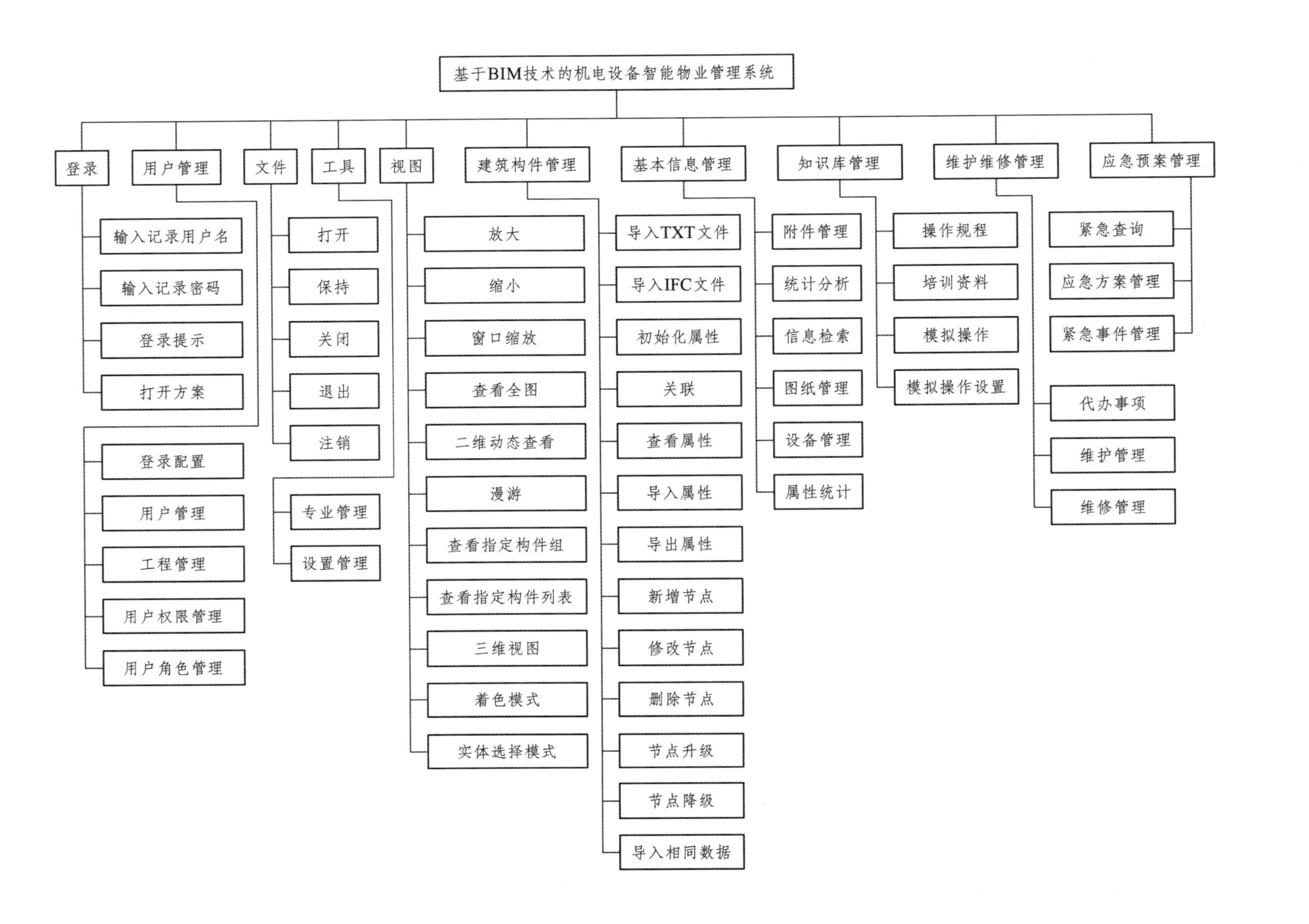

图6-63 BIMFIM系统架构图

在系统中，有以下几点关键技术都得到了良好的体现与应用：

（1）基于 IFC 的信息共享接口。

通过开发 IFC 接口，将 Autodesk Revit 中的模型，通过 IFC 中性文件导入到 BIM-FIM 系统中，并保存模型的所有属性信息。

（2）基于网络的 BIM 数据库及其访问控制。

通过搭建完备、高效的信息数据库，实现建筑及机电设备竣工图的 BIM 模型信息存储，并通过并发访问控制机制，确保多用户协同工作的数据安全性。

（3）基于移动平台的设备标识与识别。

通过开发二维码和 RFID 接口,将单个设备及区域内设备的关键信息以二维码和 RFID 标签的方式标识并保存起来；当移动平台设备扫描到该标识时，能提取其信息，并在无线网络环境下，从 BIM 数据库中获取其他相关属性信息。

（4）海量运维信息的动态关联技术。

面向海量的施工和运维信息，BIM 技术针对机电设备不同的系统划分，研究了其基于构件的信息动态成组技术与动态关联技术，并形成上下游动态模型，实现高效的信息检索、查询、统计、分析与应急预案决策支持。

第七章　BIM 与工程运用

BIM 技术在提高生产效率、节约成本和缩短工期方面发挥着重要作用，越来越多的设计单位、施工单位和业主等应用 BIM 技术。住房和城乡建设部也明确提出推进 BIM 应用的发展目标，即“到 2020 年末，建筑行业甲级勘察、设计单位以及特级、一级房屋建筑工程施工企业应掌握并实现 BIM 与企业管理系统和其他信息技术的一体化集成应用。到 2020 年末，以下新立项项目勘察设计、施工、运营维护中，集成应用 BIM 的项目比率达到 90%：以国有资金投资为主的大中型建筑；申报绿色建筑的公共建筑和绿色生态示范小区。”

本章将从不同的工程领域介绍 BIM 的实际工程运用，以实际的案例展示 BIM 技术的运用现状和所取得的成果。

7.1　BIM 与房屋建筑工程

国内房屋建筑 BIM 运用比较广泛，特别是城市标志性建筑和施工复杂、投资巨大的建筑项目都利用了 BIM 技术，其优化设计、成本控制、施工以及后期运维都取得丰厚的成果。

>> 7.1.1　房屋建筑工程

1．房屋建筑工程的概念

房屋建筑工程是指各类房屋建筑及其附属设施和与其配套的线路、管道、设备安装工程及室内外装修工程。

“房屋建筑”指有顶盖、梁柱、墙壁、基础以及能够形成内部空间，满足人们生产、居住、学习、公共活动等需要的工程。

一般所称的建筑工程，是指为新建、改建或扩建房屋建筑物和附属构筑物所进行的勘察、规划、设计、施工、安装和维护等各项技术工作和完成的工程实体。

2．传统的房屋建筑工程的工作流程及工具

一个工程的工作流程大体主要包括设计阶段、建设准备阶段、建设实施阶段、竣工验收阶段和后评价阶段。现阶段房屋建筑工程运用的最主要的工具是 CAD、Fireworks 等。

>> 7.1.2 运用 BIM 技术于房屋建筑工程

1. 基于 BIM 的建筑工程设计

BIM 运用于房屋建筑工程主要利用的软件有 Revit、Navisworks、Nemetschek Graphisof、Nemetschek Graphisof 等。BIM 实现三维设计：能够根据 3D 模型自动生成各种图形和文档。而且始终与模型逻辑相关，当模型发生变化时与之关联的图形和文档将自动更新。设计过程中所创建的对象存在着内建的模型关联关系。

2. 基于 BIM 的施工和管理

（1）实现集成项目交付 IPD（Integrated Project Delivery）管理。

（2）实现动态、集成和可视化的 4D 施工管理。

（3）实现项目各参与方协同工作：项目各参与方信息共享，基于网络实现文档、图档和视档的提交、审核、审批及利用。项目各参与方通过网络协同工作进行工程洽商、协调，实现施工质量、安全、成本和进度的管理和监控。

（4）实现虚拟施工。

>> 7.1.3 BIM 应用的主要方面

1. 施工计划

通过结合 Project 或梦龙项目管理软件编制而成的施工进度计划，可以直观地将 BIM 模型与施工进度计划关联起来，自动生成虚拟建造过程，简单直观，通过对虚拟建造过程的分析，合理地调整施工进度，更好地控制现场的施工与生产。

2. 移动终端管理

采用无线移动终端、WED 及 RFID 等技术，把预制、加工等工厂制造的部件、构件，从设计、采购、加工、运输、存储、安装、使用的全过程与 BIM 模型集成，实现数据库化、可视化管理，避免任何一个环节出现问题给施工和进度质量带来影响。

3. 复杂节点施工

BIM 模型可以进行土建结构部分的深化设计，包括预留洞口、预埋件位置及各复杂部位等施工图纸深化。对关键复杂的劲性钢结构与钢筋的节点进行放样分析，解决钢筋绑扎、顺序问题，指导现场钢筋绑扎施工。

4. 案例分析：南京禄口国际机场二期航站楼

1）项目简介

南京禄口国际机场位于南京市东南部，距市中心直线距离为 35.8 km。为满足预测 2020 年航空业务量的要求，将建设二期工程，在现有跑道南侧间距 2 000 m 处建设长度为 3 600 m、宽 60 m 的第二跑道，飞行区等级指标为 4F，新建 T2 旅客航站楼，面积约为 26 万平方米，满足年处理旅客 1800 万人次规模，与原有 T1 航站楼共同承担 3 000 万人次吞吐量，工程预计总投资 90 亿元人民币，计划于 2014 年青奥会前投入使用，全面满足青奥会的运营需求，同时打造江苏省及南京市全新的门户形象（见图 7-1）。

图 7-1 南京禄口国际机场二期航站楼夜景效果图

南京是六朝古都、十朝都会，素有“虎踞龙盘”之称，“风从虎，云从龙”——新航站楼形体轻盈通透，充满张力，飘逸舒展的多曲面顶盖，如行云流水，气势非凡。金属屋盖采用“大跨度、小曲率、多变化”结构，国内首创（见图 7-2、图 7-3）。

图 7-2 效果图

图 7-3 南京禄口国际机场二期航站楼空侧立面效果图

2）项目的机遇与挑战

智慧机场——安全、便捷、高效

智慧机场示范项目：

（1）“大跨度、小曲率、大变化”的航站楼金属屋盖。

（2）各种先进数字化建筑技术的载体。

（3）将 BIM 与建筑物的安全、健康监测结合起来。

3）解决方案

（1）基于 BIM 的可视化协同设计。

利用 Autodesk Revit 系列 BIM 软件对南京禄口国际机场二期航站楼的建筑、结构和 MEP 进行模型构建，对设计图纸进行校核，并利用 BIM 模型与各专业设计师一起进行沟通，协调解决设计中因为沟通不及时造成的设计碰撞问题，这不仅提高了设计的效率，而且提升了设计的品质（见图 7-4 ~ 图 7-6）。

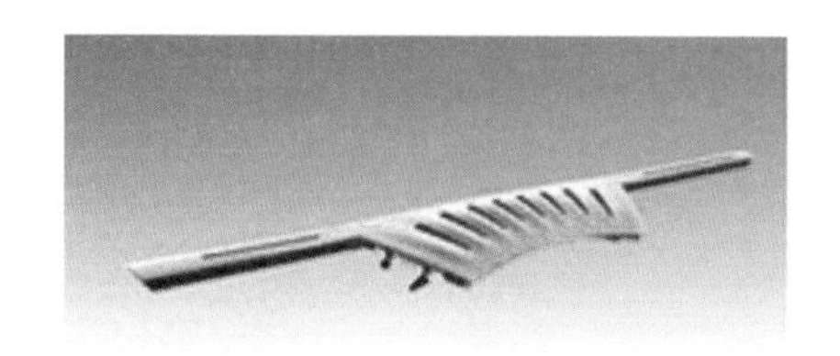

图 7-4 南京禄口国际机场二期航站楼建筑模型

图 7-5 南京禄口国际机场二期航站楼结构模型

图 7-6 南京禄口国际机场二期航站楼行李系统机电模型

（2）基于 BIM 的屋面设计。

南京禄口国际机场二期航站楼金属屋面采用“大跨度、小曲率、多变化”的结构形式，整体连续一气呵成，如行云流水，气势非凡。主楼金属屋面由 9 个鼓包组成，从中间到两边逐渐递减，为多曲面形式。在屋面设计过程中，利用 Grasshopper 对机场屋面进行参数化找形，并将生成的模型与 Tekla 软件相结合来完成结构分析和计算，同时与 Autodesk Ecotect 软件对接，对屋面的性能进行分析，以保证机场屋面在达到整体美观的同时满足设计需要考虑的因素要求。然后借助 Autodesk Revit 软件将屋面模型导入 Revit 模型中，通过模型导出生成 CAD 图纸，辅助设计出图。最后利用 Autodesk Navisworks 软件的碰撞检查功能，对屋面钢结构、屋顶板块和室内吊顶以及其他专业之间进行设计校核（见图 7-7）。

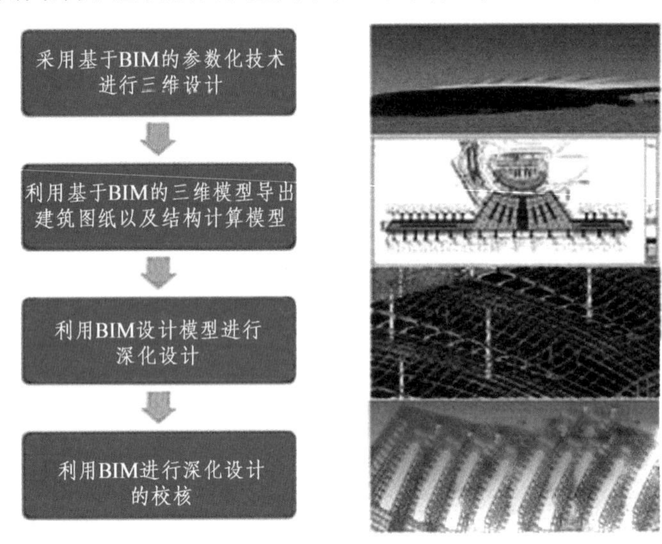

图 7-7 屋面设计

（3）基于 BIM 技术的参数化表皮划分。

利用 Grasshopper 对机场的屋面进行参数化的找形，然后利用 Rhino 的投影功能将屋面三维模型投影到二维平面，再利用二维 AutoCAD 对屋面进行板块划分，然后再重新投影到屋面三维模型，最终完成对屋面表皮的划分（见图 7-8）。

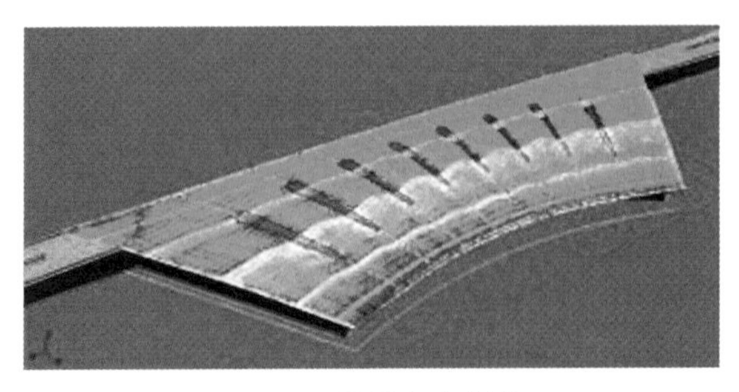

图 7-8 屋面表皮划分

（4）基于 BIM 技术的参数化设计程序。

利用 Grasshopper 强大的参数化找形功能对屋面进行编程，对不确定条件进行参数设置，现代设计集团华东院通过对参数的调整达到对形体控制的目的，最终帮助设计师实现心中所想（见图 7-9）。

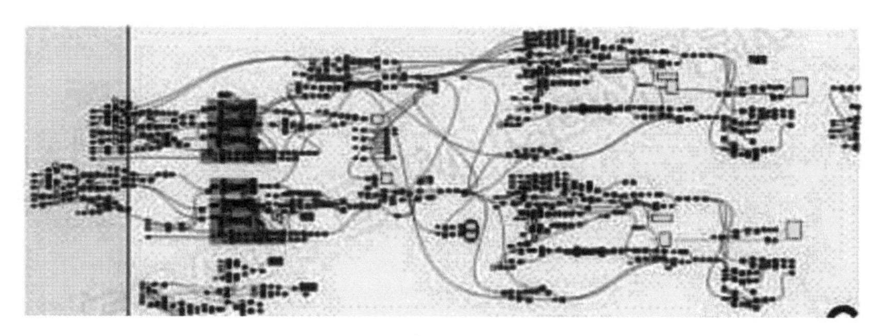

图 7-9　参数化设计程序

（5）基于 BIM 技术的参数化屋面排水坡度分析。

利用犀牛软件强大的参数化设计功能，对屋面进行取点，测试相邻两点之间的高差，从而确认两点间的斜率，最后得出排水的方向。通过对排水坡度参数的设置，很容易分析出屋面不满足的排水区域，然后再对屋面进行局部调整，最终使得整个屋面达到排水的要求（见图 7-10）。

图 7-10　屋面排水坡度分析

（6）基于 BIM 模型——钢结构深化。

首先利用 Autodesk Revit Structure 软件构建机场屋面的钢结构模型，然后利用 Autodesk Navisworks 软件的碰撞检查功能，对屋面钢结构、屋顶板块和室内吊顶以及其他专业模型进行设计校核，通过 Autodesk Revit Structure 软件的编辑功能，对不符合要求的结构构件进行修改，并对各构件的边界条件、结构荷载等进行结构参数设置，最后通过 Autodesk Revit 软件和结构分析软件 Tekla 相结合，对机场屋顶的结构进行分析、计算和深化，有效地利用 BIM 设计模型对施工深化进行控制，保证设计的合理性和美观性以及施工的可行性（见图 7-11、图 7-12）。

图 7-11　钢结构深化模型-整体

图 7-12　钢结构深化模型-局部

（7）基于 BIM 的设备材料统计。

利用 Autodesk Revit 软件对屋面钢结构桁架进行模型构件，通过模型导出生成明细表，对屋面不同类型的构件进行材料统计，同时对设计进行校核（见图 7-13）。

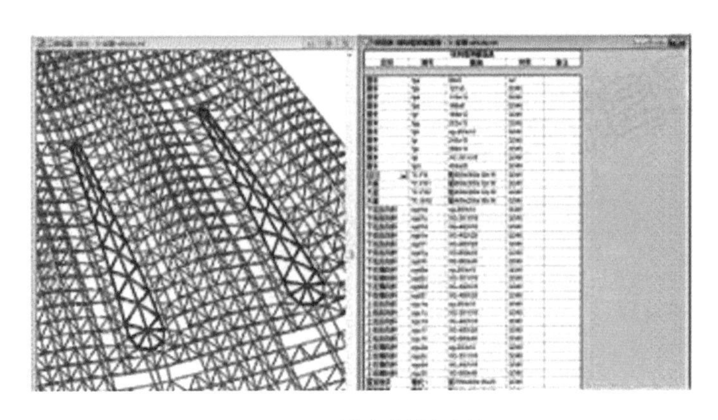

图 7-13　设备材料统计

（8）基于 BIM 的辅助施工图出图。

机场屋面的复杂性，传统的设计工具已经无法满足出图的需要，所以现代设计集团华东院首先利用 Rhino 对机场的屋面进行参数化找形，然后将模型导入到 Autodesk Revit，利用 Autodesk Revit 导出生成二维 CAD 图纸，并在 AutoCAD 中进行加工，最终完成施工图出图（见图 7-14、图 7-15）。

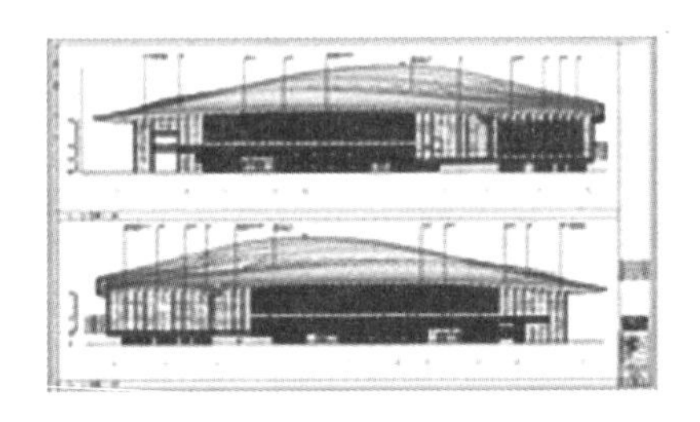

图 7-14　侧立面图

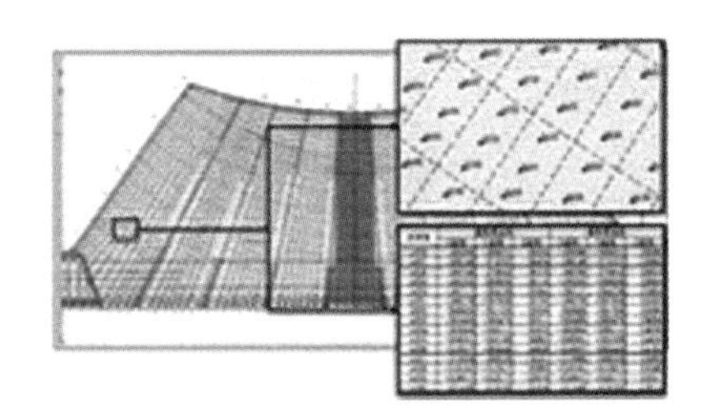

图 7-15　屋面控制点定位图

（9）标识系统。

利用 Autodesk Revit 和 Sketchup 相结合构建模型，利用 Autodesk Navisworks 的漫游功能，实时直观地反映机场室内标识系统的效果，与设计师进行沟通交流，通过反复修改，确定最终方案（见图 7-16）。

图 7-16　标识系统效果图

（10）室内空间设计。

利用 Autodesk Revit 和 Sketchup 相结合构建模型，利用 Autodesk Navisworks 的漫游功能，直观地反映出机场室内空间和人物的对比关系，还可以利用 Autodesk Navisworks 的测量功能，直接测量出楼板与吊顶间的高度，与设计师进行沟通交流，汇报展示（见图 7-17）。

图 7-17　室内空间效果图

（11）室内吊顶方案比选。

首先利用 AutoCAD 对屋面的投影面进行板块划分，再将划分完的线段导入到犀牛中，并投影到室内吊顶上，然后利用 Autodesk Revit 和 Sketchup 相结合构建模型，与设计师进行沟通交流，通过多方案的比选，确定最终方案（见图 7-18）。

图 7-18　室内吊顶方案

（12）施工组织管理。

南京禄口国际机场二期航站楼工程在施工开始阶段，就在每台塔吊的顶部装配监控设备，利用无线视频技术对施工现场进行 24 h 的实时监控，并将施工现场的建造情况与现代设计集团华东院的 BIM 模型进行对比，有效地控制施工顺序和施工误差（见图 7-19）。

图 7-19　无线视频监控技术

（13）现场变更和误差分析流程。

为了更好地对施工的质量、进度和成本进行控制，明确施工各参建方的责任，现代设计集团华东院对施工现场的变更和误差进行分析和梳理，总结出了一套施工现场变更和误差分析流程，在南京禄口国际机场二期工程指挥部的大力推动和支持下，同时在监理单位对整个流程进行控制和审核，以及各施工参建单位的认真落实和积极配合下，有效地控制了施工的质量，提高了施工的效率，减少了施工返工。

（14）设计校核与管线优化。

利用 Autodesk Revit 系列软件构建模型，并导出 NWC 格式文件，通过 Autodesk Navisworks 软件进行漫游和碰撞检查，对不同专业的模型进行设计校核，对发现的问题进行标记，并提出修改意见，同时将碰撞报告反馈给各专业设计师，与设计师一起协调解决碰撞问题（见图 7-20 ~ 图 7-22）。

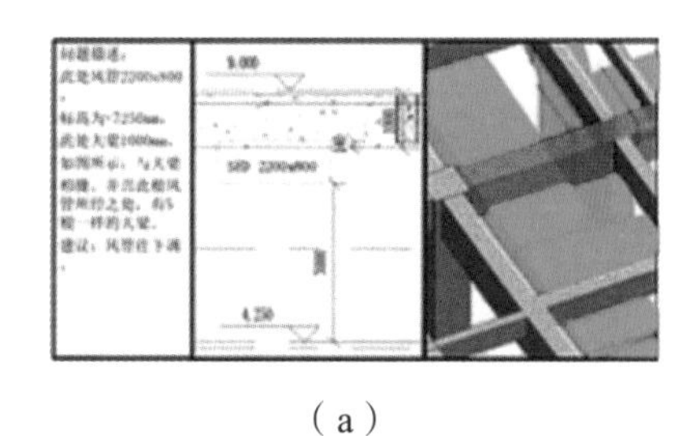

（a）

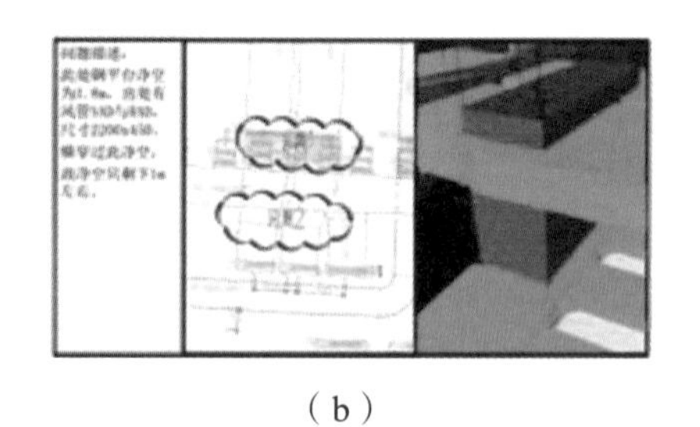

（b）

图 7-20　碰撞报告

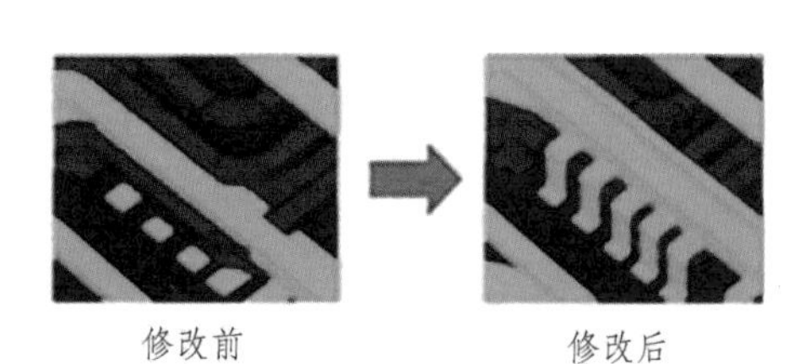

图 7-21　碰撞修改前后对比

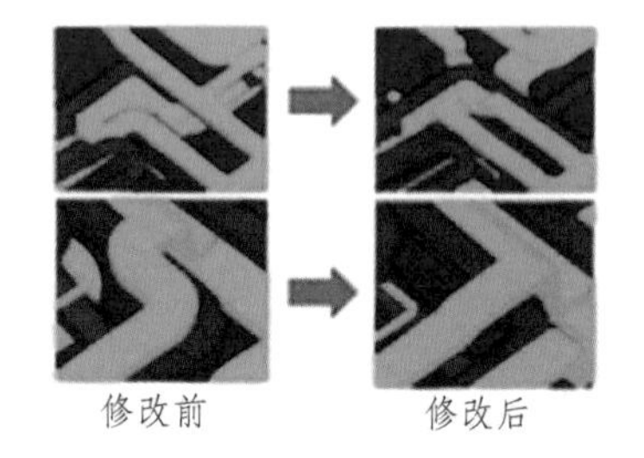

图 7-22　碰撞修改前后对比

（15）基于 BIM 的相关分析。

利用 BIM 模型与各专业的分析软件相结合，对建筑物的可视度、高程、填挖高度、标高优化、结构稳定性、采光、通风、遮阳、火灾、人员疏散、二氧化碳含量、温度、烟气等进行分析模拟，以提高建筑的品质、安全性和合理性，使得建筑空间分配的更加合理、健康，而且还能够降低能耗、减轻环境影响，使得建筑与生态环境更加的和谐。

① 可视度分析，见图 7-23 ~ 图 7-25。

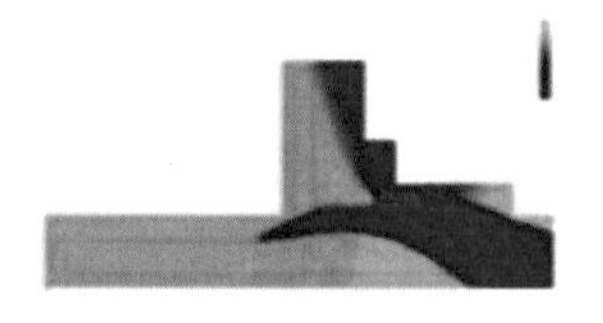

图 7-23　可视度分析及塔楼视线图（45 ~ 63 m）

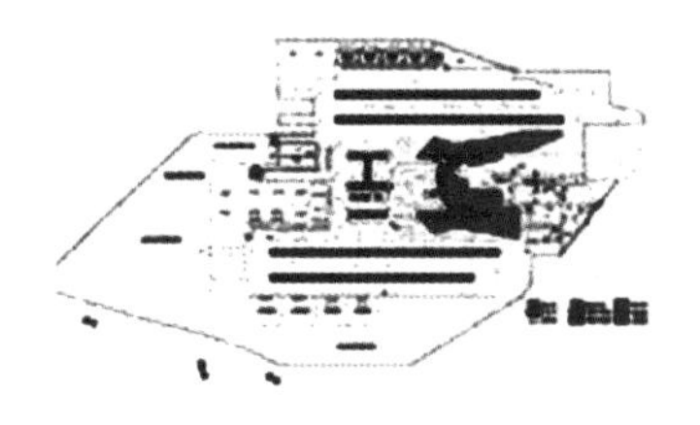

图 7-24　塔楼视线图 70 m

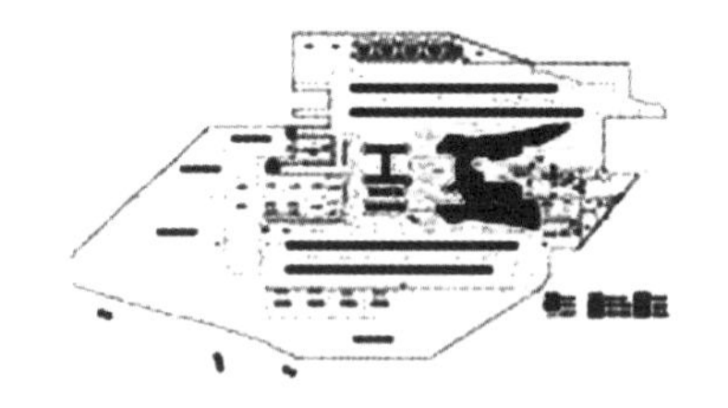

图 7-25　塔楼视线图 80 m

② 高程分析，见图 7-26。

图 7-26　高程分析

③ 填挖高度分析，见图 7-27。

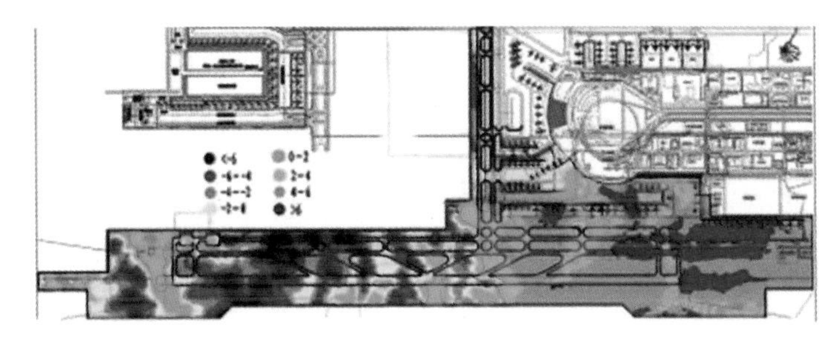

图 7-27　填挖高度分析

④ 标高优化分析，见图 7-28。

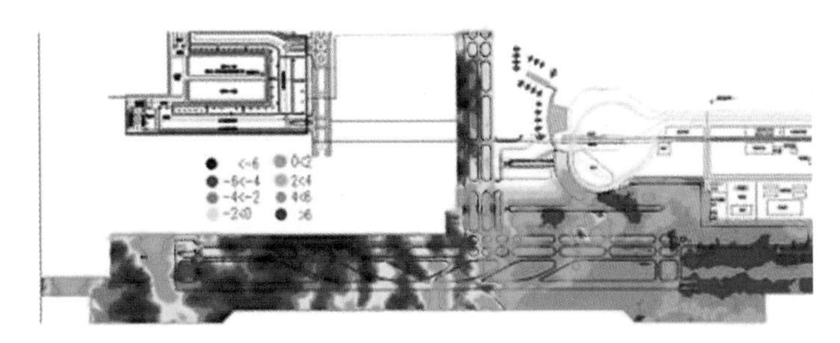

图 7-28　标高优化分析

⑤ 结构分析，见图 7-29 和图 7-30。

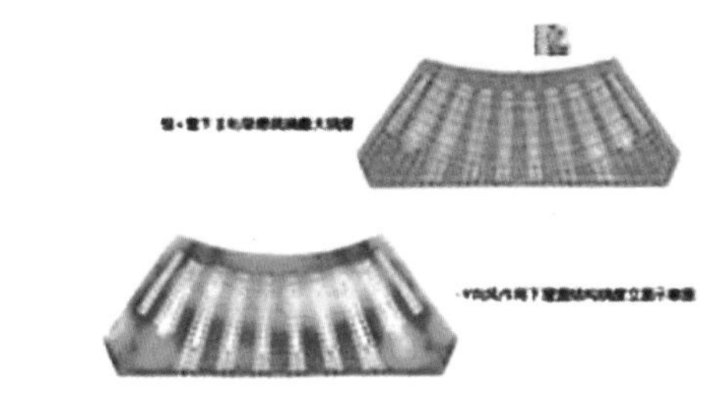

图 7-29　屋面结构挠度分析及屋面结构大震弹塑性分析

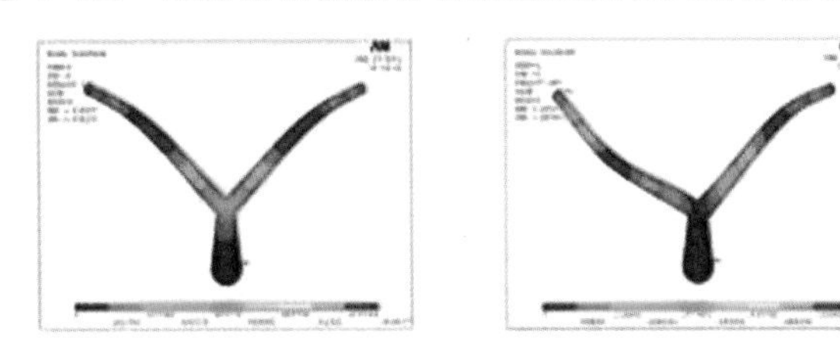

图 7-30　Y 形柱稳定分析

⑥ 采光和通风模拟，见图 7-31。

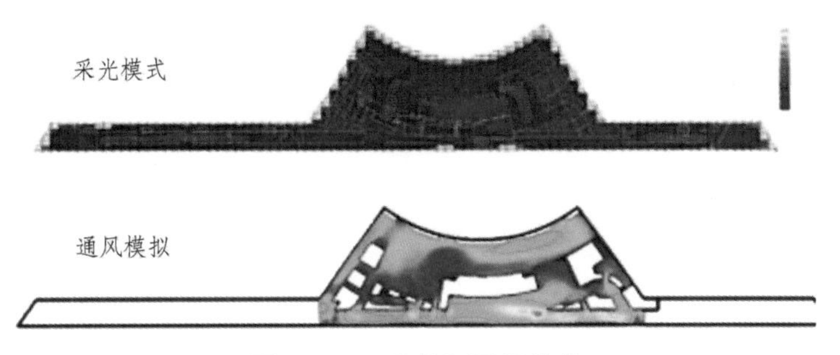

图 7-31　采光和通风模拟

⑦ 灯光模拟，见图 7-32。

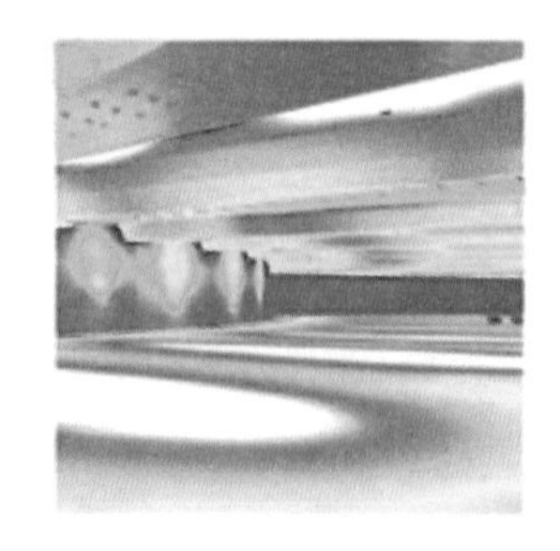

图 7-32　灯光模拟

⑧ 建筑遮阳模拟，见图 7-33。

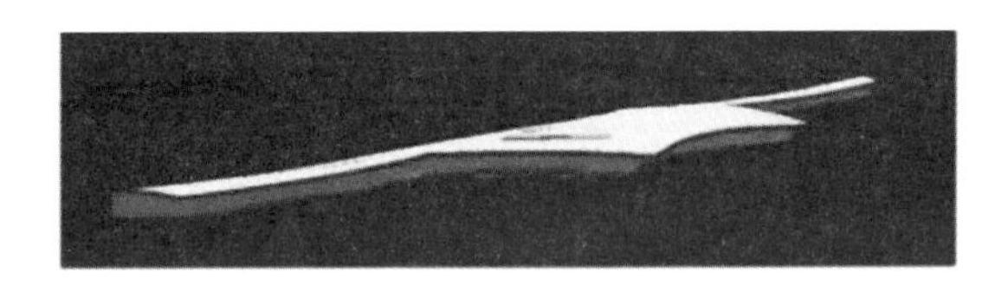
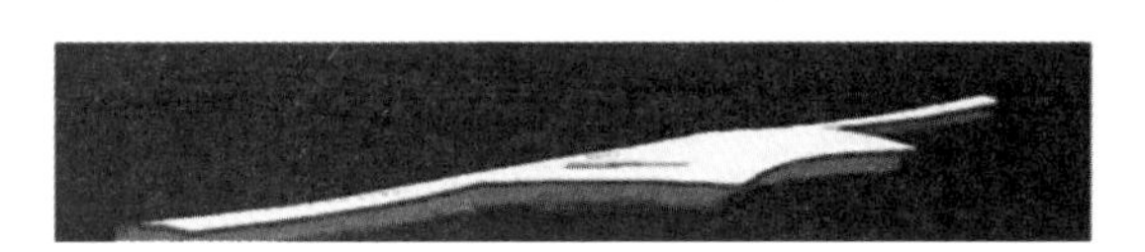

图 7-33　遮阳模拟

⑨ 火灾模拟，见图 7-34、图 7-35。

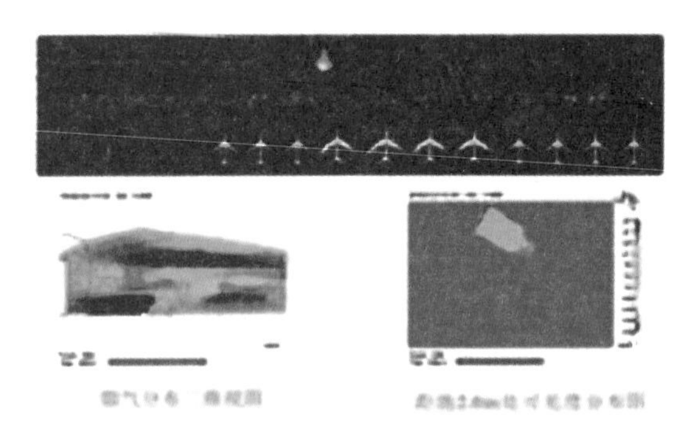

图 7-34　火灾模拟

图 7-35　火灾模拟

⑩ 人员疏散模拟，见图 7-36 ~ 图 7-38。

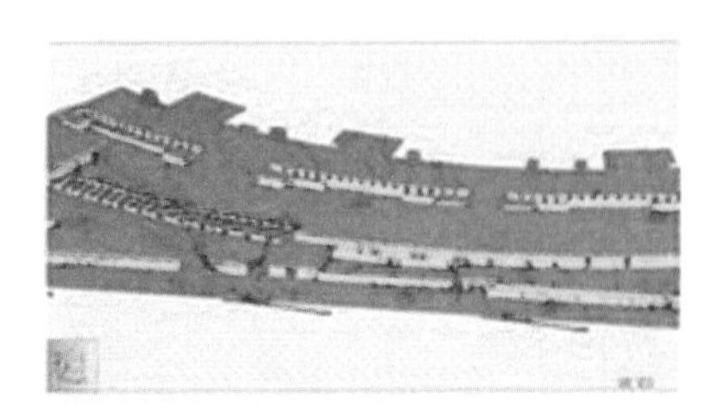

图 7-36　人员疏散模拟截图（火灾 10 秒）

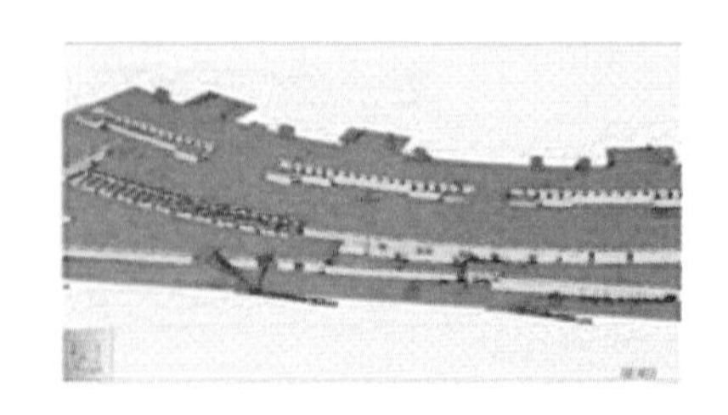

图 7-37　人员疏散模拟截图（火灾 20 秒）

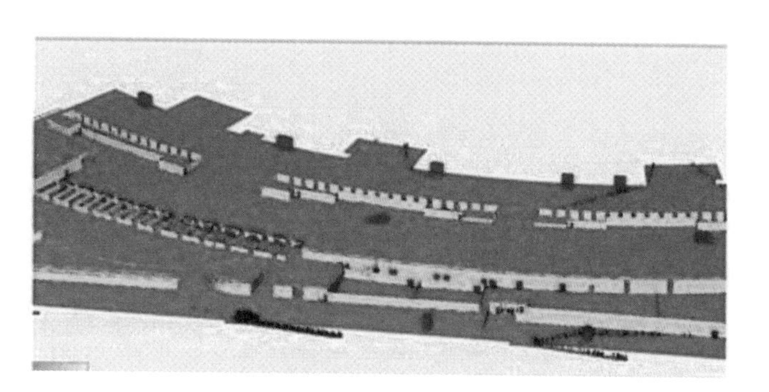

图 7-38 人员疏散模拟截图（火灾 30 秒）

⑪ 二氧化碳含量模拟，见图 7-39。

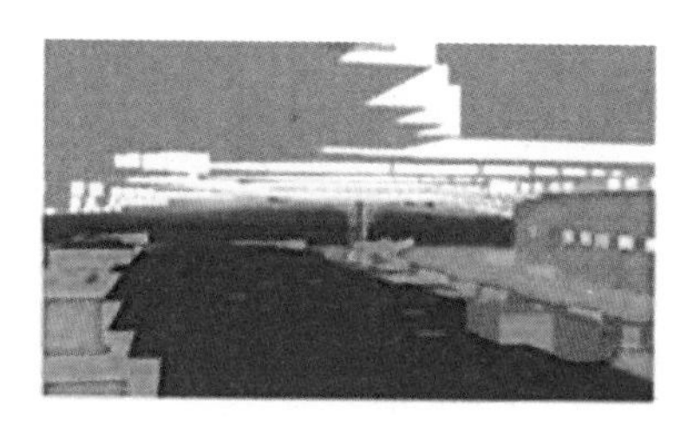

图 7-39 二氧化碳含量模拟截图（火灾 10 秒）

⑫ 温度模拟，见图 7-40。

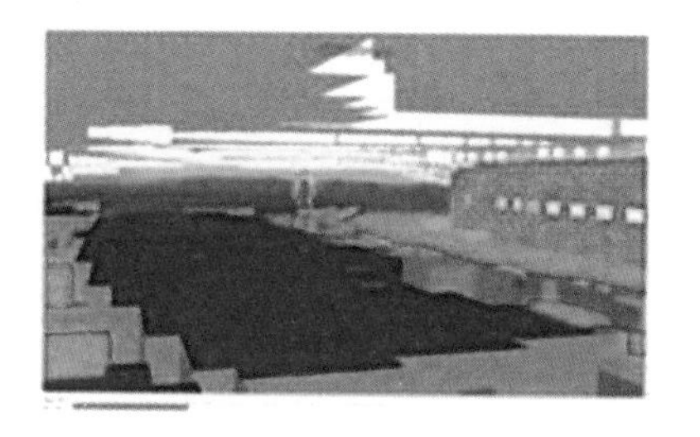

图 7-40 室内温度模拟截图（火灾 10 秒）

⑬ 烟气模拟，见图 7-41。

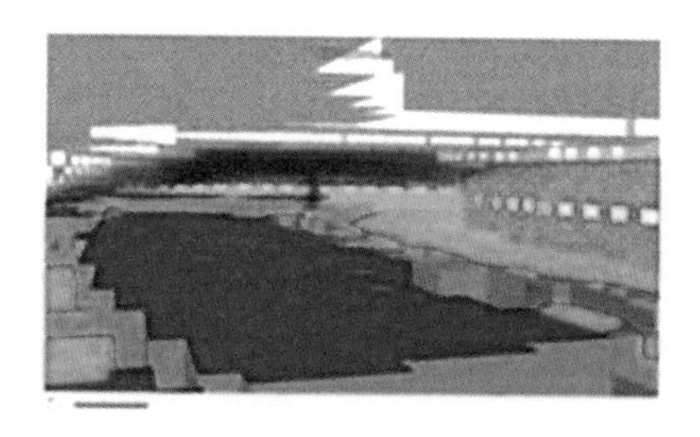

图 7-41 室内烟气模拟截图（火灾 10 秒）

7.2 BIM与道路桥梁工程

为了提高桥梁施工管理水平，路桥集团创新地在大型桥梁上开展BIM技术的试点应用。方案讨论、技术交底、现场问题分析、工作量核算等关键工序都基于模型而开展，取得了良好效果。

>> 7.2.1 道路桥梁工程的概念

道路工程指通行各种车辆和行人的工程设施，它是一种带状的三维空间构筑物，包括路基、路面、桥梁、涵洞、隧道等工程实体；桥梁工程指供公路、城市道路、铁路、渠道、管线等跨越水体、山谷或彼此间相互跨越的工程构筑物，是交通运输中重要的组成部分。

>> 7.2.2 传统的道路与桥梁工程

1．道路工程的内容

（1）设备安装工程，如高速公路、大型桥梁所需各种机械、设备、仪器的安装、测试等。
（2）设备，工、器具的购置。
（3）其他基本建设工程，如勘测与设计、征用土地、青苗补偿和安置补助工作等。

2．桥梁工程的内容

在建桥材料方面，以高强、轻质、低成本为选择的主要依据，仍以发展传统的钢材和混凝土为主，提高其强度和耐久性。

石材、木材、铸铁、锻铁等桥梁材料，显然不合要求，而钢材的大量生产正好满足这一要求。在桥梁施工方面，对施工组织将充分利用电子计算机进行经济有效的管理。在施工技术中，将不断引用新技术和高效率、高功能的机具设备，借以提高质量、缩短工期、降低造价。

1）桥梁下部结构施工

桥梁墩台施工：整体式墩台施工，有石砌墩台、混凝土墩台；装配式墩台施工；砌块式墩台施工；柱式墩台施工。

墩台基础施工：明挖扩大基础施工；桩与管住基础施工；沉井基础施工。

2）桥梁上部结构施工

桥梁承载结构施工：支架现浇法；预制安装法；悬臂施工法；转体施工法；顶推施工法；移动模架主孔施工法；横移法；提升与浮运法。

3）梁式桥施工

梁式桥包括简支梁桥、等截面连续梁桥、预应力混凝土变截面连续梁桥、预应力混凝土连续钢构桥、钢梁桥等。

维修方面：在桥梁维修检查中，引用新型精密的测量仪表，如用声测法对结构材料的缺陷以及弹性模量进行测定；用手携式金相摄影仪检查钢材的晶体结构性能，及早进行加固，防患于未然，以便延长桥梁的使用寿命。

桥梁工程始终是在生产发展与各类科学技术进步的综合影响下，遵循适用、安全、经济与美观的原则，不断地向前发展。

>> 7.2.3 桥梁工程中应用 BIM 技术的优势

1．提高生产效率、节约成本

BIM 技术所提供的协同设计、参数化设计功能，有助于优化桥梁结构设计，可以避免施工环节多次返工，既节省时间和成本，又能保证施工效率。新型生产方式的兴起，如构件的模块化、预制化程度大大提高，BIM 数据信息模型将代替传统图纸移交给施工单位等。

2．使方案评审更加直观，提高工程造价的准确性

基于 BIM 的桥梁工程，可以让业主在方案选择评审阶段更加直观地看到工程完工后的效果及相关数据分析。基于 BIM 模型的工料计算相比基于 2D 图纸的预算更加准确，而且更多的工作由计算机完成，且节省了大量时间。

3．有助于桥梁工程的创新性与先进性

作为当今建筑业最具前瞻性的技术之一，BIM 技术用可视的数字模型串联起设计、建造和运营全过程。BIM 所提供的信息共享交互平台能使早期参与方案设计的各个协作方进行互相经验探讨、信息协调，实现项目创新性与先进性。

4．方便工程及相关设备管理与维护

BIM 竣工模型传递到工程运营管理单位，能为其日常的常规运营管理、安全管理、养护维修等工作带来便利。先进的工程进度管理与质量控制，业主可利用 BIM 技术所输出的可视化效果，监视工程进度，校验工程完成的质量。

>> 7.2.4　BIM 技术在桥梁施工阶段的实际应用

1．数字信息化施工

刚构桥梁所用的部分构件可以异地加工，然后运至施工现场进行拼装。运用数字信息化手段可以预制桥梁结构，然后通过工厂化的生产制造手段防控施工中的各种不利因素，以确保构件质量达标，同时进一步缩短桥体施工周期，提高效益。

2．施工模拟

基于 BIM 技术的 4D 桥梁施工模拟技术可以在项目建造过程中编制科学的施工组织计划，同时严格把控施工进度，合理布置场地并优化资源配置，从而以点带面，全面把控整座桥体的施工进度和工程质量，以期在提高工程质量的前提下节约施工总成本，提高经济效益。

3．进度管理

传统的进度控制方法是基于二维 CAD，存在着设计项目形象性差、网络计划抽象、施工进度计划编制不合理、参与者沟通和衔接不畅等问题，往往导致工程项目施工进度在实际管理过程中与进度计划出现很大偏差。BIM 3D 虚拟可视化技术对建设项目的施工过程进行仿真建模，建立 4D 信息模型的施工冲突分析与管理系统，实时管控施工人员、材料、机械等各项资源的进场时间，避免出现返工、拖延进度现象。通过建筑模型，直观展现建设项目的进度计划并与实际完成情况对比分析，了解实际施工与进度计划的偏差，合理纠偏并调整进度计划。BIM 4D 模型使管理者对变更方案带来的工程量及进度影响一目了然，是进度调整的有力工具。

4．安全数据信息管理

基于 BIM 技术的桥梁安全数据信息管理平台可以搭载管理施工中的关键数据，并利用集成平台实现数据共享，使各单位全面掌握桥梁施工的安全信息，以便制订科学有效的施工组织方案，防止因安

全信息数据管理滞后而埋下安全隐患，甚至引发施工安全事故。应用 BIM 技术对施工现场布局和安全规划进行可视化模拟，可以有效地规避运动中的机具设备与人员的工作空间冲突。应用 BIM 技术还可以对施工过程进行自动安全检查，评估各施工区域坠落的风险，在开工前就可以制订安全施工计划，何时、何地、采取何种方式来防止建筑安全事故，还可以对建筑物的消防安全疏散进行模拟。当建筑发生火灾等紧急情况时，将 BIM 与 RFID、无限局域网络、UWB RTLS（超宽带实时定位系统）等技术结合构建室内紧急导航系统，为救援人员提供复杂建筑中最迅速的救援路线。

5．物料设备管理

在 BIM 技术问世之前，施工单位往往借鉴物流行业比较成熟的管理经验及技术方案，例如使用无线射频识别电子标签技术，可以将桥梁构件、工程设备以及相关物料贴上标签，以此跟踪管理施工进度。但 RFID 技术只能识别一部分信息，无法掌握桥梁施工全过程的数据流，这点缺陷可以通过基于 BIM 技术的桥梁信息模型来弥补。

6．协同作业

协同作业是设计之外的各种设计文件与办公文档管理、人员权限管理、设计校审流程、计划任务、项目状态查询统计等与设计相关的管理功能，以及设计方与业主、施工方、监理方、材料供应商、运营商等与项目相关各方，进行文件交互、沟通交流等的协同管理系统。在桥梁工程施工过程中，利用 BIM 技术实现协同作业，能保证施工科学合理化。主要利用软件服务和云计算技术，构建基于云计算的 BIM 模型，不仅可以提供可视化的 BIM 3D 模型，也可通过 WEB 直接操控模型。使模型不受时间和空间的限制，有效解决不同站点、不同参与方之间的通信障碍，以及信息的及时更新和发布等问题，这对于提高设计、运营领域的效率、节约成本也将起到积极的推动作用。

7．结　语

桥梁作为重大的公益性建筑，理应体现高水准的工程质量和服务品质。而基于 BIM 的欧特克软件可实现现场环境、方案设计、模型分析、施工模拟、安全管理等各方面的综合提升，大大提高了模型的重复利用率，降低了应用研究的综合成本。

>> 7.2.5　BIM 技术在公路工程的应用

通过 BIM 技术在公路工程中的应用，实现基于 BIM 的宏观、中观和精细化管理相结合的多层次施工管理和可视化模拟（见图 7-42）。

图 7-42

BIM 可以把它理解为一整个工作流程，不同阶段的 BIM 应用由不同功能的软件来实施，如建模用

Revit，碰撞检测、动画展示用 Navisworks，但是其核心都是建筑信息模型。这些软件的模板、插件等也都是以建筑、结构模型为主。

而 BIM 在公路工程中的应用则有很大的局限性，各类族、模板均需自行逐一创建，展示局部施工工艺和细部做法对族的精细度要求也极高。但公路行业的不断发展和其市场竞争的日益加剧，对公路工程施工也提出了新的、更高的要求，这时候 BIM 技术在公路工程中的应用无疑为我们带来了诸多便捷：通过 BIM 技术在公路工程中的应用可实现基于 BIM 的宏观、中观和精细化管理相结合的多层次施工管理和可视化模拟。

BIM 在工程中的应用会越来越常态化，在公路工程中的应用也会逐步趋于成熟。BIM 在公路工程中的应用重点从以下三点来阐述：

1．BIM 技术在公路施工投标、交底、方案中的应用

在公路工程投标标书当中，BIM 技术可以给人展现一种直观、明了的施工过程控制，这样无形中会给标书带来一个很高的分值，中标的概率会大大增加。

在公路施工过程中，我们经常需要对班组和施工队伍进行具有可操作性、符合技术规范的分项工程施工技术交底、安全技术交底（见图 7-43）。

图 7–43

公路施工现状：

（1）我们仍在沿用着过去死板的交底教育模式，由安全和技术人员对现场作业层及管理层进行口述或纸质交底。

（2）施工方案、技术交底的编制也一直是以施工图纸、技术规范和施工现场实际情况为依据。

现状导致的问题：

根据以往的施工经验来编写，其中就有可能出现因为审图不清或个人表述等问题，导致交底不细、需要重复交底、交底后施工人员难以理解、印象不深刻等现象，进而导致施工进度缓慢，安全、质量问题频发，增高返工率，施工成本超支等通病。

利用 BIM 虚拟施工：

但是如果利用 BIM 技术的虚拟施工来展示，对安全隐患、施工难点提前反映，可视化的交底、教育等形式也更容易被施工人员所接受，直观形象地让施工人员了解施工意图和细节，就能使施工计划更加精准，统筹安排，提前做好安全布置及规划，以保障工程的顺利完成。

BIM 可视化模拟应用：

同时，借助 BIM 的可视化模拟，对公路工程分部、分段进行分析，将一些重要的施工环节、工艺等进行重点展示，提高管理人员和施工人员对施工工艺的理解和记忆，并利用 BIM 技术规划施工现场各类安全设施的布置进行模拟，提高施工的安全性和布置的合理性。项目管理人员也能非常直观地理

解公路施工过程的时间节点和工序交叉情况，提高施工效率和施工方案的安全性。

2．IM 技术对拌和站拆装、运作全过程的建模和模拟

众所周知，由于各种因素的影响，公路工程的前期筹备过程比传统的土建项目周期要长，过程坚难、复杂，尤其对于公路路面施工而言更甚。但业主要求却可以用“苛刻”二字来形容，从公路路面项目部的组建到现场试验段的正式铺筑，这段施工准备期进行了近似于残酷的压缩，这就要求水泥稳定土拌和站和沥青拌和站需及时而又高效地建设起来，以便满足现场施工要求。

而“黑白”两个拌和站在公路路面施工中又起到了至关重要的作用，尤其是沥青拌和站，被称为公路路面施工的“面子”，其各个功能区、相似部件纷繁芜杂，机械配合人工按图拼装时稍有不慎，极易出现错误，造成返工现象，从而影响了施工生产的正常进行（见图 7-44）。

图 7–44

1）BIM 技术与常规拆装方式比较

而 BIM 技术的应用与常规的拆装方式相比，将四维的拌和站模拟与建模信息相结合，通过它不仅可以直观地展现安装顺序，更能对机械配置、劳动力配置、安装时间进行调控，减少重复作业，节约机械使用和人力成本，缩短了大量安装时间。

2）BIM 在公路施工中的实践

在实际的应用过程中，BIM 制作人员先进行详细的现场勘查，重点研究拌和站的整体规划、安装位置、料区位置、吊装位置及安装时较易发生危险的区域等问题，确保吊装拌和站各类构件时的安全有效范围作业，利用建模模拟吊装过程、构件吊装路径、危险区域、构件摆放状况等，直观、便利地协助安全、技术人员分析场地的限制，排除潜在的隐患，及时调整可行的拆装方法。这样有利于提高效率，减少出现安全漏洞的可能，及早发现拆装方案、安全、技术交底中存在的问题，极大地提高了吊装安全性，并且将四维的拌和站模拟与建模信息相结合。通过它不仅可以直观地展现安装顺序，更能对机械配置、劳动力配置、安装时间进行调控，使各项工作的安排变得最为有效和经济。

另外，对拌和站的运转流程等建立三维的信息模型后，对新进拌和站员工也起到了二维图纸和口教不能给予的视觉效果和认知角度，使得学习更直观、理解更容易、印象更深刻。

3．BIM 技术可以使施工协调管理更为便捷

通过 BIM 技术能够将公路施工中的各工区实时地链接在一起，方便各方的沟通。例如：在公路工程中有做路基的、做路面的、做绿化的、做配电的等，在整个工程中要协调的可能是 3 ~ 4 个工区，或者 7 ~ 8 个工区，每个工区都有自己的进度排布计划，或者因为其他的外力影响而导致个别工区的计划变更，这样，工序之间就难免出现重合、交叉、延误作业。通过建立施工现场的三维信息化模型，能

让各类人员直观地了解整体工程哪方面出现了问题，又该怎样解决，等于是在项目各参与工区之间建立了一个信息交流平台，使沟通更为便捷、协作更为紧密、管理更为有效，减少了扯皮和交错施工的一些难题（见图 7-45）。

图 7-45

7.3 BIM 与岩土隧道工程

>> 7.3.1 岩土隧道工程的概念

1. 岩土工程

作为土木工程的一个分支，岩土工程是欧美国家于 20 世纪 60 年代在土木工程实践中建立起来的一种新的技术体制。岩土工程是以求解岩体与土体工程问题，包括地基与基础、边坡和地下工程等问题，作为自己的研究对象。地上、地下和水中的各类工程统称土木工程。土木工程中涉及岩石、土、地下水的部分称岩土工程。

岩土工程专业是土木工程的分支，是运用工程地质学、土力学、岩石力学解决各类工程中关于岩石、土的工程技术问题的科学。按照工程建设阶段划分，其工作内容可以分为：岩土工程勘察、岩土工程治理、岩土工程设计、岩土工程监测、岩土工程检测。

2. 隧道工程

隧道及地下工程是从事研究和建造各种隧道及地下工程的规划、勘测、设计、施工和养护的一门应用科学和工程技术，是土木工程的一个分支。隧道及地下工程也指在岩体或土层中修建的通道和各种类型的地下建筑物，包括交通运输方面的铁路、道路、运河隧道，以及地下铁道和水底隧道等；工业和民用方面的市政、防空、采矿、储存和生产等用途的地下工程；军用方面的各种国防坑道；水利水电工程方面的地下发电厂房以及其他各种水工隧洞等。

>> 7.3.2 BIM 与岩土隧道工程

在建筑界，BIM 的建筑信息模型主要是建筑方面的建模，而 BIM 技术在岩土工程勘察中的应用集中体现在岩土工程勘察成果的三维可视化，并与建筑、结构等专业进行协同工作。从广义上来说，岩土工程勘察成果的三维可视化从属于三维地质建模范畴。所谓三维地质建模，是以各种原始数据包括钻孔、剖面、地震数据、等深地质图、地形图物探数据、化探数据、工程勘察数据水文监测数据等）

为基础，建立能够反映地质构造形态、构造关系及地质体内部属性变化规律的数字化模型，通过适当的可视化方式，该数字化模型能够展现虚拟的真实地质环境，更重要的是，基于模型的数值模拟和空间分析，能够辅助用户进行科学决策和规避风险。岩土工程是三维地质建模的一个重要应用领域，在城市岩土工程勘察、设计、施工的全过程中，三维地质模型可以直观地将地质体及其构造形态展现在规划设计师和岩土工程师面前，方便工程设计人员和施工人员间的思想交流，使其能够准确地分析实际地质问题，开展工程设计与施工，减少工程风险。因此，三维地质建模也越来越受到城市管理、规划、建设部门和工程施工单位的重视。

>> 7.3.3 BIM 技术在铁路隧道中的流程

铁路隧道施工是高度动态的过程，尤其是矿山法施工的复合式衬砌隧道作业面多、工序转换复杂、交错施工，对现场进度管理、工程量核算、技术交底质量要求高。目前，现场进度管理的技术手段相对落后，仍多采用二维的横道图展示形象进度，无法真实呈现现场施工工序的空间关系，难以准确表达多个作业面的施工动态过程。同时，现场技术交底一般是用二维 CAD 图纸，现场施工人员的识图能力参差不齐，现场技术交底困难。

BIM 可视化虚拟仿真技术，是以三维可视化数字模型为基础，利用数字仿真，模拟模型的三维几何信息和非几何信息（如进度、材质、体量）。通过创建面向工程结构化对象的施工建筑信息模型（BIM），可视化展示工程结构的体量以及施工方案难点。同时，模型中加入时间维度，模拟施工工序，实现工程虚拟施工。基于 BIM 的可视化虚拟仿真技术，为隧道施工创新发展提供了突破口，它将研究施工 BIM 创建方法、技术方案的 3D 利用、BIM 模型自动核算阶段工程量的方法和流程，以辅助施工组织设计和项目管理决策。

1．隧道施工 BIM 模型创建

根据铁路矿山法施工的复合式衬砌隧道结构设计及施工方法、工序等，开发面向对象的隧道施工 BIM 模型构件库。所谓面向对象的建模方法，即按照隧道结构空间关系，划分不同的构件，定义构件的空间形状和信息属性，最后通过组装构件形成模型。隧道施工 BIM 模型如图 7-46 所示。

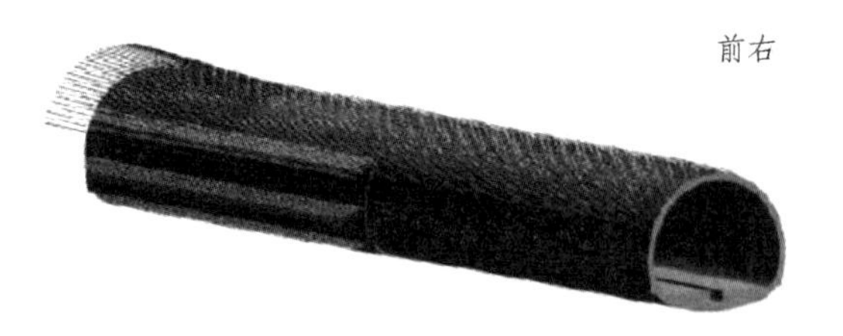

图 7-46　隧道施工 BIM 模型

复合式衬砌隧道 BIM 模型的构件可划分为超前支护、初期支护、二次衬砌、仰拱填充、防排水、沟槽等 6 大类别。模型构件命名规则使用“构件类别 + 构件类型（围岩级别、衬砌类型）”。隧道围岩级别划分为 Ⅰ ~ Ⅵ 6 个等级，在每一围岩级别下，又划分为不同的衬砌类型，以英文字母表达。定义了 Ⅴ 级围岩和 a、b 衬砌类型的构件命名示例，如表 7-1 所示。

针对构件的细部构造，建模时需考虑进一步结构化分解，从而设计标准化构件。细部构造的命名也宜使用“构造类别 + 构造类型”规则，而构造类型一般宜使用“规格”参数。以下以格栅钢架为例，进行详细的细部构造分解，如表 7-2 所示。

表 7-1 复合式衬砌隧道 BIM 模型构件命名

构件类别	构件类型	命名示例 1	命名示例 2
超前支护	超前小导管 管棚	超前小导管-Ⅴa 管棚-Ⅴa	超前小导管-Ⅴb 管棚-Ⅴb
初期支护	喷射混凝土	喷射混凝土-Ⅴa	喷射混凝土-Ⅴb
	中空锚杆	中空锚杆-Ⅴa	中空锚杆-Ⅴb
	砂浆锚杆	砂浆锚杆-Ⅴa	砂浆锚杆-Ⅴb
	钢筋网	钢筋网-Ⅴa	钢筋网-Ⅴb
	型钢刚架	型钢刚架-Ⅴa	型钢刚架-Ⅴb
	格栅钢架	格栅钢架-Ⅲa	格栅钢架-Ⅲb
二次初砌	拱　墙	拱墙-Ⅴa	拱墙-Ⅴb
	仰　拱	仰拱-Ⅴa	仰拱-Ⅴb
	底　板	底板-Ⅱa	底板-Ⅱb
仰拱填充	仰拱填充	仰拱填充-Ⅴa	仰拱填充-Ⅴb
防排水	防水板	防水板-Ⅴa	防水板-Ⅴb
	止水带	止水带	
	排水板	排水板	
沟　槽	中心沟槽身	沟槽身	
	中心沟盖板	盖板	
	侧沟槽身	侧沟槽身	
	侧沟盖板	侧盖板	

表 7-2 格栅钢架结构化分解

构件类别	构件命名	细部构造	构造命名
格栅刚架	格栅刚架-Ⅲa	格栅肢筋	格栅肢筋-ϕ14
		U 型筋	U 型筋-ϕ22
		连接筋	连接筋-ϕ22
		连接板	连接板-360×230×10
		连接型钢	连接型钢-L100×100×10
		螺　栓	螺栓-M24×65
		螺栓孔	螺栓孔-ϕ26

BIM 模型建模的关键是开发构件资源库，构件定义的内容主要包括构件命名、构件编码、建模精度和信息粒度 4 方面，其中信息粒度包括几何信息和非几何信息。建模精度是指构件在模型中的单元大小。隧道施工 BIM 模型中各构件的建模精度需满足施工工序管理的要求，具体如下：

（1）超前小导管、管棚、中空锚杆、砂浆锚杆的构件单元，宜按 1 环的组件形式，相邻 2 环呈梅花状布置。

（2）钢筋网、型钢刚架、格栅刚架的构件单元，宜按 1 环的组件形式。

（3）喷射混凝土的构件单元长度，宜取开挖步纵向长度。不同围岩级别差别较大，一般为 0.5～3.5 m。

（4）仰拱填充、底板、仰拱及仰拱部防水板构件单元长度，宜采用施工模板的模筑长度，一般为 6 ~ 8 m。

（5）拱墙构件单元，宜取模筑纵向长度，一般为 10 ~ 12 m。

2．BIM 在隧道施工中的应用

1）4D 虚拟施工

4D 虚拟施工是用 Autodesk Navisworks 的虚拟仿真环境，对 3D 几何空间模型添加时间维度，虚拟推演实际施工过程。具体来说，是将 BIM 模型与施工组织进度计划相关联，以进度驱动模型的虚拟仿真。其具体技术路线如下：

（1）用 Autodesk Revit 建立 3D 数字模型，赋予每一构件施工工序属性参数。

（2）用 Project 编制工序的时间任务项数据源。

（3）用 Navisworks 集成模型和工序时间数据源，在虚拟仿真环境中实现模型的虚拟建造。同时进行实时的过程交互，虚拟推演施工方案，动态检查方案可行性及存在的问题，优化调整施工装备、工艺等。基于 BIM 的虚拟施工方案流程见图 7-47。

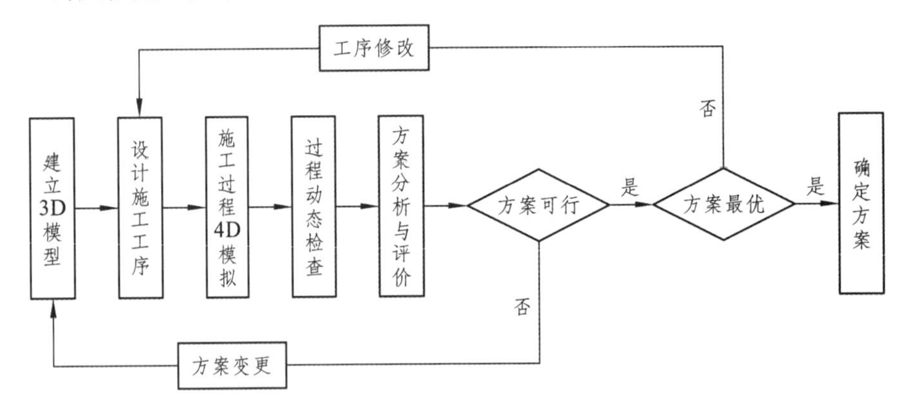

图 7-47　基于 BIM 的虚拟施工方案流程

图 7-48（a）展示了隧道 4D 虚拟施工过程，对超前支护、初期支护、仰拱填充和二次衬砌所有结构节点进行动态施工模拟。图 7-48（b）展示了施工进度信息和横道图，对每个构件进行施工流水段、时间的定义。

从图 7-48 可清晰查看所有构件的施工顺序和时间节点，通过对比分析施工计划和实际施工进度的状态，项目管理者可实时动态掌控施工进度，确定最好的施工顺序和时间节点，快速调整施工资源，随时为制订物资采购计划提供及时、准确的数据支撑，对项目成本管控提供技术支持，以实现项目精细化施工管理。

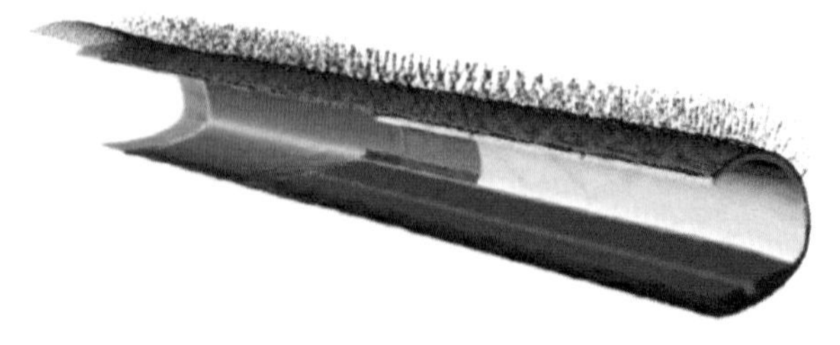

（a）剖视图

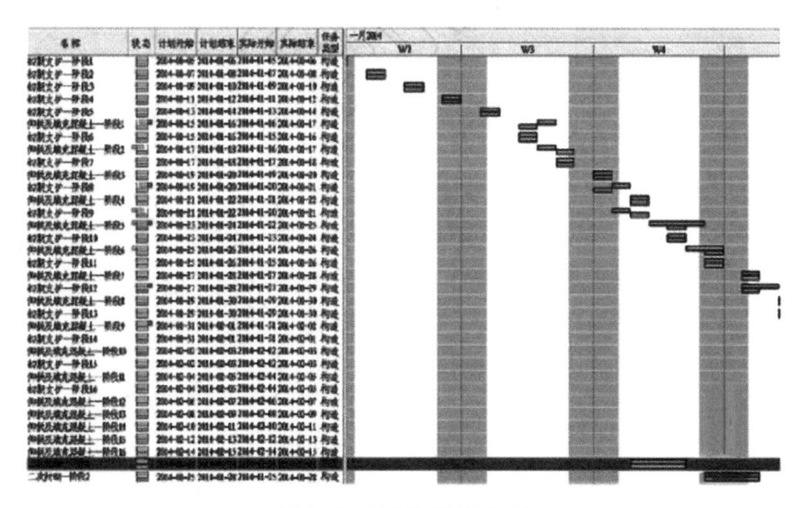

（b）施工进度横道上图

图 7-48 4D 虚拟施工

2）方案与工法可视化交底

传统的二维 CAD 图纸在表达工程结构节点设计时，往往需要平面图结合多个剖面图才能表达清楚，而 BIM 以三维数字模型为基础，真实表达工程结构节点的空间几何形状、位置与功能关系，将复杂空间的设计变得更加直观，可以进行 360° 视角的空间可视化，降低了施工作业人员理解图纸的难度，有效避免了因对图纸理解不清而产生的施工错误。

复合式衬砌隧道的环向施工缝需设置中埋式橡胶止水带，纵向施工缝需设置中埋式钢边橡胶止水带。图 7-49（a）是 CAD 图，图 7-49（b）是 BIM 模型。通过两者对比可知，利用三维模型对现场施工员和班组进行技术交底的效果显著。

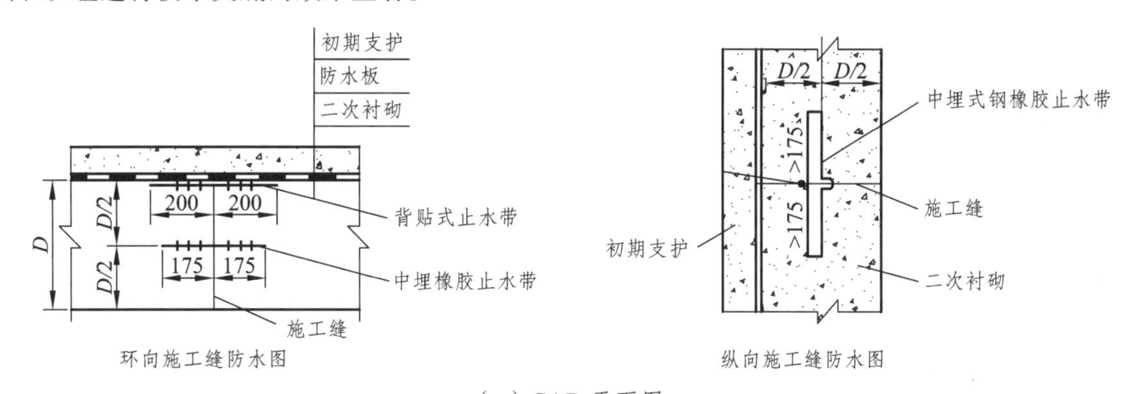

（a）CAD 平面图

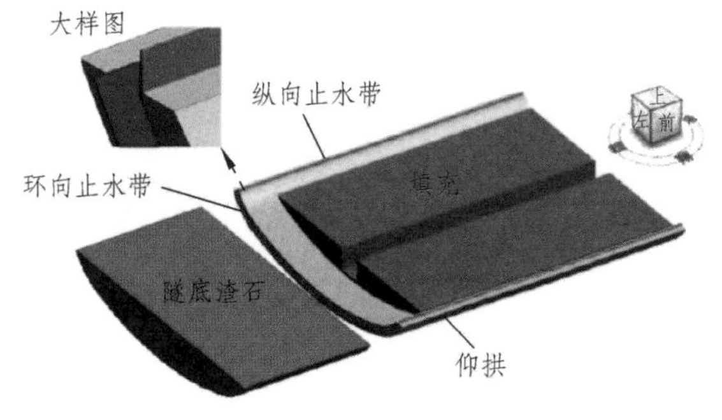

（b）三维模型

图 7-49 止水带模型

利用 BIM 虚拟仿真技术，进行结构节点施工工法的三维展示，使结构设计和施工方案变得更加直观，方便施工作业人员的理解运用。通过 Autodesk Revit 软件创建施工 BIM 模型，并定义构件“阶段化”施工顺序，将模型导入 Autodesk Navisworks 软件，搭建虚拟仿真环境，以展现模型的施工工法，进行可视化交底。

3）工程量动态核算

在施工过程中，根据二维图纸计算工程量不仅浪费了大量的人力物力，且精度不高，而 BIM 数字信息模型具有精准的三维体量，结合施工进度，可以快速获取阶段工程量。其具体方法是：

（1）用 Revit 建立分部分项工程 BIM 模型，赋予模型构件的体量、施工阶段属性信息。

（2）根据实际施工状态，统计当前施工阶段的分部分项模型体量明细表。

（3）参照工程量计算量纲公式规则，由模型体量生成分部分项工程量。例如，图 7-50 是型隧道开挖步模型，其中初期支护、仰拱及仰拱填充轴向长度是 6 m，拱墙轴向长度是 12 m。表 7-3 是 Revit 自动统计出的模型构件体量，按照工程量量纲公式规则，最终得到开挖步的工程量（见表 7- 4 ）经比对，模型输出的工程量与二维施工图工程量清单一致（见图 7-50 ~ 图 7-52）。

表 7-3　模型构件体量

类　别	类　型	材　质	体积/m^3	合　计
超前小导管	Ⅳb	ϕ42 钢管	0.17	1
喷射混凝土	Ⅳb	C25 混凝土	55.92	1
中空锚杆	Ⅳb	ϕ25 钢管	0.04	3
砂浆锚杆	Ⅳb	ϕ22 钢筋	0.02	3
钢筋网	Ⅳb	ϕ8 钢筋	0.05	1
型钢刚架	Ⅳb	I18 型钢	0.1	6
仰　拱	Ⅳb	C35 钢筋混凝土	41.23	1
拱　墙	Ⅳb	C35 钢筋混凝土	143.47	1
仰拱填充	Ⅳb	C20 混凝土	45	1

表 7-4　模型工程量统计

构件类别	构件类型	数　量	材　料	备　注
超前支护	超前小导管/m	402.00	ϕ42 钢管	除二次衬砌（包括仰拱和拱墙）为 12 m 外，其他构件均为 6 m 内布置
	喷射混凝土/m^3	55.92	C25 混凝土	
	中空锚杆/m	303.00	ϕ25 钢管	
初期支护	砂浆锚杆/m	158.00	ϕ22 钢筋	
	钢筋网/t	0.39	ϕ8 钢筋	
	型钢刚架/t	4.71	I18 型钢	
二次衬砌	仰拱/m^3	41.23	C35 钢筋混凝土	
	拱墙/m^3	143.47	C35 钢筋混凝土	
仰拱填充/m^3		45.00	C20 混凝土	

图 7-50　三台阶七步开挖模拟

图 7-51　桥台进洞段 CD 法开挖模拟

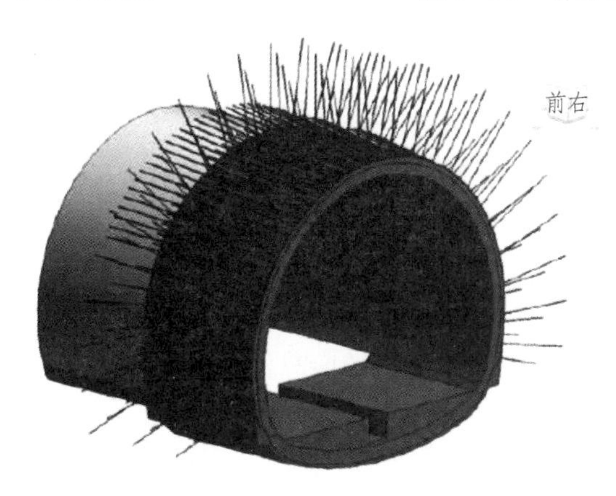

图 7-52　b 型复合式衬砌隧道模型

3．结论与讨论

（1）目前，BIM 技术在隧道工程中的应用尚处于探索阶段。按照工程结构化的构件命名规则，以及工序管理的精度要求，利用面向工程实体对象的三维建模方法，创建了铁路矿山法隧道复合式衬砌施工 BIM 模型，可辅助隧道工程施工组织 3D 可视化设计和 4D 虚拟施工管理。

（2）利用 BIM 可视化虚拟仿真技术，建立了隧道施工技术方案的 3D 模型可视化设计与交底、施工方案的 4D 模型虚拟施工推演与优化，以及自动核算阶段工程量的方法和流程，可为隧道工程 BIM 技术的实践和推广提供应用参考。

>> 7.3.4　BIM 技术在轨道交通中的应用（见图 7-53）

图 7-53　站内效果图

以上海轨道交通 12 号线曲阜路站项目为例。

1．项目概况

上海市地铁 12 号线曲阜路站位于与西藏北路相交的曲阜路下，车站东北侧为在建的新梅太古城一期工程，西北侧为蒙古小区，车站西南侧为已建上海蔬菜拍卖有限公司，东南侧为待开发用地，车站跨西藏北路与 8 号线曲阜路站十字相交。车站总长 288.4 m，标准段净宽 20.5 m，岛式站台宽 12.5 m。高峰小时设计客流为 7 062 人/h，车站总建筑面积 18 776.2 m^2。

2．BIM 技术融入轨道交通建设概述

目前，轨道交通行业设计、建设、运营的分离现状及采用传统二维设计带来的信息量限制及建设过程信息的缺失，给轨道交通项目建成后的运营维护管理带来了巨大的挑战。BIM 技术的应用可以有效地解决信息记录、传承问题。BIM 通过在设计阶段建立项目的三维建筑模型，继而录入建设过程中项目的土建、机电设备等相关信息，打造一个融设计、建设、运营等项目全生命周期的数字化、可视化、一体化系统信息管理平台，真正实现运营维护的信息化。

3．BIM 技术在设计阶段的应用

在设计阶段，BIM 技术充分发挥了其优势，为协同设计提供底层支撑，充分发挥 Autodesk Revit 软件在协同设计方面的作用，使分布在不同地理位置的不同专业的设计人员通过网络的协同展开设计。设计人员、审核人员等在任何时间段都可通过不同权限从模型上直接获得相关信息，如专业视图、设计进度、设计质量等信息。此外，借助 BIM 的技术优势，协同的范畴也从单纯的设计阶段扩展到建筑全生命周期。

在设计阶段中后期，利用 Autodesk Navisworks 软件对模型进行管线碰撞检查、大型设备后期安装以及维护路径的设计研究，从而优化净空、优化管线排布方案、优化工程设计，减少在建筑施工阶段可能存在的错误损失和返工的可能性。在设计阶段利用 BIM 技术解决施工阶段常见问题，如消除管线碰撞，进行施工交底、施工模拟等，从而提高施工质量（见图 7-54 ~ 图 7-57）。

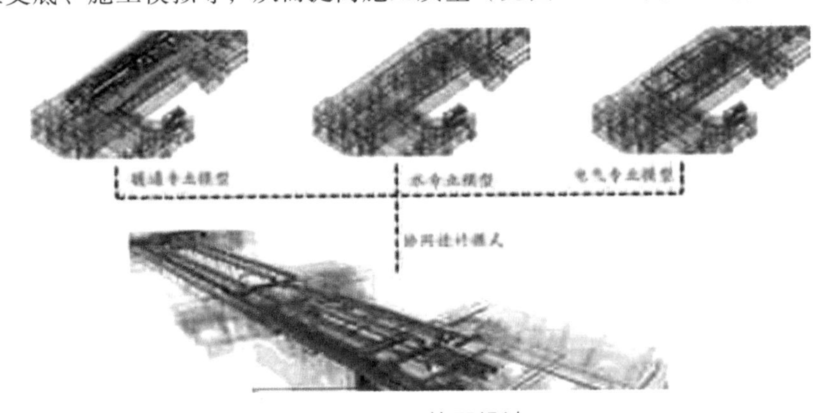

图 7-54　协同设计

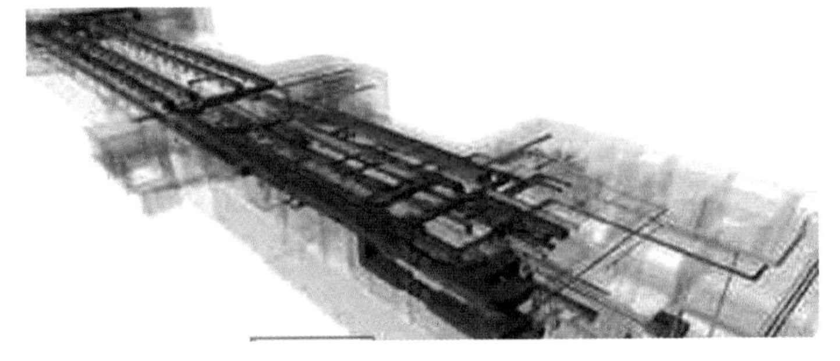

图 7-55　综合管线

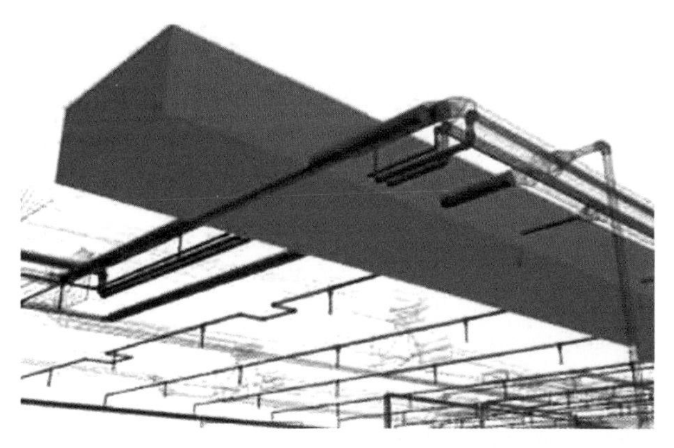

图 7-56 碰撞问题清单

图 7-57 运输路径碰撞检查

4．BIM 技术在建设阶段的应用

在建设阶段，利用设计阶段 BIM 模型，加上时间属性，在虚拟环境中进行道路翻交及管线搬迁模拟，以四维的直观方式对施工重点、难点加深理解，从而优化施工方案。

在项目管理平台上，协调组织项目中的各参与方、运营单位进行运营条件检查并制定竣工 BIM 模型标准；设备供应商进行产品信息录入和设备运维参数录入，以及制定设备参数数据标准、提供数据录入接口；监测单位对监测数据进行整合并且提供远程三维可视化监测数据访问平台；监理单位负责检验记录和提供检验管理平台；施工单位负责管片质量跟踪管理（RFID）和进度计划管理，此外还包括制定芯片选用标准和提供 4D 进度监控平台；设计单位负责设计变更管理和提供设计变更管理平台。项目各参与方通过组织协调，极大地提高了建设进度和建设效果（见图 7-58）。

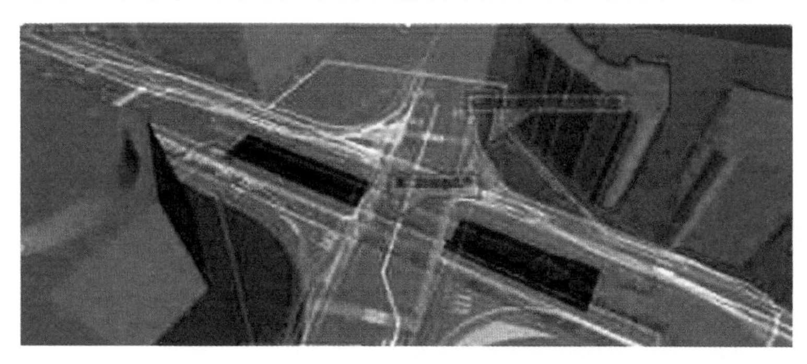

图 7-58 上海轨道交通 12 号线曲阜路站

5．BIM 技术在运维阶段的应用

在轨道交通项目中，上海市地下空间设计研究总院有限公司建立了基于 BIM 的轨道交通设施资产及运营维护管理系统。该系统利用整合后的 BIM 模型信息，将设施资产管理与设备运维管理集成到三维可视化平台上，并结合物联网技术，使用自主开发的手持设备及芯片，进行现场管理。

其功能主要为设施资产管理、设备运维管理、应急预案管理等。其优势在于：基于数据库的管理系统，调用的是逻辑关联的信息，如设施三维模型与设施使用手册、运行参数、保养周期等关联，消除查阅纸质文件的不便；运维工单与维修人员和备品备件库存管理联动；应急工单与应急人员和物资联动，提高运营可靠性和应急处理能力。

6．BIM 技术实施总述

首先是轨道交通工程全生命周期 BIM 应用信息管理平台的应用。利用数字化技术为这个信息管理平台提供了完整的、与实际情况一致的轨道交通工程信息库，该信息库不仅包含描述建筑物构件的几何信息、专业属性及状态信息，还包含了非构件对象（如空间、运动行为）的信息。借助这个富含建筑工程信息的信息管理平台，轨道交通工程的信息集成化程度大大提高。另外，在应用纵深方向，轨道交通 BIM 应用信息管理平台贯穿于工程的整个生命周期，对于该轨道交通的设计、建设和运维的效果及效率的提高都起到了巨大的作用。

其次是 BIM 应用、运营的总集成服务，依托 Autodesk Revit 软件，集合 BIM 应用中的常用软件，不断提高传递的信息数量和质量以及传递的任务跨度，充分利用由前置任务传递过来的信息，从而完善集成的 BIM 应用，极大地提高了工作效率。此外，项目组还对设计、建设、运维等各阶段进行 BIM 实施方案研究，编制 BIM 实施技术标准、BIM 实施数据标准、BIM 软件数据接口标准；基于 Autodesk Revit 系列软件进行二次开发，对设计、建设、运营各阶段和全过程进行 BIM 运行维护技术支持；另外，基于目前的项目人员配备，对所有参建单位进行 BIM 应用基础培训，加深了 BIM 技术在上海轨道交通 12 号线中的应用和其作用的发挥。

7.4 BIM 与水利水电工程

>> 7.4.1 水利水电工程的概念

水是人类赖以生存的基本要素，电力是社会发展的主要能源。水利水电工程学科是在水的自然特性研究之基础上，以工程或非工程措施调控和利用水能资源的工程科学。

水利水电工程专业着重培养从事大中型水利水电枢纽及其建筑物（包括大坝、水电站厂房、闸和进水、引水、泄水建筑物等），以及工业用水工建筑物的规划、设计、施工、管理和科研方面的高级工程技术人才，学习与研究方向包括水文水资源、水环境、水工结构、水力学及流体动力学、工程管理等，发展趋势是与信息技术、可靠度理论、管理科学等新兴学科的交叉与融合。

>> 7.4.2 BIM 在水利水电工程中各方的优势

引申阅读十九：BIM 在水利水电工程中各方的优势

1．BIM 协同设计

BIM 设计的核心及精华在于信息的全面性和专业的协同，在设计过程中可将 AutoCAD Civil 3D、Autodesk Revit、Autodesk Inventor、AIM 等设计数据文件进行互联共享，集中分级管理控制，各专业可以高效地实现专业架构和设计，极大提高设计效率。

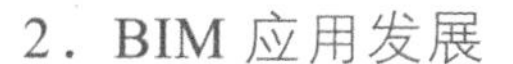

2．BIM 应用发展

（1）设计理念的转变及提升。BIM 能实现整个工程面貌的全面信息化及可视化，实现多专业、多方案的协同布置设计，各专业的最新设计成果可以实时反映在同一 BIM 模型上，相互关系在三维模型上一目了然，可避免不必要的设计干扰与信息阻隔问题。

（2）设计效率及质量的飞跃。通过系统的组织规划，BIM 设计理念的实践可以实现多专业协同设计与出图，实现基于 BIM 模型的工程量精确统计以及设计模型智能冲突检测，而且在模型信息化功能的辅助下可以使设计人员从容应对设计变更，从而可以大大提高设计效率和设计质量。

（3）高效直观的设计表达形式。BIM 设计平台的应用发展，特别是 AIM 的推出，可以让设计人员轻松地实现设计意图的概念化表达及应用，实现多方案虚拟互动漫游及展示。

3．未来展望　案例简介——不断提升设计理念

随着设计理念和技术的发展，昆明院一直在追求更高效的设计方式，BIM 作为一种新型的生产组织方式，是管理思想与技术的有机组合，BIM 强调建筑项目整体的全面信息化，强调信息模型和管理流程在建筑全生命周期中的应用。在黄登水电站工程设计应用上，昆明院的项目团队使用了欧特克公司的各种 BIM 设计主流软件，在不同阶段开展相应的设计工作，高质量地完成了设计任务。

通过欧特克公司的系列 BIM 软件设计平台的应用，给昆明院的设计理念和质量都带来了极大的提升，同时在 BIM 技术的支撑下，各个阶段的设计流程与工作模式等数据也得到了积累和继承，为后续项目的设计提供了宝贵的经验。

基于 BIM 技术的设计软件，在水利工程中建立设计、施工、造价人员的协同工作平台，为下游各专业提供含有 BIM 信息的布置条件图，增加专业沟通，实现了工程信息的紧密连接（见图 7-59）。

图 7-59

>> 7.4.3　BIM 在水电工程施工总布置设计中的应用

BIM 是一个设施（建设项目）物理和功能特性的数字表达，是一个共享的知识资源，是一个分享有关这个设施的信息，为该设施从建设到拆除的全生命周期中的所有决策提供可靠依据的过程；在项目的不同阶段，不同利益相关方通过在 BIM 中插入、提取、更新和修改信息，以支持和反映其各自职责的协同作业。

1．总体规划

AutoCAD Civil 3D 强大的地形处理功能，可帮助实现工程三维枢纽方案布置以及立体施工规划，

结合 AIM 快速直观的建模和分析功能，则可轻松、快速帮助布设施工场地规划，有效传递设计意图，并进行多方案比选。

2．枢纽布置建模

枢纽布置、厂房机电等需由水工、机电、金属结构等专业按照相关规定建立基本模型，与施工总布置进行联合布置。

1）基础开挖处理

结合 AutoCAD Civil 3D 建立的三角网数字地面模型，在坝基开挖中建立开挖设计曲面，可帮助生成准确施工图和工程量。

2）土建结构水工专业

利用 Autodesk Revit Architecture 进行大坝及厂房三维体型建模，实现坝体参数化设计，协同施工组织实现总体方案布置。

3）机电及金属结构

机电及金属结构专业在土建 BIM 模型的基础上，利用 Autodesk Revit MEP 和 Autodesk Revit Architecture 同时进行设计工作，完成各自专业的设计，在三维施工总布置中则可以起到细化应用的目的。

3．施工导流

导流建筑物如围堰、导流隧洞及闸阀设施等和相关布置由导截流专业按照规定进行三维建模设计，AutoCAD Civil 3D 帮助建立准确的导流设计方案，AIM 利用 AutoCAD Civil 3D 数据进行可视化布置设计，可实现数据关联与信息管理。

4．场内交通

在 AutoCAD Civil 3D 强大的地形处理能力以及道路、边坡等设计功能的支撑下，通过装配模型可快速动态生成道路挖填曲面，可准确计算道路工程量，通过 AIM 可进行概念化直观表达。

5．渣场与料场布置

在 AutoCAD Civil 3D 中，以数字地面模型为参照，可快速实现渣场、料场三维设计，并准确计算工程量，且通过 AIM 实现直观表达及智能信息管理。

6．施工工厂

施工工厂模型包含场地模型和工厂三维模型，Autodesk Inventor 帮助参数化定义造型复杂的施工机械设备，联合 AutoCAD Civil 3D 可实现准确的施工设施部署，AIM 则帮助三维布置与信息表达。

7．营地布置

施工营地布置主要包含营地场地模型和营地建筑模型，其中营地建筑模型可通过 AutoCAD Civil 3D 进行二维规划，然后导入 AIM 进行三维信息化和可视化建模，可快速实现施工生产区、生活区等的布置，有效传递设计意图。

8．施工总布置设计集成

BIM 信息化建模过程中将设计信息与设计文件进行同步关联，可实现整体设计模型的碰撞检查、综合校审、漫游浏览与动画输出。其中，AIM 将信息化与可视化进行完美整合，不仅提高了设计效率和设计质量，而且大大减少了不同专业之间协同和交流的成本。

9．施工总布置面貌

在进行施工总布置三位一体信息化设计中，通过 BIM 模型的信息化集成，可实现工程整体模型的全面信息化和可视化，而且通过 AIM 的漫游功能可从坝体到整个施工区，快速全面了解项目建设的整体和细部面貌，并可输出高清效果展示图片及漫游制作视频文件。

>> 7.4.4 BIM 技术在水利工程造价中的应用

水利工程牵扯面广，投资大，专业性强，建筑结构形式复杂多样，尤其是水库、水电站、泵站工程，水工结构复杂、机电设备多、管线密集，传统的二维图纸设计方法，无法直观地从图纸上展示设计的实际效果，造成各专业之间打架碰撞，导致设计变更、工程量漏记或重计、投资浪费等现象出现（见图 7-60）。

图 7-60

采用基于 BIM 技术的三维设计和协同设计技术为有效地解决上述问题提供了机遇。通过基于 BIM 技术的设计软件，建立设计、施工、造价人员的协同工作平台，设计人员可以在不改变原来设计习惯的情况下，通过二维方法绘图，自动生成三维建筑模型，并为下游各专业提供含有 BIM 信息的布置条件图，增加专业沟通，实现了工程信息的紧密连接。

由于水利工程造价具有大额性、个别性、动态性、层次性、兼容性的特点，BIM 技术在水利建设项目造价管理信息化方面有着传统技术不可比拟的优势：

一是大大提高了造价工作的效率和准确性，通过 BIM 技术建立三维模型自动识别各类构件，快速抽调计算工程量，及时捕捉动态变化的结构设计，提高清单计价工作的准确性。

二是利用 BIM 技术的模型碰撞检查工具优化方案、消除工艺管线冲突，造价工程师可以与设计人员协同工作，从造价控制的角度对工艺和方案进行比选优化，可有效控制设计变更，降低工程投资。

BIM 技术的出现，使工程造价管理与信息技术高度融合，必将引发工程造价的一次革命性变革。目前，国内部分水利水电勘测设计单位已引进三维设计平台，并利用 BIM 技术实现了协同设计，在提高水利工程造价的准确性和及时性方面进行了有益探索。

>> 7.4.5 BIM 在水利建设中应用实例

1．南水北调中线工程

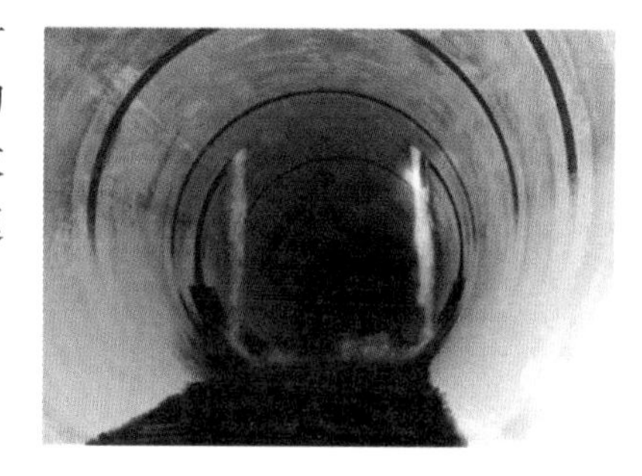

图 7-61

在南水北调工程中，长江勘测规划设计研究院（简称长江设计院）将建筑信息模型 BIM 的理念引入其承建的南水北调中线工程的勘察设计工作中，并且由于 AutoCAD Civil 3D 良好的标准化、一致性和协调性，最终确定该软件为最佳解决方案。利用 Civil 3D 快速地完成勘察测绘、土方开挖、场地规划和道路建设等的三维建模、设计和分析等工作，提高设计效率，简化设计流程（见图 7-61）。

其三维可视化模型细节精确，使工程三维里立围观一目了然。基于 BIM 理念的解决方案帮助南水北调项目的工程师和施工人员，在真正的施工之前，以数字化的方式看到施工过程，甚至整个使用周期中的各个阶段。该解决方案在项目各参与方之间实现信息共享，从而有效避免了可能产生的设计与施工、结构与材料之间的矛盾，避免了人力、资本和资源等不必要的浪费。

2．云南金沙江阿海水电站

中国水电顾问集团昆明勘测设计研究院在水电设计中也引入了 BIM 的概念。在云南金沙江阿海水电站的设计过程中，其水工专业部分利用 Autodesk Revit Architecture 完成大坝及厂房的三维形体建模；利用 Autodesk Revit MEP 软件平台，机电专业（包括水力机械、通风、电气一次、电气二次、金属结构等）建立了完备的机电设备三维族库，最终完成整个水电站的 BIM 设计工作。BIM 设计同时提供了多种高质量的施工设计产品，如工程施工图、PDF 三维模型等。最后利用 Autodesk Navisworks 软件平台制作漫游视频文件（见图 7-62）。

图 7-62

第八章　BIM与相关技术

8.1　BIM与GIS

引申阅读二十：GIS的发展历史

>> 8.1.1　GIS的概述

GIS：地理信息系统(Geographic Information System或Geo-Information System，GIS)，有时又称为“地学信息系统”。它是一种特定的十分重要的空间信息系统。它是在计算机硬、软件系统支持下，对整个或部分地球表层（包括大气层）空间中的有关地理分布数据进行采集、储存、管理、运算、分析、显示和描述的技术系统。

>> 8.1.2　GIS技术主要特点

GIS地理信息是空间属性和描述属性的结合体。GIS地理信息的素图性、信息源性、无比例性等构成了地理信息系统的基本特性。

GIS的组成：

从系统论和应用的角度出发，地理信息系统被分为四个子系统，即计算机硬件和系统软件、数据库系统、数据库管理系统、应用人员和组织机构。

（1）计算机硬件和系统软件：这是开发、应用地理信息系统的基础。其中，硬件主要包括计算机、打印机、绘图仪、数字化仪、扫描仪，系统软件主要指操作系统。

（2）数据库系统：系统的功能是完成对数据的存储，它又包括几何（图形）数据和属性数据库。几何和属性数据库也可以合二为一，即属性数据存在于几何数据中。

（3）数据库管理系统：这是地理信息系统的核心。通过数据库管理系统，可以完成对地理数据的输入、处理、管理、分析和输出。

（4）应用人员和组织机构：专业人员，特别是那些复合人才（既懂专业又熟悉地理信息系统）是地理信息系统成功应用的关键，而强有力的组织是系统运行的保障。

从数据处理的角度出发，地理信息系统又被分为数据输入子系统、数据存储与检索子系统、数据分析和处理子系统、数据输出子系统。

（1）数据输入子系统：负责数据的采集、预处理和数据的转换。

（2）数据存储与检索子系统：负责组织和管理数据库中的数据，以便于数据查询、更新与编辑处理。

（3）数据分析与处理子系统：负责对数据库中的数据进行计算和分析、处理，如面积计算、储量计算、体积计算、缓冲区分析、空间叠置分析等。

（4）数据输出子系统：以表格、图形、图像方式将数据库中的内容和计算、分析结果输出到显示器、绘图纸或透明胶片上。

利用三维GIS的空间分析功能，建立城市轨交沿线的地形、地质、经济、交通、建（构）筑物等数学模型，形成各类专用地图，逼真地体现轨交线路外轮廓与周边建（构）筑物的间关系，在满足安全边界的前提下，对线路的所有比选方案进行比对分析，检验其能否充分发挥轨交建设所带来的开发潜力和社会效益及经济效益。

>> 8.1.3 GIS 与 BIM 结合的未来发展方向

1．地形沉降变形跟踪

利用三维激光扫描仪和激光测距的原理，将周围地形地貌数据录入到我们的计算机中进行保存。当我们在某地进行相关项目建设时，即可调出我们需要的地形数据，通过地形数据来了解项目所处地区历年来的地形变化，让项目的决策者决定是否进行项目的建设。同理，国土局也可以利用此项技术，对本地的地形进行测绘，对本地的规划设计等提供一个参考。

2．数字交通系统发展

由于 GIS 的整体性功能作用，对于覆盖整个城市的轨交网络中大量的空间信息（如各站的地理位置、轨道线路、风水机电设备、通信信号设备、触网及牵降变设备等各专业相关设备的数量、类别、地理位置分布等），我们均可掌握其静态和动态属性，监控各设备的安全运行状态，有效管理带有地理信息的复杂数据，制定出路网中基于不同线路、区域和种类设备的作业标准，为轨交运营维护的辅助决策提供具有空间信息功能的依据。

3．数字地球的发展

通过 BIM 相关的技术，建立起一个计算机模拟三维空间，录入我们所需要的构造物、设备等方面的数据信息，建立起一个与现实地球相互平行的数字地球，然后将现实世界的一些时事与这个信息平台进行交互，达到方便我们生活的一个作用。

>> 8.1.4 当前我们结合 GIS 在设计阶段的利用

1．录入场地自然条件

地形条件：运用地形图、等高线图和相应的地形数据进行系统的说明，并且有一套严密清晰的表达语言。

气候条件：包括场地风象（风向、风速、气流图等）、日照（日照时数、日照百分率、太阳方位角等）、气温、降水。

地质条件：地形地貌、地质构造、水文地质、地震状况。

2．地形条件分析模拟

采用 AutoCAD Civil 3D 与 GIS 的结合，快速调用场地周边城市环境，并通过直观的可视化形式协助设计团队理解规划意图。根据生成三维地形基础数据进行场地环境分析；通过对环境的模拟分析，再加上设计理念，自然生成适应于场地环境的建筑形体。

3．建筑光环境分析模拟

Radiance 光模拟软件系统采用了蒙特卡洛算法优化的反向光线追踪引擎。作为专业的天然建筑采光模拟和分析软件，它通过建立较准确的适合模拟室内采光的数字模型，设置大量的不同模拟参数，可以达到辅助设计或研究的目的。Ecotect Analysis是一种建筑物理模拟工具，分析范围很广，从太阳辐射、日照、遮阳、采光、照明到热工、室内声场、室内外风场等都可以进行模拟，涵盖了热环境、风环境、光环境、声环境、日照、经济性及环境影响与可视度等建筑物理环境的 7 个方面。Ecotect Analysis 具有友好的三维建筑设计界面，并提供了用途广泛的性能分析和模拟功能。同时，它的模型可以存成多种主要的专业分析软件格式，以便输出进行精确的模拟分析。

4．场地风象分析模拟

计算流体力学（Computing Fluid Dynamic，CFD）中的有限容积法（Finite Volume Method），可以对建筑内外空间的温度场、空气流场以及水蒸气的分布进行模拟，因此它不仅可以对建筑能耗进行模拟，还可以对建筑的舒适度、采暖、通风、制冷设备的容量及效率、气流状态等参量作出综合的评估。

>> 8.1.5 BIM与GIS的数据交换

BIM主要用于建筑内部的信息管理和三维可视化管理，BIM模型能够在前期设计、建筑施工、运营等建筑全生命周期过程中通过模型的统一化、标准化，对各个专业进行协同，达到消除以往各专业各自为政的情况，并且统一的BIM模型和标准能将整个建筑建设过程完整记录，信息集中管理，这对于后期建筑资料管理和存档有极大的好处。另外，BIM模型能对后期建筑智能化运营和智能建筑提供最基本的模型平台。GIS管理区域空间，或者说管理宏观空间。可以这样理解，BIM是管理城市建筑物微观的个体，GIS管理宏观，包括土地、城市基础设施、交通设施、绿化等，当然也包括建筑，对建筑的管理往往是以体量的方式存在，更多的信息则是电子二维图纸。总之，GIS管理建筑外的信息，BIM管理建筑内的信息。IFC标准数据文件有很好的平台无关性，它作为一种中性的数据文件具有良好的自描述能力，不会因为相关软件系统的废弃而造成信息流失。现在越来越多的BIM软件宣布支持IFC标准，提供IFC标准的数据交换接口。这些软件的不同BIM模型信息可以转换为IFC标准数据文件，这样形成同一数据模型的建筑产品，以IFC标准格式的数据流通。CityGML（City Geography Markup Language，城市地理标记语言）是一种用来表示和传输城市三维对象的通用信息模型，它是最新的城市建模开放标准。该标准源自地理研究领域（GIS），用来存储和交换虚拟城市三维模型。它对道路、建筑、水域、植被、绿地等的描述进行了定义。但该标准对建筑的细节描述十分有限（远远不及 IFC 的详细程度）。因此，需要在CityGML中兼容IFC提供的准确、详细的细节数据。为此，在2009年，CityGML的新扩展——GeoBIM作为标准开始实行。通过它，IFC的数据就可以进入CityGML中。

>> 8.1.6 BIM与GIS的结合在公共设施中的应用

从卫星遥感—地理信息—信息城市—智慧城市，一步一个脚印地一路走来，3DGIS的出现，宏观管理、分析模式，奠定了开展智慧城市建设的坚实基础，但如果有一天我们能够共享公共服务信息，利用公共设施建筑信息，创新发展城市的教育、就业、社保、养老、医疗和文化的服务模式，“智慧城市”才会真的到来。BIM，附着了建筑物的全部信息，Skyline作为三维GIS领域第一平台，以其强大的功能，可不受限制地打开浏览BIM模型，两者的结合将实现城市彻底的数字化，为“有始无终”的智慧城市的建设奠定可持续发展的基础。

公共大型服务设施建筑一般分布广泛，建筑物庞大，结构复杂，BIM软件对模型的承载量本身有限，Skyline（一款三维 GIS 平台）作为第三方独立平台，可以不受任何限制地打开、调用管理不同BIM软件创建的模型，进行无缝大场景浏览，并且不丢失模型的属性信息。结合Skyline的管理模式和BIM的全面息性，我们可对学校、医院、商场这样大型的建筑，从预期施工阶段到施工阶段进行全面管理，并对施工中涉及的任何资产都能够进行有效的管理，比如医疗设备的变更、搬迁记录，商场中电梯的抢修记录、管理人员变动等，这样周到的管理能够帮助我们在提供公共设施的服务能力，提高工作效率，降低运营成本（见图 8-1）。

图 8-1

现在移动设备越来越普遍，手机里的各种 APP 应用让路痴们总算不至于在城里迷路饿死，但是有一些路痴却迷路迷到建筑物里面了。公共设施建筑内部结构越来越复杂，尤其是商场、医院，就算不是路痴的人想一下子搞清楚东南西北也有点困难。然而现在的室内导航图一般都是二维电子图，甚至只是示意图，用起来不是很直观方便，BIM 与 Skyline 结合，似乎让问题得到了解决。Skyline 作为一款非常成熟的三维 GIS 平台，已经支持物联网数据的接入，结合 BIM 建筑特点，可以轻松做到模拟真实情景定位，应用方面当然也很广，比如地下停车场内寻找车位、医院内寻找科室、商场内寻找品牌店等。

8.2 BIM 与 VDC

>> 8.2.1 VDC 的概述

VDC（Virtual Design and Construction）中文翻译叫作虚拟设计和施工。

VDC 选取了项目建设过程中的三个核心来建立 VDC 项目模型。

1. 产 品

产品就是项目需要建设的东西，也就是工程项目的结果，例如完工的房子、公路、桥梁等。

2. 项目组织

项目组织是指有建设意图、项目设计、项目施工、项目运营过程中的一批人，至少要包括业主、设计方、施工方和用户方这四个方面。

3. 流 程

组织人员遵守工程规范来完成我们需要的工程产品的过程，称之为项目流程。因此，VDC 模型又被称为 POP[Woomoo 推出了一款名为 POP（Prototyping on Paper）的 iPhone 应用，用户只需在纸上简单地描绘出创意或想法，拍下几张草图照片，将拍下的照片顺序放置，利用链接点描摹出各张图片之间的逻辑关系，就可轻松创建一个动态模型，点击播放就可以演示整个模型了。]。三者之间是相互联系、相互集成且动态关联的。如果我们在项目的实际运行过程中发生一个微小的改动，那么改动的数据将影响到整个 VDC 的其他项。

4．工作原理

项目组织按照流程来制造我们的项目产品。其多方约束情况就是让整个工程施工有更好的工程质量、更短的工程工期、更低的工程投资来实现我们工程项目产品的所需求功能。而实现这个目标是在动态管理的情况下，四方之间的关系相互协调，最终取得最佳方案进行项目实施。道理其实很简单，就是在一个动态关联的工作模式下，不管哪个产品部位发生变化，相应的项目组织和流程也发生变化，来适应产品的变化，以取得项目的最佳性价比。

传统的实施方法，上述三者之间都是独立运营的，不发生动态关联，那么也就增加了工程项目在变更时，更加的费事、费力，降低了项目实施的效率，延长工期，因而也就增加了工程投资。

>> 8.2.2 VDC 组成子项的三要素

VDC 每一个子项中的内容往往都采用功能、形式、表现三个要素进行表达和分析。

1．功 能

工程项目在实施过程中必须满足业主或者其他利益相关方的要求。

2．形 式

VDC 的形式是为满足上述施工功能所进行的选择和决策，例如，一个特定空间的选择，一个设计、施工和施工计划之间的合同关系选择等。

3．表 现

VDC 的表现是指产品、组织和流程根据上述选择预测和实际观察到的性能表现。例如预测到的梁的挠度，承包商完成一个任务的实际工作时关键路径法计算的预计施工周期等。

>> 8.2.3 VDC 的三个应用层次

VDC 的应用层次又称为 VDC 的成熟度，代表 VDC 应用的深度和广度。

1．可视化

这是 VDC 应用的第一个层次，根据前面介绍的子项和要素方法建立起 3D 的产品模型，承担设计施工运营管理的组织模型，以及参与方实施项目所遵守的流程模型，项目参与方在这个模型上协同工作，根据计划表现和实际表现的比较对模型进行调整，这种保持各模型之间的一致性可能是由人工来实现的。

2．一体化

这是 VDC 应用的第二个层次，这个阶段的产品、组织、流程模型和分析计算软件之间的数据交换由软件来完成。

3．自动化

到了 VDC 应用的第三个层次以后，很多设计、施工任务可以由系统自动完成，传统的“设计—施工”或“设计—招标—施工”方法将逐步转变为“设计—预制—安装”方法，现场施工时间大大缩短。

>> 8.2.4 VDC 的三屏互动环境

项目的实施过程就是上述产品、组织、流程的互动、跟踪和改进过程，因此有效的 VDC 监控过程需要多屏电脑的同时显示，将不同的过程同时显示到我们的显示器上（见图 8-2）。

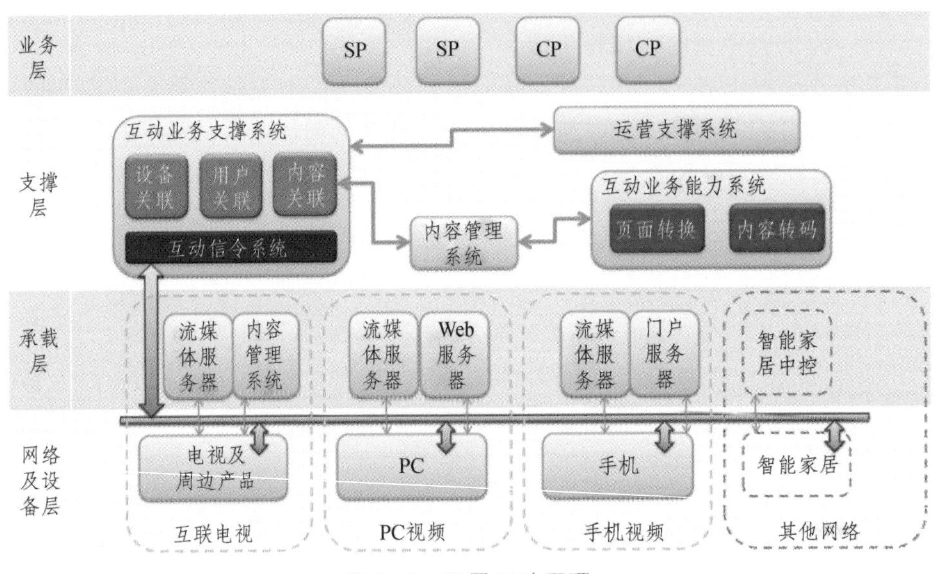

图 8-2　三屏互动原理

>> 8.2.5 BIM 与 VDC（见图 8-3）

图 8-3

如图 8-4 中的案例所示，BIM 模型已经演变为信息的载体，而不仅仅是为了 2D 出图。创建一个精度较高的 BIM 模型相当于创建了一个能够用于确定物料运输计划、算量和 3D 协调的数字虚拟建筑。从本质上来说，3D 模型已经颠覆了设计师的传统交付方式，并且这种 3D 的交付方式在施工阶段表现出比传统 2D 文档交付更多的优势。

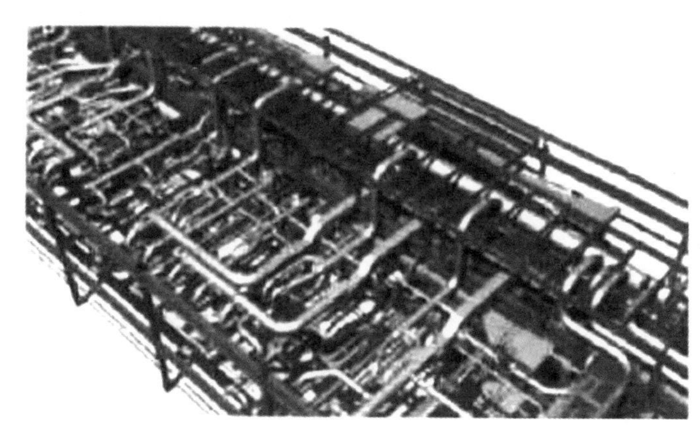

图 8-4 BIM 模型

实际上，BIM 技术的发展非常类似于学者所熟知的一种商业模式——颠覆式创新，这个理论是哈佛大学商学院 Christensen 教授在他的一本畅销书 *The Innovator's Dilemma*（《创新者的困境》）中提出的。依据该创新理论，颠覆式创新是一种在既定的流程和技术的基础上，融合了能力和预期，创造了新的价值链（市场）的模式创新。比如，2D CAD 技术只是简单的对绘图成果进行电子化。在 CAD 技术出现以前，设计师直接产生设计成果；CAD 技术之后，设计师的任务并没有多大改变，只是 CAD 技术使得该项工作更加灵活和高效。CAD 作为一种可持续的技术，仅仅只是改良了一个现存的市场格局（份额）。BIM 最开始也跟大多数新技术一样，是一种可持续发展的技术平台。大多数人认为，3D 技术只是 CAD 技术的增强版，即 3D 模型只是一种产生 2D 文档的更高效的方法。没过多久，人们的观念就发生了改变，即 BIM 技术创造了新的价值链：碰撞检测、算量、施工辅助、构件预制、能量分析。最终，BIM 模型已俨然成了一个建筑信息载体。对于承包商：BIM 成了 VDC。BIM 技术的快速发展在很大程度上归功于承包商对该新技术的接受和认知，在这方面，按照专业术语的说法，这是一次创造新市场的颠覆性创新。无论如何，承包商已经充分发挥了 BIM 的能量，并表现出了对该技术的足够热情，而专业设计师们却仅仅将 BIM 技术视为一种可持续发展的 3D 技术，没有及时觉察到它将给这个行业带来的新的发展机遇。行业内很多龙头设计企业已经意识到了 BIM 的颠覆式创新，意味着采用新的方式与有经验的承包商和业主方进行沟通合作。在笔者公司，现在设计团队与承包商采用 BIM 模型进行沟通和交付，这已经与以前的工作方式完全不一样了。对这次技术革新有积极意义的是，现在许多有经验的客户都在合同中明确要求设计方与承包商和业主采用 BIM 模型进行沟通和文件交付。比如，美国宾夕法尼亚州立大学已经制定了设计方和承包商之间进行 BIM 文件交付的、详细的、具有可实施性的指导文件。后来承包商逐渐意识到 BIM 模型所带来的价值，随之 BIM 技术在各公司也迅速推广开来。该项目表明，该 BIM 模型是有价值的（只是我们的认识还不够）。因此，不管是私营企业还是国有企业，都已经习惯了将 BIM 作为一种必需的文件交付方式。有时，我们也开始意识到预期已经不远，比如现在很多总承包商直接将 BIM 文件提供给子承包商来进行 3D 构件的现场预制和实时协调已经成为惯例。

研究和现实情况都充分表明，在项目的实施过程中，信息交流是影响项目总体目标的关键因素之一，信息交流的不便，导致项目在施工的工程中决策更改的时间变得更加迟缓。当集成数据的 BIM 模型应用于工程中时，我们往往会节约更多的时间在信息交流上，而且 3D 模型比二维图纸更容易理解，4D（施工模拟 = 三维模型 + 时间）模拟比甘特图更容易理解，提供 3D 的数据模型和流程模型供项目参与方迅速准确理解和决策是 VDC 有效实施的有力保障。因此我们把 BIM 与 VDC 的关系描述如下：

BIM 是 VDC 的一个组成部分。

BIM 数据模型就相当于 VDC 的产品模型。

BIM 数据模型 + 施工模拟就相当于 VDC 中的产品模型 + 流程模型。

VDC 发展趋势必然是跨物理 DC。在分布于各地的物理 DC 基础上，抽象出面向用户的 VDC 服务。

而用户甚至无须关注物理 DC 的分布，只需要按正常方式使用 VDC 资源，由 VDC 自身来保证服务的架构、性能、扩展性即可，如图 8-5 所示。

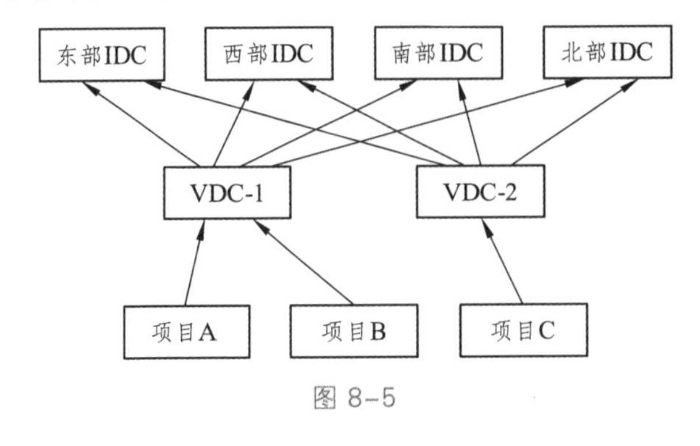

图 8-5

8.3 BIM 与 RFID

8.3.1 RFID 的概述

RFID（无线射频识别技术）英文为 Radio Frequency Identification，是一种通过无线射频方式进行非接触的双向数据通信的技术。其相关仪器的核心部件是读写器和电子标签，工作过程是通过读写器发射的无线电波，以获取电子标签内存储的信息，以此来识别电子标签所代表的物品、人和器具的身份。RFID 技术广泛应用于我们的日常生活中，例如超市的扫码器、门禁卡、上下班所有的打卡机等。射频识别系统的组成一般至少包括两个部分：电子标签，英文名称为 Tag；阅读器，英文名称为 Reader。

电子标签中一般保存有约定格式的电子数据，在实际应用中，电子标签附着在待识别物体的表面。阅读器又称为读出装置，可无接触地读取并识别电子标签中所保存的电子数据，从而达到自动识别物体的目的，以进一步通过计算机及计算机网络实现对物体识别信息的采集、处理及远程传送等管理功能。

>> 8.3.2 RFID 技术的优点

引申阅读二十一：RFID 标准

1．非接触式阅读

RFID 标签可以透过非金属材料阅读，RFID 阅读机能透过泥浆、污垢、油漆涂料、油污、木材、水泥、塑料、水和蒸汽阅读标签，而且不需要与标签直接接触，因此这使得它成为肮脏、潮湿环境下的理想选择。

1）数据存储容量大

RFID 标签的数据存储容量大，标签数据可更新，特别适合于储存大量物质数据或物品上所储存的数据需要经常改变的情况下使用。一维条码的容量是 50Bytes（50 字节，即计算机中 50 个英文字母所占的容量或者 25 个中文字所占容量），二维条码最大的容量可储存 2 ~ 3 000Bytes，RFID 最大的容量则有数百万字节。随着记忆载体的发展，数据容量也有不断扩大的趋势。未来物品所需要携带的资料会越来越大，对载体所能扩充容量的需求也相应地增加。

2）读写速度快

RFID 技术可识别高速运动物体并可同时识别多个标签，操作快捷方便，例如超市的商品扫描过程，识别速度非常快。

3）体积小、易封装

射频电子标签能隐藏在大多数材料或者产品内，同时可使被标记的货品更加美观。电子标签外形因此多样化，又由于其具有超薄及大小不一的外形，使之能封装在纸张、塑料制品上，使用非常方便。

4）无磨损，使用寿命长

由于无机械磨损，因而射频电子的标签使用寿命可以长达 10 年，读写次数达 10 万次之多。RFID 技术可以将所有的物品通过无线通信连接到网络上。这样我们就可以通过计算机网络管控我们的物品了。

5）动态实时通信

标签以每秒 50 ~ 100 次的频率与解读器进行通信，所以只要有 RFID 标签所附着的物体出现在解读器的有效识别范围内，就可以对其位置进行动态监控和追踪。

6）安全性能高

由于 RFID 承载的是电子式信息，其数据内容可经由密码保护，使其内容不易被伪造及变造，具有较高的安全性。由于这一特性，RFID 往往被企业用于企业管理中。

2．BIM 数据模型与 RFID 通信技术

那么，BIM 数据模型与 RFID 通信技术结合后会产生什么效果呢？由于 RFID 的技术特点，我们可以将 RFID 技术应用到装配式工程施工中。下面就以建筑工程中的一些施工作为例子。

RFID 技术在装配式建筑施工管理中应用不同于传统的建筑工程施工作业管理，装配式建筑的施工管理过程可以分为五个环节：制作、运输、入场、存储和吊装。能否及时准确地掌握施工过程中各种构件的制造、运输、到场等信息，很大程度上影响着整个工程的进度管理及施工工序，施工现场有效的构件信息，有利于现场的各构配件及部品体系的堆放，减少二次搬运。将 RFID 技术应用于装配式建筑施工全过程中，其应用环节及方法如图 8-6 所示。

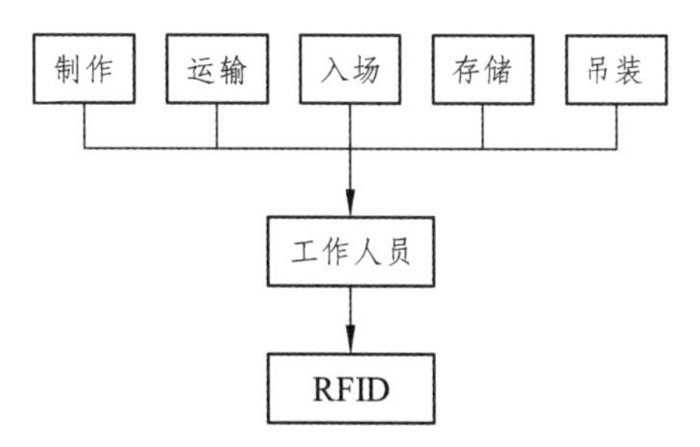

图 8-6　构件信息在 RFID 中的流转流程

（1）构件制作阶段。在构件预制阶段，首先，由预制场的预制人员利用读写设备，将构件或产品的所有信息（如预制柱的尺寸、养护信息等）写到 RFID 芯片中，根据用户需求和当前编码方法，同时借鉴工程合同清单的编码规则，对构件进行编码（见图 8-7）。然后由制作人员将写有构件所有信息的 RFID 芯片植入到构件或部品体系中，以供以后各阶段工作人员读取、查阅相关信息。

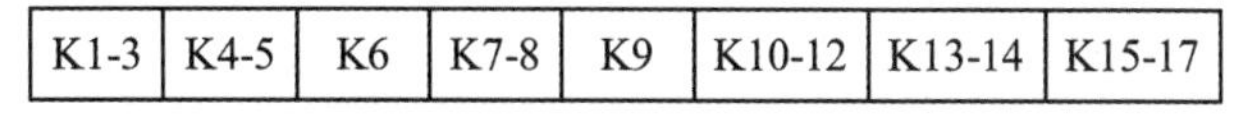

图 8-7　构件编码格式示意

K1-3：项目名称，用英文字母表示，不足三个字母的项目，前面用 0 补齐，如奥运项目表示为 0AY；K4-5：单位工程编码，采用 1～99 号数字编码，如奥运村第 9 号楼，表示为 09；K6：地上/地下工程，地下表示为 0，地上表示为 1；K7—8：楼层号，如地上 9 层表示为 09；K9：构件类型，如：柱（Column）-C，梁（Beam）-B，楼板（Floor）-F，……；K10-12：数量编码；K13-14：作业状态，该栏属于状态栏，随 RFID 采集信息的状态进行更新，如仓储阶段-CC，安装阶段-AZ，……；K15-17：扩充区。

（2）构件运输阶段。在构件运输阶段，主要是将 RFID 芯片植入到运输车辆上，随时收集车辆运输状况，寻求最短路程和最短时间线路，从而有效降低运输费用和加快工程进度。

（3）构配件入场及存储管理阶段。门禁系统中的读卡器接收到运输车辆入场信息后立即通知相关人员进行入场检验及现场验收，验收合格后按照规定运输到指定位置堆放，并将构配件的到场信息录入到 RFID 芯片中，以便日后查阅构配件到场信息及使用情况。

（4）构件吊装阶段。地面工作人员和施工机械操作人员各持阅读器和显示器，地面人员读取构件相关信息，其结果随即显示在显示器上，机械操作人员根据显示器上的信息按次序进行吊装，一步到位，省时省力。此外，利用 RFID 技术能够在小范围内实现精确定位的特性，可以快速定位、安排运输车辆，提高工作效率。

>> 8.3.3 BIM 和 RFID 在建筑工程施工过程管理中的集成应用

1．BIM 与 RFID 的结合对工程的影响

影响建设项目按时、按价、按质完成的因素，基本上分为两大类：一是由于设计规划过程没有考虑到施工现场问题（如管线碰撞、可施工性差、工序冲突等）导致现场窝工、怠工。二是施工现场的实际进度和计划进度不一致，而传统手工填写报告的方式，管理人员无法得到现场的实时信息，信息的准确度也无法验证，问题的发现解决不及时，进而影响整体效率。

BIM 与 RFID 的配合可以很好地解决这些问题。对第一类问题，在设计阶段，BIM 模型可以很好地对各专业工程师的设计方案进行协调，对方案的可实施性和施工进度进行模拟，解决施工碰撞等问题。对第二类问题，将 BIM 与 RFID 配合应用，使用 RFID 进行施工进度的信息采集工作，及时将信息传递给 BIM 模型，进而在 BIM 模型中表现实际和计划的偏差。如此，可以很好地解决施工管理的核心问题——实际跟踪和风险控制。

2．对装配式建筑的影响

装配式建筑是用预制的构件在工地装配而成的建筑。住房和城乡建设部《2011—2015 年建筑业、勘察设计咨询业技术发展纲要》中提出“推进结构预制装配化，建筑配件整体安装化，减少现场湿作业，逐渐提高住宅产业化、建筑工业化比重，……”

与传统的现浇建筑体系相比，这种建筑的优点是建造速度快，受气候条件制约小。因所有构件都是工厂制作，精度和质量好，节约劳动力并可提高建筑质量。多出的这个构件的生产制造阶段，也是 RFID 标签置入的阶段，因此生产制造阶段也要纳入装配式建筑寿命周期管理的范围内。BIM 与 RFID 在全寿命周期管理中应用的系统架构如图 8-8 所示。

现代信息管理系统中，BIM 与 RFID 分属两个系统——施工控制和材料监管。将 BIM 和 RFID 技术相结合，建立一个现代信息技术平台。即在 BIM 模型的数据库中添加两个属性——位置属性和进度属性，使我们在软件应用中得到构件在模型中的位置信息和进度信息。其具体应用如下：

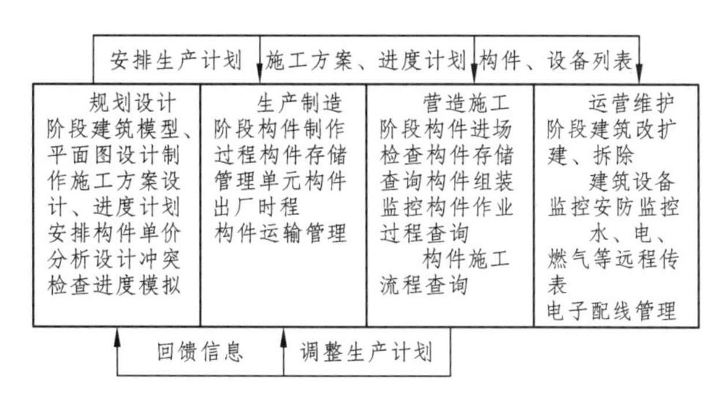

图 8-8　装配式建筑全寿命周期管理中 BIM 与 RFID 应用的系统架构

（1）构件制作、运输阶段。

以 BIM 模型建立的数据库作为数据基础，将 RFID 收集到的信息及时传递到基础数据库中，并通过定义好的位置属性和进度属性与模型相匹配。此外，通过 RFID 反馈的信息，精准预测构件是否能按计划进场，做出实际进度与计划进度对比分析，避免出现窝工或构配件的堆积，以及场地和资金占用等情况（见图 8-9）。

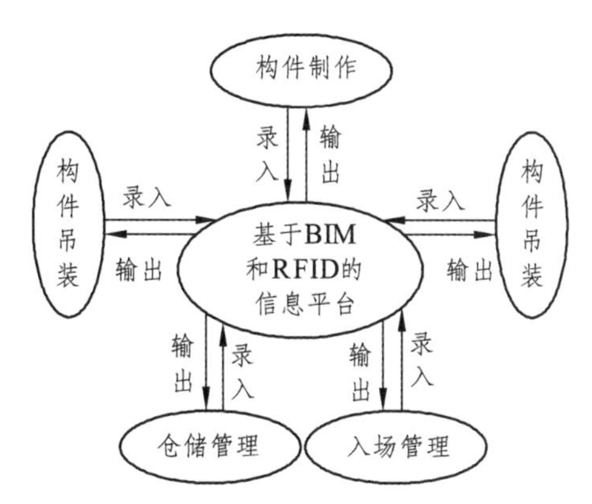

图 8-9　基于 BIM 和 RFID 的施工管理系统架构

（2）构件入场、现场管理阶段。

构件入场时，RFID Reader 读取到的构件信息传递到数据库中，并与 BIM 模型中的位置属性和进度属性相匹配，保证信息的准确性；同时通过 BIM 模型中定义的构件的位置属性，可以明确显示各构件所处区域位置，在构件或材料存放时，做到构配件点对点堆放，避免二次搬运。

（3）构件吊装阶段。

若只有 BIM 模型，单纯地靠人工输入吊装信息，不仅容易出错而且不利于信息的及时传递；若只有 RFID，只能在数据库中查看构件信息，通过二维图纸进行抽象的想象，通过个人的主观判断，其结果可能不尽相同。BIM-RFID 有利于信息的及时传递，从具体的三维视图中呈现及时的进度对比和二算对比。

>> 8.3.4　BIM 和 RFID 技术在装配式建筑施工中的困难

1．应用的困难

（1）相关技术标准不完善。

关于 BIM，国外相关的技术标准较为完善，国内则比较欠缺，到目前为止，由官方发布的仅有意见稿，一些地区发布了地方性的实施标准，其通用性不足，没有统一的实施方案。

（2）行业认可度低。

对于 BIM 和 RFID 等现代信息技术，国家大力支持，可行业内的认可度较低。设计院、施工单位等考虑自身利益，不愿意使用；业主是 BIM 和 RFID 技术的最大受益者，由于到目前为止还没有具体的收益数据，对未来收益的多少存在风险考虑，业主在现实的利益面前不愿意冒这种风险。

（3）信息不流通。

我国建筑业分设计、施工、运营维护等多个阶段，各阶段又分为设备安装等多个专业，各阶段各专业的利益主体不同，相互间的利益关系不一样，各利益主体间为了最大限度地保护自己的利益，不愿意将自己的信息共享，这在很大程度上阻碍了信息的流通。

2．应用的建议

引申阅读二十二：BIM 和 RFID 技术在装配式建筑施工中应用的建议

8.4 BIM 与 3D 打印技术

>> 8.4.1 3D 打印概念

3D 打印技术是由数据模型直接驱动的快速制造任意复杂形状三维实体的技术总称，也被称作“增材制造”或快速原型制造。

>> 8.4.2 3D 打印工作原理

3D 打印是将事先设计好的三维计算机模型离散为二维平面信息（类似将模型在一个方向无限切片，以形成无数的二维平面），然后才用数控加工并逐层堆积黏结，最后生成我们需要的实体模型。

>> 8.4.3 3D 打印的主要技术方法

引申阅读二十三：3D 打印的主要技术方法

>> 8.4.4 3D 打印在 BIM 领域的应用

1．建筑应用实例

2013 年 1 月，荷兰建筑师简加普·路基森纳斯，表示他们希望能用 3D 打印技术建造一栋景观建筑，名为“Landscape House”。他们将沙子和黏合剂“打印”成若干个模块，并对其进行组装，最终的成品建筑会采用单流设计，运用创新的 3D 打印技术进行打造，由上下两层构成莫比乌斯环屋。工程预计能在 2014 年完工。他的 3D 打印建筑项目是 European 竞赛的参赛部分，该竞赛允许超过 15 个国家的建筑师在两年的时间内建造建筑以参与评奖（见图 8-10）。

图 8–10

2．荷兰运河屋

荷兰阿姆斯特丹正在建造世界上第一座3D打印房屋。这座房屋名为“运河屋”，由荷兰DUS建筑师事务所设计，共有13个房间，所采用的特大型3D打印机被称之为“KamerMaker”（意为“房屋建造者”）。工作时，KamerMaker逐层打印熔塑层，凝固后形成塑料块。在此之后，建筑工人像玩乐高玩具一样建造运河屋。目前，运河屋已经在阿姆斯特丹北部地区动工，预计3年后竣工（见图8-11）。

图 8–11

3．青浦园打印屋

2014年8月25日，10幢3D打印建筑在上海张江高新青浦园区内交付使用，作为当地动迁工程的办公用房。这些“打印”出来的建筑墙体是用建筑垃圾制成的特殊“油墨”，按照电脑设计的图纸和方案，经一台大型的3D打印机层层叠加喷绘而成，10幢小屋的建筑过程仅花费24 h（见图8-12）。

图 8–12

青浦打印屋的“油墨”以高强度等级水泥和玻璃纤维为主，依靠打印机设备以连续线性挤出方式“打印”而成，与传统建筑无异，甚至比传统钢混建筑强度更高。空心墙体不但大大减轻了建筑本身的重量，更便于建筑商在其空空的“腹中”填充保温材料，让墙体成为整体性自保温墙体。预留“梁”和“柱”浇筑的空间，预留门窗洞口，一次性解决墙体的承重结构问题。更能够打印出各种造型的房屋外立面。盈创公司3D打印建筑“油墨”的另一个核心就是建筑垃圾再利用，包括工业垃圾、尾矿等。让建筑垃圾回到建筑中，让新建建筑不再产生建筑垃圾。

一是最直接的好处就是节省材料，不用剔除边角料，提高了材料利用率，通过摒弃生产线而降低了成本；二是能做到很高的精度和复杂程度，除了可以表现出外形曲线上的设计；三是不再需要传统的刀具、夹具和机床或任何模具，就能直接从计算机图形数据中生成任何形状的零件；四是可以自动、快速、直接和精确地将计算机中的设计转化为模型，甚至直接制造零件或模具，从而有效地缩短产品研发周期；五是3D打印能在数小时内成形，它让设计人员和开发人员实现了从平面图到实体的飞跃；六是能打印出组装好的产品，因此大大降低了组装成本，甚至可以挑战大规模生产方式。

>> 8.4.5　3D 打印建筑的缺点

1．材料安全

目前，3D 打印的“油墨”构成主要是高强度等级水泥和玻璃纤维，而某些国家禁止建筑大量使用玻璃纤维，因为玻璃纤维会影响人体呼吸系统。

2．材料性能

关于 3D 打印的标准尚未出现，其材料的防火性能、隔音性能、环保性能有待考证，高强度水泥未来的回收问题还未解决。

3．结构安全

地基是否够扎实？如果要建几十层的高楼，房屋的结构、材料的坚固性、抗压性、抗震性都有待检验。

4．使用寿命

目前，打印的房屋最多只能作为临时建筑或是救灾用房 ，而青浦项目的负责人表示，打印出来的房屋理论上生命周期为 30 年至 50 年，但尚待验证。

任何一个产品都应该具有功能性，而如今由于受材料等因素限制，通过 3D 打印制造出来的产品在实用性上要打一个问号。① 强度问题：房子、车子固然能“打印”出来，但是否能抵挡得住风雨，是否能在路上顺利跑起来？② 精度问题：由于分层制造存在“台阶效应”，每个层次虽然很薄，但在一定微观尺度下，仍会形成具有一定厚度的一级级“台阶”，如果需要制造的对象表面是圆弧形的，那么就会造成精度上的偏差；③ 材料的局限性：目前供 3D 打印机使用的材料非常有限，无外乎石膏、无机粉料、光敏树脂、塑料等。能够应用于 3D 打印的材料还非常单一，以塑料为主，并且打印机对单一材料也非常挑剔。

>> 8.4.6　3D 打印建筑的技术难题

1．设　备

为了实现大体量建筑物的设计和生产，必须要开发出专用的打印设备。这种大型的数控机床，它的设计、制造及其工艺对于 3D 打印业界来说是很大的挑战。3D 打印技术在重建物体的几何形状和机能上已经达到了一定的水平，几乎任何静态的形状都可以被打印出来，但是那些运动的物体和它们的清晰度就难以实现了。但最基本的困难在于尺寸。二维打印大家都常用，一个最根本的常识就是，输出尺寸越大，打印机本身就越大，那么打印机的喷头活动范围要能够覆盖全幅的输出尺寸，那么必然会大一圈。在三维打印领域，这意味着：如果打印住宅则打印机需要比你的住宅大一圈。机器越大越难制造，更重要的是机器越大，打印精度和打印速度就会越差。所以现阶段尚待解决的 3D 打印房屋的一些基本问题为：材料、控制、精度等。

2．材　料

首先是材料本身固化性能的问题。油墨是液态的、自凝固的。一层的凝结时间和另一层的黏合时间必须计算得非常准确。3D 打印机使用的是真实的金属、陶瓷、塑料、尼龙玻纤等材料，虽然可以实现塑料、某些金属或者陶瓷打印，但打印的材料都是比较昂贵和稀缺的。另外，打印机也还没有达到成熟的水平，无法支持日常生活中所接触到的各种各样的材料。虽然研究者们在一些打印材料上已经取得了一定的进展，但除非这些进展达到成熟并有效，否则材料依然会是 3D 打印的一大障碍。

3．成　型

对于建筑成型还需要积累研究经验，悬臂问题、穹顶问题在行业里很难解决。悬臂缺乏支撑体系，就像很难用混凝土的方式做悬挑或者直接做天花板一样。

一方面，3D 打印技术能否把房屋的梁体、墙体和柱体做到和传统行业一样坚固，还有待检验。另一方面，建筑的抗震性。现在一般使用超轻的全新材料，打印的房子自重会小于传统房屋，抗震性也就更好，但如果打印房的自重大于普通房屋，抗震性的问题就值得考虑了。再一方面，建筑的耐撞击性，不管怎样由于材料的关系，打印的建筑的耐撞击性可能不如传统房屋。国家尚未对 3D 打印建筑出台相关标准，这使得 3D 打印房的安全性、抗震性等性能无法得到检验。

此外，一些异型建筑也会面临结构稳定性的挑战。在可以预见的将来，在解决上述打印建筑物过程中出现的问题后，结合更加成熟完善的 BIM 技术，进行 3D 打印，将会代替我们当下传统的建筑方式。

4．材料多样性问题

建筑不是单一材料的，是多种材料组成的东西。如何将管道、电路以及各种材质打印成有机的整体，将是巨大的挑战。

8.5　BIM 与 AR、VR

>> 8.5.1　AR 的概述

增强现实技术（Augmented Reality technique，AR 技术），也被称为扩增现实（台湾）。把原本在现实世界的一定时间空间范围内很难体验到的实体信息（视觉信息、声音、味道、触觉等），通过科学技术模拟仿真后再叠加到现实世界被人类感官所感知，从而达到超越现实的感官体验，这种技术叫作增强现实技术，简称 AR 技术。

在增强现实的环境中，使用者可以在看到周围真实环境的同时，还可以看到计算机产生的增强信息。由于增强现实在虚拟现实与真实世界之间的沟壑上架起了一座桥梁，因此，增强现实的应用潜力是相当巨大的，它可以广泛应用于军事、医学、制造与维修、娱乐等众多领域。

>> 8.5.2　AR 的主要技术特点

AR 展项特点主要包含两方面：

（1）AR 的优越性体现在实现虚拟事物和真实环境的结合，让真实世界和虚拟物体共存。

（2）AR 实现虚拟世界和真实世界的实时同步，满足用户在现实世界中真实地感受虚拟空间中模拟的事物，增强使用的趣味性和互动性。

>> 8.5.3 AR 的作用

AR 被称为增强现实，也被称之为混合现实。它通过电脑技术，将虚拟的信息应用到真实世界，真实的环境和虚拟的物体实时地叠加到了同一个画面或空间同时存在。

增强现实提供了在一般情况下，不同于人类可以感知的信息。它不仅展现了真实世界的信息，而且将虚拟的信息同时显示出来，两种信息相互补充、叠加。在视觉化的增强现实中，用户利用头盔显示器，把真实世界与电脑图形重合成在一起，便可以看到真实的世界围绕着它。

增强现实借助计算机图形技术和可视化技术产生现实环境中不存在的虚拟对象，并通过传感技术将虚拟对象准确“放置”在真实环境中，借助显示设备将虚拟对象与真实环境融为一体，并呈现给使用者一个感官效果真实的新环境。

AR 技术在智能 APP 中的应用越来越多，从较早的将 AR 技术与 LBS 技术结合的日本的 butterfly 应用到国内越来越多的 AR 技术应用案例。最新的 Philips 照明将 AR 技术用在了产品效果展示上，也是一个不错的尝试。

CityLens 是诺基亚的增强现实应用。它通过增强现实接口显示附近不错的餐馆，以及不容错过的旅游热点等信息；同时，它也能识别出用户当前的位置，甚至可以在有需要的时候为用户指明行进方向。此外，用户也可以进行位置分享或搜索结果保存等操作。这个正式版本增加了更多附近有趣地点，同时还提升了罗盘的精确度。

>> 8.5.4 VR 的概述

VR（Virtual Reality，即虚拟现实），是由美国 VPL 公司创建人拉尼尔（Jaron Lanier）在 20 世纪 80 年代初提出的。其具体内涵是：综合利用计算机图形系统和各种现实及控制等接口设备，在计算机上生成的、可交互的三维环境中提供沉浸感觉的技术。其中，计算机生成的、可交互的三维环境称为虚拟环境（即 Virtual Environment，简称 VE）。虚拟现实技术是一种可以创建和体验虚拟世界的计算机仿真系统。它利用计算机生成一种模拟环境，是一种多源信息融合的交互式三维动态视景和实体行为的系统仿真，使用户沉浸到该环境中。通俗地讲也就是经由计算机产生的对真实环境或体验的模拟，对体验者造成的感官体验，包括视觉、听觉、触觉、嗅觉、味觉甚至更多，让使用者如同身临其境一般，可以及时、没有限制地观察三度空间内的事物。

>> 8.5.5 BIM 结合 AR、VR 的应用

虚拟现实（VR），看到的场景和人物全是假的，是把你的意识带入一个虚拟的世界（见图 8-13）。

图 8–13

增强现实（AR），看到的场景和人物一部分是真一部分是假，是把虚拟的信息带入到现实世界中。

1．VR VS AR：VR 就像做梦（全假）；AR 就像见鬼（半真半假）

当将此项技术运用到我们的施工投标的时候，投标方可以将事先设计好建筑模型，通过 AR、VR 技术进行建造的模拟、运营的模拟，大大增强项目的可视性。由于这项技术的先进性，相关的设备费用昂贵也是这项技术推广的最大阻力（见图 8-14）。

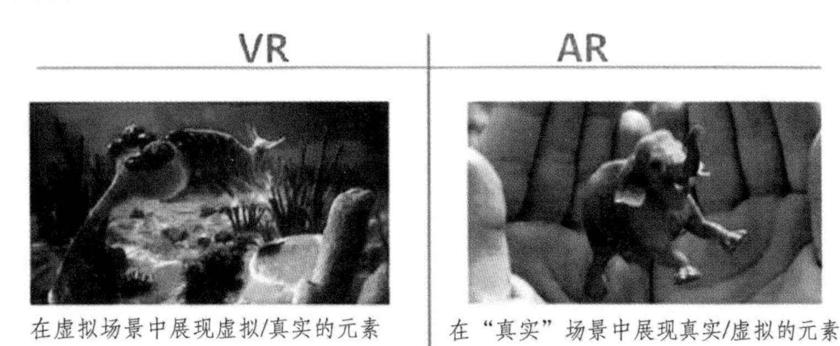

图 8–14

当许多公司还继续停留在过去的效果图和枯燥的分析图时，VR 技术已经开始慢慢渗透到现实生活中。自 Facebook 在 2014 年收购了 OculusVR 之后，虚拟现实技术开始快速发展起来，并逐渐渗透到各个行业里。几年后设计师们可能直接通过 VR 设备在虚拟空间里完成设计，并给客户带来最真实的体验。

相信在不远的将来，设计师们将告别枯燥的画图时代，在虚拟现实的变革中充分发挥自己的潜力和创造力，让设计变得更加真实而富有魅力。

VR/AR 技术将二维网络拉伸到三维的空间里来诠释。天然的交互性会让未来的联网世界变得非常饱满，可延伸的内容将变得异常丰富，但也更加复杂和多样化。要不了多久，用户就可以带着头盔或眼镜随时随地走进联网世界。你看到的内容会以你为轴心，身临其境般存在于虚拟与现实的交互世界里。

2．BIM 与 AR

由于采用 AR 技术成本较为低廉和应用范围广泛，预计在未来十年内，移动 AR 技术将会对建筑、工程、建设和运营产业（AECO）产生巨大影响。

如今，AR 越来越多地被应用在基础设施的设计、施工和运维中。在水利水电设计领域，AR 技术的应用前景非常乐观。

AR 技术将在 BIM 领域大有作为。

AR 一般指的是将计算机产生的虚拟信息或物体叠加到真实场景中，从而产生出一个虚实结合的混合世界的技术。用户通过 HMD（头戴式增强设备）、视觉眼镜和手持式监测设备等从混合世界中得到更多关于现实世界的信息。AR 起源于 VR（虚拟现实），它提供了一种半浸入式的环境，强调真实场景和虚拟世界图像和时间之间的准确对应关系。由于 AR 技术大大提升了人类的感官体验，已经开始影响人们的日常生活，其应用日渐成熟与多样。

建筑、工程建设和设备管理行业逐渐朝着基于 BIM 的数字化信息管理的方向发展，需要有更为直观的视觉化平台来有效地使用这些信息。AR 这种将相应的数字信息植入到虚拟现实世界界面的技术，将有力地填补这一可视化管理平台的缺失。例如，原来工程管理人员试图模拟特定的建造过程并获得反馈，但是实际状况是他们只能够实现在虚拟环境中建造过程的可视化，却无法从现实中得到有效的反馈；而 AR 技术可以将虚拟的 3D 模型叠加在实时的视频录像中，提高界面可视化效果，从而增强用户对建筑的理解，帮助工程管理者做出更快速、准确的反应。

在水利水电勘察设计领域，三维协同设计稳步发展，可能会在不远的将来取代传统的二维设计，AR 技术在设计领域的应用为水利水电三维模型的应用提供了更好的展示手段，使得三维模型与二维的设计、施工图纸能更加紧密地结合起来。AR 技术在勘察设计领域中可以有效地应用于实时方案比较、设计元素编辑、三维空间综合信息整合、辅助决策和设计方案多方参与等方面。值得一提的是，在复杂形状的计算机视觉识别领域，国内外的相关研究者取得了可喜的成果。Wikitude 公司开发的 Wikitude SDK 就是典型的案例。

AR 技术可以将二维图纸和三维模型无缝对接。

可视化设计是设计师之间共享设计理念、进行协同设计的关键。一个更加直观的可视化平台对于如今需要有效地处理数字信息的建筑设计产业来说更是必不可少的。

而通过 AR 技术，将二维图纸与三维 BIM 模型无缝对接，充分发挥三维协同设计的优势，为 BIM 模型数据的应用开辟了一条全新的捷径，BIM 模型中的大量建设信息得以更充分地展示。

应用 AR + BIM 技术与二维图纸相结合的方式进行交流和决策更加高效；在施工现场，原来从平面图纸提取施工数据，需要专业化素养非常高的现场人员来完成，而且容易出现误读等情况。通过 AR 技术加载虚拟的施工内容，可以减少由于对图纸的误读和信息传递失真所造成的巨大损失，减少施工人员反复读图、识图所耗费的时间。

引申阅读二十四：AECOsim 与 Vuforia 结合的实际效果

3．BIM 与 VR

我们所做的 BIM 模型和所制作的场景，其实就是在一个虚拟世界中的场景，因此 BIM 和 VR 技术是同脉相连的，相同点很多。那 BIM 和 VR 的有什么联系呢？（见图 8-15）

图 8–15

（1）设计。BIM 正在推动建筑供给端同时也是最前端（设计环节）走向行业变革的，而 VR 提升 BIM 应用效果并加速其推广应用。BIM 是以建筑工程项目各项相关信息数据作为模型的基础，进行建筑模型的建立，通过数字信息仿真模拟建筑物所具有的真实信息，具有可视化、协调性、模拟性、优化性和可出图性等特点。VR 的沉浸式体验，加强了具象性及交互功能，大大提升了 BIM 应用效果，从而推动其在建筑设计中加速推广使用。VR 正逐步走进建筑设计领域，目前国外在视频拍摄、电子游戏等领域已经有了完善的 VR 产品，在工业设计中谷歌、微软、索尼等产品逐渐进入工业设计中。欧美知名建筑设计公司目前已经开始了 VR 技术在建筑设计领域的模型测试，并认为未来五年内 VR 技术将有望在建筑设计中推广。英国 IVRNATION 公司根据 Ty Hedfan 公司在南威尔士设计的住宅搭建了 VR 模型，建筑设计师可以利用该模型即时改变墙壁、地板和家具等组件的材质和设计，设计师表示 VR 模型真实度达到 90%。同时，VR 模型构建者认为，随着显示设备的发展，建筑设计师将在未来四到五年内进一步提高 VR 模型的真实程度，该技术将更有力地推动建筑行业发展（见图 8-16）。

【上图为实景，下图为虚拟】

图 8–16

建筑设计行业目前最大的痛点在于“所见非所得”和“工程控制难”，难点在于统筹规划、资源整合、具象化联系和平台构建。BIM + VR 模式有望提供行业痛点的解决路径。系统化 BIM 平台将建筑设计过程信息化、三维化，同时加强项目管理能力。VR 在 BIM 的三维模型基础上，加强了可视性和具象性，通过构建虚拟展示，为使用者提供交互性设计和可视化印象。设计平台 + VR 组合：未来将成为设计企业核心竞争力之一（见图 8-17）。

【左图为实景，右图为虚拟】

图 8–17

（2）施工。在实际工程施工中，复杂结构施工方案设计和施工结构计算是一个难度较大的问题，前者难点关键就在于施工现场的结构构件及机械设备间的空间关系的表达；后者在于施工结构在施工状态和荷载下的变形大于就位以后或结构成型以后。在虚拟的环境中，建立周围场景、结构构件及机械设备等的三维 CAD 模型（虚拟模型），形成基于计算机的具有一定功能的仿真系统，让系统中的模型具有动态性能，并对系统中的模型进行虚拟装配，根据虚拟装配的结果，在人机交互的可视化环境中对施工方案进行修改。同时，利用虚拟现实技术可以对不同的方案，在短时间内做大量的分析，从而保证施工方案最优化。借助虚拟仿真系统，把不能预演的施工过程和方法表现出来，不仅节省了时间和建设投资，还大大增加了施工企业的投标竞争能力。

（3）地产营销。

BIM + VR 在房地产营销领域是目前的主要应用方面，主要在用于样板间的展示例如万科、厦门指挥家科技公司的样板间、美房圈、美屋等公司。借助 VR 技术这种全新的销售模式，客户能够在短时间看不同的样板间，甚至可以直接测量距离，也可以变换装修风格，还可以体验未来住宅的小区的整体场景、景观等。BIM 模型能够将建筑原始数据真实还原。BIM + VR 这样的地产营销模式正在逐渐走入大家的视线，并日趋成熟。

BIM + VR 引领建筑新革命：BIM 的建模渲染的真实度提升、VR 插件动作捕捉精度和显示分辨率提升、BIM + VR 在建筑营销领域得到推广、BIM + VR 在施工应用领域得到推广，最终形成 BIM + VR 一体化系统，全面渗透建筑设计行业。其中前两步的推进有赖于计算机及互联网技术进步，为建筑行业提供更强的运算能力和有效的软硬件联系；而 BIM + VR 系统在施工中和营销中的应用有赖于行业对于系统的投资提高和居民消费质量的提高。

（4）市政基础设施。

市政设施例如高架、隧道、立交、管廊、管线等实体构造物，都可以做出 BIM 模型，我们可以通过视角转化，在虚拟实景中体验高架、立交匝道之间的净高、坡度和长度，隧道的灯光、附属设施、管廊内管线、设备和建筑的空间关系等，都可以为设计人员、业主和施工人员以及运营工作人员提供直观的体验和数据的支持。

（5）虚拟软件。

以前用得比较多的虚拟软件是 LUMION 和 fuzor，把已经做好的 BIM 模型导入这些软件，在这些软件中布置景观，可以把场景做得和现实一样逼真，鸟语花香、行高流水……当然还有其他一些软件（如 quest3D，InfraWorks…）也可以做场景，将 VR 技术引入市政 BIM 中，让我们的 BIM 模型不再枯燥、不再与现实差距那么远，一直是我们未来的努力方向。幻想以后我们在自己所建立的模型中，成为模型中的一分子，在其中漫步、体验和现实一样的生活场景，多么美好（见图 8-18）。

图 8-18

4．BIM 与 AR、VR 的结合

由诺基亚在 WP8 手机平台推出的城市万花筒这款软件，是我们最早在手机上应用的 AR 相关应用。

在图 8-19 中，我们打开这款手机应用，在手机的照相机模式下，屏幕里会显示周围的商家信息，点击你所需要的店家，该应用就会自动为你导航到需要的地点。同样的原理，集合 AR 技术，我们用设备目标定位我们的建筑模型时，整合 BIM 数据的 AR 设备就会在我们眼前显示建筑的 BIM 相关信息，当我们需要查看某一些详细的信息时，通过设备交互的方式就可实现，例如，我们需要查看建筑物的某些构件的施工过程，结合 VR 技术，我们可以沉浸在虚拟的三维建造世界。

图 8-19

8.6 BIM与绿色建筑

推进绿色建筑是发展节能省地型住宅和公共建筑的具体实践。党的十六大报告指出我国要“实现可持续发展能力不断增强，生态环境得到改善，资源利用效率显著提高，促进人与自然的和谐，推动整个社会走上生产发展、生活富裕、生态良好的文明发展道路”。发展绿色建筑必须牢固树立和认真落实科学发展观，必须从建筑全寿命周期的角度，全面审视建筑活动对生态环境和住区环境的影响，采取综合措施，实现建筑业的可持续发展（见图 8-20）。

图 8-20

>> 8.6.1 绿色建筑概述

绿色建筑是指在全寿命期内，最大限度地节约资源（节能、节地、节水、节材）、保护环境、减少污染，为人们提供健康、适用和高效的使用空间，与自然和谐共生的建筑。

所谓“绿色建筑”中的“绿色”，并不是一般意义的立体绿化、屋顶花园，而是代表一种概念或象征，指建筑对环境无害，能充分利用环境自然资源，并且在不破坏环境的基本生态平衡条件下建造的一种建筑，又可称为可持续发展建筑、生态建筑、回归大自然建筑、节能环保建筑等。

绿色建筑的室内布局十分合理，尽量减少使用合成材料，充分利用阳光，节省能源，为居住者创造一种接近自然的感觉。以人、建筑、自然环境的协调发展为目标，在利用天然条件和人工手段创造良好健康的居住环境的同时，尽可能控制和减少对自然环境的使用和破坏，充分体现向大自然的索取和回报之间的平衡。

绿色建筑的建造特点包括：对建筑的地理条件有明确的要求，土壤中不存在有毒、有害物质，地温适宜，地下水纯净，地磁适中。绿色建筑应尽量采用天然材料。建筑中采用的木材、树皮、竹材、石块、石灰、油漆等，要经过检验处理，确保对人体无害。绿色建筑还要根据地理条件，设置太阳能采暖、热水、发电及风力发电装置，以充分利用环境提供的天然可再生能源。

绿色建筑的内涵：一是节约资源，包含了“四节”（节能、节地、节水、节材）。众所周知，在建筑的建造和使用过程中，需要消耗大量的自然资源，而资源的储量却是有限的，所以就要减少各种资源的浪费；二是保护环境和减少污染，强调的是减少环境污染，减少二氧化碳等温室气体的排放。据统计，与建筑有关的空气污染、光污染、电磁污染等占环境总体污染的34%，所以保护环境也就成了绿色建筑的基本要求；三就是满足人们使用上的要求，为人们提供“健康”“适用”和“高效”的使用空间。一切的建筑设施都是为了人们更好地生活，绿色建筑同样也不例外。可以说，这三个词就是绿色建筑概念的缩影：“健康”代表以人为本，满足人们的使用需求，节约不能以牺牲人的健康为代价；“适用”则代表节约资源，不奢侈浪费，提倡一个适度原则；“高效”则代表着资源能源的合理利用，同时减少二氧化碳等温室气体的排放和环境污染。这就要求实现绿色建筑技术的创新，提高绿色建筑的技术含量；四是与自然和谐共生。发展绿色建筑的最终目的就是实现人、建筑与自然的协调统一，这也是绿色建筑的价值理念。

>> 8.6.2 绿色建筑原则

绿色建筑的基本原则是：地域性原则、适宜性原则、整体性原则、经济性原则、系统性原则。

1．整体性原则

绿色建筑设计时必须关注整体平衡：既减少对自然环境的消耗和对环境的负面影响，同时又须兼顾舒适健康的居住环境。不能牺牲一方换取另一方。

2．适宜性原则

世界上没有两栋一模一样的建筑。不同建筑的地理位置、周边环境、使用功能、适用对象、建设时间等均不同，必须对具体建筑进行具体分析，并进行个案处理。

3．系统性原则

绿色建筑是由多层次的单元或子系统组成的统一体，且之间互相作用、相互依存，是一个动态的系统。

绿色建筑设计师需从系统工程的角度进行考虑，对各要素进行系统分析与集成，以实现物质、能量、资金、技术的优化与统一（见图8-21）。

图 8-21　绿色建筑（英国诺丁汉大学）英国伦敦贝丁顿零能耗项目

>> 8.6.3 绿色建筑技术应遵循的原则

引申阅读二十五：绿色建筑技术

绿色建筑应坚持“可持续发展”的建筑理念。理性的设计思维方式和科学程序的把握，是提高绿色建筑环境效益、社会效益和经济效益的基本保证。

绿色建筑除满足传统建筑的一般要求外，尚应遵循以下基本原则：

1．关注建筑的全寿命周期

建筑从最初的规划设计到随后的施工建设、运营管理及最终的拆除，形成了一个全寿命周期。关注建筑的全寿命周期，意味着不仅在规划设计阶段充分考虑并利用环境因素，而且确保施工过程中对环境的影响最低，运营管理阶段能为人们提供健康、舒适、低耗、无害空间，拆除后又把对环境的危害降到最低，并使拆除材料尽可能再循环利用。

2．适应自然条件，保护自然环境

（1）充分利用建筑场地周边的自然条件，尽量保留和合理利用现有适宜的地形、地貌、植被和自然水系。
（2）在建筑的选址、朝向、布局、形态等方面，充分考虑当地气候特征和生态环境。
（3）建筑风格与规模和周围环境保持协调，保持历史文化与景观的连续性。
（4）尽可能减少对自然环境的负面影响，如减少有害气体和废弃物的排放，减少对生态环境的破坏。

3．创建适用与健康的环境

（1）绿色建筑应优先考虑使用者的适度需求，努力创造优美和谐的环境。
（2）保障使用的安全，降低环境污染，改善室内环境质量。
（3）满足人们生理和心理的需求，同时为人们提高工作效率创造条件。

3．加强资源节约与综合利用，减轻环境负荷

（1）通过优良的设计和管理，优化生产工艺，采用适用技术、材料和产品。
（2）合理利用和优化资源配置，改变消费方式，减少对资源的占有和消耗。
（3）因地制宜，最大限度利用本地材料与资源。
（4）最大限度地提高资源的利用效率，积极促进资源的综合循环利用。
（5）增强耐久性能及适应性，延长建筑物的整体使用寿命。
（6）尽可能使用可再生的、清洁的资源和能源。
绿色建筑设计理念见 4.2.5。

>> 8.6.4　BIM 对绿色建筑的影响

当绿色建筑遇上 BIM，将会发生怎样的“化学反应”？作为当前我国建筑业发展的两大趋势，两者的碰撞又会在业内激起怎样的“火花”？

1．看专家见解

“BIM 技术在改善当前绿色建筑存在的种种问题、提升绿色建筑整体表现方面有很大潜力。”中国建筑科学研究院副院长林海燕表示，当前我国绿色建筑虽然发展很快，但是一直存在重设计轻运营、设计目标和结果不匹配等问题。

作为新版绿色建筑评价标准的主编，他认为，虽然当前绿色建筑设计标识的数量远大于运行标识，但是绿色建筑的根本目的在于实现建筑全生命周期的环保和资源集约，而 BIM 恰恰能在其中发挥重要作用。

“一个项目要经历设计、施工、运维等多个阶段，而很多问题是在设计时就存在的。因为设计考虑

得再全面也是一种相对标准的情况，没有办法模拟 365 天的具体性能表现，因此在最终落地时可能会和设计初衷并不相符甚至背道而驰。如果能够在设计阶段添加一些信息模拟工具去模拟它建成以后的表现，在设计阶段就可以预知，它的实际性能表现是不是合理，是不是符合绿色三星这样一些绿色建筑的认证体系。”欧特克软件（中国）有限公司工程建设业总监李邵建表示，以前在 CAD（计算机辅助设计）为主的二维时代，很难进行一个精确而量化的、有一定前瞻性的估计和分析。而有了 BIM 以后，设计阶段不仅可以容纳更加丰富的建筑相关属性信息，同时还可以和一些外部客观参照物进行实时和非常精确、量化的比对，确保施工阶段能够真正实现设计阶段的意图。在建成之后的运维阶段，BIM 也可以随时监控管理建筑的各项运行数据并及时进行调整以确保其在理想状态下运行，从而真正将绿色建筑的环保目标彻头彻尾地落实。

对于 BIM 能带来的集约效果，中国土木工程学会计算机应用分会副理事长任爱珠以新西兰一个项目为例作了展示。该项目使用 BIM 技术以后，跟相同面积的建筑相比，节约了 73% 的能源、50% 的人工照明光源和用水量。不仅如此，该项目的废物循环利用率也达到了 70%，环保效应非常明显。

2．与传统的流程相比，BIM 为绿色设计带来了便利

（1）真实的 BIM 数据和丰富的构件信息给各种绿色建筑分析软件以强大的数据支持，确保了结果的准确性。目前，包括 Revit 在内的绝大多数 BIM 相关软件都具备将其模型数据导出为各种分析软件专用的 GBXML 格式。

（2）BIM 的某些特性（如参数化、构件库等）使建筑设计及后续流程针对上述分析的结果，有非常及时和高效的反馈。

（3）绿色建筑设计是一个跨学科、跨阶段的综合性设计过程，而 BIM 模型则正好顺应此需求，实现了单一数据平台上各个工种的协调设计和数据集中。同时结合 Navisworks 等软件加入 4D 信息，使跨阶段的管理和设计完全参与到信息模型中来。

（4）BIM 的实施，能将建筑各项物理信息分析从设计后期显著提前，有助于建筑师在方案甚至概念设计阶段进行绿色建筑相关的决策。

可以说，当我们拥有一个信息含量足够丰富的建筑信息模型的时候，我们就可以利于它作任何我们需要的分析。一个信息完整的 BIM 模型中就包含了绝大部分建筑性能分析所需的数据。

从流程上来说，简而言之就是：用 BIM 软件将需要进行绿色建筑相关分析的数据导出为 GBXML 文件，然后使用专业的模拟、分析软件进行分析，最后再导入 BIM 软件进行数据整合或根据分析结果进行必要的设计决策。

3．建筑性能化分析

（1）室外风环境模拟：改善住区建筑周边人行区域的舒适性，通过调整规划方案建筑布局、景观绿化布置，改善住区流场分布、减小涡流和滞风现象，提高住区环境质量；分析大风情况下，哪些区域可能因狭管效应引发安全隐患等。

（2）自然采光模拟：分析相关设计方案的室内自然采光效果，通过调整建筑布局、饰面材料、围护结构的可见光透射比等，改善室内自然采光效果，并根据采光效果调整室内布局布置等。

（3）室内自然通风模拟：分析相关设计方案，通过调整通风口位置、尺寸、建筑布局等改善室内流场分布情况，并引导室内气流组织有效的通风换气，改善室内舒适情况。

（4）小区热环境模拟分析：模拟分析住宅区的热岛效应，采用合理优化建筑单体设计、群体布局和加强绿化等方式削弱热岛效应。

（5）建筑环境噪声模拟分析：计算机声环境模拟的优势在于，建立几何模型之后，能够在短时间内通过材质的变化、房间内部装修的变化，来预测建筑的声学质量，以及对建筑声学改造方案进行可行性预测。（后面会有具体的案例分析）

总之，结合 BIM 进行绿色设计已经是一个受到广泛关注和认可的系统性方案，也让绿色建筑事业进入了一个崭新的时代。

让我们来拆解 GBXML：GB = Green Building；而 XML 则为 Extensible Markup Language，意为“可扩展的标记语言”，这是一种在软件行业中十分常见的语言，用以在两种或两种以上的程序之间的“自助式”交互，目标是尽量减少人为干预的必要性。

GBXML 已经成为行业内认可度最高的数据格式。包括 Graphisoft 的 ArchiCAD、Bently 公司的 Bently Architecture 以及 Autodesk 的 Revit 系列产品，均可由 BIM 模型导出为 GBXML 文件。这为接下来在分析模拟软件中进行的计算提供了非常便利的途径。也有人认为，GBXML 可以看作 BIM 的 aecXML 一个绿色建筑的数据子集。

目前可进行绿色建筑相关分析的软件可以说是琳琅满目，每个软件也各有特色和其产生的背景。这里我们希望大家能从特征角度总体了解它们，便于今后在实际的项目中根据不同的需要选择和使用。

4．与绿色建筑相关的软件

引申阅读二十六：与绿色建筑相关的软件

绿色建筑设计和分析将会有哪些发展趋势：

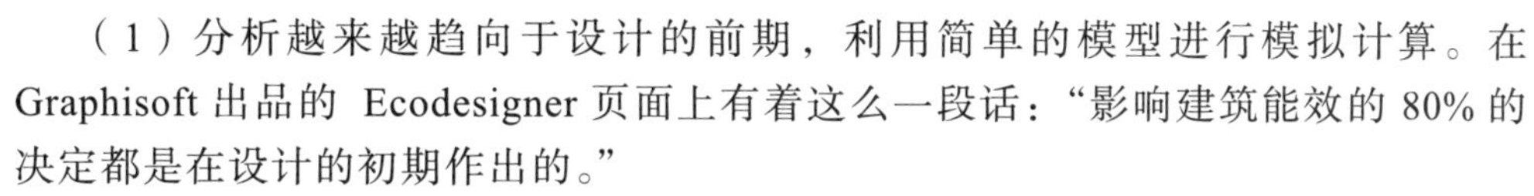

（1）分析越来越趋向于设计的前期，利用简单的模型进行模拟计算。在 Graphisoft 出品的 Ecodesigner 页面上有着这么一段话：“影响建筑能效的 80% 的决定都是在设计的初期作出的。”

（2）从工具（软件）角度来说，它们将更多和灵活地支持本地化以及各种绿色建筑评价标准。

（3）绿色建筑将和 BIM 完成整合，充分利用 BIM 的全部优势。 建筑能耗、碳排放等的模拟将更注重建筑全生命周期的计算。

（4）建筑分析软件将走向精确化、专业化、可视化。

（5）庞大的数据处理将导致“云计算”被更多地采用。

（6）专业的绿色建筑评估和咨询机构的兴起，被作为专业人士引入到项目的设计流程中。

绿色建筑设计的流程就是 BIM 和绿色建筑之间的联姻，也许只需要解决“互用性”（Interoperability）就可以了：只要数据可以相互导入导出，我们就能实现 BIM 的绿色建筑之路。这种说法正确但不完整。

和 BIM 本身的概念一样，整合绿色建筑设计最大的挑战和改变同样在流程上。绝大多数影响建筑最终可持续性的重要决策都在建筑的早期作出。这要求我们在概念设计阶段，就引入整体设计流程（IDP）的概念，对方案的各种可能性从可持续性角度进行评价，从而在重要决策时作为考查依据。并随着设计的深入，迭代地不断深化评估扩初、施工图甚至建设和运营阶段的设计建议。

而这个流程的改变不仅意味着建筑信息模型数据管理的挑战，对项目进度协调、决策管理、风险评估以及资源分配都提出了新的要求。

在一个标准的 BIM 设计流程中，嵌入可持续性的元素，就变得比较简单了：设计数据原本就是集中和整合的，所需要做的改变就是对各种阶段的 BIM 模型做不断的可持续性验证和方案调整，从这个意义上来说，互用性和软件的迭代性功能就显得是唯一需要解决的问题了。

>> 8.6.5　BIM 在绿色建筑中的应用案例分析

引申阅读二十七：国内绿色建筑现状

1．BIM 噪声分析解决设计（龙沐湾国际旅游度假区八爪鱼酒店）

基地紧邻高档别墅区，按照《城市区域环境噪声标准》，以居住为主的一类区域，白昼噪声标准为 55 dB，夜间噪声标准为 45 dB。现代高级民用直升机的全机升阻比达到 6.6，振动水平降到 0.05g，噪声水平小于 95 dB，最大速度可达到 350 km/h，由此酒店旅游直升机的飞行噪声成为居民生活一大隐患，故华艺设计运用 BIM 平台帮助确定停机坪直升机的飞行路径。

根据点声源衰减计算公式得出结论为满足别墅区良好声环境，直升机与别墅的直线距离应满足：白昼 200 m，夜间 300 m（见图 8-22）。

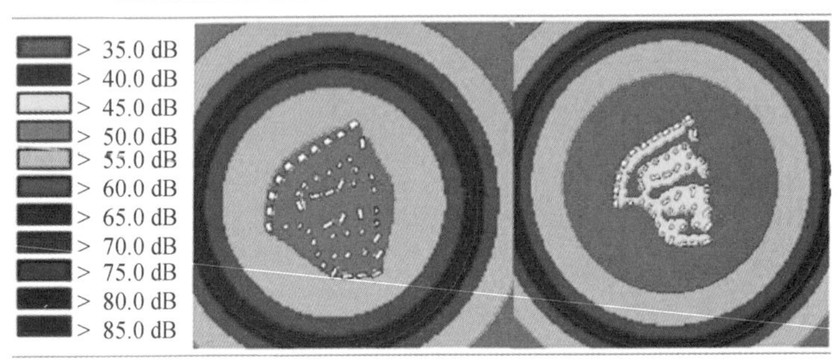

图 8-22　直升机噪声计算

2. 直升机噪声分析

将别墅区 Autodesk Revit 模型导出 DFX 格式文件，导入噪声模拟软件，将划定的禁飞边界作为线性噪声廊道，以直升机最大噪声进行模拟，其结果满足《城市区域环境噪声标准》对居住建筑声环境的要求，从而确定了直升机禁飞区与建议停机路径。

8.7　BIM 与装配式建筑

>> 8.7.1　装配式建筑概述

装配式建筑是指用预制的构件在工地装配而成的建筑。这种建筑的优点是建造速度快，受气候条件制约小，节约劳动力并可提高建筑质量。

随着现代工业技术的发展，建造房屋可以像机器生产那样，成批成套地制造。只要把预制好的房屋构件，运到工地装配起来就成了。

装配式建筑在 20 世纪初就开始引起人们的兴趣，到 60 年代终于实现。英、法、苏联等国首先作了尝试。装配式建筑由于建造速度快，而且生产成本较低，迅速在世界各地推广开来（见图 8-23）。

图 8-23

早期的装配式建筑外形比较呆板，千篇一律。后来人们在设计上做了改进，增加了灵活性和多样性，使装配式建筑不仅能够成批建造，而且样式丰富。美国有一种活动住宅，是比较先进的装配式建筑，每个住宅单元就像是一辆大型的拖车，只要用特殊的汽车把它拉到现场，再由起重机吊装到地板垫块上和预埋好的水道、电源、电话系统相接，就能使用。活动住宅内部有暖气、浴室、厨房、餐厅、卧室等设施。活动住宅既能独成一个单元，也能互相连接起来。

>> 8.7.2 装配式建筑的特点

（1）大量的建筑部品由车间生产加工完成，构件种类主要有：外墙板、内墙板、叠合板、阳台、空调板、楼梯、预制梁、预制柱等。

（2）现场大量的装配作业，比原始现浇作业大大减少。

（3）采用建筑、装修一体化设计、施工，理想状态是装修可随主体施工同步进行。

（4）设计的标准化和管理的信息化，构件越标准，生产效率越高，相应的构件成本就会下降，配合工厂的数字化管理，整个装配式建筑的性价比会越来越高。

（5）符合绿色建筑的要求。

>> 8.7.3 传统现浇建筑与现代装配式建筑的对比

引申阅读二十八：传统现浇建筑与现代装配式建筑的对比

就同体量的建筑来讲，现代化的装配式建筑施工相比传统现浇施工人数仅在50%左右，而施工质量大大提高、安全隐患明显减少。当然专业的技术工人需要在理论和实践方面进行培训才可上岗作业。某公司的技术工程师表示："如果装配式施工采用相应的专业技术工人，再配以先进的管理方式，那么工地将不再是一片狼藉，而是井然有序。"在现阶段的建筑行业，建筑工人面临着"断层"的尴尬，建筑业的主要劳动力以40～50岁的工人为主。如何完成新生代农民工与第一代农民工的新老交替是目前建筑业亟须解决的问题。然而相比老一辈，新一代的90后建筑工人已经有了翻天覆地的变化。他们的文化程度比父辈高，更注重生活质量，对就业与发展有较高的期望，对社会认同感及参与管理意识也明显增强。而建筑工业化时代的到来却正满足了他们"做个技术工人""凭技术吃饭"心里预期。而面对传统劳务难于管理、回款无保障、地位不平等一系列问题，现在走在前列的公司不仅仅只是需要劳动力的输出，还需要自己的施工规范、质量管理标准，配备专业的施工工具等。在面对如何解决专业"绿领"工人短缺这个问题时，某些公司准备联合一些职业技术学院，准备新开设一门装配式建筑施工的课程，由工程师从理论到实践全面地对学生进行教学和培养。毕业后再到项目现场进行一段时间的实际项目锻炼。如此才能解决大量的人才缺口。相信在不久的将来，随着建筑业“绿领”时代的来临，一批批 90 后的技术工人将接替他们的父辈，骄傲地站在世人面前。

>> 8.7.4 BIM 技术与装配式建筑的结合

当今社会，装配式建筑作为一种先进的建筑模式，被广为应用于建筑行业的建设过程中。装配式建筑的核心是“集成”，BIM 方法是“集成”的主线。这条主线串联起设计、生产、施工、装修和管理的全过程，服务于设计、建设、运维、拆除的全生命周期，可以数字化虚拟、信息化描述各种系统要素，实现信息化协同设计、可视化装配，工程量信息的交互和节点连接模拟及检验等全新运用，整合建筑全产业链，实现全过程、全方位的信息化集成。

随着计算机技术的进步，国内 BIM（建筑信息模型）的普及，BIM 软件对建筑信息数据的管理有了一个质的飞越，信息化会推动工业化发展，装配式建筑的标准化设计与生产有了统一制式，对 BIM 的发展起到很好的促进作用。预制装配式建筑项目传统的建设模式是设计→工厂制造→现场安装，相较于设计→现场施工模式来说，已经节约了时间。但这种模式推广起来仍有困难，从技术和管理层面来看，一方面是因为设计、工厂制造、现场安装三个阶段相分离，设计成果可能不合理，在安装过程中才发现不能用或者不经济，造成变更和浪费，甚至影响质量；另一方面，工厂统一加工的产品比较死板，缺乏多样性，不能满足不同客户的需求。

BIM 技术的引入可以有效解决以上问题，它将设计方案、制造需求、安装需求集成在 BIM 模型中，在实际建造前统筹考虑设计、制造、安装的各种要求，把实际制造、安装过程中可能产生的问题提前消灭。

装配式建筑的典型特征是标准化的预制构件或部品在工厂生产，然后运输到施工现场装配、组装成整体。装配式建筑设计要适应其特点，在传统的设计方法中是通过预制构件加工图来表达预制构件的设计，其平立剖面图纸还是传统的二维表达形式。在装配式建筑 BIM 应用中，应模拟工厂加工的方式，以“预制构件模型”的方式来进行系统集成和表达，这就需要建立装配式建筑的 BIM 构件库。装配式建筑 BIM 构件库的建立，可以不断增加 BIM 虚拟构件的数量、种类和规格，逐步构建标准化预制构件库。

在深化设计、构件生产、构件吊装等阶段，都将采用 BIM（建筑信息模型）进行构件的模拟、碰撞检验与三维施工图纸的绘制。BIM 的运用使得预制装配式技术更趋完善合理。沈阳卫德住工科技作为一家装配式建筑技术提供的高科技企业，在与其战略合作企业的签约交流时也经常提到深化设计在装配式技术中的重要性。卫德住工认为将 BIM 引入建筑产品的流通供配体系，根据已做的运输与装配计划，合理计划构配件的生产、运输与进场装修，可以实现“零库存”。

BIM 技术的使用已经成为建筑业不可抵挡之势，它为整个行业带来的高效率及高效益是有目共睹的。而作为生态建材的轻钢结构及绿色建造方式的预制装配式施工，其研究、应用前景也为行业看好。通过本书已述方法，可实现 BIM 与预制装配式轻钢结构的创新结合，体现当前行业内的又一研究创新点，为相关各方提供一个实用研究方法。

案例：2016 年，上海市建筑工业化示范项目——位于浦东新区惠南镇的宝业万华城 23 号楼项目 1 至 5 层的展示区内装工程已经完工并通过各项环境检测，基于 BIM 平台建设了全流程信息管控系统。

无须考虑室内承重墙，住宅空间可任意分隔，装修样式与风格可以按照家庭结构变化而随意改变，这些看似可望而不可即的梦想如今已与现实生活越来越近，如上海市建筑工业化示范项目——位于浦东新区惠南镇的宝业万华城 23 号楼。该项目 1 至 5 层的展示区内装工程已经完工并通过各项环境检测。展示区中，大跨度空间按照使用者的不同需求呈现出极具针对性的装潢效果。前瞻性眼光与人性化设计展现出未来住宅建筑的最大可能性（见图 8-24、图 8-25）。

图 8-24　宝业万华城效果图

图 8-25　宝业万华城效果图

作为上海装配式建筑领域的精品项目，宝业万华城 23 号楼建筑面积为 9 755.24 m^2，地上 13 层，其中 1 至 5 层为展示区。第 1 层作为展厅全面介绍了宝业装配式建筑体系的生产理念及建造方法；第 5 层为接待区域；第 2、3、4 层则作为住宅样板间，充分展现了基于用户的全生命周期的设计理念。

大跨度空间是当今住宅产品的发展趋势。万华城 23 号楼通过结构优化，将剪力墙全部布置在建筑外围；内部空间无任何剪力墙和结构柱。用户可以根据不同需求对室内空间进行灵活分割。

在展示区现场看到，23 号楼 2 层为一梯两户，每户 87 m^2，分别被分割为 2 室 2 厅和 3 室 2 厅，面向工薪阶层用户。由于是清水样板间，因此装配式建筑的结构体系清晰可见。单元式、模块化的墙面系统能够将同一区域进行整体规划，对不同类别的墙体进行整合划分，还可根据实际需要调整尺寸，不易产生空鼓、伸缩缝不齐、平整度不平等问题。

单元房内部的隔墙隔断也是通过工厂预制生产的装配式轻质化隔断，使施工现场做到不切割、不喷漆，不造成二次污染。在组装方面，轻质化隔断也十分便捷，先期在工厂进行预排版，现场直接进行标准化操作即可。此外，轻质化隔断解决了防火、防噪等问题，有效减少了墙体占用面积，提升了建筑物抗震能力和安全性能，并降低了综合造价。

到了 3 层的精装修大平层，能够充分感受到装配式建筑终端产品的惊艳效果。该楼层将一梯两户的单元房打通为一间总面积为 174 m^2 的大跨度空间。开放式厨房、餐厅、客厅、酒吧、书房以及三间卧室和卫生间合理排布，使空间显得十分开敞、舒适，同时各项实用功能俱全，能够满足高端用户的居住需求。此外，开发商进行了智能家居方面的探索，通过可视化面板，可以实现房间灯光、百叶窗的智能化控制。

23 号楼 4 层是对适老型住宅的探索。其中一户为介助式，专门为生活能够自理的老人量身定制。而另一户介护式单元则是针对无法自理、需要陪护的老人设计的。在具备介助式单元的一系列人性化设施的同时，介护式单元最大的一个亮点就是轮椅能够自由穿梭。

5 套样板间为未来居住空间勾勒了崭新蓝图。宝业集团上海公司总经理夏锋表示，在充分积累客户资源并进行成本效益分析的基础上，大跨度可变式空间的建筑理念将逐步推向市场（见图 8-26）。

图 8-26　宝业万华城室内效果图

>> 8.7.5　BIM 技术推动建筑工业化

宝业万华城 23 号楼集成了建筑主体工业化、外装工业化和内装工业化，基本消除了传统施工常见的渗漏、开裂、空鼓与房间尺寸偏差等问题，全面提升了全装修住宅的工业化建造品质。

项目创新性地采用大开间设计手法，通过结构优化将剪力墙全部布置在建筑外围，内部空间无任何剪力墙与结构柱，用户可根据不同需求对室内空间进行灵活分割。整个项目流程以 BIM 信息化技术为平台，通过模型数据的无缝传递、链接设计与制造环节，提高质量和效率。同时结合环境性能分析软件，对建筑物周围环境进行综合考虑，为用户提供舒适的居住环境。

装配式住宅的核心是"集成"，信息化是"集成"的主线。通过信息化技术真正实现建筑物全生命周期的设计和控制，包括方案及施工图设计、构件深化设计图纸、工厂制作和运输、现场的装配模拟、后期运营维护和可变改造。"我们基于 BIM 的三维设计数据是直接可以传到工厂进行加工的。我们的工厂是目前国内唯一真正通过数控系统生产的工厂，而不是拿着二维图纸到现场，让工人对着图纸进行构件加工。"

在住建部及各个省市不断颁布政策推进建筑产业现代化的背景下，优秀的装配式建筑产品不断涌现。然而从产业配套的大环境来看，装配式住宅如果想要快速发展，还需要制造业进行配合。从万华城 23 号楼我们了解到，装配式建筑的施工工具和配件，如高品质防水胶等仍依赖进口，价格昂贵。国内制造企业具备生产高端产品的能力，但只有在需求量大幅提升形成规模效应后才愿意生产。如果高端配件能够在国内得到量产，装配式建筑的成本也将大幅降低，发展速度将更快。

8.8　BIM 与管廊

>> 8.8.1　管廊的概述

管廊，即管道的走廊。化工及其相关类工厂中很多管道被集中在一起，沿着装置或厂房外布置，一般是在空中，用支架撑起，形成和走廊类似的样子。也有少数管廊位于地下，一般都呈"开"型。

但是在建筑方面的管廊是指综合管廊，综合管廊（日本称"共同沟"我国台湾称"共同管道"）就是指"城市地下的市政管线综合走廊"，即在城市地下建造一种隧道空间，将市政、电力、通信、燃气、给排水、热力、垃圾输送等多种管线集约化地铺设在隧道空间中，并设有专门的人员出入口、管线出入口、检修口、吊装口及防灾监测监控等系统，形成一种新型的市政公用管线综合设施，实施统一规划、设计、建设与管理。

综合管廊可分为干线综合管廊、支线综合管廊、缆线综合管廊三种。各管廊中收容了电力、通信、燃气、自来水、有线电视等管线，统一敷设、集中管理，避免了各自建设导致的路面重复开挖问题，纳入管廊的管线维修可以在不破路的情况下直接进行，大大减少了因道路施工带来的交通堵塞，延长了各管线及路面的寿命。

同时，电力管线的地下敷设，节省了电线杆、高压塔等的架设空间，腾出了大量城市地面空间，美化了城市环境，同时也避免了在遇到恶劣天气及自然灾害时电线杆折断倾倒、电线折断带来的二次灾害。

>> 8.8.2　综合管廊建设特点

1. 管线高度集中

综合管廊工程是在城市道路下面建造一个市政共用通道，将电力、通信、供水、燃气等多种市政管线集中于一体，实现地下空间的综合利用和资源的共享。

2. 建设地段繁华

综合管廊宜建设在交通运输繁忙或地下管线较多的城市主干道以及配合轨道交通、地下道路、城市地下综合体等建设工程地段以及城市核心区、中心商务区、地下空间高强度成片开发区、重要广场、主要道路的交叉口、道路与铁路或向流的交叉处、过江隧道等。

3. 附属工程系统庞大

综合管廊内设置通风、排水、消防、监控等附属工程系统，由控制中心集中控制，实现全智能化运行。

>> 8.8.3　BIM 在管廊中的应用

城市综合管廊设计标准高、施工体量大、周期长。将 BIM 技术全面应用于综合管廊的设计、施工全过程，通过方案模拟、深化设计、管线综合、资源配置、进度优化等应用，避免设计错误及施工返工，能够取得良好的经济、工期效益。

（1）利用 BIM 技术对管廊节点、监控中心结构、装饰等进行建模、仿真分析，提前模拟设计效果，对比分析，优化设计方案（见图 8-27）。

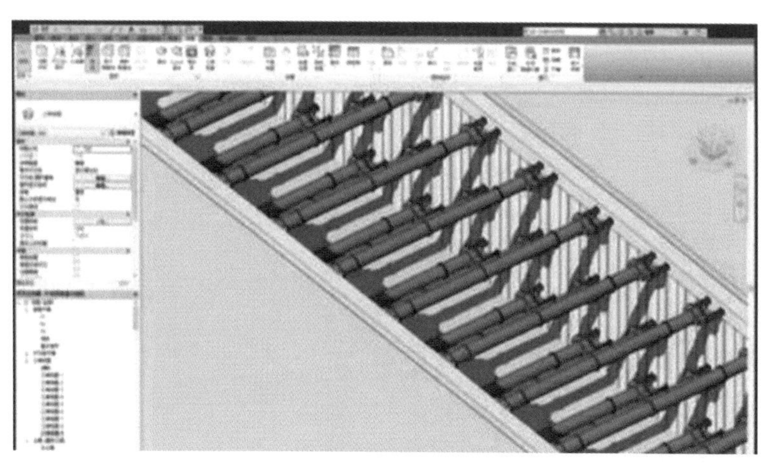

图 8-27　综合管廊深基坑支护方案

（2）利用 BIM 的 3D 实比例模型进行管线碰撞检查（见图 8-28）。

图 8-28　管线碰撞检查

（3）将模型导入到 Navisworks 软件，采用第三人行走模式，进行净空检查（见图 8-29）。

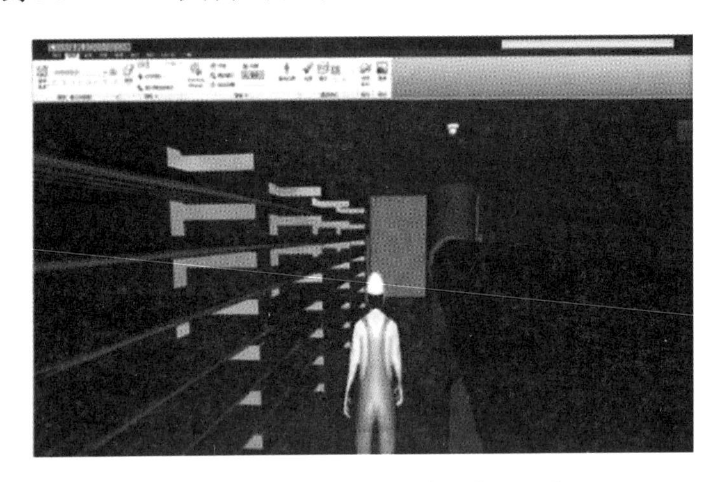

图 8-29　第三人综合管廊内虚拟漫游

（4）结合勘察资料、设计图纸，利用 BIM 技术建模，理清桩端持力层、岩面等关键隐蔽节点，提前制定施工管控措施（见图 8-30）。

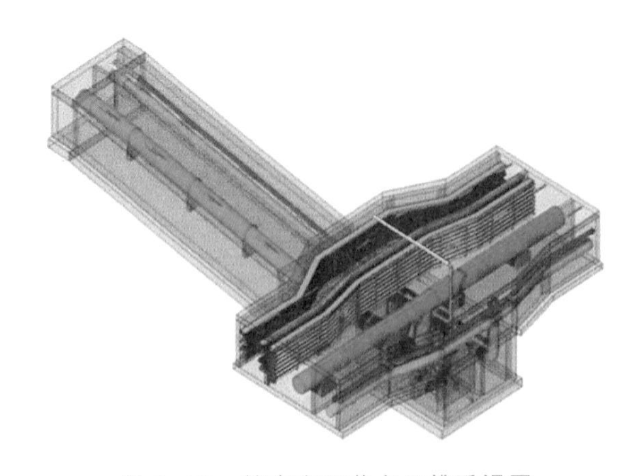

图 8-30　管廊交叉节点三维透视图

（5）利用建筑、结构、管线的综合 3D 模型及 Navisworks 软件虚拟漫游，进行可视化交底，并在管线安装过程中实时对安装工况及效果进行评估，及时纠偏（见图 8-31）。

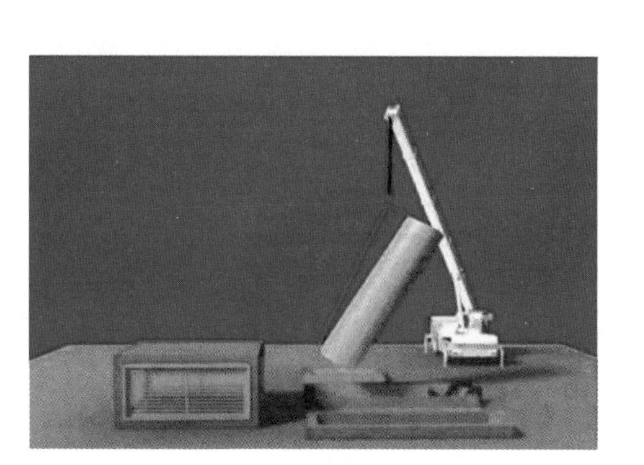

图 8-31　大口径管道安装模拟

（6）利用 BIM 的参数化、可视化模型等特点，集中物资、价格、形象进度等信息，方便施工资源调配及进度优化控制。

>> 8.8.4　综合管廊发展前景

截至 2015 年，全国 69 个城市在建的地下综合管廊约 1 000 km，总投资约 880 亿元人民币。2015 年 8 月，国务院办公厅下发的《国务院办公厅关于推进城市地下综合管廊建设的指导意见》指出：到 2020 年，要建成一批具有国际先进水平的地下综合管廊并投入运营，反复开挖地面的“马路拉链”问题明显改善。要以政府为主导，发挥市场作用，吸引社会资本广泛参与。

目前我国综合管廊建设整体还处在施工建设的初级阶段，以政府试点工程为主。从长远来看，综合管廊方兴未艾，将在勘测和设计、建设施工、运营维护、信息化线监控四大产业形成一个万亿级市场。BIM 技术应用是继 CAD 应用使工程师甩掉图板后的又一次建筑业技术革命，将助力建筑产业现代化发展，并支撑城市地下综合管廊的建设。

第九章　BIM与职业环境

9.1　BIM职业环境

BIM是从美国发展起来，逐渐扩展到欧美、日本、新加坡、我国香港等发达国家和地区的，在2002年后，国内才逐渐开始接触BIM的理念和技术。近年来，伴随我国建筑领域的不断发展，标志性建筑不断涌现，业主方对于项目品质的要求也在不断提高。BIM作为一项带来行业革命的新技术，已成为业主实现创新项目管理的重要工具。BIM的全面应用将大大提高建筑工程的集成化程度，使设计乃至整个工程的质量和效率显著提高，成本降低。至此近10年间，BIM已逐渐被国内建筑行业所接受并有效利用。

中国工程院院士、中国图学学会理事长孙家广曾说："国内的很多房子，寿命只有三五十年；而欧洲很多房子，寿命可以达好几百年。国内的高速公路，十年不修就算质量不错了；而德国有条高速公路，1932年修的，之后再也没修过，现在还好好的，在上面开车时速可达200公里。而要推动我国建筑业的转型升级，目前技术上一个可行的办法就是大力推广BIM技术。"可见，BIM技术的推广和运用是建筑行业的一大必然趋势。目前，BIM在建筑的规划、设计、施工、管理以及后期销售维护等阶段都有运用，实现BIM技术运用的最大价值就是贯穿建筑的全生命周期。虽然某些方面仍处于起步阶段，但BIM技术在建筑行业中的优势与价值早已有目共睹。

在产业界，前期主要是设计院、施工单位、咨询单位等对BIM进行一些尝试。最近几年，业主对BIM的认知度也在不断提升，SOHO董事长潘石屹已将BIM作为SOHO未来三大核心竞争力之一；万达、龙湖等大型房产商也在积极探索应用BIM；上海中心、上海迪士尼等大型项目要求在全生命周期中使用BIM；其他项目中也逐渐将BIM写入招标合同，或者将BIM作为技术标的重要亮点。

>> 9.1.1　BIM与勘察单位

引申阅读二十九：传统勘察单位

应用BIM技术的主要工作内容大部分是工程勘察模型建立。构建支持多种数据表达方式与信息传输的工程勘察数据库，研发和采用BIM应用软件与建模技术，建立可视化的工程勘察模型，实现建筑与其地下工程地质信息的三维融合。

乌鲁木齐高铁火车站项目在方案设计阶段总图专业采用AutoCAD Civil 3D进行地形设计，从Google Earth中导出地形，利用其强大的地形处理功能进行三维设计及仿真处理，对场地高度进行模拟分析。设计人员在三维场景中任意漫游，人机交互，这样很多不易察觉的设计缺陷就能够轻易地被发现，减少由于事先规划不周全而造成的无可挽回的损失与遗憾，大大提高了项目的评估质量，实现建筑设计与场地道路设计模型化。在山东文登抽水蓄能电站项目中，地形勘测设计主要是由AutoCAD Civil 3D来设计完成的，便于一线地质人员的操作和应用，运用AutoCAD Civil 3D进行形象的地形剖切，而且大量地质剖面图能一次性出图。

除了AutoCAD Civil 3D，还有REVIT这款软件。可在REVIT ARCHITECTURE中利用内建模型

构件绘制成“三维栅格剖面图”（见图 9-1），不同颜色代表不同的岩土地层，从而实现了钻孔资料的三维可视化，据此可形象地了解场地岩土层分布规律。

利用绘制好的“三维栅格剖面图”进行工程地质建模（见图 9-2）。

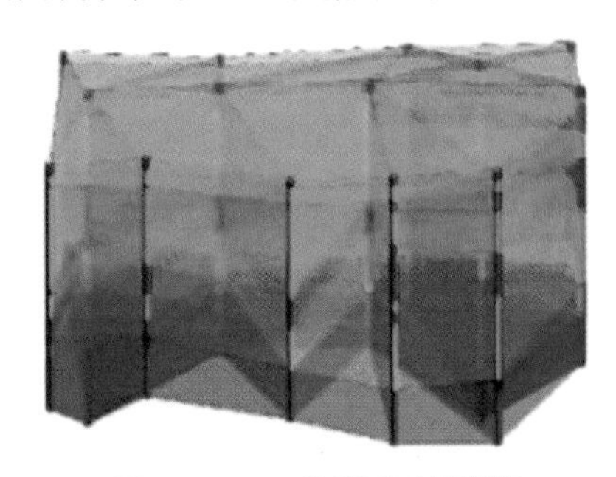

图 9-1　三维栅格剖面图

图 9-2　三维地质体模型

工程场地三维地质建模完成后，可利用建模软件提供的剖面截取工具，获得任意面的工程地质图。

为简单起见，工程场地按假定位置布置 5 个桩基作为建筑基础，在 REVIT 中将之可视化（见图 9-3）；以强风化花岗岩作为桩基的持力层，可获得持力层上部桩基布置三维效果图（见图 9-4）；以位于场地中心的 3 号桩基为例，截取桩基纵向工程地质剖面图（见图 9-5）。

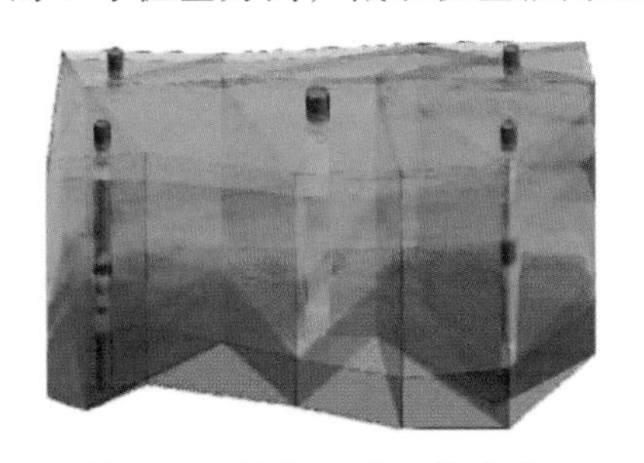

图 9-3　桩基布置三维示意

图 9-4　持力层上桩基布置三维效果图

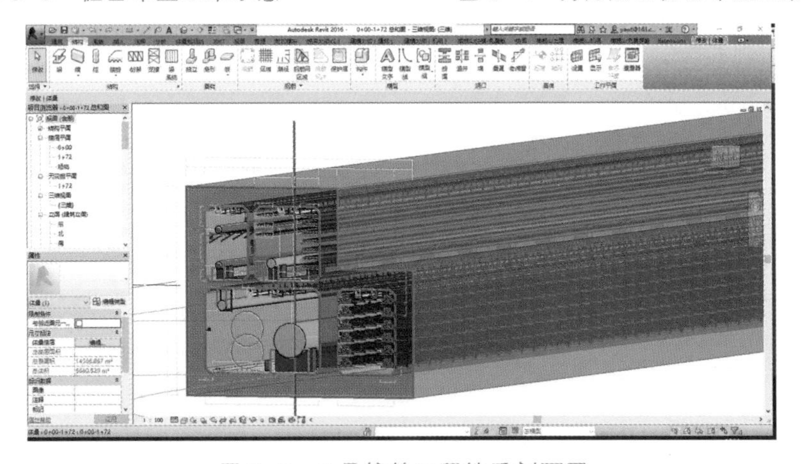

图 9-5　3 号桩基工程地质剖面图

利用 REVIT ARCHITECTURE 软件可将已建立好的三维地质体模型进行基坑开挖可视化操作（见图 9-6）模拟与分析，实现工程勘察基于 BIM 的数值模拟和空间分析，辅助用户进行科学决策和规避风险。

信息共享：开发岩土工程各种相关结构构件族库，建立统一数据格式标准和数据交换标准，实现信息的有效传递。

>> 9.1.2 BIM 与设计院

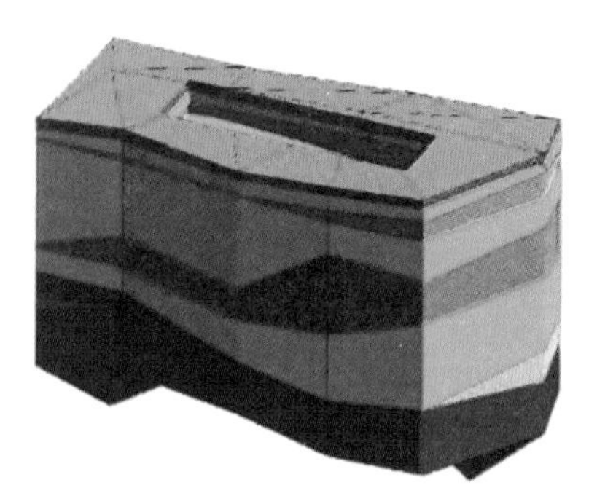
图 9-6 基坑开挖位置示意

设计单位即从事建设工程可行性研究、建设工程设计、工程咨询等工作的单位。在工程设计当中，设计院应建立基于 BIM 的协同设计工作模式，根据工程项目的实际需求和应用条件确定不同阶段的工作内容。目前，勘察设计行业已经进入调整期，从粗犷设计向精细设计发展成为行业必然趋势，过去粗制滥造的产品化思维已不符合社会发展形势，向专业化精细化拓展势在必行，BIM 的兴起也正是符合行业发展的趋势。一些设计院也开始使用 BIM 软件进行设计。一般设计院在方案阶段会用一些建模软件建立三维模型，出效果图展示给甲方，但这个模型的应用也仅此而已。而用 BIM 设计则可以延续使用方案阶段的模型，所用专业都基于一个模型设计，增加各自专业的信息，丰富模型。设计过程中也可以检查各专业之间的错漏碰撞问题。可以对模型进行碰撞分析，显示碰撞的地方以方便查看，碰撞包括硬碰撞和软碰撞。硬碰撞是指实体构件是否有碰撞，例如梁会不会和设备管道的位置打架，柱会不会跟门洞的位置重叠等等。软碰撞是指逻辑意义上碰撞，例如门开着或关着都没有问题，但在打开的过程中会不会有问题；或者是楼梯的上方空间高度是否满足要求。精细的建模也可以帮助施工，像钢结构工程可以直接按照模型在工厂制作很多构件，避免施工现场的尺寸不符，焊接难操作等问题，提高了整体施工效率，实现了建筑的工厂化。或者施工单位利用设计的模型进行添加相关施工信息辅助施工及项目管理，甚至后续精装、运维阶段都可以继续使用该模型。

1．设计院的主要工作内容

1）投资策划与规划

在项目前期策划和规划设计阶段，基于 BIM 和地理信息系统（GIS）技术，对项目规划方案和投资策略进行模拟分析（见图 9-7）。

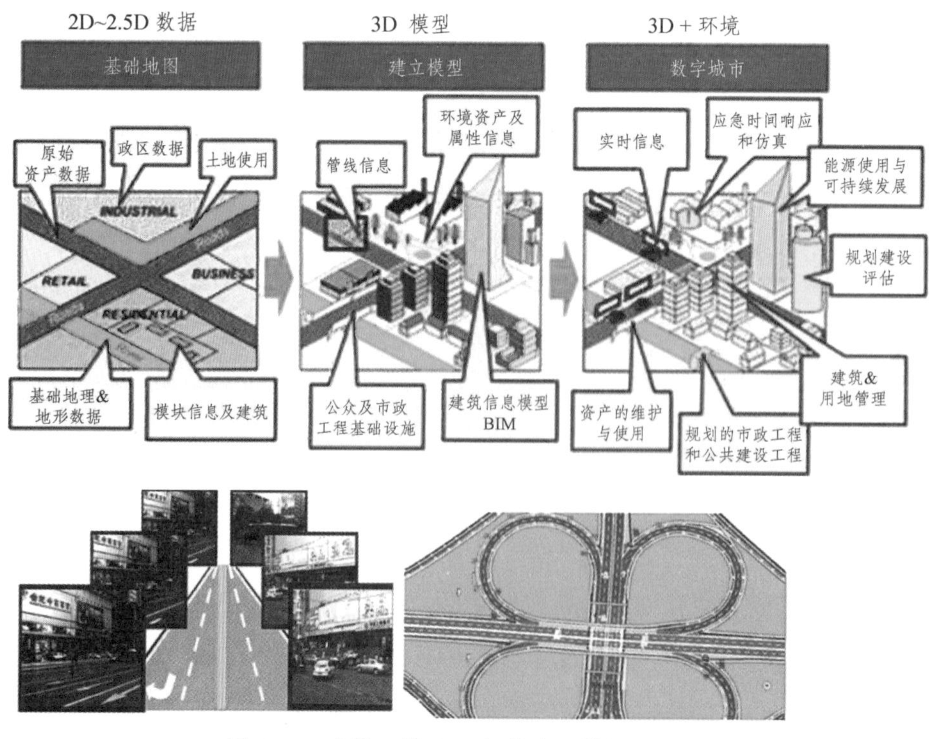

图 9-7 实景三维 GIS 与传统二维平面 GIS

（1）设计模型建立。采用BIM应用软件和建模技术，构建包括建筑、结构、给排水、暖通空调、电气设备、消防等多专业信息的BIM模型。根据不同设计阶段任务要求，形成满足各参与方使用要求的数据信息（见图9-8）。

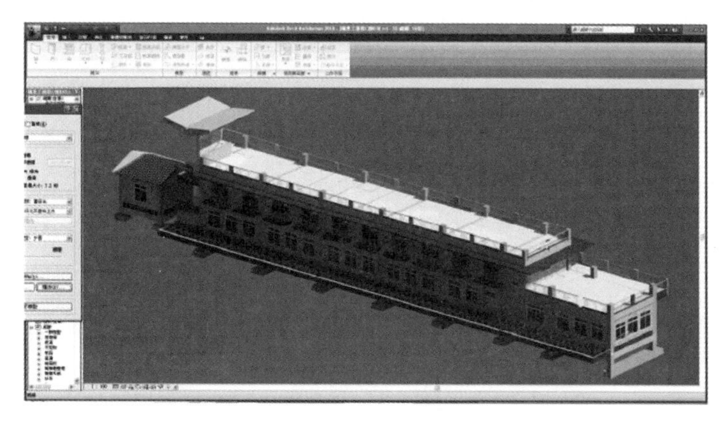

图 9-8

（2）分析与优化。进行包括节能、日照、风环境、光环境、声环境、热环境、交通、抗震等在内的建筑性能分析。根据分析结果，结合全生命期成本，进行优化设计。

（3）设计成果审核。利用基于BIM的协同工作平台等手段，开展多专业间的数据共享和协同工作，实现各专业之间数据信息的无损传递和共享，进行各专业之间的碰撞检测和管线综合碰撞检测，最大限度减少错、漏、碰、缺等设计质量通病，提高设计质量和效率。

2）基于BIM的设计可视化展示

按照设计图纸，通过使用Revit、Navisworks和C#语言等相关三维建模工具及开发平台，能直观进行方案论证、业主决策、多专业协调、结构分析、造价估算、能量分析、光照分析等建筑物理分析和设计文档生成等，检验设计的可施工性，在施工前能预先发现存在的问题。

2．在设计阶段设计单位应该遵守的标准

1）前期准备工作

（1）BIM专业咨询单位根据建设单位项目具体要求制订《设计阶段的BIM实施方案》。

（2）BIM专业咨询单位协助建设方开通并管理BIM协同平台（包含权限的分配、使用原则的制定等）。

（3）BIM专业咨询单位制定相应的BIM工作计划和组建BIM工作团队，同时指定专人作为本单位的BIM负责人进行内外部的总体沟通与协调，并配合建设方的BIM管理工作。

2）设计过程工作

（1）BIM咨询单位执行合同约定的BIM设计内容建模，根据前期制定的BIM工作计划、BIM实施大纲及BIM实施标准开展工作，BIM专业咨询方应将设计模型成果提交及建设方及设计方审核。

（2）建设方通过会议及邮件等形式，对各设计单位的BIM工作进行过程监督，并要求设计单位对BIM专业咨询单位提交的BIM成果进行审核，及时反馈优化信息或修改意见。

（3）BIM专业咨询单位提交的设计阶段BIM成果深度应符合精度要求，并保证成果一致性。

3．案　例

落户于江苏中北部的淮安国际自行车城项目也在这场大浪淘沙中经历着历练。淮安国际自行车城项目总建筑面积近5万平方米，由澳洲LAB建筑师事务所唐纳德·贝茨教授主持设计；由三益中国旗

下上海三益建筑设计有限公司担纲施工图设计，并且在施工图设计全过程阶段尝试了 BIM 技术应用（见图 9-9）。

图 9–9

唐纳德·贝茨教授主持设计的墨尔本联邦广场项目曾荣获 1997 年“伦敦雷博建筑设计”大奖。当提及淮安国际自行车城项目的创作初衷时，他解释说：“之所以会选择‘纽带’作为整体建筑形态，正是寓意淮安‘南船北马’的交互汇通。”淮安国际自行车城项目注重打造区域功能的多样性，整体划分出 3 大活力中心和 6 个开放空间，每一个区域都被赋予不同的功能属性和空间属性，而空中廊道正是在这其中充当着“纽带”的作用，它串联起各个独立的分区，让各个分区相互渗透又互相关联。

LAB 尚墨主创团队 Shayne 和 Irene 选择的“纽带”造型，让整个地块的形态在两组弧线的引导下，形成了一个巨大的交叉形态。这个复杂的异形建筑，也为其在后期方案深化及施工图设计过程中带来诸如主体结构头部悬挑、空间关系复杂、异型曲面多、坡道层次复杂等诸多技术难题，与此同时还要兼顾后期施工的可操作性，因此在施工图设计阶段伊始，三益设计师就应用了 BIM 技术（见图 9-10）。

图 9–10

如何将复杂的曲面分割成大小统一的单元是设计师首先需要面临的技术难题。除此之外，专业自行车坡道优化、内部楼梯空间优化，这些设计方面的硬性要求也亟待设计师去解决。而这一系列技术难题又牵涉到建筑、结构、机电跨各专业，需要专业协同与配合（见图 9-11）。

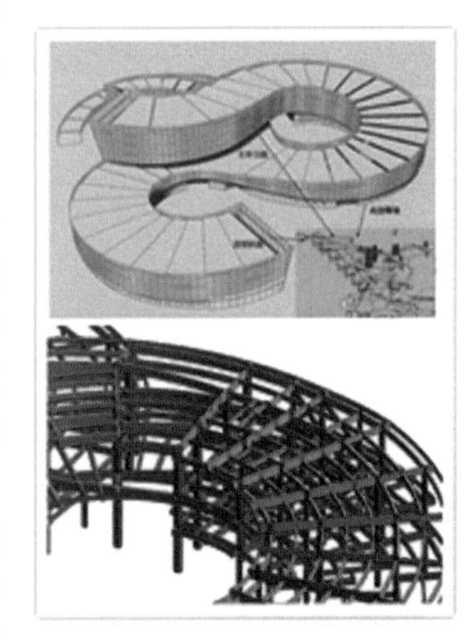

图 9–11

成立于 2012 年 11 月的三益中国 BIM 研究所，在近两年的时间里，相继完成了各专业项目样板建立，编制完成建筑、机电、结构等各专业设计制图标准与流程，与此同时还建立起三益 Revit 资料库并搭建起 Revit 培训平台，展开 BIM 技术在院内的宣传与推广。在经过余姚众安时代广场项目、国际昆山华润国际社区项目、宁波鄞奉路文体中心项目等项目练兵之后，淮安国际自行车城项目 BIM 技术应用就显得驾轻就熟起来。

在淮安国际自行车城项目施工图阶段设计过程中，设计师通过 BIM 参数设计，按真实尺度建模，结构、机电与建筑各专业放在同一模型中，无缝链接，实时更新。一旦设计管道之间出现碰撞，那么三维模型上会马上提出碰撞报告。

在建筑业有这样两个专有名词令人听闻丧胆，一个叫“错漏碰缺”，另外一个叫“设计变更”。有了错漏碰缺，就需要做设计变更。那么设计变更又意味着什么？对设计师来说，意味着反复的工作量。三益中国 BIM 研究所副所长姚楠女士在接受记者采访时说道，“正是因为运用了 BIM 技术，突破了以往协同工作的瓶颈，避免了因沟通交流不畅而带来的方案反复调整，最大限度地提升了设计质量。”

除了借助 BIM 技术 Revit 平台可视化模型和身临其境的漫游体验，帮助设计师对于项目进行全方位互动展现之外，设计团队还率先尝试了现在流行的 3D 打印，在多维度建筑造型直观的展示中，各种设计细节一目了然，有效地提高了设计的精准度（见图 9-12）。

图 9–12

正是因为推进了 BIM 协同工作、可视化、参数化等技术在淮安国际自行车城项目中的应用，该项目全面提高了设计水平，并且有效降低了重复劳动。

如果按照传统的设计模式，不仅画图要耗费大量时间，还要派人专门负责和建筑结构比对图纸、管线排查、统计门窗数量等，而采用三维设计之后，从结构到管线到外立面的设计都可以由设计师一个人完成。不仅可以显著提高工作效率节省人力，还能更加精确地进行设计表达并指导施工。

>> 9.1.3　BIM 与建设单位

建设单位，是建设工程的投资人，也称“业主”。全面推行工程项目全生命期、各参与方的 BIM 应用，要求各参建方提供的数据信息具有便于集成、管理、更新、维护以及可快速检索、调用、传输、分析和可视化等特点，实现工程项目投资策划、勘察设计、施工、运营维护各阶段基于 BIM 标准的信息传递和信息共享，满足工程建设不同阶段对质量管控和工程进度、投资控制的需求。

1. 主要工作内容

（1）建立科学的决策机制。在工程项目可行性研究和方案设计阶段，通过建立基于 BIM 的可视化信息模型，提高各参与方的决策参与度（见图 9-13）。

图 9–13

（2）建立 BIM 应用框架。明确工程实施阶段各方的任务、交付标准和费用分配比例（见图 9-14）。

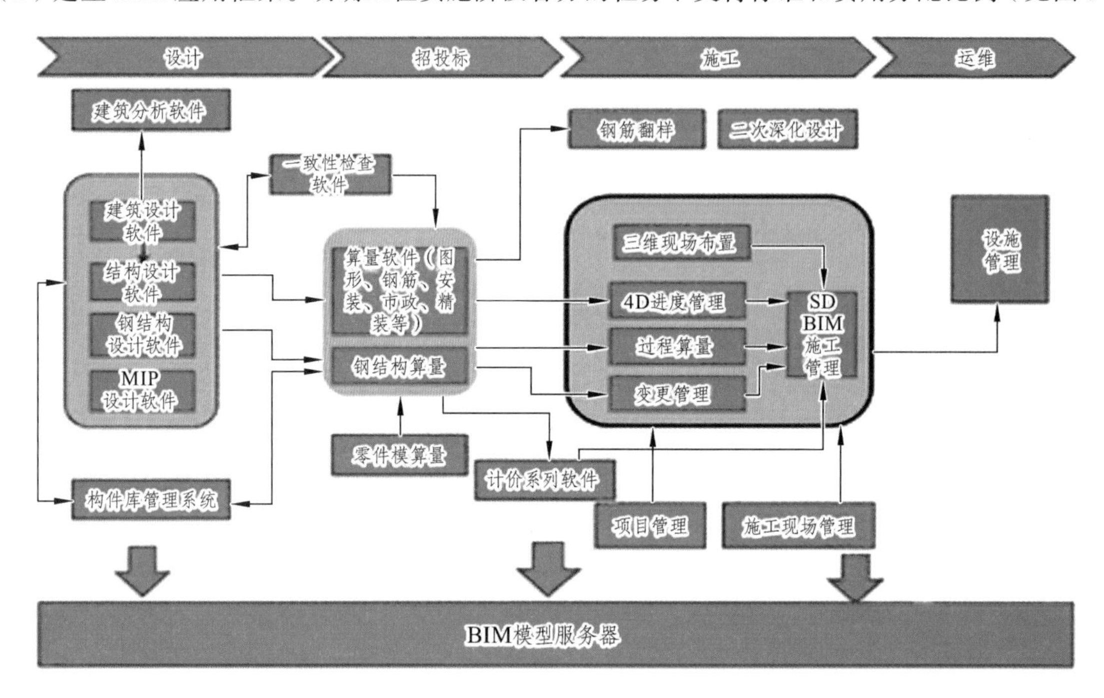

图 9-14

（3）建立 BIM 数据管理平台。建立面向多参与方、多阶段的 BIM 数据管理平台，为各阶段的 BIM 应用及各参与方的数据交换提供一体化信息平台支持（见图 9-15）。

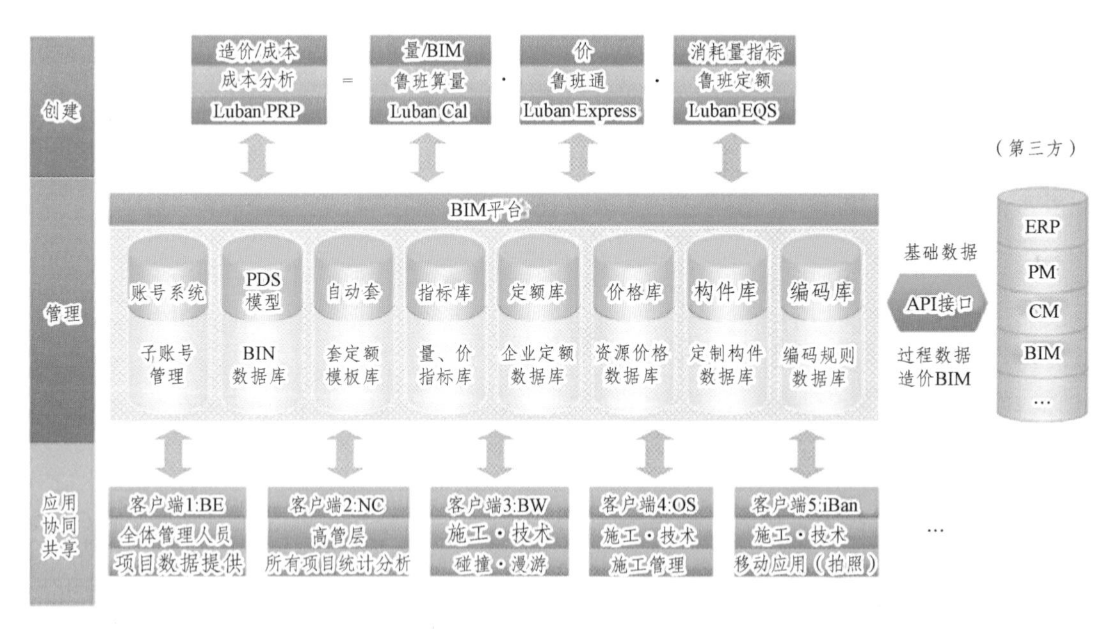

图 9-15

（4）建筑方案优化。在工程项目勘察、设计阶段，要求各方利用 BIM 开展相关专业的性能分析和对比，对建筑方案进行优化。

设计纠错审查和优化设计：

服务内容：

① 综合管线碰撞、间距审查及优化设计。

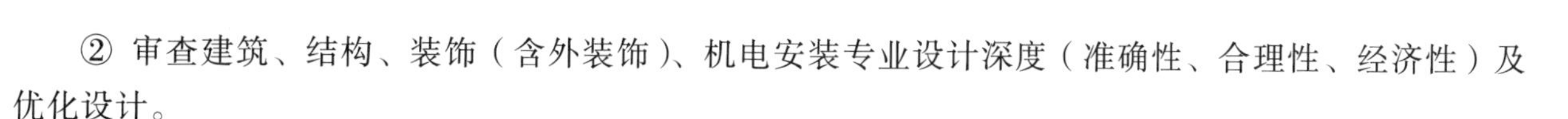

② 审查建筑、结构、装饰（含外装饰）、机电安装专业设计深度（准确性、合理性、经济性）及优化设计。

服务要求：

① 应全面细致地审查各类综合管线碰撞和建筑、结构、装饰、机电安装专业相互之间的设计错误、矛盾、深度不足等问题，并提供书面审查报告（联系单）及各专业提前预埋建议。

② 综合管线优化设计应达到避免管线碰撞、提升使用空间、优化管线布置、减少管线长度、优化安装与检修空间的目标，提供管线优化设计前后的对比模型，同时提供重要、主要综合管线区域和机房内部的管线加工尺寸、制作安装大样图。

③ 施工图的优化建议应以保证安全、功能，节约造价为原则，提供优化前后的模型及图片。

（5）施工监控和管理。在工程项目施工阶段，相关方应利用 BIM 进行虚拟建造，通过施工过程模拟对施工组织方案进行优化，确定科学合理的施工工期，对物料、设备资源进行动态管控，切实提升工程质量和综合效益。

而现在建设单位 BIM 技术应用主要有两种模式：一是组建自有 BIM 技术应用团队；二是聘请专业咨询单位作为项目 BIM 技术应用总协调方，整体把控 BIM 技术应用实施进度及质量。

2. 案　例

随着某公司业务规模的扩大，多功能商住楼项目不断涌现，该如何优化综合管网布线，减少返工呢？如何更好地严格控制项目成本，降低损耗，提高利润增长点呢？如何加强项目各单位配合协作，保证数据传递更加准确、高效等方面提出的更高要求呢？该公司决定借助 BIM 加强项目过程管理，并确定公司重点工程渝富总部为试点项目，首先运用在该项目中的机电安装分部，研究如何从商业综合楼综合管道施工的常规思路中，寻求一种优于传统作法，经济实用、技术先进又操作方便的施工方法。

由于该工程是大型综合型项目，该公司及时组建了经验丰富、管理先进、年富力强的项目管理团队，运用先进的 BIM 技术，在未施工前先根据所施工图纸在计算机上进行图纸“预装配”，直观反映出设计图纸，尤其在施工中各专业之间设备管线的位置冲突和标高冲突等问题。根据模拟结果，结合原有设计图纸的规格和走向，进行综合考虑后再对施工图纸进行深化，从而形成实际的施工图纸进行指导施工。

（1）在施工进行前，对项目建筑物进行建模，可以对项目有个直观的了解，并对材料数量进行精确计算。

（2）协调冲突方面：建立模型后，运行碰撞检测，找出各专业系统间的碰撞点，优化设计，减少返工。通过三维模型与时间维度结合创建 4D 模型，对施工进度进行监控。

3. 基于 BIM 的碰撞检测与施工模拟

BIM 模型和施工方案集成，可以在虚拟环境中对项目的重点或难点进行可建性模拟，譬如对管线的碰撞检测和分析，对场地、工序、安装的模拟等，进而优化施工方案。通过模拟来实现虚拟的施工过程，在一个虚拟的施工过程中可以发现不同专业需要配合的地方，以便真正施工时及早做出相应的布置，避免等待其余相关专业或承包商进行现场协调，从而提高了工作效率。基于 BIM 的碰撞检测与施工模拟主要是在 Revit、Navisworks 等基础上进行二次开发的施工动态管理系统。

把握设计意图方面：用直观的三维模型对施工班组进行技术交底。根据三维模型图纸与合作单位进行沟通交流，减少交叉作业造成的损失（见图 9-16、图 9-17）。

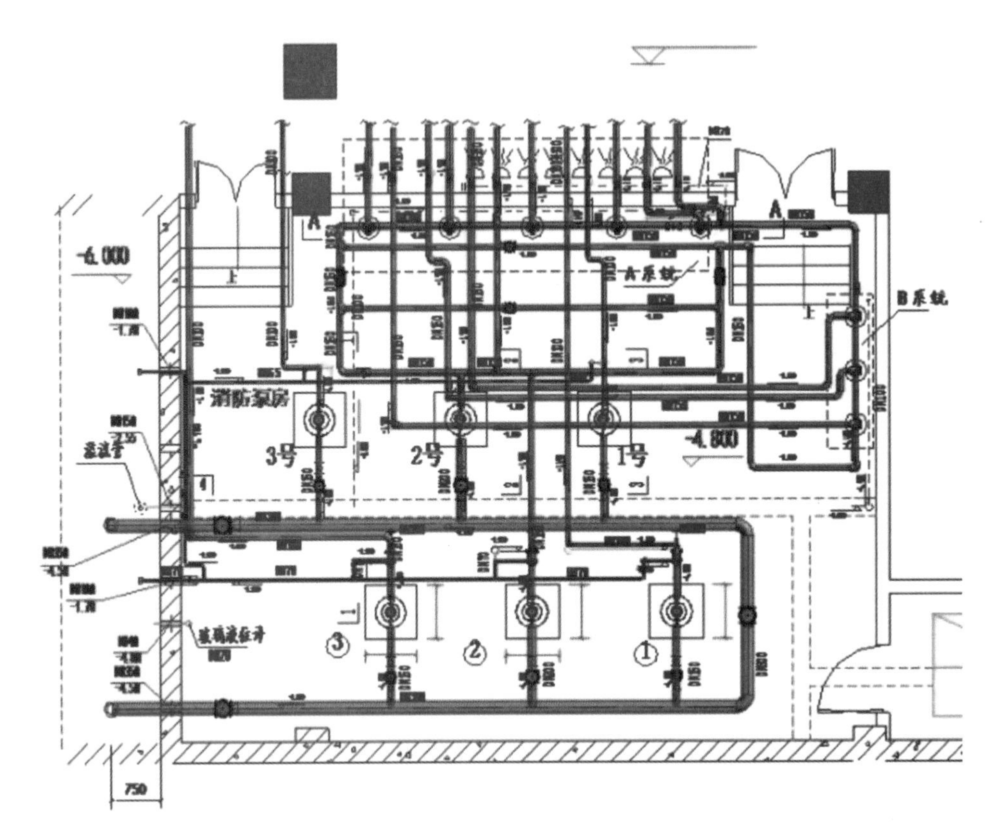

图 9-16

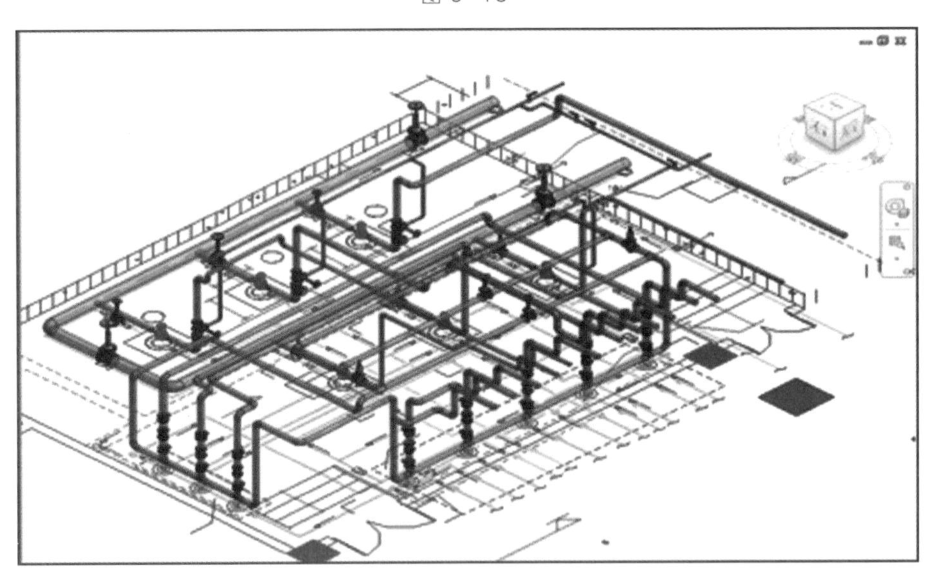

图 9-17

在 BIM 技术的有效利用下，渝富总部项目消防泵机房管道综合布置观感质量好，各专业管道的布置科学合理，管道的施工是一次施工到位，提高了机房内各专业管道的施工质量，同时消防泵机房各专业施工进度、施工成本都得到了显著提高。

4．投资控制

在招标、工程变更、竣工结算等各个阶段，利用 BIM 进行工程量及造价的精确计算，并作为投资控制的依据。施工资源和工程造价控制是工程施工阶段的核心指标之一。工程管理人员通过 BIM 模型在工程正式开始施工前即可确定不同时间节点的施工进度与施工成本，可以直观查看形象进度，并得到各时间节点的资源消耗和造价数据，从而避免设计与造价、施工脱节，变更频繁的问题，使得资源和造价控制更有效。当发生设计变更时，修改模型，BIM系统将自动检测哪些内容发生变更，并直观显示变更结果，统计变更工程量，并将结果反馈给施工人员进行控制。

1）基于BIM的4G工程造价过程管控

基于BIM技术的新一代4G工程造价软件可对投标书、进度审核预算书、结算书进行统一管理，并形成数据对比。同时，可以提供施工合同、支付凭证、施工变更等工程附件管理，并为成本测算、招投标、签证管理、支付等全过程造价进行管理。

（1）工程造价项目群管理。

基于BIM技术的新一代4G工程造价软件已经上升到企业级的过程管控，可以同时对公司下属管理的所有在建项目和竣工项目进行查阅、比对、审核，并可以通过饼状图、树状图等直观了解各工程项目的情况，从而更好地进行工程造价全过程管控。BIM数据模型保证了各项目的数据动态调整，可以方便统计，追溯各个项目的现金流和资金状况，并根据各项目的形象进度进行筛选汇总，为领导层更充分地调配资源、进行决策创造了条件。

（2）"框图出价"——进度款管理。

基于BIM技术的新一代4G工程造价软件可以根据三维图形分楼层、区域、构件类型、时间节点等进行"框图出价"，可以快速、准确地进行月度产值审核，对进度款的拨付做到游刃有余。

（3）工程造价追踪。

基于BIM技术的新一代4G工程造价软件集动态数据变化与各数据关联体系于一体。图形、报表、公式、价格都是相联动的整体。每一个数据都可以快速追踪到与之相关联的各个方面。尤其对于异常或不合理的数据可以进行多维度的对比审核，从而避免不合理的以及人为造成的错误。

2）工程造价BIM数据的共享

基于 BIM 技术创建的工程造价的相关数据可以对施工过程中涉及成本和相关流程的工作给予巨大的决策支持。同时及时准确的数据反应速度也大大提高了施工过程中审批、流转的速度，极大地提高了人员工作效率。无论是资料员、采购员、预算员、材料员、技术员等工程管理人员还是企业级的管理人员，都通过信息化的终端和BIM数据后台将整个工程的造价相关信息顺畅的流通起来，保证了各种信息数据及时准确的调用、查阅、核对。

5．运营维护和管理

在运营维护阶段，充分利用BIM和虚拟仿真技术，分析不同运营维护方案的投入产出效果，模拟维护工作对运营带来的影响，提出先进合理的运营维护方案。

>> 9.1.4　BIM与施工单位

施工单位，即从事土木工程、建筑工程、线路管道设备安装、装修工程施工承包的单位。施工单位通过建筑信息模型（BIM），提供可视化、集成化交流方式，根据本工程实际情况（未建、在建专业工程的施工图和在建、已建工程的施工相关信息），对项目的建筑、结构、装饰（含内外装饰）、机电安装（含电气、消防、暖通、智能化及医用专业安装工程）等工程的设计进行纠错审查、设计优化建议及管线综合深化设计、可视化展示；施工单位为甲方提供项目BIM系统的控制软件，负责管理控制软件的运行和权限，保障系统优质高效服务本项目。通过建立基于BIM应用的施工管理模式和协同工作机制，明确施工阶段各参与方的协同工作流程和成果提交内容，逐步实现施工阶段的BIM集成应用。

有施工方的专家认为，对于施工方而言，他们倾向于自己培养施工人员根据设计的图纸建立 BIM 模型，不愿意或者说无法使用设计院的模型。他们这样做的原因有两个：一是现在的 BIM 技术并没有普及，各设计院也会探索出一些自己的方法，他们不愿意无偿地把自己的模型给施工单位，因为这也涉及一些自己的技术核心；二是设计院的模型并不能真正地辅助施工，因为施工是一个动态过程，一个结构构件可能要通过多种不同的工序才能完成，其中还有很多的构造措施，而这些是设计人员并没有考虑的，模型中也不会体现。例如一道填充墙，在设计人员的模型中表现可能就是一道墙，而在施工过程中，同样的这道墙里面还包括拉结钢筋，墙快砌到梁底的时候采用斜砌砖等构造都没有体现；再比如在桩基础中，设计人员的设计桩长是指施工完成后的桩长，而真正施工时桩长是要比设计桩长长几十厘米，然后再凿去多余的混凝土，留出钢筋锚到承台中，这种出入对成本的预算有很大影响。

BIM 技术到底能给施工企业带来什么样的价值?

施工方接触一个工程的第一步就是招投标，在招投标阶段可以通过 BIM 模型给甲方直观地展示建筑物建成后的外观以及建筑的功能布局，便于沟通；同时也提升企业的形象，增强核心竞争力。

在一个项目进场施工之前，可以通过 BIM 的精细建模进行场地布置，动态模拟所有机械设备的进场顺序以及车辆移动路线，最大可能地规避会出现的碰撞、机械工作区域受限等问题。施工阶段还可以应用 BIM 进行不同施工方案的模拟，以选择最佳的方案。（主要通过调整不同的施工工序，改进相关施工工艺，尽可能使多种工作面同时开展，以合理统筹安排整个施工过程，并同时结合不同方案的进度情况以及成本预算综合选择最优的施工方案。）也就是说 BIM 技术可以通过模拟施工过程为我们提供一个真实的可预见性的结果，通过选择最优方案实现利益最大化。

BIM 技术可以实现施工项目的信息化管理。通过 BIM 模型建立该工程的移动用户端，这样技术员就可以每天更新施工的进度，录入施工信息（某施工班组的名称、工作区段、完成工作量，或工作滞后以及滞后的原因），成本与工作量清单可以直接生成文本输出。大型建筑会经常出现变更，到项目结束的时候变更管理混乱，资料不全。而在 BIM 模型中有需要变更的地方可以实时改变模型，会保存为不同版本，变更文本也同步保存，提高管理效率。工程结束后，所有项目资料都可以查找并输出，节省了大量整理资料时间。业主方可以利用客户端同步查看工程进度及各种施工信息，随时了解工程近况，与业主沟通工程情况方便直观。

（1）施工模型建立。施工企业应利用基于 BIM 的数据库信息，导入和处理已有的 BIM 设计模型，形成 BIM 施工模型。

（2）细化设计。利用 BIM 设计模型根据施工安装需要进一步细化、完善，指导建筑部品构件的生产以及现场施工安装。

（3）专业协调。进行建筑、结构、设备等各专业以及管线在施工阶段综合的碰撞检测、分析和模拟，消除冲突，减少返工。

（4）成本管理与控制。应用 BIM 施工模型，精确高效地计算工程量，进而辅助工程预算的编制。在施工过程中，对工程动态成本进行实时、精确的分析和计算，提高对项目成本和工程造价的管理能力。

（5）施工过程管理。应用 BIM 施工模型，对施工进度、人力、材料、设备、质量、安全、场地布置等信息进行动态管理，实现施工过程的可视化模拟和施工方案的不断优化。

（6）质量安全监控。综合应用数字监控、移动通信和物联网技术，建立 BIM 与现场监测数据的融合机制，实现施工现场集成通信与动态监管、施工时变结构及支撑体系安全分析、大型施工机械操作精度检测、复杂结构施工定位与精度分析等，进一步提高施工精度、效率和安全保障水平。

（7）地下工程风险管控。利用基于 BIM 的岩土工程施工模型，模拟地下工程施工过程以及对周边环境影响，对地下工程施工过程可能存在的危险源进行分析评估，制定风险防控措施。

（8）交付竣工模型。BIM 竣工模型应包括建筑、结构和机电设备等各专业内容，在三维几何信息的基础上，还包含材料、荷载、技术参数和指标等设计信息，质量、安全、耗材、成本等施工信息，以及构件与设备信息等。

1．基于 BIM 的虚拟施工及动态管理功能构建

（1）完整的基于 IFC 的建筑施工 4D 信息模型：通过建立基于 IFC 的 BIM 结构及其信息描述与扩展机制，根据施工过程模拟的需求对已有的 4D 施工信息模型进行完善和扩展，建立完整的基于 IFC 的建筑施工 4D 信息模型。

（2）构建 4D 虚拟施工环境：研究施工过程虚拟仿真、数值模拟以及过程模拟交互处理等核心技术，基于 BIM 的虚拟建造安装施工方案模拟现实的建造过程，通过反复的施工过程模拟，在虚拟的环境下发现施工过程中可能存在的问题和风险，并针对问题对模型和计划进行调整和修改，提前制定应对措施，进而优化施工方案和计划，再用来指导实际的项目施工，从而保证项目顺利进行。

（3）施工现场临设规划模拟：施工现场规划能够减少作业空间的冲突，优化空间利用效益，包括施工机械设施规划、现场物流和人流规划等。将 BIM 技术应用到施工现场临时设施规划阶段，可更好地指导施工，为施工企业降低施工风险与成本运营，譬如 BIM 可以实现在模型上展现塔吊的外形和姿态，配合 BIM 应用的塔吊规划就显得更加贴近实际。将 BIM 与物联网集成，可实现基于 BIM 施工现场实时物资需求驱动的物流规划和供应，以 BIM 空间载体，集成建筑物中的人流分布数据，可进行施工现场各个空间的人流模拟、检测碰撞、调整布局，并以 3D 模型进行表现。

（4）基于 BIM 的施工进度管理：基于 BIM 的施工模拟可将建筑从业人员从复杂抽象的图形、表格和文字中解放出来，以形象的 3D 模型作为建设项目的信息载体，方便建设项目各阶段，各专业以及相关人员之间的沟通和交流，提高工作效率。BIM 技术可以支持工程进度管理相关信息在规划、设计、建造和运营维护全过程中无损传递和充分共享，支持管理者实现各工作阶段所需的人员、材料和机械用量的精确计算，从而提高工作时间估计的精确度，保障资源分配的合理化。

（5）集成交付及设施管理：施工阶段及其前序阶段积累的 BIM 数据最终能够为建成的建筑物及其设施增加附加价值，在交付后的运营阶段再现、再处理交付前的各种数据信息，从而更好地服务于运营阶段。基于 BIM 提供的多维数据，可实现建成设施的运营模拟、可视化检修与维护管理、设施灾害识别和应急管控等。

（6）将资源管理细化到 WBS 工序节点。WBS 工序节点是对施工具体工作内容的分类与细化，根据《建设工程工程量清单计价规范》（GB 50500—2013）将资源统一划分和编码，细化到 WBS 工序节点也是本课题研究过程中需要解决的技术关键。

通过将 BIM 应用于施工过程，并结合虚拟现实等技术的应用，可以在不消耗现实材料资源和能量的前提下，让设计者、施工方和业主在项目设计策划和施工之前就能看到并了解施工的详细过程和结果，避免不必要的返工所带来的人力和物力消耗，为实际工程项目施工提供经验和最优的可行性方案，包括基于 BIM 的预制构件虚拟拼装和施工方案模拟技术。

2．案　例

在无锡正方园总部大楼（正方园科技大厦）项目中的主材管控：在地上部分的施工过程中，每次材料进场及混凝土浇筑的量及时提供给 BIM 技术人员，由 BIM 技术人员出对比表，再提交给施工部，根据 BIM 技术人员提供的量与实际量对比，查找分析原因，出总结分析报告（见表 9-1）。

碰撞检查：通过 Luban BIM Works 云计算功能，在电脑中提前查找出各不同专业（结构、暖通、消防、给排水、电气桥架等）空间上的碰撞冲突，提前发现图纸中的问题（见图 9-18）。

表 9-1　正方园科技大厦地下结构工程量分析表

序号	项目名称	计量单位	工程量			序号	项目名称	计量单位	工程量			
			计划	实际	差值				计划	下料	差值	实际
1	模板工程量	10m²	3177.87	3187.62	-9.75	3	钢筋工程量					
	地下室墙模板	10m²	1764.92	——			三级钢 6mm	t	2.569	3.860	-1.291	
	地下室顶模板	10m²	905.59	——			三级钢 8mm	t	55.820	40.000	15.820	75.148
	一层模板工程量	10m²	507.36	——			三级钢 10mm	t	122.006	99.700	22.306	148.477
2	混凝土工程量						三级钢 12mm	t	218.093	169.000	50.093	178.501
	C15 垫层	m³	653.51	751.00	-97.49		三级钢 14mm	t	241.738	270.600	-28.862	268.812
	C20 防水保护层	m³	395.43	165.00	230.43		三级钢 16mm	t	97.495	92.000	5.492	110.581
	C35 商品泵送砼	m³	2036.12	1970.50	65.62		三级钢 18mm	t	99.826	100.700	-0.874	177.471
	C35P10 商品泵送砼	m³	6420.00	6225.00	195.92		三级钢 20mm	t	37.194	44.500	7.306	70.550
	C35P6 商品泵送砼	m³	1504.04	1598.00	-93.96		三级钢 22mm	t	493.651	506.000	-12.349	530.192
	C40P6 商品泵送砼	m³	90.69	104.00	-13.31		三级钢 25mm	t	277.282	263.200	14.082	347.981
	C45P8 商品泵送砼	m³	131.89	145.00	-13.11		三级钢 28mm		0.300	0.300	0	0.300
	C45P6 商品泵送砼	m³	95.92	93.00	2.92		三级钢 32mm	t	19.119	19.900	-0.781	23.151
	C45 商品泵送砼	m³	444.46	399.00	45.46		下料损耗量 2%			32.210		卖废钢筋 14t
	C55 商品泵送砼	m³	342.66	382.50	-39.84		一层成品钢筋量	t				154.987
	C40P8 商品泵送砼	m³	0.00	59.00	-59.00		现场剩余钢筋总量	t				80.00
	塌方处填 C15 混凝土	m³			141.50							
	围护桩降水井封堵 C15	m³			15.00		钢筋工程量合计	t	1665.013	1641.090	23.923	1850.113
	商品混凝土合计	m³	12122.80	12292.00	-11.70							

编制人：郑海　陈新宇　　　　参与人：谭飞　[illegible]　丁玮玮　　　　编制时间：2012-5-4

太湖科技中心碰撞检查成果报告

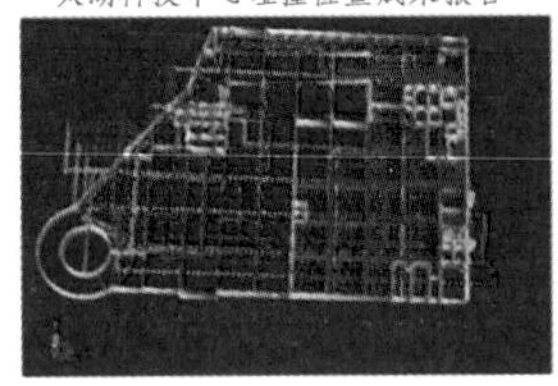

太湖科技中心_-2层（梁与风管）碰撞报告，共计8点

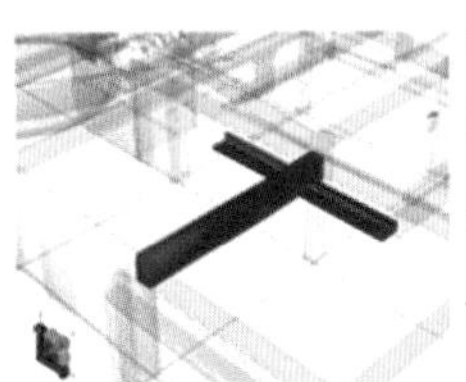

名称：碰撞1604

构件一：土建梁框架梁KL3A(1)

构件二：暖通风管排风管800*400

位置：距3轴157.558 m；距B轴1 315.3 m

备注：框架梁KL3A(1)底标高为4 100，排风管800*400顶标高为4 400

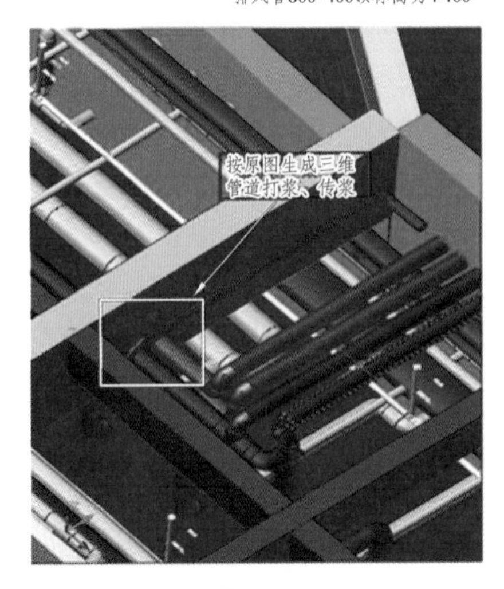

图 9-18

资料管理：工程资料与模型关联，为后期的运维阶段（如设施维护等）做准备，例如工程结构中墙、柱、梁等构件的质检报告、钢筋隐蔽验收单、施工方案等都可与构件关联，设备、管线等资料信息、生产合格证、厂家信息、验收报告等都可以在模型中查询到（见图 9-19）。

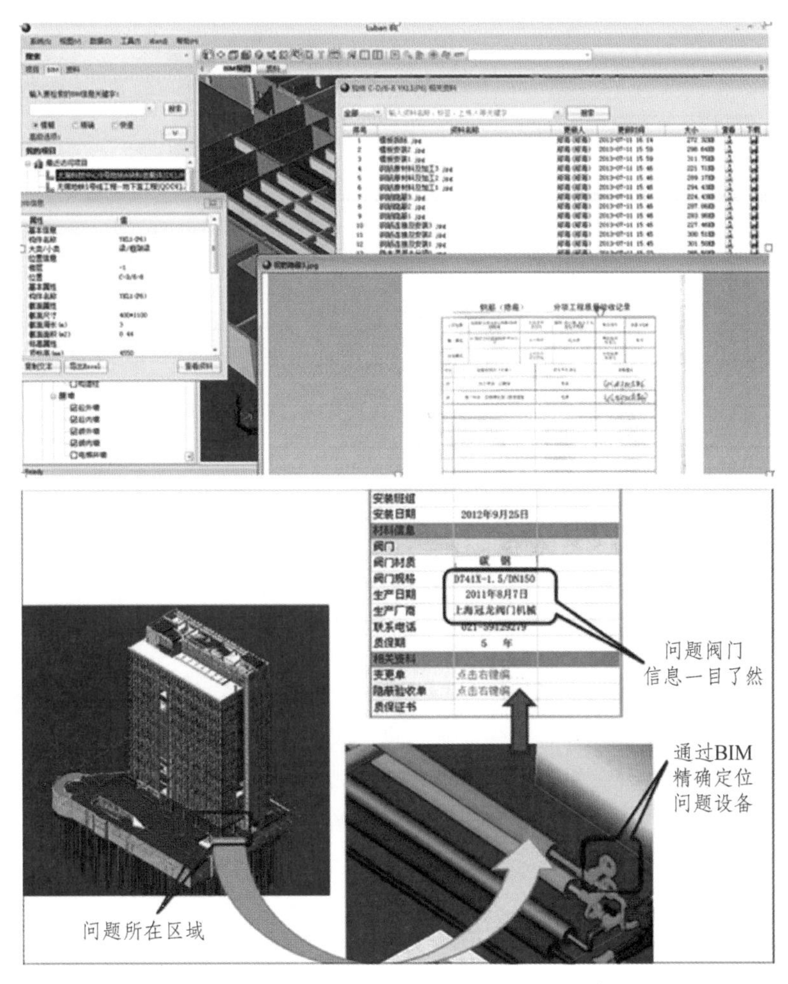

图 9-19　施工阶段对工作高效协同和信息准确传递要求更高

3．未来发展趋势

施工过程比设计阶段拥有更多的参与单位、更复杂的组织关系和合同关系。一个大型项目可能超过上百家分包单位参与，因此，施工过程将会产生大量的信息交流和组织协调问题，项目参与方顺利的合作和协同工作尤为重要。BIM 技术可以更好地支持施工协同工作，BIM 模型的可视化和参数化特性，使得设计表达更加清晰准确，降低沟通成本，协同更加顺畅。例如，BIM 是以三维信息模型为依托，在施工过程中通过三维的形式传递设计理念、施工方案等，方便了设计与施工、总包与分包、分包与工人之间的沟通。同时，在施工过程中，通过 BIM 模型集成进度和人材机资源，利用可视化的方式合理地划分分包工作界面，让各分包的进场、施工、撤离等工作前后前衔、协调一致，提高项目管理的效率。

1）施工阶段对信息共享和信息管理要求高

施工过程涉及的信息量远远超过设计阶段，无论从数量上还是种类上都非常巨大。如何及时地收集信息、高效地管理信息、准确地共享信息非常重要，直接影响项目决策的正确性和及时性。BIM 技术可以更好地支持施工项目信息的管理，高度协调的、一致的和可计算的 BIM 模型本身就是一个集成不同阶段、不同专业、不同资源信息的共享知识资源库，是一个可分享的项目信息集。BIM 技术基于统一的模型进行管理，提供更为底层、基础和一致性的数据，从设计模型、图纸、工程量等有关数据扩展到施工管理、材料设备、运行维护等数据全部有机集成，降低了信息管理和信息共享的难度。

2）施工阶段对项目管理能力要求高

施工阶段的业务复杂度远远超过设计阶段，呈现出业务种类多、参与者杂、专业范围广的特点。因此，要保证施工业务的有效执行，需要保证各业务单元之间数据的一致性和业务流转顺畅，BIM 技术可以提高施工项目管理精细化水平。例如，通过 5D 管理软件使得各参与方的工作基于同一个模型进行，5D 模型集成了成本和进度等业务数据，采用可视化的形式动态获取管理所需数据，这些数据是及时的、准确的、关联的，最终可实现项目精细化管理。

3）施工阶段对操作工艺的技术能力要求高

施工阶段是建筑物实际建造和形成的过程，不仅仅需要设计图纸，还要遇到大量的施工技术问题，BIM 技术可有效提高施工业务能力。例如，通过 BIM 模拟软件实现工艺模拟，事前调整安装错误，减少后期施工错误。通过 BIM 碰撞检查软件实现专业协调，提前发现设计问题，减少返工。

BIM 技术的目标是基于统一的模型实现建设全生命周期信息的共享，因此 BIM 技术在施工阶段不断深化应用的同时，呈现出设计施工一体化应用趋势，重点体现在设计模型在施工阶段的延伸和复用。设计阶段和施工阶段存在不同的工作侧重点和工作内容：设计阶段的 BIM 应用关注方案比选、方案调整、性能分析、可视化表达，聚焦于模型的生成和建立；施工阶段关注于 BIM 模型在各业务上的使用价值，聚焦于模型的深化和应用。两者在使用目的、深度要求、软件工具等方面均有不同，造成在设计施工一体化应用中 BIM 设计模型并不直接被施工阶段复用。

因此，设计施工一体化应用需要提高施工阶段对设计模型的利用率。一方面，需要针对 BIM 技术，专门建立科学、规范、可依据的模型与制图标准，对模型的深度要求、建模规则、命名规则等作出明确的规定，使设计阶段 BIM 模型有据可依；另一方面，需要引入先进的管理理念与 BIM 技术组合使用，如 IPD 模式，让建设、设计、施工等各参与方形成统一的利益共同体。其核心是让施工方在设计阶段就加入，基于 BIM 技术共同工作，充分发挥双方优势，降低设计问题。

4．施工单位在施工阶段应遵守的标准

1）前期准备工作

（1）BIM 专业咨询单位制定《施工阶段的 BIM 实施方案》。

（2）BIM 专业咨询单位协助业主对施工单位开通并管理 BIM 协同平台（包含权限的分配、使用原则的制定等）。

（3）施工总承包、施工分包单位制定相应的 BIM 工作计划和组建各自的 BIM 工作团队，同时指定专人作为本单位的 BIM 负责人，此 BIM 负责人负责内外部的总体沟通与协调工作，并配合业主方的 BIM 管理工作。

（4）各参与方在施工总承包统筹下，协助 BIM 专业咨询单位完成各专业优化，并将优化内容在 BIM 模型中进行反映，预先提出施工重点、难点，并进行重点、难点施工方案模拟，解决施工过程中潜在的错漏碰缺。

（5）BIM 专业咨询单位协助业主方制定《BIM 信息录入标准》，并协助各参与方完成 BIM 模型信息录入工作。

（6）BIM 专业咨询单位协助业主方定期归档 BIM 深化阶段成果。

2）施工过程工作

（1）BIM 专业咨询方对 BIM 技术应用与实际工程的研究及摸索，制定运维信息化框架及信息输入接口的标准，各参与方应配合实施。

（2）各参与方针对工程实际完成情况及设计变更，分阶段完成 BIM 模型细化，利用 BIM 技术辅助现场管理施工，安排施工顺序节点，确保现场施工顺畅，按进度计划保质保量完成项目建设。

（3）根据项目实施进度，施工总承包协调各参与方逐步添加项目信息，完善 BIM 模型信息。

>> 9.1.5 BIM 与工程总承包企业

工程总承包是指从事工程总承包的企业受业主委托，按照合同约定对工程项目的可行性研究、勘察、设计、采购、施工、试运行（竣工验收）等实行全过程或若干阶段的承包。工程总承包企业对承包工程的质量、安全、工期、造价全面负责。工程总承包企业必须取得国家住建部或省市级颁发的相应资质证书。根据工程总承包项目的过程需求和应用条件确定 BIM 应用内容，分阶段（工程启动、工程策划、工程实施、工程控制、工程收尾）开展 BIM 应用。在综合设计、咨询服务、集成管理等建筑业价值链中技术含量高、知识密集型的环节大力推进 BIM 应用，优化项目实施方案，合理协调各阶段工作，缩短工期、提高质量、节省投资，实现与设计、施工、设备供应、专业分包、劳务分包等单位的无缝对接，优化供应链，提升自身价值。

1．基于 BIM 的工作内容

（1）设计控制。按照方案设计、初步设计、施工图设计等阶段的总包管理需求，逐步建立适宜的多方共享的 BIM 模型，使设计优化、设计深化、设计变更等业务基于统一的 BIM 模型，并实施动态控制。

（2）成本控制。基于 BIM 施工模型，快速形成项目成本计划，高效、准确地进行成本预测、控制、核算、分析等，有效提高成本管控能力。

（3）进度控制。基于 BIM 施工模型，对多参与方、多专业的进度计划进行集成化管理，全面、动态地掌握工程进度、资源需求以及供应商生产及配送状况，解决施工和资源配置的冲突和矛盾，确保工期目标实现。

（4）质量安全管理。基于 BIM 施工模型，对复杂施工工艺进行数字化模拟，实现三维可视化技术交底；对复杂结构实现三维放样、定位和监测；实现工程危险源的自动识别分析和防护方案的模拟；实现远程质量验收。

（5）协调管理。基于 BIM，集成各分包单位的专业模型，管理各分包单位的深化设计和专业协调工作，提升工程信息交付质量和建造效率；优化施工现场环境和资源配置，减少施工现场各参与方、各专业之间的互相干扰。

（6）交付工程总承包 BIM 竣工模型。工程总承包 BIM 竣工模型应包括工程启动、工程策划、工程实施、工程控制、工程收尾等工程总承包全过程中，用于竣工交付、资料归档、运营维护的相关信息。

2．案　例

1）国家体育场工程中的 BIM 应用

（1）项目背景。

国家体育场（鸟巢）位于北京市奥林匹克公园中心区的南部，建筑总面积约 25 万平方米，平面呈椭圆的马鞍形，东西向长约 270 m，南北向长约 320 m，屋盖顶部高度为 66.8 m，屋顶及外框架为鸟巢状空间钢结构，屋面及立面构件间填充膜结构，场内为碗状预制混凝土看台，国家体育场的整体鸟瞰图，如图 9-20 所示。

图 9-20　国家体育场的整体鸟瞰图

众所周知，国家体育场工程的钢结构施工是该工程的最大难点。鸟巢的工程钢结构采用编织结构，大量应用无固定线型的空间弯扭构件。整个钢结构工程涉及 9 个钢厂、3 个深化设计单位、3 个钢结构加工单位、3 个现场拼装单位、2 个安装单位，钢构件运输距离 1 600 km。同时，工程的质量要求极高，政府要求总承包商管理到每一块钢板、每一个构件、每一条焊缝。如果不采用 BIM 等新技术和信息化的管理手段，要按时、保质地完成如此复杂的钢结构安装是无法保障的。

（2）BIM 及信息化应用的情况。

在国家体育场工程开工初期，项目部就确立了“建立以网络为支撑，业务流程为引导，专项软件应用为基础，信息管理为核心，项目管理为主线，使施工生产与管理实现一体化的施工总承包管理信息集成应用系统”的工作目标，并且按照满足工程管理需要和适度超前的原则建立了信息化管理实施方案。

在国家体育场工程信息化建设过程中，与清华大学合作进行建筑工程多参与方协同工作网络平台系统（ePIMS＋）、建筑工程 4D 施工管理系统（4D-GCPSU）两个 BIM 应用系统的开发与应用，与中国建筑科学研究院合作进行总承包信息化管理平台系统、钢结构信息化施工系统、远程视频监控系统的开发，由城建集团安装公司承担现场网络硬件系统集成及视频监控、红外安防系统的建设，并承担维护服务工作。

（3）应用效果。

通过与上述单位的合作，国家体育场工程建成了一套覆盖全部施工单位的有线、无线相结合的网络系统，一套由多种软件平台组成的信息化管理平台系统，一套覆盖全部场区的有线、无线相结合的视频监控系统。上述系统在实际使用中，起到了辅助工程管理的作用，提高了管理人员工作效率，为国家体育场工程的如期竣工起到了较大的推动作用。其中，ePIMS+和 4D-GCPSU 系统均被专家鉴定为国际先进水平，4D-GCPSU 系统获 2009 年住建部华夏建设科学技术一等奖。

>> 9.1.6　BIM 与后期运营维护单位

运营维护是指工程竣工后的设备调试、资料交接、政府验收、维修保养等事情。在传统建筑设施维护管理系统中，多半还是以文字的形式列表展现各类信息，但是文字报表有尤其局限性，尤其是无法展现设备之间的空间关系。当 BIM 导入到运维之后，除可以利用 BIM 模型对项目整体做了解之外，模型中各个设施的空间关系，建筑物内设备的尺寸、型号、口径等具体数据，也都可以从模型中完美展现出来，这些都可以作为运维的依据，并且合理、有效地应用在建筑设施维护与管理上。改进传统的运营维护管理方法，建立基于 BIM 应用的运营维护管理模式。建立基于 BIM 的运营维护管理协同工作机制、流程和制度。建立交付标准和制度，保证 BIM 竣工模型完整、准确地提交到运营维护阶段。

目前也有工程在已经竣工的情况下，甲方要求翻建 BIM 模型。BIM 技术通过三维模型真实再现建筑场景，可以漫游到各个角落部位并且可以同步查看该处的设备、管道、出入口等多种信息，通过信息化管理提高效率。例如某处管道损坏，则可以在模型上查看管道的生产厂家、管道型号参数、安装单位及安装时间。再比如想知道一个地方的消防设施，你就可以查到距离你最近的消火栓在哪里，有几个安全出口，最佳安全出口是哪个等。

1．主要工作内容

（1）运营维护模型建立。可利用基于 BIM 的数据集成方法，导入和处理已有的 BIM 竣工交付模型，再通过运营维护信息录入和数据集成，建立项目 BIM 运营维护模型，也可以利用其他竣工资料直接建立 BIM 运营维护模型。

（2）运营维护管理。应用 BIM 运营维护模型，集成 BIM、物联网和 GIS 技术，构建综合 BIM 运营维护管理平台，支持大型公共建筑和住宅小区的基础设施和市政管网的信息化管理，实现建筑物业、设备、设施及其巡检维修的精细化和可视化管理，并为工程健康监测提供信息支持。

（3）设备设施运行监控。综合应用智能建筑技术，将建筑设备及管线的 BIM 运营维护模型与楼宇设备自动控制系统相结合，通过运营维护管理平台，实现设备运行和排放的实时监测、分析和控制，支持设备设施运行的动态信息查询和异常情况快速定位。

（4）应急管理。综合应用 BIM 运营维护模型和各类灾害分析、虚拟现实等技术，实现各种可预见灾害模拟和应急处置。

BIM 数据在后期维护运用越深入，信息共享也会越多，对后期的帮助就越大。例如新设备应用时会贴上二维码或者 RFID（无线射频识别）标签，运维人员用手持设备就可以读取标签或者二维码，知道设备的生产厂家、工号，知道何时需要维修并提前准备。这就比以前被动地等设备出了问题再去找资料（有可能资料都没有了，找不到了）方便很多。如果加上 RFID 标签，即使设备隐藏在天花板里也可以知道设备选型、安装等信息，将有助于建筑的预防性维护（见图 9-21）。

图 9–21

2．昆明新机场工程中的 BIM 应用

1）项目背景

昆明新机场（现已正式命名昆明长水国际机场）坐落在云南省昆明市官渡区大板桥镇，新机场航站楼工程地上 3 层，局部 4 层，地下 3 层，总建筑面积 54.83 万平方米。航站楼南北长约 850 m，东西宽约 1120 m，中轴屋脊最高点相对标高 72.25 m。航站楼由南侧主楼、南侧东西两翼指廊、中央指廊、北侧 Y 形指廊五大部分构成，如图 9-22 所示。

图 9-22　昆明新机场全景效果图

2）BIM 的应用情况

根据昆明新机场机电设备安装工程特点和实际需求，我们在已有的 BIM 和 4D 技术研究成果基础上，开发“基于 BIM 的昆明新机场机电设备安装 4D 管理系统与运维管理平台”，如图 9-23 所示。

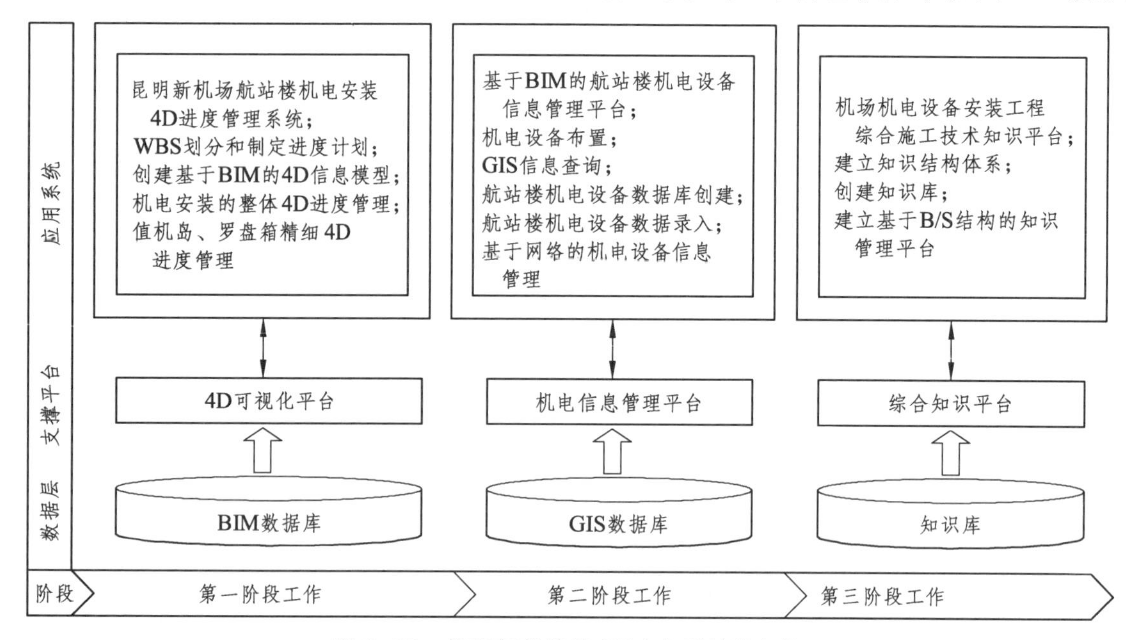

图 9-23　昆明新机场的 BIM 应用总体架构

该平台系统包括数据层、支撑平台、应用系统 3 个层次。其中，数据层由 BIM 数据库、GIS 数据库、知识库组成，支撑平台包括 4D 可视化平台、机电信息管理平台、综合知识平台 3 项应用，应用系统由昆明新机场航站楼机电安装 4D 进度管理系统、基于 BIM 的航站楼机电设备信息管理平台、机场机电设备安装工程综合施工技术知识平台 3 个部分组成。

3）应用效果

针对昆明新机场机电设备安装、运行和维护管理的实际需求，首次将 BIM、4D 和 GIS 技术应用于机场机电安装、运行及维护管理中，开发并应用了基于 BIM 的昆明新机场机电设备安装 4D 管理系统和航站楼运维信息管理系统。在施工阶段，通过建立基于 BIM 的机电设备 4D 信息模型，实现机场航站楼机电设备安装工程施工的 4D 动态管理以及施工过程的 4D 可视化模拟。在运维阶段，支持机电设备安装施工信息与运维阶段无损传递和数据共享，实现基于 BIM 和 GIS 的航站楼运维的信息化、动态化和可视化管理。利用 BIM 的空间拓扑信息、资源信息以及机电设备相关信息，进行 GIS 表现，支持日常运维中的物业、机电、流程、库存以及报修与维护等管理工作和信息查询，为机电设备安装、运维及管理提供科学的信息化管理手段。相关研究成果经专家鉴定达到国际领先水平，获 2013 年云南省科技进步三等奖。

>> 9.1.7　BIM技术团队

BIM运用的最大价值在于打通建筑的全寿命周期，这决定不是一个人的事，必须依靠团队作战，项目参与人员越多，使用价值越高，这就更突显组建自己BIM团队的重要性，也是企业BIM技术发展的必由之路。

根据人员岗位不同，运用BIM技能需求的不同，一般的BIM团队由BIM总监、BIM项目负责人、BIM工程师构成，同时项目不同岗位人员需要利用BIM模型中的数据、信息来处理工作与业务，属于BIM岗位运用层级。

1．BIM总监

BIM总监全面负责公司级别的BIM技术的总体发展战略（包括组建团队、人员培训、确定技术路线等），研究BIM对企业的质量效益和经济效益的作用，制订企业BIM实施计划及操作流程等，监督、检查各项目模型质量、模型维护和应用情况，协助解决项目应用中的问题。

2．BIM项目负责人

BIM项目负责人全面负责单个项目BIM应用过程中的技术和人员管理、BIM实施计划的编制和执行；负责按时、保质、保量交付模型，满足投标或施工需求；负责模型技术交底、模型维护及利用模型对项目的整体质量、效率、成本、安全等关键指标进行分析、模拟、优化，提升项目效益。BIM项目负责人还有很大的一块工作在于项目各部门间的协调，利用一致同步的模型中的数据为各部门决策制定提供信息，项目实施中BIM对项目价值的实现，很大一块就是通过BIM项目负责人的协调工作来实现的。

（1）管理协调。通过管理以减少BIM模型使用过程中各专业的配合及数据流动问题，建立以BIM总监为主的统一领导，由BIM项目负责人统一指挥，解决BIM团队与各职能部门的协调工作。作为BIM项目负责人，首先要全面了解、掌握各职能部门的需求，这样才有可能服务好各职能部门，保证各职能部门使用BIM模型的正确。

（2）组织协调。BIM技术运用过程中，BIM项目负责人应定期组织BIM团队、各职能部门举行协调会议，解决模型使用中的协调问题。这里要强调的一点是，不论是投标阶段、建造阶段还是物业运维阶段，所有制定的制度决不能是一个形式，而应是实实在在，或者说所有的BIM管理及使用人员，对自己的工作、签名应承担相应责任。

（3）技术协调。提高BIM模型的质量，减少因模型错误带来的协调问题。模型组合碰撞关系到各专业的协调，BIM工程师对自己创建的部分一般都较为严密和完整，但与其他人的工作就不一定能够一致。这就需要在模型组合碰撞时找出问题，并认真落实，从BIM模型上加以解决。

3．BIM工程师

BIM工程师是BIM技术团队的核心执行成员，专职负责公司所有工程项目的建模、报价、机电管线综合平衡、审计及模型动态维护等工作。合格的BIM项目工程师必须具备以下素质：一是具备“一专多能”知识结构。工程项目包含的分部工程繁多，比如主体结构、装饰装修、给排水及采暖、电气、通风与空调等分部工程，涉及的知识面广，BIM项目工程师必须具备“一专多能”的知识结构，即在精通某一专业的基础上了解其他专业的基本知识及施工验收规范，方能生产出正确的BIM模型。以机电专业管线综合平衡为例，各专业分别建立三维模型并组合碰撞后，进行管线平衡的操作人员若某一专业知识欠缺，往往出现错误的概率最大。二是较强的学习能力。学习能力是指不断更新知识、学习新技术、新知识的能力。BIM技术的运用点在不断地丰富变化，这就要求BIM项目工程师必须不断地提升自我，不断学习先进知识，才能满足岗位工作不断发展的需要，才能促使 BIM 发展进程顺利进行。三是高效的沟通能力。BIM 技术运用是一项复杂的、循序渐进的过程，是多种专业知识综合在一起，经缜密策划进而实践的过程，涉及项目参与各方、各专业、各级执行人员等多方面关系，需要具备高效的沟通能力去协调各方关系，发扬团队合作精神方能使 BIM 运用顺利进行。

4．BIM 岗位运用人员

严格来讲，BIM 岗位运用人员并不属于 BIM 团队的成员，而是传统职能部门利用 BIM 模型中的数据、信息完成岗位工作。BIM 岗位运用人员主要是指项目技术负责人、施工员、核算员、材料员、质量员、资料员等项目核心管理人员。他们要参加项目模型交底，正确熟练使用模型，借助 BIM 模型完成岗位工作，并及时向项目 BIM 工程师反馈模型使用中的问题，以便对 BIM 模型进行动态管理。比如施工员要借助 BIM 模型查询施工复杂节点，指导班组施工并根据模型基础数据安排施工进度计划等。

5．项目 BIM 团队组织架构及人员配置

1）项目 BIM 团队组织架构

施工阶段项目 BIM 管理团队主要有 BIM 总协调团队和各专业分包方 BIM 团队。项目 BIM 团队在 BIM 总协调统一管理和组织下开展 BIM 项目管理工作。

2）团队职责

在本业主施工阶段 BIM 管理组织架构下，各团队职责详见管理组织结构图。

6．BIM 工程师的市场需求

1）政府要求

推进建筑信息模型（BIM）等信息技术在工程设计、施工和运行维护全过程中的应用，提高综合效益，是促进绿色建筑发展、提高建筑产业信息化水平、推进智慧城市建设和实现建筑业转型升级的基础性技术。BIM 工程师是推荐我国建筑产业信息化发展坚定的执行者、规划师是我国建筑信息计划产业良性发展的科技先锋。

2015 年——选择一定规模的医院、学校等政府投资工程项目进行 BIM 技术应用试点；

2016 年——基本形成满足 BIM 技术应用的配套标准规范体系；

2017 年——投资额 1 亿元人民币以上或单体建筑面积 2 万平方米以上的政府投资工程实现 BIM 应用；

2020 年——集成应用 BIM 的项目比率达到 90%。

2）市场需求

（1）BIM 建模工程师。

负责创建 BIM 模型，负责 BIM 可持续设计（绿色建筑设计、节能分析、室内外渲染、虚拟漫游、建筑动画、虚拟施工周期、工程量统计）。

（2）BIM 项目管理师。

建立并管理项目 BIM 团队，负责设计环境的保障监督，参与企业 BIM 项目决策，负责 BIM 交付成果的质量管理。

（3）BIM 战略规划师。

协助准确理解和应用建筑信息化管理，对建筑信息化管理进行评价，制定并实施有效的建筑信息化发展战略。准备充分的、有效的建筑信息化建设战略应包括企业内部进行资源整合、准确定位，明确建筑信息化建设的总目标和阶段目标，确定启动信息化建设的时机及投资力度。

（4）BIM系统管理师。

BIM应用系统、数据协同及存储系统、构件库管理系统的日常维护、备份等工作。

负责各项目环境资源的准备及维护；负责BIM应用流程、制度及规范等培训。

负责BIM软件使用的初级、中级培训，负责解决使用者BIM软件使用问题及故障。

（5）BIM数据分析师：

对构件资源数据及项目交付数据进行验算，按照国家及行业的标准进行审核，并提交相关审核情况报告；对构件资源数据进行结构化整理并导入构件库，并保证数据的良好检索能力；对构件库中构件资源的一致性、时效性进行维护，保证构件库资源的可用性；负责对数据信息的汇总、提取，供其他系统及应用使用。

3）对于企业——掌握BIM就能掌握未来发展的主动权

建筑设计院：根据不同设计阶段任务要求，形成满足各参与方使用要求的数据信息。

房地产企业：满足工程建设不同阶段对质量管控和工程进度、投资控制的需求。

施工企业：应用BIM施工模型，精确高效计算，提高对项目成本、质量、进度的管理能力。

材料生产安装企业：利用BIM模型根据施工安装需要进一步细化预制构件的生产以及现场施工安装。

大中专院校：普及国家职业教育证书，提升建筑行业毕业生的就业竞争率。

勘察单位：实现工程勘察基于BIM的数值模拟和空间分析，辅助用户进行科学决策和规避风险。

运营维护单位：应用BIM模型，实现建筑物业、设备、设施及其巡检维修的精细化和可视化管理。

9.2　BIM与相关证书

在如今科学技术日益发展的今天，传统CAD模式已经渐渐不能满足现在项目各方面需求，BIM作为拥有数据集成能力、参数化、可视化等全新优势的建筑工具，必将逐渐融入渗透到整个建筑行业。对于BIM人才的需求也必将大大增加。就个人在建筑业的发展而言，提前掌握这门新技术尤为重要，而获得BIM相关证书就是个人相关能力的最好证明。在企业招聘中，拥有证书的人员是会被优先考虑的。对于企业而言，获得相关证书也很重要，随着国家对于BIM技术的大力推广和普及，许多大项目在招投标阶段就开始明确要求设计方或是施工会应用BIM技术，并且能够提供出相应证明。企业可以试想如果自己企业的员工拥有BIM技能等级相关证明，不但可以参加投标，可以提高中标概率；同时，一个企业拥有BIM相关证书的人越多，也在侧面体现了一个企业的实力和竞争力。

>> 9.2.1　国内资质认证

1．BIM等级考试

当前在我国推行的BIM等级考试制度，主要是由国家人力资源和社会保障部及中国图学会主导的等级考试，考试分为三个等级——一级（BIM初级建模师）、二级（BIM高级建模师）、三级（BIM应用工程师），通过考试将会获得由中国图学会颁发的全国BIM技能等级考试证书和人社部颁发的岗位能力证书。在诸多项目招标阶段中，就有提及竞标者必须拥有该证书或相关资质。可以说，该证书是国内BIM证书的一大热门。

认证资格要求：

一级和二级 BIM 技能应具有高中或高中以上学历（或其同等学力）。

三级 BIM 技能应具有土木建筑工程及相关专业大专或大专以上学历（或其同等学力）。

BIM 技能一级（具备以下条件之一者可申报本级别）：

（1）达到本技能一级所推荐的培训时间；

（2） 连续从事 BIM 建模或相关工作 1 年以上者。

BIM 技能二级（具备以下条件之一者可申报本级别）：

（1）已取得本技能一级考核证书，且达到本技能二级所推荐的培训时间；

（2）连续从事 BIM 建模和应用相关工作 2 年以上者（见图 9-24）。

BIM 技能三级（具备以下条件之一者可申报本级别）：

（1）已取得本技能二级考核证书，且达到本技能三级所推荐的培训时间；

（2）连续从事 BIM 设计和专业应用工作 2 年以上者。

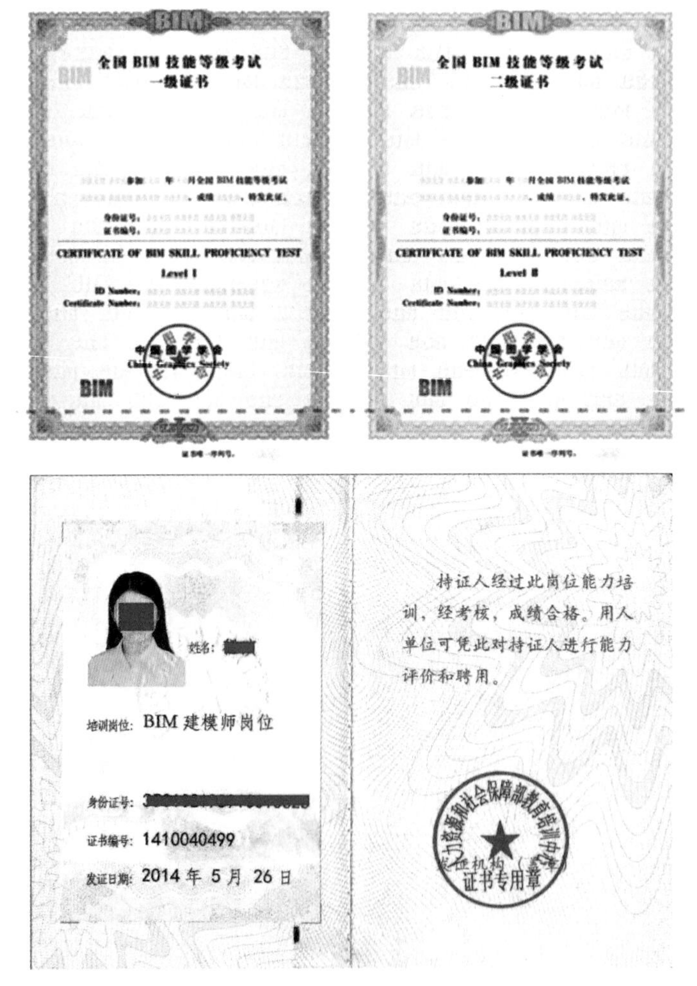

图 9-24

考评大纲：

BIM 技能一级相当于 BIM 初级应用水平，不区分专业，能掌握 BIM 软件操作和基本 BIM 建模方法；

二级根据设计对象的不同，分为建筑、结构、设备三个专业，能创建达到各专业设计要求的专业 BIM 模型；

三级根据应用专业的不同，分为建筑、结构、设备设计专业以及施工、造价管理专业，能进行 BIM 技术的综合应用。

2．BIM 应用技能等级考试证书

该证书与 BIM 等级证书有着本质的区别，该证书是由中国建设教育协会整合多个院校及行业进行多年的潜心调研之后发起的。全国 BIM 应用技能考试证书同样也分为三级：一级 BIM 建模师；二级专业 BIM 应用师（区分专业）；三级综合 BIM 应用师（这里不单拥有建模能力，还包括与各个专业的结合、实施 BIM 流程、制定 BIM 标准、多方协同等，偏重于 BIM 在管理上的应用）。

1）报考条件

（1）BIM 建模考试申报条件。

土建类及相关专业在校学生、建筑业从业人员。

（2）专业 BIM 应用考试申报条件。

凡遵守国家法律、法规，具备下列条件之一者，可以申请参加 BIM 专项应用考试：

① 通过 BIM 建模应用考试或具有 BIM 相关工作经验 3 年以上。

② 取得全国范围或省级地方工程建设相关职业或执业资格证书，如一级或二级建造师、造价工程师、监理工程师、一级或二级注册建筑师、注册结构工程师、注册设备工程师等。

（3）综合 BIM 应用考试申报条件。

凡遵守国家法律、法规，具备下列条件之一者，可以申请参加 BIM 综合应用考试：

① 通过专业 BIM 应用考试并具有 BIM 相关工作经验 3 年以上。

② 工程建设相关专业专科及以上学历毕业，并具有 BIM 相关工作经验 5 年以上。

③ 取得全国范围工程建设相关职业或执业资格证书，如一级建造师、造价工程师、监理工程师、一级注册建筑师、注册结构工程师、注册设备工程师等。

④ 取得工程师及以上级别职称评定，并具有 BIM 相关工作经验 3 年。

2）考试内容及试题类型

全国 BIM 应用技能考评分“BIM 建模”“专业 BIM 应用”和“综合 BIM 应用”三级。BIM 建模考评与 BIM 综合应用考评不区分专业。专业 BIM 应用考评分为 BIM 建筑规划与设计应用、BIM 结构应用、BIM 设备应用、BIM 工程管理应用（土建）、BIM 工程管理应用（安装）五种类型。考生在报名时根据工作需要和自身条件选择一个等级及专业进行考试。

证书样本见图 9-26。

3．BIM 咨询师

BIM 咨询师是未来企业 BIM 应用的技术支撑，不仅仅要了解、掌握 BIM 基础软件，还需要理解和掌握 BIM 技术架构、BIM 实施的方法论和国内外应用现状、BIM 应用价值和实施方法、BIM 实施应用的环境等。通过培训并认证的 BIM 咨询师将能与设计、施工、运营各个阶段、专业相融合，实现整个产业链的技术创新和效率提升，也将是我们提出“智慧建造”“节能建造”的重要途径（见图 9-25）。

BIM 咨询师是国内建设管理领域、工程行业领域、住房和城乡建设部、中国建设教育协会认可的证书，国内大、中型房地产企业、设计企业、施工企业、项目管理企业、监理企业、工程咨询企业的技术管理人才的必备能力证书。

1）主要学习内容

（1）BIM 软硬件配置，模型数据交换的标准形式，各主流 BIM 软件应用的环境。

（2）BIM 建模操作标准与流程，模型的拆分与存档，各工程阶段 BIM 介入的节点。

（3）BIM 软件建模应用与出图，功能分析和多专业协同工作，参数化族的设计与制作。

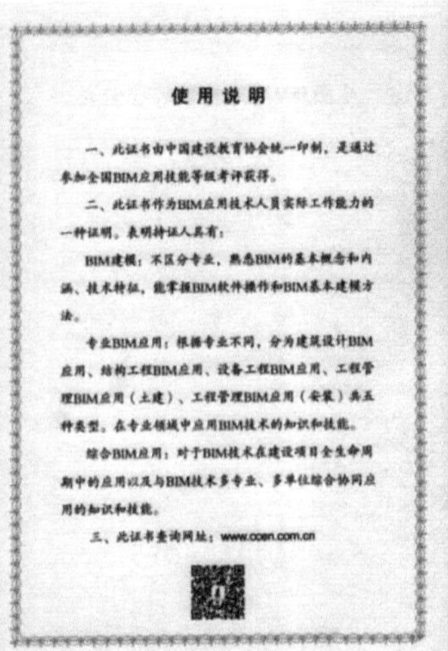

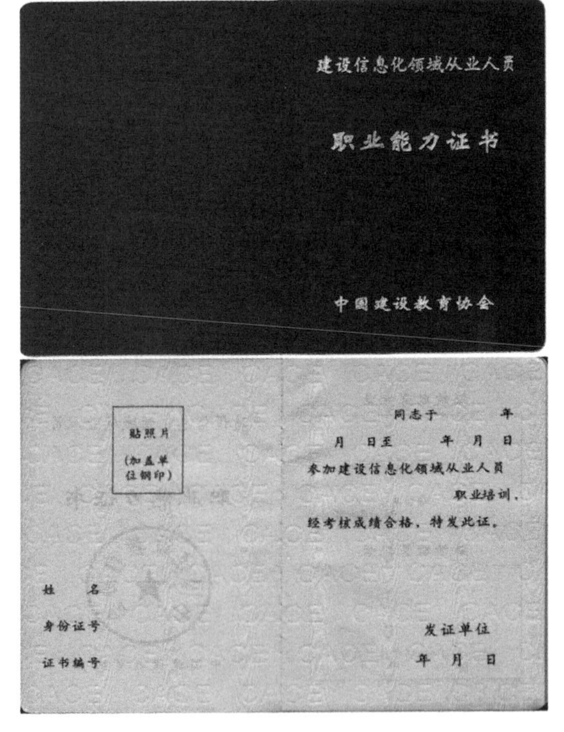

图 9-25

（4）复杂节点的施工模拟和 4D（BIM + 进度）进度模拟。

（5）管线综合的原则与 BIM 建模的管线综合方法。

（6）基于 BIM 的运维管理。

合格的 BIM 咨询师必须掌握 BIM 基础理论，了解世界各国及地区 BIM 应用发展，目前国内的 BIM 发展趋势，BIM 的市场价值和运营模式，BIM 在工程各个阶段的应用情况，各阶段的标准制定及 LOD 标准制定；掌握前期 BIM 项目规划，建立基于 BIM 的管理平台，4D 模拟（施工模拟），样板制作，建筑、结构、水暖电各专业的实际建模以及出平立剖图等专业技术；能够为建设工程整个生命周期提供专业服务和咨询服务。

2）认证价值

（1）国内建设管理领域、工程行业领域、住房和城乡建设部、中国建设教育协会认可的权威证书，所属会员单位统一认可。

（2）国内唯一基于建设全生命周期 BIM 技术的培训认证。

（3）国内大、中型房地产企业、设计企业、施工企业、项目管理企业、监理企业、工程咨询企业的技术管理人才的必备能力证书。

（4）以 BIM 技术为核心，BIM 技术能力的证明，是担任建设企业技术、管理职务的必备证书。

（5）在大型复杂项目招投标过程中，BIM 逐渐成为基础条件，获取 BIM 咨询师证书将成为项目中标的必要条件。

（6）BIM 咨询师认证，将在未来成为行业注册执业证书的必修课程。

（7）通过认证人员将被中国建设教育协会会员单位优先聘用。

证书样本见图 9-26。

图 9–26

4．BIM 专业技能证书

BIM 专业技能证书由工业和信息化部电子行业职业技能鉴定指导中心颁发“专业技能证书”，证书全国统一编号，是在工程招投标中必须具备的证书，全国通用，是建筑信息模型（BIM）技术能力的证明，是从事建筑信息模型（BIM）工作的从业资格和就业凭证，是担任专业技术与管理职务的任职资格，是承接大型项目参与招投标的基础条件，是提升工程质量和效率、降低造价和节约资源、推动人才队伍建设的重要参考依据（见图 9-27）。

图 9–27

5．Autodesk 全球认证教员（Revit 建施方向）

欧特克（Autodesk）是全球最大的二维、三维设计和工程软件公司，为制造业、工程建设行业、基础设施业以及传媒娱乐业提供卓越的数字化设计和工程软件服务和解决方案。Autodesk 规定授权培训中心（ATC）必须拥有至少 2 名 Autodesk 软件认证教师。

Autodesk 公司自 2006 年 2 月起实行全国统一的认证考试体系，教师在通过 ATC 管理中心组织的认证培训后，才有资格申请参加认证教师考试，并在考试合格后获得 Autodesk Authorized Instructor 资质证书，具备教授 Autodesk 相关软件的资格。

参加培训条件：Autodesk ATC 中心教员、企业 BIM 骨干、相关院校老师，具有一定的 Revit 软件基础（注：非 ATC 中心教员也可以参加培训，掌握 Revit 进阶技能及 Revit 参数化定制技能，考取 Revit 认证教员资格证明，申请 Autodesk 授权培训中心需具备 2 名以上认证教员）。

1）培训内容

（1）Autodesk ATC 授权介绍：Autodesk 中国教育管理中心领导介绍 ATC 授权相关事宜；资质申请的要求及流程周期；ATC 授权培训中心的优势、课程设置、培训教材、认证考试科目、教师和学生成长计划等。

（2）BIM 案例分享篇：BIM 概念、BIM 主要功能、BIM 前景、BIM 案例运用、BIM 深入运用。

（3）Revit 施工图样板定制篇：施工图纸内容及相关规范简介、视图浏览器组织、视图样板设置、对象样式设置、材质浏览器、可见性与图形替换、过滤器等知识点讲解。

（4）Revit 建模篇：标高与轴网、建筑柱与结构柱、墙体绘制、门窗添加、楼板、天花板、屋顶、楼梯与坡道、装饰构件的创建、场地设计。

（5）施工图输出篇：布图与排版、尺寸标注与文字注释、视图设计、详图设计、表单设计、打印与输出。

（6）Revit 教员考试培训：注意事项、在线考试部分试题解析、试讲注意事项。

2）证 书

参加培训老师在培训结束后参加统一考试，考试合格者颁发 Revit 认证教员资格证书。获得配置如下：Autodesk 认证讲师证书 + 认证讲师胸牌 + 一件 T shirt + ATC 金属牌。

证书样本见图 9-28。

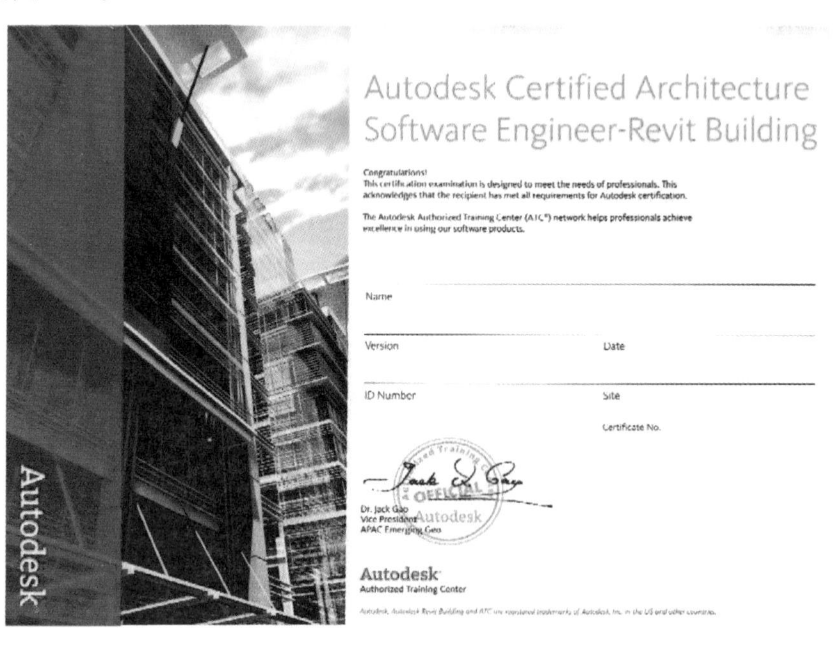

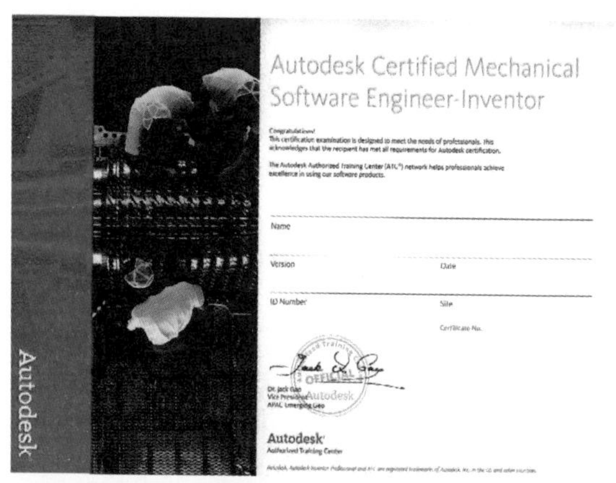

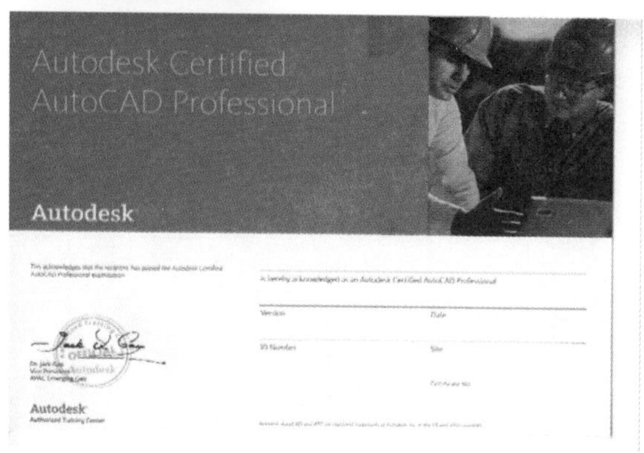

图 9–28 Autodesk 全球认证证书样本

• Autodesk 认证教师资格要求及获取流程：

ATC 认证教师至少应具备三年以上相关行业经验；

根据相关软件认证教师必修课时要求参加培训学习；

通过认证教师级别的在线考试（占 30%）；

完成必修课后提交建施方向 Revit 作品，由 Autodesk 授权教育专家点评并撰写评语（占 30%）；

完成 15 ~ 30 分钟试讲（包括 Q&A 时间），将有专家现场提问（占 40%）；

完成以上项目并成绩合格的教员将获得 Autodesk 授予的 Autodesk 认证讲师称号。

• Revit 全球认证教员的优势：

BIM 项目运用：BIM 项目中运用 Revit 参数化定制技能，节省时间和提高质量，提高修改项目和维护模型的效率和方便性。

BIM 培训师资：经过 Autodesk 严格培训和认证的教员作为 BIM 培训的师资更有说服力。

个人竞争力：提高您的竞争力和个人信誉，帮助您在职业发展中更加成功。

申请 ATC 必要条件：Autodesk 规定授权培训中心（ATC）必须拥有至少 2 名认证教师。

• 加盟 Autodesk ATC 的优势：

Autodesk 正版软件：Autodesk? 授权培训中心（ATC®）可以获得正版的软件不低于 30 套，有助于他们在当地为专业人员提供高质量的培训。（注：非正版软件不能商用。）

ATC 授权培训中心：其中一个最重要的好处就是您被指定为 Autodesk 授权培训中心。成为 ATC 之后，您将有权利在您的促销材料上使用 Autodesk 授权培训中心的标志，并且能够有效地将您的课程与其他培训提供者的课程区分开来。

Autodesk 认证考试中心：Autodesk ATC 同时也是 Autodesk 在中国区的 Autodesk 工程师认证考试中心。

Autodesk 市场推广：市场推广乃是 ATC 课程成功的重要因素。Autodesk 公司在市场宣传方面提供支持（包括在 Autodesk 公司全球及中国的网站上进行宣传），以及参与 Autodesk 公司销售及市场组织的解决方案日与客户日。

BIM 项目及 BIM 培训资质：BIM 项目招标或者 BIM 培训招标中 ATC 作为培训资质之一、加分项之一。

>> 9.2.2 国际资质认证

ICM 国际 BIM 资质认证

ICM 国际建设管理学会，是全球广为推崇的权威机构，在涉及全面规划、开发、设计、建造、运营以及项目咨询等建设全过程，ICM 会员为其客户和社会提供专业的建议和服务，致力于达到并且维护行业的最高标准和最佳实践。BIM 工程师和 BIM 项目管理总监认证是 ICM 在全球推广的两个证书体系，是欧美等发达国家相应职业必备证书。截至 2012 年年底，ICM 全球认证人数已超过 10 万人。2010 年开始进入中国，目前中国认证人数已超过 3 000 人。

目前，国内关于 ICM 国际 BIM 资质认证方面有 BIM 工程师和 BIM 项目总监两类证书：BIM 工程师证书偏重于软件的实操与现场项目实施；BIM 项目总监证书则注重于 BIM 在企业中的管理应用。

BIM 工程师主要学习内容：

（1）建筑信息模型（BIM）基础知识；

（2）建筑信息模型（BIM）相关硬件基础、软件知识；

（3）建筑信息模型（BIM）平台的规划搭建与全过程信息协同管理；

（4）房地产建筑信息模型（BIM）基础软件应用；

（5）建筑信息模型（BIM）相关技术项目案例分析与应用；

（6）建筑信息模型（BIM）技术与项目管理；

（7）BIM 施工综合应用；

（8）基于个人作品的实战建模。

合格的 BIM 工程师需要掌握 BIM 基础知识和专业技术，能够规划搭建 BIM 平台，建立建筑设计施工综合管理系统，为建设工程整个生命周期中的方案论证、设计、施工、运营阶段，提供空间规划、协同设计、工程管理、信息集成等专业咨询与服务。

BIM 工程师证书样本见图 9-29。

图 9-29　ICM 国际 BIM 资质证书样本

2．BIM 项目总监证书

BIM 项目总监证书由国际建设管理学会（ICM）颁发，针对建设相关企业的高层管理者，是全球业主方项目管理权威证书。该项目也得到美国斯坦福大学和我国同济大学、重庆大学、VENCI、CIH、香港设施协会等权威的机构的支持。

BIM 项目总监证书价值：

- 欧美及我国香港等纷纷制定强制实施 BIM 措施，我国国家“十二五”规划也已明确将 BIM 作为重点发展领域，BIM 项目总监证书将成为建设企业核心管理者必备证书。
- 国际建设管理学会（ICM）是全球业主方项目管理权威机构，搭建业主、设计师、承包商、工程咨询师交流平台，并推动全球相关标准的制定。
- 不上 BIM 是慢性自杀，盲目上 BIM 是快速自杀；BIM 项目总监可让企业在避免盲目上 BIM 的前提下快速具备应对 BIM 招投标及 BIM 项目管理能力。
- 万科、龙湖、万达、SOHO 中国等大型房企正在进行标准化革命，BIM 是其核心。
- ICM 全球会员网络提供强有力的本地化支持。

主要学习内容：

BIM 价值与决策管理：BIM 概论与核心价值、BIM 组织设计、BIM 项目与传统项目管理差异、BIM 应用创新。

BIM 相关方管理：IPD 协同一体化交付、BIM 招投标管理、BIM 设计管理、BIM 施工进度与成本管理、BIM 合同管理。

除此之外，还要参与一些 BIM 的实例考察：BIM 招投标案例剖析、如何打造成熟的 BIM 团队、BIM 经典项目案例；学完全部内容并通过相应面试，就将获得国际建设管理学会颁发 BIM 项目总监认证证书。

BIM 项目总监证书样本见图 9-30。

图 9-30 ICM 国际 BIM 总监证书样本

BIM 项目总监主要负责对 BIM 工作进度的管理与监控；组织、协调人员进行各专业 BIM 模型的搭建、建筑分析、二维出图等工作；负责各专业的综合协调工作（阶段性管线综合控制、专业协调等）；负责 BIM 交付成果的质量管理，包括阶段性检查及交付检查等，组织解决存在的问题；负责对外数据接收或交付，配合业主及其他相关合作方检验，并完成数据和文件的接收或交付。BIM 项目总监除了要对工程本身有相当深入的了解外，必须作为工程团队的项目管理人员，负责协调各方人员解决设计上、施工上所遭遇的技术问题，运用 BIM 技术加以避免或克服。 此类人员对于 BIM 软件的操作并无实质性的要求，只需要了解其流程即可，一般为企业中高层管理人员。

9.3 BIM 的未来发展预测

随着国家经济持续快速发展，中国已经成为世界上工程建设最活跃、最多的地区，建筑行业的人才越来越多，知道和了解 BIM 技术的人也越来越多，但绝大部分处于观望的状态。2011 年是中国建筑行业比较公认的中国 BIM 元年，因为这一年颁布《2011—2015 建筑业信息化发展纲要》，BIM 技术第一次被明确的写入了“十二五”规划。

现代化、工业化、信息化是我国建筑业发展的三个方向，BIM 技术将成为中国建筑业信息化未来十年的主旋律。目前，BIM 理念已经在我国建筑行业迅速扩展，基于 BIM 的设计、施工和运维等应用已经成为不可逆转的中国 BIM 发展的趋势和方向。为此，政府出台多项政策指导和引领企业 BIM 应用行动。

>> 9.3.1 BIM 对各行业的影响

引申阅读三十：
BIM 对各行业的影响

>> 9.3.2 BIM 现阶段的问题

BIM 技术在日本、美国、澳大利亚等发达国家都已经普及，欧洲进展要慢一点。但在国内，这还有相当长的一段路要走。

任何刚兴起的事物总是会遇到无数的阻碍才能得到真正的推广，BIM 在我国的推广也是一段艰辛的历程。其中影响 BIM 在我国发展的主要因素如下：

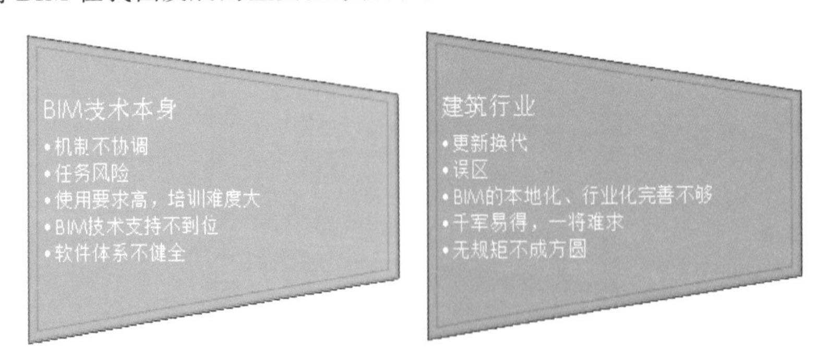

1．就 BIM 技术本身

1）机制不协调

BIM 应用不仅带来技术风险，还影响到设计设计工作流程。因此，设计师应用 BIM 软件不可避免地会在一段时间内影响到个人及部门利益，并且一般情况下设计师无法获得相关的利益补偿。因此，在没有切实的技术保障和配套管理机制的情况下，强制在单位或部门推广 BIM 是不太现实的。

另外，由于目前的设计成果仍是以 2D 图纸表达的，BIM 技术在 2D 图纸成图方面仍存在着一定程度的细节不到位、表达不规范的现象。因此，一方面应完善 BIM 软件的 2D 图档功能，另一方面国家相关部门也应该结合技术进步，适当改变传统的设计交付方式及制图规范，甚至能做到以 3D BIM 模

型作为设计成果载体。

2）任务风险

我国普遍存在着项目设计周期短、工期紧张的情况，BIM软件在初期应用过程中，不可避免地会存在技术障碍，这有可能导致无法按期完成设计任务。

3）使用要求高，培训难度大

尽管主流BIM软件一再强调其易学易用性，实际上相对2D设计而言，BIM软件培训难度还是比较大的，对于一部分设计人员来说熟练掌握BIM技术有一定难度。另外，复杂模型的创建甚至要求建筑师具备良好的数学功底及一定的编程能力，或有相关CAD程序工程师的配合，这无形中也提高了应用难度。

4）BIM技术支持不到位

BIM软件供应商不可能对客户提供长期而充分的技术支持。通常情况下，最有效的技术支持是在良好的成规模的应用环境中客户之间的相互学习，而环境的培育需要时间和努力。各设计单位首先应建立自己的BIM技术中心，以确保本单位获得有效的技术支持。这种情况在一些实力较强的设计院所应率先实现，这也是有实力的设计公司及事务所的通用做法，在愈来愈强调分工协作的今天，BIM技术中心将成为必不可少的保障部门。

5）软件体系不健全

现阶段BIM软件存在一些弱点：本地化不够彻底，工种配合不够完善，细节不到位，特别是缺乏本土第三方软件的支持。软件的本地化工作，除原开发厂商结合地域特点增加自身功能特色之外，本土第三方软件产品也会在实际应用中发挥重要作用。2D设计方面，在我国建筑、结构、设备各专业实际上均在大量使用国内研发的基于AutoCAD平台的第三方工具软件，这些产品大幅提高了设计效率，推广BIM应借鉴这些宝贵经验。

首都机场3号航站楼、国家大剧院以及在建的上海中心，甚至地方的重要建筑如广州歌剧院、重庆歌剧院等，无一例外地交给了国外的设计事务所。建筑高端设计领域还相当缺乏国内同行的声音。这种局面值得国内同行警醒，我们已到了应该付出切实努力并迎头赶上的时候了。

2．就建筑行业而言

1）更新换代

表面上，现阶段BIM是通向理想的建筑设计的途径，但实质上BIM将最终转变为理想的建筑设计的环境。因此建筑设计走向BIM时代，不仅仅是工具和手段的更迭，更是设计理念和思维模式的升级。设计人员从2D的设计思维转化到3D的思维过程的确需要经历一段痛苦的适应和摸索过程，但BIM技术绝不是一个高端的技术，而是未来的大众化技术。如何让设计机构基层设计人员、一线工程师都了解并认可BIM，对原有的2D设计进行合理的扬弃，并积极地、自发地应用，是目前国内工程设计行业BIM推进的难点之一。

2）思维认识偏差

对BIM认识的不足。这些不足包括认为BIM是软件、BIM是虚拟可视化、BIM是模型，但这些都是比较狭隘的看法。在国外的科研界，BIM还包括建设机器人、3D打印建筑、物联网等，其概念是建设信息化，信息化到方方面面。然后就是，BIM是一种方法，即如何运用信息化的手段来进行建设活动。当然，最重要的是，BIM是一种思想，一种如何分析事物看待世界的思想。对于刚接触BIM的初学者有一个误区：对于高学历、学习能力强的设计人员，BIM软件的学习一两周就能掌握。其实

BIM“学会易、学精难”，而三天打鱼两天晒网也很难将 BIM 的精髓融入到建筑设计的过程中去。BIM 的应用需要的是一个 BIM 的环境，有些单位认为一个小组搞 BIM 就足够了。但事实上，在不久的未来，只有全体人员采用了 BIM，才能真正地将 BIM 转化为单位的核心竞争力。

也有的认为专注一隅，反而增加了信息量的输入，而大大增加了部分设计人员的工作量，看似有些得不偿失。客观来说，虽然现阶段国内建筑行业对 BIM 向生产力的转化十分有限，但从长远来看，BIM 在协同设计、全过程的控制、设计质量安全的保障等方面的显著优势，必将使得现在的付出获得丰厚的回报。同时 BIM 想要做得好，发挥它应有的效果（节省成本、节约工期、方便管控等），必须需要一个强有力的一把手去推动。为什么？因为对绝大部分的施工单位及分包商来说，方案变更才是其赚钱的最重要手段。

BIM 的一个重要价值就是避免变更。中国尊项目，它是国内 BIM 应用的极致，之所以能达到极致就是因为其业主拥有很好的 BIM 意识和 BIM 水平，所以他们在管线碰撞检测、能耗分析、施工模拟（做得相当经典）、智能通风（以后设计院在这个方面将会越来越多地使用 BIM）等领域都做得很好。

3）BIM 的本地化、行业化完善不够

BIM 虽然在国外发达国家已处于高速成长阶段，但在国内仍处于刚刚起步的时期。相关设计软件和标准都要向国外借鉴，有些方面和国内的设计规范、出图要求等都有不小的差异，因此需要对 BIM 进行本地化的二度开发，的确困难重重。国内建筑设计行业的 BIM 应用相对开始得较早，市政设计行业则还处于“破冰阶段”，很多材料、材质需要定义，况且市政设计本身涉及的专业跨度大，设备种类繁多、结构复杂，这都给 BIM 在市政设计领域的推广带来了诸多困难。

4）人才匮乏

人才是最为关键的因素。BIM 人才不足，不是说会用软件、懂 BIM 概念就是 BIM 人才了。软件永远只是辅助工具，而最核心的永远都是人的专业知识和管理水平，而这两者的结合又需要相当长时间的磨合。换句话说，培养一个设计专业技术人员本身就需要一个漫长的周期，进而让一个专业设计能力扎实的设计人员学精 BIM，这需要付出很高的代价，也需要单位强有力的支持。BIM 的应用推广要注重团队结构和人员梯次，从而实现有计划、有步骤地逐步推广。目前，整个 BIM 行业基础型人才比较缺乏，大量技术人员仅处于入门阶段，领军式人才更是寥寥无几，这需要从政府及行业层面大力推进 BIM 的应用，引导市场及行业加强对 BIM 的教育培训体系建设，这也是一个推进技术发展的必然历程。因为随着从业者素质的提高和人才换代，信息化也必然是一个大趋势。

5）标准、规范建设滞后

中国的 BIM 迫切需要建立完善的开放性标准，统一认识，指导我国的 BIM 发展。这关乎 BIM 技术在国内应用的深度与广度，是极为重要的基础研究。

另外，对于绝大部分的施工单位及分包商来说，方案变更才是其赚钱的最重要手段。BIM 的一个重要价值就是避免变更，其好处就是节约了成本。同时，很多老一辈的设计师和工程师都用不惯这个，但因为时代都是在改变的，就像由手工到 CAD 时代一样，总有一个适应的过程。

1997 年，IAI（Industry Alliance for Interoperability）组织发布了 IFC（Industrial Foundation Classes）信息模型的第一个完整版本，IFC 标准是面向对象的三维建筑产品数据标准。美国给予 IFC 标准制定了 BIM 应用标准 NBIMS（National Building Information Model Standard），NBIMS 是一个完整的 BIM 指导性和规范性的标准，规定了建筑信息模型在不同行业之间信息交互的要求。日本建设领域信息化标准为 CALS/ES（Continuous Acquisition and Lifecycle Support/Electronic Commerce）。我国也针对 BIM 在中国的应用与发展进行了一些基础性研究。2007 年，中国建筑标准设计研究院提出了 JC/T 198—2007 标准。清华大学参考 NBIMS，并结合调研提出一个中国信息模型标准框架 CBIMS（Chinese Building Information Model Standard）。如果设计单位能够参与到 BIM 国家标准的编制过程中，无疑将能抢占到行业的市场先机，积累宝贵的经验，并证明自身的技术实力。必须指出的是，以上只是针对建筑行业内部对 BIM 技术的推广阻力进行分析探讨，但 BIM 实际是贯穿工程建设的全过程的，包括规划、设计、施工、运营等各个环节。因此，项目管理模式、施工单位建筑水平等因素限制也会大大制约 BIM 的推广应用，这是需要国家层面的重视与促进的。

>> 9.3.3 BIM 未来的发展趋势

很多具有卓越眼光的建筑师和专家早在多年前就一直呼吁建筑设计的协同性和设计流程的协同化运作。而未来的建筑设计也必须向集成化、协同设计发展。

集成化体现在两个方面，即设计信息集成化和设计过程集成化。也就是在信息集成的基础之上，充分利用计算机和网络的新技术，组织建筑各专业的设计人员，在协同工作的环境下进行设计。因此，实现设计集成化要解决的第一个问题就是信息集成化。BIM（建筑信息模型）正好可以承担起这一任务，它是整个建筑工程设计从单一化走向数字化、信息化的标志。所有专业的设计信息都往这一个信息化的模型里添加。因而，它将会成为信息集成化的实体。这样一来，工程师们就可以以它为基础，建立起各个专业设计人员都可以参与工作的协同设计平台，进而实现设计过程的集成化和设计流程的协同化操作（见图 9-31）。

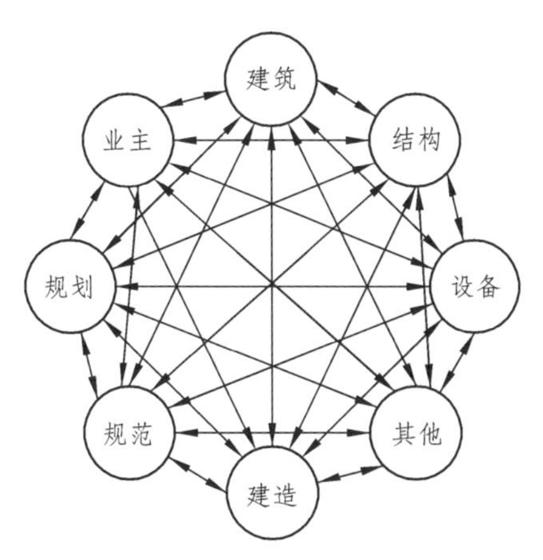

图 9-31　网格状的各专业并行、扁平化的工作模式

只有在这样的一种先进工作方式下，设计的协同性才能得以充分表现。团队之间的协同设计才能真正得以展现。各专业工程师通过网络将各自的计算机串联起来，通过软件使大家能够在同一平台上、同一个文件中实现多人、多专业进行设计协作和数据共享以及信息交流与沟通等。任何人只要在这个平台上就能及时发布和更新自己或团队其他成员的最新设计成果，无论是在同一间办公室还是在不同的办公楼面甚至异地都可以顺利地进行协同设计。著名的“美国艾迪石（上海）建筑设计咨询有限公司”便是利用这样一种先进甚至革命性的设计流程实现了跨国和跨地区协同作业。在 Revit 系列软件的帮助下，通过先进的“工作集”方式，各专业设计师在实时协调、实时沟通的前提下，进行同步设计，省略掉提资过程，并且各专业不必重复建模设计（建筑专业建的柱子，在结构专业中会以结构的出图样式显示出来，并且结构可以直接使用或更改，有效地避免重复劳动）。这样一来，设计团队间就实现了美国洛杉矶与中国上海办公室之间的连线协同设计，让工程师们不必往返于太平洋两岸的飞机上，进而实现了其设计业务全球化的宏伟目标，完成了当年路易斯·康纳不可想象的任务。

国内 BIM 运用比较领先的华东电力设计院在进行上海市某市政项目设计时已经引入了 BIM 的设计理念并运用 Revit 系列软件进行三维设计的尝试，实现了建筑、结构与设备专业的数据共享和信息顺畅沟通以及文件的无缝链接。通过同一平台的操作，使三大专业的设计成果能够直观便捷地展示一起。利用信息化的手段，将原本单调枯燥的设计图纸变成了丰富形象的设计图像。三大专业的三维模型组合在一起，从里到外、从上至下不但非常便捷协调了各专业的设计信息，同时也简化了设计流程、减少了重复工作的概率、缩短了设计时间、提升了工作效率和设计质量。不过，虽然在设计的图纸和形式上已经实现了三维，但是在协同上由于是采用链接的形式，因此其协同方式暂时还只能算是 2.5 维，没有达到真正意义上的三维。因此，今后在这方面还有继续上升的空间和潜力。很多工程师从开始接触 BIM 设计理念并运用 Revit 系列软件进行协同设计到现在，感触最深的就是“只有想不到，没有做不到”的。协同设计提供给我们的不仅仅是一种更完善的设计流程，更是一种严谨的态度、一种精益求精的态度、一种锲而不舍的态度、一种先进的设计理念。这才是最有价值的收获。

另外，BIM 协调特性丰富了项目管理工具，各参建方基于 BIM 表达自己的施工计划、施工方法、完成情况、所需公共资源（场地布置、垂直运输、工作面情况）等意见，使相关方清楚了解工作衔接情况，保证施工工作按计划顺利进行。

1）设计施工一体化方面

随着我国建筑业转型升级的推进，设计施工一体化将有利于建设风险的控制和提高项目运作的效率。BIM 加强了设计与施工的沟通，设计施工一体化将设计与施工的矛盾，由原本外部矛盾转化为承建商的内部管理问题，把现有体制下的投资风险转换为承建商管理能力，减少了协调工作与管控对象，避免了施工方利用设计方的考虑不周，造成施工方索赔的现状。

2）BIM 可以发挥承建商的技术资源优势

承建商拥有施工技术优势，如跳仓法、超长结构等技术，在设计阶段中就可以把施工技术考虑进去，有利于承建方发挥整体优势，达到建设项目成本最优化。承建商拥有资源优势，如施工机具和施工人员等，在设计阶段中就可以发挥施工资源优势，保证承建商的利益最大化。

3）集中采购方面（见图 9-32）

图 9-32

BIM 信息的完备性，保证了项目生产所需的资源数量和时间的准确性。随着施工企业所有项目 BIM 的集中管控，根据 4D BIM 可以随时生成各地区某一期间的生产所需资源数量和采购数量。在此基础上签订采购框架协议，随着 BIM 细度的提升和信息的不断完善，采购数量就会即时更新，保证了采购数量和预计成本的准确性，充分发挥集团采购优势。当然，大家可能会有疑问，说了协同设计半天好，那它为什么迄今为止还没有普及开来呢？诚然，人无完人，物亦如此。任何一个新事物或新方式的诞生都要有一个被接受的过程，况且协同设计还是一个在不断进步和完展中的设计流程。而且更重要的是我们能否改变自己陈旧的设计理念，有没有信心去完全接受它、掌握它。因为只有完全接受并掌握了一种新颖的设计理念、一个先进的设计流程，才能真正让这个流程为我所用，最大限度地发挥其效应。中国有句古话：一个好汉三个帮。如果想要在设计院或其他设计事务所内充分发挥这个好的设计流程所起的作用，仅靠一两个人是不行的，必须要全面推广，让BIM的先进理念和协同设计的先进方式深入到每个建筑师和设计团队的思维中，让每个设计人员都能熟练运用和掌握。这样才可以在设计师和团队内部实现无障碍交流，也才能更好地发挥每个人的创意与才智，去发掘先进设计工具的潜能，让广大的中国建筑师和企业们能够在一种非常先进且轻松的方式下按照自己的创作思维来惬意地工作和交流。BIM作为一种新的建筑设计和管理技术，一定程度上为建筑行业的发展注入了新鲜的血液，作为一种新技术极大地优化了建筑行业的发展环境，也一定程度上提高了建筑工程的集成化程度。BIM技术的使用也产生了巨大的社会效益，降低了成本和风险，加快了整个建筑行业的发展速度。

什么是集成产品开发模式？简单来说，就是项目动工前，业主就召集设计方、施工方、材料供应商、监理方等各单位一起搭建一个BIM模型，然后各方将建设数据等及时导入模型，共享信息，及时沟通，以这个模型为基础开展工作。

这种模式下，施工过程中不需要再返回设计院修改图纸，材料供应商不能再随便更改材料，建设各方不用每次进行滞后的会议讨论，同时，建设各企业可利用造价通企业云数据服务，将企业数据上传，安全存储，永久保存，便于与BIM对接，实现一键上传建设各方数据，真正实现资源的即时共享。

虽然前期投入时间精力多，但一旦开工就基本不会再浪费人力、物力、财力，将大大节省工程成本，提升效益。这种模式在国外发达国家已经普及，在国内，也在努力朝这个方向靠拢。业主方越来越重视BIM。BIM想要做得好，发挥应有的效果，需要一个强有力的一把手去推动。BIM的一个重要价值就是避免变更，将工程项目透明化，对业主来说，更利于把控建设全过程，降低成本，因此备受业主欢迎。这也是BIM发展必不可少的动力。对BIM的认识增强，国内从最初认为BIM是软件、BIM是虚拟可视化，到BIM还包括物联网、3D打印建筑等，延伸到其概念是建设信息化，现在BIM是一种方法，即如何运用信息化的手段来进行建设活动。建设行业对BIM的认识不断深入，有了更深层次的理解。

引申阅读三十一：3D打印建筑欣赏

BIM人才的补给。软件知识辅助工具，最核心的永远都是人的专业知识和管理水平。随着BIM的普及和应用，越来越多的人认识到BIM的重要性。从业者对BIM的学习也不断加强，随着人才素质的提高和换代，信息化是必然趋势。

综上，BIM未来是对建设全生命周期的资源整合和与建设内外部的信息共享，以达到减少建设工程变更、缩短工期、节约成本、提升效益的目的。企业应顺应时代的趋势，无论是从技术、认知还是人才等方面做好储备，建立信息化的思维，这样才能满足市场需求，立于不败之地！

政府在致力于BIM技术在国内的扎根与推广工作方面，除紧扣国际上BIM技术发展趋势与大量搜集国外相关技术信息与引进外，积极与国内工程业界合作进行工程项目导入BIM实作与研发，累积宝贵的BIM技术实务经验及知识体系的建构能量；并且广邀国内外各界在BIM技术相关的实作与研发有杰出成就的专家办理多次的BIM趋势论坛，希望对国内工程相关各界在BIM技术领域的发展与新知的认识有所贡献。

国内对BIM技术的研究刚刚起步，“十一五”期间部分高校和科研院所已开始研究和应用BIM技术，特别是数据标准化的研究。部分大型设计院已开始尝试在实际工程项目中使用BIM技术，如上海现代集团、中国建筑设计研究院、广东省院、机械部六院等。典型工程包括世博文化中心、世博国家电力馆、杭州奥体中心等。在国内，基于IFC的信息模型在国内的开发应用才刚刚起步。中国建筑科学研究院开发完成了PKPM软件的IFC接口，并在“十五”期间完成了建筑业信息化关键技术研究与示范项目——基于IFC标准的集成化建筑设计支撑平台研究；上海现代设计集团开发了基于IFC标准开发建筑软件结构设计转换系统以及建筑CAD数据资源共享应用系统。此外，还有一些中小软件企业也进行了基于IFC的软件开发工作，例如：北京子路时代高科技有限公司开发了基于Internet的建筑结构协同设计系统，其数据交互格式就采用了IFC标准。

目前，作为 BIM 数据标准，IFC 标准在国际上已日趋成熟。美国主要采用大型软件开发商提供的系列解决方案进行数据交换，但 BIM 数据应用于建筑工程的全寿命期，时间跨度较大，因此，依靠某一个厂商支持的数据标准并不可取。对于我国，因为没有国际化的大型软件开发商，所以需要鼓励更多的软件参与到基于 BIM 的应用软件开发中，为此颁布数据标准可以保证应用软件的数据互通。我国同时需要跟踪 Building SMART 的另外两方面的标准 IFD、IDM 的进展，结合我国建设行业的显示需求，实现我国 BIM 相关标准研究和开发的协调发展，提升我国建筑行业的整体信息共享和交换水平。与此同时，BIM 还在朝着以下方向持续不断地发展：

以移动技术来获取信息	·随着互联网和移动智能终端的普及，人们现在可以在任何地点和任何时间来获取信息。而在建筑设计领域，将会看到很多承包商，为自己的工作人员都配备这些移动设备，在工作现场就可以进行设计。
数据的暴露	·现在可以把监控器和传感器放置在建筑物的任何一个地方，针对建筑内的温度、空气质量、温度进行监测。然后，再加上供热信息、通风信息、供水信息和其他的控制信息。该些信息汇总之后，设计师就可以对建筑的现状有一个全面充分的了解。
云端技术	·无限计算，不管是能耗，还是结构分析，针对一些信息的处理和分析都需要利用云计算强大的计算能力。甚至，我们渲染和分析过程可以达到实时的计算，帮助设计师尽快地在不同的设计和解决方案之间进行比较。
数字化现实捕捉	·这种技术，通过一种激光的扫描，可以对于桥梁、道路、铁路等进行扫描，以获得早期的数据。我们也看到，现在不断有新的算法，把激光所产生的点集中成平面或者表面，然后放在一个建模的环境当中。3D电影《阿凡达》就是在一台电脑上创造一个3D立体BIM模型的环境。因此，我们可以利用这样的技术为客户建立可视化的敢果。值得期待的是，未来设计师可以在一个3D空间中使用这种进入式的方式来进行工作，直观地展示产品开发的未来。
协作式项目交付	·BIM是一个工作流程，而且是基于改变设计方式的一种技术，而且改变了整个项目执行施工的方法，它是一种设计师、承包商和业主之间合作的过程，　每个人都有自己非常有价值前观点和想法。

因此，如果能够通过分享 BIM 让这些人都参与其中，在这个项目的全生命周期都参与其中，那么，BIM 将能够实现它最大的价值。

引申阅读三十二：建筑师眼中的 BIM

国内 BIM 应用处于起步阶段，绿色和环保等词语几乎成为各个行业的通用要求。特别是建筑设计行业，设计师早已不再满足于完成设计任务，而更加关注整个项目从设计到后期的执行过程是否满足高效、节能等要求，期待从更加全面的领域创造价值。BIM 协调特性丰富了项目管理工具，各参建方基于 BIM 表达自己的施工计划、施工方法、完成情况、所需公共资源（场地布置、垂直运输、工作面情况）等意见，使相关方清楚了解工作衔接情况，保证施工工作按计划顺利进行。

总的来说，再美好的理论不能好好实践也只是漂亮的摆设。BIM 目前在国内的运用，还处在分崩离析的阶段，建设各方独自经营，缺乏统一的把控。目前来看 BIM 以后的发展趋势，不是工程总承包模式，也不是数据库或者设计—招标—建造模式，而将是集成产品开发模式。

参考文献

[1] Stephen R Hagan. BIM: The GSA Story. Journal of Building Information Modeling, 2009.

[2] American Institute of Architecture. Edith Green Wendell Wyatt Federal Building Modernization. 2012TAP/BIMAWARDS，2012.

[3] The National 3D-4D-BIM Program. GSABIM Guide. General Services Administration, 2009.

[4] SERA Architects. EGWWBIM Overview. 15, March, 2010.

[5] 杨科，范占军，顾黎泉. 基于BIM的建筑多专业协同设计流程探析与实践.（南通大学建筑工程学院建筑系，江苏南通 226009）

[6] 刘尚蔚，推晓伟，魏群. 基于IFC标准的BIM信息互用研究.（华北水利水电大学，河南郑州 450045）

[7] 刘晴，王建平. 基于 BIM 技术的建设工程生命周期管理研究[J]. 土木建筑工程信息技术，2010（3）：40-45.

[8] 王珺. BIM理念及BIM软件在建设项目中的应用研究[D]. 成都：西南交通大学，2011：5-21.

[9] 许天馨. 基于BIM的国内自然式公园地形研究[D]. 北京：北京林业大学，2011：9-58.

[10] 何关培. BIM和BIM相关软件[J]. 土木建筑工程信息技术，2010，4（4）：110-117.

[11] 刘晓冬. 风景名胜区规划管理信息系统研究[D]. 北京：清华大学，2004：19-56.

[12] 弗雷德里克·斯坦纳. 生命的景观：景观规划的生态学途径[M]. 2版. 周年兴，李小凌，俞孔坚，等，译. 北京：中国建筑工业出版社，2004.

[13] 赵华英. BIM 结构设计应用.

[14] 中国BIM门户. 中铁隆BIM技术助力西安地铁五号线设计[EB/OL].

[15] 中国BIM门户. BIM技术在上海地铁12号线中的应用[EB/OL].

[16] 中国照明网. BIM技术在建筑照明设计中的应用展望. 2014-01-07.

[17] BIM技术在城市道路与管道协同规划设计中的应用. 蒲红克. 城市道桥与防洪. 2013：11.

[18] 张洋. 基于BIM的建筑工程信息集成与管理研究[D]. 北京：清华大学，2009.

[19] 呙丹，杨晓华，苏本良. 物联网技术在现代建筑行业中的应用[J]. 山西建筑，2011，37（26）：255-256.

[20] 张建平，李丁，林佳瑞，等. BIM在工程施工中的应用[J]. 施工技术，2012，41（16）：10-17.

[21] 王延魁，赵一洁，张睿奕，等. 基于BIM与RFID的建筑设备运行维护管理系统研究[J]. 建筑经济，2013，（11）：113-116.

[22] MEADATI P, IRIZARRY J, AKHNOUKH A. BIM and R FID Integration: A pilot study[C]. Cairo. Egypt: [s. n.]，2010.

[23] 李天华，袁永博，张明媛. 装配式建筑全生命周期管理中BIM与RFID的应用[J]. 工程管理学报，2012，26（3）：28-32.

[24] 马军庆. 装配式建筑综述[J]. 黑龙江科技信息，2009（8）：271.

[25] 吕松华，纪荣泽，李德平. BIM 及在工程施工管理中的应用思考[M]. 北京：建筑科技与管理，2013.

[26] CHENG MINYUAN, CHANG NAIWEI. Radio frequency identification (RFID) integrated with building information mode (BIM) for open-building life cycle information management[M]. India:Chennai, 2011.

[27] 罗曙光. 基于 RFID 的钢构件施工进度监测系统研究[D]. 上海：同济大学，2008.

[28] 苏振民. 监理工程师继续教育丛书：监理工程师项目管理（1CD）. 北京：中国建筑工业出版社.

[29] 施骞，胡文发. 工程质量管理. 上海：同济大学出版社.

[30] 苑辉. 施工现场管理小全书. 哈尔滨：哈尔滨工程大学出版社，2009.